Springer

Berlin
Heidelberg
New York
Barcelona
Budapest
Hongkong
London
Mailand
Paris
Santa Clara
Singapur
Tokio

Detlev Ganten Klaus Ruckpaul (Hrsg.)

Tumorerkrankungen

Mit Beiträgen von

Karl Walter Bock, Thomas A. Bock, Heribert Bohlen, Karsten Brand, Jürgen Brockmöller, Wolfram Brugger, Lutz Gissmann, Lothar Kanz, Konrad Kölble, Thomas Licht, Oliver Manzke, Burkhard Micheel, Peter Möller, Ulrike von Reyher, H. Peter Rodemann, Stefan Scheding, Siegfried Scherneck, Michael Schwarz, Jörn Sträter, Michael Strauss und Hans Tesch

Mit 70 Abbildungen und 33 Tabellen

Springer

Professor Dr. Detlev Ganten
Professor Dr. Klaus Ruckpaul
Max-Delbrück-Centrum
für Molekulare Medizin (MDC)
Robert-Rössle-Str. 10
D-13122 Berlin-Buch

ISBN 3-540-62463-5 Springer-Verlag Berlin Heidelberg New York

Die deutsche Bibliothek – CIP-Einheitsaufnahme
Handbuch der molekularen Medizin / Detlev Ganten; Klaus Ruckpaul (Hrsg.). – Berlin; Heidelberg; New York; Barcelona; Budapest; Hongkong; London; Mailand; Paris; Santa Clara; Singapur; Tokio: Springer
Tumorerkrankungen / Hrsg.: Detlev Ganten; Klaus Ruckpaul. – Berlin; Heidelberg; New York; Barcelona; Budapest; Hongkong; London; Mailand; Paris; Santa Clara; Singapur; Tokio: Springer, 1998
(Handbuch der molekularen Medizin; Bd. 2)
ISBN 3-540-62463-5

Herstellung: PRO EDIT GmbH, D-69126 Heidelberg
Umschlaggestaltung: Design & Production, D-69121 Heidelberg
Satz: K+V Fotosatz GmbH, D-64743 Beerfelden-Airlenbach

SPIN 10535489 27/3136-5 4 3 2 1 0 – Gedruckt auf säurefreiem Papier

Vorwort

Die Molekulare Medizin ist als selbständiges Fach noch jung. Ihr wesentliches Kennzeichen ist der Einsatz von molekularbiologischen und gentechnologischen Methoden für eine Diagnostik und Therapie von Krankheiten auf molekularer Ebene. Dadurch wird es möglich, mit bisher in der Biomedizin unerreichter Präzision und Schnelligkeit die Ursachen genetisch bedingter Krankheiten systematisch zu analysieren. Ihre wissenschaftlichen Grundlagen bezieht die Molekulare Medizin gleichermaßen aus der klassischen Medizin, die durch eine phänotypische Beschreibung der Krankheitsbilder gekennzeichnet ist, und aus der genotypischen Charakterisierung mit der Spezifik molekularbiologischer und gentechnologischer Methoden.

Der durch die Entwicklung der Molekularbiologie möglich gewordene Erkenntnisfortschritt hat unser Wissen über die Funktion der Zellen und des Gesamtorganismus in revolutionierender Weise bereichert und wir beginnen, die Komplexität und bemerkenswerte Vielfalt von Regulationsprozessen auf molekularer Ebene zu verstehen und die daran beteiligten Molekülstrukturen zu erkennen. Genstruktur, Genfunktion und Genregulation, Zellbiologie, Zellwachstum, Zell-Zell-Erkennung, Zellkommunikation durch intra- und extrazelluläre Signale und durch Hormone sowie molekulare Mechanismen immunologischer Prozesse werden zum Forschungsgegenstand der Molekularen Medizin. Bisher nur phänotypisch zu beschreibende Krankheitszustände können häufig schon jetzt durch genotypische Veränderungen erklärt und verstanden werden. Eine Punktmutation eines einzelnen Nukleotids in dem 3 Mrd. Basenpaare umfassenden menschlichen Genom kann u. U. die Entwicklung einer Krankheit erklären. Ein enges Zusammenwirken von klinischen Pharmakologen mit klinischen und theoretischen Medizinern aber auch Biochemikern, Genetikern und Molekularbiologen bringt Forschung und medizinische Anwendung in enge Nachbarschaft und bedingt eine wechselseitige Abhängigkeit. Grundlagenforschung, molekulare Medizin, präzise klinische Beobachtung und ganzheitliche medizinische Betreuung bilden den Grundsatz moderner ärztlicher Tätigkeit.

Die Entwicklung der Molekularen Medizin eröffnet neue Wege für die Diagnostik und therapeutische Interventionen. Bisher nicht zugängliche Moleküle werden zu Zielstrukturen für Diagnostik und Therapie. So sind nicht mehr nur Enzyme, Membranrezeptoren und Ionenkanäle als funktionstragende Moleküle Angriffspunkte für therapeutische Interventionen, sondern in einem paradigmatischen Wechsel darüber hinaus auch Informationen tragende und an der Informationsübertragung beteiligte Moleküle. Der analytische Zugang zum genetischen Apparat und zu den ihn steuernden Molekülen erschließt in bisher nicht gekanntem Maß diagnostische Möglichkeiten. Eine neue Generation von therapeutischen Angriffspunkten erweitert in einem erheblichen Umfang den Wirkungsbereich der Arzneimitteltherapie und macht die Gentherapie zu einem wesentlichen Bestandteil neuer therapeutischer und diagnostischer Möglichkeiten. So ist vorstellbar, die traditionelle Anwendung einer chemischen Substanz als Arzneimittel durch die Transplantation von Molekülen zu ergänzen, welche als Informationsträger den Körper befähigen, seine eigenen therapeutischen Substanzen zu synthetisieren.

Dieser Bereich der Molekularen Medizin steht erst am Beginn seiner Entwicklung. Überzeugende therapeutische Durchbrüche sind bisher nur an wenigen Beispielen zu belegen. Entscheidender Erkenntnisgewinn wird bisher noch in der Grundlagenforschung und weniger in der medizinischen Anwendung erreicht. Trotzdem werden Fortschritte in der Diagnostik und in der Arzneimitteltherapie in den nächsten Jahren durch die Molekulare Medizin bestimmt werden.

Die Einführung neuer diagnostischer und therapeutischer Prinzipien erfordert die Auseinandersetzung mit ihren biochemischen und molekularbiologischen Grundlagen. Das betrifft in erster Linie diejenigen, die mit dieser Therapie umgehen werden – also praktizierende Ärzte der verschiedenen Fachdisziplinen. Das sind aber auch Studenten, für die die Buchreihe „Molekulare Medizin" Ratgeber sein soll für ihre spätere praktische Tätigkeit. Da die Mehrzahl der heute praktizierenden Ärzte nur mit den Anfängen molekularbiologischer Methoden und Forschungsergebnisse vertraut ist, vermittelt der bereits erschienene 1. Band dem Leser in gedrängter Form eine Übersicht über solche biochemischen und molekularbiologischen Grundlagen, die für das Verständnis der anschließenden krankheitsorientierten Bände notwendig sind.

Im vorliegenden 2. Band werden Tumorerkrankungen aus molekularbiologischer Sicht behandelt. Für den inhaltlichen Rahmen dieses Bandes waren für die Herausgeber 2 Gesichtspunkte bestimmend. Zum einen stellen Tumorerkrankungen nach den Herz-Kreislauf-Erkrankungen die häufigste Todesursache dar. In ihrer Behandlung zeichnet sich neben klassischen chirurgischen, strahlen- und chemotherapeutischen Methoden durch die Anwendung molekularbiologischer Methoden ein grundlegender Wandel ab. Der Nachweis disponierender Gene für bestimmte Tumorerkrankungen, besonders aber neue Erkenntnisse über Gene, die Tumorwachstum unterdrücken, rücken die Gentherapie ins Blickfeld molekularmedizinischer Behandlungsmöglichkeiten. Molekularbiologische Techniken haben bereits Eingang in die praktische medizinische Diagnostik und Prävention von Tumorerkrankungen gefunden. Zahlreiche gentherapeutische Verfahren wurden klinisch bereits getestet, und es gibt ermutigende Ansätze für eine gentherapeutische Beeinflussung bestimmter Krebsformen.

Den 2. Gesichtspunkt für den inhaltlichen Aufbau dieses Bandes bildete die Überlegung, nicht so sehr Behandlungsformen spezieller Tumorerkrankungen, sondern eher allgemeine Gesichtspunkte in den Mittelpunkt zu stellen. Dies wird aus der inhaltlichen Gliederung deutlich. Insgesamt 11 Kapitel werden den Abschnitten Krebsentstehung, Chemo- und Gentherapie, Immuntherapie sowie Vorhersage, Diagnostik und Prävention zugeordnet. An ausgewählten Beispielen werden neue molekulare und genetische Erkenntnisse über therapeutische, diagnostische und präventive Aspekte zur Behandlung von Tumorerkrankungen und gentherapeutische Möglichkeiten für eine klinische Anwendung dargestellt. Gleichzeitig wird aber auch deutlich gemacht, welche Probleme bei der Übertragung von Ergebnissen der Grundlagenforschung in verantwortungsvolles therapeutisches Handeln noch zu bewältigen sind.

Viele Fragen sind noch offen und bedürfen vor einer klinischen Anwendung weiterer experimenteller Untersuchungen. Bewußt verzichten daher die Herausgeber auf systematische Vollständigkeit bei der Behandlung der Themen. Die Molekulare Medizin bedarf der Fortführung von klassischen Therapiestrategien und der Beibehaltung gültiger ärztlicher Prinzipien. Wir müssen aber die Entwicklungen in der Genforschung weiterführen, um heute noch nicht absehbare Möglichkeiten für eine kausale Arzneitherapie, verbesserte Diagnostik und Prävention zu erschließen.

Detlev Ganten
Berlin, im Oktober 1997 *Klaus Ruckpaul*

Inhaltsverzeichnis

Autorenverzeichnis

Prof. Dr. Karl Walter Bock
Eberhard-Karls-Universität Tübingen
Institut für Toxikologie
Wilhelmstr. 56, 72074 Tübingen

Dr. Thomas A. Bock
Medizinische Klinik und Poliklinik
Abteilung für Hämatologie und Onkologie
Eberhard-Karls-Universität Tübingen
Otfried-Müller-Str. 10, 72076 Tübingen

Dr. Heribert Bohlen
Labor für Zelluläre Immuntherapie, Haus 16
Josef-Stelzmann-Str. 9, 50931 Köln

Dr. karsten Brand
Max-Planck-Gesellschaft zur Förderung
der Wissenschaften e.V.
AG Zellteilungsregulation und Gensubstitution
Robert-Rössle-Str. 10, 13122 Berlin-Buch

Dr. Jürgen Brockmöller
Institut für Klinische Pharmakologie
Universitätsklinikum Charité
Humboldt-Universität Berlin
Schumannstr. 20/21, 10098 Berlin

Dr. Wolfram Brugger
Medizinische Klinik und Poliklinik
Abteilung Hämatologie und Onkologie
Eberhard-Karls-Universität Tübingen
Otfried-Müller-Str. 10, 72076 Tübingen

Prof. Dr. Lutz Gissmann
Deutsches Krebsforschungszentrum
Forschungsschwerpunkt 6
Angewandte Tumorvirologie
Postfach 101949, 69009 Heidelberg

Prof. Dr. Lothar Kanz
Medizinische Klinik und Poliklinik
Abteilung für Hämatologie und Onkologie
Eberhard-Karls-Universität Tübingen
Otfried-Müller-Str. 10, 72076 Tübingen

Dr. Dr. Konrad Kölble
Max-Delbrück-Centrum für Molekulare Medizin
(MDC), Robert-Rössle-Str. 10, 13122 Berlin-Buch

Dr. Thomas Licht
National Cancer Institute, NIH
Laboratory of Molecular Biology
Building 37, Room 4E16
37 Convent Drive, MSC 4255
Bethesda, MD, USA

Dr. Oliver Manzke
Klinik I für Innere Medizin
Universität zu Köln
Josef-Stelzmann-Str. 9, 50931 Köln

Prof. Dr. Burkhard Micheel
Max-Delbrück-Centrum für Molekulare Medizin
(MDC), Robert-Rössle-Str. 10, 13122 Berlin-Buch
und Institut für Biochemie
und Molekulare Physiologie, Universität Potsdam

Prof. Dr. Peter Möller
Pathologisches Institut
Universität Ulm
Albert-Einstein-Allee 11, 89081 Ulm

Dr. Ulrike von Reyher
Pathologisches Institut
Universität Ulm
Albert-Einstein-Allee 11, 89081 Ulm

Prof. Dr. H. Peter Rodemann
Sektion für Strahlenbiologie
und Molekulare Umweltforschung
Abteilung für Strahlentherapie
Eberhard-Karls-Universität
Röntgenweg 11, 72076 Tübingen

Dr. Stefan Scheding
Medizinische Klinik und Poliklinik
Abteilung für Hämatologie und Onkologie
Eberhard-Karls-Universität Tübingen
Otfried-Müller-Str. 10, 72076 Tübingen

Dr. Siegfried Scherneck
Max-Delbrück-Centrum für Molekulare Medizin
(MDC), Robert-Rössle-Str. 10, 13122 Berlin-Buch

Dr. MICHAEL SCHWARZ
Eberhard-Karls-Universität Tübingen
Institut für Toxikologie
Wilhelmstr. 56, 72074 Tübingen

Dr. JÖRN STRÄTER
Pathologisches Institut
Universität Ulm
Albert-Einstein-Allee 11, 89081 Ulm

Prof. Dr. MICHAEL STRAUSS
Max-Planck-Gesellschaft zur Förderung
der Wissenschaften e.V.
AG Zellteilungsregulation und Gensubstitution
Robert-Rössle-Str. 10, 13122 Berlin-Buch

Prof. Dr. HANS TESCH
Klinik I für Innere Medizin
Universität zu Köln
Josef-Stelzmann-Str. 9, 50931 Köln

Abkürzungen und Erläuterungen

AAV	Adeno-assoziiertes Virus
ABL	Abelson-Murine-Leukemia-Gen
abl	c-abl-Protoonkogen
ABR	Abnormally banding regions
ADA	Adenosindeaminasedefizienz
ADCC	Antikörper-aktivierte Zytolyse (antibody-dependent cellular cytotoxicity)
ADEPT	Antibody directed enzyme prodrug therapy
ADLP	Adrenoleukodystrophieprotein
AFMU	5-Azetylamino-6-Formylamino-3-Methyluracil
AFP	α-Fetoprotein
Ah-Rezeptor	Aromatic-hydrocarbon-Rezeptor
AML	Akute myeloische Leukämie
Amplifikation	Vervielfältigung genetischen Materials
APC	Adenomatöse Polyposis coli
AhR	Aryl-hydrocarbon-Rezeptor, Aromatic-hydrocarbon-Rezeptor
Arnt	AhR-nuclear-Translokator
ATL	T-Zell-Leukämie
ATM-Gen	Ataxia-teleangiectasia-mutated-Gen
BCR	Breakpoint-cluster-Region
BL	Burkitt-Lymphom
BRCA1	Breast-cancer-gene-1
BRCA2	Breast-cancer-gene-2
BSO	Buthioninsulfoximin
CAEV	Caprine-arthritis-encephalitis-Virus
CCE	Gegenflußelutriation; counterflow centrifugal elutriation
CCND1	Cyklin D1
CD-Antigene	Cluster of differentiation antigenes
CDA	Cytosindeaminase
CDC2	Cell-division-cycle-2
CDH1	E-Cadherin
CDK	2, 4, 5, 6-Cyclin-dependent-kinases
CDKN	Cyclin-dependent-kinase-Inhibitor
CDKN2A	Cyclin-dependent-kinase-Inhibitor-2A
CEA	Karzinoembryonales Antigen
CFC	Kolonie-bildende Zelle (=CFU)
CFTR-Protein	Cystic-fibrosis-transmembrane-conductance-regulator-Protein
CFU	Colony-forming unit
CFU-GEMM	Colony-forming unit, granulocyte, erythroid, macrophage, megakaryocyte
CFU-GM	Colony-forming unit, granulocyte, macrophage
CHO-Zellen	Chinese-hamster-ovary-Zellen
95% CI	95%-Konfidenzintervall
CML	Chronisch-myeloische Leukämie
CMM2	Cutaneous-malignant-melanoma-2
COS	SV40-transformierte Affenzellen, kohäsive Zellen
CPE	Zytopathischer Effekt
CRPV	Cottontail-rabbit-Papillomavirus
CTL	Zytotoxischer T-Lymphozyt
CTNNB1	β-Catenin-Gen
CYP	Zytochrom P 450
CYP1A1	Zytochrom-P 450-1A1
CYP1A2	Zytochrom-P 450-1A2
CYP2A4	Zytochrom-P 450-3A4
CYP2C19	Zytochrom-P 450-2C19 (Mephenytoinhydroxylase)
CYP2C9	Zytochrom-P 450-2C9 (Phenytoin- bzw. Tolbutamidhydroxylase)
CYP2D6	Zytochrom-P 450-2D6 (Debrisoquinhydroxylase)
CYP2E1	Zytochrom-P 450-2E1

DCC	Deleted-in-colon-carcinoma
DDT	Dichlordiphenyltrichlorethan
DHFR	Dihydrofolatreduktase
DISC	Death inducing signaling complex
DMN	N-Nitrosodimethylguanin
DPC4	Deleted in pancreatic carcinoma locus 4
DRE	Dioxin-responsive Elemente
EBNA	Trans-acting-nuclear-Protein des EBV
EBV	Epstein-Barr-Virus
EBV-ori	Origin of replication des EBV
EF	Etiological fraction
EGF	Epidermal growth factor, epidermaler Wachstumsfaktor
EGFR	Epidermal growth factor receptor
EKE	Expressionskontrollelemente
EM	Extensive metabolizer, d. h. schneller Metabolisierer
ER	Östrogenrezeptor
ErbB2	Avian-erythroblastic-leukemia, Viral-oncogene-homolog-2
ESB	Einzelstrangbrüche
FACS	Fluorescence activated cell sorting
FAK	Fokale Adhäsionskinase
FAMMM	Familial-atypical-mole-malignant-melanoma
FAP	Familiäre adenomatöse Polypose
FBP	Folat-bindendes Protein
5-FC	5-Fluorocytosin
FcRgIII	Typ-III-Fc-Rezeptor
FDA	Food and drug administration
FITC	Fluoresceinisothiozyanat
5-FU	5-Fluorouracil
GALV	Gibbon-ape-leukemia-Virus
G-CSF	Granulozyten-Kolonien-stimulierender Faktor
GLVR-2	Amphotroper Retrovirusrezeptor
GM-CSF	Granulozyten-Makrophagen-Kolonien-stimulierender Faktor
GST	Glutathion-S-Transferase
GSTM1	Glutathion-S-Transferase 1 aus der Klasse μ
GSTT1	Glutathion-S-Transferase 1 aus der Klasse θ
GTBP	GT-binding-Protein
HAMA	Human anti-mouse antibodies
HARA	Human anti-rat antibodies
HBC	Erbliches Brustkrebssyndrom
HBOC	Erbliches Brustkrebs-Ovarialkrebs-Syndrom
HBV	Hepatitis-B-Virus
HCC	Hepatocellular carcinoma
HCG	Humanes Choriongonadotropin
HCV	Hepatitis-C-Virus
HDV	Hepatitis-D-Virus
HeLa	Zervixkarzinomzellinie benannt nach der Patientin Helene Lachs
HGPRT	Hypoxanthin-Guanin-Phosphoribosyl-Transferase
HIC1	Hypermethylated-in-cancer-gen-1
HIF	Hypoxie-induzierbarer Faktor
HLH	Helix-loop-Helix
HMG	High mobility group antigen
HNPCC	Hereditary non-polyposis colon cancer, hereditäres kolorektales Karzinom ohne Polypose
HPRT	Hypoxanthin-Phosphoribosyl-Transferase
HPV	Humanpathogene Papillomviren
HSP	Heat shock protein
HSR	Homogenous staining regions
HSV	Herpes-simplex-Virus
HSV-tk	Herpes-simplex-Virus-Thymidinkinase
HTLV	Humanpathogenes T-Zell-Leukämie-Virus
HVJ	Hemagglutinating virus of Japan, Sendai-Virus
IARC	International agency for research on cancer
ICE	Interleukin-1-converting-Enzym
IE-Gen	Immediate-early-Gen
IFN	Interferon
Ig	Immunglobuline
IGF2R	Insulin-like-growth-Faktor-Rezeptor-Gen-2
Il 2	Interleukin 2
Insertion	Einbau von genetischem Material
Inversion	Drehung eines Chromosomensegments

IRES	Interne ribosomale Eintrittsstelle
ITR	Inverted terminal repeats
K-ras2	Kirsten-Murine-Sarcoma-Virus-2
kb	Kilobasen, d. h. 1 000 Basenpaare
kbp	Kilobasenpaare
LAT	Latenz-assoziiertes Transkript
LCR	Locus control region
LFS	Li-Fraumeni-Syndrom
LOH	Loss of heterozygosity, Heterozygotieverlust
LT	Lymphotoxin
LTR	Long terminal repeat
M6P	Mannose-6-Phosphat, Mannose-6-Phosphat-Rezeptor, 6-Mercaptopurin
mAK	Monoklonale Antikörper
MAK	Maximale Arbeitsplatzkonzentration
MAR	Matrix-attachment-sites
3-MC	3-Methylcholanthren
M-CSF	Makrophagen-Kolonien-stimulierendem Faktor
MDGI	Mammary-derived-growth-inhibitor
MDR	Multi-drug-resistance-Gen
mEH	Mikrosomale Epoxidhydrolase
MeIQx	2-Amino-3,8-Dimethylimidazo-[4,5-f]-Chinoxalin
MHC	Major histocompatibility complex
min	Minute
MIN	Mikrosatelliteninstabilität
min	Multiple-intestinal-neoplasia-Genort bei der Maus
MLH1	MutL-Human-Homolog-1-Genort
MLP	Major-late-Promotor
MLV	Murine leukemia virus
MOI	Verhältnis von Viren zur Zelle
Mom-1	Modifier of min, Genort bei der Maus
MoMuLV	Moloney-Maus-Leukämie-Virus
MRP	Multidrug-resistance-associated-Protein
MSH2	MutS-Human-Homolog-2-Genort
MTD	Maximal tolerierbare Dosis
MUC-1	Muzin
MUM-1	Individuelles Tumorantigen
MGMT	O6-Methylguanin-Methyltransferase
mut	Mutiertes Allel
MutH, L, S, U	Fehlpaarungsreparaturgene bei Einzellern
MVR	Minimale Verlustregion
MYC	Myelocytomatosis-virus-homologue-Genort
NAT	N-Azetyltransferase
NAT1	Arylamin-N-Azetyltransferase Typ 1
NAT2	Arylamin-N-Azetyltransferase Typ 2
NCA	Non-cross-reacting antigen
NCR	Nichtkodierende Region
NF	Neurofibromatose
NHL	Non-Hodgkin-Lymphom
NIH	National institute of health
NIP	Nitroiodophenyl
NK-Zelle	Natural killer cell
NME1	Metastasis-Faktor-Nm23-Inhibition
NME2	Metastasis-Faktor-Nm23B-Inhibition
NNK	4-Methylnitrosamino-1-(3-Pyridyl)-1-Butanon
NPC	Nasopharynxkarzinom
OR	Odds-Ratio
p53	Tumorsuppressorprotein mit einem MG von 53 000
PAS	Per/AhR/Arnt/Sim; Para-Aminosalizylsäure
PBPC	Progenitorzellen aus peripherem Blut
PCR	Polymerase chain reaction, Polymerasekettenreaktion
PE	Phycoerythrin
PHSC	Pluripotente hämatopoetische Stammzellen
PhiP	2-Amino-1-Methyl-6-Phenylimidazo[4,5-b]-Pyridin
PJ	Packungsjahr (entspricht 7 300 gerauchten Zigaretten)
PKC	Proteinkinase C
PM	Poor metabolizer bzw. langsamer Metabolisierer
PMS1	Postmeiotic-increased-segregation-1
PMS2	Postmeiotic-increased-segregation-2
Positionelle Klonierung	Genklonierung auf der Basis seiner chromosomalen Position

PPAR	Peroxisome-proliferator-activated-Rezeptor
PSA	Prostata-spezifisches Antigen
PTT	Protein truncation test, Nachweistechnik für Abbruchmutationen
RAC	Recombinant DNA advisory committee
RB1	Retinoblastomgen-1
RCR	Replikationskompetente Retroviren
RFLP	Restriktionsfragmentlängenpolymorphismus
RT-PCR	Polymerasekettenreaktion nach reverser Transkription von RNA, reverse transcription PCR
scAb	Single chain antibodies, Einzelkettenantikörper
SCF	Stammzellfaktor
SCID	Schwere kombinierte Immundefizienz
sIl-6-R	Il-6-Rezeptor
SIN-Vektoren	Selbst-inaktivierende Vektoren
sTn-Antigen	Sialyliertes Tn-Antigen
T-Antigen	Thomsen-Friedenreich-Antigen
2,3,7,8-TCDD	2,3,7,8-Tetrachlordibenzo-p-Dioxin
TcR	Idiotypen der T-Zell-Rezeptoren
TCR	T -Zell-Antigenrezeptor
TGF-β	Transforming-growth-Faktor β
TGFBR2	Transforming-growth-Faktor-β-Rezeptor-Typ-2

TIL	Tumor-infiltrierende Lymphozyten
TNF	Tumornekrosefaktor
Tp53	Tumorprotein-p53-Genort
TPA	12-Tetradecanoylphorbol-13-Azetat
Transition	Basenpaarsubstitution Purin-Purin/ Pyrimidin-Pyrimidin
Translokation	Austausch von Chromosomensegmenten
Transversion	Basenpaarsubstitution Purin-Pyrimidin/ Pyrimidin-Purin
TRK	Technische Richtkonzentration
UDPGT	Uridinphosphat-Glukuronosyl-Transferase
UGT	UDP-Glukuronosyl-Transferase
US EPA	US environmental protection agency
VAD	Vincristin-Adriamycin-Dexamethason-Chemotherapie
VIP	Standardchemotherapie
VLP	Virus-like particles
VPC	Virus-produzierende Zellinie
VSV	Vesikuläres Stomatitisvirus
WHO	World health organisation
WHV	Hepatitisvirus des Murmeltiers
wt	Wildtyp, das häufigste aktive Allel
XP	Xeroderma pigmentosum

1 Krebsentstehung

1.1 Mechanismen der Entstehung genetisch bedingter Krebsformen

Siegfried Scherneck und Konrad Kölble

1.1.1 Einführung

Die Vorstellungen über eine genetische Basis von Tumorerkrankungen, v. a. begründet auf epidemiologischen, zytogenetischen sowie Familienuntersuchungen, lassen sich fast ein ganzes Jahrhundert zurückverfolgen [Wilkowski 1990].

Der schlüssige Nachweis, daß Krebs im Wesen eine genetische Krankheit ist, gelang jedoch erst in diesem Jahrzehnt und muß als eine der wichtigsten Entwicklungen der gegenwärtigen genetischen Forschung angesehen werden. Insbesondere 2 Kriterien unterscheiden Krebserkrankungen von anderen genetischen Krankheiten:

- An der Krebsentstehung sind in der Regel somatische Mutationen beteiligt, während alle anderen genetischen Erkrankungen (ausgenommen solche, bei denen mitochondriale Gene beteiligt sind) auf Keimbahnmutationen beruhen.
- Die Krebsentstehung geht von einer Zelle aus und beruht auf der Akkumulation mehrerer unabhängiger Mutationen [Vogelstein u. Kinzler 1993]. Die Akkumulation von Mutationen erfolgt schrittweise, wobei jede Mutation bei jedem Schritt der Zelle einen selektiven Vorteil verschafft und diese letztlich expandieren kann [Bodmer 1994].

Dieses sog. Mehrschrittkonzept spielt eine zentrale Rolle für das Verständnis der Krebsentstehung. Danach durchläuft eine Zelle eine Reihe von Veränderungen in ihrem Vermögen zur Proliferation und Differenzierung. Grundlage dieser Veränderungen bildet ein zunehmendes Ungleichgewicht in der Kontrolle von wachstumshemmenden und -stimulierenden Signalen innerhalb der Zelle und in der Wechselwirkung mit ihrer Umgebung. Viele der dabei ablaufenden komplexen und selektiven Prozesse sind noch nicht verstanden. Der wissenschaftliche Zugang beruht v. a. auf der Verfügbarkeit neuer molekularbiologischer Techniken sowie deren Symbiose mit klassischen genetischen Verfahren zur Analyse des menschlichen Genoms (positionelles Klonieren). Die methodisch-technischen sowie konzeptionellen Fortschritte führten zur Lokalisation und Isolierung von sog. Krebsgenen, die, in mutierter Form, in die Initiation und Progression menschlicher Tumoren involviert sind. Dazu gehören mindestens 3 Kategorien von Genen: die Onkogene, die Tumorsuppressorgene und die Reparatur-Mutator-Gene [Levine 1995].

Bisher wurden mehr als 100 verschiedene Onkogene mit einem breiten Spektrum an Mutationen in tierischen und menschlichen Tumoren gefunden. Nur ein Teil dieser Onkogene scheint bei der Entstehung und Progression menschlicher Tumoren beteiligt zu sein, wobei einige eine ausgeprägte Zell- bzw. Gewebespezifität haben [Smith et al. 1993b, Spandidos et al. 1993]. Zu den Mutationen, die Protoonkogene in Onkogene überführen, gehören Amplifikationen, Translokationen und Punktmutationen. In der Regel sind Mutationen, die einen Funktionsgewinn des Onkogens (gain of function) verursachen, dominant wirksam.

Demgegenüber sind Mutationen mit Funktionsverlust (loss of function) typisch für Tumorsuppressorgene, die wegen des erforderlichen Verlusts beider parentaler Allele zur Tumorgenese auch als rezessive Onkogene bezeichnet werden [Bookstein u. Allred 1993, Skuse u. Ludlow 1995, Stanbridge 1990, Weinberg 1991]. Gegenwärtig sind mehr als 10 Tumorsuppressorgene bekannt, von denen die meisten, vergleichbar den Onkogenen, eine strenge Zell- bzw. Gewebespezifität haben, jedoch unterschiedlichste subzellulare Lokalisationen aufweisen (Tabelle 1.1.1). Die vielfältigen Funktionen der Tumorsuppressorgene zeigen sich am Beispiel des am besten untersuchten Vertreters dieser Gene, dem TP53-Gen. Es spielt eine Schlüsselrolle bei der Regulation des Zellzyklus, wirkt weiterhin als Transkriptionsfaktor und koordiniert ein komplexes zellulares System zur Reparatur von DNA-Schäden [Harris 1993, Milner 1995, Sager 1992]. In den meisten epithelialen Zellen scheinen Mutationen von Tumorsuppressorgenen die Initiation der Tu-

Handbuch der Molekularen Medizin, Band 2
Tumorerkrankungen
Herausgeber: D. Ganten und K. Ruckpaul

Tabelle 1.1.1. Bekannte Tumorsuppressorgene, ihre chromosomale Lokalisation, subzellulare Verteilung des Genprodukts sowie ihre Funktion und Assoziation mit spezifischen Tumoren bzw. Krebssyndromen

Gen	Chromosomale Lokalisation	Genprodukt	Subzelluläre Verteilung	Funktion	Tumortyp	Assoziiertes Syndrom
TP53	17p13.1	53 000-Protein	Zellkern	Transkriptionsfaktor (Zellzyklusarrest, DNA-Reparatur, Apoptose)	Rhabdomyosarkom Mammakarzinom Osteosarkom Hirntumoren	Li-Fraumeni-Syndrom
BRCA1	17q21	Ringfingerprotein mit einem MG ~ 229 000	?	?	Mammakarzinom Ovarialkarzinom	Erbliches Brustkrebssyndrom (HBC) Erbliches Brustkrebs-Ovarialkrebs-Syndrom (HBOC)
BRCA2	13q13	Protein mit einem MG ~ 220 000	?	?	Mammakarzinom (w/m) Ovarialkarzinom	Erbliches Brustkrebssyndrom (HBC)
RB1	13q14	110 000-Protein	Zellkern	Negativer Regulator des Zellzyklus-Transkriptionsfaktor	Retinoblastom Osteosarkom	Erbliches Retinoblastom
WT1	11p13	45 000-Protein	Zellkern	Transkriptionsfaktor	Wilms-Tumor Nephroblastom	
NF1	17q11	372 000-Protein-Neurofibromin	Zytoplasma	GTPase-aktivierendes Protein (GAP)	Neurofibrosarkom Schwannom Gliom	Neurofibromatose Typ 1
NF2	22q12	66 000-Protein-Merlin	Zytoskelett	Integration von Zytoskelett mit Plasmamembran	Schwannom Meningiom	Neurofibromatose Typ 2
VHL	3p25	34 000-Protein	?	?	Hämangioblastom Phäochromozytom Nierenzellkarzinom	Von-Hippel-Lindau-Syndrom
DCC	18q21	Protein mit einem MG ~160 000–180 000	Plasmamembran	Zelladhäsion	Kolorektales Karzinom	
APC	5q21	312 000-Protein	Zytoplasma	ß-Catenin-Bindung ?	Kolorektales Karzinom	Familiäre adenomatöse Polypose
MSH2	2p22-p21	Protein mit einem MG ~ 100 000	Zellkern	DNA-Reparatur	Kolorektales Karzinom	Erbliches kolorektales Karzinom ohne Polyposis (HNPCC)
MLH1	3p21-23	Protein mit einem MG ~ 85 000	Zellkern	DNA-Reparatur	Kolorektales Karzinom	HNPCC
PMS1	2q31-33	Protein mit einem MG ~ 100 000	Zellkern	DNA-Reparatur	Kolorektales Karzinom	HNPCC
PMS2	7p22	Protein mit einem MG ~95 000	Zellkern	DNA-Reparatur	Kolorektales Karzinom	HNPCC
CDKN2A	9p21	16 000-Protein (p16)	Zellkern	CdK4-Inhibitor	Melanom Glioblastom/Mesotheliom	Erbliches Melanom
CDKN2B	9p21	15 000-Protein (p15)	Zellkern	CdK4-Inhibitor	Melanom ?	

morentwicklung auszulösen, während in hämatopoetischen Zellen meist Onkogene diese Rolle übernehmen [Vogelstein u. Kinzler 1993]. Mutationen in Tumorsuppressorgenen bilden die Grundlage der erblichen Disposition für verschiedene Tumoren beim Menschen. Sie werden im heterozygoten Zustand vererbt und eine 2. Mutation im anderen Allel führt zur Inaktivierung des Gens (s. unten).

Die 3. Gruppe von Genen, die Reparatur-Mutator-Gene, wurden erstmals in *E.-coli*-Mutanten mit stark erhöhter spontaner Mutationsrate identifiziert. Die Produkte dieser Gene sind essentiell für die Funktion von DNA-Reparaturmechanismen (Mismatch repair), die eine korrekte DNA-Replikation bzw. -Rekombination ermöglichen und wesentlich zur Stabilität des Genoms beitragen. Beim Menschen führen Mutationen in diesen strukturell und funktionell hochkonservierten Genen v. a. zu kolorektalen, aber auch anderen epithelialen Tumoren [Fishel u. Kolodner 1995, Karp u. Broder 1995, MacPhee 1995, Modrich 1994].

Funktionell noch weitgehend ungeklärt ist die Rolle des auf 11q22.3 lokalisierten „Ataxia telangiectasia"-Gens (ATM-Gens), das homozygot mutiert zu einer erhöhten Strahlensensibilität führt und besonders für lymphatische Neoplasien disponiert. Sein Genprodukt ähnelt Phosphatidylinositol-3′(PI-3′)-Kinasen und ist möglicherweise an der mitogenen Signaltransduktion, der meiotischen Rekombination und der Zellzykluskontrolle beteiligt. Interessanterweise zeigen epidemiologische Untersuchungen, daß weibliche Träger heterozygoter ATM-Mutationen ein erhöhtes Brustkrebsrisiko haben [Savitsky et al. 1995, Zakian 1995].

Der ständig steigenden Zahl an neu identifizierten Genen steht unser vielfach begrenztes Wissen über die Rolle und Funktion der Onkogene, Tumorsuppressorgene und Reparatur-Mutator-Gene sowie deren Interaktion auch mit anderen Genen bzw. Genprodukten im Verlauf der Tumorentstehung und -progression gegenüber. Vielversprechende Ansätze zum besseren Verständnis dieser Prozesse liefern v. a. Untersuchungen an dem komplexen System der Regulation des Zellzyklus [Hartwell u. Kastan 1994, Hirama u. Koeffler 1995]. In diesem Netzwerk positiver und negativer Regulationsprozesse, das die Balance zwischen Zellwachstum, Differenzierung, Überleben und Zelltod vermittelt, spielen Onkogene und Tumorsuppressorgene, aber auch DNA-Reparaturgene eine essentielle Rolle [Karp u. Broder 1995, Marx 1994, Strauss et al. 1995]. Daneben sind noch weitere Kategorien von Genen bzw. Genprodukten zu erwarten, die die Entstehung und Progression von Tumoren beeinflussen, besonders Mediatoren hormoneller Einflüsse und angiogenetische Prozesse sind hier von potentieller Relevanz.

Anhand ausgewählter Beispiele soll im folgenden versucht werden, einige der oben dargelegten Fakten und Probleme der gegenwärtigen tumorgenetischen Forschung zu illustrieren.

1.1.2 2-Mutationen-Modell der Tumorentstehung und Krebsfamilien: Das Retinoblastomparadigma

Die Mutationstheorie der Krebsentstehung ist mehr als 80 Jahre alt und basiert auf den visionären Ideen von Boveri über die Entstehung maligner Tumoren durch somatische Mutationen [Boveri 1914]. Boveris Hypothese gründet sich auf die Beschreibung mitotischer Abnormitäten in Tumoren, die aber sowohl als Primär- als auch als Sekundärereignis bei der Tumorentstehung aufgefaßt werden können [Knudson 1995]. Unterstützung für die Idee des Primats der genetischen Veränderungen brachten die Arbeiten von Nowell u. Hungerford [1960], die eine regelmäßig auftretende Anomalie im Chromosom 22, dem Philadelphia-Chromosom (Ph^1), bei chronisch-myeloischer Leukämie (CML) beschrieben. Das Ph^1-Chromosom kommt durch eine reziproke Translokation zwischen den Chromosomen 22 und 9 zustande, die bei 90% der CML-Patienten nachweisbar ist und bei der es sich um eine Translokation der Onkogene ABL/BCR handelt [Wagner 1996]. Die Befunde von Novell u. Hungerford [1960]und der Nachweis, daß die untersuchten Tumoren, wie von Boveri [1914] vermutet, von 1 Zelle stammen, trugen maßgeblich zur Akzeptanz einer genetischen Basis der Tumorentstehung bei.

Ein wichtiges Glied in dieser Beweiskette waren epidemiologische Untersuchungen an Familien, in denen 1 oder mehrere Tumortypen gehäuft auftreten. Familiäre Formen sind von fast allen Tumortypen seit langem bekannt [Li 1993, Schneider et al. 1986, Seminara u. Obrams 1994]. Der Anteil hereditärer Tumoren an der Gesamtfraktion der Tumoren variiert innerhalb der einzelnen Tumortypen. Er ist generell gering (1–5%), kann aber, wie im Fall des Retinoblastoms, ca. 40–50% der Fälle betragen [Buchanan u. Cavenee 1987]. Der Erbgang entspricht in der Regel einer autosomal-dominanten Erkrankung mit hoher Penetranz. In diesem Fall spricht man von einer genetischen

Disposition, die eine Person für den entsprechenden Tumor hat, wobei das Lebensrisiko 100% erreichen kann. Es gibt inzwischen zahlreiche Hinweise dafür, daß eine noch weitaus größere Gruppe von Menschen eine genetische Disposition für bestimmte Tumoren aufweist, ohne daß bisher eine familiäre Häufung offensichtlich ist [Ponder 1990]. Die besondere Bedeutung der Tumorfamilien besteht v. a. darin, die molekularen Grundlagen einer Tumordisposition erfassen zu können. Da z. B. Mutationen des gleichen Gens auch in den häufigeren, nicht-familiären Tumoren dieses Typs vorkommen, können Aussagen bezüglich der Ersteren ohne weiteres verallgemeinert werden. Sichere histopathologische Unterscheidungsmerkmale zwischen spontanen und hereditären Tumoren sind bislang nicht identifiziert worden.

Umfangreiche Familienanalysen hatten ergeben, daß die Vererbung einer Tumor-disponierenden Mutation keine ausreichende Bedingung für die Tumorentstehung ist, und es stellten sich Fragen, insbesondere über die Natur und Zahl der notwendigen somatischen Mutationen. Wesentliche Grundlagen für unser gegenwärtiges Verständnis hat Alfred Knudson am Modell des Retinoblastoms (RB) gelegt. Das Retinoblastom ist der häufigste Augentumor im Kindesalter (weltweit 1 Fall auf ca. 20 000 Lebendgeburten) und tritt sowohl in erblicher (40–50%) als auch in spontaner (isolierter) Form auf. Aus statistischen Analysen ermittelte Knudson [1971, 1987], daß sich erstere von letzterer Form im klinischen Bild v. a. durch ein bilaterales oder multifokales Vorkommen bzw. frühes Einsetzen der Erkrankung unterscheidet. Er folgerte, daß zur Entstehung des Retinoblastoms 2 Mutationsschritte notwendig sind: bei der erblichen Form wird die 1. Mutation über die Keimbahn vererbt, während die 2. Mutation (im anderen Allel) in der Targetzelle, dem Retinoblasten, stattfindet. Bei der sporadischen Form erfolgen die Mutationen in beiden Allelen in den Retinoblasten [Knudson 1971, Knudson 1987]. Erste Hinweise über die Lokalisation Retinoblastom-disponierender Genomabschnitte lieferten zytogenetische Untersuchungen, die spezifische Deletionen im langen Arm des Chromosoms 13 nachwiesen. Obgleich diese nicht bei allen Patienten erkennbar waren und auch in der Größe variierten, waren sie doch in einer Region, 13q14, überlappend. Nachfolgende Untersuchungen an mehreren Retinoblastomfamilien und der Einsatz von DNA-Sonden aus dem 13q14-Genombereich führten dann zur Klonierung eines Gens, das alle Eigenschaften eines Tumorsuppressorgens aufweist [Friend et al. 1986, Goodrich u. Lee 1993, Hansen u. Cavenee 1988]. Mit der Klonierung des RB1-Gens, eines der ersten Beispiele für die positionelle Klonierung eines Gens unbekannter Funktion, konnte bestätigt werden, daß die Entstehung des hereditären Retinoblastoms auf biallelischen, inaktivierenden Mutationen im RB1-Gen beruht. Solche Mutationen wurden auch in sporadisch entstehenden Retinoblastomen gefunden. Es sind inzwischen zahlreiche RB1-Mutationen beschrieben worden, deren Korrelation zu einem spezifischen Tumorphänotyp aber noch aussteht [Lohmann et al. 1996]. In der Regel führen die Mutationen zum Funktionsverlust des Proteins (Nonsense- und Frameshift-Mutationen). Inaktivierende RB1-Mutationen sind aber auch bei anderen Tumoren, z. B. beim Brustkrebs, gefunden worden, ein Befund, der darauf hinweist, daß das Retinoblastomgenprodukt, p105, eine wichtige Rolle bei der Regulation der Zellproliferation in verschiedenen Organen und nicht nur in der Retina spielt.

Nach der Isolierung des RB1-Gens wurden mehrere Tumor-disponierende Gene für verschiedene, familiär gehäuft auftretende Tumortypen positionell kloniert (Tabelle 1.1.1) und der Tumor-supprimierende Charakter der Gene nachgewiesen. Einige weitere Kandidatengene wurden mittels zytogenetischer und molekulargenetischer Methoden ermittelt, wobei, ausgehend von der Hypothese von Knudson [1971, 1987], insbesondere der Nachweis von Heterozygotieverlusten (LOH, loss of heterozygosity) oder von homozygoten Deletionen eines spezifischen chromosomalen Markers als Hinweise für das Vorliegen eines Tumorsuppressorgens gewertet werden (Abb. 1.1.1). Auf diese Weise wurden kürzlich 2 Tumorsuppressorgene lokalisiert, von denen vermutet wird, daß sie bei der Entstehung des Melanoms (lokalisiert auf Chromosom 9p21) bzw. des Pankreaskarzinoms (Chromosom 18q21.1) beteiligt sind [Hahn et al. 1996, Kamb et al. 1994].

Mit der Verfügbarkeit hochpolymorpher DNA-Marker, insbesondere von Mikrosatelliten, die gleichmäßig über das gesamte Genom verteilt sind und sich mittels der Polymerasekettenreaktion (PCR) amplifizieren lassen, sind die technischen Voraussetzungen geschaffen, um neue Kandidatenregionen für Tumorsuppressorgene zu finden. Ob alle hetero- bzw. homozygot in Tumoren deletierten Regionen Tumorsuppressorgene im herkömmlichen Sinn enthalten, wird frühestens nach Abschluß des humanen Genomprojekts erkennbar werden. Inwieweit über primäre Sequenzanalyse identifizierte Gene für Krebs disponierend wirksam sind, kann mittels Kopplungsanalysen an Fa-

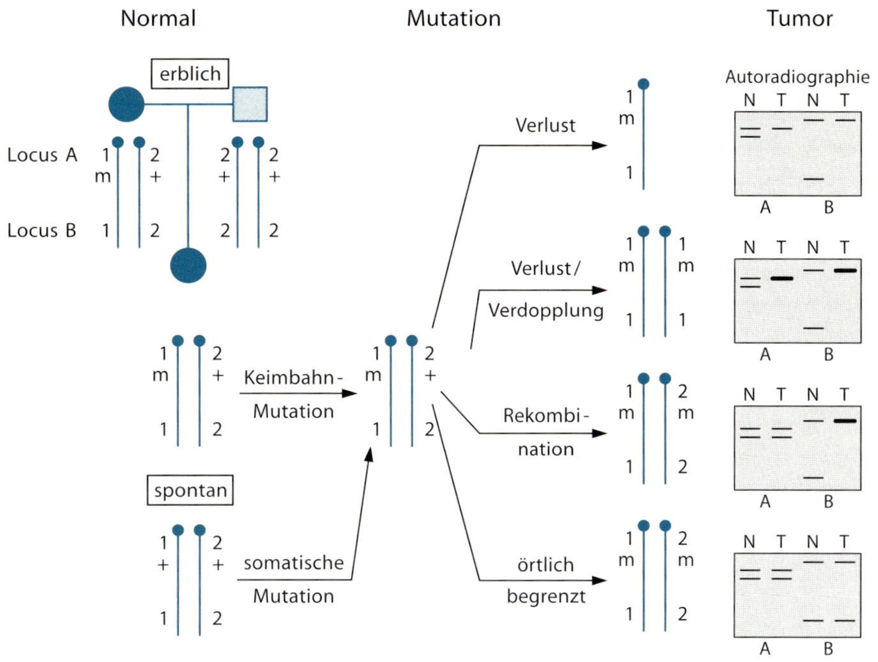

Abb. 1.1.1. Knudson-2-Mutationen-Modell: Schematische Darstellung somatischer chromosomaler Mechanismen, die zum Verlust eines normalen Allels am mutierten Genort führen, *1, 2* alternative Allele 2er autosomaler Genorte (*Locus A* und *Locus B*); +, *m* Wildtypallel und mutiertes Allel; *N* DNA aus Normalgewebe; *T* DNA aus Tumorgewebe

milien mit gehäuftem Auftreten von Tumoren geklärt werden. Da solche Untersuchungen zumeist größere Stammbäume und eine möglichst exakte Definition des Phänotyps erfordern, dürften in Zukunft zunehmend vergleichende Populationsuntersuchungen eingesetzt werden.

1.1.3 TP53-Keimbahnmutationen und das Li-Fraumeni-Syndrom

In ca. 40–45% aller menschlichen Tumoren wurden Mutationen im TP53-Gen gefunden [Soussi et al. 1994]. Im Gegensatz zu anderen Tumorsuppressorgenen bewirken mehr als 80% der TP53-Mutationen den Austausch einer Aminosäure (Missense-Mutationen), und das mutierte Genprodukt wird häufig in erhöhter Konzentration, auch zusammen mit dem nicht mutierten Genprodukt, im Tumor nachgewiesen. So wird in 90% der untersuchten kolorektalen Karzinome das Mutantenallel, aber in ca. 40% der Mammatumoren das TP53-Wildtypallel gefunden [Faille et al. 1994]. Die Mechanismen, die den tumorsuppressiven Effekt des TP53-Gens bewirken bzw. aufheben, bedürfen deshalb noch der Klärung.

Art und Häufigkeit der TP53-Mutationen unterscheiden sich in verschiedenen Tumortypen. So überwiegen z. B. in kolorektalen Karzinomen GC:AT-Transitionen, während beim Lungenkarzinom GC:TA-Transversionen dominieren. Die Spezifität der Mutationen kann in einigen Fällen der Wirkung von Kanzerogenen und anderen Noxen zugeordnet werden (z. B. Benzo(a)pyren im Tabakrauch, Aflatoxin B1 bei hepatozellularen Karzinomen [Greenblatt et al. 1994]).

Der Nachweis von TP53-Mutationen in mehr als 1/3 aller menschlichen Tumoren weist darauf hin, daß der Verlust der TP53-Wildtypfunktion eine kritische Rolle bei der Evolution des Tumors spielt. TP53-Mutationen werden relativ früh in der Genese eines Tumors (wenn er noch lokalisiert und nichtinvasiv ist) nachgewiesen, wie im Fall des Mamma- oder Lungenkarzinoms. Sie treten bei anderen Tumortypen, wie beim Ovarial- oder Prostatakarzinom, aber auch spät in der Evolution des Tumors auf. Darüber hinaus sind TP53-Mutationen, wie im folgenden demonstriert wird, wahrscheinlich Primärereignisse, die die Initiation eines Tumors bei Menschen (und Tieren) mit hereditären TP53-Mutationen einleiten [Donehower 1996, Harris u. Hollstein 1993].

Keimbahnmutationen des TP53-Gens wurden erstmals bei Patienten mit Li-Fraumeni-Syndrom (LFS), einem erblichen Krebssyndrom mit autosomal-dominantem Erbgang, nachgewiesen [Frebourgh et al. 1995, Malkin 1993]. Die Betroffenen entwickeln in ungewöhnlich jungem Alter verschiedenste Tumoren, darunter Mamma-, Kehlkopf-, Lungen- und Nebennierenrindenkarzinome, aber auch Hirntumoren, Sarkome und Leukämien. Die Kosegregation des mutierten TP53-Allels mit dem Tumorphänotyp demonstriert dessen ursächliche Beteiligung an der Entstehung des LFS [Law et al. 1991].

Die hohe Inzidenz unterschiedlicher Tumoren in Mäusen, die inaktive TP53-Allele haben, zeigt, daß TP53-Keimbahnmutationen diesen Tieren eine genetische Disposition für verschiedene Tumoren vermitteln [Donehower et al. 1992]. Tatsächlich wurden TP53-Keimbahnmutationen auch bei Patienten nachgewiesen, die aus Familien mit gehäuftem Vorkommen an unterschiedlichen Tumoren (aber nicht LFS) stammen [Felix et al. 1993, Scott et al. 1993]. Diese Beobachtungen zeigen, daß TP53-Keimbahnmutationen ein genetisches Risiko für die Entstehung eines breiten Spektrums von Tumoren darstellen, wobei deren geringe Tumorspezifität die Risikoabschätzung für Personen mit TP53-Keimbahnmutationen limitiert.

1.1.4 Brustkrebs – eine komplexe Erkrankung wird durchsichtiger

Brustkrebs ist weltweit die häufigste Tumorerkrankung der Frau, und die Tendenz ist steigend. Allein in Deutschland gibt es jährlich rund 43000 Neuerkrankungen, und es wird geschätzt, daß jede 12. Frau im Verlauf ihres Lebens an Brustkrebs erkrankt [Chang-Claude et al. 1995].

Brustkrebs stellt eine komplexe, histologisch äußerst heterogene Erkrankung dar, deren Ätiologie vielfältige genetische, hormonelle sowie Ernährungs- und Umweltfaktoren einschließt. Auch der Krankheitsverlauf ist variabel und nur beschränkt prognostizierbar. Die große Zahl der Risikofaktoren, die bisher für das Entstehen des Brustkrebses ermittelt wurden, sind in ihrer Signifikanz häufig umstritten [Berg 1995].

Obwohl die molekularen Grundlagen der Prozesse, die zur Entstehung und Progression des Brustkrebses führen, vielfach noch unverstanden sind, gibt es heute keinen Zweifel mehr am Konzept einer genetischen Basis des Brustkrebses. Insbesondere die Fortschritte des humanen Genomprojekts, die rasche Entwicklung hochinformativer Marker für die Genkartierung und die Anwendung effektiver Klonierungsstrategien haben in jüngster Zeit neue Möglichkeiten zur genetischen Analyse auch komplexer Krankheitsbilder wie das des Brustkrebses geschaffen.

Die mittels zytogenetischer und molekulargenetischer Analyse an Brustkrebszellinien und Tumoren beobachteten genetischen Veränderungen sind vielfältig: am häufigsten sind DNA-Amplifikationen (besonders von Genen für Wachstumsfaktoren und deren Rezeptoren) sowie Tumorsuppressorgene involvierende Mutationen und regionale chromosomale Verluste. Weniger häufig sind offenbar Protoonkogene aktivierende Mechanismen, wie Translokationen, Inversionen oder Insertionen. Auch tritt eine ausgeprägte Mikrosatelliteninstabilität (MIN) beim Brustkrebs seltener als bei hereditären und sporadischen gastrointestinalen Karzinomen, Endometrium- oder Ovarialkarzinomen auf [Black 1994, Bieche u. Lidereau 1995, Devilee u. Cornelisse 1994, Scherneck 1995, Tripathy u. Benz 1993, Van de Vijver 1993, Yamashita et al. 1993].

1.1.4.1 Amplifikation und Überexpression von (Proto-) Onkogenen

Aus zahlreichen Untersuchungen sind mehrere Protoonkogene bekannt, die, z. T. zusammen mit variablen, benachbarten DNA-Regionen, in Brustkrebsen amplifiziert und teilweise auch überexprimiert werden [Bieche u. Lidereau 1995, Devilee u. Cornelisse 1994, Scherneck 1995]. Drei gut charakterisierte Genomabschnitte, in denen Amplifikationen beobachtet werden, stellen die chromosomalen Regionen 8q24, 11q13 und 17q12 dar. Die entsprechenden Targetgene sind das myc-Gen auf Chromosom 8, das Cyclin-D1-Gen (CCND1-Gen) auf Chromosom 11 und das ErbB2-Protoonkogen auf Chromosom 17. Myc und CCND1 werden in ca. 15% der Tumoren, erbB2 in ca. 20% der Tumoren amplifiziert. In manchen Tumoren werden die Gene überexprimiert, ohne daß die DNA amplifiziert wird. Obwohl diese Amplifikationsphänomene, besonders des ErbB2-Gens, beim Brustkrebs schon seit geraumer Zeit Objekte intensiver Untersuchungen sind, ist die Rolle der amplifizierten und/oder überexprimierten Gene bei der Tumorevolution noch unklar. Bisher wurden auch keine Keimbahnmutationen in einer dieser Genomregionen gefunden [Hall et al. 1989].

1.1.4.2 Heterozygotieverlust und Tumorsuppressorgene

Die häufigsten in Brustkrebszellen nachweisbaren chromosomalen Veränderungen sind somatische

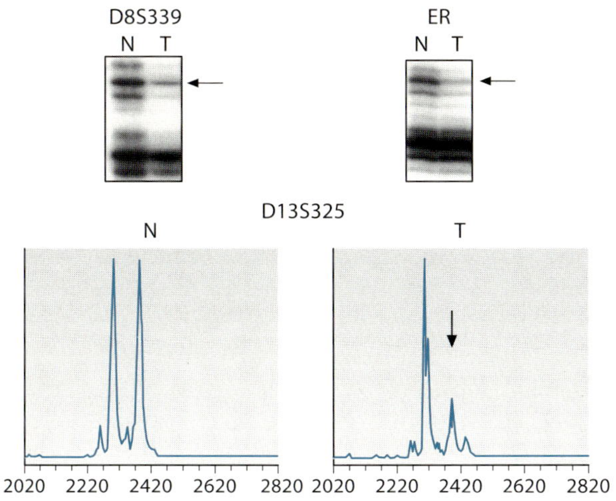

Abb. 1.1.2. Allelotypisierung von Normal- und Tumorgewebe mittels Mikrosatellitenanalyse, *oberes Panel* radioaktiver Nachweis von Allelverlusten am Beispiel von Mikrosatellitenloci auf Chromosom 8 (*D8S339*) und 6 (*ER* Östrogenrezeptor), *unteres Panel* Nachweis von Allelverlusten mittels fluoreszenzmarkierter Primer am Beispiel eines Mikrosatellitenlocus auf Chromosom 13 (*D13S325*), *N* DNA aus Normalgewebe; *T* DNA aus Tumorgewebe, *Pfeil* Regionen der verlorenen Allele

Makro- oder Mikrodeletionen, die zu Wildtypallelverlusten 1 oder mehrerer Gene führen. Der Nachweis solcher regionalen DNA-Verluste basiert auf der Verwendung natürlicher Polymorphismen in der menschlichen DNA, die eine Unterscheidung zwischen väterlichen und mütterlichen Chromosomen erlauben. Auf diese Weise kann im Tumor eines Patienten, der heterozygot für einen bestimmten Polymorphismus ist, der Verlust eines Allels, das in der DNA von Nichttumorzellen (z. B. Lymphozyten) vorhanden ist, nachgewiesen werden. Da der Tumorgenotyp nun homozygot, genauer hemizygot, für das mutierte Allel ist, wird von einem Heterozygotieverlust gesprochen (Abb. 1.1.2).

Nach dem 2-Mutationen-Modell von Knudson weisen Heterozygotieverluste auf die chromosomale Lokalisation von Tumorsuppressorgenen hin. In Analogie zu der zytogenetischen Methode des Karyotypisierens wird die LOH-Analyse von Tumoren auch als Allelotypisierung bezeichnet. Die Allelotypisierung von Brusttumoren dient v. a. 2 Zielen, der Assoziation eines charakteristischen Tumortyps mit einem spezifischen LOH sowie der Identifizierung neuer Tumorsuppressorgene in dieser Genomregion (Abb. 1.1.3). Die Allelotypisierung aller menschlichen Chromosomen in Mammakarzinomen hat ein komplexes LOH-Muster ergeben. Bei mindestens 12 Chromosomenarmen wurde LOH in >25% der untersuchten Tumoren nachgewiesen (Abb. 1.1.4). Allerdings variieren die LOH-Frequenzen innerhalb der einzelnen Untersuchungen beträchtlich, wofür in der Vergangenheit v. a. eine variable Kontamination des untersuchten Tumorgewebes mit nichttumorösen Anteilen, wie z. B. Entzündungs- und Stromazellen, verantwortlich gewesen sind. In jüngerer Zeit werden daher LOH-Analysen fast ausschließlich an mikrodisseziertem Material durchgeführt (Abb. 1.1.5).

Berücksichtigt man in der Methodik weitgehend vereinheitlichte Studien gibt es Übereinstimmung, z. T. auch mit zytogenetischen Befunden, daß zumindest die Chromosomenregionen 1p, 3p, 6q, 8p, 11p, 11q, 13q, 16q, 17p, 17q, 18q,

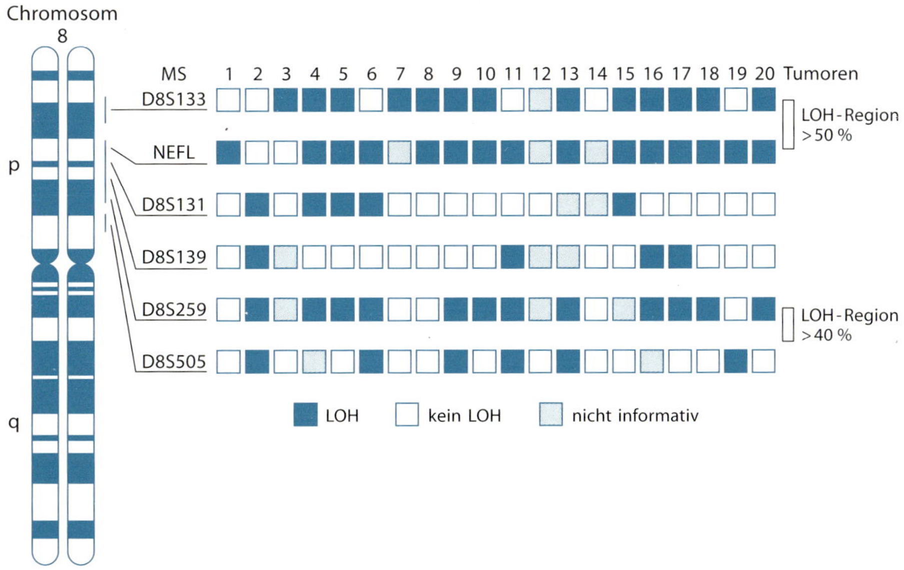

Abb. 1.1.3. Schematische Darstellung einer Analyse auf Heterozygotieverluste (*LOH*) von 20 Mammakarzinomen mittels auf dem Chromosom 8p lokalisierter Mikrosatelliten (*MS*). Häufige Verlustregionen sind markiert

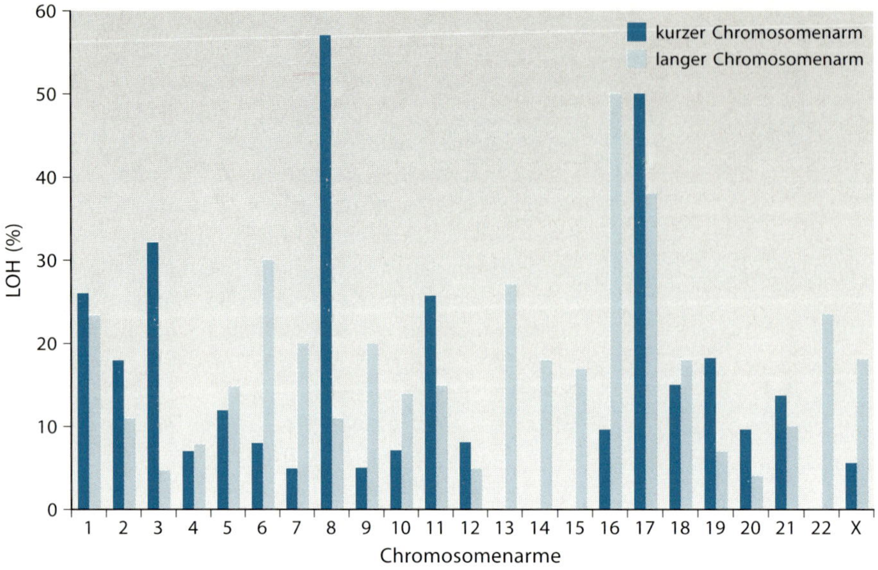

Abb. 1.1.4. Chromosomale Verteilung von Heterozygotieverlusten (*LOH*) beim Mammakarzinom. Die Darstellung beruht auf modifizierten Angaben von Bieche u. Lidereau [1995] und Devilee u. Cornelisse [1994]

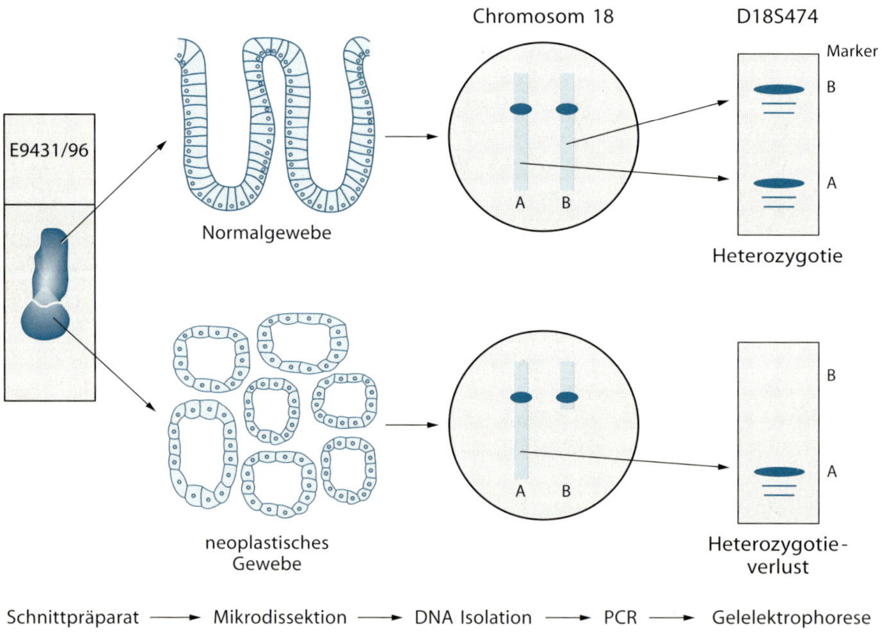

Abb. 1.1.5. Schematische Darstellung des Vorgehens zum Nachweis von Heterozygotieverlusten an histologischem Schnittmaterial durch Mikrodissektion und elektrophoretische Mikrosatellitenanalyse des Markers D18S474, modifiziert nach Jen et al. [1994], *A*, *B* maternes bzw. paternales Chromosom 18

22q und X bei der Brustkrebsentstehung beteiligt sind, während die Signifikanz regionaler Verluste auf anderen Chromosomen noch unsicher ist. Es können auch durchaus mehrere Regionen eines Chromosomenarms unabhängig deletiert vorliegen. So wurden auf dem Chromosom 17 6 LOH-Bereiche gefunden, 2 davon auf dem kurzen und 4 auf dem langen Chromosomenarm [Bieche u. Lidereau 1995].

Die meisten der bei Brustkrebs identifizierten LOH-Regionen werden auch bei anderen Tumortypen gefunden [Rodriquez et al. 1994]. Das weist darauf hin, daß 1 Tumorsuppressorgen in die Genese verschiedener Tumoren involviert ist, möglicherweise auf verschiedenen Stadien der Tumorprogression, oder daß verschiedene Gene in einer distinkten Genomregion jeweils nur in einem Tumortyp eine spezifische Funktion haben. Tatsächlich befinden sich einige der nachgewiesenen LOH-Regionen in Genombereichen, in denen gesicherte Tumorsuppressorgene (z. B. APC, TP53, RB1, NF1) bzw. Kandidatentumorsuppressorgene lokalisiert sind [u. a. DCC (18q21), NME1/2 (17q21), MDGI (1p32–p35); M6P/IGF2R (6q26–q27), HIC1 (17p13.3), CDH1/E-Cadherin (16q2.1) und Maspin (18q21.3–q23)].

Es ist nicht wahrscheinlich, daß alle Chromosomenregionen, in denen LOH nachgewiesen wurde, auch Gene enthalten, die eine erbliche Disposition zu Brustkrebs vermitteln. Wie im folgenden ausgeführt wird, konnten jedoch in 3 Regionen mit hohen Heterozygotieverlustraten für Brustkrebs disponierende Gene charakterisiert werden.

1.1.4.3 Erbliche Disposition zu Brustkrebs

1.1.4.3.1 BRCA1 und BRCA2

Eine familiäre Häufung von Brustkrebs ist seit vielen Jahren bekannt und als gesicherter Risikofaktor für die Erkrankung erkannt worden. Ebenso alt ist das Konzept, wonach für die Entstehung des Brustkrebses ein disponierender oder konstitutioneller Faktor verantwortlich gemacht wird [Schneider et al. 1986].

Brustkrebs wird in einigen Familien in mehreren aufeinanderfolgenden Generationen beobachtet, wobei zusätzlich auch Ovarialkrebs auftreten kann. Ebenso wird ein gehäufter Anteil an Brustkrebs in Familien gefunden, in denen auch mehrere Fälle von anderen Tumoren bzw. Erkrankungen vorkommen. Hierzu gehören u. a. das Li-Fraumeni-Syndrom (s. oben) und das Cowden-Syndrom, charakterisiert durch das Auftreten multipler hamartomatöser Läsionen der Haut, in Verbindung mit Tumoren der Schilddrüse und der Brust [Nelen et al. 1996].

Nur wenige der genannten Familien sind für die Suche nach einem Brustkrebs-disponierenden Gen geeignet. Nach epidemiologischen Schätzungen tragen ca. 5% aller Frauen, die an Brustkrebs erkranken, dominant wirksame, hochpenetrante Keimbahnmutationen in Genen, die ein Risiko von 70–90% vermitteln, im Laufe des Lebens an Brust- und/oder Ovarialkrebs zu erkranken [Claus et al. 1991]. Solche Frauen entwickeln Brustkrebs in der Regel vor dem 45. Lebensjahr und haben eine höhere Rate an bilateralen Tumoren.

BRCA1 war der erste Genlocus, der durch Kopplungsanalysen in Familien mit früh erkrankten Brustkrebspatienten auf dem Chromosom 17q kartiert wurde [Hall et al. 1990]. Die Analyse von mehr als 200 Familien durch ein internationales Konsortium (breast cancer linkage consortium) zeigte, daß Mutationen im BRCA1-Gen ursächlich sind für die genetische Disposition zu Brust- und Ovarialkrebs bei der Mehrzahl der Brust- und Ovarialkrebsfamilien und für ca. 50% der Brustkrebsfamilien [Easton et al. 1993].

Im Dezember 1994 wurde das BRCA1-Gen mittels positioneller Klonierungsstrategie isoliert [Miki et al. 1994]. BRCA1 ist ein großes Gen, das über 100 kb genomischer DNA umfaßt. Es besteht aus 24 Exons, 22 davon kodieren eine 7,8 kb große mRNA, die in Mamma- und Ovarialgewebe, aber auch in anderen epithelialen Organen exprimiert wird. Das Gen scheint nur in Säugetieren konserviert zu sein und ist in der Maus an Proliferations- und Differenzierungsprozessen verschiedener Gewebe beteiligt [Marquis et al. 1995]. Die 7,8-kb-mRNA kodiert ein Polypeptid, bestehend aus 1863 Aminosäuren, das außer einer N-terminalen Ringfingerdomäne nur wenige Homologien zu bekannten Proteinen aufweist [Koonin et al. 1996]. Bisher sind mehr als 75 verschiedene Mutationen in mehr als 100 Familien gefunden worden [Feunteun u. Lenoir 1996, Szabo u. King 1995]. Etwa 85% der Mutationen führen zu einem vorzeitigen Translationsstop. Die Mutationen sind nahezu gleichmäßig über das Gen verteilt, gesicherte Genotyp-Phänotyp-Korrelationen stehen noch aus. In mehreren Familien, die eine signifikante Kopplung zu dem Gen zeigen, wurden keine Mutationen nachgewiesen, so daß genetisch fixierte BRCA1-Regulationsdefekte angenommen werden müssen. Die meisten Familien, in denen BRCA1-Mutationen gefunden wurden, waren streng selektierte Familien (s. oben), so daß Aussagen über das BRCA1-Mutationsspektrum in der allgemeinen Population z. Z. nicht möglich sind. Ein Gründereffekt ist bislang nur bei der ethnischen Bevölkerungsgruppe der Ashkenazi-Juden für die 185-delAG-BRCA1-Mutation mit einer Allelfrequenz von ca. 1% festgestellt worden [Struewing et al. 1995].

Die Mutationsdaten lassen wenig Zweifel an der Funktion des Gens als disponierendes Gen für den familiären Brust- und Ovarialkrebs. Unklar bleibt bisher die Rolle des Gens bei der Entstehung der weitaus häufigeren sporadischen Formen dieser Tumoren. Bisher wurden lediglich 5 Mutationen in sporadischen Ovarialkrebsen und keine bei sporadischem Brustkrebs gefunden. Diese Ergebnisse sind unerwartet, da beide Tumortypen häufig LOH in der Region des Chromosoms 17q aufweisen, in der das Gen lokalisiert ist. Es gibt eine Reihe möglicher Interpretationen dieser Beobachtungen, von denen bisher aber keine experimentell überprüft werden konnte [Feunteun u. Lenoir 1996, Szabo u. King 1995]. Der Nachweis von LOH für polymorphe Marker in der 17q21-Region einschließlich intragener BRCA1-Marker in familiärem und sporadischem Brustkrebs hat zu der Auffassung geführt, daß BRCA1 ein Tumorsuppressorgen ist. Überzeugende Argumente dafür sind weiterhin, daß Tumoren von Patienten aus BRCA1-gekoppelten Familien das BRCA1-Wildtypallel verloren haben, das von dem nicht betroffenen Elternteil vererbt wurde, und daß die Neutralisation des BRCA1-Gentranskripts durch Antisense-Oligonukleotide die Proliferationsrate von normalen und transformierten Brustepithelzellen erhöht [Cornelis et al. 1995, Thompson et al. 1995].

Ein 2. disponierendes Brustkrebsgen, das BRCA2, wurde durch Kopplungsanalysen von Familien, die nicht BRCA1-gekoppelt waren, auf dem Chromosomenabschnitt 13q12-13 kartiert und in der Folge positionell kloniert [Wooster et al. 1994a, Wooster et al. 1995]. BRCA2-Mutationen wurden in Familien mit Brustkrebs, jedoch selten in Familien mit Ovarialkrebs gefunden (ca. 35% aller Brustkrebsfamilien). Interessanterweise tritt in diesen Familien häufig Brustkrebs bei Männern auf [Couch et al. 1996, Phelan et al. 1996, Tavtigian et al. 1996].

Das BRCA2-Gen besteht aus 27 Exons, die über etwa 70 kb genomischer DNA verteilt sind. Das 11385 bp große Transkript kodiert ein Protein, das aus 3418 Aminosäuren besteht. Homologien zu anderen Polypeptiden, außer zu einem BRCA1-Segment, sind ebenso wie die Funktion des Gens nicht bekannt.

Bisher sind mehr als 20 verschiedene BRCA2-Mutationen in ca. 100 Familien gefunden worden [Couch et al. 1996, Neuhausen et al. 1996, Phelan et al. 1996, Tavtegian et al. 1996, Thorlacius et al. 1996]. Die Mutationen sind wie bei BRCA1 über das gesamte Gen verteilt. Das Mutationsprofil ähnelt dem von BRCA1, wobei aber bei BRCA2 eine größere Anzahl an Deletionen einzelner Basen beobachtet wurde. Auch für BRCA2-Mutationen wird ein Gründereffekt für die ethnische Bevölkerungsgruppe der Ashkenazi-Juden – die 6174-del-T-Mutation – nachgewiesen [Neuhausen et al. 1996], wobei 8% der Frauen mit frühem Brustkrebs (Erkrankungsalter <45 Jahre) diese Mutation tragen. Ähnliche Beobachtungen gibt es für eine Mutation in der isländischen Bevölkerung [Thorlacius et al. 1996]. Mutationen im BRCA2-Gen scheinen mit etwa dem gleichen hohen Risiko für Brustkrebs verbunden zu sein, wie für BRCA1 ermittelt wurde. Vorläufige Ergebnisse zeigen darüber hinaus, daß Träger von BRCA2-Mutationen ein erhöhtes Risiko haben, an Prostata-, Kehlkopf- und Endometriumkarzinom zu erkranken [Stratton u. Wooster 1996].

Die Analyse von Brustkrebs aus BRCA2-Familien zeigt eine hohe Rate an LOH (7 von 8 Tumoren) [Collins et al. 1995]. In der Region des BRCA2-Gens ist in allen Fällen das entsprechende Wildtypallel verlorengegangen. Auch in sporadischem Brustkrebs werden in der BRCA2-Region >30% LOH beobachtet. Diese Befunde charakterisieren BRCA2 als ein Tumorsuppressorgen [Cleton-Jansen et al. 1995].

1.1.4.3.2 Andere für Brustkrebs disponierende Gene

Von ca. 200 Familien, die in verschiedenen Labors untersucht wurden und in denen 4 oder mehr Fälle an Brustkrebs auftreten, haben ca. 50% der Familien BRCA1-Mutationen oder sind streng BRCA1-gekoppelt, ca. 30% der Familien sind BRCA2-gekoppelt und die restlichen ca. 20% der Familien sind weder BRCA1- noch BRCA2-gekoppelt [Szabo u. King 1995]. In einigen dieser letztgenannten Familien könnten mehrere sporadische Fälle von Brustkrebs den Nachweis einer BRCA1-BRCA2-Kopplung beeinträchtigen, in anderen Familien aber wird ein weiteres Brustkrebs-disponierendes Gen vermutet.

Gegenwärtig scheint keine der durch LOH-Analysen identifizierten Tumorsuppressorgenkandidatenregionen, außer den Genorten für BRCA1, BRCA2 und TP53 (s. oben), mit familiärem Brustkrebs gekoppelt zu sein. Für einige wenige gibt es dafür Hinweise, die aber noch bestätigt werden müssen. So wurde für 2 Familien eine Kopplung zum Östrogenrezeptorgen oder einem eng benachbarten Gen auf dem Chromosom 6q25.1 nachgewiesen, aber keine funktionell signifikante Mutation gefunden [Zuppan et al. 1991]. Hinweise für eine Kopplung gibt es auch für ein bisher nicht identifiziertes Gen in der Genomregion 8p22-p12 [Kerangueven et al. 1995, Seitz et al. pers. Mitteilung]. Mutationen im Androgenrezeptorgen (X-Chromosom) scheinen in die Entstehung von Brustkrebs bei männlichen Personen mit Reifenstein-Syndrom involviert zu sein [Wooster et al. 1992]. Das Brustkrebsrisiko scheint auch von Allelen anderer Loci, die ein moderates Risiko verursachen, beeinflußt zu werden. Epidemiologische Studien haben nachgewiesen, daß Personen mit Mutationen im ATM-Gen (s. oben) ein 2- bis 3fach erhöhtes Risiko haben, an Brustkrebs zu erkranken [Swift et al. 1990]. Andere Untersuchungen zeigen, daß erbliche Mutationen in einem H-ras-1-Minisatellitenlocus mit einem erhöhten Brustkrebsrisiko assoziiert sind [Krontiris et al. 1993].

Die Klonierung der Brustkrebs-disponierenden Gene BRCA1 und BRCA2 hat die Voraussetzungen für eine genetische Testung von, nach klinischen Kriterien definierten, Risikopersonen, aber auch ganzer Bevölkerungsgruppen geschaffen. Dennoch wird z. Z. von der überwältigenden Mehrheit der an der Forschung beteiligten Wissenschaftler und Ärzte, v. a. aber auch von wissenschaftlichen Organisationen, eine unkontrollierte und breite Anwendung eines BRCA1-BRCA2-Tests abgelehnt. Statt dessen wird eine auf internationaler Forschungskooperation beruhende Gentestsstudie vorgeschlagen [Chang-Claude u. Scherneck 1995, Collins 1996, Friend 1996, Schneider et al. 1995]. Die Gründe dafür liegen v. a. in den z. Z. noch ungenügenden Kenntnissen über die biologische Funktion der BRCA1-BRCA2-Gene, der klinischen Bedeutung einer individuellen Mutation, v. a. hinsichtlich der Disposition zu Brustkrebs oder anderen Tumoren, der Abschätzung der Häufigkeit von krankheitsverursachenden Mutationen und deren Abgrenzung von harmlosen Polymorphismen. Komplizierend kommen die ungeklärte Bedeutung von Gen-Gen-Wechselwirkungen sowie von gekoppelten und ungekoppelten modifizierenden Genen für die Brustkrebsentwicklung und nicht zuletzt auch der hohe Arbeitsaufwand und die z. Z. noch unzureichende Empfindlichkeit der Mutationsnachweisverfahren hinzu. Weiterer Klärung bedürfen ferner Fragen zum Informations- und Beratungsbedarf betroffener und nicht betroffener Frauen sowie über effiziente klinische Therapieangebote [Geller et al. 1995, King et al. 1993, Plummer u. Casey 1996].

1.1.4.4 Brustkrebskanzerogenese

Die meisten der bisher nachgewiesenen genetischen Veränderungen beim Brustkrebs wurden in invasiven Karzinomen identifiziert und nur vergleichsweise wenig ist über die präinvasiven Vorstadien, etwa das duktale und lobuläre Carcinoma in situ bekannt. Ein molekulares Mehrschrittmodell für die Brustkrebskanzerogenese ist daher bislang nicht ableitbar. Zwar gibt es v. a. epidemiologische Befunde für ein morphologisches, dem der kolorektalen Kanzerogenese (s. unten) analoges Modell [Bartow et al. 1987, Craig-Allred et al. 1994, London et al. 1992], tatsächlich aber ist es fraglich, ob man angesichts der biochemischen, histologischen, klinischen und geographischen Heterogenität dieses Tumors überhaupt ein allgemeines Modell der Brustkrebskanzerogenese finden kann. So werden TP53-Mutationen häufig in späten Stadien der Brustkrebsentwicklung nachgewiesen, sie können aber auch in spezifischen Bevölkerungsgruppen, wie z. B. bei afro-amerikanischen Frauen, ein frühes Ereignis in der Tumorentwicklung sein [Blaszyk et al. 1994] oder als Keimbahnmutation bei Patienten mit Li-Fraumeni-Syndrom nachgewiesen werden [Malkin et al. 1990]. Gleiches gilt für das Muster der Akkumulation genetischer Veränderungen, die in hohem Maß vom histologischen Typ des Mammakarzinoms beeinflußt werden [Harada et al. 1994].

Bisher gibt es keinen ausreichenden Beweis für eine lineare Beziehung zwischen der Akkumulation genetischer Schäden und einer Serie sich häufender zellularer Veränderungen, die von atypischer duktaler Hyperplasie über das Carcinoma in situ und das invasive Karzinom bis zum metastatischen Karzinom reichen. Um einen solchen Nachweis führen zu können, sind v. a. entsprechende Untersuchungen an klar definierten Brustkrebsvorstufen und neue technisch/methodische Ansätze notwendig. Für letztere bieten sich insbesondere die Mikrodissektion individueller neoplastischer Foci an, die mittels PCR-amplifizierter Mikrosatellitenmarker auf LOH getestet werden. Mittels dieses Ansatzes wurden Tumoren mit synchronen In-situ- und invasiven Karzinomen auf LOH in verschiedenen Chromosomenregionen getestet [Fujii et al. 1996, Radford et al. 1995, Zhuang et al. 1995]. Es zeigte sich, daß verschiedene LOH-Regionen, die in In-situ-Karzinomen nachgewiesen wurden, auch in den synchronen invasiven Tumoren enthalten waren. Diese Daten stützen das Paradigma einer klonalen Herkunft invasiver Karzinome aus In-situ-Vorläuferläsionen.

Der Phänotyp einer Zelle ist das Ergebnis der Interaktion zwischen genetischem Potential und der extrazellularen Umgebung. Genetische Veränderungen sind deshalb in diesem Kontext eine notwendige, aber nicht ausreichende Bedingung für die Entstehung eines malignen Phänotyps. Es ist zu erwarten, daß neben den komplexen genetischen ein mindestens ebenso komplexes Zusammenspiel von immunologischen, hormonellen und Umweltfaktoren entscheidend die Evolution des Brustkrebses beeinflußt.

1.1.5 Kolorektales Karzinom: Mehrschrittkanzerogenese und genomische Instabilität

Analysen genetischer Veränderungen im Verlauf der Kanzerogenese sind insbesondere an Kolonkarzinomen durchgeführt worden. Die Untersuchungsmöglichkeiten beim Kolonkarzinom sind besonders günstig, da sowohl verschiedene erbliche Syndrome mit kolorektaler Karzinomdisposition bekannt sind als auch seine Entwicklung über verschiedene histologisch abgrenzbare Stadien verfolgt werden kann.

Das kolorektale Karzinom ist die häufigste Todesursache unter weiblichen und männlichen Nichtrauchern in westlichen Industrienationen. Die Mortalität zeigt trotz aller therapeutischen Fortschritte keine wesentlichen Veränderungen im Laufe der letzten 50 Jahre; verbesserte Überlebenszeiten, gegenwärtig besteht eine 5-Jahres-Überlebenszeit von unter 40%, stehen einer steigenden Inzidenz gegenüber. Umwelteinflüsse, insbesondere die Ernährung, werden traditionell als hauptsächliche ätiologische Faktoren angesehen, obwohl eine der frühesten Beschreibungen einer erblichen Krebsform eine große Familie mit Adenokarzinomen des Dickdarms betraf [Whartin 1913]. Mittlerweile sind eine Reihe genetischer Syndrome mit überwiegend autosomal-dominantem Erbgang beschrieben worden, die zu kolorektalen Karzinomen disponieren.

Ein wesentliches Problem des Nachweises erblicher Ursachen des kolorektalen Karzinoms ist seine Häufigkeit, die eine Differenzierung sporadischer und hereditärer Formen innerhalb einer häufig denselben Umweltfaktoren ausgesetzten Familie erschwert. Im Laufe des letzten Jahrzehnts ist jedoch das kolorektale Karzinom zum zentralen Modell der molekularen Krebsentstehung geworden. Dazu haben wesentlich sich wechselseitig ergänzende zellbiologische Forschungsergebnisse an sporadischen Tumoren und molekulargenetische Studien an zu kolorektalen Karzinomen disponierenden Syndromen beigetragen. Neben den hinsichtlich ihrer genetischen Ätiologie gesicherten Syndromen der familiären adenomatösen Polypose (FAP) und des ungleich häufigeren hereditären kolorektalen Karzinoms ohne Polypose [hereditary nonpolyposis colorectal cancer (HNPCC)] kann von der Existenz weiterer, zur kolorektalen Kanzerogenese disponierender Gene ausgegangen werden. Ihre Charakterisierung verspricht über ihren rein wissenschaftlichen Wert hinaus die Möglichkeit einer frühzeitigen Identifizierung von Individuen mit erhöhtem Erkrankungsrisiko, aber auch Einsichten in die Entstehung sporadischer kolorektaler Karzinome.

1.1.5.1 Adenom-Karzinom-Sequenz

Das Konzept der Entstehung von Dickdarmkarzinomen aus adenomatösen Vorstufen leitet sich aus einer Reihe von epidemiologischen, pathologischen und klinischen Beobachtungen ab [Morson 1974]. So zeigen Populationen mit hoher Adenomprävalenz auch eine hohe Karzinomprävalenz; ferner liegt der Häufigkeitsgipfel für das Auftreten von Adenomen um Jahre vor dem für kolorektale Karzinome. Auch stimmt die topographische Verteilung von Adenomen mit der von kolorektalen Karzinomen überein. Adenomatöse Polypen zeigen häufig karzinomatöse Foci, während Karzinome ohne benachbarte, polypoid veränderte Mukosa äußerst selten sind. Nicht zuletzt läßt sich eine Reduktion der kolorektalen Krebsinzidenz durch die Entfernung von Adenomen erreichen.

Die relativ leichte Zugänglichkeit sowohl der gutartigen Vorläuferläsionen in der Dickdarmschleimhaut als auch der hoch malignen Tumoren bietet günstige Voraussetzungen, um die den histopathologischen Veränderungen zugrundeliegenden molekularen Prozesse zu untersuchen. Obwohl Tumorinitiation und -progression ein Kontinuum darstellen, lassen sich Stadien anhand charakteristischer Landmarken identifizieren.

Während das Epithel einer Kolonkrypte auf eine einzelne Stammzelle zurückgeht, stellt die normale Dickdarmschleimhaut eine polyklonale Mischung von Epithelzellen dar. Im Gegensatz dazu sind sowohl kleine menschliche Adenome als auch dysplastische Areale in mit chemischen Kanzerogen behandelten Mäusen einheitlich klonalen Ursprungs [Fearon et al. 1987, Ponder u. Wilkinson 1986]. Der Tumorinitiation muß also eine somatische Mutation zugrundeliegen, die über einen Wachstumsvorteil zur klonalen Expansion einer Kryptenpopulation führt. Solch ein Wachstumsvorteil kann durch die Aktivierung von Protoonkogenen erreicht werden. Von den zahlreichen bekannten Onkogenen wurde in Darmtumoren die ras-Genfamilie besonders eingehend untersucht. Etwa 50% der größeren Adenome und kolorektalen Karzinome weisen aktivierende Punktmutationen im K-ras-2-Gen auf Chromosom 12p12.1 mit Häufung in den Kodons 12, 13 und 61 auf. Ähnliche Mutationen werden nur bei 9% der unter 10 mm messenden Adenome nachgewiesen [Bos et al. 1987, Vogelstein et al. 1988]. K-ras-2-Mutationen scheinen daher überwiegend eine Progressions-vermittelnde Rolle zu spielen und am Initiationsgeschehen bei nur einem Teil der kolorektalen Tumoren beteiligt zu sein.

Unkontrolliertes Zellwachstum kann auch als Folge von Tumorsuppressorgenverlusten entstehen. Darauf weisen Deletionen in mindestens einer spezifischen chromosomalen Region hin, die in über 80% der kolorektalen Karzinome nachweisbar sind [Vogelstein et al. 1989]. Dabei sind die Chromosomen 17p und 18q in etwa 80% der Fälle, 1q, 4p, 6p, 5q, 6q, 8p, 9q und 22q in zwischen 25 und 50% aller Fälle betroffen. Bei vergleichbaren Stadien zeigen die Tumoren mit einer überdurchschnittlichen Zahl chromosomaler Verluste einen prognostisch ungünstigeren Verlauf. Während genomweit verteilte Verluste sowohl Merkmal einer unspezifischen chromosomalen Instabilität als auch das molekulare Äquivalent der morphologischen und biologischen Heterogenität von Kolonkarzinomen darstellen können, markieren in einer großen Anzahl von Tumoren übereinstimmend deletierte Regionen die chromosomalen Lokalisationen kolorektal relevanter Tumorsuppressorgene. So konnte im Bereich einer in etwa 60% der kolorektalen Tumoren verlorenen Region auf Chromosom 18q21 ein weit über 1 Mb großes Gen [deleted in colon carcinoma (DCC)] mit signifikanter Sequenzähnlichkeit zu neuralen Adhäsionsmolekülen identifiziert werden, dessen durch Hemizygotie reduzierte Expression die gestörten Zell-Zell- bzw. Zell-Matrix-Interaktionen und Wachstumseigenschaften kolorektaler Karzinome erklären könnte [Fearon et al. 1990]. Ob es sich beim DCC jedoch um das einzige relevante Zielgen handelt, ist bislang nicht eindeutig geklärt [Thiagalingam et al. 1996], da unmittelbar proximal des DCC ein weiteres, möglicherweise relevantes Tumorsuppressorgen [deleted in pancreatic carcinoma, locus 4 (DPC4)] identifiziert werden konnte [Hahn et al. 1996]. Diese Situation ist beispielhaft dafür, daß zur Erhellung des komplizierten Geschehens der somatogenetischen Kanzerogenese die exakte Definition minimaler Verlustregionen (MVR) durch hochauflösende Heterozygotieverlustanalysen eine wesentliche Voraussetzung darstellt.

Eine weitere in kolorektalen Karzinomen häufig, in Adenomen dagegen seltener nachweisbare und daher offenbar für spätere Stadien der Tumorentwicklung bedeutsame Verlustregion ist auf dem kurzen Arm des Chromosoms 17 lokalisiert. Die Region 17p13 enthält u. a. das TP53-Gen, welches in Kolonkarzinomen häufig mutiert vorliegt [Baker et al. 1989]. Die Kombination einer Punktmutation in einem Allel mit dem Verlust des homologen Wildtypallels ist nach der Hypothese von Knudson typisch für den Funktionsverlust von Tumorsuppressorgenen in familiären und sporadischen Tumoren.

Ein weiteres, für die kolorektale Tumorgenese offenbar entscheidendes Tumorsuppressorgen konnte durch Kopplungsuntersuchungen an einer der relativ seltenen, für das Kolonkarzinom disponierenden Erbkrankheiten, der familiären adenomatösen Polypose, charakterisiert werden.

1.1.5.2 Familiäre adenomatöse Polypose

Die familiäre adenomatöse Polypose ist eine autosomal-dominante Erbkrankheit mit einer Penetranz von nahezu 100% und einer Frequenz von 1/7000. Charakteristischerweise entwickeln sich bei den Betroffenen schon im Laufe des 2. Lebensjahrzehnts Tausende von Polypen in Kolon und Rektum. Diese entarten in der Regel in der 4. Dekade karzinomatös, wenn nicht eine prophylaktische Kolektomie erfolgt. Daneben findet sich eine Reihe von extrakolonischen Manifestationen, wie adenomatöse Polypen im oberen Gastrointestinaltrakt und periampullare Karzinome, wobei letztere eine häufige Todesursache bei kolektomierten Patienten darstellen. Weitere extraintestinale Symptome sind Epidermoidzysten, Kieferzysten, eine kongenitale Hypertrophie des Pigmentepithels der Retina sowie Desmoide, Osteome und Hepatoblastome.

1.1.5.2.1 APC-Gen

Nach der Beschreibung einer interstitiellen Deletion des langen Arms von Chromosom 5 bei einem Patienten, der neben einer Dickdarmpolypose einen komplexen Phänotyp mit Hufeisenniere, Gallenblasenagenesie und schwerer geistiger Behinderung aufwies [Herrera et al. 1986], konzentrierte sich die Suche nach dem disponierenden Gen auf diese chromosomale Region. Durch Kopplungsanalysen in FAP-Familien konnte schließlich der disponierende Genort auf 5q22 lokalisiert werden [Leppert et al. 1987]. Mittels Positionsklonierung wurde das Gen 4 Jahre später, unabhängig von mehreren Arbeitsgruppen, isoliert [Groden et al. 1991, Joslyn et al. 1991, Kinzler et al. 1991, Nishisho et al. 1991]. Alle FAP-relevanten Mutationen verursachen einen Translationsabbruch (durch Insertionen oder Deletionen) und führen zu einem verkürzten Protein.

Bislang wurden über 250 verschiedene Mutationen beschrieben [Beroud u. Soussi 1996]. Inaktivierende APC-Mutationen finden sich auch in mehr als der Hälfte der sporadischen Kolonkarzinome und Adenome [Powell et al. 1992]. Wie beim Menschen scheinen Abbruchmutationen im APC-Gen der Maus bei der Entstehung von Kolonpolypen und -karzinomen beteiligt zu sein [Su et al. 1992].

Das APC-Gen besteht aus mindestens 15 Exons, die über 100 kb genomische DNA verteilt sind. Die Exons 1–14 sind relativ klein, während das Exon 15 77% der kodierenden Region enthält. Durch alternatives Spleißen der primären Transkripte entstehen multiple APC-Gen-Isomere, die z. T. unterschiedliche Organexpressionsmuster aufweisen [Horii et al. 1993].

Die Polypeptidsequenz des APC-Gen-Produkts enthält aminoterminal mehrere Wiederholungen eines Motivs aus 7 Aminosäuren, das charakteristisch für sog. Coiled-coil-Proteine ist und offenbar Di- bzw. Multimerisationsdomänen kennzeichnet. Ein weiteres Motiv aus 15 Aminosäuren findet sich in ähnlicher Form auch im β-Catenin, einem Zelladhäsionsmolekül, wieder. Diese Sequenzähnlichkeiten lassen auf eine funktionelle Beteiligung des APC-Gen-Produkts bei der Zelladhäsion bzw. bei Zellinteraktionen schließen. Das in luminalen Kryptenabschnitten exprimierte große APC-Protein mit einem Molekulargewicht (MG) von 300 000 liegt im Zytoplasma offenbar in Assoziation mit Mikrotubuli vor [Munemitsu et al. 1994, Smith et al. 1993a]. Möglicherweise vermittelt es daher Signale zwischen Adhäsionsproteinen und dem mikrotubulären Apparat der Zelle.

Inwieweit die normale APC-Gen-Funktion gestört ist, hängt von der Fähigkeit des mutierten Genprodukts zur Dimerisierung ab. Austauschmutationen im 5′-Ende des Transkripts, in der Dimerisierungsdomäne, können einen dominant-negativen Effekt bewirken. Auch die Schwere der Schädigung des Phänotyps hängt mit der Lokalisation der Mutation zusammen, wobei die kritische Lokalisation offenbar zwischen der Aminosäureposition 157 und 168 liegt. Hierzu proximal lokalisierte Mutationen verursachen in der Regel einen attenuierten Phänotyp.

Bei der Maus wird die Schwere des Phänotyps zusätzlich durch mindestens ein nicht mit dem APC-Locus gekoppeltes Gen modifiziert [Dietrich et al. 1993]. Dieser Mom-1(modifier of min)-Locus befindet sich auf dem 4. Chromosom der Maus in einer Region mit deutlicher Homologie zur humanen chromosomalen Region 1p35-p36, die wiederum häufig in sporadischen Kolonkarzinomen deletiert ist [Praml et al. 1995a]. Als Kandidatengen wurde einer der für die sekretorische Phospholipase A2 kodierenden Loci vorgeschlagen [MacPhee et al. 1995]. Auch beim Menschen sind in der 1p35-Region mehrere Phospholipase-A2-Homologe lokalisiert [Praml et al. 1995b], für die bislang jedoch kein Einfluß auf die phänotypischen Variationen bei der FAP nachgewiesen werden konnte [Riggins et al. 1995, Spirio et al. 1996].

1.1.5.3 Hereditäres kolorektales Karzinom ohne Polyposis (HNPCC)

Das hereditäre kolorektale Karzinom ohne Polyposis ist wahrscheinlich das häufigste erbliche Syndrom mit gesteigerter Karzinomsuszeptibilität. Nach Schätzungen sind zwischen 3 und 15% der sporadischen Kolonkarzinome auf unterschiedliche Formen dieses Syndroms zurückzuführen, was eine Häufigkeit disponierender, mutierter Allele von etwa 0,005 bedeuten würde [Lynch et al. 1993]. Populationsstudien stehen dazu jedoch bislang noch aus. Der Erbgang ist autosomal-dominant mit einer geschätzten Penetranz von 70–80%.

Während in den betroffenen Familien die in der frühen 4. Dekade auftretenden kolorektalen Karzinome, mit bevorzugter Lokalisation im proximalen Kolon, überwiegen, treten bei 30–40% der Familienmitglieder mit geringerer Häufigkeit auch andere Tumortypen auf. So gehören v. a. Endometriumkarzinome zum Tumorspektrum des Syndroms, während andere Karzinome noch nicht sicher einzuordnen sind. Ursprünglich wurde eine nosologische Unterscheidung bei extrakolonischen Manifestationen gefordert, die jedoch angesichts der molekularen Befunde nicht mehr gerechtfertigt erscheint.

Anders als im Fall der FAP zeichnen sich HNPCC Tumoren nicht durch größere chromosomale Veränderungen aus. Deshalb ergaben erst systematische, genomweite Kopplungsstudien und der Einsatz von mehr als 300 Mikrosatellitenmarkern Hinweise auf die chromosomale Lokalisation HNPCC-relevanter Gene auf den Chromosomen 2 und 3 [Aaltonen et al. 1993, Lindblom et al. 1993, Peltomäki et al. 1993].

Unter Einsatz der „arbitrarily-primed"-Polymerasekettenreaktion konnten im Genom kolorektaler Karzinome im Vergleich zu konstitutioneller DNA längenveränderte Amplifikate nachgewiesen werden. Sequenzanalysen ergaben, daß die Veränderungen offenbar genomweit in Abschnitten repetitiver Nukleotidmotive auftreten [Ionov et al. 1993, Peinado et al. 1992]. Sowohl Mono-, Di-, Tri- und Tetranukleotidsequenzen als auch höhergradige und komplexe Mikrosatelliten sind in Abweichung von ihrer individuellen Allelkonstellation expandiert, kontrahiert oder auch kombiniert verändert [Thibodeau et al. 1993]. Schätzungen zufolge könnte die Zahl der somatischen Mutationen in

Mikrosatelliten allein an die 100 000/Zelle betragen. Möglicherweise lassen sich Subtypen dieser sog. Mikrosatelliteninstabilität hinsichtlich quantitativer Größenunterschiede [Thibodeau et al. 1993] bzw. über eine tumorspezifische Motivselektivität nachweisen [Wooster et al. 1994b]. Eine systematische Untersuchung steht noch aus. Das MIN-Phänomen ist in mehr als 80% der kolorektalen Karzinome sowie in über 50% der Adenome von HNPCC-Patienten, aber auch in anderen zum HNPCC-Tumorspektrum gehörigen Neoplasien nachweisbar. Interessanterweise zeigen auch etwa 20% der kolorektalen Tumoren unselektierter Patienten MIN, einen Prozentsatz, der auf 50% bei vor dem 36. Lebensjahr manifesten Karzinomen ansteigt [Liu et al. 1995a].

Ein MIN-ähnliches Phänomen war erstmals in einem *E.-coli*-Stamm beobachtet [Levinson u. Gutman 1987] und in Verbindung mit dem bei Prokaryoten intensiv untersuchten DNA-Fehlpaarungskorrektursystem gebracht worden [Kunkel 1993]. Dieses besteht aus einem multimolekularen Repairosom, das aus dem Erkennungsprotein (MutS), einer Endonuklease (MutH), einem komplexierenden Protein (MutL), einer DNA-Helicase (MutU), einem Einzelstrang-bindenden Protein sowie 2 Exonukleasen [Modrich 1991] zusammengesetzt ist. MutS erkennt neben allen 8 möglichen Basenfehlpaarungen auch durch bevorzugt im Bereich repetitiver Sequenzen auftretenden Polymeraseschlupf verursachte ungepaarte kurzstreckige Einzelstrangschleifen. Defekte Fehlpaarungskorrekturmechanismen konnten in Zellinien aus HNPCC-Tumoren demonstriert werden [Parsons et al. 1993]. Die Klonierung des MutS-Gens war die Voraussetzung für die Isolierung des homologen Hefegens und in der Folge auch der murinen und humanen Homologe. Das menschliche, auf 2p22-p21 lokalisierte MSH2, konnte durch Mutationsanalyse als eines der HNPCC verursachenden Gene bestätigt werden [Fishel et al. 1993, Leach et al. 1993]. In der Folge wurden weitere menschliche Fehlpaarungsreparaturgene auf den Chromosomen 3p21.3 (MLH1), 2q31 (PMS1), 7p22 (PMS2) und 2p15 (GTBP) identifiziert und in ihnen Keimbahnmutationen bei HNPCC-Patienten bzw. in genomisch instabilen Tumorzellen nachgewiesen [Bronner et al. 1994, Nicolaides et al. 1994, Palombo et al. 1995, Papadopoulos et al. 1994]. Dabei werden Mutationen in MSH2 und dem MutL-homologen MLH1-Gen in HNPCC-Familien häufig gefunden, während die übrigen Gene weit seltener betroffen sind. Alle bislang untersuchten Tumoren von Patienten mit Mutationsnachweis in den Fehlpaarungsreparaturgenen MSH2, MLH1, PMS1 oder PMS2 wiesen MIN auf [Liu et al. 1996].

In einem Patientenkollektiv mit manifesten Karzinomen vor dem 36. Lebensjahr, jedoch ohne auffällige Familienanamnese, konnten in 40% der Patienten Keimbahnmutationen in den genannten Reparaturgenen nachgewiesen werden. [Liu et al. 1995a]. Das Mutationsspektrum schließt Transitionen, Transversionen, Einzelbasenverluste und größere, mehrere Exons umfassende Deletionen ein. Die relative Häufigkeit von Abbruchmutationen in diesen Genen ermöglicht den Einsatz von In-vitro-Translationstests [PTT (protein truncation test)] für die Mutationssuche. Im Fall des MSH2 scheinen die Mutationen fast gleichmäßig über das gesamte Gen verteilt zu sein, während beim MLH1, zumindest in der finnischen Population, eine Gründermutation und eine leichte Häufung in den Exons 15–17 festgestellt werden konnte. Dabei scheinen die Mutationen bevorzugt in CpG-Dinukleotiden aufzutreten [Maliaka et al. 1996]. Besonders problematisch sind angesichts der variablen Penetranz der Erkrankung die große Zahl von Polymorphismen bzw. Austauschmutationen unklarer Signifikanz. Eine mögliche Erklärung für die Penetranzvariabilität ist das gleichzeitige Auftreten von heterozygoten Mutationen in 2 Reparaturgenen. Ausgehend von MLH1-PMS1-Doppelmutanten in Hefe wäre in diesen Fällen nicht unbedingt mit drastischen Veränderungen des Phänotyps zu rechnen. Andererseits gibt es HNPCC-Familien ohne Mutationen in den bekannten Reparaturgenen, so daß von zusätzlichen disponierenden Genen ausgegangen werden muß [Lewis et al. 1996].

MIN kann offenbar auch als Folge von dominant-negativen Mutationen in Reparaturgenen auftreten [Wu u. Marinus 1994]. Dies wurde für einen sporadischen Kolontumor in Analogie zu Mutationen in MutS beschrieben [Borresen et al. 1995]. In diesem Zusammenhang sind die Beobachtungen an transgenen Mäusen mit homozygoter Inaktivierung des *msh2*-Gens [Reitmair et al. 1995, Wind et al. 1995] und des *pms2*-Gens [Baker et al. 1995] von Bedeutung. Der *msh2*-Defekt interferiert nicht mit der Embryonalentwicklung. Adulte *msh* –/– und *msh* –/+ Tiere entwickeln zwar keine gastrointestinalen Karzinome, jedoch in gesteigertem Maß lymphoblastische und immunoblastische Lymphome.

Obwohl das Auftreten von Lymphomen in HNPCC-Familien nicht häufig ist, sind einzelne Fälle in Muir-Torre- und Turcot-Syndrom-Familien dokumentiert [Cohen 1992, Hamilton et al. 1995, Lynch et al. 1993]. Ein primär mit einem Non-Hodgkin-Lymphom (NHL) erkrankter Patient wies eine dominant-negative PMS2-Mutation auf. Auch *pms2* –/– Mäuse zeigen keine embryonale oder neonatale Letalität und entwickeln vermehrt Sarkome und Lymphome. Männliche Tiere haben darüber hinaus eine abnorme Spermatogenese und sind steril. Offenbar stört der *pms2*-Defekt die chromosomale Synapsis bei der Meiose. Noch ausgeprägter scheinen meiotische Defekte in *mlh1* –/– Mäusen zu sein, bei denen sowohl männliche als auch weibliche Sterilität zu beobachten ist [Baker et al. 1996].

Neben dem Nachweis von MIN in HNPCC-typischen Tumoren sind auch bei einer großen Zahl anderer neoplastischer und einigen entzündlichen Erkrankungen ubiquitäre und isolierte Längenveränderungen von Mikrosatelliten beschrieben worden. Inwieweit diese Phänomene auf somatische Mutationen in bekannten Reparaturgenen oder noch uncharakterisierten Genen zurückgehen bzw. nur methodisch/technisch bedingt sind, ist bislang ungeklärt.

1.1.5.3.1 Somatogenetische Mechanismen bei der HNPCC-Kanzerogenese

Bei den HNPCC-Patienten treten zusätzlich zum Vorliegen spezifischer Keimbahnmutationen im Verlauf des Prozesses der malignen Transformation möglicherweise besonders in epithelialen Zellen weitere genomische Veränderungen auf. Als ursächlich für die beschleunigte Akkumulation von Läsionen, u. a. in den korrespondierenden Wildtypallelen, kommt eine von der Gendosis abhängige Hypermutabilität in Betracht. Offenbar schränkt die geringere Ausstattung der heterozygoten Zellen mit den Reparaturgenprodukten die Effizienz der Reparaturmechanismen marginal ein und erhöht damit die Rate somatischer Mutationen [Parsons et al. 1995]. Die basale Mutationsrate von 10^{-10}/Nukleotid und Zelle reicht nach Schätzungen nicht aus, um die Tumorgenese durch über mehrere Schritte selektiertes, klonales Wachstum aufrechtzuerhalten [Loeb 1994]. Ein rasches Zellwachstum erscheint daher nötig, um auch geringe Abweichungen der Fehlpaarungsreparatur symptomatisch werden zu lassen. Dieses Modell erklärt das bevorzugte Auftreten von Karzinomen in rasch proliferierenden Epithelien. Ebenso ist das Auftreten von MIN nicht ausschließlich mit der Initiation der Tumorentstehung korreliert, sondern charakteristisch für frühe Tumorstadien. Dies entspricht dem experimentellen Nachweis von MIN in Adenomen [Aaltonen et al. 1994, Shibata et al. 1994, Young et al. 1993], die im HNPCC-Kontext offenbar besonders schnell zum Karzinom voranschreiten [Jass et al. 1994].

Fehlpaarungsreparaturdefekte scheinen auch bei der Tumorprogression eine Rolle zu spielen, wie aus dem Auftreten von mutierten repetitiven Sequenzen und Transitionen im TP53- und APC-Gen bei HNPCC-Karzinomen geschlossen werden kann [Lazar et al. 1994]. Bei einer dysfunktionellen Fehlpaarungsreparatur könnte MIN daher auch unter Bedingungen von replikativem Streß, etwa im Rahmen entzündlicher Prozesse [Brentnall et al. 1996], manifest werden. Besonders interessant ist die Beobachtung, daß Mutationen in Fehlpaarungsreparaturgenen auch die transkriptionsabhängige Reparatur beeinträchtigen. [Mellon u. Champe 1996]. Hier ergäbe sich eine molekulare Verbindung zwischen einer besonderen Beanspruchung eines Genorts und seiner Mutabilität.

Angesichts der zumindest nach zytogenetischen Befunden weitgehenden chromosomalen Integrität von HNPCC-Tumoren [Remvikos et al. 1995, Schlegel et al. 1995] scheinen Wildtypallelverluste von Tumorsuppressor- oder Reparaturgenen, etwa des MSH2, als Folge von Makrodeletionen im Sinne der konventionellen 2-Treffer-Theorie eher ungewöhnlich. Offenbar gibt es jedoch Locus-spezifische Unterschiede, da in Tumoren von Individuen mit MLH1-Keimbahnmutationen ein die 3p21-Region involvierender Heterozygotieverlust nicht selten ist [Hemminki et al. 1994]. Proximal der Lokalisation des MLH1-Gens liegen das β-Catenin-Gen (CTNNB1) und das TGF-β-Rezeptor-Typ-2-Gen (TGFBR2). Beiden Genen kommt nach unabhängigen Beobachtungen eine Bedeutung für die kolorektale Kanzerogenese zu [Mathew et al. 1994, Trent et al. 1995].

1.1.5.3.2 Zielgene der genomischen Instabilität

Ausgehend von der Beobachtung eines fehlenden Ansprechens auf die wachstumshemmenden Effekte des TGF-β, konnte eine Inaktivierung des TGF-β-Rezeptors bei genomisch instabilen kolorektalen Karzinomzellinien nachgewiesen werden [Markowitz et al. 1995]. Ein (A)9-Mononukleotid im Leseraster des TGFBR2-Gens war in den meisten der untersuchten Mikrosatelliten-instabilen Zellinien längenverändert. Der resultierende Kettenabbruch erklärt die fehlende Expression des Genprodukts. Kurze repetitive Sequenzen in transkribierten Genabschnitten müssen daher als möglicherweise die Tumorprogression von Mikrosatelliten-instabilen Tumoren entscheidend beeinflussende Ziele angesehen werden. Die unterschiedliche Häufigkeit dieser Veränderung in verschiedenen Tumortypen stellt darüber hinaus eine mögliche Erklärung für die Variabilität der Tumortopologie beim HNPCC dar.

1.1.5.4 Modell der Mehrschrittkanzerogenese beim kolorektalen Karzinom

Die Beschreibung des Spektrums der molekularen Veränderungen und ihre unterschiedliche Häufigkeit in einzelnen Stadien der Tumorentwicklung haben zu Modellvorstellungen hinsichtlich ihrer relativen zeitlichen Anordnung in einem Mehrschrittprozeß geführt [Fearon u. Vogelstein 1990]. Das ursprüngliche Modell geht von einer APC-Mutation in proliferativen Epithelveränderungen der Krypten aus. Diese ist von der Entwicklung von Mikroadenomen und Adenomen unterschiedlicher Größen, Morphologie und Dysplasiegrade gefolgt. Der Übergang zum Adenom geht mit dem Auftreten von Deletionen in der Chromosomenregion 5q einher. Die Progression der Dysplasie im Adenom ist mit dem Auftreten von K-ras-2-Mutationen und 18q-Deletionen korreliert. Dabei ist der Schritt vom Adenom zum Karzinom von Mutationen bzw. Verlusten des TP53-Gens gekennzeichnet (Abb. 1.1.6). Offenbar spielt für die Tumorprogression neben der Akkumulation multipler Veränderung, zumindest für einzelne Schritte, auch die Sequenz ihres Auftretens eine wichtige Rolle [Jen et al. 1994].

Mit der möglichen Ausnahme des 5q-Verlusts, der in FAP-Patienten eher seltener zu beobachten ist, scheint die vorgeschlagene Sequenz der molekularen Veränderungen, die im Verlauf der kolorektalen Tumorgenese ermittelt wurden, für Patienten mit oder ohne Polypose gültig zu sein.

Es ist versucht worden, die insgesamt für die kolorektale Kanzerogenese notwendige Zahl genetischer Veränderungen abzuschätzen. Während mathematische Modelle zwischen 4 und 6 unabhängige Schritte fordern [Dix 1989], deuten die molekularen Befunde bei Karzinomen auf ein Minimum von 5 Läsionen hin [Vogelstein et al. 1989]. Nach neueren Ergebnissen von Heterozygotieverluststudien mit einer großen Zahl von Markern dürfte die Zahl der unabhängigen Schritte aber noch deutlich höher liegen [Boland et al. 1995]. Andererseits machen die Befunde an MIN-Tumoren klar, daß das ursprüngliche Mehrschrittmodell einer Modifikation bedarf und nur für einen Teil der kolorektalen Karzinome Gültigkeit hat. Die Identifizierung möglicherweise ähnlich sequentiell zu eliminierender Zielgene durch Reparaturgendefekte steht noch am Anfang einer schwierigen Suche.

1.1.6 Malignes Melanom: Zellzykluskontrolle

Das maligne Melanom ist eine bösartige, von den Melanozyten ausgehende Neubildung, die entweder auf der Basis eines gutartigen Nävus oder de novo auf unveränderter Haut entsteht. Während helle sommersprossige Haut und blaue Augenfarbe als konstitutionelle Zeichen eines gesteigerten Me-

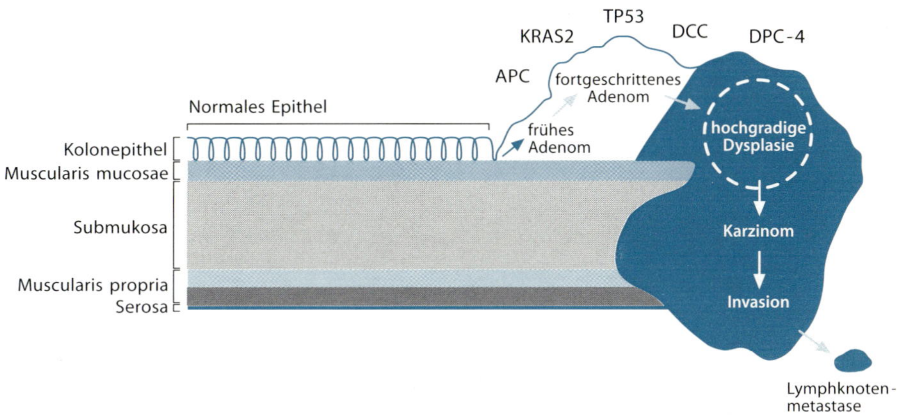

Abb. 1.1.6. Schematische Darstellung der Mehrschrittkarzinogenese am Beispiel des kolorektalen Karzinoms, modifiziert nach Boland et al. [1995]. Der Übergang vom normalen Epithel zu frühen adenomatösen Veränderungen setzt Mutationen und/oder regionale bzw. chromosomale Verluste voraus. Die weitere Entwicklung des Adenoms zum Karzinom beruht auf der Akkumulation weiterer Mutationen in den aufgeführten Genen. Für die lokalen Invasionsprozesse und die locoregionäre Metastasierung wurden bislang noch keine spezifischen chromosomalen Veränderungen charakterisiert

lanomrisikos gelten und auch in Melanomfamilien häufiger auftreten, ist eine Form des familiären Melanoms gekennzeichnet durch das Auftreten einer häufig großen Zahl unregelmäßig begrenzter Nävi mit atypischer melanozytärer Hyperplasie, die häufig zu malignen Melanomen entarten. Dieses Syndrom wurde nach den Familiennamen zweier Patienten B-K-Nävus-Syndrom benannt, häufiger jedoch mit dem Akronym FAMMM (familial atypical mole-malignant melanoma) bezeichnet. Verschiedene Kopplungsanalysen in FAMMM-Familien weisen auf ein disponierendes Gen in der Chromosomenregion 1p36 hin (Locus CMM1) [Bale et al. 1987, Dracopoli et al. 1987]. Diese Befunde stimmen gut mit der Beobachtung regionaler Heterozygotieverluste im Bereich des terminalen langen Arms des Chromosoms 1 bei Melanomen und Melanomzellinien überein. In nachfolgenden Kopplungsanalysen konnte jedoch die Lokalisation nicht bestätigt werden, was wahrscheinlich auf eine ausgeprägte Heterogenität des Syndroms zurückzuführen sein dürfte [Goldstein et al. 1996].

Vier unabhängige Untersuchungen konnten jedoch ein 2., für die Entwicklung des malignen Melanom relevantes Gen (CMM2) auf dem kurzen Arm des Chromosoms 9p21 lokalisieren [Cowan et al. 1988, Dracopoli et al. 1987, Kacker et al. 1990, Pedersen u. Wang 1989]. Diese Untersuchungen wiederum werden durch zytogenetische Befunde gestützt, die bei Melanomzellinien homozygote Genomverluste in der 9p21-p22-Region nachweisen konnten [Fountain et al. 1992].

Nach weiterer Eingrenzung des CMM2-Genorts mittels informativer Rekombinanten in Melanomfamilien sowie durch Allelverluststudien konnte das vermutete Melanomsuppressorgen CDKN2A isoliert werden [Kamb et al. 1994, Nobori et al. 1994]. Das Gen ist mit einem schon vorher beschriebenen Inhibitor Cyclin-abhängiger Kinasen identisch [Serrano et al. 1993]. Obwohl mehrere Zellinien, die aus soliden Tumoren gewonnen wurden, ebenfalls Deletionen und Mutationen aufweisen, sind die meisten CDKN2A-Veränderungen in etablierten Melanomzellinien nachweisbar. Besonders häufig finden sich C:T- bzw. CC:TT-Transitionen, die charakteristisch für UV-induzierte Mutationen sind [Brash et al. 1991, Liu et al. 1995b]. Durch den Nachweis von Keimbahnmutationen in Melanomfamilien konnte CDKN2A als disponierendes Gen gesichert werden [Walker et al. 1995a, b]. Das Vorliegen des Gens war jedoch nicht mit dem Auftreten von dysplastischen Nävi korreliert [Hussussian et al. 1994]. Die Mutationen führen in der Regel zum Translationsabbruch, seltener zu einem Aminosäurenaustausch. CDKN2A-Mutationen waren in 2 Familien, die eine Kopplung mit Chromosom-1p-Markern zeigten, nicht nachweisbar. Es ist denkbar, daß die 9p21-Region noch weitere Melanom-supprimierende Gene enthält, da in einigen Tumoren mit regionalen Verlusten in diesem Genombereich eine Beteiligung des CDKN2A ausgeschlossen werden konnte [Puig et al. 1995].

1.1.6.1 Zellzyklus und Wachstumskontrolle

Teilungsfähige somatische Zellen können aus einem Zustand normaler Aktivität, der G_0-Phase, erneut in ein Programm sequentieller, die DNA-Synthese und den Mitoseprozeß vorbereitender und begleitender Schritte, den sog. Zellzyklus, eintreten. Dazu sind verschiedene externe Faktoren notwendig, die zum einen die Kompetenz zum Verlassen der G_0-Phase induzieren, zum anderen die Progression durch die verschiedenen Stadien des Zellzyklus vermitteln (Abb. 1.1.7). Entscheidend für die Regulation des Zellzyklus sind mehrere

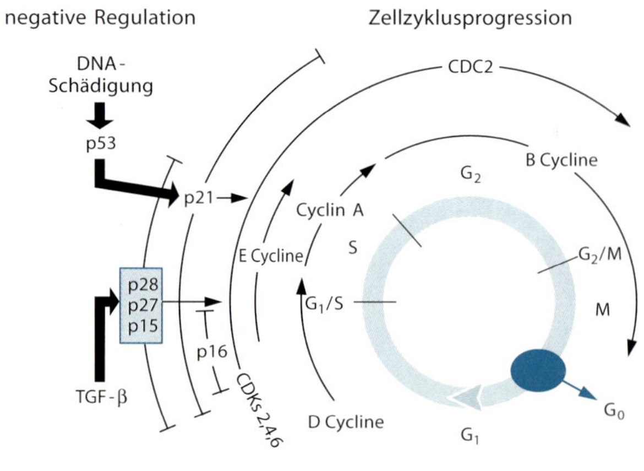

Abb. 1.1.7. Vereinfachtes Schema des menschlichen Zellzyklus und seiner Regulation durch Inhibitoren, *konzentrische Kreisausschnitte* Expressions- bzw. Wirksamkeitsintervalle der entsprechenden Cycline (A, B, D und E), der Cyclin-abhängigen Kinasen (CDC2, CDK2, CDK4 und CDK6) bzw. ihrer Inhibitoren, modifiziert nach Karp u. Broder [1995]. Das RB1-Genprodukt p105 als Ziel der Phosphorylierung durch die Cyclin-abhängigen Kinasen sowie die Phosphorylierung regulierende Phosphatasen sind nicht abgebildet. Unterschiedliche funktionelle Inhibitorenfamilien sind gruppiert: *p21* CDKN1A-Genprodukt, *p15* CDKN2B-Genprodukt, *p27* CDKN1B-Genprodukt, *p16* CDKN2A-Melanom-Suszeptibilitätsgenprodukt. Für das *p28*-Gen ist bislang noch kein Gensymbol vergeben. *G_1/S, G_2/M* Kontrollpunkte, an denen der Zellzyklus angehalten werden kann, *breite Pfeile* Zielgenprodukte für die inhibitorischen Effekte der Proteine p53 und des transformierenden Wachstumsfaktors β (*TGF-β*)

Kontrollpunkte, nach deren Passage die Zellen unabhängig von äußeren Einflüssen weiter im Programm voranschreiten. Neben dem sog. Restriktionspunkt in der G_1-Phase, sind diese Kontrollpunkte in der späten G_1-Phase, vor Eintritt in die S-Phase (DNA-Synthese-Phase), also am G_1-S-Checkpoint, und in der späten G_2-Phase (G_2-M-Checkpoint) lokalisiert. Kontrolliert werden zum einen die Integrität der DNA vor ihrer Replikation und zum anderen das Ergebnis der Synthese vor Beginn der Mitose. Eine ungestörte Regulation des Zellzyklus an seinen Kontrollpunkten ist Voraussetzung sowohl für einen angemessenen Zellzahlzuwachs als auch für die Effizienz der DNA-Reparaturmechanismen. Die wesentlichen Effektoren dieser Regulation (beim Menschen) stellen Komplexe aus einer Reihe von Kinasen (CDC2, CDK2, CDK4, CDK5, CDK6) und nichtenzymatischen Cyclinen (A, B1, B2, D1, D2, D3 und E) dar. Die Cycline vermitteln durch spezifische Bindungen mit anderen zellulären Proteinen, wie z. B. mit dem Produkt des RB1-Gens p105, deren Phosphorylierung durch die jeweils gebundenen Kinasen. Die nur in Cyclin-assoziierter Form aktiven Kinasen selbst können wiederum durch Phosphorylierung bzw. Dephosphorylierung, aber auch durch Komplexierung mit inhibitorischen Proteinen reguliert werden. Bestimmte Kombinationen von Cyclinen und Kinasen sind charakteristisch für einzelne Phasen des Zellzyklus. So sind etwa Cyclin-D/CDK2-, -CDK4- und -CDK6-Komplexe typisch für die G_1-Phase und der Cyclin-E/CDK2-Komplex charakteristisch für die späte G_1- und die frühe S-Phase. In der späten S-Phase hingegen tritt das Cyclin A an die Stelle des Cyclin E und in der G_2- und M-Phase liegt CDC2 im Komplex mit den Cyclinen A und B vor. Wachstumsfördernde Faktoren regulieren (positiv) die Cyclin-D-Konzentration insbesondere vor Erreichen des G_1-Restriktionspunkts. Wenigstens z. T. ebenfalls phasenspezifisch wirksam sind die verschiedenen CDK-Cyclin-Inhibitoren, die nicht zuletzt wegen einer Vielzahl konkurrierender Akronyme häufig nach ihren Molekulargewichten benannt werden. So vermittelt das CDKN1B-Genprodukt p27 die wachstumshemmenden Effekte des transformierenden Wachstumsfaktors β (TGF-β) offenbar punktuell am G_1-S-Übergang durch Hemmung der Aktivität des Cyclin-E/CDK2-Komplexes. Das vom Tumorsuppressorprotein p53 stimulierte CDKN1A-Genprodukt p21 hingegen scheint ein mehr universell zu wirkender Inhibitor von Cyclin-CDK-Komplexen mit möglicherweise mehreren Angriffspunkten zu sein.

Das p16-Genprodukt des Melanomsuszeptibilitätsgens CDKN2A bindet an Komplexe von CDK4 und Cyclin D oder CDK6 und Cyclin D und verhindert so die Phosphorylierung des RB1-Genprodukts. Dies hat eine Blockierung des Zellzyklus in der späten G_1-Phase zur Folge. Bei einigen CDKN2A-Mutationen ist dieser blockierende Effekt nicht nachweisbar [Koh et al. 1995]. Drei von 4 nachgewiesenen CDKN2A-Austauschmutationen stören offenbar die Ausbildung stabiler Komplexe zwischen p16 und den Kinasen [Ranade et al. 1995]. In ähnlicher Weise führt eine Deletion in der Keimbahn einer kanadischen Familie zu einem Verlust der Bindungsfähigkeit des Genprodukts [Liu et al. 1995b]. Als Resultat solcher Austausch- und Abbruchmutationen ist eine massive Zellproliferation vorstellbar. Unklar bleibt jedoch, warum CDKN2A-Keimbahnmutationen eine vermehrte Melanomsuszeptibilität zur Folge haben, während das funktionell eng gekoppelte keimbahnmutierte RB1-Gen ein gänzlich anderes Tumorspektrum induziert. Ebenso unklar ist das Ausbleiben einer Melanommanifestation bei 1 von 2 Mitgliedern einer niederländischen Melanomfamilie mit Keimbahnmutationen in beiden CDKN2A-Allelen [Gruis et al. 1995]. Die entsprechende Patientin wies nach ihrem Tod infolge von Dickdarmkrebs nur 3 atypische Nävi auf. Der andere („knock-out") Patient hingegen entwickelte schon mit 11 Jahren zahlreiche atypische Nävi und mit 15 Jahren ein invasives Melanom. Insgesamt deuten diese Beobachtungen auf eine Redundanz essentieller Zellzyklusregulationsmechanismen hin. Die Charakterisierung dieser redundanten Komponenten wird zusammen mit der Erforschung weiterer genetischer Faktoren, etwa des Pigmentstoffwechsels und der Umwelteinflüsse, notwendig sein, um die Melanomgenese besser verstehen zu können.

1.1.7 Ausblick

Die Entdeckung von tumorrelevanten Genen, insbesondere von Onkogenen und Tumorsuppressorgenen, hat in den letzten Jahren unser Verständnis über die Grundlagen der Tumorentstehung wesentlich erweitert. Den Schlüssel dafür lieferte die Identifizierung von Genmutationen im Verlauf der Tumorgenese. Die Funktion der meisten der bisher bekannten Tumorgene und die Signifikanz spezifischer Mutationen sind größtenteils noch unbekannt. Trotzdem sind sie schon heute Ausgangspunkt vielfältiger neuer Konzepte zur Früherkennung und Behandlung von Tumorerkrankungen. Andererseits zeigen die Vielfalt der Gene und ihre breit gestreuten Funktionen, daß es wahrscheinlich keine universelle Tumortherapie geben wird. Eine sorgfältige Analyse der Art und Sequenz von genetischen Veränderungen, die in die Pathogenese unterschiedlicher Tumoren involviert sind, sowie die Aufklärung der biochemischen und physiologischen Mechanismen, die diesen genetischen Veränderungen zugrundeliegen, sind in naher Zukunft die Voraussetzung für die Schaffung zahlreicher neuer Möglichkeiten zur besseren Diagnose, prognostischen Abschätzung und Therapie von Tumorerkrankungen.

1.1.8 Literatur

Aaltonen LA, Peltomaki P, Leach FS et al. (1993) Clues to the pathogenesis of familial colorectal cancer. Science 260: 812–816

Aaltonen LA, Peltomaki P, Mecklin JP et al. (1994) Replication errors in benign and malignant tumors from hereditary nonpolyposis colorectal cancer patients. Cancer Res 54: 1645–1648

Baker SJ, Fearon ER, Nigro JM et al. (1989) Chromosome 17 deletions and p53 gene mutations in colorectal carcinomas. Science 244: 217–221

Baker SM, Bronner CE, Zhang L et al. (1995) Male mice defective in the DNA mismatch repair gene PMS2 exhibit abnormal chromosome synapsis in meiosis. Cell 82: 309–319

Baker SM, Plug AW, Prolla TA et al. (1996) Involvement of mouse Mlh1 in DNA mismatch repair and meiotic crossing over. Nat Genet 13: 336–342

Bale SJ, Dracopoli NC, Greene MH et al. (1987) Linkage analysis of melanoma and displastic nevus syndrome with polymorphic loci on human chromosome Ip. Cytogenet Cell Genet 46: 575

Bartow SA, Pathak DR, Black WC et al. (1987) Prevalence of benign, atypical, and malignant breast lesions in populations at different risk for breast cancer. Cancer 60: 2751–2760

Berg L (1995) Brustkrebs – Wissen gegen Angst. Kunstmann, München

Beroud C, Soussi T (1996) APC gene: database of germline and somatic mutations in human tumors and cell lines. Nucleic Acids Res 24: 121–124

Bieche I, Lidereau R (1995) Genetic alterations in breast cancer. Genes Chromosom Cancer 14: 227–251

Black DM (1994) The genetics of breast cancer. Eur J Cancer 30A: 1957–1961

Blaszyk H, Vaughn CB, Hartmann A et al. (1994) Novel pattern of TP53 gene mutations in American black cohort with high mortality from breast cancer. Lancet 1: 1195–1197

Bodmer WF (1994) Cancer genetics. Br Med Bull 50: 517–526

Boland CR, Sato J, Appelman HD et al. (1995) Microallelotyping defines the sequence and tempo of allelic losses at tumour suppressor gene loci during colorectal cancer progression. Nat Med 1: 902–909

Bookstein R, Allred DC(1993) Recessive oncogenes. Cancer [Suppl] 71: 1179–1186

Borresen AL, Lothe RA, Meling GI et al. (1995) Somatic mutations in the hMSH2 gene in microsatellite unstable colorectal carcinomas. Hum Mol Genet 4: 2065–2072

Bos JL, Fearon ER, Hamilton SR et al. (1987) Prevalence of ras gene mutations in human colorectal cancers. Nature 327: 293–297

Boveri T (1914) Zur Frage der Entstehung maligner Tumoren, Bd 1. Fischer, Jena

Brash DE, Rudolph JA, Simon JA et al. (1991) A role for sunlight in skin cancer: UV-induced P53 mutations in squamous cell carcinoma. Proc Natl Acad Sci USA 88: 10124–10128

Brentnall TA, Crispin DA, Bronner MP et al. (1996) Microsatellite instability in nonneoplastic mucosa from patients with chronic ulcerative colitis. Cancer Res 56: 1237–1240

Bronner CE, Baker SM, Morrison PT et al. (1994) Mutation in the DNA mismatch repair gene homologue hMLH1 is associated with hereditary non-polyposis colon cancer. Nature 368: 258–261

Buchanan JA, Cavenee WK (1987) Genetic markers for assessment of retinoblastoma predisposition. Dis Markers 5: 141–152

Chang-Claude J, Scherneck S (1995) Klonierung des Brustkrebsgens BRCA1. Dtsch Arztebl 92: 2414–2418

Chang-Claude J, Becker H, Hamann M, Schröder-Kurth T (1995) Risikoabschätzung für das familiäre Auftreten von Brustkrebs. Zentralbl Gynakol 117: 432–434

Chong JM, Fukayama M, Hayashi Y et al. (1994) Microsatellite instability in the progression of gastric carcinoma. Cancer Res 54: 4595–4597

Claus EB, Risch N, Thompson WD (1991) Genetic analysis of breast cancer in the cancer and steroid hormone study. Am J Hum Genet 48: 232–242

Cleton-Jansen A-M, Collins N, Lakhani SR et al. (1995) Loss of heterozygosity in sporadic breast tumours at the BRCA2 locus on chromosome 13q12-q13. Br J Cancer 72: 1241–1244

Cohen PR (1992) Muir-Torre syndrome in patients with hematological malignancies. Am J Hematol 40: 64–65

Collins FS (1996) BRCA1 – lots of mutations, lots of dilemmas. N Engl J Med 334: 186–188

Collins N, McManus R, Wooster R et al. (1995) Loss of the wildtype chromosome in breast cancer from BRCA2 gene carriers. Oncogene 10: 1673–1675

Cornelis RS, Neuhausen SL, Arason A et al. (1995) High allele loss rates at 17q12–21 in breast and ovarian tumors from BRCA1 linked families. Genes Chromosom Cancer 13: 203–210

Couch FJ, Farid LM, DeShano MC et al. (1996) BRCA2 germline mutations in male breast cancer cases and breast cancer families. Nat Genet 13: 123–125

Cowan JM, Halaban R, Francke U (1988) Cytogenetic analysis of melanocytes from premalignant nevi and melanomas. J Natl Cancer Inst 80: 1159–1164

Craig-Allred D, O'Connell P, Fuqua SAW et al. (1994) Immunohistochemical studies of early breast cancer evolution. Breast Cancer Res Treat 32: 13–18

Devilee P, Cornelisse CJ (1994) Somatic genetic changes in human breast cancer. Biochim Biophys Acta 1198: 113–130

Dietrich WF, Lander ES, Smith JS et al. (1993) Genetic identification of Mom-1, a major modifier locus affecting Min-induced intestinal neoplasia in the mouse. Cell 75: 631–639

Dix D (1989) The role of ageing in cancer incidence: an epidemiological study. J Gerontol 44: 10–18

Donehower LA (1996) Effects of p53 mutation on tumor progression. Recent insights from mouse tumor models. Biochim Biophys Acta 1242: 171–176

Donehower LA, Harvey M, Slagle BL et al. (1992) Mice deficient for p53 are developmentally normal but susceptible to spontaneous tumors. Nature 356: 215–221

Dracopoli N C, Alhadeff B, Houghton AN et al. (1987) Loss of heterozygosity at autosomal and X-linked loci during tumor progression in a patient with melanoma. Cancer Res 47: 3995–4000

Easton DF, Bishop DT, Ford D et al. (1993) Genetic linkage analysis in familial breast and ovarian cancer: results from 214 families. The breast cancer linkage consortium. Am J Hum Genet 52: 678–701

Faille A, DeCremoux P, Extra JM et al. (1994) P53 mutations and overexpression in locally advanced breast cancers. Br J Cancer 69: 1145–1150

Fearon ER, Vogelstein B (1990) A genetic model for colorectal tumorigenesis. Cell 61: 759–767

Fearon ER, Hamilton SR, Vogelstein B (1987) Clonal analysis of human colorectal tumors. Science 238: 193–197

Fearon ER, Cho KR, Nigro JM et al. (1990) Identification of a chromosome 18q gene that is altered in colorectal cancers. Science 247: 49–56

Felix CA, Strauss EA, D'Amico D et al. (1993) A novel germline p53 splicing mutation in a pediatric patient with a second malignant neoplasm. Oncogene 8: 1203–1210

Feunteun J, Lenoir GM (1996) BRCA1, a gene involved in inherited predisposition to breast and ovarian cancer. Biochim Biophys Acta 1242: 177–180

Fishel R, Kolodner R (1995) Identification of mismatch repair genes and their role in the development of cancer. Curr Opin Genet Dev 5: 382–395

Fishel R, Lescoe MK, Rao MRS et al. (1993) The human mutator gene homolog MSH2 and its association with hereditary nonpolyposis colon cancer. Cell 75: 1027–1038

Fountain JW, Karayiorgou M, Ernstoff MS et al. (1992) Homozygous deletions within human chromosome band 9p21 in melanoma. Proc Natl Acad Sci USA 89: 10557–10561

Frebourg T, Barbier N, Yan Y-X et al. (1995) Germline p53 mutations in 15 families with Li-Fraumeni-Syndrome. Am J Hum Genet 56: 608–615

Friend SH (1996) Breast cancer susceptibility testing: realities in the post-genomic era. Nat Genet 13: 16–17

Friend SH, Bernards R, Rogely S, Weinberg RA, Rapaport JM, Albert DM, Dryja TP (1986) A human DNA segment with properties of the gene that predisposes to retinoblastoma and osteosarcoma. Nature 323: 643–646

Fujii H, Marsh C, Cairns P et al. (1996) Genctic divergence in the clonal evolution of breast cancer. Cancer Res 56: 1493–1497

Geller G, Bernhard BA, Helzlsouer K (1995) Informed consent and BRCA1 testing. Nat Genet 11: 364

Goldstein AM, Goldin LR, Dracopoli NC et al. (1996) Two-locus linkage analysis of cutaneous malignant melanoma/dysplastic nevi. Am J Hum Genet 58: 1050–1056

Goodrich DW, Lee W-H (1993) Molecular characterization of the retinoblastoma susceptibility gene. Biochim Biophys Acta 1155: 43–61

Greenblatt MS, Bennett WP, Hollstein M et al. (1994) Mutations in the p53 tumor suppressor gene: clues to cancer etiology and molecular pathogenesis. Cancer Res 54: 4855

Groden J, Thliveris A, Samowitz W et al. (1991) Identification and characterization of the familial adenomatous polyposis coli gene. Cell 66: 589–600

Gruis NA, Velden PA van der, Sandkuijl LA et al. (1995) Homozygotes for CDKN2 (p16) germline mutation in Dutch familial melanoma kindreds. Nat Genet 10: 351–353

Hahn A, Schütte M, Hoque AT et al. (1996) A candidate tumor suppressor gene at human chromosome 18q21.1. Science 271: 350–353

Hall JM, Zuppan PJ, Anderson LA et al. (1989) Oncogenes and human breast cancer. Am J Hum Genet 44: 577–584

Hall JM, Lee MK, Newman B et al. (1990) Linkage of early-onset familial breast cancer to chromosome 17q21. Science 250: 1684–1689

Hamilton SR, Liu B, Parsons RE et al. (1995) The molecular basis of Turcot's syndrome. N Engl J Med 332: 839–847

Hansen MF, Cavenee WK (1988) Retinoblastoma and the progression of tumor genetics. Trends Genet 4: 125–128

Harada Y, Katagiri T, Ito I et al. (1994) Genetic studies of 475 breast cancer. Clinicopathologic parameters compared with genetic alterations. Cancer 74: 2281–2286

Harris CC (1993) p53: at the crossroads of molecular carcinogenesis and risk assessment. Science 262: 1980–1981

Harris CC, Hollstein M (1993) Clinical implications of the p53 tumor suppressor gene. N Engl J Med 329: 1318–1327

Hartwell LH, Kastan MB (1994) Cell cycle control and cancer. Science 266: 1821–1828

Hemminki A, Peltomaki P, Mecklin JP et al. (1994) Loss of the wild type MLH1 gene is a feature of hereditary nonpolyposis colorectal cancer. Nat Genet 8: 405–410

Herrera L, Kakati S, Gibas L, Pietrzak E, Sandberg AA (1986) Gardner syndrome in a man with an interstitial deletion of 5q. Am J Med Genet 25: 473–476

Hirama T, Koeffler HP (1995) Role of the cyclin-dependent kinase inhibitors in the development of cancer. Blood 86: 841–854

Horii A, Nakatsuru S, Ichii S et al. (1993) Multiple forms of the APC gene transcripts and their tissue-specific expression. Hum Mol Genet 2: 283–287

Hussussian CJ, Struewing JP, Goldstein AM et al. (1994) Germline p16 mutations in familial melanoma. Nat Genet 1: 15–21

Ionov Y, Peinado MA, Malkhosyan S, Shibata D, Perucho M (1993) Ubiquitous somatic mutations in simple repeated sequences reveal a new mechanism for colonic carcinogenesis. Nature 363: 558–561

Jass JR, Smyrk TC, Stewart SM et al. (1994) Pathology of hereditary non-polyposis colorectal cancer. Anticancer Res 14: 1631–1634

Jen J, Powell SM, Papadopoulos N et al. (1994) Molecular determinants of dysplasia in colorectal lesions. Cancer Res 54: 5523–5526

Joslyn G, Carlson M, Thliveris A et al. (1991) Identification of deletion mutations and three new genes at the familial polyposis locus. Cell 66: 601–613

Kacker RK, Giovanella BC, Pathak S(1990) Consistent karyotypic abnormalities in human malignant melanomas. Anticancer Res 10: 859–872

Kamb A, Gruis NA, Waever-Feldhaus S (1994) A cell cycle regulator potentially involved in genesis of many tumor types. Science 264: 436–440

Karp JE, Broder S (1995) Molecular foundations of cancer: new targets for intervention. Nat Med 1: 309–320

Kerangueven F, Essioux L, Dib A et al. (1995) Loss of heterozygosity and linkage analysis in breast carcinoma: indication for a putative third susceptibility gene on the short arm of chromosome 8. Oncogene 10: 1023–1026

King M-C, Rowell S, Love SM (1993) Inherited breast and ovarian cancer: what are the risks? What are the choices? JAMA 269: 1975–1980

Kinzler KW, Nilbert MC, Su LK et al. (1991) Identification of FAP locus genes from chromosome 5q21. Science 253: 661–665

Knudson AG (1971) Mutation and cancer: statistical study of retinoblastoma. Proc Natl Acad Sci USA 68: 820–823

Knudson AG (1987) A two-mutation model for human cancer. Advances in viral oncology, vol 7. Raven press, New York, pp 1–17

Knudson AG (1995) Mutations and cancer: a personal odyssey. Adv Cancer Res 67: 1–23

Koh J, Enders GH, Dynlacht BD, Harlow E (1995) Tumour-derived p16 alleles encoding proteins defective in cell-cycle inhibition. Nature 375: 506–510

Koonin EV, Altschul SF, Bork P (1996) BRCA1 protein products: functional motifs. Nat Genet 13: 266–267

Krontiris TG, Devlin B, Karp DD et al. (1993) An association between the risk of cancer and mutations in the HRAS1 minisatellite locus. N Engl J Med 329: 517–523

Kunkel TA (1993) Slippery DNA and diseases. Nature 365: 207–208

Law SC, Strong LC, Chidambaram A et al. (1991) A germline mutation in exon 5 of the p53 gene in an extended cancer family. Cancer Res 51: 6385–6387

Lazar V, Grandjouan S, Bognel C et al. (1994) Accumulation of multiple mutations in tumour suppressor genes during colorectal tumorigenesis in HNPCC patients. Hum Mol Genet 3: 2257–2260

Leach FS, Nicolaides NC, Papadopoulos N et al. (1993) Mutations of a MutS homolog in hereditary non-polyposis colorectal cancer. Cell 75: 1215–1225

Leppert M, Dobbs M, Scambler P et al. (1987) The gene for familial polyposis coli maps to the long arm of chromosome 5. Science 238: 1411–1413

Levine AJ (1995) The genetic origins of neoplasia. JAMA 273: 592

Levinson G, Gutman GA (1987) High frequencies of short frameshifts in poly-CA/TG tandem repeats borne by bacteriophage M13 in escherichia coli K-12. Nucleic Acids Res 15: 5323–5338

Lewis CM, Neuhausen SL, Daley D et al. (1996) Genetic heterogeneity and unmapped genes for colorectal cancer. Cancer Res 56: 1382–1388

Li FP (1993) Molecular epidemiology studies of cancer families. Br J Cancer 68: 217–219

Lindblom A, Tannergard P, Werelius B et al. (1993) Genetic mapping of a second locus predisposing to hereditary non-polyposis colon cancer. Nat Genet 5: 279–282

Liu B, Farrington SM, Petersen GM et al. (1995a) Genetic instability occurs in the majority of young patients with colorectal cancer. Nat Med 1: 348–352

Liu L, Lassam NJ, Slingerland JM et al. (1995b) Germline p16INK4A mutation and protein dysfunction in a family with inherited melanoma. Oncogene 11: 405–412

Liu B, Parsons R, Papadopoulos N, Nicolaides NC, Lynch HT, Watson P, Jass JR, Dunlop M, Wyllie A, Peltomaki P, Chapelle A de la, Hamilton SR, Vogelstein B, Kinzler KW (1996) Analysis of mismatch repair genes in hereditary non-polyposis colorectal cancer patients. Nat Med 2: 169–174

Loeb LA (1994) Microsatellite instability: marker of a mutator phenotype in cancer. Cancer Res 54: 5059–5063

Lohmann DR, Brandt B, Höpping W et al. (1996) The spectrum of Rb1 germ-line mutations in hereditary retinoblastoma. Am J Hum Genet 58: 940–949

London SJ, Conolly JC, Schnitt SJ et al. (1992) A prospective study of benign breast disease and the risk of breast cancer. JAMA 267: 941–944

Lynch HT, Smyrk TC, Watson P et al. (1993) Genetics, natural history, tumor spectrum, and pathology of hereditary nonpolyposis colorectal cancer: an updated review. Gastroenterology 104: 1535–1549

MacPhee DG (1995) Mismatch repair, somatic mutations, and the origin of cancer. Cancer Res 55: 5489–5492

MacPhee M, Chepenik KP, Liddell RA et al. (1995) The secretory phospholipase A2 gene is a candidate for the mom1 locus, a major modifier of Apc(Min)-induced intestinal neoplasia. Cell 81: 957–966

Maliaka YK, Chudina AP, Belev NF et al. (1996) CpG dinucleotides in the hMSH2 and hMLH1 genes are hotspots for HNPCC mutations. Hum Genet 97: 251–255

Malkin D, Li FP, Strong LC et al. (1990) Germline p53 mutations in a familial syndrome of breast cancer sarcomas and other neoplasms. Science 250: 1233–1238

Malkin D (1993) p53 and the Li-Fraumeni-Syndrom. Cancer Genet Cytogenet 66: 83–92

Markowitz S, Wang J, Myeroff L et al. (1995) Inactivation of the type II TGF-beta receptor in colon cancer cells with microsatellite instability. Science 268: 1336–1338

Marquis ST, Rajan JV, Wynshaw BA et al. (1995) The developmental pattern of BRCA1 expression implies a role in differentiation of the breast and other tissues. Nat Genet 11: 17–26

Marx J (1994) How cells cycle toward cancer. Science 263: 319–321

Mathew S, Murty VV, Cheifetz S et al. (1994) Transforming growth factor receptor gene TGFBR2 maps to human chromosome band 3p22. Genomics 20: 114–115

Mellon I, Champe GN (1996) Products of DNA mismatch repair genes mutS and mutL are required for transcription-coupled nucleotide-excision repair of the lactose operon in escherichia coli. Proc Natl Acad Sci USA 93: 1292–1297

Miki Y, Swensen J, Shattuck-Eidens D et al. (1994) A strong candidate for the breast and ovarian cancer susceptibility gene BRCA1. Science 266: 66–71

Milner J (1995) DNA damage, p53 and anticancer therapies. Nat Med 1: 879–880

Modrich P (1991) Mechanisms and biological effects of mismatch repair. Annu Rev Genet 25: 229–253

Modrich P (1994) Mismatch repair, genetic stability, and cancer. Science 266: 1959–1960

Morson BC (1974) The polyp-cancer sequence in the large bowel. Proc R Soc Med 67: 451–457

Munemitsu S, Souza B, Müller O et al. (1994) The APC gene product associates with microtubules in vivo and promotes their assembly in vitro. Cancer Res 15: 3676–3681

Nelen MR, Padberg GW, Peeters EAJ et al. (1996) Localization of the gene for Cowden disease to chromosome 10q22–q23. Nat Genet 13: 114–116

Neuhausen S, Gilewski T, Norton L et al. (1996) Recurrent BRCA2 6174delT mutations in Ashkenazi Jewish woman affected by breast cancer. Nat Genet 13: 126–128

Nicolaides NC, Papadopoulos N, Liu B et al. (1994) Mutations of two PMS homologues in hereditary nonpolyposis colon cancer. Nature 371: 75–80
Nishisho I, Nakamura Y, Miyoshi Y et al. (1991) Mutations of chromosome 5q21 genes in FAP and colorectal cancer patients. Science 253: 665–669
Nobori T, Miura K, Wu DJ et al. (1994) Deletions of the cyclin-dependent kinase-4 inhibitor gene in multiple human cancers. Nature 6473: 753–756
Nowell P, Hungerford DA (1960) A minute chromosome in human chronic granulocytic leukemia. Science 132: 1497
Palombo F, Gallinari P, Iaccarino I et al. (1995) GTBP, a 160-kilodalton protein essential for mismatch-binding activity in human cells. Science 268: 1912–1914
Papadopoulos N, Nicolaides NC, Wie YF et al. (1994) Mutation of a mutL homolog in hereditary colon cancer. Science 263: 1625–1629
Parsons R, Li GM, Longley MJ et al. (1993) Hypermutability and mismatch repair deficiency in RER(+) tumor cells. Cell 75: 1227–1236
Parsons R, Li GM, Longley M (1995) Mismatch repair deficiency in phenotypically normal human cells. Science 268: 738–740
Pedersen MI, Wang N (1989) Chromosomal evolution in the progression and metastasis of human malignant melanoma. A multiple lesion study. Cancer Genet Cytogenet 41: 185–201
Peinado MA, Malkhosyan S, Velazquez A et al. (1992) Isolation and characterization of allelic losses and gains in colorectal tumors by arbitarily primed polymerase chain reaction. Proc Natl Acad Sci USA 89: 10065–10069
Peltomäki P, Aaltonen LA, Sistonen P et al. (1993) Genetic mapping of a locus predisposing to human colorectal cancer. Science 260: 810–812
Phelan CM, Lancaster JM, Tonin P et al. (1996) Mutation analysis of the BRCA2 gene in 49 site specific breast cancer families. Nat Genet 13: 120–122
Plummer SJ, Casey G (1996) Are we any closer to genetic testing for common malignancies? Nat Med 2: 156–158
Ponder PAJ (1990) Inherited predisposition to cancer. Trends Genet 6: 213–221
Ponder BA, Wilkinson MM (1986) Direct examination of the clonality of carcinogen-induced colonic epithelial dysplasia in chimeric mice. J Natl Cancer Inst 77: 967–976
Powell SM, Zilz N, Beazer-Barclay Y et al. (1992) APC mutations occur early during colorectal tumorigenesis. Nature 359: 235–237
Praml C, Finke LH, Herfarth C et al. (1995a) Deletion mapping defines different regions in 1p34.2-pter that may harbor genetic information related to human colorectal cancer. Oncogene 11: 1357–1362
Praml C, Savelyeva L, Le-Paslier D (1995b) Human homologue of a candidate for the Moml locus, the secretory type II phospholipase A2 (PLA2S-II), maps to 1p35-36.1/D1S199. Cancer Res 55: 5504–5506
Puig S, Ruiz A, Lazaro C et al. (1995) 9p Deletions in cutaneous malignant melanoma tumors: the minimal deleted region involves markers outside the p16 (CDKN2) gene. Am J Hum Genet 57: 395–402
Radford DM, Phillips NS, Fair KL et al. (1995) Allelic loss and the progression of breast cancer. Cancer Res 55: 5180–5183
Ranade K, Hussussian CJ, Sihorski RS et al. (1995) Mutations associated with familial melanoma impair p16INK4function. Nat Genet 10: 114–116
Reitmair AH, Schmits R, Ewel A et al. (1995) MSH2 deficient mice are viable and susceptible to lymphoid tumours. Nat Genet 11: 64–70
Remvikos Y, Vogt N, Muleris M (1995) DNA-repeat instability is associated with colorectal cancers presenting minimal chromosome rearrangements. Genes Chromosom Cancer 12: 272–276
Riggins GJ, Markowitz S, Wilson JK et al. (1995) Absence of secretory phospholipase A2 gene alterations in human colorectal cancer. Cancer Res 55: 5184–5186
Rodriquez E, Steekantaiah C, Chaganti RSK (1994) Genetic changes in epithelial solid neoplasia. Cancer Res 54: 3398–3406
Sager R (1992) Tumor suppressor genes in the cell cycle. Curr Opin Cell Biol 4: 155–160
Savitsky K, Bar-Shira A, Gilad S et al. (1995) A single ataxia telangiectasia gene with a product similar to PI-3 kinase. Science 268: 1749–1753
Scherneck S (1995) Contribution of molecular genetic changes for improved management of breast cancer. Onkologie 18: 189–201
Schlegel J, Stumm G, Scherthan H et al. (1995) Comparative genomic in situ hybridization of colon carcinomas with replication error. Cancer Res 55: 6002–6005
Schneider NR, Williams WR, Chaganti RSK (1986) Genetic epidemiology of familial aggregation of cancer. Adv Cancer Res 47: 1–36
Schneider KA, Farkas Patenaude A, Garber JE (1995) Testing for cancer genes: decisions, decisions. Nat Med 1: 302–303
Scott RJ, Krummenacker F, Mary JL et al. (1993) Hereditary p53 mutation in a patient with multiple tumors: significance for genetic counseling. Schweiz Med Wochenschr 25: 1287–1292
Seminara D, Obrams GI (1994) Genetic epidemiology of cancer: a multidisciplinary approach. Genet Epidemiol 11: 235–254
Serrano M, Hannon GJ, Beach D (1993) A new regulatory motif in cell-cycle control causing specific inhibition of cyclin D/CDK4. Nature 366: 704–707
Shibata D, Peinado MA, Ionov Y et al. (1994) Genomic instability in repeated sequences is an early somatic event in colorectal tumorigenesis that persists after transformation. Nat Genet 6: 273–281
Skuse GR, Ludlow JW (1995) Tumour suppressor genes in disease and therapy. Lancet 345: 902–906
Smith KJ, Johnson KA, Bryan TM et al. (1993a) The APC gene product in normal and tumor cells. Proc Natl Acad Sci USA 90: 2846–2850
Smith MR, Matthews NT, Jones KA, Kung H-F (1993b) Biological actions of oncogenes. Pharmacol Ther 58: 211–236
Soussi T, Legros Y, Lubin R et al. (1994) Multifactorial analysis of p53 alteration in human cancer. A review. Int J Cancer 57: 1–9
Spandidos DA, Liloglou T, Field JF (1993) Prognostic significance of oncogenes and tumor suppressor genes in human malignancy. Stem Cells 11: 194–199
Spirio LN, Kutchera W, Winstead MV et al. (1996) Three secretory phospholipase A2 genes that map to human chromosome are not mutated in individuals with attenuated adenomatous polyposis coli. Cancer Res 56: 955–958
Stanbridge EJ (1990) Human tumor suppressor genes. Ann Rev Genet 24: 615–657
Stratton MR, Wooster R (1996) Hereditary predisposition to breast cancer. Curr Opin Genet Dev 6: 93–97

Strauss M, Lukas J, Bartek J (1995) Unrestricted cell cycling and cancer. Nat Med 1: 1245–1246
Struewing JP, Brody LC, Erdos MR et al. (1995) Detection of eight BRCA1 mutations in 10 breast/ovarian cancer families, including one family with male breast cancer. Am J Hum Genet 57: 1–7
Su LK, Kinzler KW, Vogelstein B et al. (1992) Multiple intestinal neoplasia caused by a mutation in the murine homolog of the APC gene. Science 256: 668–670
Swift M, Chase CL, Morrell D (1990) Cancer predisposition of ataxia-telangiectasia. Cancer Genet Cytogenet 46: 21–27
Szabo CI, King M-C (1995) Inherited breast and ovarian cancer. Hum Mol Genet 4: 1811–1817
Tavtigian SV, Simard J, Rommens J et al. (1996) The complete BRCA2 gene and mutations in chromosome 13q-linked kindreds. Nat Genet 12: 333–337
Thiagalingam S, Lengauer C, Leach FS et al. (1996) Evaluation of candidate tumour suppressor genes on chromosome 18 in colorectal cancers. Nat Genet 13: 343–346
Thibodeau SN, Bren G, Schaid D (1993) Microsatellite instability in cancer of the proximal colon. Science 260: 816–819
Thompson ME, Jensen RA, Obermiller PS et al. (1995) Decreased expression of BRCA1 accelerates growth and is often present during sporadic breast cancer progression. Nat Genet 9: 444–450
Thorlacius S, Olafsdottir G, Tryggvadottir L et al. (1996) A single BRCA2 mutation in male and female breast cancer families from iceland with varied cancer phenotypes. Nat Genet 13: 117–119
Trent JM, Wiltshire R, Su LK et al. (1995) The gene for the APC-binding protein beta-catenin (CTNNB1) maps to chromosome 3p22, a region frequently altered in human malignancies. Cytogenet Cell Genet 71: 343–344
Tripathy D, Benz CC (1993) Activated oncogenes and putative tumor suppressor genes involved in human breast cancers. In: Benz CC, Liu ET (eds) Oncogenes and tumor suppressor genes in human malignancies. Kluver, Boston, pp 15–60
Van de Vijver MC (1993) Molecular genetic changes in human breast cancer. Adv Cancer Res 61: 25–56
Vogelstein B, Kinzler KW (1993) The multistep nature of cancer. TIG 9: 138–141
Vogelstein B, Fearon ER, Hamilton SR et al. (1988) Genetic alterations during colorectal-tumor development. N Engl J Med 319: 525–532
Vogelstein B, Fearon ER, Kern SE et al. (1989) Allelotype of colorectal carcinomas. Science 244: 207–211
Wagner C (1996) Einführung in die Molekulare Onkologie – Veränderungen und Wirkung von Tumorgenen und Tumorproteinen. Thieme, Stuttgart New York
Walker GJ, Hussussian CJ, Flores JF et al. (1995a) Mutations of the CDKN2/p16(INK4) gene in Australian melanoma kindreds. Hum Mol Genet 4: 1845–1852
Walker GJ, Palmer JM, Walters MK et al. (1995b) A genetic model of melanoma tumorigenesis based on allelic losses. Genes Chromosom Cancer 12: 134–141
Weinberg RA (1991) Tumor suppressor genes. Science 254: 1138–1145
Whartin AS (1913) Heredity with reference to carcinoma. Arch Intern Med 12: 546–555
Wind N de, Dekker M, Berns A et al. (1995) Inactivation of the mouse Msh2 gene results in mismatch repair deficiency, methylation tolerance, hyperrecombination, and predisposition to cancer. Cell 82: 321–330
Wilkowski JA (1990) The inherited character of cancer – an historical survey. Cancer Cells 2: 229–257
Wooster R, Mangion J, Eeles R et al. (1992) A germline mutation in the androgen receptor gene in two brothers with breast cancer and Reifenstein syndrome. Nat Genet 2: 132–134
Wooster R, Neuhausen SL, Mangion J et al. (1994a) Localization of a breast cancer susceptibility gene, BRCA2, on chromosome 13q12–13. Science 265: 2088–2090
Wooster R, Cleton-Jansen AM, Collins N et al. (1994b) Instability of short tandem repeats (microsatellites) in human cancers. Nat Genet 6: 152–156
Wooster R, Bignell G, Lancaster J et al. (1995) Identification of the breast cancer susceptibility gene BRCA2. Nature 378: 789–792
Wu TH, Marinus MG (1994) Dominant negative mutator mutations in the mutS gene of escherichia coli. J Bacteriol 176: 5393–5400
Yamashita H, Kobayashi S, Iwase H et al. (1993) Analysis of oncogenes and tumor suppressor genes in human breast cancer. Jpn J Cancer Res 84: 871–878
Young J, Leggett B, Gustafson C et al. (1993) Genomic instability occurs in colorectal carcinomas but not in adenomas. Hum Mutat 2: 351–353
Zakian VA (1995) ATM-related genes: what do they tell us about functions of the human gene? Cell 82: 685–687
Zhuang Z, Merino MJ, Chuaqui R et al. (1995) Identical allelic loss on chromosome 11q13 in microdissected in situ and invasive breast cancer. Cancer Res 55: 467–471
Zuppan P, Hall JM, Lee MK et al. (1991) Possible linkage of the estrogen receptor gene to breast cancer in a family with late-onset of the disease. Am J Hum Genet 48: 1065–1068

1.2 Mechanismen der Entstehung fremdstoffbedingter Krebsformen

Michael Schwarz und Karl Walter Bock

1.2.1 Einleitung

Aufgrund epidemiologischer Befunde wird geschätzt, daß bei der Entstehung von über 70% der Krebserkrankungen beim Menschen exogene Faktoren eine Rolle spielen. Unter diesen sind chemische Risikofaktoren vermutlich die bedeutsamsten [Doll u. Peto 1981]. Von der WHO werden derzeit etwa 50 Chemikalien oder Chemikaliengemische als eindeutig kanzerogen für den Menschen aufgelistet [IARC 1987]. Der Elimination dieser Risikofaktoren kommt neben therapeutischen Maßnahmen entscheidende Bedeutung zu. Im folgenden Beitrag wird nach einem kurzen historischen Abriß ein Mehrschrittmodell der Kanzerogenese entwickelt, anhand dessen die verschiedenartigen Wirkungen chemischer Krebsrisikofaktoren abgehandelt werden.[1] Auf Möglichkeiten zur Quantifizierung der mit einer Exposition verbundenen kanzerogenen Risiken wird abschließend eingegangen.

1.2.2 Historischer Abriß

Der Beginn unserer Kenntnisse über fremdstoffbedingte Krebsformen kann auf 2 Beobachtungen in London zurückgeführt werden. 1761 wies der Arzt John Hill auf die Beziehung zwischen dem exzessiven Gebrauch von Schnupftabak und Krebs der Nasenschleimhaut hin [Miller u. Miller 1981]. 1775 berichtete dann Percival Pott über die hohe Inzidenz von Krebs der Skrotalhaut bei jungen Männern, die in ihrer Jugend Schornsteinfeger waren [Miller u. Miller 1981]. Durch hygienische Maßnahmen konnte die Entstehung dieser Krebsform verhindert werden. Der experimentelle Nachweis, daß Ruß und Teerstoffe krebserzeugend sind, gelang Yamagiwa u. Ichikawa [1918]. 1933 konnte dann das heute als Prototyp verwendete Benzpyren als Bestandteil des Steinkohlenteers identifiziert werden [Cook et al. 1933]. Von historischer Bedeutung war in der Folge der Bericht des Berliner Chirurgen Rehn [1895] über eine Häufung im Auftreten von Harnblasenkrebs bei Arbeitern in der Anilinfarbenindustrie. Wir wissen heute, daß insbesondere Benzidin, 2-Naphthylamin und 4-Aminobiphenyl an der Entstehung dieser Tumorform beteiligt sind. Die letztgenannten beiden Arylamine lassen sich auch im Zigarettenrauch nachweisen. Auf die Bedeutung des Fremdstoffmetabolismus bei der Entstehung der durch aromatische Amine ausgelösten Blasentumoren wird unter 1.2.4.1.1 „Aktivierung und Inaktivierung von Kanzerogenen“ eingegangen.

Die Tatsache, daß die meisten chemischen Kanzerogene im Zielgewebe in reaktive Elektrophile (ultimale Kanzerogene) umgewandelt werden, wurde von Miller u. Miller [1981] gezeigt. Elektrophile können an DNA binden und zur Bildung von Mutationen in kritischen Zielgenen führen. Auf Untersuchungen von Berenblum [1941], Rous u. Kidd [1941] u. a., auf die im folgenden Kapitel näher eingegangen werden soll, geht die Beobachtung zurück, daß neben gentoxischen auch epigenetische Ereignisse an der Kanzerogenese beteiligt sind. Neue methodische Ansätze und Möglichkeiten der Molekularbiologie führten letztlich zur Identifizierung und molekularen Charakterisierung der Zielgene krebserzeugender Stoffe, der Protoonkogene und Tumorsuppressorgene [Bishop 1991].

---

[1] Die Begriffe Kanzerogenese und Karzinogenese bzw. Kanzerogen und Karzinogen werden im Deutschen synonym gebraucht. Da Karzinogenese im strikten Sinn jedoch nur die Entwicklung epithelialer Tumoren (Karzinom) beschreibt, werden, entsprechend einer Empfehlung von Appel et al. [1990], im folgenden Beitrag die Termini Kanzerogenese und Kanzerogen benutzt.

Handbuch der Molekularen Medizin, Band 2
Tumorerkrankungen
Herausgeber: D. Ganten und K. Ruckpaul

1.2.3 Mehrtreffer-/Mehrschrittkonzept der Kanzerogenese

Die grundlegenden Beobachtungen, die zu unserer heutigen Vorstellung der Krebsentstehung als einem äußerst komplex ablaufenden mehrstufigen Prozeß führten, gehen auf Untersuchungen zurück, die bereits vor über 50 Jahren durchgeführt wurden. Sie wurden ausgelöst durch Beobachtungen von Rous u. Kidd [1941], die quantitative Analysen zur Entstehung von Papillomen und Karzinomen am Kaninchenohr und der Rückenhaut der Maus nach Aufpinselung von Steinkohlenteer durchführten. In ihren Studien konnten die Experimentatoren zunächst nachweisen, daß eine längerfristige Behandlung der Versuchstiere zum Auftreten von Tumoren führt. Durch eine Reduktion der Dosis, z. B. indem Teer nur 1malig aufgepinselt wurde, ließ sich in diesen Experimenten eine scheinbare Wirkschwelle definieren, unterhalb derer keine Erhöhung der Tumorinzidenz beobachtet wurde. Diese unterhalb der beobachtbaren Wirkungsgrenze liegenden Dosen werden häufig als unterschwellig bezeichnet. Zur gleichen Zeit interessierten sich Berenblum u. Shubik [1947] für die Frage, ob eine durch Gewebereizung ausgelöste Zellproliferation zur Entstehung von Tumoren führen könnte. Sie behandelten hierfür die Rückenhaut von Mäusen mit dem stark hautreizenden Samenöl des Wolfmilchgewächses *Croton tiglium* (Krotonöl), konnten allerdings selbst bei langandauernder Behandlung zunächst keine Tumoren beobachten. Kombinierten sie allerdings die 1malige, unterschwellige Teerbehandlung mit einer nachfolgenden chronischen Behandlung mit Krotonöl, so traten in einem hohen Prozentsatz der Tiere zunächst gutartige Papillome auf der behandelten Rückenhaut auf, aus denen sich später zu einem geringen Prozentsatz Karzinome entwickelten. Die Umkehr der Behandlungssequenz war dagegen wirkungslos. Offensichtlich gibt es demnach Stoffe, wie die Inhaltsstoffe des Teers, die Krebs auslösen können, und Stoffe, wie die aktiven Inhaltsstoffe des Krotonöls, die per se nicht in der Lage sind, Tumoren zu induzieren, die aber das Auftreten von Tumoren beschleunigen können. Für diese Vorgänge wurden die Begriffe Initiation und Promotion, für die auslösenden Stoffe die Begriffe Initiator und Promotor geprägt [Boutwell 1974]. Nach dieser, für die weitere experimentelle Krebsforschung sehr fruchtbaren Theorie entstehen in einer 1. Stufe initiierte Zellen (früher als schlafende Tumorzellen, in diesem Beitrag als Tumorvorläuferzellen bezeichnet), die sich zunächst phänotypisch nicht (oder nur wenig) von normalen Körperzellen unterscheiden. Die anschließende Promotionsphase ist durch die klonale Expansion dieser Tumorvorläuferzellen gekennzeichnet, die unter dem Einfluß von Promotoren stark beschleunigt ablaufen kann. Ergebnisse, die bei der Variation der Behandlungsschemata erhalten werden (schematisch zusammengefaßt in Abb. 1.2.1), lassen gewisse Rückschlüsse auf die der Initiation zugrundeliegenden Mechanismen zu. Wird die Zeitspanne zwischen der 1maligen Gabe des Initiators und dem Beginn der chronischen Behandlung mit dem promovierenden Agens verlängert, so kommt es nicht zum Wirkungsverlust. Hierbei kann das behandlungsfreie Intervall im 2-Stufen-Experiment der Mäuserückenhaut bei über 1 Jahr liegen, woraus geschlossen werden kann, daß der durch den Initiator gesetzte Schaden Stammzellen betreffen muß – alle anderen Zellen der Epidermis werden während der ständigen Erneuerung eliminiert. Er muß darüber hinaus im Erbgut der Zellen lokalisiert sein.

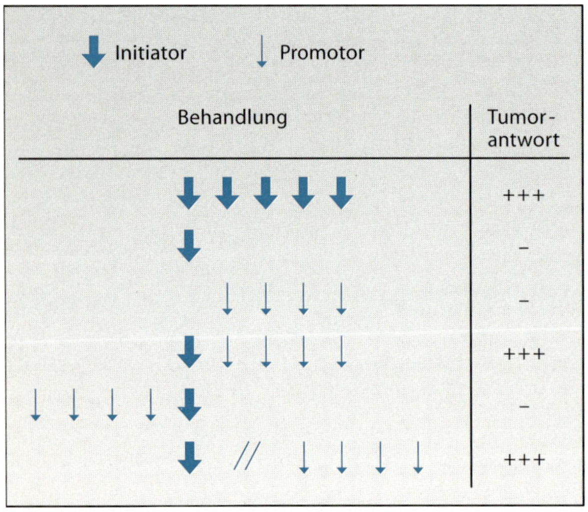

Abb.1.2.1. Initiation und Promotion im 2-Stufen-Experiment der Mäuserückenhaut, s. Text

Präneoplastisch veränderte Tumorvorläuferzellen lassen sich nicht nur in der Mäuserückenhaut sondern auch in zahlreichen anderen Organen, wie z. B. Leber, Pankreas, Lunge, Blase und Niere, beobachten und gestatten somit einen direkten Einblick in die Frühstadien der Kanzerogenese. Auch epidemiologische Befunde sprechen für einen mehrstufig verlaufenden Prozeß der Kanzerogenese: Obwohl einige wenige Krebsformen beim Menschen bevorzugt im Kindesalter auftreten, ist Krebs in der Regel bei Personen unter 30 Jahren sehr selten, steigt dagegen mit dem Alter stark an, so daß in den Industrienationen etwa 60% der Krebstodesfälle bei Personen über 65 Jahren zu beobachten sind. Dieser Befund steht in Einklang mit der Annahme einer Akkumulation mehrerer, für den Krebsprozeß geschwindigkeitslimitierender Mutationsereignisse in einzelnen Somazellen, die letztlich in ihrer Summe den malignen Phänotyp der betroffenen Zelle hervorrufen. Diese Annahme wird durch molekulargenetische Analysen verschiedener Tumorformen gestützt, nach denen 2 (wie im Fall des Retinoblastoms) oder aber mehrere (wie beim kolorektalen Karzinom) Mutationsereignisse in Tumorsuppressorgenen und/oder Protoonkogenen zur Entstehung dieser Krebsformen beitragen [Fearon u. Vogelstein 1990].

Mutationen in Tumor-assoziierten Genen sind allerdings nicht alleinbestimmend für die Geschwindigkeit des Kanzerogeneseprozesses. Von vermutlich ebenso großer Bedeutung ist das Proliferationsverhalten der an der Tumorentstehung beteiligten Zellen. Dieser Sachverhalt, der für das Verständnis der Wirkung chemischer Krebsrisikofaktoren von Bedeutung ist, soll anhand des in Abb. 1.2.2 gezeigten Kanzerogenesemodells verdeutlicht werden.

Nach diesem von Moolgavkar u. Knudson entwickelten Modell [Moolgavkar u. Knudson 1981, Moolgavkar 1983] entwickeln sich Tumorzellen in 2 oder mehr Schritten über Zwischenzellpopulationen (hier wiederum als Tumorvorläuferzellen bezeichnet). Der Initiation (Übergang von der Normalzelle in die Tumorvorläuferzelle), der Konversion (Übergang von der Tumorvorläuferzelle in die Tumorzelle) und der Progression (schrittweise Malignisierung der Tumorzellpopulation) liegen Mutationsereignisse in Tumor-assoziierten Genen zugrunde. Die Mutationswahrscheinlichkeit wird hierbei maßgeblich von der Zellteilungsrate beeinflußt: Eine Erhöhung der Zellteilungsrate bedingt höhere Mutationsraten. Von entscheidender Bedeutung ist darüber hinaus das Proliferationsverhalten der Zwischenzellpopulation. Unter Proliferation ist hierbei die Nettozuwachsrate dieser Zellen zu verstehen. Diese wird definiert durch die Teilungs- und Absterberaten der zugrundeliegenden Zellpopulation (Abb. 1.2.2). Subtile Änderungen in einem der beiden Parameter können, bei einem über Jahre oder Jahrzehnte verlaufenden Prozeß, die Populationsdichte der Zellen des Intermediärpools und damit die Wahrscheinlichkeit der Entstehung von Krebs massiv beeinflussen. Die Frage, wie chemische Krebsrisikofaktoren in den hier beschriebenen Prozeß eingreifen können, soll im folgenden behandelt werden.

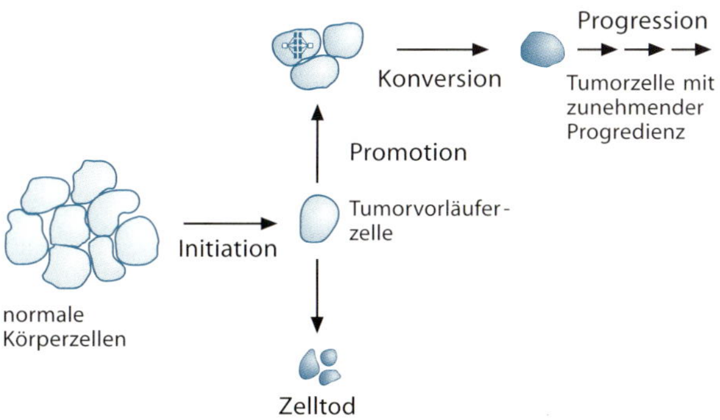

Abb.1.2.2. Mehrstufenkonzept der Krebsentstehung

1.2.4 Wirkung von Kanzerogenen

Die Häufigkeit relevanter Mutationen sowie das Proliferationsverhalten der beteiligten Zellen sind, wie oben ausgeführt, die entscheidenden Determinanten bei der Krebsentstehung. Beide Parameter können durch chemische Kanzerogene beeinflußt werden. Entsprechend ihres vermuteten Wirkmechanismus wird hierbei in gentoxische und nicht-gentoxische Kanzerogene unterschieden. Obwohl es keine allgemein akzeptierte Definition für gentoxische Stoffe gibt [IARC 1992], werden unter gentoxischen Stoffen häufig solche verstanden, die selbst oder deren Metaboliten kovalent an DNA binden und Mutationen auslösen können. Entsprechend wären nicht-gentoxische (promovierende) Kanzerogene solche, denen diese Eigenschaften fehlen. Es sei an dieser Stelle vermerkt, daß bei dieser stringenten Untergliederung im Einzelfall für das Krebsgeschehen relevante Mechanismen unberücksichtigt bleiben können: So werden z. B. indirekt DNA-schädigende Effekte, wie sie u. a. durch Spindelgifte, DNA-interkalierende Stoffe oder Hemmstoffe von DNA-Reparaturenzymen ausgelöst werden, nicht erfaßt. Umgekehrt besitzen DNA-reaktive Kanzerogene, insbesondere in hohen Dosisbereichen, häufig zusätzlich promovierende Eigenschaften. Wegen der erheblichen praktischen Bedeutung für die toxikologische Bewertung sollen jedoch in der Folge die Begriffe gentoxisch und nicht-gentoxisch für die Beschreibung der Mechanismen krebsauslösender Chemikalien beibehalten werden.

1.2.4.1 Gentoxische Mechanismen

1.2.4.1.1 Aktivierung und Inaktivierung von Kanzerogenen

Die meisten Kanzerogene werden als chemisch stabile, biologisch unwirksame Vorstufen (Prokanzerogene) resorbiert und erst durch fremdstoffmetabolisierende Enzyme in chemisch reaktive, ultimale Kanzerogene überführt. Der Name fremdstoffmetabolisierende Enzyme trifft den Sachverhalt nur teilweise, da sie auch entscheidend am Metabolismus endogener lipophiler Substanzen beteiligt sind. Die Enzyme haben den Zweck, einen lipidlöslichen Stoff wasserlöslich und damit ausscheidungsfähig zu machen. Man hat sie in 2 Phasen eingeteilt. In der Phase 1 werden Fremdstoffe im wesentlichen durch die Zytochrome P450 (CYP) oxidiert und damit eine funktionelle Gruppe in das Substrat eingeführt. Die Enzyme der Phase 2 katalysieren Konjugationsreaktionen. Obwohl das System im wesentlichen eine entgiftende Funktion ausübt, kommt es unter bestimmten Bedingungen zur Anhäufung reaktiver Intermediate, die zu gentoxischen Läsionen und damit zur Initiation der Kanzerogenese führen können. Das Verhältnis zwischen Phase-1- und Phase-2-Enzymen entscheidet über die Anhäufung dieser Intermediate.

Die fremdstoffmetabolisierenden Enzyme, die der Auseinandersetzung des Organismus mit der Umwelt dienen, kommen in großen Familien vor (Tabelle 1.2.1). Die Aktivität der Enzyme wird zum einen durch genetische Faktoren bestimmt (s. Kapitel 1.2.4.1.3 „Genetische Polymorphismen"). Zum anderen werden sie durch Umweltfaktoren (z. B. Induktoren) reguliert, durch die die Expression dieser Enzyme beeinflußt wird. Früh aufgefallen sind 2 Gruppen von Induktorstoffen:

- 3-Methylcholanthren-Typ-Induktoren wie polyzyklische Aromate, die z. B. im Zigarettenrauch vorkommen, die CYP1A1 induzieren
- Phenobarbital-Typ-Induktoren, Phenobarbital und Rifampicin, die CYP2C9 und CYP3A4 induzieren.

Außerdem werden CYP2E1 durch Äthanol und CYP4A1 durch Clofibrat induziert. Auch Phase-2-Enzyme werden durch diese Prototypen von Induktorstoffen reguliert, wobei jedoch über die Regulation einzelner Isozyme weitere Untersuchungen nötig sind. Durch die Giftung durch fremd-

Tabelle 1.2.1. Fremdstoffmetabolisierende Enzyme des Menschen: Auswahl von in der Sequenz charakterisierten Enzymen (Enzymnomenklatur s. Burchell et al. [1991], Nebert u. Gonzalez [1987], Pacifici u. Fracchia [1995])

Enzym	Wichtige Substrate
Zytochrome P450 (CYP)	
CYP1A2 (CYP1A1)	Ethoxyresorufin, Koffein, Aflatoxin B1
CYP2C19[a]	Mephenytoin
CYP2D6[a]	Spartein, Metoprolol
CYP2E1	Äthanol
CYP3A4	Nifedipin
CYP4A11	Laurinsäure
Glutathion-S-Transferasen (GST)	
GSTA1	Benzypren-4,5-Oxid
GSTM1[a]	Transstilbenoxid, Benzpyren-4,5-Oxid
UDP-Glukuronosyl-Transferasen (UGT)	
UGT1A1[a]	Bilirubin, Ethinylöstradiol
UGT1A4	Tertiäre Amine
UGT1A6	Planare Phenole (Paracetamol)
UGT1A9	Sperrige Phenole
UGT2B7	Steroide, saure antiinflammatorische Arzneimittel (S-Naproxen)
UGT2B11	Steroide, Phenole
UGT2B15	Steroide, Phenole
Sulfotransferasen (ST)	
PST1	(P-PST) Phenole
N-Azetyltransferasen (NAT)	
NAT1	p-Aminobenzol
NAT2[a]	Isoniazid, 2-Naphthylamin

[a] Wichtige Polymorphismen.

stoffmetabolisierende Enzyme ergibt sich neben dem Faktor Exposition gegenüber Umweltschadstoffen ein 2. Faktor, nämlich die Disposition, die z. B. durch interindividuelle Unterschiede im Metabolismus zustandekommt.

Zwei Beispiele mögen das Gesagte verdeutlichen:

- Das durch 2-Naphthylamin verursachte Harnblasenkarzinom zeigt deutlich die Bedeutung von Metabolismus und individueller Disposition bei der Kanzerogenese. Entscheidend ist die in der Leber erfolgende Oxidation des Arylamins. Das entstehende Hydroxylaminderivat wird effizient am Stickstoff glukuronidiert. Das resultierende N-Glukuronid stellt eine bei pH 7,4 stabile Transportform dar, die jedoch bei dem saureren pH des Harns (pH <7) zerfällt und in ein reaktives Nitreniumion überführt wird, das kovalent an Nukleinsäurebasen binden kann [Bock 1994] (Abb. 1.2.3).
- Eine Adduktbildung elektrophiler Metaboliten mit der DNA wurde bei vielen Kanzerogenen als Primärläsion der Kanzerogenese identifiziert, z. B. nach Applikation von Aflatoxin B_1, dem Pilzgift von *Aspergillus flavus* (Abb. 1.2.4). Zusammen mit einer chronischen Hepatitis, hervorgerufen von einem Hepatitis-B-Virus, weisen epidemiologische Studien darauf hin, daß Aflatoxine an der Entstehung des primären hepatozellularen Karzinoms (HCC) in endemischen HCC-Fällen in China und Afrika beteiligt sind. Korreliert mit der erhöhten Prävalenz des Tumors wurden eine hohe Konzentration von Aflatoxin B_1 in der Diät der betroffenen Bevölkerungsgruppen sowie erhöhte Gehalte an im Urin ausgeschiedenen Aflatoxin-DNA-Addukten nachgewiesen [IARC 1997]. Die an der Aktivierung von Aflatoxin B_1 beteiligten Enzyme sind in besonders hoher Aktivität in der Leber vorhanden, was die Organotropie des Kanzerogens erklärt. Eine für die HCC-Häufigkeit durch Aflatoxin B_1 vermutlich zumindest ebenso bedeutsame Rolle spielen darüber hinaus inaktivierende Enzyme, wie z. B. die Epoxidhydrolasen und Glutathion-S-Transferasen [McGlynn et al. 1995] (s. auch Abb. 1.2.4 und Kapitel 1.2.4.1.2 „Molekulare Mechanismen der Induktion von Enzymen des Fremdstoffmetabolismus").

Auch bei der chemischen Induktion von Tumoren mesenchymalen Ursprungs kann der Primärmetabolismus in der Leber von Bedeutung sein. Ein Beispiel liefert Benzol, das in der Leber durch Phase-1-Enzyme metabolisch aktiviert wird; der

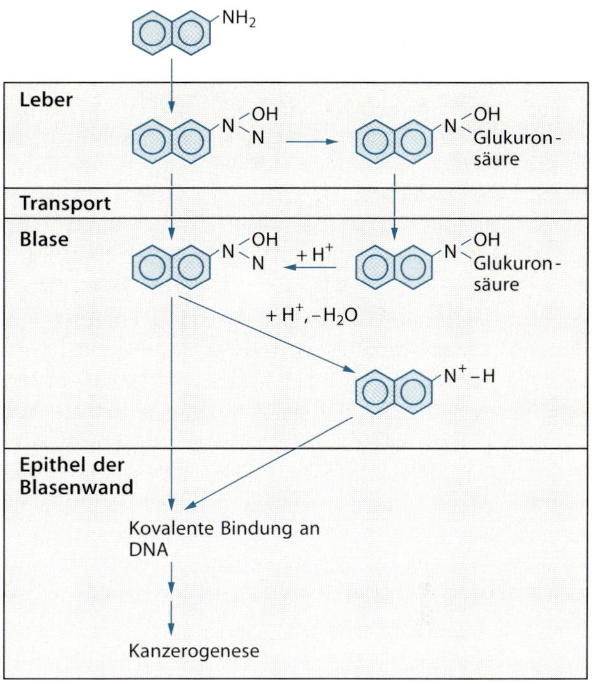

Abb.1.2.3. Bildung und Transport von proximalen und ultimalen Kanzerogenen bei dem durch 2-Naphthylamin hervorgerufenen Blasenkrebs [Miller u. Miller 1981]

anschließende Phase-2-Stoffwechsel führt zur Bildung von Transportformen, die in das Knochenmark gelangen und nach dortiger Hydrolyse leukämogene Aktivität entfalten [Kalf u. Snyder 1995].

Präneoplastisch und neoplastisch veränderte Zellen weisen gegenüber dem entsprechenden Normalgewebe oftmals eine geänderte Aktivität fremdstoffmetabolisierender Enzyme auf. Das in dieser Hinsicht am besten untersuchte System ist die Nagerleber. In frühen präneoplastischen Herden, Adenomen und Karzinomen kommt es zu einer zunehmenden Abnahme der Gehalte verschiedener Phase-1-Enzyme, initial gekoppelt mit erhöhten Phase-2-Enzym-Gehalten [Kunz et al. 1987]. Aufgrund der fehlenden Aktivität giftender Enzyme bei gleichzeitig erhöhter Aktivität entgiftender Enzymsysteme sind die so veränderten Tumorvorläufer- und Tumorzellen vor akut- und chronisch-toxischen Effekten metabolisierungsbedürftiger Kanzerogene geschützt (s. auch Kapitel 1.2.4.2 "Nichtgentoxische Mechanismen"). Zur Verdeutlichung dieses Sachverhalts sollen die in Abb. 1.2.5 gezeigten mikroskopischen Aufnahmen eines chemisch induzierten präneoplastischen Herds in der Rattenleber dienen. Der gezeigte Herd ist durch die Verminderung des Markerenzyms Adenosintriphosphatase gekennzeichnet und eindeutig vom umlie-

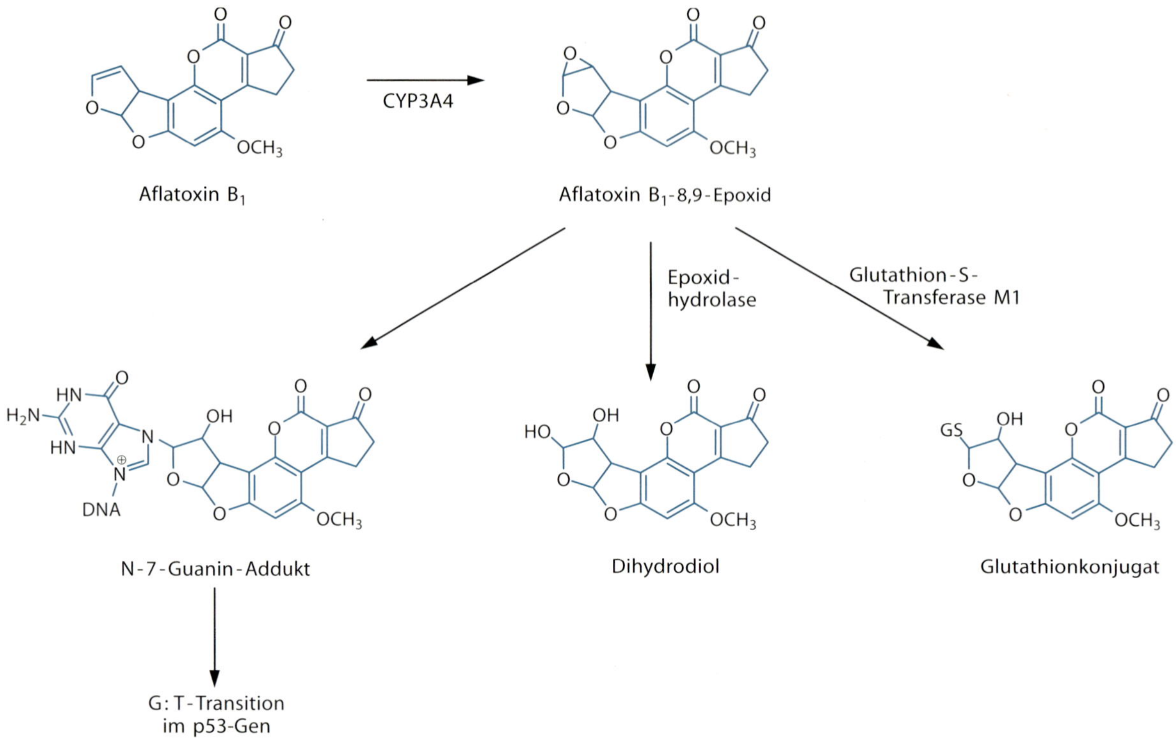

Abb.1.2.4. Metabolische Aktivierung und Inaktivierung sowie biologische Wirkung von Aflatoxin B_1 in der Leber. Die initiale Bildung des Epoxids wird durch Zytochrom-P450-3A4 vorwiegend in der Leber katalysiert. Aflatoxin-B_1-8,9-Epoxid reagiert mit Guanin vorwiegend an der N-7-Position. Das Addukt kann zu G:T-Transitionen im p53-Gen führen. Alternativ wird Aflatoxin-B_1-8,9-Epoxid unter Beteiligung der Epoxidhydrolase oder der Glutathiontransferase metabolisch inaktiviert [Miller u. Miller 1981]

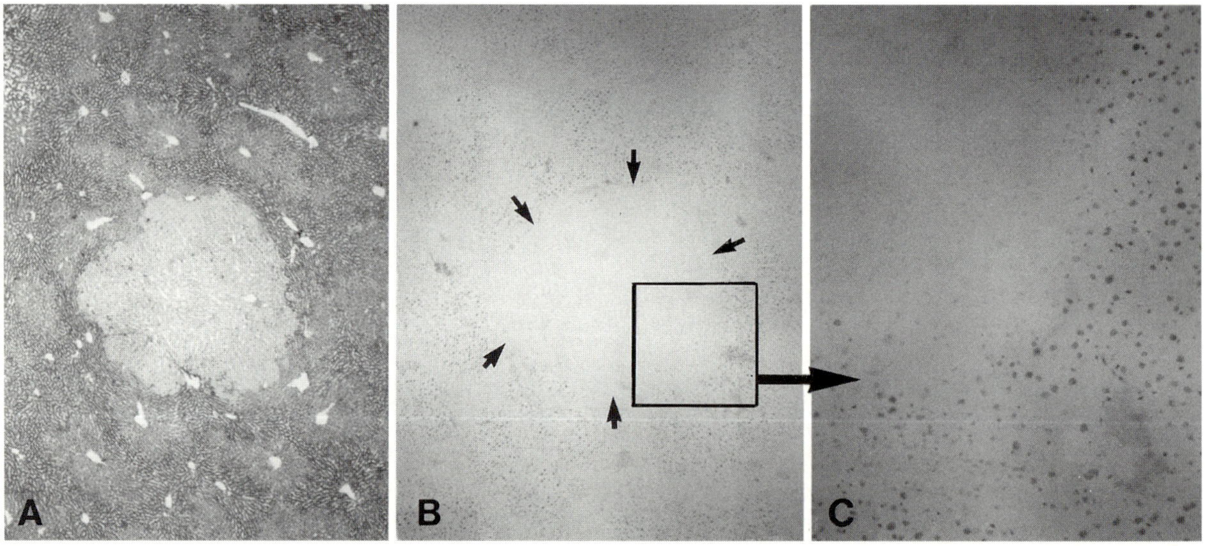

Abb.1.2.5 A–C. Fehlende Aktivierung von N-Nitrosodimethylamin (DMN) in präneoplastisch-veränderten Hepatozyten der Ratte. DMN wurde 1malig 4 h vor dem Töten der Tiere appliziert. **A** Enzymveränderter Herd, charakterisiert durch das Fehlen der Aktivität des Markerenzyms ATPase (enzymhistochemischer Nachweis), **B** immunhistochemischer Nachweis der Bildung von N-7-Methylguanin in der DNA, **C** Ausschnittvergrößerung von b. Zu beachten ist, daß die immunhistochemische Reaktion fast ausschließlich in Zellkernen der Hepatozyten des Normalgewebes, nicht jedoch in denen des präneoplastischen Gewebes auftritt. Die immunhistochemischen Färbungen wurden in Zusammenarbeit mit Dr. E. Scherer, Amsterdam, durchgeführt

genden Normalgewebe abgrenzbar (Abb. 1.2.5a). Kurzzeitig vor der Tötung des Tieres war dieses 1malig mit N-Nitrosodimethylamin (DMN) behandelt worden. DMN wird in Hepatozyten metabolisch über CYP2E1 aktiviert; reaktive Metaboliten binden an DNA und führen dort u. a. zur Bildung der adduktierten Nukleobase N-7-Methylguanin. Diese kann immunhistochemisch dargestellt werden. Wie in Abb. 1.2.5b und der entsprechenden Ausschnittsvergrößerung zu erkennen, ist eine immunhistochemische Färbereaktion nur in Kernen der Hepatozyten des Normalgewebes, nicht dagegen in denen von Zellen des Herdgewebes nachweisbar. Letztere sind offensichtlich nicht zur Aktivierung des Kanzerogens befähigt. Hieraus ergibt sich die Frage, inwieweit chemische Kanzerogene an der Auslösung kritischer Mutationen während der späteren Phasen des Kanzerogeneseprozesses maßgeblich beteiligt sind. Diese Frage ist für die toxikologische Bewertung krebsauslösender Stoffe dann von besonderem Interesse, wenn eine zeitlich limitierte Exposition vorliegt, die entweder in jungen Jahren oder, alternativ, in fortgeschrittenerem Alter erfolgt, da hier mit unterschiedlichen Häufigkeiten von Tumorvorläuferpopulationen gerechnet werden muß, die durch kanzerogeninduzierte Mutationsereignisse in malignere Populationen überführt werden könnten.

1.2.4.1.2 Molekulare Mechanismen der Induktion von Enzymen des Fremdstoffmetabolismus

Von den im obigen Abschnitt genannten Zytochrom-P450-Induktoren ist der molekulare Mechanismus der 3-Methylcholanthren-(3-MC)-Typ- und der Clofibrat-Typ-Induktoren am besten aufgeklärt. Für die 3-MC-Typ-Induktion ist der Aryl-hydrocarbon-Rezeptor (AhR), auch Dioxinrezeptor genannt, als transkriptioneller Enhancer identifiziert und sequenziert worden [Burbach et al. 1992, Ema et al. 1992]. Der AhR liegt im Zytosol als biologisch inaktiver Komplex mit dem Hitzeschockprotein HSP90 vor (Abb. 1.2.6). Ligandenbindung führt zur Freisetzung des HSP90 und zur Bindung des AhR an seinen Partner Arnt (AhR-nuclear-Translokator). Der heterodimere Komplex besitzt eine hohe Affinität zu Dioxin-responsiven Elementen (DRE) in der regulatorischen Region einer Batterie von Genen. Mehrere DRE wurden in der regulatorischen Region des CYP1A1-Gens gefunden [Bock 1993, Landers u. Bunce 1991, Poland u. Knutson 1982, Safe 1986, Skene et al. 1989, Swanson u. Bradfield 1993, Whitlock 1990].

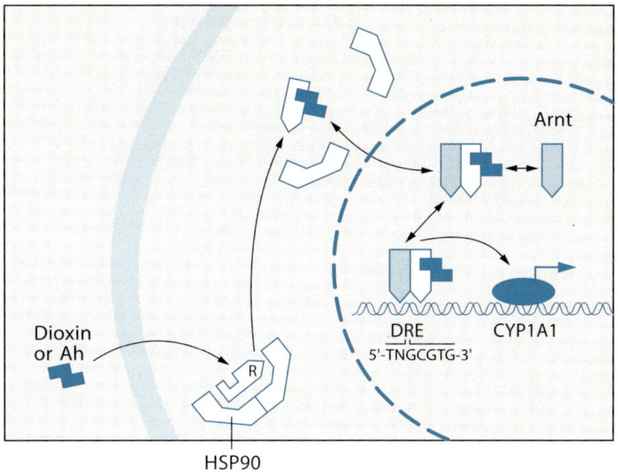

Abb.1.2.6. Aktivierung des *AhR*

Die Aktivierung des latenten zytosolischen Komplexes besitzt Ähnlichkeiten zur Aktivierung von Steroidhormonrezeptoren, z. B. des Glukokortikoidrezeptors. Die Sequenzierung des AhR hat jedoch ergeben, daß der AhR nicht zur Steroidhormonrezeptorsuperfamilie gehört, sondern zu einer Untergruppe der Helix-loop-Helix-(HLH)-Transkriptionsfaktoren. Aufgrund der Ähnlichkeit der Domänenstruktur des AhR mit Entwicklungsgenen von Drosophila wird diese Untergruppe als HLH/PAS-Gruppe bezeichnet. Neuerdings wurde gezeigt, daß der Hypoxie-induzierbare Faktor (HIF-1) ebenfalls zur HLA/PAS-Gruppe gehört [Wang et al. 1995]. Der AhR steuert die transkriptionelle Aktivierung einer Reihe von Enzymen des Fremdstoffmetabolismus (AhR-Genbatterie: CYP1A1, CYP1A2, CYP1B1, NADPH-abhängige Chinon-Oxidoreduktase, Glutathion-S-Transferase GSTA1, UDP-Glukuronosyl-Transferase UGT1A6, s. auch Tabelle 1.2.1). Er ist zudem an der Kontrolle von Proteinen, die Wachstum und Differenzierung steuern, beteiligt, z. B. von Plasminogen-Aktivator-Inhibitor 2 (PAI-2) und von Interleukin 1β. Der AhR ist auch an der transkriptionellen Inhibition beteiligt, z. B. des Östrogenrezeptors und des Wachstumsfaktors TGF-β_2 sowie an der noch wenig verstandenen Stabilisierung der mRNA des Wachstumsfaktors TGF-α [Sutter u. Greenlee 1992]. Neben den genannten Wirkungen ist auch eine posttranslationale Aktivierung von Proteinphosphokinasen durch den AhR beschrieben worden [Enan u. Matsumura 1995].

Die Agonisten des AhR kann man in 2 Gruppen einteilen, persistente und metabolisierbare. Zu den persistenten Liganden gehören Dioxine, von denen der Prototyp 2,3,7,8-Tetrachlordibenzo-p-Dioxin (2,3,7,8-TCDD) am besten untersucht ist. Zu den metabolisierbaren Agonisten gehören polyzyklische aromatische Kohlenwasserstoffe wie Benzpyren und 3-MC, aber auch Metaboliten von Pflanzeninhaltsstoffen wie z. B. das aus Indolyl-3-Carbinol gebildete Indolylcarbazol. Das Indolyl-3-Carbinol wird aus verschiedenen Indolglukosinolaten (z. B. Glucobrassicin) freigesetzt, die z. B. in Rosenkohl und verschiedenen Krautarten vorkommen (Primärliteratur s. Bock [1993]). Die Beteiligung des AhR an toxischen Wirkungen wurde schon lange vor dessen Charakterisierung durch genetische Experimente mit AhR-polymorphen Mäuseinzuchtstämmen postuliert [Poland u. Knutson 1982]. Der Polymorphismus des AhR beruht im wesentlichen auf einer Punktmutation im Liganden-bindenden Bereich [Ema et al. 1994]. Eine wichtige, noch offene Frage ist die nach endogenen Liganden. Kürzlich wurden AhR-Knockout-Mäusestämme charakterisiert [Fernandez-Salguera et al. 1995]. Die Mäuse waren zwar lebensfähig, zeigten jedoch bei der Geburt Leberfibrosen und verminderte Lymphozytenzahlen in der Milz. Die Befunde weisen darauf hin, daß der wahrscheinlich durch endogene Liganden aktivierte AhR entgiftende Funktionen in der fetalen Leber ausübt.

Die persistente Aktivierung des AhR ist wahrscheinlich die Grundlage für die in zahlreichen Organen beobachteten, aber auch sehr stark speziesabhängigen chronisch-toxischen Wirkungen, z. B. Immunsuppression, Teratogenität, Chlorakne und Kanzerogenität. Neben der unter bestimmten Bedingungen verstärkten Giftung von polyzyklischen aromatischen Kohlenwasserstoffen durch die Induktion von CYP1A1 (Primärliteratur s. Bock et al. [1990]) beruht die kanzerogene Wirkung im wesentlichen auf einer Tumorpromotorwirkung. Der Tumorpromotion liegt wahrscheinlich eine Änderung des Wachstumsverhaltens von Tumorvorläuferzellen zugrunde, wodurch diese einen Wachstumsvorteil gegenüber normalen Leberzellen erhalten. Es konnte kürzlich gezeigt werden, daß der Tumorpromotion in der Rattenleber eine starke Hemmung der Apoptose [Stinchcombe et al. 1995] und eine moderate Steigerung der Zellteilung zugrundeliegen [Buchmann et al. 1994b].

Zur Gruppe der Liganden-aktivierten nukleären Rezeptoren gehört darüber hinaus der Peroxisomenproliferator-aktivierte Rezeptor [peroxisome proliferator activated receptor (PPAR)], der strukturelle Gemeinsamkeiten mit Steroidhormonrezeptoren besitzt [Green 1992, Issemann u. Green 1990]. Mehrere PPAR-Isoformen, die sich in ihrem Organexpressionsmuster und in ihrer Substratspezifität unterscheiden, sind heute bekannt und kloniert [Kliewe et al. 1994]. Peroxisomenproliferatoren führen zur Induktion von Enzymen der CYP-4A-Familie. PPAR ist darüber hinaus ein direkter transkriptioneller Aktivator der Acyl-CoA-Oxidase, des Schlüsselenzyms der peroxisomalen β-Oxidation von Fettsäuren. Infolge der Enzyminduktion wird peroxisomal vermehrt H_2O_2 gebildet, woraus gentoxische Folgeprodukte entstehen können [Rao u. Reddy 1987] (s. auch Kapitel 1.2.4.2 „Nicht-gentoxische Mechanismen"). Darüber hinaus weisen Peroxisomenproliferatoren wie Nafenopin oder Wy-14,643 in der Rattenleber promovierende Aktivität auf [Cattley u. Popp 1989, Glauert et al. 1986, Kraupp-Grasl et al. 1990].

1.2.4.1.3 Genetische Polymorphismen

Durch molekularbiologische Methoden werden zunehmend allelische Varianten bei fremdstoffmetabolisierenden Enzymen gefunden, die z. T. zu gravierenden Änderungen der Enzymaktivitäten führen. Bei einer Häufigkeit >1% werden sie als Polymorphismen bezeichnet (Tabelle 1.2.1). Am besten untersucht ist der Polymorphismus des CYP2D6. Eine Reihe von Deletionen und Mutationen führt zu einer im Vergleich mit dem Wildtyp [extensive Metabolisierer (EM)] verminderten Aktivität [defiziente Metabolisierer oder poor metabolizer (PM)]. Diese defizienten Metabolisierer werden in der kaukasischen Bevölkerung in einer Häufigkeit von 5–10% gefunden. In wenigen Fällen wurden höhere Aktivitäten als beim Wildtyp beobachtet, wobei als Ursache stabile Amplifikationen des aktiven Gens gefunden wurden [Johansson et al. 1993]. Die Häufigkeit an PM ist in den verschiedenen ethnischen Gruppen sehr unterschiedlich. Eine Therapie mit β-Blockern wie Metropolol hat bei PM zu exzessiv hohen Blutspiegeln des Medikaments geführt, mit den entsprechenden gravierenden unerwünschten Wirkungen [Wagner et al. 1987]. Ein Zusammenhang des PM-Phänotpys mit Umweltbelastungen wird diskutiert, scheint aber nur im Fall des Lungenkrebs für bestimmte Mutationen (CYP2D6, Typ C) [Agúndez et al. 1994] zu bestehen. Im Gegensatz dazu gibt es gute Evidenzen für wesentliche Beiträge von Polymorphismen anderer fremdstoffmetabolisierender Enzyme bei bestimmten Krebserkrankungen. Beim Menschen ist ein Polymorphismus der GSTM1 bekannt, der dazu führt, daß bei ca. 50% aller Menschen keine GSTM1 gefunden wird. Der Verlust dieses Isoenzyms führt wahrscheinlich zu einer Prädisposition der betroffenen Individuen in Bezug auf die Bronchialkanzerogenese beim Zigarettenraucher [Heckbert et al. 1992, Nazar-Stewart et al. 1993, Seidegard et al. 1986, 1990]. Der Polymorphismus von Arylamin-N-Azetyltransferase (NAT) Typ 2 (NAT2) führt zu den beiden Phänotypen der Langsam- und Schnellazetylierer. Für das Auftreten dieser Phänotypen gibt es erhebliche ethnische Unterschiede (Langsamazetylierer bei Eskimos und Japanern: 5–10%; bei Europäern: 50%; bei Ägyptern und Marokkanern: 90%). Es gibt epidemiologische Hinweise für einen Zusammenhang zwischen dem NAT2-Phänotyp und dem Blasenkrebs bei Langsamazetylierern [Beland u. Kadlubar 1990, Vineis et al. 1994, Weber u. Hein 1985], während der Dickdarmkrebs bei Schnellazetylierern häufiger zu sein scheint [Ilett et al. 1987, Kadlubbar et al. 1992]. Auch ein Polymorphismus der mikrosomalen Epoxidhydrolase beeinflußt die Inzidenz des durch Aflatoxin B_1 (meist in Zusammenhang mit einer Hepatitis-B-Virus-Infektion) hervorgerufenen Leberzellkarzinoms gravierend [McGlynn et al. 1995]. Auch für die UGT sind schwerwiegende allelische Varianten bekannt, bei denen alle UGT1-Enzyme betroffen sind, z. B. bei dem mit dem Leben nicht vereinbaren Crigler-Najjar-Syndrom Typ I. Außerdem ist ein Polymorphismus der UGT1A1 (Gilbert-Syndrom) bekannt (5%), der wahrscheinlich keinen Krankheitswert besitzt.

Es muß damit gerechnet werden, daß allelische Varianten nicht nur für Strukturgene, sondern auch für regulatorische Faktoren fremdstoffmetabolisierender Enzyme existieren, wie z. B. für den AhR [Ema et al. 1994], welche so die Aktivität einer pleiotropen Gruppe von fremdstoffmetabolisierenden Enzymen und auch die Disposition zu Krebserkrankungen verändern können.

Es ist schon lange bekannt, daß Keimbahnmutationen in Tumorsuppressorgenen die Inzidenz von Krebserkrankungen entscheidend beeinflussen [Knudson 1985]. Die Beobachtungen bei Polymorphismen fremdstoffmetabolisierender Enzyme zeigen auch die Bedeutung des Fremdstoffmetabolismus bei einer entsprechenden Exposition in der Disposition zu bestimmten Krebserkrankungen.

1.2.4.1.4 DNA-Bindung und Reparatur

Der Aktivierungsstoffwechsel von Kanzerogenen führt zur Bildung reaktiver Elektrophile, die an nukleophile Zentren u. a. in der DNA der Zielzellen binden können. Die Gesamtbindungsrate von Metaboliten an die DNA kann zwischen verschiedenen Kanzerogenen um Größenordnungen variieren. Allerdings ist die relative Potenz zur Bildung *kritischer* Addukte in der DNA häufig besser mit dem kanzerogenen Potential korreliert als die Gesamtbindungsrate. Insofern kommt der Aufklärung des Kanzerogenadduktspektrums in der DNA eine wichtige Bedeutung zu. Die Nukleobasenadduktmuster sind heute für eine Vielzahl von Kanzerogenen charakterisiert. Während einige der Addukte mißkodierende oder nichtkodierende Eigenschaften besitzen, die zur Auslösung von Punktmutationen führen können, scheinen andere Addukte für die Mutagenese und Kanzerogenese von untergeordneter Bedeutung zu sein [Topal 1988].

Kanzerogenaddukte werden aus der DNA spontan (durch chemische Depurinisierung bzw. Depyrimidinisierung) oder über enzymatische Reparaturprozesse entfernt. Eine Reihe verschiedener Reparaturmechanismen sind bekannt, die zell- und organspezifisch in ihrer Aktivität stark variieren können. Diese Unterschiede in der DNA-Reparaturkapazität korrelieren unter verschiedenen experimentellen Bedingungen gut mit dem Ort der Tumormanifestation. So kann das organspezifische Auftreten von Tumoren des Zentralnervensytems nach mehrfacher Gabe niedriger Dosen von Alkylnitrosoharnstoffen mit der mangelnden Kapazität dieses Gewebes zur Elimination des vermutlich relevanten Basenaddukts, O^6-Alkylguanin, erklärt werden [Goth u. Rajewski 1974, Kleihues u. Margison 1974]. O^6-Alkylguanin wird durch das Reparaturenzym O^6-Alkyl-DNA-Alkyltransferase aus der DNA entfernt, welches im Zentralnervensystem nur in geringer Aktivität vorliegt. Für die Bedeutung von O^6-Alkylguanin als promutagene Base, die nach Gabe kanzerogener N-Nitrosoverbindungen in der DNA von Zielzellen nachgewiesen werden kann, sprechen auch Befunde an weiteren experimentellen Systemen: N-Nitrosomethylharnstoff erzeugt in jungen weiblichen Ratten Mammatumoren, während N-Nitroso-N-methyl-N′-Nitroguanindin als Initiator in Kombination mit dem Phorbolester 12-O-Tetradecanoylphorbol-13-azetat (TPA) im 2-Stufen-Experiment der Mäuserückenhaut Papillome und Karzinome induziert. In beiden Fällen lassen sich in einem hohen Prozentsatz der Tumoren spezifische aktivierende Punktmutationen in Kodon 12 des Ha-ras-Protoonkogens nachweisen, wobei nahezu ausschließlich GC:AT-Transitionen auftreten (Tabelle 1.2.2). Dieser Mutationstyp kann auf die Bildung von O^6-Methylguanin in der DNA zurückgeführt werden, welches als fehlkodierende Base mit Thymin anstelle von Cytosin paaren kann. Im Zug der DNA-Reparatur kann in der Folge die Mutation durch Einbau von Adenin gegenüber Thymin manifestiert werden [Balmain u. Brown 1988, Sukumar 1989, Zarbl et al. 1985]. In-

Tabelle 1.2.2. ras-Mutationsmuster in chemisch-induzierten Nagertumoren.
NMU N-Nitrosomethylharnstoff, *MNNG* N-Nitroso-N-Methyl-N′-Nitroguanidin, *DMBA* 7,12-Dimethylbenz[a]anthrazen, *N-OH-AAF* N-Hydroxyazetylaminofluoren

Kanzerogen	Ausgewählte bekannte DNA-Adduktlokalisation [a]	Für diese Addukte vorhergesagter Mutationstyp [b]	Tumor	Tatsächlich beobachteter Mutationstyp (Häufigkeit) [%] [c]	Referenz
NMU bzw. MNNG	N-7-dG (Apurinstellen)	GC zu TA	Mammakarzinom (Ratte)	GC zu AT (61/61) [100]	Sukumar [1989] und darin enthaltene Zitate
	O^6-dG	GC zu AT	T-Zell-Lymphom (Maus)	GC zu AT (4/6) [67]	Guerrero u. Pellicer [1987]
	O^4-dT	TA zu CG	Haut (Papillom/Karzinom) (Maus)	GC zu AT (4/4) [100]	Balmain u. Brown [1988] und darin enthaltene Zitate
			Nierenzelltumor (Ratte)	GC zu AT (31/35) [89]	Sukumar [1989] und darin enthaltene Zitate
DMBA	**H_2N^6dA**	AT zu TA	Mammakarzinom (Ratte)	AT zu TA (3/3) [100]	Balmain u. Brown [1988] und darin enthaltene Zitate
	H_2N^2dG	GC zu TA	Haut (Papillom/Karzinom) (Maus)	AT zu TA (48/54) [89]	Balmain u. Brown [1988] und darin enthaltene Zitate
			Hepatom (Maus)	AT zu TA (14/16) [88]	Buchmann et al. [1994a]
N-OH-AAF	**C-8-dG**	GC zu TA	Hepatom (Maus)	CG zu AT (7/10) [70]	Balmain u. Brown [1988] und darin enthaltene Zitate
		GC zu CG			
Vinylcarbamate	**1,N^6-Etheno-dA**	AT zu TA	Hepatom (Maus)	AT zu TA (8/10) [80]	Balmain u. Brown [1988] und darin enthaltene Zitate
Safrol/Estragol	**H_2N^6dA**	**AT zu TA**	Hepatom (Maus)	AT zu TA (7/12) [58]	Balmain u. Brown [1988] und darin enthaltene Zitate
	H_2N^2dG	GC zu TA			
Aristolochia-Säure I	**H_2N^6dA**	AT zu TA	Vormagen (Ratte)	AT zu TA (14/14) [100]	Schmeiser et al. [1990]
	H_2N^2dG	GC zu TA	Gehörgang (Ratte)	AT zu TA (7/7) [100]	Schmeiser et al. [1990]

[a] Die für den vorherrschenden tatsächlich beobachteten Mutationstyp vermutlich verantwortlichen DNA-Addukte sind durch Fettschrift gekennzeichnet.
[b] Die Vorhersage des Mutationstyps beruht auf Analysen der Mutationsmuster in Indikatorgenen in bakteriellen Systemen und/oder Säugerzellsystemen sowie theoretischen Überlegungen [Topal 1988].
[c] Häufigkeit beschreibt die Zahl an Tumoren mit dem vorherrschenden ras-Mutationstyp/Gesamtzahl an Tumoren mit ras-Mutation.

teressanterweise wird dieser Mutationstyp im Haras-Gen von N-Nitrosodiäthylamin-induzierten Mauslebertumoren nur selten beobachtet, was vermutlich in der Tatsache begründet liegt, daß Hepatozyten eine sehr hohe O^6-Alkyl-DNA-Alkyltransferaseaktivität aufweisen – biologisch sinnvoll aufgrund der hohen Exposition gegenüber DNA-alkylierenden Agenzien. Bei der Entstehung dieser Tumoren spielen vermutlich O^2- und O^4-Thymin-Addukte aufgrund ihrer Persistenz und fehlkodierenden Eigenschaften eine wesentliche Rolle, obwohl diese in vergleichsweise geringer Menge in der DNA gebildet werden [Swenberg et al. 1984]. Auf die Bedeutung von Mutationsspektren in Tumorsuppressorgenen wird in Kapitel 1.2.4.1.6 „Molekulare Epidemiologie" noch näher eingegangen.

Die Persistenz von DNA-Addukten ist jedoch nicht notwendigerweise ein Hinweis für kanzerogene Aktivität: Bestimmte kanzerogene aromatische Amine bilden z. B. sehr langlebige Addukte in der DNA von Hepatozyten, obwohl die Leber normalerweise nicht das bevorzugte Zielorgan ihrer kanzerogenen Wirkung darstellt [Neumann 1983].

Verschiedene Verfahren stehen heute zur Verfügung, um Kanzerogenaddukte in der DNA mit extrem hoher Sensitivität quantitativ zu bestimmen. Die klassische Analysemöglichkeit beruht auf dem Einsatz radioaktiv-vormarkierter Kanzerogene. Darüber hinaus ist der Nachweis u. a. über adduktspezifische Antikörper, fluorometrische Bestimmungen oder das DNA-postlabelling möglich. Für eine Reihe von Kanzerogenen, wie z. B. für Aflatoxin B_1, N-Nitrosodimethylamin, Benzo[a]pyren und 2-Azetylaminofluoren, konnte hierbei im Tierexperiment eine lineare Beziehung zwischen der Konzentration der entsprechenden Addukte in der DNA und der externen Kanzerogendosis nachgewiesen werden [Beland et al. 1988, Burns et al. 1983, Lutz 1986, 1990, Neumann 1983, Pegg u. Perry 1981, Schwarz et al. 1985]. Diese Dosis-Wirkungs-Beziehung war bis in niedrigste Dosisbereiche gültig, so daß davon ausgegangen werden muß, daß für die gentoxische Aktivität derartiger Kanzerogene (definiert als kovalente Bindung an Nukleobasen, unabhängig von der Art der hierbei erzeugten Primärläsion) keine Wirkungsschwellen im niedrigen Konzentrationsbereich existieren.

Promutagene DNA-Addukte können zu Mutationsereignissen führen, die durch Zellteilung auf die Tochterzellen weitergegeben werden können. Obwohl angenommen wird, daß ein Teil der durch Mutation veränderten Zellen durch physiologischen Zelltod eliminiert werden kann [Moolgavkar et al. 1990], muß davon ausgegangen werden, daß die Gesamtzahl an Tumorvorläuferzellen im Laufe des Lebens zunimmt, der Prozeß also eine irreversible Komponente trägt. Aus diesem Grund ist nicht verwunderlich, daß sich multiple Dosen initiierender Kanzerogene in ihrer Wirkung addieren, selbst wenn zwischen den Einzeldosen lange Zeiträume liegen. Aufgrund dieses Sachverhalts ist z. B. nach einer Belastung mit krebsauslösenden Arbeitsstoffen am Arbeitsplatz nicht mit einer Erholung in den arbeitsfreien Zeitintervallen zu rechnen: Der biologische Effekt kumuliert. Dies und das Fehlen einer Wirkschwelle im unteren Dosisbereich hat die Senatskommission der Deutschen Forschungsgemeinschaft, die für die wissenschaftliche Begründung zur Festlegung der maximalen Konzentrationen gesundheitsgefährdender Arbeitsstoffe in der Luft am Arbeitsplatz (MAK) zuständig ist, dazu geführt, für krebserzeugende Stoffe grundsätzlich keine MAK-Werte zu definieren. Die für solche Stoffe maximal zulässige Arbeitsplatzkonzentration (TRK; technische Richtkonzentration) orientiert sich deshalb an dem nach dem Stand der Technik machbaren, genügt also dem Minimierungsgebot. Zur Einhaltung des Grenzwerts ist u. a. eine exakte Quantifizierung der Arbeitsplatzkonzentration erforderlich. Trotz gleicher externer Belastung können dennoch die tatsächlich im Körper vorliegenden Kanzerogenspiegel für verschiedene Individuen sehr unterschiedlich sein. Hierfür sind sowohl exogene Faktoren (z. B. unterschiedliche Einhaltung von Sicherheitsvorschriften am Arbeitsplatz) als auch endogene Faktoren (s. oben) verantwortlich. Eine Möglichkeit zur Quantifizierung der internen Dosis bietet hier das Biomonitoring, auf das im folgenden Kapitel eingegangen werden soll.

1.2.4.1.5 Biomonitoring gentoxischer Stoffe

Ziel des Biomonitoring ist es, Information über die interne Dosis, d. h. über die tatsächlich aufgenommene Menge, eines gesundheitsgefährdenden Fremdstoffs und, wenn möglich, über die biologisch wirksame Dosis, also diejenige Menge, die tatsächlich mit Zielmolekülen wie Proteinen oder DNA reagiert hat, zu erhalten. Zur Bestimmung der biologisch wirksamen Dosis können hierbei bei krebserzeugenden Stoffen biologische und biochemische Marker zur Anwendung kommen [Neumann 1994]. Als biologische Marker können u. a. Chromosomenaberrationen (z. B. vermehrte Schwesterchromatidaustausche oder Brüche, Mikrokernbildung) sowie Mutationen (z. B. im

HPRT-Gen) dienen. Als biochemische und meist spezifischere Marker können Protein- und DNA-Addukte sowie deren Abbauprodukte im Harn bestimmt werden. Häufig werden hierbei Messungen nicht im eigentlichen Zielgewebe, sondern in Surrogatgeweben, wie in Zellen des peripheren Bluts, durchgeführt. So können Hämoglobinaddukte des Ethylenoxids als Dosimeter zur Bestimmung der Targetdosis des Arbeits- und Umweltstoffs Äthylen eingesetzt werden [Ehrenberg et al. 1977]. Albuminaddukte des Aflatoxin B_1 können eine erhöhte Exposition gegenüber diesem Schimmelpilzgift anzeigen, ebenso wie DNA-Addukte, die im Urin nachgewiesen werden können [IARC 1997]. Aufgrund der Kurzlebigkeit der Addukte können bei dieser Art des biologischen Effektmonitorings allerdings nur Belastungen der letzten Tage bis Wochen erfaßt werden. Zeitlich weiter zurückliegende Belastungen werden nicht berücksichtigt.

1.2.4.1.6 Molekulare Epidemiologie

Protoonkogene und Tumorsuppressorgene sind mutagene Targets für Kanzerogene. In Einzelfällen ist es möglich, in Tumoren eine kausale Beziehung zwischen der Einwirkung einer definierten kanzerogenen Noxe und dem Auftreten eines bestimmten Mutationsmusters in diesen Genen nachzuweisen, die nahelegen, daß diese Kanzerogene während der Initiation oder zu späteren Zeitpunkten an der Entstehung der Tumoren beteiligt waren. Die ersten und am besten belegten Hinweise hierzu ergeben sich

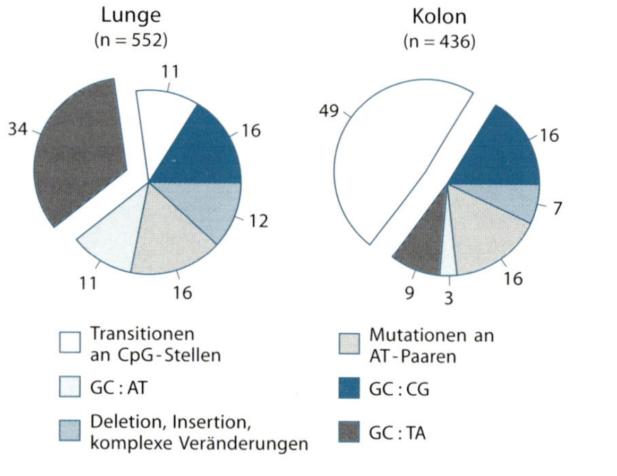

Abb.1.2.7. Vergleich der Mutationsspektren im p53-Tumorsuppressorgen in menschlichen Lungen- und Kolonkarzinomen. Angegeben sind die prozentualen Anteile verschiedener Mutationstypen in den beiden untersuchten Tumorformen. Die Daten sind der Datenbank von Hollstein et al. [1996] entnommen und auf dem Stand vom Juli 1995

aus der Analyse von ras-Mutationsmustern in experimentell erzeugten Tumoren [Balmain u. Brown 1988]. Die 3 ras-Gene, Ha-, Ki- und N-ras, von denen onkogene Formen bekannt sind, sind in etwa 20–25% aller menschlicher Tumoren durch Punktmutation in 1 der 3 Kodons 12, 13 und 61 verändert [Bos 1989]. In Einzelfällen, wie bei menschlichen Kolon- und Pankreaskarzinomen, liegt die Mutationsrate bei über 50%. ras-Mutationen stellen auch bei tierischen Tumoren häufige genetische Aberrationen dar, wobei für dieselben Mutationsloci selektioniert wird. Eine Analyse der ras-Mutationsspektren in verschiedenartigen Nagertumoren, die durch unterschiedliche Kanzerogene mit bekanntem DNA-Adduktpattern induziert wurden, zeigt eine deutliche Übereinstimmung zwischen den aufgrund der Addukte vorhergesagten Mutationstypen und dem tatsächlich gefundenen Mutationsspektrum (Tabelle 1.2.2). Die Kanzerogenspezifität der ras-Mutationstypen belegt hierbei die kausale Beziehung zwischen Kanzerogenexposition, Mutation und Tumorentstehung.

In neuerer Zeit richtet sich das Augenmerk in zunehmendem Maß auf die Analyse genetischer Veränderungen in menschlichem Tumormaterial, wobei das p53-Tumorsuppressorgen im Mittelpunkt der molekularepidemiologischen Untersuchungen steht. In der Tat lassen sich in einer – allerdings sehr begrenzten – Zahl von Fällen charakteristische p53-Mutationsmuster nachweisen, die mit vermuteten Kanzerogenexpositionsszenarien in Einklang zu bringen sind [Greenblatt et al. 1994]. Bis heute (Stand Frühjahr 1996) wurden etwa 4500 menschliche p53-Tumormutationen beschrieben. Hierbei unterscheiden sich unterschiedliche Tumorformen z. T. sehr deutlich in ihrem p53-Mutationsmuster. Am Beispiel des Kolonkarzinoms und des Bronchialkarzinoms ist dieser Sachverhalt in Abb. 1.2.7 dargestellt. Beim Kolonkarzinom stellen GC:AT-Transitionen, in der Mehrzahl der Fälle von CpG-Sequenzen ausgehend (49% in Abb. 1.2.7), die häufigste Mutationsform dar. Cytosin ist in CpG-Sequenzen in der Regel physiologisch methyliert; die spontan (mit niedriger Wahrscheinlichkeit) ablaufende Desaminierung von 5-Methylcytosin führt zur Base Thymin und kann so den beobachteten Mutationstyp erklären [Rideout III et al. 1990]. Hieraus kann der Schluß gezogen werden, daß Spontanmutationsereignisse bei der Entstehung dieser Tumorform eine wichtige Rolle spielen. Ein völlig anderes Bild ergibt sich bei der molekularen Analyse von Bronchialkarzinomen. Bei diesem typischen Raucherkrebs sind GC:AT-Transitionen an CpG-Stellen vergleichsweise selten

(11% in Abb. 1.2.7); häufig sind dagegen GC:TA-Transversionen zu beobachten (34% in Abb. 1.2.7). Kanzerogene Inhaltsstoffe des Tabakrauchs könnten für die Entstehung dieses Mutationstyps verantwortlich sein: So binden polyzyklische Kohlenwasserstoffe vom Typ des Benzo[a]pyrens bevorzugt an Guanin und erzeugen in isolierten Säugerzellsystemen das beobachtete Mutationsmuster. Die Vermutung, daß bei der Entstehung des Bronchialkarzinoms exogene Faktoren eine bedeutsame Rolle spielen, wird auch aus einer weiteren Tatsache deutlich: Bei den in Bronchialkarzinomen überproportional häufig zu beobachtenden GC:TA-Transversionen fällt auf, daß Guanin (aus dem GC-Ausgangspaar der Mutation) in über 90% der Fälle auf dem nicht-transkribierten Strang liegt. Diese Strangselektivität der Mutation läßt sich aus der Tatsache erklären, daß der kodogene Strang bevorzugt, d. h. schneller, repariert wird als der nicht-kodogene Strang – eine biologisch sehr sinnvolle Strategie der Zelle, die aber dazu führt, daß Kanzerogenaddukte in Basen des nichtkodogenen Strangs bevorzugt zu Mutationen führen. Das Fehlen dieser Strangselektivität bei den von CpG-Stellen ausgehenden Mutationen steht dagegen im Einklang mit dem bereits erwähnten Spontanmechanismus dieses Mutationstyps [Greenblatt et al. 1994].

GC:TA-Transversionen sind auch die häufigsten Mutationen in HCC, insbesondere dann, wenn sie von Patienten stammen, die mit ihrer Nahrung hohen Aflatoxinkonzentrationen ausgesetzt waren. Darüber hinaus ist bei dieser Tumorform auffallend, daß Mutationsereignisse mit deutlicher Prävalenz in Kodon 249 des p53-Gens auftreten. Auch hier kann der bevorzugte Mutationstyp mit der bekannten Guaninadduktbildung von Aflatoxinen (Abb. 1.2.4) erklärt werden, die zur Entstehung nichtkodierender Läsionen in der DNA führen können, die zum bevorzugten Einbau von Adenin führen. Erwartungsgemäß sind GC:TA-Transversionen in HCC europäischer und japanischer Patienten, bei denen eine wesentlich geringere Aflatoxinexposition zu erwarten ist, weitaus seltener zu beobachten.

Das p53-Tumorsuppressorgen besitzt mit seinen etwa 600 Basenpaaren, auf die über 90% der bisher in Tumoren nachgewiesenen Punktmutationen konzentriert sind, eine nahezu ideale Zielstruktur für molekularepidemiologische Studien [Caron de Fromentel u. Soussi 1992, Hollstein et al. 1991]. Prinzipiell eignen sich aber auch andere Tumorsuppressorgene und – mit Einschränkungen – Onkogene für analoge Studien. Eines dieser Gene ist das APC-Gen, in welchem Mutationen sowohl in familiär bedingten (hier als Keimbahnmutationen) als auch in sporadisch auftretenden Tumoren (hier als somatische Mutationen) nachgewiesen wurden [Vogelstein et al. 1988]. Bei der Analyse der Daten 2er Studien zur Frequenz und zum Muster somatischer Mutationen im APC-Gen in Kolonadenomen und -karzinomen [Mioshi et al. 1992, Powell et al. 1992] läßt sich nachweisen, daß – wie im p53-Gen – auch im APC-Gen CpG-Stellen in kolorektalen Tumoren Mutations-hot-spots darstellen; 14 der 38 Punktmutationen waren C:T-Basentausche an CpG-Stellen. Interessanterweise zeigt eine Analyse der Häufigkeitsverteilung der Punktmutationen im Ki-ras-Onkogen kolorektaler menschlicher Tumoren (Zusammenfassung der Daten von Bos et al. [1987], Sidranski et al. [1992] und Vogelstein et al. [1988]) ein komplett anderes Bild: 53 der 79 Mutationen (67%) waren GC:AT-Transitionen mit eindeutiger Strangpräferenz (G im nicht-transkribierten Strang). Zusammenfassend läßt sich aus diesen Daten mit einiger Vorsicht der Schluß ziehen, daß bei der Entstehung des kolorektalen Karzinoms, zu welchem genetische Aberrationen in mehreren Tumorsuppressorgenen und Onkogenen beitragen [Fearon u. Vogelstein 1990, Vogelstein et al. 1988], spontane Mutationsereignisse und exogen einwirkende Mutagene gleichermaßen von Bedeutung sind.

Mutationen in Protoonko- und Tumorsuppressorgenen stellen im wesentlichen irreversible Ereignisse dar, die bei der Teilung der betroffenen Zellen auf die Tochterzellen weitergegeben werden. Sie können zu Störungen im Zellteilungs,- Absterbe- und Differenzierungsverhalten der Zellen führen und so zur klonalen Expansion der mutierten Zellen beitragen. Einige der nicht-gentoxischen Mechanismen, über welche die Proliferation und Differenzierung von Zellen ebenfalls beeinflußt werden kann, werden in der Folge behandelt.

1.2.4.2 Nicht-gentoxische Mechanismen

Die Zellproliferation kann den Prozeß der Kanzerogenese in verschiedenartiger Weise beeinflussen. DNA-Synthese und Zellteilung stellen per se ein nicht unbeträchtliches Risiko dar. Promutagene Läsionen werden während der DNA-Synthese zu Mutationen fixiert, falls diese abläuft, bevor die Zellen die Läsion repariert haben. Mutationen können aus DNA-Polymerase-Fehlern resultieren; Amplifikation, Verlust oder Rekombination genetischen Materials können die Folge einer fehlerhaft ablaufenden Zellteilung sein. So ist verständlich, daß eine Steigerung der Zellproliferationsrate in experimentellen Systemen häufig mit einer Erhöhung der Tumorinitiationsrate einhergeht.

Eine kompensatorische oder regenerative Zellproliferation kann als Folge einer Vergiftung oder einer mechanischen Gewebereizung auftreten und so die promovierende Aktivität der auslösenden Stoffe im Zielorgan erklären. In experimentellen Studien konnten derartige Effekte in einer Reihe von Fällen nachgewiesen werden. Als Beispiel mag die Induktion von Blasentumoren in Ratten durch Natriumsaccharid gelten. Bei den experimentell eingesetzten, z. T. extrem hohen Futterkonzentrationen des Süßstoffs kann es zur Auskristallisation desselben in der Blase kommen, wodurch eine chronische regenerative Hyperplasie des auskleidenden Epithels ausgelöst wird. Natriumsaccharid wird nicht zu elektrophilen Intermediaten metabolisiert, reagiert nicht mit der DNA und ist nicht mutagen. Die tumorigene Wirkung der Substanz beruht deshalb vermutlich ausschließlich auf der bei hohen Dosen auftretenden Proliferationsstimulation im Blasenepithel [Cohen u. Ellwein 1990]. Die lokale Gewebereizung und die durch diese ausgelöste Zellproliferation werden auch für die kanzerogene Wirkung von Formaldehyd in der Nasenschleimhaut von Nagern verantwortlich gemacht, die nur bei sehr hohen (gewebeschädigenden) Konzentrationen des Gases beobachtet wird und mit einer Erniedrigung der Konzentration in der Atemluft der Tiere rasch abnimmt [Swenberg et al. 1983]. Eine promovierende Aktivität, hervorgerufen durch zytotoxische Effekte, die zu einer regenerativen Gewebsproliferation führen, wird häufig bei gentoxischen (DNA-reaktiven) Kanzerogenen als zusätzliche Wirkkomponente im hohen Dosisbereich beobachtet und führt hier zu steilen Dosis-Wirkungs-Beziehungen. Die Analyse der Dosisabhängigkeit der Bildung von DNA-Addukten einerseits sowie der Induktion regenerativer Zellproliferation im Zielgewebe andererseits kann hierbei, wie am Beispiel der Auslösung von Leber- und Blasentumoren in der Maus durch 2-Azetylaminofluoren gezeigt, die organspezifisch unterschiedliche Form der Dosis-Wirkungs-Beziehung erklären [Cohen u. Ellwein 1990].

Die Induktion von Zytotoxizität ist auch die gemeinsame Eigenschaft von Stoffen, deren promovierende Eigenschaft bei chronischer Gabe hoher Dosen vermutlich auf einer Selektion Toxin-resistenter initiierter Zellen beruht [Farber u. Cameron 1980]. Das Phänomen der selektiven Toxinresistenz läßt sich am überzeugendsten am Modell der Rattenleber für Lebertoxine, wie Tetrachlormethan und Phalloidin, oder Leberkanzerogene wie 2-Azetylaminofluoren oder Nitrosamine zeigen. Es beruht auf der verminderten Aktivierung dieser Stoffe zu reaktiven (und somit giftigen) Wirkformen in Tumorvorläuferzellen aufgrund der dort vorliegenden veränderten Aktivitäten der an der Aktivierung beteiligten mikrosomalen Enzyme (Abb. 1.2.6). Inwieweit der Toxinresistenzphänotyp für die klonale Expansion (Promotion) menschlicher Tumorvorläuferzellen – bei der gegenüber der experimentellen Situation vergleichsweise geringen Toxinbelastung – von Bedeutung ist, ist umstritten.

Promovierende Aktivität auf initiierte Zellen kann auch durch Stoffe ausgelöst werden, die für die Zielzellen direkte Mitogene darstellen. Zu dieser Gruppe zählen neben dem klassischen Hauttumorpromotor (TPA), der wirksamsten Komponente von Krotonöl, eine Reihe von Umweltstoffen, die in höheren Dosen bei Nagern promovierende Aktivität in der Leber entfalten. Hierzu gehören z. B. die Organochlorinsektizide DDT, Dieldrin oder Lindan, Schadstoffe vom Typ der polyhalogenierten Dibenzodioxine und Dibenzofurane sowie verschiedene polyhalogenierte Biphenyle. Die gemeinsame Eigenschaft dieser Promotoren ist ihre lebervergrößernde Wirkung, die bei höheren Konzentrationen auftritt und von keiner sichtbaren Toxizität im Zielorgan begleitet ist. Sie stellt vermutlich eine adaptative Anpassung des Organs an erhöhte funktionelle Anforderungen dar und ist nach Absetzen der Fremdstoffe voll reversibel [Schulte-Hermann 1985]. Die promovierende Wirkung direkter Mitogene ist in der Regel Rezeptorvermittelt. Die zugrundeliegenden zellularen Rezeptoren sowie die weiteren an der intrazellularen Signalübertragung beteiligten Proteine, deren Aktivierung letztlich zur Auslösung von DNA-Synthese und Zellteilung führt, sind häufig noch ungenügend bekannt. Am besten verstanden ist bisher die Wirkung des Tumorpromotors TPA, der in den intrazellularen Signaltransduktionsweg eingreift, indem er den endogenen Aktivator, Diacylglyzerin, der Proteinkinase C (PKC) nachahmt. Die Aktivierung der PKC resultiert in einer Phosphorylierung nachgeschalteter Proteinkinasen und kann letztlich in einem komplexen Zusammenspiel mit weiteren intrazellularen Signalgebern zur Progression durch den Zellzyklus führen.

Die direkte Induktion von DNA-Synthese ist allerdings keinesfalls die einzige Aktivität, über die Promotoren ihre Wirkung entfalten können. So wurde für eine Reihe verschiedener Promotoren nachgewiesen, daß sie die Kommunikation direkt benachbarter Zellen zu stören vermögen (zur Übersicht Fitzgerald u. Yamasaki [1990], Mesnil u. Yamasaki [1993] und Trosko et al. [1982]). Die Kopplung benachbarter Zellen wird durch niedermolekulare Stoffe gesteuert, die über verschließbare Kanäle (Gap junctions) zwischen den Zellen ausgetauscht werden. Die Porenfunktion wird durch Proteine, die den Kanal auskleiden und zur Gruppe der Connexine gehören, reguliert. Tumorpromotoren können durch Aktivierung zellulärer Signalketten die Phosphorylierung bestimmter Connexine (z. B. Connexin 32) induzieren, was zur Schließung der Poren führen kann. Die hierdurch induzierte Aufhebung der Kopplung beeinflußt in vitro die Teilungsbereitschaft von Zellen [Mesnil u. Yamasaki 1993 und darin enthaltene Zitate].

Zumindest ebenso bedeutsam ist das Eingreifen von Tumorpromotoren in den Prozeß der Apoptose. Die Aufrechterhaltung der Gewebshomöostase bedarf einer stringenten Regulation der Raten an neugeborenen und absterbenden Zellen. Physiologischerweise werden überschüssige Zellen durch aktiven Zelltod (Apoptose) eliminiert. Wie am Beispiel einiger strukturell völlig unterschiedlicher leberspezifischer Tumorpromotoren, wie Hexachlorzyklohexan, Nafenopin oder Phenobarbital gezeigt, vermögen diese Stoffe die Ansprechbarkeit normaler Hepatozyten, insbesondere aber präneoplastisch-veränderter Hepatozyten auf physiologische Apoptosesignale zu vermindern und tragen so zur klonalen Expansion der Tumorvorläuferzellpopulation bei (zur Übersicht s. Bursch et al. [1992]). Im Fall des 2,3,7,8-TCDD ist, wie bereits erwähnt, die Apoptose-inhibierende und nicht die zellteilungsstimulierende Wirkung die maßgebliche Komponente der promovierenden Aktivität des Umweltstoffs in der Nagerleber [Stinchcombe et al. 1995].

Die Bedeutung von Störungen im Apoptoseverhalten als wichtige Determinante bei der Entstehung von Tumoren wird zunehmend erkannt. Die Mutation Apoptose-assoziierter Gene (z. B. Bcl-2 oder Fas/Apo1-Rezeptor) ist insbesondere bei Tumoren des blutbildenden Systems zu beobachten und führt dort zur klonalen Proliferation unreifer Zellpopulationen [Nagata u. Golstein 1995, Reed 1994]. Für solide Tumoren wurden analoge Mutationen beschrieben. So wurde in etwa 70% menschlicher HCC ein Verlust von Heterozygotie (LOH) im Mannose-6-Phosphat/Insulin-like-growth-Faktor-II-Rezeptor-Locus (M6P/IGF2-R-Locus) beschrieben [De Souza et al. 1995a]. Drei von 12 der untersuchten Tumoren wiesen zusätzliche Mutationen im verbleibenden Allel auf, die zur Inaktivierung des Rezeptorproteins führen [De Souza et al. 1995b]. M6P/IGF2-R bindet u. a. den latenten Komplex des Transforming-growth-Faktor β (TGF-β) und begünstigt dessen proteolytische Spaltung. Das so aktivierte TGF-β1 stellt für Hepatozyten ein antiproliferatives und Apoptosesignal dar [Carr et al. 1986, Oberhammer et al. 1992]. Die chronische Behandlung mit dem Lebertumorpromotor Phenobarbital führt in normalen Hepatozyten, nicht jedoch in präneoplastisch veränderten Hepatozyten, zu erhöhten TGF-β1-Gehalten sowie zur erhöhten Expression von M6P/IGF2-R. Hieraus ergibt sich ein selektiver Proliferationsvorteil für die Tumorvorläuferzellen, der deren klonale Vermehrung begünstigt [Jirtle et al. 1994].

Über die Bedeutung von Tumorpromotoren bei der Krebsentstehung beim Menschen liegen noch wenig verläßliche Daten vor. Bei Nagern ist häufig die Leber das Zielorgan promovierender Stoffe. Epidemiologische Studien an Arbeitern, die an der Herstellung herbizider Phenoxyessigsäuren beteiligt und hierbei dem als unerwünschtem Beiprodukt entstehenden 2,3,7,8-TCDD exponiert waren, weisen auf eine geringfügig erhöhte Gesamtkrebsmortalität gegenüber Nicht-Exponierten hin [Fingerhut et al. 1991]. Bei Individuen, die als Folge des Chemieunfalls 1976 in Seveso sehr hoch mit polyhalogenierten Dibenzodioxinen belastet wurden, war dagegen keine Erhöhung der Gesamtkrebsmorbidität, wohl aber eine geringfügige Erhöhung hepatobiliärer Tumoren zu beobachten [Bertazzi et al. 1993]. Im Tierexperiment zeigen Peroxisomeninduktoren, wie z. B. die Lipidsenker Clofibrat oder Nafenopin, oder als Weichmacher eingesetzte Phthalsäureester kanzerogene Aktivität in der Leber [Reddy u. Lalwai 1983]. Es wird vermutet, daß diese Aktivität auf der gemeinsamen Eigenschaft dieser Stoffe, die Proliferation von Peroxisomen zu stimulieren, beruht, was mit einer Vermehrung der peroxisomalen Acyl-CoA-Oxidase einhergeht, die H_2O_2 bildet [Rao u. Reddy 1987]. Hieraus gebildete reaktive Sauerstoffspezies könnten gentoxische Effekte induzieren (s. auch Kapitel 1.2.4.1.2 „Molekulare Mechanismen der Induktion von Enzymen des Fremdstoffmetabolismus"). Oxydativer Streß als Mediator promovierender Aktivität wird ebenfalls diskutiert [Cerrutti 1985]. Eine fremdstoffinduzierte Peroxisomenproliferation wird allerdings beim Menschen nicht beobachtet, was an der Bedeutung der Peroxisomeninduktoren als Krebsrisikofaktoren zweifeln läßt. Von gewisser Bedeutung scheinen dagegen einige synthetische Östrogene, wie z. B. Ethinylöstradiol, die in der

Nagerleber ebenfalls promovierend wirksam sind [Yager et al. 1991] und beim Menschen als Oralkontrazeptiva zur Anwendung kommen. Diese können bei einem sehr geringen Prozentsatz langexponierter Frauen zu – häufig multiplen – gutartigen Leberadenomen [Baum et al. 1973, Edmondson et al. 1976, Palmer et al. 1989] und selten auch zum HCC führen. Die Tatsache, daß die Adenome in der Regel nach Absetzen des Kontrazeptivums eine Spontanregression zeigen [Edmondson et al. 1977], spricht für die Annahme einer promovierenden Aktivität der Östrogene als Ursache der kanzerogenen Wirkung. Die mögliche Rolle von Östrogenen als endogene Promotoren bei der Entstehung von Mammatumoren wird ebenfalls diskutiert. Äthanolabusus ist in den Industrienationen der wichtigste Risikofaktor für die Entstehung des primären Leberzellkarzinoms. Die Induktion der regenerativen Zellproliferation der Hepatozyten, gefolgt von einem zirrhotischen Umbau der Leber scheint hier eine wesentliche Rolle zu spielen [IARC 1988].

Ernährungsfaktoren scheinen insbesondere auch bei der Entstehung des Kolonkarzinoms von Bedeutung. Hier wird u. a. eine fettreiche und ballaststoffarme Nahrung als Risikofaktor diskutiert [Willett 1994]. Die zugrundeliegenden Wirkprinzipien sind vermutlich komplex und weitgehend hypothetisch: So führt erhöhter Fettkonsum zu einer vermehrten Ausschüttung von Gallensäuren, die im Tierexperiment promovierende Aktivität zeigen. Ballaststoffe im Stuhl erhöhen die Peristaltik und vermindern so evtl. die Konzentration initiierender oder promovierender Darminhaltsstoffe.

Promovierende Faktoren spielen vermutlich auch bei der Induktion des Bronchialkarzinoms durch Tabakrauch eine Rolle. Epidemiologische Studien zeigen, daß das Absetzen der Exposition zu einer vergleichsweise raschen Verminderung des Lungenkrebsrisikos führt [Boyle 1995]. Dieser – für Exraucher erfreuliche – Befund legt nahe, daß Tabakinhaltsstoffe mit Wirkung auf spätere Stadien (Tumorpromotion) für die Manifestation von Lungenkrebs von Bedeutung sind: Wären ausschließlich mutagene (initiierende) Ereignisse bedeutsam, so wäre wegen der weitgehenden Irreversibilität des Geschehens mit einer lange persistierenden Risikoerhöhung zu rechnen gewesen. In der Tat weist auch die Modellierung der Lungenkrebsinzidenz von Rauchern mittels biologisch plausibler Modelle darauf hin, daß promovierende (die Proliferation von Zwischenzellpopulationen stimulierende) Aktivitäten des Tabakrauchs von übergeordneter Bedeutung sind [Moolgavkar et al. 1993]. Neben den bekannten initiierenden Inhaltsstoffen des Tabakrauchs, wie den polyzyklischen Aromaten vom Typ des Benz[a]pyrens oder den tabakspezifischen Nitrosaminen, die sich vom Nikotin herleiten, sind auch zahlreiche Stoffe mit promovierender Aktivität im Tabakrauch enthalten. Hierzu gehören u. a. Katechole und Hydrochinon [Hoffmann et al. 1983]. Beide können zur Induktion reaktiven Sauerstoffs im Zielgewebe führen, der, wie bereits ausgeführt, Mediator promovierender Aktivität sein könnte. Die Behandlung von Lungenkarzinomzellen mit Katechol, Hydrochinon oder Teerkondensat führt (wie TPA) zur temporären Translokation der Proteinkinase C vom Zytoplasma zur Zellmembran, was mit einer Aktivierung von Proteinen gekoppelt ist. So behandelte Zellen zeigen erhöhte Invasivität und metastasierendes Potential in vivo [Gopalakrishna et al. 1994].

1.2.5 Synkanzerogene Effekte

Bei gleichzeitiger oder sequentieller Einwirkung 2er oder mehrerer Kanzerogene werden häufig synergistische Wirkungen beobachtet. Für den zugrundeliegenden Vorgang wurde der Begriff der Synkanzerogenese geprägt (zur Definition s. Appel et al. [1990]). Zahlreiche Beispiele belegen die Bedeutsamkeit synkanzerogener Effekte für den Menschen. So wird die Entstehung von Ösophaguskarzinomen durch Alkoholabusus und Rauchen begünstigt. Alkohol ist hierbei der gewichtigere Risikofaktor: Bei Nichtrauchern führt der Konsum von über 80 g Äthanol/Tag zu einer etwa 18 fachen Erhöhung des relativen Risikos für diese Krebserkrankungen, der Konsum von über 20 und mehr Zigaretten/Tag erhöht – bei Nichtalkoholikern – das Risiko um etwa das 5 fache. Bei der gemeinsamen Einwirkung beider Risikofaktoren in den genannten Dosen läßt sich dagegen ein etwa 44 fach erhöhtes Erkrankungsrisiko nachweisen [IARC 1988]. Ähnliche Befunde wurden für die Erzeugung des Bronchialkarzinoms durch die kombinierte Exposition gegenüber Tabakrauch und Asbest [IARC 1977] sowie gegenüber Tabakrauch und Radon [Moolgavkar et al. 1993] erhoben.

1.2.6 Modulierende Faktoren

Endogene und exogene Faktoren können die erstmalige Entstehung transformierter Zellen sowie den weiteren Kanzerogeneseverlauf in vielfältiger Weise beeinflussen. Hierbei sind sowohl hemmende als auch fördernde Wirkungen möglich. Auf die Vielzahl der möglichen Reaktionen kann hier nur exemplarisch eingegangen werden.

Bereits die Bildungsrate proximaler Kanzerogene kann u. a. durch Ernährungsfaktoren beeinflußt werden. So hemmt Askorbinsäure (Vitamin C) die Bildung von Nitrosaminen aus Aminen und Nitrit, die im sauren Milieu des Magensafts abläuft, indem es Nitrit reduziert. Die Induktion bzw. Hemmung der an der Aktivierung der proximalen Kanzerogene beteiligten fremdstoffmetabolisierenden Enzyme kann die Bildungsrate der entstehenden ultimalen Kanzerogene beeinflussen. Diese können durch zahlreiche endogene und exogene Stoffe abgefangen und dadurch entgiftet werden. Wirksam sind hier u. a. eine Reihe von phenolischen Verbindungen wie Hydroxytoluol und Hydroxyanisol sowie Flavone wie β-Naphthoflavon. Körpereigene Stoffe wie z. B. Glutathion sind ebenfalls an der Entgiftung reaktiver Intermediate beteiligt. Antipromovierende Stoffe sind ebenfalls bekannt. Hierzu gehören z. B. Retinoide und Karotinoide wie 13-cis-Retinsäure und β-Karotin sowie Salze der Selensäuren wie Na-Selenit. Derzeit werden große Anstrengungen unternommen, um die Tumorentstehung durch Diäten zu verhindern (Chemoprävention). So werden mehrere Studien mit β-Karotin, Vitamin-A-Säure und pflanzlichen Diäten durchgeführt [Proceedings of the conference on nutrition and cancer 1992, Willett 1994].

Tumorpromotoren sind im 2-Stufen-Experiment operational als Krebsrisikofaktoren definiert, die die Entstehung von Tumoren promovieren, wenn sie *nach* Gabe eines Initiators einwirken (Abb. 1.2.2). Interessanterweise sind dagegen die gleichen Stoffe häufig inhibitorisch wirksam, wenn sie *gleichzeitig* mit initiierenden Kanzerogenen appliziert werden. Als Beispiele können hier Phenobarbital und 2,3,7,8-TCDD dienen, die je nach Applikationsschema promovierende oder inhibitorische Aktivität in der Nagerleber zeigen [Berry et al. 1979, Kunz et al. 1978, Peraino et al. 1971]. Die inhibitorische Aktivität der Promotoren wird häufig auf eine metabolische Interferenz zurückgeführt, obwohl auch andere Mechanismen diskutiert werden [Schwarz et al. 1985].

Kokanzerogene Effekte sind ebenso bekannt und können bei der Entstehung menschlicher Tumoren von Bedeutung sein. Definitionsgemäß sind unter kokanzerogenen Effekten solche zu verstehen, die die initiierende Wirkung eines Stoffs verstärken [Appel et al. 1990]. Prinzipiell kann es einerseits zu einer Erhöhung der biologisch wirksamen Kanzerogendosis kommen (z. B. durch Änderung in der Aufnahme, im Metabolismus oder in der Ausscheidung des Kanzerogens), andererseits kann die Empfindlichkeit des Zielgewebes erhöht werden. Ein bekanntes Beispiel für letztere Möglichkeit bietet die Nagerleber nach partieller Hepatektomie, die zu einem synchron ablaufendem Proliferationsschub der verbliebenen Hepatozyten führt. Werden gentoxische Kanzerogene in diesem System zum Zeitpunkt der maximalen DNA-Synthese appliziert, so führt dies zu einer dramatischen Erhöhung der Lebertumorinzidenz in den betroffenen Tieren [Craddock 1971]. Die stark erhöhte Empfindlichkeit juveniler Individuen gegenüber der Einwirkung chemischer Kanzerogene kann ebenfalls durch die erhöhte Zellproliferationsrate der noch wachsenden Organsysteme erklärt werden [Peraino et al. 1984, Vesselinovitch et al. 1979]. Auch Tumorpromotoren (z. B. TPA) können durch die Induktion der DNA-Synthese kokanzerogene Effekte produzieren [Goerttler u. Loehrke 1976].

Eine wichtige Rolle kommt letztlich der Immunabwehr des Körpers zu. Eine Beeinträchtigung der körpereigenen Immunabwehr kann zu einer Erhöhung der Inzidenz bestimmter Krebserkrankungen führen. Als Beispiel sei das gehäufte Auftreten von Kaposi-Sarkomen bei Aidskranken aufgeführt. Inwieweit eine Beeinträchtigung des Immunsystems durch Umweltstoffe zum Krebsgeschehen beitragen kann, ist nicht bekannt.

1.2.7 Kanzerogene Risiken und ihre Quantifizierung

Krebs ist multifaktoriell bedingt. Mutationen in Protoonkogenen und Tumorsuppressorgenen können auf endogene Ereignisse zurückgehen oder durch nicht vermeidbare exogene Faktoren bedingt sein. So wurde bereits die durch spontane Desaminierung von 5-Methylcytosin hervorgerufene CT-Transition angesprochen (s. oben). DNA-Polymerase-Fehler sind Ursache von Spontanmutationen [Loeb 1989]. Reaktiver Sauerstoff als nicht vermeidbares Nebenprodukt der Exposition gegenüber Luftsauerstoff induziert promutagene Basenmodifikationen wie z. B. 7,8-Dihydro-8-Oxo-2′-Deoxyguanosin oder 5-Hydroxy-2′-Deoxycytidin [Wagner et al. 1992]. Bei entzündlichen Reaktionen, als Folge von chronischen viralen oder bakte-

Tabelle 1.2.3. Einige exogen und endogen induzierte DNA-Addukte, leicht modifiziert nach Bartsch [1996]; mit Erlaubnis

Addukt	Gewebe	Adduktmenge [pro 10^7 Basen]	Referenz
7,8-Dihydro-8-Oxo-2'-Deoxyguanosin	Leukozyten	7-12	Wagner et al. [1992]
5-Hydroxy-2'-Deoxycytidin	Leukozyten		Wagner et al. [1992]
5-Hydroxy-2'-Deoxyuridin	Leukozyten		Wagner et al. [1992]
O^6-Methyl-2'-Deoxyguanosin	Leber	1,1-6,7	Kang et al. [1995]
7-Methyl-2'-Deoxyguanosin (Raucher)	Lunge	17,3	Mustonen et al. [1993]
7-Methyl-2'-Deoxyguanosin (Nichtraucher)	Lunge	4,7	Mustonen et al. [1993]
1,N^6-Ethenodeoxyadenosin (εdAdo)	Leber	0,02-0,26	Nair et al. [1995]
1,N^6-Ethenodeoxycytidin (εdCyd)	Leber	0,06-0,62	Nair et al. [1995]
3-β-D-2'-Deoxyribofuranosylpyrimido-[1,2]Purin-10(3H)-on (M1dGuo)	Leber	5-10	Chaudhary et al. [1994]
(+)Anti-Benzo[a]pyren-7,8-Diol-9,10-Epoxid-DNA-Addukt	Lymphozyten	0,06-0,62	Rojas et al. [1995]

riellen Infektionen bzw. eines parasitären Befalls, werden reaktive Sauerstoff- und Stickstoffspezies freigesetzt, die per se DNA-Schäden produzieren können oder die – durch Induktion von Lipidperoxidation – zur Bildung bifunktioneller Aldehyde, Epoxide und Ketoverbindungen führen, die indirekt DNA-Schäden produzieren können [Bartsch 1996]. Die aus letzteren zu erwartenden exozyklischen DNA-Basenmodifikationen, z. B. M_1Guo sowie 1,N^6-Ethenodeoxyadenosin (εdA) und das entsprechende Cytidinderivat (εdC), alle mit stark fehlkodierenden Eigenschaften, konnten in menschlichen Geweben nachgewiesen werden [Chaudhary et al. 1994, Nair et al. 1995]. Interessant ist der quantitative Vergleich dieser aus endogenen Prozessen stammenden DNA-Addukte mit solchen Addukten, die aus einer exogenen Belastung mit Kanzerogenen resultieren. Als solche zu nennen wären u. a. 7-Methyl-2'-Deoxyguanosin sowie die entsprechenden O^6- und O^4-Addukte von Guanin und Thymidin, die auf eine Exposition gegenüber Alkylanzien zurückgeführt werden können, sowie Benzpyren-7,8-Diol-9,10-Epoxid-DNA-Addukte, die aus der Reaktion des aromatischen Kohlenwasserstoffs mit Nukleobasen (insbesondere mit Deoxyguanosin) herrühren. Hierbei zeigt sich, daß die aus endogenen Quellen stammenden DNA-Addukte mengenmäßig in der gleichen Größenordnung liegen wie die aus exogenen Quellen stammenden [Bartsch 1996] (Tabelle 1.2.3).

Die Hintergrundsbelastung durch endogene krebsauslösende Prozesse wird häufig unterschätzt und sollte bei der toxikologischen Bewertung sehr niedriger Kanzerogendosen als Bemessungsgrundlage herangezogen werden [Ames et al. 1995].

Zu den endogenen Faktoren gehören auch die über die Keimbahn vermittelten Mutationen in Tumorsuppressorgenen, die für die erblichen Formen einzelner Krebsarten verantwortlich sind. Obwohl die Zahl der Tumorerkrankungen mit eindeutig erblichem Hintergrund – gemessen an der Gesamtzahl der Tumorerkrankungen – vergleichsweise gering ist, kann das durch Transmission des mutierten Gens vermittelte Tumorrisiko enorm sein. Ein Beispiel liefert das Retinoblastom: Dieser Tumor tritt bei etwa 5 von 100 000 Individuen auf und beruht auf der homozygoten Mutation des Retinoblastomsuszeptibilitätsgens RB1 [Knudson 1971]. Etwa 35–45% der Fälle sind erblich bedingt. Über 90% der erblich belasteten Personen entwikkeln den Tumor, häufig mit bilateralem Erscheinungsbild, innerhalb der 1. Lebensjahre. Das absolute (Lebenszeit-)Risiko, am Retinoblastom zu erkranken, steigt daher für diese Personengruppe von 5×10^{-5} auf nahezu 1.

In der Regel zeigen allerdings mit der Krebsentstehung assoziierte Gene eine wesentlich geringere Penetranz. Für die Fragestellung interessant ist hier der Beitrag allelischer Varianten fremdstoffmetabolisierender Enzyme. Als Beispiel mag der bereits in Kapitel 1.2.4.1.1 „Aktivierung und Inaktivierung von Kanzerogenen" angesprochene Zusammenhang zwischen Epoxidhydrolasegenotyp und HCC-Entstehung dienen: Der partielle Verlust der Enzymaktivität durch Mutation zumindest eines der beiden Allele führte bei Patienten aus Gebieten mit endemischem HCC-Vorkommen zu einem 3,3fach erhöhtem HCC-Risiko; bei gleichzeitig vorliegender Hepatitis-B-Virus-Infektion war das Risiko um das 77fache erhöht [McGlynn et al. 1995].

Mit den oben angeführten Punkten soll nicht der Eindruck vermittelt werden, daß exogene Krebsrisikofaktoren unbedeutend wären. Gerade für die für den Menschen in quantitativer Hinsicht wichtigsten Krebsformen (Bronchialkarzinom, Kolon- und Rektumkarzinom, Mamma- und Zervixkarzinom) sind exogene Faktoren bedeutsam. Die wichtigsten Risikofaktoren sind heute identifiziert: Zu je etwa 30% sind Rauchen, Ernährungsfaktoren und Infektionserkrankungen an der Entstehung von Krebserkrankungen kausal beteiligt [Ames et al. 1995, Doll u. Peto 1981]. Von (quantitativ) geringerer Bedeutung sind kanzerogene Noxen am Arbeitsplatz, bestimmte medizinische Behandlungen (hier insbesondere alkylierende Chemotherapeutika) sowie diverse Luft- und Trinkwasser-kontaminierende Umweltstoffe. Obwohl letztere nach heutigem Kenntnisstand (zumindest in den Industrienationen) nur vergleichsweise geringfügig zur Gesamtkrebsbelastung beitragen, werden sie von breiten Bevölkerungsschichten als Hauptkrebsverursacher angesehen. Teil dieser Fehleinschätzung liegt in der Tatsache begründet, daß bei der Bewertung des kanzerogenen Risikos sehr niedriger Fremdstoffkonzentrationen, wie sie für potentiell kanzerogene Umweltstoffe üblich sind, nach wie vor große Unsicherheit besteht. So wird z. B. eine tägliche Aufnahme zwischen 1 und 10 pg/kg und Tag an 2,3,7,8-TCDD von den mit der Regulation von Kanzerogenen betrauten Behörden in der Bundesrepublik Deutschland, in den meisten skandinavischen Ländern, den Niederlanden und in Kanada als praktisch sicher angesehen, während die entsprechende Behörde in den USA (US EPA) für diese Chemikalie einen um etwa 3 Zehnerpotenzen niedrigeren Grenzwert angibt. Der Grund für diese unterschiedliche Bewertung liegt in der Tatsache begründet, daß die europäischen und kanadischen Behörden, im Gegensatz zu der US-Behörde, für diesen nicht-gentoxischen Stoff im unteren Dosisbereich einen Schwellenwert annehmen, unterhalb dessen mit einer krebserzeugenden Wirkung nicht zu rechnen ist.

Nur für eine verschwindend kleine Zahl der von der WHO aufgelisteten Stoffe mit eindeutiger, wahrscheinlicher oder möglicher kanzerogener Potenz [IARC 1987] liegen gesicherte epidemiologische Daten vor, die eine quantitative Abschätzung des mit der Exposition verbundenen Krebsrisikos erlauben. In der überwiegenden Zahl der Fälle beruht die Einstufung der IARC-Expertengruppen auf tierexperimentellen Daten. Hieraus ergibt sich die Notwendigkeit der Tier-Mensch-Extrapolation, auf deren Problematik hier nicht eingegangen werden kann. Die derzeit verfügbaren Verfahren erlauben jedoch allenfalls Vorhersagen über ein mögliches Krebsrisiko, deren Unsicherheit mit der Entfernung vom meßbaren Bereich zunimmt. Eine hinreichend genaue Schätzung eines zu erwartenden Krebsrisikos ist häufig nicht möglich.

1.2.8 Zusammenfassung und Ausblick

Aus heutiger Sicht entsteht Krebs in einem mehrstufigen Prozeß, in dem mutagene Ereignisse in kritischen zellregulatorischen Genen und die Kinetik der klonalen Expansion der mutierten Zellen während der aufeinanderfolgenden Stadien geschwindigkeitsbestimmend sind. Der Prozeß der Krebsentstehung kann in vielfältiger Weise durch genetische Prädisposition und Umweltfaktoren beeinflußt werden. Chemische Krebsrisikofaktoren können über gentoxische Mechanismen die Häufigkeit des Auftretens somatischer Mutationen in Protoonkogenen und Tumorsuppressorgenen erhöhen oder über nicht-gentoxische Mechanismen die klonale Expansion von Tumorvorläuferzellen vorantreiben und so den Kanzerogeneseprozeß beschleunigen. Modulierende Faktoren können auf jeder der aufeinanderfolgenden Stufen hemmend oder beschleunigend wirksam werden.

Die dem Krebsprozeß zugrundeliegenden Mechanismen werden in steigendem Umfang verstanden. Potentiell ergeben sich hieraus neue Möglichkeiten der Risikoabschätzung von Kanzerogenen. Nachdem die antikanzerogenen Eigenschaften von Nahrungsbestandteilen zunehmend erkannt werden, ergeben sich präventive Ansätze, die man unter dem Schlagwort Chemoprävention zusammengefaßt hat. Letztlich können sich aus dem Verständnis der Wachstumsregulation von präneoplastischen und neoplastischen Zellen und dem gezielten Eingriff von Fremdstoffen in die zugrundeliegenden Signalketten neue therapeutische Ansätze ergeben.

1.2.9 Literatur

Agúndez JAG, Martínez C, Ladero JM, Ledesma MC, Ramos JM, Martn R, Rodriguez A, Jara C, Benítez J (1994) Debrisoquin oxidation genotype and susceptibility to lung cancer. Clin Pharmacol Ther 55: 10–14

Ames BN, Gold LS, Willett WC (1995) The causes and prevention of cancer. Proc Natl Acad Sci USA 92: 5258–5265

Appel KE, Fürstenberger G, Hapke HJ, Hecker E, Hildebrandt AG, Koransky W, Marks F, Neumann HG, Ohnesorg FK, Schulte-Hermann R (1990) Chemical carcinogenesis: definitions of frequently used terms. J Cancer Res Clin Oncol 116: 232–236

Balmain A, Brown K (1988) Oncogene activation in chemical carcinogenesis. Adv Cancer Res 51: 147–182

Bartsch H (1996) DNA adducts in human carcinogenesis: etiological relevance and structure-activity relationsship. Mutat Res 7385: 67–79

Baum JK, Bockstern JJ, Holtz F, Klein EW (1973) Possible association between benign hepatomas and oral contraceptives. Lancet 2: 926–929

Beland FA, Kadlubar FF (1990) Metabolic activation and DNA adducts of aromatic amines and nitroaromatic hydrocarbons. In: Cooper CS, Grover PL (eds) Handbook of exp. pharmacol. 94: chemical carcinogenesis and mutagenesis I. Springer, Berlin Heidelberg New York, pp 267–325

Beland FA, Fullerton NF, Kinouchi T, Poirier MC (1988) DNA adduct forming during continuous feeding of 2-acetylaminofluorene at multiple concentrations. In: Bartsch H, Hemminki K, O'Neill IK (eds) Methods for detection of DNA damaging agents in humans: applications in cancer epidemiology and prevention. IARC Scientific Publications, Lyon, No 89, pp 175–180

Berenblum I (1941) The mechanism of carcinogenesis. A study of the significance of cocarcinogenic action and related phenomena. Cancer Res 1: 807–814

Berenblum I, Shubik P (1947) A new quantitative approach to the study of stages of chemical carcinogenesis in the mouse skin. Br J Cancer 1: 383–391

Berry DL, Slaga TJ, DiGiovanni J, Juchau MR (1979) Studies with chlorinated dibenzo-p-dioxins, polybrominated biphenyls, and polychlorinated biphenyls in a two-stage system of mouse skin tumorigenesis: potent anticarcinogenic effects. Ann NY Acad Sci 320: 405–414

Bertazzi PA, Pesatori AC, Consonni D, Tironi A, Landi MT, Zocchetti C (1993) Cancer incidence in a population accidentially exposed to 2,3,7,8-tetrachlorodibenzo-para-dioxin. Epidemiology 4: 398–406

Bishop JM (1991) Molecular themes in oncogenesis. Cell 64: 235–248

Bock KW (1993) The aryl hydrocarbon (Ah) or dioxin receptor: biologic and toxic responses. Rev Physiol Biochem Pharmacol 125: 1–42

Bock KW (1994) UDP-glucuronosyltransferases and their role in metabolism and disposition of carcinogens. Adv Pharmacol 27: 367–383

Bock KW, Lipp H-P, Bock-Hennig BS (1990) Induction of drug-metabolizing enzymes by xenobiotics. Xenobiotica 20: 1101–1111

Bos J (1989) ras oncogenes in human cancer: a review. Cancer Res 49: 4682–4689

Bos JL, Fearon ER, Hamilton SR, Verlaan-de Vries M, Boom JH van, Eb AJ van der, Vogelstein B (1987) Prevalence of ras gene mutations in human colorectal cancers. Nature 327: 293–297

Boutwell RK (1974) The function and mechanism of promotors of carcinogenesis. Crit Rev Toxicol 2: 419–443

Boyle P (1995) Tobacco and cancer, the European perspective. Ann Oncol 6: 435–539

Buchmann A, Bauer-Hofmann R, Schwarz M (1994a) Ha-ras mutations in 7,12-dimethylbenzanthrancene-induced liver tumors from C3H, B6C3F1 and C57BL mice. Naunyn Schmiedebergs Arch Pharmacol [Suppl] 349: 505

Buchmann A, Stinchcombe S, Körner W, Hagenmaier H, Bock KW (1994b) Effects of 2,3,7,8-tetrachloro- and 1,2,3,4,6,7,8-heptachlorodibenzo-p-dioxin on the proliferation of preneoplastic liver cells in the rat. Carcinogenesis 15: 1143–1150

Burbach KM, Poland A, Bradfield CA (1992) Cloning of the Ah-receptor cDNA reveals a distinctive ligand-activated transcription factor. Proc Natl Acad Sci USA 89: 8185–8189

Burchell B, Nebert DW, Nelson DR, Bock KW, Iyanagi T, Jansen PLM, Lancet D, Mulder GJ, Roy Chowdhury J, Siest G, Tephly TR, Mackenzie PI (1991) The UDP glucuronosyltransferase gene superfamily. Suggested nomenclature based on evolutionary divergence. DNA Cell Biol 10: 487–494

Burns F, Albert B, Altshuler B, Morris E (1983) Approach to risk assessment for genotoxic carcinogens based on data from the mouse skin initiation-promotion model. Environ Health Perspect 50: 309–320

Bursch W, Oberhammer F, Schulte-Hermann R (1992) Cell death by apoptosis and its protective role against disease. TIPS 13: 245–251

Caron de Fromentel C, Soussi T (1992) TP53 tumour suppressor gene: a model for investigating human mutagenesis. Genes Chromosom Cancer 4: 1–15

Carr BI, Hayashi I, Branum EL, Moses HL (1986) Inhibition of DNA synthesis in rat hepatocytes by platelet-derived type transforming growth factor. Cancer Res 46: 2330– 2334

Cattley RC, Popp JA (1989) Differences between the promoting activities of the peroxisome proliferator Wy-14,643 and phenobarbital in rat liver. Cancer Res 49: 3246–3251

Cerrutti PA (1985) Pro-oxidant state and tumor promotion. Science 228: 375–381

Chaudhary AK, Nokubo M, Reddy GR, Yeola SN, Morrow JD, Blair IA, Marnett LJ (1994) Detection of endogenous malondialdehyde-deoxyguanosine adducts in human liver. Science 265: 1580–1582

Cohen SM, Ellwein LB (1990) Cell proliferation in carcinogenesis. Science 249: 1007–1011

Cook JW, Hewett CL, Hieger I (1933) The isolation of a cancer-producing hydrocarbon from coal tar. Parts I, II, and III. J Chem Soc: 395–405

Craddock VM (1971) Liver carcinomas induced in rats by single administration of dimethylnitrosamine after partial hepatectomy. J Natl Cancer Inst 47: 899–907

De Souza A, Hankins GR, Washington MK, Fine RL, Orton TC, Jirtle RL (1995a) Frequent loss of heterozygosity on 6q at the mannose-6-phosphate/insulin-like growth factor II receptor locus in human hepatocellular tumors. Oncogene 10: 1725–1729

De Souza A, Hankins GR, Washington MK, Orton TC, Jirtle RL (1995b) M6P/IGF2R gene is mutated in human hepatocellular carcinomas with loss of heterozygosity. Nat Genet 11: 447–449

Doll R, Peto R (1981) The causes of cancer: quantitative estimates of avoidable risk in the United States today. J Natl Cancer Inst 68: 1191–1303

Edmondson HA, Henderson B, Benton B (1976) Liver-cell adenomas associated with use of oral contraceptives. N Engl J Med 249: 470–472

Edmondson HA, Reynolds TB, Henderson B, Benton B (1977) Regression of liver cell adenomas associated with oral contraceptives. Ann Intern Med 86: 180–182

Ehrenberg L, Osterman-Golkar S, Segerbäck D, Svensson K, Calleman CJ (1977) Evalution of genetic risks of alkylating agents. III. Alkylation of hemoglobin after metabolic conversion of ethene to ethylene oxide in vivo. Mutat Res 45: 175–184

Ema M, Sogawa K, Watanabe N, Chujoh Y, Matsushita N, Gotoh O, Funae Y, Fujii-Kuriyama Y (1992) cDNA cloning and structure of mouse putative Ah-receptor. Biochim Biophys Res Commun 184: 246–253

Ema M, Ohe N, Suzuki M, Mimura J, Sogawa K, Ikawa S, Fujii-Kuriyama Y (1994) Dioxin binding activities of polymorphic forms of mouse and human arylhydrocarbon receptors. J Biol Chem 269: 27337–27343

Enan E, Matsumura F (1995) Evidence for a second pathway in the action mechanism of 2,3,7,8-tetrachlorodibenzo-p-dioxin (TCDD). Biochem Pharmacol 49: 249–261

Farber E, Cameron R (1980) The sequential analysis of cancer development. Adv Cancer Res 31: 125–226

Fearon ER, Vogelstein B (1990) A genetic model for colorectal tumorigenesis. Cell 61: 759–767

Fernandez-Salguero P, Pineau T, Hilbert DM, McPhail T, Lee SST, Kimura S, Nebert DW, Rudikoff S, Ward JM, Gonzalez FJ (1995) Immune system impairment and hepatic fibrosis in mice lacking the dioxin-binding Ah-receptor. Science 268: 722–726

Fingerhut MA, Halperin WE, Marlow DA, Piacitelli LA, Honchar PA, Sweeney MH, Greife AL, Dill PA, Steenland K, Suruda AJ (1991) Cancer mortality in workers exposed to 2,3,7,8-tetrachlordibenzo-p-dioxin. N Engl J Med 324: 212–218

Fitzgerald DJ, Yamasaki H (1990) Tumor promotion: models and assay systems. Teratog Carcinog Mutagen 10: 89–102

Glauert HP, Beer D, Rao MS, Schwarz M, Xu Y-D, Goldsworthy TL (1986) Induction of altered hepatic foci in rats by the administration of hypolipidemic peroxisome proliferators alone or following a single dose of diethylnitrosamine. Cancer Res 46: 4601–4606

Goerttler K, Loehrke H (1976) Improved tumour yields by means of a TPA-DMBA-TPA variation of the Berenblum-Mottram experiment on the back skin of NMRI mice. The effect of stationary hyperplasia and inflammation. Exp Pathol 12: 336–341

Gopalakrishna R, Chen Z-H, Gundimeda U (1994) Tobacco smoke tumor promoters, catechol and hydrochinone, induce oxidative regulation of protein kinase C and influence invasion and metastasis of lung carcinoma cells. Proc Natl Acad Sci USA 91: 12233–12237

Goth R, Rajewsky MF (1974) Molecular and cellular mechanisms associated with pulse-carcinogenesis in the rat nervous system by ethyl-nitrosourea: ethylation of nucleic acids and elimination rates of ethylated bases from DNA of different tissues. Z Krebsforsch 82: 37–64

Green S (1992) Nuclear receptors and chemical carcinogenesis. TIPS 13: 251–255

Greenblatt MS, Bennett WP, Hollstein M, Harris CC (1994) Mutations in the p53 tumor suppressor gene: clues to cancer etiology and molecular pathogenesis. Cancer Res 54: 4855–4878

Guerrero I, Pellicer A (1987) Mutational activation of oncogenes in animal models of carcinogenesis. Mutat Res 185: 293–308

Heckbert SR, Weiss NS, Hornung SK, Eaton DL, Motulsky AG (1992) Glutathione-S-transferase and epoxide hydrolase activity in human leukocytes in relation to risk of lung cancer and other smoking-related cancers. J Natl Cancer Inst 84: 414–422

Hoffmann D, Hecht SS, Wynder EL (1983) Tumor promoters and cocarcinogens in tobacco carcinogenesis. Environ Health Perspect 50: 247–257

Hollstein M, Sidransky D, Vogelstein B, Harris CC (1991) p53-mutations in human cancers. Science 253: 49–53

Hollstein M, Shomer B, Greenblatt MS, Soussi T, Hovig E, Montesano R, Harris CC (1996) Somatic mutations in the p53-gene of human tumors and cell lines: updated compilation. Nucleic Acids Res 24: 141–146

IARC (1977) Monographs on the evaluation of carcinogenic risk of chemicals to man: asbestos. IARC Scientific Publications 14, Lyon

IARC (1987) Monographs on the evaluation of carcinogenic risk of chemicals to humans: overall evaluations of carcinogenicity: an updating of IARC Monographs Volumes 1–42. IARC Scientific Publications [Suppl 7], Lyon

IARC (1988) Monographs on the evaluation of carcinogenic risk of chemicals to man: alcohol drinking. IARC Scientific Publications 44, Lyon

IARC (1992) Mechanisms of carcinogenesis in risk identification. In: Vainio H, Magee P, McGregor D, McMichael AJ (eds) IARC. IARC Scientific Publications 116, Lyon

IARC (1997) Monographs on the evaluation of carcinogenic risk of chemicals to man. In: Moolgavkar S, Krewski D, Zeise L, Cardis E, Møller H (eds) Quantitative estimation and prediction of carcinogenic risk to humans. IARC Scientific Series, Lyon in press

Ilett KF, David BM, Detchon P, Castleden WM, Kwa R (1987) Acetylation phenotype in colorectal carcinoma. Cancer Res 47: 1466–1469

Issemann I, Green S (1990) Activation of a member of the steroid hormone receptor superfamily by peroxisome proliferators. Nature 347: 645–650

Jirtle RL, Hankins GR, Reisenbichler H, Boyer IJ (1994) Regulation of mannose-6-phosphate/insuline-like growth factor-II receptors and transforming growth factor beta during liver tumor promotion with phenobarbital. Carcinogenesis 15: 1473–1478

Johansson I, Lundqvist E, Bertilsson L, Dahl M-L, Sjöqvist F, Ingelman-Sundberg M (1993) Inherited amplification of an active gene in the cytochrome p450 CYP2D6 locus as a cause of ultrarapid metabolism of debrisoquine. Proc Natl Acad Sci USA 90: 11825–11829

Kadlubar FF, Butler MA, Kaderlik KR, Chou H-C, Lang NP (1992) Polymorphisms for aromatic amine metabolism in humans: relevance for human carcinogenesis. Environ Health Perspect 98: 69–74

Kalf GF, Snyder R (1995) A survey of studies on benzene-induced human leukemogenesis. Adv Occup Med Rehabil 1: 39–68

Kang H, Konishi C, Kuroki T, Huh N (1995) Detection of O^6-Methylguanine, O^4-methylthymine and O^4-ethylthymine in human liver and peripheral blood lukocytes. Carcinogenesis 16: 1277–1280

Kleihues P, Margison GP (1974) Carcinogenicity of N-methyl-nitrosourea: possible role of repair excision of O^6-methylguanine from DNA. J Natl Cancer Inst 53: 1839–1841

Kliewe SA, Forman BM, Blumberg B, Ong ES, Borgmeyer U, Mangelsdorf DJ, Umesono K, Evans RM (1994) Differential expression and activation of a family of murine peroxisome proliferator-activated receptors. Proc Natl Acad Sci USA 91: 7355–7359

Knudson AG (1971) Statistical study of retinoblastoma. Proc Natl Acad Sci USA 68: 820–823

Knudson AG (1985) Hereditary cancer, oncogenes, and antioncogenes. Cancer Res 45: 1437–1443

Kraupp-Grasl B, Huber W, Putz B, Gerbracht U, Schulte-Hermann R (1990) Tumor promotion by the peroxisome proliferator nafenopin involving a specific subtype of altered foci in rat liver. Cancer Res 50: 3701–3708

Kunz HW, Buchmann A, Schwarz M, Schmitt R, Kuhlmann WD, Wolf CR, Oesch F (1987) Expression and inducibility of drug metabolizing enzymes in preneoplastic and neoplastic lesions of rat liver during nitrosamine-induced hepatocarcinogenesis. Arch Toxicol 60: 198–203

Kunz W, Appel KE, Rickart R, Schwarz M, Stöckle G (1978) Enhancement and inhibition of carcinogenic effectiveness of nitrosamines. In: Remmer H, Bolt HM, Bannasch P, Popper H (eds) Primary liver tumours. MTP Press, Lancaster, UK, pp 261–283

Landers JP, Bunce NJ (1991) The Ah-receptor and the mechanism of dioxin toxicity. Biochem J 276: 273–287

Loeb LA (1989) Endogenous carcinogenesis: molecular oncology into the twenty-first century-presidential adress. Cancer Res 49: 5489–5496

Lutz WK (1986) Quantitative evaluation of DNA binding data for risk estimation and for classification of direct and indirect carcinogens. J Cancer Res Clin Oncol 112: 85–91

Lutz WK (1990) Dose-response relationship and low dose extrapolation in chemical carcinogenesis. Carcinogenesis 11: 1243–1247

McGlynn KA, Rosvold EA, Lustbader ED, Hu Y, Clapper ML, Zhou T, Wild CP, Xia X-L, Baffoe-Bonnie A, Ofori-Adjei D, Chen G-C, London WT, Shen F-M, Buetow KH (1995) Susceptibility to hepatocellular carcinoma is associated with gene variation in the enzymatic detoxification of aflatoxin B_1. Proc Natl Acad Sci USA 92: 2384–2387

Mesnil M, Yamasaki Y (1993) Cell-cell communication and growth control of normal and cancer cells: evidence and hypothesis. Mol Carcinog 7: 14–17

Miller C, Miller JA (1981) Searches for ultimate chemical carcinogens and their reactions with cellular macromolecules. Cancer 47: 2327–2345

Mioshi Y, Nagase H, Ando H, Horii A, Ichii S, Nakatsuru S, Aoki T, Miki Y, Mori T, Nakamura Y (1992) Somatic mutations of the APC gene in colorectal tumors: mutation cluster region in the APC gene. Hum Mol Genet 1: 229–233

Moolgavkar SH (1983) Model of human carcinogenesis: action of environmental agents. Environ Health Perspect 50: 285–291

Moolgavkar SH, Knudson AG Jr (1981) Mutation and cancer: a model for human carcinogenesis. J Natl Cancer Inst 66: 1037–1052

Moolgavkar SH, Luebeck EG, Gunst M de, Port RE, Schwarz M (1990) Quantitative analysis of enzyme-altered foci in rat liver hepatocarcinogenesis experiments-I. Single agent regimen. Carcinogenesis 11: 1271–1278

Moolgavkar SH, Luebeck EG, Krewski D, Zielinski JM (1993) Radon, cigarette smoke, and lung cancer: a reanalysis of the colorado plateau uranium miners' data. Am J Epidemiol 4: 204–217

Mustonen R, Schoket B, Hemminki K (1993) Smoking-related DNA-adducts: ^{32}P-postlabeling analysis of 7-methylguanine in human bronchial and lymphocyte DNA. Carcinogenesis 14: 151–154

Nagata S, Golstein P (1995) The fas death factor. Science 267: 1449–1456

Nair J, Barbin A, Guichard Y, Bartsch H (1995) 1,N^6-ethenodeoxyadenosine and 3,N^4-ethenodeoxycytidine in liver DNA from humans and untreated rodents detected by immunoaffinity/^{32}P-postlabelling. Carcinogenesis 16: 613–617

Nazar-Stewart V, Motulsky AG, Eaton DL, White E, Hornung SK, Leng Z-T, Stapleton P, Weiss NS (1993) The glutathione S-transferase μ polymorphism as a marker for susceptibility to lung carcinoma. Cancer Res 53: 2313–2318

Nebert DW, Gonzalez FJ (1987) P450 genes: structure, evolution and regulation. Annu Rev Biochem 56: 945–993

Neumann HG (1983) Role of extent and persistence of DNA modifications in chemical carcinogenesis by aromatic amines. Recent Results Cancer Res 84: 77–89

Neumann HG (1994) Biomonitoring. In: Marquardt H, Schäfer SG (Hrsg) Lehrbuch der Toxikologie. BI-Wissenschaftsverlag, Mannheim Leipzig Wien Zürich

Oberhammer FA, Pavelka M, Sharma S, Tiefenbacher R, Purchio AF, Bursch W, Schulte-Hermann R (1992) Induction of apoptosis in cultured hepatocytes and in regressing liver by transforming growth factor 1. Proc Natl Acad Sci USA 89: 5408–5412

Pacifici GM, Fracchia GN (eds) (1995) Advances in drug metabolism in man. Eur Commun Public, Brussels/Luxembourg

Palmer JR, Rosenberg L, Kaufmann DW, Warshauer ME, Stolley P, Sharpiro S (1989) Oral contraceptive use and liver cancer. Am J Epidemiol 130: 878

Pegg AE, Perry W (1981) Alkylation of nucleic acids and metabolism of small doses of dimethylnitrosamine in the rat. Cancer Res 41: 3128–3132

Peraino C, Fry RJM, Staffeldt E (1971) Reduction and enhancement by phenobarbital of hepatocarcinogenesis induced in rat by 2-acetylaminofluorene. Cancer Res 31: 1506–1512

Peraino C, Staffeldt EF, Carnes BA, Ludemann VA, Blomquist JA, Vesselinovitch SD (1984) Characterisation of histochemically detectable altered hepatocyte foci and their relationship to hepatic tumorigenesis in rats treated once with diethylnitrosamine or benzo(a)pyrene one day after birth. Cancer Res 44: 3340–3347

Poland A, Knutson JC (1982) 2,3,7,8-Tetrachlorodibenzo-p-dioxin and related halogenated hydrocarbons: examination of the mechanism of toxicity. Annu Rev Pharmacol Toxicol 22: 517–554

Powell SM, Zilz N, Beazer-Barclay Y, Byron TM, Hamilton SR, Thibodeau SN, Vogelstein B, Kinzler K (1992) APC mutations occur early during colorectal tumorigenesis. Nature 359: 235–237

Proceedings of the conference on nutrition and cancer (1992) Cancer Res 52: 2019s–2126s

Rao MS, Reddy JK (1987) Peroxisome proliferation and hepatocarcinogenesis. Carcinogenesis 8: 631–636

Reddy JK, Lalwai ND (1983) Carcinogenesis by hepatic peroxisome proliferators: evaluation of the risk of hypolipidemic drugs and industrial plasticiders mans. Crit Rev Toxicol 12: 1–58

Reed JC (1994) Bcl-2 and the regulation of programmed cell death. J Cell Biol 124: 1–6

Rehn L (1895) Blasengeschwülste bei Fuchsin-Arbeitern. Arch Klin Chir 50: 588–600

Rideout III WM, Coetzee GA, Olumi AF, Jones P (1990) 5-methylcytosine as an endogenous mutagen in the human LDL receptor and p53 genes. Science 249: 1288–1290

Rojas M, Alexandrov K, Auburtin G, Wastiaux-Denamur A, Mayer L, Mahieu B, Sebastien P, Bartsch H (1995) Anti-benzo[a]pyrene diolepoxide-DNA adduct levels in peripheral mononuclear cells from coke oven workers and the enhancing affect of smoking. Carcinogenesis 16: 1373–1376

Rous P, Kidd JG (1941) Conditional neoplasms and subthreshold neoplastic states. A study of the tar tumors of rabbits. J Exp Med 73: 365–390

Safe SH (1986) Comparative toxicology and mechanism of action of polychlorinated dibenzo-p-dioxins and dibenzofurans. Annu Rev Pharmacol Toxicol 26: 371–399

Schmeiser HH, Janssen JWG, Lyons J, Scherf HR, Pfau W, Buchmann A, Bartram CR, Wießler M (1990) Aristolochic acid activates ras genes in rat tumors at deoxyadenosine residues. Cancer Res 50: 5464–5469

Schulte-Hermann R (1974) Induction of liver growth by xenobiotic compounds and other stimuli. Crit Rev Toxicol 3: 97–158

Schulte-Hermann R (1985) Tumour promotion in the liver. Arch Toxicol 57: 147–158

Schwarz M, Buchmann A, Klormann H, Schrenk D, Kunz W (1985) Effect of phenobarbital and other liver monooxygenase modifiers on dimethylnitrosamine induced alkylation of rat liver macromolecules. Cancer Res 45: 2020–2024

Seidegard J, Pero RW, Miller DG, Beattie EJ (1986) A glutathione transferase in human leucocytes as a marker for the susceptibility to lung cancer. Carcinogenesis 7: 751–753

Seidegard J, Pero RW, Markowitz MM, Rousch G, Miller DG, Beattie EJ (1990) Isoenzyme(s) of glutathione transferase (class μ) as a marker for the susceptibility to lung cancer: a follow-up study. Carcinogenesis 11: 33–36

Sidranski D, Tokino T, Hamilton SR, Kinzler KW, Levin B, Frost P, Vogelstein B (1992) Identification of ras oncogene mutations in the stool of patients with curable colorectal tumors. Science 256: 102–105

Skene SA, Dewhurst IC, Greenberg M (1989) Polychlorinated dibenzo-p-dioxins and polychlorinated dibenzofurans: the risks to human health. A review. Hum Exp Toxicol 8: 173–203

Stinchcombe S, Buchmann A, Bock KW, Schwarz M (1995) Inhibition of apoptosis during 2,3,7,8-tetrachlorodibenzo-p-dioxin-mediated tumour promotion in rat liver. Carcinogenesis 16: 1271–1275

Sukumar S (1989) Ras oncogenes in chemical carcinogenesis. Curr Top Microbiol Immunol 148: 93–114

Sutter TR, Greenlee WF (1992) Classification of members of the Ah-gene battery. Chemosphere 25: 223–226

Swanson HI, Bradfield CA (1993) The AH-receptor: genetics, structure and function. Pharmacogenetics 3: 213–230

Swenberg JA, Barrow CS, Boreiko CJ, Heck Hd'A, Levine RJ, Morgan KT, Starr TB (1983) Non-linear biological responses to formaldehyde and their implications for carcinogenic risk assessment. Carcinogenesis 4: 945–952

Swenberg JA, Dyroff MC, Bedell MA, Popp JA, Huh N, Kirstein A, Rajewski MF (1984) O^4-ethyldeoxythymidine, but not O^6-ethyldesoxyguanosine, accumulates in DNA of hepatocytes of rats exposed continuously to diethylnitrosamine. Proc Natl Acad Sci USA 81: 1692–1695

Topal M (1988) DNA repair, oncogenes and carcinogenesis. Carcinogenesis 9: 691–696

Trosko JE, Yotti LP, Warren ST, Tsushimoto G, Chang C (1982) Inhibition of cell-cell-communication by tumour promoters. In: Hecker E, Fusenig NE, Kunz W, Marks F, Thielmann HW (eds) Carcinogenesis – a comprehensive survey, vol 7. Raven Press, New York, pp 565–585

Vesselinovitch SD, Rao KVN, Mihailovich N (1979) Neoplastic response of mouse tissues during perinatal age periods and its significance in chemical carcinogenesis. Natl Cancer Inst Monogr 51: 239

Vineis P, Bartsch H, Caporaso N, Harrington AM, Kadlubar FF, Landl MT, Mallaveille C, Shields PD, Skipper P, Talska G, Tannenbaum SR (1994) Genetically based N-acetyltransferase metabolic polymorphism and low-level environmental exposure to carcinogens. Nature 369: 154–156

Vogelstein B, Fearon ER, Hamilton SR, Kern SE, Preisinger AC, Leppert M, Nakamura Y, White R, Smits AMM, Bos J (1988) Genetic alterations during colorectal-tumor development. N Engl J Med 319: 525–532

Wagner F, Jähnchen E, Trenk D, Eichelbaum M, Harnasch P, Hauf G, Roskamm H (1987) Severe complications of antianginal drug therapy in a patient identified as a poor metabolizer of metoprolol, propafenone, diltiazem, and sparteine. Klin Wochenschr 65: 1164–1168

Wagner JR, Hu C-C, Ames BN (1992) Endogenous oxidative damage of deoxycytidine in DNA. Proc Natl Acad Sci USA 89: 3380–3384

Wang GL, Jiang B-H, Rue EA, Semenza GL (1995) Hypoxia-inducible factor 1 is a basic-helix-loop-helix-PAS heterodimer regulated by cellular O_2 tension. Proc Natl Acad Sci USA 92: 5510–5514

Weber WW, Hein DW (1985) N-acetylation pharmacogenetics. Pharmacol Rev 37: 25–79

Whitlock JP (1990) Genetic and molecular aspects of 2,3,7,8-tetrachlorodibenzo-p-dioxin action. Annu Rev Pharmacol Toxicol 30: 251–277

Willett WC (1994) Diet and health: what should we eat? Science 264: 532–537

Yager JD, Zurlo J, Ni N (1991) Sex hormones and tumor promotion in liver. Proc Soc Exp Biol Med 198: 667–674

Yamagiwa K, Ichigawa K (1918) Experimental study of the pathogenesis of carcinoma. J Cancer Res 3: 1–29

Zarbl H, Sukumar S, Arthur AV, Martin-Zanca D, Barbacid M (1985) Direct mutagenesis of Ha-ras-1 oncogenes by N-nitroso-N-methylurea during initiation of mammary carcinogenesis in rats. Nature 315: 382–385

1.3 Mechanismen strahleninduzierter Krebsformen

H. Peter Rodemann

1.3.1 Einleitung

Der Mensch ist ständig den unterschiedlichsten Formen von Strahlung ausgesetzt. Dazu gehören natürliche Strahlungen wie die kosmische ionisierende Strahlung aus dem Weltall, die ultraviolette Strahlung der Sonne sowie die Strahlung radioaktiver Elemente im Erdboden und im Gestein. Hinzukommen die Strahlungen, die von uns Menschen selbst erzeugt werden, um sie für medizinische, industrielle oder militärische Zwecke einzusetzen. Diese sind die Röntgen- und Mikrowellenstrahlung sowie die radioaktive Strahlung atomarer Zerfallsprodukte. Es gibt praktisch keine Möglichkeit, sich gegen diese Umweltstrahlung auf der Erde abzuschirmen. Die Strahlendosis, die von natürlichen Quellen ausgeht, ist allerdings i. allg. sehr gering. Von der ultravioletten Strahlung abgesehen, der sich der Mensch teilweise freiwillig aussetzt, tragen diese unvermeidbaren Strahlungsquellen zu 60% zur Gesamtstrahlenbelastung eines Menschen bei (Tabelle 1.3.1). Verschiedene epidemiologische Studien legen den Schluß nahe, daß manche Krebsformen an Orten, die eine höhere, über dem Normalniveau liegende Hintergrundstrahlung aufweisen, gehäufter auftreten [Ujeno 1978]. Gemessen an der Zahl der gesamten Krebsfälle ist jedoch höchstens ein geringer Bruchteil auf solche Hintergrundstrahlungen zurückzuführen. Die restlichen ca. 40% der Belastung des Menschen durch ionisierende Strahlung geht auf menschliche Aktivitäten zurück, z. B. Röntgenstrahlen in der Medizin und radioaktive Strahlung aus industrieller und militärischer Nutzung (Tabelle 1.3.1).

Tabelle 1.3.1. Durchschnittliche jährliche Strahlenbelastung des Menschen

Natürliche Strahlenbelastung:	**2,0 mSv/Jahr**
Kosmische Strahlung	≈0,3 mSv/Jahr
Terrestrische Strahlung	≈0,4 mSv/Jahr
Inkorporierte radioaktive Strahlung	≈1,0 mSv/Jahr
Nahrung	≈0,3 mSv/Jahr
Künstliche Strahlenbelastung:	**1,5 mSv/Jahr**
Röntgenstrahlung (medizinische Diagnostik)	≈1,5 mSv/Jahr
Strahlenquellen im Haushalt	<0,03 mSv/Jahr
Kerntechnische Anlagen	<0,01 mSv/Jahr
Gesamt	ca. 3,5 mSv/Jahr

Verschiedene Experimente an Zellkulturen konnten darüber hinaus zeigen, daß auch Mikrowellenstrahlung geringer Intensität (z. B. die Intensität, die bei Radar- und Mikrowellengeräten abgestrahlt wird) als Initiator der Kanzerogenese wirken kann [Balcer-Kunicek u. Harrison 1985]. Zusätzlich zu diesen Formen elektromagnetischer Strahlung ist eine zunehmende Zahl von Menschen Hochfrequenzen im Ultraschallbereich ausgesetzt. Vereinzelt gibt es experimentelle Belege aus Zellkulturstudien dafür, daß solche Ultraschallwellen bei Intensitäten, wie sie beispielsweise in der medizinischen Diagnostik durchaus üblich sind, in menschlichen Zellen Chromosomenschäden verursachen können [Liebeskind et al. 1979]. Diese Beobachtungen gaben Anlaß zu der Sorge, daß Ultraschall weniger harmlos sein könnte als bislang allgemein angenommen wird.

Es ist heute unzweifelhaft, daß zumindest hohe Dosierungen von Röntgen- oder ultravioletten Strahlen krebserregend sind bzw. sein können. Im folgenden wird daher auf die möglichen zellularen und molekularen Prozesse der Krebsinduktion, insbesondere durch ionisierende Strahlung, eingegangen.

1.3.2 Wirkungsmechanismen ionisierender Strahlen in der Zelle

Elektromagnetische Wellenstrahlungen (Röntgen- und γ-Strahlen) ebenso wie korpuskuläre Strahlung (α- und β-Strahlen) geben beim Eindringen in Zellen und Gewebe Energie ab. Somit kann die

Handbuch der Molekularen Medizin, Band 2
Tumorerkrankungen
Herausgeber: D. Ganten und K. Ruckpaul

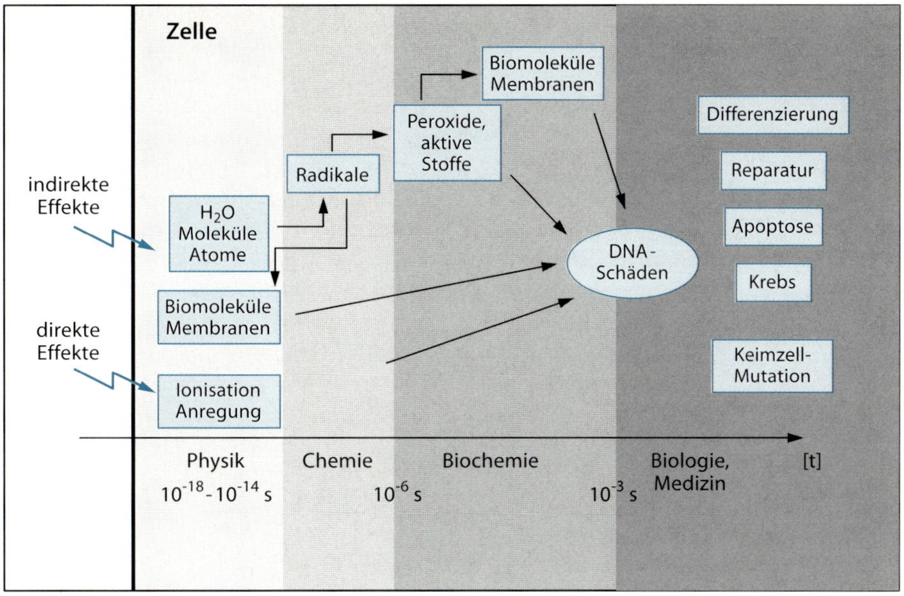

Abb. 1.3.1. Durch *direkte und indirekte Effekte* können Schäden im Genom gesetzt werden. Je nach Schadensart kann aus einer derart geschädigten Zelle eine Krebszelle entstehen. Mögliche andere Konsequenzen der DNA-Schadensausprägung auf zellularer bzw. organischer oder organismischer Ebene sind ebenfalls aufgeführt

Wirkung auf Bestandteile der Zelle direkt erfolgen, wenn die Strahlung unmittelbar auf ein Makromolekül, beispielsweise ein Chromosom, trifft. Durch diese *direkte Wirkung* können Schäden im Genom gesetzt werden. Je nach Schadensart kann aus einer derart geschädigten Zelle eine Krebszelle entstehen (Abb. 1.3.1). Mögliche andere Konsequenzen der DNA-Schadensausprägung auf zellularer bzw. organischer oder organismischer Ebene, auf die hier nicht weiter eingegangen werden soll, sind in Abb. 1.3.1 aufgeführt.

Die *indirekte Wirkung* ist eine Konsequenz aus der Radiolyse der Wassermoleküle und der Erzeugung von Hydroxylradikalen und Peroxiden, die ihrerseits mit Biomolekülen reagieren können. Die Interaktionen von Radikalen und Peroxiden mit Chromosomen bzw. der DNA selbst kann zu gleichartigen Schädigungen führen wie die direkte Wirkung der Strahlung, und zwar mit den gleichen Konsequenzen für die Zelle, das Organ oder den Organismus (Abb. 1.3.1).

Sowohl über die direkte als auch indirekte Wirkung haben ionisierende Strahlen drastische Effekte auf die Integrität des Genoms. Auf der Ebene der DNA können beispielsweise in Abhängigkeit von der Strahlendosis Einzel- oder Doppelstrangbrüche, kovalente Verknüpfungen zwischen Nukleotiden, sog. Cross-links, Basenverluste, strukturelle Veränderungen von Basen (z. B. Thymin) und von Desoxyriboseresten sowie DNA-Protein-Vernetzungen hervorgerufen werden, was massive Schäden im genetischen Material beinhaltet (Abb. 1.3.2). Diese DNA-Schäden können, wenn sie nicht ordnungsgemäß repariert werden, die Physiologie einer Zelle massiv stören und molekularbiologische Prozesse der Tumorzellinitiation in Gang setzen.

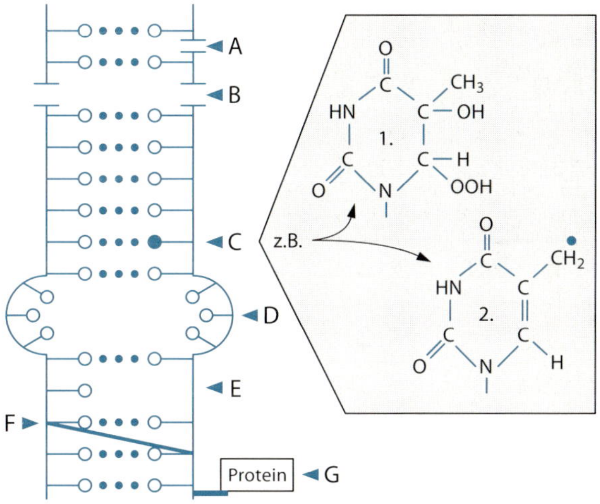

Abb. 1.3.2. Schematische Übersicht der DNA-Veränderungen nach Einwirkung ionisierender Strahlung, *A* Einzelstrangbrüche (ESB) einschließlich alkalilabiler Läsionen, *B* Doppelstrangbrüche, *C* Thyminbasenveränderungen: *1.* 5-Hydroxy-6-Hydroperoxythymin, *2.* H-Abstraktion an der CH_3-Gruppe, *D* denaturierte Bereiche, *E* Basenverlust, *F* intramolekulare Vernetzung, *G* DNA-Protein-Vernetzungen

1.3.3 Ionisierende Strahlung und Krebs

Nach Entdeckung der Röntgenstrahlen 1895 traten bereits wenige Jahre später bei Personen, die mit Röntgenstrahlung in Berührung gekommen waren, Krebserkrankungen auf. Beispielsweise gab es einen Mann, der mit der Herstellung von Röhren zur Erzeugung von Röntgenstrahlen beschäftigt gewesen war und einige Jahre später an Krebs erkrankte. Wie sich herausstellte, ging der Krebs von seinem Handrücken aus. Ursache dafür war, daß der Mann, um die neue Röhre zu testen, gewohnheitsmäßig die Röntgenstrahlen auf seine Hand projizierte. Etwa um das Jahr 1908 hatte man Krebs auch bei Tieren durch Röntgenstrahlen experimentell induzieren können [Ackerknecht 1972]. Seitdem gibt es eindeutige Beweise dafür, daß Röntgenstrahlen Krebs erzeugen können und das Krebsrisiko proportional mit der Strahlendosis zunimmt.

Die radiogene Induktion von Tumoren, ob benigner oder maligner Art, wird nach gegenwärtiger Kenntnislage als eine Wahrscheinlichkeitsfunktion der verabreichten Dosis gesehen. Dies ist i. allg. als der stochastische Effekt der Strahlung bekannt. Bei der *stochastischen Wirkungsweise* (Abb. 1.3.3) ist also die Wahrscheinlichkeit des Auftretens eines Effekts von der Dosis abhängig und somit eine Funktion derselben. Dies bedeutet, daß mit einer erhöhten Strahlendosis eine erhöhte Wahrscheinlichkeit der Krebsinduktion oder Mutationsauslösung gegeben ist. Es handelt sich hierbei um Entweder-oder-Ereignisse. Entweder tritt eine Mutation auf oder nicht. Die Wahrscheinlichkeit des Auftretens von stochastischen Wirkungen der Strahlung unterliegt somit den Gesetzen der Wahrscheinlichkeitstheorie. Die derzeit vorhandenen strahlen- und molekularbiologischen Daten deuten darauf hin, daß sehr wahrscheinlich kein Schwellenwert für die Strahlendosis bezüglich der Krebsinduktion existiert. Dies bedeutet, daß sogar geringste Strahlendosen das theoretische Potential zur Krebsinduktion besitzen. Jede Bestrahlung kann einen Effekt hervorrufen, wobei für kleine Dosen die Wahrscheinlichkeit seines Auftretens gering, aber nicht gleich Null wird.

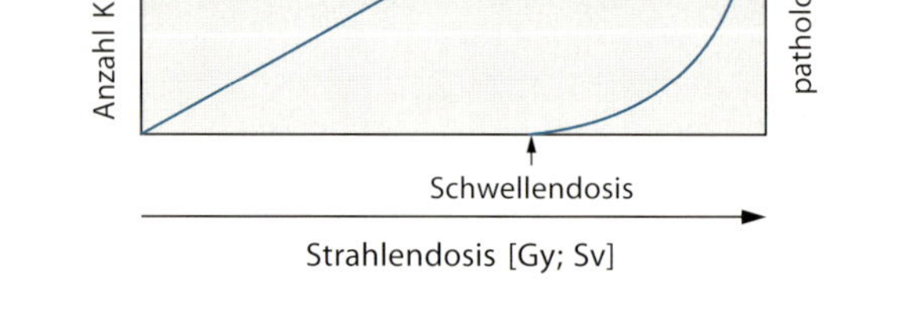

Abb. 1.3.3. Stochastische und deterministische Wirkungsweise ionisierender Strahlung

Im Gegensatz dazu ist bei der *deterministischen Wirkungsweise* das Ausmaß, d. h. die Schwere, des Schadens von der Dosis abhängig (Abb. 1.3.3). Es existiert eine Schwellendosis, unter der pathologisch keine Wirkung zu verzeichnen ist. So tritt nach Bestrahlung der Haut beispielsweise eine Rötung erst nach einer bestimmten Dosis auf. In Abhängigkeit von der Dosis verstärkt sich die Strahlenwirkung (Abb. 1.3.3). Früh- und Spätschäden an Organen und Geweben (ausgenommen die Krebsinduktion) und das akute Strahlensyndrom beruhen somit auf nicht-stochastischen, deterministischen Prozessen.

Es gibt keinen eigentlichen Strahlenkrebs. Strahleninduzierter Krebs läßt sich nicht von den durch andere Faktoren induzierten Tumoren unterscheiden. D. h., ist ein strahleninduzierter Tumor vorhanden, kann er klinisch und pathologisch nicht mehr von Tumoren mit anderen Ätiologien unterschieden werden. Sieht man von den experimentellen Möglichkeiten des Nachweises der Tumorzellinduktion durch ionisierende Strahlung z. B. an menschlichen Zellkulturen ab, kann für den Organismus Mensch eine Korrelation der Krebsentstehung mit exogenen Induktoren wie Umweltstrahlung nur über epidemiologische Studien erbracht werden. Für statistische Erhebungen über die Induktion eines Krebses durch Strahlung an Ganzkörper-exponierte Bevölkerungsgruppen ist es allerdings erforderlich, zum Vergleich gleichartige, nicht exponierte Kontrollgruppen für die Beurteilung zur Verfügung zu haben. Ist dies nicht möglich, können die direkten Zusammenhänge nur über die Dosisabhängigkeit der Krebsinzidenz abgeleitet werden.

Bei einer lokalen Strahlenexposition wird der kausale Zusammenhang deutlicher. So wurde bereits 1902 – wie schon oben erwähnt – der 1. Hautkrebs beschrieben, der sich nach einer Röntgendermatitis entwickelte [Ackerknecht 1972]. Eine lokale chronische Strahlenschädigung kann zu einer Entzündung der Haut und zu Geschwüren führen, die letztlich in ein Karzinom übergehen

Tabelle 1.3.2. Geschätztes relatives Risiko der strahleninduzierten Krebssterblichkeit von Überlebenden der Atombomben von Hiroshima und Nagasaki, nach Shimuzu et al. [1991]

Tumor/Gewebe	Relatives Risiko
Leukämie	6,21
Multiples Myelom	3,29
Ovar	2,33
Urogenitaltrakt	2,27
Weibliche Brust	2,19
Kolon	1,85
Lunge	1,63
Ösophagus	1,58
Magen	1,27
Alle Karzinome (ausgenommen Leukämie)	1,41

können. Diese Röntgenkarzinome waren in den Anfängen der Radiologie und Röntgenphysik vorzugsweise bei Radiologen, Physikern und Technikern zu finden und stellten eine Berufskrankheit dar.

Nicht nur die Haut, sondern praktisch alle Organe des Menschen können nach lokaler und Ganzkörperbestrahlung maligne entarten. Durch die oft lange Latenzzeit strahleninduzierter Tumoren wurde lange Zeit übersehen, daß auch kleine Strahlendosen zu Krebs führen können. Obwohl viele Typen menschlicher Tumoren durch Strahlung induziert werden können, haben verschiedene Gewebe eine sehr unterschiedliche Häufigkeit, strahleninduziert Tumoren zu bilden. Dies konnte beispielsweise aufgrund von statistischen Erhebungen an den Überlebenden der Hiroshima- und Nagasaki-Atombomben ermittelt werden [Preston et al. 1994, Shimizu et al. 1991]. Ausgedehnte statistische Studien zum geschätzten relativen Risiko der strahleninduzierten Krebssterblichkeit konnten zeigen, daß nach Ganzkörperexposition insbesondere für die Leukämie ein relativ hohes Risiko besteht, gefolgt vom multiplen Myelom und anderen Tumoren (Tabelle 1.3.2).

Für die Induktion eines spezifischen Krebses spielen auch die Art und Weise der Kontamination eine entscheidende Rolle. Durch die Freisetzung hoher Mengen an radioaktivem Jod bei der Reaktorkatastrophe in Tschernobyl ist, wie in den letzten Jahren festgestellt wurde, Schilddrüsenkrebs bei Kindern in Weißrußland die bei weitem häufigste induzierte Krebsform. Generell gelten das Knochenmark, die weibliche Brust, die Speicheldrüsen und die Schilddrüse als die im Sinn einer Krebsinduktion strahlengefährdetsten Risikoorgane. Im Gegensatz dazu ist z. B. für die Muskulatur, Gallenblase, Magen und Prostata das Risiko, einen strahleninduzierten Krebs zu entwickeln, extrem gering.

1.3.4 Molekulare und zellulare Aspekte des strahleninduzierten Krebses

Sowohl von seiten der Grundlagenforschung als auch der präklinischen und klinischen Forschung wurden und werden sehr große Anstrengungen unternommen, die Mechanismen der strahleninduzierten Onkogenese zu erarbeiten. Derzeit stehen wir jedoch noch am Anfang eines sich sehr schnell fortbewegenden und komplexen Wissenschaftsgebiets. Aufgrund der modernen Techniken der Molekularbiologie und -genetik ist es möglich geworden, verschiedene Einblicke in die Induktionsprozesse der Krebsentstehung zu erhalten.

Veränderungen in der Abfolge der genetischen Information, entweder durch Basenverlust oder Substitution sowie durch DNA-Verlust oder -Addition, können zu Veränderungen der genetischen Stabilität führen und damit eine Mutation repräsentieren, die sich beispielsweise in einem Funktionsverlust des entsprechenden Genprodukts manifestiert. Nicht alle Abnormitäten und Veränderungen der DNA resultieren jedoch in Mutationen, da die Zelle sehr effiziente Reparaturmechanismen besitzt, um DNA-Schäden zu beseitigen. Darüber hinaus kodiert nicht die gesamte DNA für aktive und funktionelle Proteine. Aufgrund dieser Tatsache können Schäden in einer bestimmten DNA-Region massive genetische Veränderungen und Konsequenzen für die zellulare Funktionsweise nach sich ziehen, während Schäden in anderen Bereichen einen geringen oder gar keinen Effekt auf die Funktionsweise und die genetische Stabilität der Zelle haben.

Obwohl durch Strahlung verschiedene zellulare Funktionen (z. B. Membranstabilität) verändert werden können, ist die DNA das empfindlichste Ziel derselben. Die durch Strahlung induzierten Mutationen und Schäden auf der DNA können die primäre Ursache für einen onkogenen Prozeß darstellen. Die strahleninduzierte Mutation kann vielfältig an der Krebsentstehung beteiligt sein. Für die Kontrolle der normalen Zellproliferation und Differenzierung ist das Genom der Zelle mit verschiedenen positiven und negativen Regulatoren ausgestattet, die als Protoonkogene oder Tumorsuppressorgene bekannt sind. Beispiele hierfür sind die Protoonkogene c-fos, c-jun und c-myc oder das Tumorsuppressorgen p53. Die Proteinprodukte dieser Gene sind Transkriptionsfaktoren, die durch exogen auf die Zelle einwirkende Agenzien, wie z. B. Wachstumsfaktoren, Differenzierungsinduktoren und auch Strahlung, aktiviert werden können. Als Transkriptionsfaktoren regulieren sie in der Folge durch eine Stimulation spezifischer Zielgene die zellulare Reaktion auf den exogenen Reiz, z. B. Zellproliferation, Differenzierung oder Zellzyklusarrest. Daneben gibt es andere Protoonkogene wie z. B. das ras-Gen, dessen Genprodukt das sog. G-Protein ist. Das G-Protein ist als membranständige GTPase in der intrazellularen Signaltransduktion der Proliferationskontrolle entscheidend beteiligt.

Bislang sind ca. 60 Protoonkogene entdeckt worden, von denen sich jedes zu einem Onkogen verändern kann und bei bestimmten Arten von Krebs eine wichtige Rolle spielt. Da alle Protoonkogene bzw. die Proteinprodukte dieser Gene eine wesentliche Funktion in der Regulation des Zellwachstums und der Differenzierung von Zellen haben, bedeuten sie, wenn sie, z. B. durch eine Mutation, verändert worden sind, eine Gefährdung, da in diesem Fall die normale Regulation der Proliferations- oder Differenzierungskontrolle ausfällt und die betroffene Zelle entarten kann. Aufgrund der durch Protoonkogene kodierten Proteine und deren Funktion können 5 Klassen von Protoonkogenen unterschieden werden (Tabelle 1.3.3):

- Wachstumsfaktoren
- Wachstumsfaktorrezeptoren
- Intrazellulare Signaltransduktionskomponenten
- Nukleäre Transkriptionsfaktoren
- Zellzykluskontrollproteine

Alle diese Proteine dienen normalerweise in komplizierten Übertragungsketten der Weiterleitung von Signalen, die bei Bedarf Zellteilungen, Differenzierungen oder den Zelltod einleiten. Durch Mutation können sie sich so verändern, daß sie diese Signale auch dann aussenden, wenn sie nicht benötigt werden. Das Protoonkogen für den Rezeptor des EGF (epidermaler Wachstumsfaktor), das c-erbB-Gen, kann beispielsweise durch Mutation zu einem Onkogen werden, dessen Genprodukt die extrazellulare, EGF-bindende Domäne fehlt. Dies bewirkt, daß dieses veränderte Genprodukt in der Zelle ständig ein Wachstumssignal erzeugt, auch wenn kein EGF vorhanden ist. In ähnlicher Weise kann durch eine Punktmutation im ras-Gen ein G-Protein entstehen, welches sein gebundenes GTP nicht mehr hydrolysieren kann und somit fälschlicherweise ständig aktiv bleibt. Dadurch wird der Zelle Vermehrung signalisiert, obwohl dies aufgrund der gegebenen physiologischen Situation nicht notwendig ist.

Tabelle 1.3.3. Die Klassen von Protoonkogenen und Onkogenen (ausgewählte Beispiele), dargestellt sind die Funktion des Proteins und der Tumortyp, wenn das Protoonkogen zum Onkogen verändert ist

Protoonkogen/Onkogen	Protein	Lokalisation	Tumor
Klasse I: Wachstumsfaktor			
sis	PDGF	Extrazellular	Sarkom
Klasse II: Rezeptor			
erbB	EGF-Rezeptor	Plasmamembran	Erythroblastose
neu (erbB2)	EGF-Rezeptor-ähnlich	Plasmamembran	Neuroblastom
Klasse III: Intrazellulare Transduktionskomponenten			
1. Proteintyrosinkinasen			
src	Kinase	Zytoplasma	Sarkom
abl	Kinase	Zytoplasma	Chronisch-myeloische Leukämie
2. Protein-Serin-Threonin-Kinase			
mos	Kinase	Zytoplasma	Sarkom
3. G-Proteine			
ras	GTPase	Plasmamembran	Neuroblastom/Leukämie
Klasse IV: Transkriptionsfaktoren			
jun	Transkriptionsfaktor AP-1	Kern	Sarkom
fos	Transkriptionsfaktor AP-1	Kern	Osteosarkom
myc	Transkriptionsfaktor	Kern	Neuroblastom
Klasse V: Zellzyklusregulatoren			
RB	Tumorsuppressor	Kern	Retinoblastom/Osteosarkom
p53	Tumorsuppressor	Kern	In >50% aller menschlichen Tumoren

Prinzipiell können Protoonkogene über 3 Grundtypen der genetischen Veränderung zu Onkogenen werden. Das Gen kann durch eine Punktmutation bzw. Deletion, durch Chromosomentranslokation oder aber durch die Integration eines beweglichen genetischen Elements (z. B. retrovirales Genom) verändert werden. Diese Änderung der genetischen Information kann den Protein-kodierenden Bereich betreffen, in dessen Folge ein überaktives Protein entsteht (z. B. beim c-erbB-Gen), oder die Veränderung kann sich in den Kontrollregionen des Gens abspielen und so zu einer Überexpression des Proteinprodukts führen (z. B. beim c-myc-Onkogen). Eine Überexpression eines Proteinprodukts kann aber auch durch eine Amplifikation des Gens zustande kommen, d. h. es liegen dann viele Kopien des gleichen Gens vor.

Diese Beispiele zeigen, wie durch genetische Veränderungen eine Überaktivierung des entsprechenden Genprodukts erreicht wird, in dessen Folge die Zelle ständig den Zellteilungszyklus durchläuft und sich teilt, anstatt zur Ruhe zu kommen und sich in der G_1- oder G_0-Phase zu arretieren. Durch Inaktivierung eines Protoonkogens, wie z. B. im Fall der Tumorsuppressorgene RB und p53 (Tabelle 1.3.3), wird die negative Wachstumskontrollfunktion des Genprodukts eliminiert und die Zelle so in einem unkontrollierten Wachstumszustand gehalten, auch wenn die Bedingungen nicht optimal für ein Zellwachstum sind. Wie weiter unten ausgeführt, vermittelt das p53-Protein einen G_1-Phase-Arrest, um z. B. der Zelle Zeit zu geben, vorhandene DNA-Schäden zu reparieren. Der Ausfall der spezifischen Funktion des p53-Proteins in der Kontrolle der Zellzyklusprogression kann somit zu einer weiteren Schadensakkumulation in der DNA und zur Verstärkung dieser Schäden im Zug des unkontrollierten Wachstums führen. Hierbei kommt es häufig zu Chromosomenbrüchen und falschem Zusammenfügen gebrochener Chromosomen. Dadurch entsteht ein sehr instabiler Karyotyp; es kann zu Verdoppelungen von Genen und in weiteren Zellteilungszyklen zur Genamplifikation kommen, wie es beispielsweise für das myc-Gen (s. oben) oder für das Multi-drug-resistance-Gen MDR1 in Tumorzellen beschrieben ist. Mutationen des p53-Gens sind bei Krebserkrankungen des Menschen der häufigste genetische Schaden; man findet sie in weit über 50% aller menschlichen Tumoren.

Neben der Aktivierung von Protoonkogenen zu Onkogenen oder der Inaktivierung von Tumorsuppressorgenen können aber auch Mutationen, die die Reparaturgene selbst betreffen (z. B. bei Xeroderma pigmentosum) entstehen. Dadurch wird der Zelle die Möglichkeit genommen, DNA-Schäden in der erforderlichen Weise zu erkennen und zu reparieren. Diese Schäden können dann die Onkogenese in Gang setzen.

Viele zell- und molekularbiologische Studien erbrachten den Nachweis, daß Tumoren monoklonalen Ursprungs sind, d. h. sie stammen von einer einzelnen veränderten Zelle ab. Die tatsächlichen molekulargenetischen Veränderungen, die in eine Onkogenese münden, beinhalten nach Vogelstein u. Kinzler [1993] verschiedene Stufen der Entwicklung. Im Fall des menschlichen Kolonkarzinoms (Abb. 1.3.4) sind mehrere Mutationen erforderlich (APC-Gen, K-ras-Gen), um zunächst benigne Veränderungen des Zellwachstums im Sinn eines Transformationsereignisses zu verursachen. Weitere Mutationen, z. B. der Verlust des Tumorsuppressorgens p53, verändern die transformierte Zelle in eine maligne Krebszelle, die durch weitere

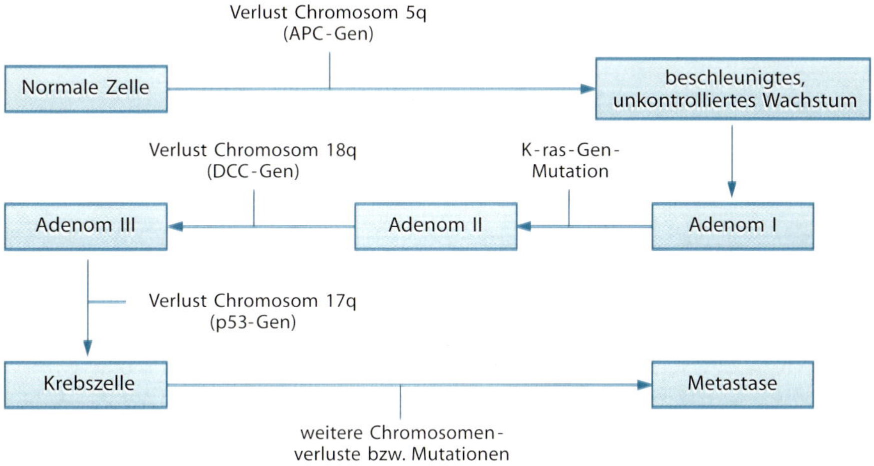

Abb. 1.3.4. Mehrstufenmodell der Krebsinduktion, *APC* Adenomatöse Polyposis coli, Tumorsuppressorgen, *K-ras* G-Protein, Onkogen, *DCC* deleted in colon carcinoma, Tumorsuppressorgen, *p53* Tumorsuppressorgen

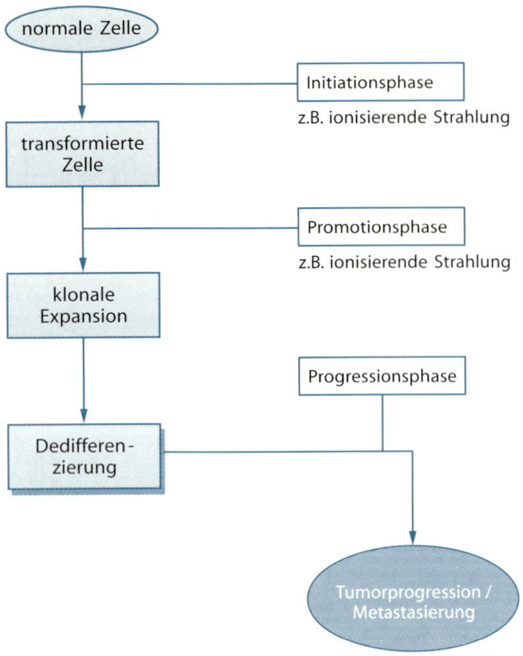

Abb. 1.3.5. 3-Stufen-Modell der Onkogenese

mutative Ereignisse dann die Fähigkeit zur metastasierenden malignen Krebszelle erhält (Abb. 1.3.4). Zusammengefaßt bedeutet dies, daß Tumoren durch eine Kombination von Ereignissen induziert werden können, die die Veränderung von positiven Zellregulationssignalen über die Aktivierung von Protoonkogenen zu Onkogenen (z. B. K-ras) und den Verlust von negativen Zellregulationssignalen z. B. durch die Mutation oder den Verlust von Tumorsuppressorgeneigenschaften (z. B. p53) verursachen.

Bezüglich des zellularen Geschehens kann die Onkogenese in einen 3-Stufen-Prozeß unterteilt werden:

- Phase der Initiation
- Phase der Promotion
- Phase der Progression

Diese 3 Phasen der Onkogenese (Abb. 1.3.5) können für die einzelnen Tumoren jedoch sehr unterschiedlich ausfallen. Es wird vermutet, daß die Initiationsphase beispielsweise durch Strahlung oder durch andere Kanzerogene induziert werden kann. Die Mutationen oder Schädigungen einer spezifischen Zelle könnten z. B. Protoonkogene zu Onkogenen aktivieren oder Tumorsuppressorgene inaktivieren (s. oben). So kann ein gegebener Tumor durch verschiedene Möglichkeiten initialer Ereignisse verursacht werden. Aufgrund experimenteller Daten besteht ein weitgehender Konsens darüber, daß speziell durch Mutationen von Tumorsuppressorgenen die Initiationsphase der Onkogenese eingeleitet werden kann.

Die Tumorpromotion findet nach dem Initiationsereignis in der Zielzelle statt. Es kommt durch eine klonale Expansion zur Vermehrung der primär veränderten Zelle. Hierbei können verschiedene Agenzien als Tumorpromotoren fungieren. Tumorpromovierende Agenzien haben oft selbst ein sehr niedriges onkogenes Potential, können aber die Inzidenz von Neoplasmen signifikant steigern, wenn sie direkt auf die initial veränderten Zellen wirken. Verschiedene Tumorpromotoren können freie Radikale induzieren und somit zu einer weiteren direkten DNA-Schädigung führen. Die Phase der Initiation und Promotion erlaubt somit über die klonale Expansion die Vermehrung von Zellen aus dem präneoplastischen Stadium in eine Phase, in der die maligne Transition ermöglicht werden kann.

Durch ionisierende Strahlung kann normales Zellgewebe verändert bzw. geschädigt werden. Je nach Gewebetyp und Strahlendosis ist die Zellschädigung im Sinn des strahleninduzierten Zelltods unterschiedlich ausgeprägt. Ist das Gewebe substantiell sehr stark geschädigt, setzen zellulare Prozesse ein, in deren Folge über eine komplexe interzellular wirkende Zytokinkaskade eine zur Repopulierung des geschädigten Gewebes erforderliche Zahl von Zellteilungsrunden eingeleitet wird. Durch diese Proliferationssignale können allerdings auch die durch das initiale Schadensereignis möglicherweise induzierten transformierten Zellen in ihrer Proliferation stimuliert werden. Somit könnte Strahlung theoretisch als ein Tumorpromotor fungieren. Die Progression von Neoplasmen ist durch weitere Schritte gekennzeichnet, die letztendlich in der Metastasierung enden. Diese zellbiologischen und molekulargenetischen Schritte sind jedoch weitaus komplexer und weniger verstanden, als die Phasen der Tumorinitiation und -promotion.

Die Tatsache, daß chromosomale Rearrangements in verschiedenen Tumoren festgestellt wurden, wirft die Frage auf, ob alle Chromosomen- bzw. DNA-Bereiche in gleicher Weise durch Brüche und Deletionen betroffen sein können. Es ist bekannt, daß es spezifische Stellen chromosomaler Instabilität gibt. Dies konnte durch Experimente über die Induktion von Chromosomenbrüchen durch spezifische Chemikalien eindeutig nachgewiesen werden. Bislang ist jedoch noch nicht geklärt, inwiefern diese spezifischen Chromosomen- bzw. DNA-Bereiche auch präferentiell durch ionisierende Strahlung geschädigt werden können und somit die Initiation und/oder die Promotionsphase der Onkogenese vermittelt werden kann.

Strahleninduzierte, maligne Zelltransformationen sind bislang überwiegend für normale Nagerzellen (Fibroblasten der Ratte und Maus) gezeigt worden. Mausfibroblasten beispielsweise können sehr leicht durch ionisierende Strahlung transformiert werden. Hierbei korreliert die Bildung der transformierten Zellfoci in direkter Weise mit der applizierten Strahlendosis [Reinhold et al. 1996]. Die aus diesen Foci isolierten Zellen sind im Gegensatz zu ihren Parentalzellen hochtumorigen. Untersuchungen über die möglichen molekularen Mechanismen der strahleninduzierten Transformation normaler Zellen in einen malignen Zelltyp wurden kürzlich von Belinsky et al. [1996] veröffentlicht. In diesen Studien wurde eine Analyse der K-ras- und p53-Gene und der durch diese Gene gesteuerten Signaltransduktionswege in Röntgenstrahlen-induzierten Lungentumoren der Ratte durchgeführt. Obwohl vereinzelt in den verschiedenen Tumoren (Plattenepithelkarzinome und Adenokarzinome) Mutationen für K-ras und p53 gefunden werden konnten, lassen diese Ergebnisse jedoch keine eindeutigen Rückschlüsse auf eine bedeutsame Rolle von K-ras- und/oder p53-Mutationen bei der Genese von strahleninduzierten Lungentumoren der Ratte zu. Möglicherweise bietet jedoch das Nagersystem – weder im Tiermodell noch in der In-vitro-Zellkultur – ideale Voraussetzungen, um die molekularen Ereignisse der malignen Zelltransformation zu erhellen.

Im Gegensatz zum System von Nagerzellen gibt es derzeit von experimenteller Seite relativ wenige Daten zur Induktion eines neoplastischen, tumorigenen Stadiums von normalen, nicht immortalisierten menschlichen Zellen durch ionisierende Strahlung. Verschiedene Autoren berichteten über eine strahleninduzierte Transformation von immortalisierten menschlichen Zellen. So konnten beispielsweise von Hei et al. [1994] humane bronchiale Epithelzellen, die durch virale Antigene immortalisiert worden waren, durch eine 1malige Exposition gegenüber α-Partikeln in den malignen Zustand transformiert werden. Desgleichen konnte von Thraves et al. [1990, 1994] gezeigt werden, daß menschliche Keratinozyten – immortalisiert durch eine Kombination verschiedener DNA-Tumorvirusantigene – durch mindestens 2 oder mehrere Expositionen gegenüber γ-Strahlung bzw. durch eine Neutronenbestrahlung transformiert wurden. Riches et al. [1994] konnten durch eine Einzeldosis γ-Strahlung eine maligne Transformation SV40-Virus-immortalisierter menschlicher Schilddrüsenzellen erzeugen. Die ersten Ergebnisse zur strahleninduzierten Transformation von nicht immortalisierten menschlichen Zellen wurden von Wazer et al. [1994] berichtet. In diesen Experimenten wurde eine humane Brustdrüsenzellkultur durch wiederholte Expositionen gegenüber ionisierender Strahlung in den malignen Zustand transformiert. Diese Studie war bis dato die erste, in der eine strahleninduzierte Transformation einer normalen, nicht immortalisierten menschlichen Zelle beschrieben werden konnte. Allerdings konnte durch entsprechende zellbiologische Experimente gezeigt werden, daß durch die wiederholte Bestrahlung der Gesamtpopulation nur eine einzige transformierte Zelle induziert werden konnte, die sich über die klonale Expansion zu einer tumorigenen Zellpopulation veränderte.

Neueste Arbeiten von Kuettel et al. [1996] und Reinhold et al. [1996] berichten über die reproduzierbare maligne Transformation von menschlichen Prostataepithelzellen [Kuettel et al. 1996] bzw. menschlichen Fibroblasten [Reinhold et al. 1996] nach multipler Bestrahlung mit Röntgenstrahlen. Für die Transformation der menschlichen Prostatazellen war eine akkumulierte Gesamtdosis von 30 Gy erforderlich, um die Progression von normalen Zellen über den immortalen Wachstumszustand in vom Substrat unabhängig wachsende (anchorage-independent) Zellen zu vermitteln. Diese entwickelten sich weiter in tumorigene Zellen, die in athymischen Mäusen Tumoren bildeten. Die histologische Analyse dieser Tumoren ergab das Bild schwach differenzierter Adenokarzinome, die noch ein Prostata-spezifisches Antigen exprimierten und Keratin-positiv waren. In den bestrahlten Zellkulturen konnte nach Karyotypanalysen eine Vielzahl von chromosomalen Defekten beobachtet werden, während die aus diesen Zellen entstandenen Tumoren ein sehr einheitliches Bild mit überwiegend Translokationen des Chromosoms 3 und 8 ergaben. Mit Hilfe molekularbiologischer Techniken konnte in dieser Studie keine strahleninduzierte Mutation für das p53-Gen bzw. die ras-Gene festgestellt werden.

Im Gegensatz zu der gerade beschriebenen Studie von Kuettel et al. [1996] scheint die Arbeit von Reinhold et al. [1996] über die Transformation menschlicher Fibroblasten durch Strahlung darauf hinzudeuten, daß die 1malige Bestrahlung dieser Zellen mit einer Dosis von 4,35 Gy (Dosisrate 3,82 Gy/min) einen Expressionsverlust des Tumorsuppressorgens p53 bedingt und damit die Initiation des malignen Transformationsprozesses gege-

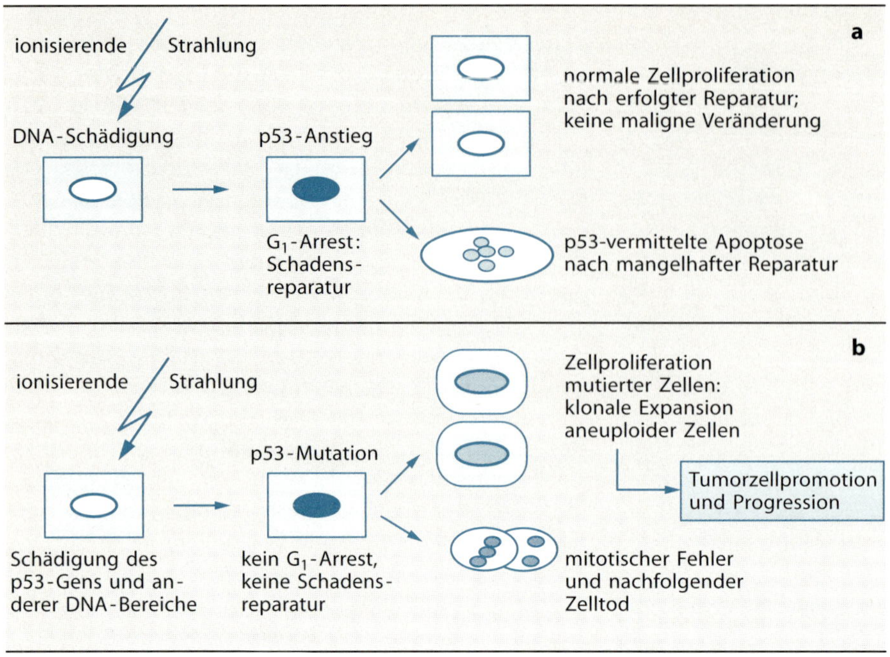

Abb. 1.3.6 a, b. Möglicher Mechanismus der Induktion von Tumorzellen durch ionisierende Strahlung, **a** normale zellulare Reaktionen, **b** Tumorinduktion

ben ist. Der Verlust der p53-Expression ist in diesen Studien aber nicht ursächlich mit der Tumorigenität gekoppelt. Etwa 50% der durch die Bestrahlung induzierten fokalen und monoklonalen Zellpopulationen induzierten in athymischen Mäusen Sarkome mit kurzer Latenzzeit.

Aus den dargestellten Ergebnissen kann ein möglicher Mechanismus der strahleninduzierten Transformation normaler menschlicher Fibroblasten in tumorigene, sarkombildende Zellen postuliert werden. Wird die DNA einer Zelle durch ionisierende Strahlung geschädigt, bestehen je nach Schadensausprägung und Qualität unterschiedliche Reaktionsmöglichkeiten (Abb. 1.3.6). Aufgrund vielzähliger molekularbiologischer Ergebnisse ist bekannt, daß sofort nach der Bestrahlung von Zellen eine Stimulation der p53-Aktivität zu verzeichnen ist [Lane 1993, Xin u. Lane 1993]. Das Protein p53 vermittelt als Tumorsuppressorgen einen Zellzyklusarrest in der G_1-Phase und gleichzeitig eine Aktivierung der Reparaturmechanismen. Läuft die Reparatur korrekt ab, d. h. werden alle DNA-Schäden beseitigt, wird das p53-Protein nach beendeter Reparatur inaktiviert und die Zelle in den Zellzyklus, d. h. DNA-Synthesephase, G_2-Phase und nächste Mitose, entlassen und die normale Zellproliferation fortgesetzt. Ist der DNA-Schaden nicht oder nur unvollständig repariert worden, wird, vermittelt durch das p53-Genprodukt, die Apoptose, d. h. der programmierte Zelltod, über die Aktivierung spezifischer Zielgene eingeleitet. Dadurch wird verhindert, daß eine Zelle mit geschädigter DNA proliferiert und so die gesetzte(n) Mutation(en) über eine klonale Expansion manifest werden können (Abb. 1.3.6a).

Wird durch die ionisierende Strahlung in einem initialen Schritt eine Mutation im p53-Gen gesetzt, kann dies zum Verlust der Expression des funktionellen p53-Proteins führen. Bedingt durch den Funktionsverlust des p53-Genprodukts ist dessen Rolle als Wächter des Genoms nicht mehr gegeben und die Regulation des Zellzyklusgeschehens verlorengegangen [Lane 1993]. Dies bedingt, daß die Zelle den p53-vermittelten G_1-Arrest und die damit gekoppelte DNA-Schadensreparatur nicht ausbilden kann, sondern im Zellzyklus fortläuft und die nachfolgende Mitose einleitet. Die auf die Bestrahlung folgenden Mitosen von Zellen mit nicht oder nur unvollständig reparierten DNA-Schäden können zu chromosomalen Imbalancen bzw. aneuploiden Zellen führen und die Promotion und Progression der durch die Bestrahlung initiierten Zellen in tumorigene Zellen vermitteln. Die zweite Möglichkeit ist, daß die Zelle, je nach dem Schweregrad der durch die Strahlung neben der p53-Mutation induzierten chromosomalen Schädigungen, die nachfolgende Mitose nicht regelgerecht durchlaufen kann und abstirbt.

Dieser postulierte Mechanismus wird durch die Ergebnisse von Reinhold et al. [1996] bestätigt. In der zitierten Studie korrelierte die maligne Transformation der menschlichen Fibroblasten mit dem

Verlust jeweils einer Kopie der Chromosomen 6, 14 und 17 sowie mit einem Teilverlust des Chromosoms 6 in mehreren getesteten Zellpopulationen. Kohärent mit dieser Interpretation ist auch der Befund, daß durch die Bestrahlung in einer menschlichen Fibroblastenkultur eine p53-Mutation induziert wurde, die nicht zu einem Verlust des Gesamtproteins, aber zu einem abnormal großen Protein mit einem Molekulargewicht von ca. 49000 geführt hat. Obwohl mutiert, ist dieses Protein noch in gewisser Weise funktionsfähig. Die mit dieser Mutation behaftete Zellpopulation erwies sich als nichttumorigen [Reinhold et al. 1996].

Die Rolle von strahleninduzierten p53-Mutationen bei der Entstehung von Schilddrüsenkrebs wird in jüngster Zeit auch durch Untersuchungen von Kindern in Weißrußland, die als Folge der Reaktorkatastrophe in Tschernobyl Schilddrüsenkrebs entwickelten, untermauert [Hillebrandt et al. 1996]. Vor der Reaktorkatastrophe war die Rate an kindlichen Schilddrüsentumoren in Weißrußland äußerst gering (ca. 1–2 neue Krebsfälle/Jahr). Nach dem Reaktorunfall stieg die Rate bis 1991 auf ca. 50 Fälle/Jahr an. In einer detaillierten Studie konnten Hillebrandt et al. [1996] bei 26 Kindern mit Schilddrüsenkrebs aus unterschiedlichen Regionen Weißrußlands mit starker radioaktiver Verseuchung Mutationen im p53-Gen nachweisen. Diese Befunde unterstützen die Vorstellung, daß das p53-Gen eine entscheidende Rolle bei der Entwicklung von strahleninduzierten Tumoren spielt.

Die gerade beschriebenen In-vitro-Experimente und Mutationsanalysen bei Kindern mit Schilddrüsenkrebs geben aus strahlenbiologischer Sicht erste Hinweise für das molekulare Szenario der durch ionisierende Strahlung induzierten Initiation, Promotion und Progression von Tumorzellen aus einer normalen Parentalzelle. Eine detaillierte Analyse der einzelnen Teilschritte der strahleninduzierten Onkogenese ist jedoch erforderlich, um das bislang mangelhafte Verständnis über die molekularbiologischen und molekulargenetischen Mechanismen der durch Strahlung induzierten zellularen Prozesse zu verbessern.

1.3.5 Ultraviolettes Licht und Krebs

Ohne Sonnenlicht ist kein Leben auf der Erde möglich; gleichzeitig bedroht Sonnenlicht jedoch das Leben, da die ultravioletten (UV) Anteile schwere DNA-Schäden verursachen, die zu Hautkrebs führen können. Seit ca. 100 Jahren weiß man, daß Sonnenlicht Hautkrebs hervorrufen kann. Hautkrebserkrankungen treten am häufigsten bei Menschen auf, die sich über viele Jahre einen großen Teil des Tags in der Sonne aufhalten, insbesondere in tropischen Breitengraden, wo das Sonnenlicht am intensivsten ist. Hautkrebs entsteht v. a. in Körperbereichen, die dem UV-Licht der Sonne am stärksten ausgesetzt sind, so im Gesicht, am Nacken, an den Unterarmen und an den Handrücken, während er an Stellen, die normalerweise von Kleidung bedeckt sind, sehr selten auftritt. Der in jüngster Zeit zu beobachtende Anstieg der Hautkrebserkrankungen gerade in diesen normalerweise durch Kleidung bedeckten Körperregionen ist der wachsenden Beliebtheit des Sonnenbadens und der Benutzung von Bräunungsstudios oder Solarien zuzuschreiben. Auch für die stetige Zunahme der Hautkrebshäufigkeit insgesamt ist das Sonnenbaden verantwortlich. So hat sich in Dänemark, wo seit vielen Jahrzehnten ein sorgfältiges Krebsregister geführt wird, die Häufigkeit an Hautkrebs zu erkranken, seit 1945 nahezu verdoppelt [Clemmesen 1977].

Die Kausalität des Zusammenhangs von UV-Licht und Hautkrebs ist bei Menschen, die an der seltenen Krankheit Xeroderma pigmentosum (XP) leiden, offenkundig. Schon die geringste Sonnenbestrahlung verursacht bei diesen Menschen schwerste Zerstörungen der dem Licht ausgesetzten Hautbereiche und induziert oft in sehr jungen Jahren Hautkrebs. Ursache dafür ist ein genetisch bedingter Defekt des UV-Reparatursystems.

UV-Strahlen erzeugen sehr leicht spezifische chemische Veränderungen an den Nukleotiden der DNA. Die häufigsten sind Ergebnisse von UV-induzierten Reaktionen zwischen 2 benachbarten Pyrimidinen, die Photodimere zwischen Thyminen und Thyminen und Cytosinen entstehen lassen. Die häufigsten sind Thymindimere, bei denen die beiden Basen über einen Zyklobutanring verbunden sind. 85% aller UV-vermittelten DNA-Schäden gehören zum Typ der Thymindimere, Thymin-Cytosin-Dimere kommen zu etwa 10% vor. Diese chemischen Veränderungen führen zur Verzerrung der DNA-Struktur und damit zur Interferenz mit der geregelten DNA-Replikation und Transkription. Werden diese DNA-Schäden nicht repariert, beispielsweise aufgrund defekter UV-Reparatursysteme (XP-Syndrom), manifestieren sich diese Mutationen und können, wenn spezifische Gene der Proliferations- und Differenzierungskontrolle davon betroffen sind, in Hautzellen die Transformation zu Krebszellen einleiten. Wie die einzelnen

Schritte der Initiation, Promotion und Progression jedoch detailliert ablaufen, ist noch nicht genau bekannt. Es könnte auch möglich sein, daß neben den direkten DNA-Schäden durch das UV-Licht auch indirekt Krebs ausgelöst werden kann, beispielsweise durch die UV-induzierte Bildung von chemischen Kanzerogenen in der Haut, die als unmittelbar krebsverursachende Faktoren wirken können.

Entsprechend dem histologischen Aufbau der Haut mit Epidermis und darunterliegender Dermis kennt man im wesentlichen 3 Hautkrebsarten, die durch UV-Strahlung induziert werden können: das *Basalzellkarzinom* (Basaliom), das *Stachelzellkarzinom* (Spinaliom) und das *Melanom*. Das Basalzellkarzinom besteht aus Zellen der Basalschicht, die bedingt durch die Mutation nicht mehr der Regulation des Kontrollsystems unterliegen, das normalerweise die Grenze zwischen Epidermis und Dermis aufrechterhält. Die Krebszellen durchdringen diese Barriere, die Dermis und darunterliegende Schichten, bilden aber so gut wie nie Metastasen. Zur Vermehrung sind diese Zellen in hohem Maß von Signalen der Dermis abhängig. Zellen des Spinalioms differenzieren im Gegensatz zu Basaliomzellen fast unverändert zu Keratin-bildenden Zellen; das Spinaliom ist lokal weniger invasiv und kann gelegentlich zur Bildung von entfernt gelegenen bösartigen Tumoren führen. Spinaliomzellen sind weitestgehend unabhängig von Wachstumssignalen aus der Dermis. Das Melanom geht von den Melanozyten, den Pigmentzellen der Dermis, aus. Im Gegensatz zu den anderen Hautkrebsformen sind Melanome sehr bösartig, da sie leicht in einem frühen Stadium, lange bevor sie erkannt werden, metastasieren können.

1.3.6 DNA-Schäden und Reparatur

Während der gesamten Lebensspanne eines pro- oder eukaryotischen Organismus kann die genetische Stabilität nicht nur durch exogene Umweltfaktoren (z. B. Strahlung), sondern auch durch die normalen, im Zug von Zellproliferation ablaufenden DNA-Replikationsprozesse verlorengehen. Die komplette Replikation des Genoms als Folge der DNA-Polymerasereaktion ist durchaus fehleranfällig, so daß auf der Ebene der Nukleobasen Falscheinbauten stattfinden können. Allein aus diesem Grund war die Evolution von DNA-Reparatursystemen für den Erhalt der genetischen Integrität von elementarer Bedeutung. Darüber hinaus machte in der Frühphase der Entwicklung des Lebens auf der Erde das ständige Bombardement mit kosmischer ionisierender und UV-Strahlung die Etablierung von schadensspezifischen Reparaturmechanismen erforderlich. Sowohl Prokaryoten als auch Eukaryoten reagieren auf die Beschädigung ihrer DNA mit der Aktivierung genetischer Programme, in deren Folge es – wie bereits oben erwähnt – zu einem Zellzyklusstop kommt. In Eukaryoten spielt hierbei das p53-Protein – wie bereits oben erwähnt – eine sehr wichtige Rolle. Das p53-Protein, dessen Gehalt in der Zelle nach einem DNA-Schaden deutlich zunimmt, bindet als Transkriptionsfaktor an eine definierte DNA-Sequenz eines spezifischen Zielgens und setzt die Transkription dieses Gens in Gang. Das Produkt dieses Gens ist ein Protein mit einem Molekulargewicht von 21 000 (p21), das an Zellzyklus-abhängige Proteinkinasen, G_1-Cyclin und Cdk2-Protein, bindet und deren Proteinkinaseaktivität inhibiert. Im nicht-inhibierten Zustand dienen diese beiden Proteine dazu, die Zelle aus der G_1- in die S-Phase des Zellzyklus und damit in die Zellvermehrung zu dirigieren. Das p21-Protein blockiert somit durch die Inhibition der beiden Proteinkinasen den Eintritt der Zelle in die S-Phase und die Replikation der geschädigten DNA. Durch die vorübergehende Arretierung der Zelle in der G_1-Phase wird ihr Zeit gegeben, den gesetzten DNA-Schaden zu reparieren. In der Folge werden dann zahlreiche Gene aktiviert, die im Zug der sog. SOS-Antwort zur Schadensreparatur beitragen. Die einzelnen Teilschritte der Reparatur, speziell der Schäden, die durch ionisierende Strahlung verursacht werden, müssen im einzelnen noch erforscht werden.

Sehr gute Kenntnis hat man über die Reparatur von UV-Schäden. Zur Abwehr der ständig durch das UV-Licht bedingten DNA-Schäden haben sich in Pro- und Eukaryoten mehrere Reparatursysteme entwickelt, die hier nur kurz erwähnt sein sollen:

1.3.6.1 Photoreaktivierung

Dieser Prozeß wird durch das Enzym Photolyase bewerkstelligt, das an die Pyrimidindimere bindet. Unter Ausnutzung der Energie des sichtbaren Lichts spaltet die Photolyase den Zyklobutanring und stellt so den ursprünglichen Zustand benachbarter Pyrimidine wieder her.

1.3.6.2 Exzisionsreparatur

Dieses System ist weitaus komplexer als das der Photoreaktivierung und erfordert die koordinierte Abfolge spezifischer Enzymsysteme, wie DNA-Helicasen, Endonukleasen, Polymerasen und Ligasen, bei der Schadenserkennung, Schadensentfernung (Exzision), Neusynthese und Verknüpfung der DNA-Fragmente. Xeroderma-pigmentosum-Patienten haben genetische Defekte in den verschiedenen Genen bzw. Teilschritten der Exzisionsreparaturmaschinerie.

1.3.6.3 Rekombinative Reparatur

Dieser Prozeß wurde bei Bakterien ohne Photolyase- und Exzisionreparatur entdeckt. Der rekombinativen Reparatur liegt ein sehr komplexes Rekombinationsgeschehen zugrunde, aus dem über mehrere Rekombinationsvorgänge schließlich wieder ungeschädigte Genome hervorgehen.

Am Beispiel der Xeroderma-pigmentosum-Krankheit ist erkennbar, welcher ursächliche Zusammenhang zwischen einer defekten Schadensreparatur und der Entwicklung von Krebs gegeben ist. Gegenwärtig befaßt sich ein Zweig der molekulargenetischen Forschung mit der Aufklärung der Rolle von direkten, strahleninduzierten Mutationen in Reparatursystemen und der daraus resultierenden Krebsentstehung.

1.3.7 Ausblick

Mit dem Fortschritt der Molekularbiologie und Molekulargenetik und dem Einzug der entsprechenden Methoden und Techniken in die moderne strahlenbiologische Forschung sind in den letzten Jahren wesentliche neue Erkenntnisse hinsichtlich der Strahlenreaktion von normalen Zellen gewonnen worden. Diese Erkenntnisse und das generell verbesserte Verständnis von molekularbiologischen Regulationskaskaden allgemein beeinflussen nachhaltig die weiterführende Forschung über die Mechanismen des strahleninduzierten Krebses. Insofern können von diesem Wissenschaftszweig in den nächsten Jahren entscheidende Fortschritte für das Verständnis dieser Prozesse erwartet werden.

1.3.8 Literatur

Ackerknecht EH (1972) History and geography of the most important diseases. Hafner, New York

Balcer-Kubicek EK, Harrison GH (1985) Evidence for microwave carcinogenesis in vitro. Carcinogenesis 6: 859–864

Belinsky SA, Middleton SK, Picksley SM, Hahn FF, Nikula KJ (1996) Analysis of K-ras and p53 pathways in X-ray-induced lung tumors of the rat. Radiat Res 145: 449–456

Clemmesen J (1977) Correlation of sites. In: Clemmesen J (ed) Origin of human cancers. Academic Press, New York London, pp 87–100

Hei TK, Piao CQ, Willey JC, Thomas S, Hall EJ (1994) Malignant transformation of human bronchial epithelial cells by radon-simulated α-particles. Carcinogenesis 15: 431–437

Hillebrandt S, Streffer C, Reiners Chr, Demidchik E (1996) Mutations in the p53 tumour suppressor gene in thyroid tumours of children from areas contaminated by the Chernobyl accident. Int J Radiat Biol 69: 39–45

Lane DP (1993) p53 – the guardian of the genome. Nature 358: 15–16

Liebeskind D, Bases R, Mendez R, Elequin F, Königsberg M (1979) Cystochromatitic change in human lymphocytes after exposure to diagnostic ultrasound. Science 205: 1273–1275

Kuettel MR, Thraves PJ, Jung M, Varghese SP, Prasad SC, Rhim JS, Dritschilo A (1996) Radiation-induced neoplastic transformation of human prostate epithelial cells. Cancer Res 56: 5–10

Preston DL, Kusumi KS, Tomonaga M (1994) Cancer incidence in atomic bomb survivors: leukemia, lymphoma, and multiple myeloma. Radiat Res 137: 517–567

Reinhold DS, Walicka M, Elkassaby M, Milam LD, Kohler SK, Dunstan RW, McCormick JJ (1996) Malignant transformation of human fibroblasts by ionizing radiation. Int J Radiat Biol 69: 707–715

Riches AC, Hergeg Z, Bryant PE, Wynford-Thomas D (1994) Radiation-induced transformation of SV40-immortalized human thyroid epithelial cells by single and fractionated exposure to γ-irradiation in vitro. Int J Radiat Biol 66: 757–765

Shimizu Y, Kato H, Schull WJ (1991) Risk of cancer among atomic bomb survivors. J Radiat Res 32: 54–63

Thraves P, Salehi Z, Dritschilo A, Rhim JS (1990) Neoplastic transformation of immortalized human epidermal keratinocytes by ionizing radiation. Proc Natl Acad Sci USA 87: 1174–1177

Thraves P, Varghese S, Jung M, Grdina D, Rhim JS, Dritschilo A (1994) Transformation of human epidermal keratinocytes with fission neutrons. Carcinogenesis 15: 2867–2873

Ujeno Y (1978) Carcinogenic hazard from natural background radiation in Japan. J Radiat Res 19: 205–212

Vogelstein B, Kinzler KW (1993) The multistep nature of cancer. Trends Genet 9: 138–141

Wazer DE, Chu Q, Liu XL, Gao Q, Safah H, Band V (1994) Loss of p53 protein during radiation transformation of primary human mammary epithelial cells. Mol Cell Biol 14: 2468–2478

Xin L, Lane DP (1993) Differential induction of transcriptionally active p53 following UV or ionizing radiation: defects in chromosome instability syndromes? Cell 75: 765–778

2 Chemo- und Gentherapie

2.1 Pleiotrope Zytostatikaresistenz (Multidrug resistance) und Hochdosischemotherapie

Thomas Licht

2.1.1 Einleitung

2.1.1.1 Klinische Situation

2.1.1.1.1 Ansprechen und Versagen der klinisch durchgeführten Chemotherapie

Die Behandlung der meisten lokal beschränkten Malignome basiert derzeit auf operativen oder radiotherapeutischen Verfahren. Die zytostatische Chemotherapie kommt in der Regel zum Einsatz, wenn die Erkrankungen weit fortgeschritten oder, wie im Fall hämatopoetischer Neoplasien oder kleinzelliger Bronchialkarzinome, schon primär generalisiert sind. Neuere Therapiemodalitäten, wie die gentherapeutische Korrektur der zugrundeliegenden genetischen Defekte, haben sich noch nicht als Standardtherapien etabliert. Manche bösartigen Erkrankungen können durch eine zytostatische Polychemotherapie geheilt werden. Zu diesen zählen verschiedene Erkrankungen des hämatopoetischen Systems, insbesondere akute myeloische und lymphatische Leukämien, der Morbus Hodgkin und hochmaligne oder intermediäre Non-Hodgkin-Lymphome sowie einige solide Tumoren.

Beispielhaft für die Erfolge und Grenzen der Chemotherapie sei auf die Ergebnisse der Behandlung akuter myeloischer Leukämien und hochmaligner Non-Hodgkin-Lymphome hingewiesen: Unbehandelt beträgt die Mortalität der akuten myeloischen Leukämie (AML) im 1. Jahr nach der Diagnosestellung 90% [Keating et al. 1993]. Nahezu alle Patienten versterben innerhalb von 2 Jahren. Eine intensive Chemotherapie mit nachfolgender allogener Transplantation des Knochenmarks HLA-kompatibler verwandter Spender führt in der 1. Remission bei der Hälfte der Patienten zu einer dauerhaften Rezidivfreiheit bzw. zur Heilung [Appelbaum et al. 1988].

Auch ohne einen geeigneten Knochenmarkspender kann durch die zytostatische Behandlung ein Teil der AML-Patienten geheilt werden. Zittoun et al. [1995] untersuchten in einer neueren randomisierten Studie zur Erhaltung der Remission die Ergebnisse einer hochdosierten Chemotherapie mit denen der autologen und der allogenen Knochenmarktransplantation. In dieser Studie wurden durch die primäre Chemotherapie mit Daunomycin und Cytosinarabinosid komplette Remissionen bei 66% der Patienten erzielt. Die Konsolidierung durch eine alleinige Chemotherapie vermochte die Remission bei 30% der Patienten zu erhalten (projektiertes krankheitsfreies Überleben nach 4 Jahren). Die autologe oder allogene Knochenmarktransplantation erhöhten den Anteil der Patienten mit langdauernden Remissionen weiter auf 48 bzw. 55%. Da fast alle AML-Rezidive in den ersten 3 Jahren nach der primären Therapie auftreten, kann davon ausgegangen werden, daß Patienten, die nach 4 Jahren noch rezidivfrei sind, dauerhaft geheilt worden sind.

Auch Patienten, die an hochmalignen oder intermediären Non-Hodgkin-Lymphomen leiden, haben eine relativ gute Prognose. Ungefähr 45% werden durch die Polychemotherapie geheilt [Armitage 1993]. Als prognostisch günstig wird ein schnelles Ansprechen der Behandlung angesehen; die rasche Tumorrückbildung weist auf eine hohe Chemosensibilität der malignen Zellen hin. Bei einer geringeren Empfindlichkeit der Zellen gegenüber der zytostatischen Behandlung wird eine Remission dagegen nur verzögert oder überhaupt nicht erreicht.

Tritt eine Vollremission erst nach mehr als 3 Chemotherapiezyklen auf (Slow responder), sind die Heilungschancen deutlich vermindert [Armitage et al. 1986, Coiffier et al. 1986]. Selbst die frühe Therapieumstellung nach 3 Behandlungszyklen mit der Einleitung einer hochdosierten Chemotherapie und anschließender autologer Knochenmarktransplantation kann die Prognose der Patientengruppe mit langsam ansprechenden Non-Hodgkin-Lymphomen nicht wesentlich verbessern [Verdonck et al. 1995].

Wie viele Hämoblastosen sind auch manche soliden Tumoren potentiell durch eine Chemothera-

Handbuch der Molekularen Medizin, Band 2
Tumorerkrankungen
Herausgeber: D. Ganten und K. Ruckpaul

pie heilbar; zu diesen zählen Hodenseminome und nicht- seminomatöse Tumoren des Hodens, Chorionkarzinome, Osteosarkome und die Neuroblastome des Kindesalters. Zum Beispiel ist nach 3 Zyklen einer Kombinationschemotherapie mit Cisplatin, Etoposid und Bleomycin bei 98% der Patienten mit disseminierten, prognostisch günstigen (good-risk) Keimzelltumoren des Hodens kein Tumor mehr nachweisbar [Einhorn et al. 1989]. Die überwiegende Mehrzahl der meist jungen Patienten dieser Gruppe kann geheilt werden.

Die günstigen Resultate bei der Behandlung relativ seltener Tumorentitäten belegen, daß durch eine antineoplastische Chemotherapie grundsätzlich eine Heilung herbeigeführt werden kann, wenn die malignen Zellen chemosensibel sind. Dennoch sind die Ergebnisse der zytostatischen Behandlung solider Tumoren insgesamt unbefriedigend. Bestenfalls eine temporäre Tumorreduktion, jedoch meist keine anhaltenden Remissionen sind von der Chemotherapie fortgeschrittener Mamma-, Magen-, Kolon- oder Rektumkarzinome zu erwarten. Sowohl die konventionelle Chemotherapie dieser Erkrankungen als auch die der Weichteilsarkome und der Mesotheliome der Pleura und des Peritoneums verfolgen daher häufig nur palliative Zielsetzungen.

Viele andere Krebserkrankungen sprechen auf die Chemotherapie nur marginal an, und Heilungen sind nicht möglich. Das gilt insbesondere für die von den Gallenwegen, der Leber, dem Pankreas, der Niere oder der Nebenniere ausgehenden Karzinome, für maligne Melanome und Gehirntumoren. Diese Krankheiten sind typischerweise gegen die zur Verfügung stehenden Medikamente weitgehend unempfindlich. So wird für das Nierenzellkarzinom lediglich eine Ansprechrate von 7% bei der Behandlung mit Vinblastin berichtet [Harris 1983].

Auch die mit primär kurativer Intention behandelbaren Krebse sprechen nicht selten nur anfänglich auf die zytostatische Behandlung an, relabieren aber nach mehreren Therapiezyklen und sind dann kaum noch therapeutisch beeinflußbar. Typisch für diese sekundäre Chemoresistenz ist, daß sie sich nicht lediglich auf Medikamente beschränkt, die zuvor appliziert worden sind. Häufig verlieren auch andere Chemotherapeutika, die in den vorangegangenen Behandlungen nicht eingesetzt wurden, ihre Wirksamkeit. Infolge der Zytostatikaresistenz sind beispielsweise die Erfolgsaussichten jeder weiteren Chemotherapie von hochmalignen oder intermediären Non-Hodgkin-Lymphomen gering, wenn die Erkrankung auf die primäre Chemotherapie und eine zweite, sog. Salvage-Therapie nicht angesprochen hat oder später rezidiviert ist [Salles et al. 1994].

Das Phänomen der Chemoresistenz maligner Tumoren wurde in den letzten beiden Jahrzehnten intensiv untersucht. Eine Vielzahl von Mechanismen wurde identifiziert, durch die sich maligne Zellen vor der Zytotoxizität der zur Behandlung eingesetzten Medikamente schützen. Im folgenden soll ein Überblick über derartige Mechanismen gegeben werden. Dieser muß – nicht nur aus Platzgründen – unvollständig bleiben, da kontinuierlich neue Ursachen für die Chemoresistenz von Tumorzellen gefunden werden. Wir werden uns beispielhaft auf das MDR1-Gen (Multidrug-resistance-Gen) konzentrieren, dessen Charakterisierung das Verständnis der Chemoresistenz grundlegend beeinflußt hat, und auf andere Mutationen nur kursorisch eingehen.

2.1.1.1.2 Rationale einer Hochdosischemotherapie

Der Erfolg einer Chemotherapie wird durch die Dosis eines Zytostatikums bestimmt, welche sicher, d. h. ohne lebensbedrohende Nebenwirkungen, einem Patienten verabreicht werden kann. Abgesehen von individuellen Unterschieden gilt, daß jüngere Patienten in der Regel höhere Dosen tolerieren. Bei älteren Patienten wird daher gewöhnlich die in Standardprotokollen empfohlene Dosis reduziert. Andererseits ist die pädiatrische Onkologie bei vielen Tumorentitäten, z. B. bei Weichteilsarkomen und Neuroblastomen, wesentlich erfolgreicher als die internistische Onkologie der Erwachsenen, da, bezogen auf das Körpergewicht, höhere relative Dosen gegeben werden können.

Dosislimitierend ist für die meisten Chemotherapeutika die Toxizität gegenüber blutbildenden Zellen. Hohe Dosen der Medikamente haben einen Abfall der Leukozyten (Leukozytopenie) und der Thrombozyten (Thrombozytopenie) zur Folge. Ersterer bewirkt einen vorübergehenden Immunmangel, der zu bakteriellen und Pilzinfektionen führen kann, letzterer kann innere Blutungen nach sich ziehen. Das Ansprechen der zytostatischen Behandlung ergibt sich aus der Chemosensibilität der Tumorzellen im Vergleich zu der der Knochenmarkzellen. Ist die Chemosensibilität der Tumorzellen geringer als die des Knochenmarks, können die erforderlichen Dosen nicht gegeben werden, ohne das Leben des Patienten zu gefährden. Daher sind manche Malignome zwar in Zellkulturen in vitro therapeutisch beeinflußbar, wohingegen Patienten durch die Behandlung nicht geheilt werden können.

Da die Nebenwirkungen an anderen Organen oft erst bei höheren Dosen auftreten, kann die erreichbare Dosis nur dadurch gesteigert werden, daß die Dosislimitierung durch die Knochenmarkschädigung umgangen wird. In diesem Fall müssen zuvor entnommene hämatopoetische Vorläuferzellen eines Spenders (allogene Transplantation) oder des Patienten selbst (autologe Transplantation) nach der Chemotherapie ersetzt werden. Das Konzept der Hochdosischemotherapie verfolgt das Ziel, auch Tumoren, die nur mäßig auf die Behandlung ansprechen, zu therapieren. Die Methoden der Gewinnung von Stammzellen und ihrer Expansion ex vivo sowie der klinische Einsatz von hämatopoetischen Progenitorzellen in der Hochdosischemotherapie sind an anderer Stelle in diesem Band dargestellt.

2.1.1.2 Einfachresistenz und pleiotrope Zytostatikaresistenz

Als Ursachen des geringen Ansprechens von Tumorzellen auf die zytostatische Behandlung wurden mehrere Mechanismen charakterisiert. Durch Chemoresistenzmechanismen können entweder einzelne Klassen zytostatischer Medikamente inaktiviert werden oder aber es wird eine simultane Resistenz gegen unterschiedliche Wirkstoffgruppen vermittelt. Bestimmte Mutationen der Dihydrofolatreduktase (DHFR), eines Enzyms des Folsäurestoffwechsels, das durch Methotrexat und Trimetrexat gehemmt wird, bewirken eine Resistenz gegen Medikamente diese Gruppe, ohne daß andere Medikamente in ihrer Wirkung beeinträchtigt werden [Haber et al. 1981, Srimatkandada et al. 1989].

Das Phänomen der Zytostatikakreuzresistenz bzw. pleiotropen Chemoresistenz von Tumorzellen wird in der angelsächsischen Literatur als Multiple drug resistance (MDR) bezeichnet. Verschiedene molekulare Ursachen und Mechanismen für die Zytostatikakreuzresistenz von Tumoren wurden in den letzten Jahren identifiziert und genetisch, biochemisch und pathophysiologisch charakterisiert.

2.1.1.3 Überblick über Chemoresistenzmechanismen

Der am längsten bekannte [Bech-Hansen et al. 1976, Juliano u. Ling 1976] und mittlerweile am besten charakterisierte Chemoresistenzmechanismus ist durch die Überexpression von P-Glykoprotein in chemoresistenten Zellen bedingt [Kartner et al. 1983, Pastan u. Gottesman 1987]. P-Glykoprotein, das Produkt des MDR1-Gens (Multidrug-resistance-Gens), ist ein Transportprotein, das Zytostatika aus Zellen in den Extrazellularraum pumpt [Endicott u. Ling 1989, Gottesman u. Pastan 1993]. Die durch P-Glykoprotein inaktivierten Medikamente sind im folgenden aufgeführt:

- Klinisch eingesetzte zytostatisch wirksame Medikamente
  - Actinomycin D
  - Anthrazykline: Doxorubicin, Daunomycin, Epirubicin, Idarubicin, Mitoxantron, Bisantren
  - Kolchizin
  - Epipodophyllotoxine: Etoposid, Teniposid
  - Homoharringtonin
  - Mithramycin
  - Taxane: Taxol, Taxotere
  - Topotecan
  - Vinkaalkaloide: Vinblastin, Vincristin, Vindesin
- Toxische Verbindungen ohne therapeutische Anwendung
  - Emetin
  - Ethidiumbromid
  - Gramicidin D
  - N-Azetyl-Leucyl-Leucyl-Norleucin
  - Propidiumjodid
  - Puromycin
  - Rhodamin-123
  - Valinomycin

Dieser Resistenzmechanismus wird in der Literatur auch als klassische MDR bezeichnet. Ein genetisch und biochemisch eng verwandtes Molekül, der sog. MRP-Transporter, wurde aus chemoresistenten Bronchialkarzinomzellen isoliert, welche P-Glykoprotein nicht exprimierten [Cole et al. 1992]. Beide Moleküle bewirken eine Resistenz gegen natürlich vorkommende Giftstoffe und deren Derivate, nicht aber gegen Antimetaboliten und Alkylanzien.

Ein anderer Wirkmechanismus, der zu einer Vielfachresistenz gegenüber Chemotherapeutika führt, beruht auf der verminderten Aktivität von Topoisomerasen infolge von herabregulierter Expression oder von Mutationen. Einer Chemoresistenz von Tumorzellen gegenüber verschiedenen Medikamenten können auch Veränderungen des zellularen Glutathionmetabolismus zugrundeliegen.

Neben diesen Resistenzfaktoren existieren weitere Bedingungen, die in unspezifischer Weise die Wirksamkeit der Chemotherapeutika ungünstig beeinflussen, z. B. Gewebehypoxie und eine niedrige Wachstumsfraktion (Anteil von proliferierenden Zellen, die die S-Phase des Zellzyklus durchlaufen).

2.1.2 Beschreibung des Krankheitsbilds

2.1.2.1 Chemosensibilität maligner Tumoren in Abhängigkeit vom histologischen Ursprung des Tumors

Wie bereits erwähnt, ist das Ansprechen einer zytostatischen Behandlung in hohem Maß vom histologischen Ursprung des betreffenden Tumors abhängig. Krebskrankheiten des Gastrointestinaltrakts und Nierenzellkarzinome können derzeit weder durch eine konventionelle noch durch eine Hochdosischemotherapie geheilt werden. Der Chemoresistenzfaktor P-Glykoprotein ist in ungefähr 50% aller in der Klinik behandelten Malignome überexprimiert [Goldstein et al. 1989, Gottesman et al. 1995]. Auch ohne vorangehende Chemotherapie wird P-Glykoprotein bereits bei der Diagnosestellung regelmäßig in Karzinomen des Kolons, der Niere, der Nebenniere, der Leber und des Pankreas gefunden [Goldstein et al. 1989]. Eine gelegentliche Überexpression des MDR1-Gens wurde in der Studie von Goldstein et al. bei akuten myeloischen und lymphatischen Leukämien erwachsener Patienten sowie in Neuroblastomen und Non-Hodgkin-Lymphomen beobachtet.

Bei manchen anderen Tumorentitäten spielt die Expression von P-Glykoprotein dagegen für die Zytostatikaresistenz keine oder allenfalls eine untergeordnete Rolle. P-Glykoprotein ist nur selten in malignen Melanomen überexprimiert, obwohl diese einer Chemotherapie kaum zugänglich sind [Fuchs et al. 1991, Goldstein et al. 1989]. Auch in Tumoren der Lunge ist die klassische MDR nur von untergeordneter Bedeutung. Lai et al. [1989] fanden P-Glykoprotein nur in einer kleinen Subgruppe nicht-kleinzelliger Bronchialkarzinome, die neuroendokrine Marker exprimierten.

Obwohl das MDR1-Gen ursprünglich aus chemoresistenten Tumorzellen isoliert wurde und man zunächst vermutete, daß seine Expression weitgehend tumorspezifisch sei, ist P-Glykoprotein physiologischerweise auch in bestimmten Normalgeweben exprimiert. Hohe Expressionsniveaus wurden in der Nebennierenrinde, im Bürstensaum des proximalen Nierentubulus, in der Mukosa von Dünn- und Dickdarm, in den Gallenkapillaren zugewandten Hepatozyten und in Pankreas- und Gallengangsepithelien gefunden [Fojo et al. 1987, Thiebaut et al. 1987]. P-Glykoprotein wird auch in den Endothelzellen der Kapillaren von Gehirn und Testes [Cordon-Cardo et al. 1989, Thiebaut et al. 1989], in der Plazenta [Sugawara et al. 1988] und in den sekretorischen Drüsen des Uterus während der Schwangerschaft gefunden [Arceci et al. 1988]. Das Verteilungsmuster von P-Glykoprotein gab Anlaß zu Spekulationen über die physiologische Funktion dieses Transportsystems. Es wird angenommen, daß P-Glykoprotein in der Niere, der Leber, dem Darm und den Gallenwegen an der Entgiftung von mit der Nahrung aufgenommenen Giftstoffen beteiligt ist. Eine hohe Expression von P-Glykoprotein in von diesen Organen ausgehenden Tumoren kann daher als Sonderfall der gewebespezifischen Expression angesehen werden.

Vermutlich stellt P-Glykoprotein ein multifunktionales Transportsystem dar und nimmt neben der Entgiftung pflanzlicher Toxine weitere Aufgaben in der Zelle wahr. So wird in Zellen der murinen Nebennierenzellinie Y-1, die Steroidhormone sezernieren, die Steroidsekretion durch Ausschaltung des mdr1b-Gens beeinflußt [Altuvia et al. 1993]. Es ist anzunehmen, daß P-Glykoprotein in der Nebenniere, der Plazenta und dem Uterus während der Gravidität an der Sekretion von Steroidhormonen beteiligt ist oder die Plasmamembran in Anwesenheit der in diesen Zellen extrem hohen Konzentrationen hydrophober Steroidhormone stabilisiert [Altuvia et al. 1993, Gottesman u. Pastan 1993].

In den Kapillaren des Gehirns ist P-Glykoprotein an der Blut-Hirn-Schranke beteiligt. Die Ausschaltung des mdr1a-Gens durch Targeted disruption in embryonalen Stammzellen und die Erzeugung von Knock-out-Mäusen resultierte in einer hohen zentralnervösen Toxizität, wenn die Tiere mit einem zytotoxischen Substrat von P-Glykoprotein behandelt wurden [Schinkel et al. 1994].

Im hämatopoetischen System wird das MDR1-Gen konstitutiv in einem Teil der Lymphozyten [Chaudhary et al. 1992, Drach et al. 1992, Klimecki et al. 1994] und in $CD34^+$-hämatopoetischen Stammzellen [Chaudhary u. Roninson 1991] exprimiert. Wie seit langem bekannt ist, wird Rhodamin-123, ein fluoreszierendes Substrat von P-Glykoprotein, in pluripotenten hämatopoetischen Stammzellen nicht akkumuliert; nach den Untersuchungen von Chaudhary u. Roninson [1991] ist die niedrige Rhodamin-123-Akkumulation auf die aktive Ausschleusung durch P-Glykoprotein zurückzuführen. In der malignen Hämatopoese ist die Expression von P-Glykoprotein ebenfalls mit einem Stammzellphänotyp assoziiert [Sonneveld et al. 1993]. In myelodysplastischen Syndromen wird P-Glykoprotein ausschließlich in unreifen Blasten und leukämischen Monozyten gefunden. Seine Expression ist mit dem CD34-Antigen [He et al. 1992], einem Indikator unreifer hämatopoetischer Progenitor- bzw.

Stammzellen, korreliert [List et al. 1991]. Auch bei der akuten myeloischen Leukämie wurde eine Korrelation zwischen der Expression von CD34 und P-Glykoprotein gezeigt [Boekhorst et al. 1993].

Die Expression von P-Glykoprotein in blastären Zellen der AML stellt darüber hinaus einen prognostischen Faktor für das Versagen der Chemotherapie dar; es wurde belegt, daß dieser von anderen prognostischen Faktoren unabhängig ist [Campos et al. 1992, Kuwazuru et al. 1990, Pirker et al. 1992, Zhou et al. 1992]. Übersichten wurden von List et al. [1991] und Licht et al. [1994] zusammengestellt.

2.1.2.2 Chemosensibilität und Zelldifferenzierung

Im Gegensatz zu lymphatischen Zellen und hämatopoetischen Stammzellen ist in reifen Granulozyten und Monozyten kein funktionelles P-Glykoprotein nachweisbar [Drach et al. 1992, Klimecki et al. 1994]. Es ist daher von einer Herabregulierung der MDR1-Genexpression während der myeloischen Differenzierung der Zellen auszugehen.

Auch in manchen soliden Tumoren wurde ein Zusammenhang zwischen der Chemoresistenz und dem Zelldifferenzierungsgrad vermutet. So werden in Nierenzellkarzinomen hohe P-Glykoprotein- bzw. MDR1-Genexpressionsniveaus v. a. in hochdifferenzierten Tumoren gefunden, wohingegen die Expressionsniveaus in schlecht differenzierten Nierenzellkarzinomen wesentlich niedriger sind [Kakehi et al. 1988, Van Kalken et al. 1991]. Undifferenzierte Nephroblastome (Wilms-Tumoren) zeigen dagegen keine oder nur eine minimale P-Glykoprotein-Expression [Van Kalken et al. 1991]. Diese Beobachtungen sind mit der generellen Chemoresistenz hochdifferenzierter Nierenzellkarzinome gut vereinbar. Andererseits sprechen Wilms-Tumoren nicht selten gut auf die zytostatische Behandlung an. Aus dem Vergleich von hämatopoetischem System und Niere geht hervor, daß höher differenzierte Zellen sowohl eine gesteigerte als auch eine verminderte P-Glykoprotein-Expression aufweisen können. Die MDR1-Expression ist daher in verschiedenen Geweben in unterschiedlicher Weise reguliert.

Darüber hinaus kann die Expression von P-Glykoprotein auch innerhalb eines Tumors heterogen sein. In Kolonkarzinomen besteht eine Beziehung zwischen MDR1 und der lokalen Infiltrations- und Destruktionsneigung [Weinstein et al. 1991]. Zellen am Rand des Tumors, die in umgebendes Gewebe oder in Blutgefäße einbrechen, zeigen signifikant höhere Expressionsraten von P-Glykoprotein als Zellen im Zentrum des Tumors. Interessanterweise weisen diese Zellen auch eine erhöhte Metastasierungstendenz auf, so daß die P-Glykoprotein-Expression in invasiven Kolonkarzinomen möglicherweise für ein komplexes aggressives Zellverhalten verantwortlich ist oder in koordinierter Weise zusammen mit anderen Genen aufreguliert wird.

2.1.2.3 Intrinsische und sekundär erworbene Zytostatikaresistenz

In der klinischen Behandlung maligner Tumoren wird häufig beobachtet, daß diese nach initialer Rückbildung unter zytostatischer Chemotherapie rezidivieren. Die Rezidivtumoren sind häufig gegen die zytostatische Behandlung resistent. Die Expression des MDR1-Gens wurde in rezidivierten Krebserkrankungen in der bereits erwähnten Studie von Goldstein et al. [1989] untersucht. Rezidivierte Mammakarzinome, Phäochromozytome und Neuroblastome sowie auch relabierte akute Leukämien und Non-Hodgkin-Lymphome wiesen hohe Expressionsniveaus auf.

Die Bedingungen, unter denen diese sekundäre Chemoresistenz entsteht, sind nur z. T. bekannt. Gesichert ist, daß durch die zytostatische Behandlung solche Zellen selektiert werden, in welchen Chemoresistenzfaktoren gesteigert exprimiert sind, wohingegen die nicht resistenten Zellen abgetötet werden. Eine gesteigerte Zytostatikaresistenz kann die Folge von spontanen, zufälligen Mutationen sein, durch die die Wirksamkeit bestimmter Medikamente beeinträchtigt wird. Goldie u. Coldman [1984] beschrieben ein mathematisches Modell, nach dem die Chemoresistenz der Tumorzellen auf spontane Mutationen in einzelnen Zellen zurückgeführt wird. Dieses Modell wurde in Analogie zur Resistenzentwicklung in Bakterien entwickelt. Es basiert auf der Beobachtung, daß zufällig entstandene Mutationen eine Abnahme der Chemosensibilität zur Folge haben können. Derartige Mutationen wurden in Gewebekulturen von Tumorzellen identifiziert. Punktmutationen des Dihydrofolatreduktasegens führen zur Resistenz gegen Methotrexat [Dicker et al. 1990, Haber et al. 1981, Srimatkandada et al. 1989]. In ähnlicher Weise führt in Kolchizin-selektierten Zellen der epidermoiden Karzinomlinie KB eine Punktmutation des MDR1-Gens, die den Austausch der Aminosäure Glyzin gegen Valin in Nukleotidposition 185 bewirkt, zur bevorzugten Resistenz gegen Kolchizin bei gleichzeitiger Abnahme der Chemoresistenz gegen Vinkaalkaloide [Safa et al. 1990].

Da die Rate spontaner Mutationen 10^{-5}–10^{-8} beträgt, sollte nach dem Modell von Goldie u. Coldman [1984] die Kombination mehrerer Chemotherapeutika, d. h. die zytostatische Polychemotherapie, den Erfolg der Behandlung garantieren. Es stellte sich jedoch heraus, daß auch nach simultaner oder sequentieller Anwendung mehrerer Medikamente viele Tumorerkrankungen rezidivieren. Durch weiterführende Untersuchungen ergab sich als eine wesentliche Ursache für die beobachtete Abweichung vom mathematischen Modell die Möglichkeit, daß ein chemoresistenter Phänotyp induziert wird. Es erwies sich, daß Chemoresistenzgene nicht nur durch das Auftreten von Mutationen zum Versagen der Chemotherapie führen können, sondern auch durch eine direkte Interaktion der Zytostatika mit der Promotorregion von Chemoresistenzgenen, bzw. durch komplexe posttranskriptionale oder posttranslationale Regulationsmechanismen aktiviert werden können.

2.1.2.4 Pathophysiologische und pathobiochemische Mechanismen, die zur Resistenz gegen Zytostatika führen

Die Resistenz von Tumorzellen gegenüber der Behandlung mit zytostatischen Medikamenten kann auf eine Vielzahl möglicher Resistenzmechanismen zurückgeführt werden. Diese wurden 4 Klassen zugeordnet [Pastan u. Gottesman 1991]:

- Verminderte Membranpermeabilität gegenüber einer Gruppe von Chemotherapeutika, wodurch die Aufnahme reduziert wird
- Verändertes Bindungsverhalten oder erhöhter Metabolismus
- Alterationen der Zellphysiologie, z. B. des pH-Werts oder der Ionenkonzentration, mit nachfolgender Verminderung der Aktivität der Zytostatika
- Rasche aktive Eliminierung der Medikamente vor Eintritt der Wirkung

Ein Beispiel für die 1. Gruppe von Chemoresistenzfaktoren stellt eine Form der Methotrexatresistenz dar, die durch eine verminderte Aktivität des membranständigen Folattransportsystems bedingt ist. Dadurch werden sowohl Folsäure als auch der Folsäureantagonist Methotrexat in vermindertem Umfang in die Zelle aufgenommen.

Ein erhöhter Metabolismus infolge der Überexpression der O^6-Methylguanin-Methyltransferase (MGMT) ist die Ursache einer Resistenz gegen Alkylanzien, insbesondere gegen Nitrosoharnstoffe (2. Resistenztyp).

Exemplarisch für Änderungen der Zellphysiologie sei auf die Rolle einer gesteigerten intrazellularen Konzentration der reduzierenden Verbindung Glutathion hingewiesen, welche zur Inaktivierung von Cisplatin, Alkylanzien und Anthrazyklinen führt.

Schließlich seien als Beispiele für Mechanismen, die zur raschen aktiven Eliminierung von Chemotherapeutika führen, die von den Genen MDR1 und MRP kodierten Transportmoleküle genannt.

Neben Chemoresistenzfaktoren, welche bestimmte Medikamente spezifisch inaktivieren, spielen auch unspezifische Faktoren eine Rolle: Hypoxie, Hitzeschock und ein langsames Tumorwachstum können eine Resistenz gegen Zytostatika zur Folge haben. Auch Mechanismen, durch die die Zellen vor der Induktion der Apoptose, dem programmierten Zelltod, geschützt werden, bewirken eine pleiotrope Chemoresistenz.

2.1.3 Molekularbiologische Grundlagen: Molekulare Mechanismen der Chemoresistenz

2.1.3.1 P-Glykoprotein-vermittelte Multidrug resistance

2.1.3.1.1 Molekulare Struktur von P-Glykoprotein

Juliano u. Ling [1976] beschrieben erstmals ein glykosyliertes Membranprotein mit einem MG von 170 000 in Kolchizin-resistenten CHO-Zellen (Chinese-hamster-ovary-Zellen), das mit gleichzeitiger Resistenz gegen Doxorubicin, Actinomycin D und Vinblastin assoziiert war. Unter der Annahme, das Protein beeinflusse die Permeabilität der Zellmembran, wurde dieses als P-Glykoprotein bezeichnet. Nachfolgend wurde eine Vielzahl von toxischen Substanzen gefunden, welche gegen Zellen, in denen P-Glykoprotein hoch exprimiert war, eine reduzierte Sensibilität aufwiesen. Zu ihnen zählen viele pflanzliche Giftstoffe, darunter Zytostatika und Antibiotika, Immunsuppressiva sowie Steroidhormone und deren synthetische Analoga (s. oben). Weiterhin wurde gefunden, daß auch toxische Peptide, wie Valinomycin, Gramicidin D und N-Azetyl-Leucyl-Leucyl-Norleucin, und mutagene Verbindungen, wie Ethidiumbromid, von diesen Zellen inaktiviert werden [Borst 1991, Endicott u.

Ling 1989, Germann et al. 1993, Gottesman u. Pastan 1993].

Die molekulare Klonierung und Sequenzierung des kodierenden MDR1-Gens [Chen et al. 1986, Gros et al. 1986, Ueda et al. 1987a] sowie die Herstellung monoklonaler Antikörper gegen P-Glykoprotein [Kartner et al. 1986] ermöglichten die biochemische Charakterisierung von P-Glykoprotein und der durch dieses Molekül vermittelten Chemoresistenz. Die aus der Nukleotidsequenz abgeleitete Primärstruktur ergab, daß das P-Glykoprotein-Molekül sich aus 1280 Aminosäuren zusammensetzt, welche 2 weitgehend homologe Hälften bilden. Die beiden Hälften sind durch eine sog. Linker-Region verbunden. Für die Funktion des Moleküls sind beide Hälften unerläßlich [Currier et al. 1989]. Nach Computermodellen der putativen Sekundärstruktur besteht das P-Glykoprotein-Molekül aus 12 transmembranären Helices, aus denen sich 6 die Zellmembran durchdringende Schleifen formen [Chen et al. 1986]. Nach diesem Modell sind sowohl der Amino- als auch der Karboxyterminus im Zytoplasma lokalisiert. Beide Hälften des Moleküls enthalten jeweils 1 intrazytoplasmatisch gelegene ATP-Bindungsstelle und 1 Bindungsstelle für die toxischen Substrate [Bruggemann et al. 1992].

P-Glykoprotein wird posttranslational durch Glykosylierung und Phosphorylierung modifiziert. Das Protein wird als ein Präkursormolekül mit einem MG von ungefähr 120000–140000 synthetisiert, welches mit einer Halbwertszeit $t_{1/2}$ von 1–2 h in humanen und 20–30 h in murinen Zellen zur reifen Form mit einem MG von 130000–180000 prozessiert wird [Greenberger et al. 1988, Richert et al. 1988]. Die Glykosylierungsstellen befinden sich in der 1. extrazellularen Domäne. Trotz des hohen Glykosylierungsgrads wird jedoch die Glykosylierung nicht für die Transportfunktion benötigt, und das Chemoresistenzmuster ist in glykosylierungsdefekten Mutanten des P-Glykoprotein-Moleküls nicht verändert [Schinkel et al. 1993].

P-Glykoprotein ist in chemoresistenten Zellen an mehreren Positionen innerhalb des Moleküls phosphoryliert. Mehrere Arbeitsgruppen berichteten, daß der Phosphorylierungsstatus oder die Aktivität von Phosphokinasen, insbesondere der Phosphokinase C, die Pumpaktivität oder die Entwicklung der Zytostatikaresistenz beeinflussen [Aftab et al. 1994, Center 1983, Chambers et al. 1990, Hamada et al. 1987, Posada et al. 1989]. Die Identifizierung der Phosphorylierungsstellen [Chambers et al. 1993] machte es möglich, diese gezielt zu mutieren und so entweder fehlende oder aber permanente Phosphorylierung zu simulieren [Germann et al. 1996]. Es stellte sich heraus, daß die Phosphorylierung nicht für den MDR-Phänotyp erforderlich ist, möglicherweise aber die Substratspezifität des Zytostatikatransports verändert. Es wird angenommen, daß die physiologische Funktion der Phosphorylierung von P-Glykoprotein entweder eine Modulation der Geschwindigkeit des Zytostatikatransports ist [Aftab et al. 1994] oder daß sich die Stabilität des phosphorylierten von der des nicht phosphorylierten Moleküls unterscheidet [Gottesman et al. 1995].

2.1.3.1.2 Transmembranärer Transport

Durch Photoaffinitätsmarkierung ließ sich zeigen, daß strukturell sehr unterschiedliche Verbindungen an das P-Glykoprotein-Molekül binden und nachfolgend von ihm transportiert werden [Beck u. Qian 1992, Cornwell et al. 1986]. Gemeinsam ist den meisten Substraten von P-Glykoprotein ein hydrophober Charakter, häufig findet man mehrere aromatische Ringstrukturen [Gottesman u. Pastan 1993]. Der transmembranäre Transport wurde in den letzten 10 Jahren sehr intensiv untersucht; umfassende Übersichten wurden von Endicott u.

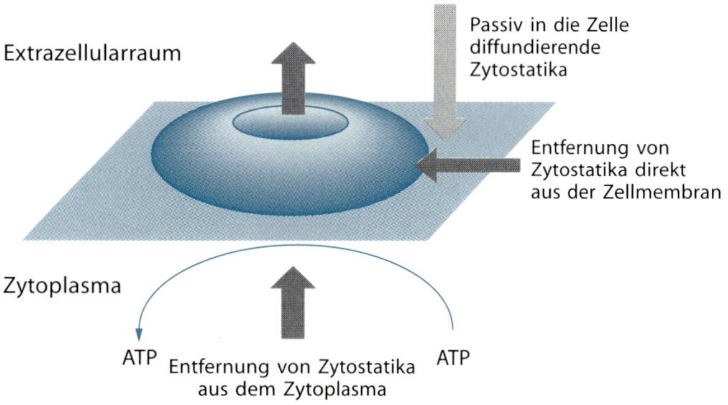

Abb. 2.1.1. Schematisches Modell des Zytostatikatransports durch P-Glykoprotein. Im Innern des P-Glykoprotein-Moleküls besteht ein zentraler Core, der aus 12 transmembranären Schleifen geformt wird. Durch diesen werden die P-Glykoprotein-Substrate transportiert, welche passiv durch Diffusion entlang einem Konzentrationsgradienten aus dem Extrazellularraum in die Zelle eingedrungen sind. ATP-Hydrolyse liefert die Energie für den aktiven Transport aus der Zelle. Nach alternativen Modellen reagiert P-Glykoprotein mit seinen Substraten entweder im Zytoplasma oder direkt in der Membran („Membranstaubsauger")

Ling [1989], Germann et al. [1993] und Gottesman u. Pastan [1993] publiziert. Diese Untersuchungen wurden entweder mit radioaktiv markierten [Horio et al. 1988] oder fluoreszierenden Substraten wie Rhodamin-123, Daunomycin, FURA-2 oder $DiOC_2$ durchgeführt [Chaudhary et al. 1991, Homolya et al. 1993, Neyfakh 1989, Willingham et al. 1986]. Wie in Abb. 2.1.1 dargestellt, erwies sich die Fähigkeit von P-Glykoprotein, passiv durch Diffusion in die Zelle eingedrungene Verbindungen aktiv durch die Membran nach außen zu pumpen, als die primäre Funktion [Horio et al. 1988]. Daneben wurde gezeigt, daß in geringerem Maß auch der Einstrom dieser Verbindungen in die Zelle gehemmt wird [Ramu et al. 1989, Stein et al. 1994]. Es wird ferner die Möglichkeit diskutiert, daß die Substanzen nicht nur aus dem Zellinnern, sondern auch direkt aus der Membran entfernt werden können. P-Glykoprotein fungiere möglicherweise, so ein von Gottesman u. Pastan [1993] vorgestelltes Modell, als ein „Membranstaubsauger" (Abb. 2.1.1). Die Chemoresistenz von Zellen, in denen das MDR1-Gen überexprimiert ist, ist auf eine verminderte Akkumulation der Zytostatika infolge der aktiven Entfernung aus den Zellen zurückzuführen [Fojo et al. 1985].

Der Transportprozeß verläuft energieabhängig, und es werden dabei Nukleotidtriphosphate verbraucht. In erster Linie wird ATP, unter bestimmten Bedingungen auch GTP, hydrolysiert [Ambudkar et al. 1992]. Trotz jahrelanger intensiver Bemühungen konnte der exakte molekulare Transportmechanismus biochemisch nicht vollständig aufgeklärt werden; insbesondere die Art der Interaktion zwischen den Nukleotidbindungsstellen und dem dadurch ausgelösten Transport der Substrate ist bislang nicht hinreichend verstanden [Gottesman u. Pastan 1993].

Über eine zusätzliche Funktion des P-Glykoproteinmoleküls wurde von Valverde et al. [1992] berichtet. Diese Arbeitsgruppe charakterisierte P-Glykoprotein als einen volumenabhängig regulierten Ionenkanal für Chloridionen, analog der Funktion des CFTR-Proteins (Cystic-fibrosis-transmembrane-conductance-regulator-Protein) [Bear et al. 1991]. Diese Funktion sei vom Transport lipophiler Substanzen unabhängig [Gill et al. 1992]. Andere Arbeitsgruppen haben diese Beobachtung bislang nicht reproduzieren können. Möglicherweise wird im von Valverde et al. untersuchten Zellsystem ein noch unbekanntes regulatorisches Molekül von P-Glykopotein transportiert, welches die Aktivität eines weiteren, noch nicht identifizierten Transportsystems moduliert [Gottesman, pers. Mitteilung].

2.1.3.1.3 Inhibition von P-Glykoprotein

P-Glykoprotein weist eine sehr breite Substratspezifität bzw. Promiskuität für seine Substrate auf und entfernt strukturell sehr unterschiedliche Moleküle aus dem Zellinnern. Seine verschiedenen Inhibitoren zeigen ein ebenso breites Spektrum verschiedenster Substanzen und unterschiedlichster Wirkmechanismen:

- *Kalziumantagonisten*: Verapamil, R-Verapamil, Diltiazem, Nifedipin, Niguldipin, Nicardipin, Azidopim, Bepridil
- *Antiarrhythmika*: Amiodaron, Chinidin
- *Immunsuppressiva*: Cyclosporin, SDZ PSC833, Rapamycin, FK506
- *Antibiotika und Antimykotika*: Cefoperazon, Ceftriaxon, Erythromycin, Ketokonazol
- *Antiprotozoika*: Chinin, Chloroquin
- *Psychopharmaka*: Fluphenazin, Flupenthixol, Trifluperazin, Tioperidon
- *Steroidhormone und Hormonantagonisten*: Dexamethason, Kortison, Progesteron, Megestrol, Tamoxifen, Toremifin, Aldosteron
- *Proteinkinase-C-Inhibitoren*: Staurosporin
- *Zytostatikaderivate*: N-Azetyl-Daunorubicin

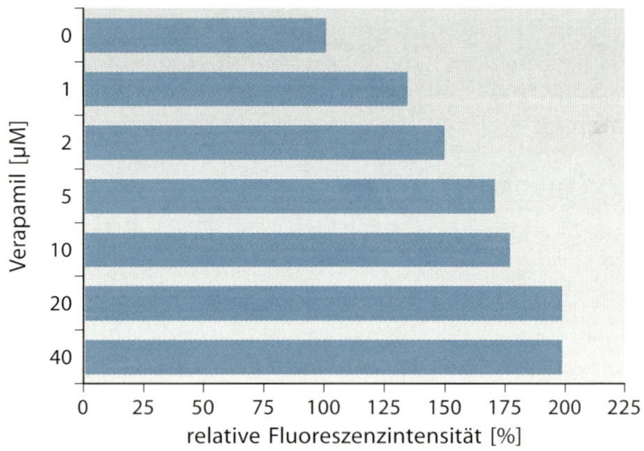

Abb. 2.1.2. Inhibition der Akkumulation von Rhodamin-123 durch Verapamil. Zytostatika-selektierte Tumorzellen der Zellinie KB-C1, in denen P-Glykoprotein überexprimiert wird, wurden 30 min mit einem fluoreszierenden Substrat, Rhodamin-123, inkubiert. Die mittlere Fluoreszenz der Zellen wurde durchflußzytometrisch bestimmt. Substrate von P-Glykoprotein werden aktiv aus der Zelle entfernt; dadurch wird ihre intrazellulare Akkumulation im Vergleich zu chemosensiblen Zellen vermindert. Zugabe von Verapamil führt durch kompetitive Hemmung des Substrattransports in dosisabhängiger Weise zur Zunahme des Gehalts an Rhodamin-123 und somit zu einer höheren Fluoreszenz. Als maximal wirksame inhibitorische Konzentration wurden 20 µM Verapamil ermittelt. In chemosensiblen KB-3-1-Zellen wird hingegen bei einer Zugabe von Verapamil keine Zunahme der Fluoreszenz beobachtet (nicht abgebildet)

- *ATPase-Inhibitoren*: Vanadiniumsäuresalze
- *Detergenzien*: Tween 20, Tween 80, Lubrol WX
- *Lösungsvermittler*: Cremophor (Polyoxycastoröl)

Anders als Zytostatika wirkt eine Vielzahl von Verbindungen, die mit P-Glykoprotein reagieren, nur in höheren Konzentrationen toxisch. Viele dieser Verbindungen sind selbst Substrate des Transportproteins, z. B. Verapamil und Chinidin, und hemmen in kompetitiver Weise die Eliminierung der Chemotherapeutika (Abb. 2.1.2). Andere hingegen, beispielsweise die Salze der Vanidiniumsäure, unterbinden in nicht-kompetitiver Weise als ATPase-Inhibitoren den Substrattransport [Ambudkar et al. 1995].

Vermutlich reagieren nicht alle Verbindungen, die die Transportaktivität von P-Glykoprotein modulieren, mit dem Molekül selbst: Detergenzien verändern die Eigenschaften der Zellmembran, P-Glykoprotein ist jedoch nur in der intakten Zellmembran bzw. in Membranvesikeln [Horio et al. 1991] oder rekonstituiert in Proteoliposomen [Ambudkar et al. 1995] aktiv. Das aus der Membran herausgelöste P-Glykoprotein hat hingegen keine Transportaktivität [Gottesman et al. 1993]. Die Möglichkeit, die durch P-Glykoprotein vermittelte Ausschleusung von Zytostatika aus Tumorzellen zu hemmen und dadurch die intrazellulare Akkumulation zu erhöhen, gab Anlaß zu sowohl in vitro als auch in vivo durchgeführten präklinischen Untersuchungen. Schon bevor der Transportmechanismus von P-Glykoprotein erkannt worden war, wußte man, daß durch eine Kombination der zytostatischen Behandlung mit Verapamil oder Cyclosporin A das Ansprechen von chemoresistenten Tumoren auf die Therapie verbessert werden kann [Slater et al. 1986, Tsuruo et al. 1981]. Wie unten ausgeführt wird, hat die Chemosensibilisierung durch Inhibitoren von P-Glykoprotein Eingang in die klinische Behandlung maligner Tumoren gefunden.

2.1.3.2 MRP-Transportsystem (Multidrug-resistance-associated-Protein-Transportsystem)

Ein genetisch und biochemisch dem P-Glykoprotein eng verwandtes Transportmolekül wurde aus Zytostatika-resistenten Bronchialkarzinomzellen isoliert, in welchen P-Glykoprotein nicht nachgewiesen werden konnte [Cole et al. 1992]. Das MRP-Transportprotein ist nicht nur in Tumorzellen, sondern auch in Normalgeweben exprimiert [Schneider et al. 1994, Zaman et al. 1993]. Wie P-Glykoprotein inaktiviert das MRP-Protein natürlich vorkommende giftige Verbindungen, z. B. Anthrazykline, Vinkaalkaloide und Epipodophyllotoxine, und die hieraus abgeleiteten semisynthetischen Zytostatika, indem es diese aktiv aus Tumorzellen pumpt [Grant et al. 1994, Kruh et al. 1994]. Im Gegensatz zu P-Glykoprotein wird der MRP-Transporter in geringem Umfang durch Kalziumantagonisten und Cyclosporinderivate inhibiert. Die klinische Bedeutung des MRP-Transports für die Chemotherapie wird gegenwärtig untersucht. In neueren Untersuchungen wurde belegt, daß die Expression des MRP-Gens einen prognostischen Indikator für den klinischen Verlauf des fortgeschrittenen Neuroblastoms, des häufigsten Tumors des frühen Kindesalters, darstellt und mit dem Versagen der zytostatischen Chemotherapie korreliert ist [Norris et al. 1996].

2.1.3.3 Verminderte Aktivität von Topoisomerasen

Ein anderer Wirkmechanismus, der zur Resistenz gegen mehrere Chemotherapeutika führt, beruht auf der verminderten Aktivität von Topoisomerasen. Topoisomerasen der Klasse I überführen superhelikale DNA in die relaxierte Form, während die der Klasse II neue Superhelixwindungen in die DNA einführen. Dazu werden Einzel- und Doppelstrangbrüche in die DNA eingebracht und die Enden nach Drehung der DNA wieder verbunden. Topoisomerasen sind unentbehrlich für die DNA-Replikation und beeinflussen die Transkription durch sterische Änderungen des DNA-Moleküls. Mehrere Zytostatika wirken auf Topoisomerasen: Camptothecin, ein Chemotherapeutikum, das gegenwärtig in klinischer Prüfung ist, interferiert mit Topoisomerasen der Klasse I, während Epipodophyllotoxine, Anthrazykline, Actinomycin D, Amsacrin und 9-Hydroxyellipticin auf Topoisomerasen der Klasse II einwirken.

Eine Verminderung der Expression von Topoisomerasen führt zur Reduktion der DNA-Strangbrüche in Anwesenheit zytostatischer Verbindungen, die mit diesen Enzymen interagieren [Per et al. 1987]. Eine erniedrigte intrazellulare Konzentration ist daher mit Chemoresistenz gegen die betreffenden Zytostatika verbunden [Beck 1989, Cole et al. 1991, Hsiang u. Liu 1988, Tan et al. 1989]. Daneben wurden auch Punktmutationen beschrieben, die zu einer verminderten Enzymaktivität der Topoisomerasen führen [Campain et al. 1995, Hinds et al. 1991, Zwelling et al. 1989].

2.1.3.4 Mutationen des Dihydrofolatreduktasegens

Die klinische Resistenz von Tumorzellen gegen die Antimetaboliten Methotrexat und Trimetrexat beruht meist auf der verminderten Aktivität des Folattransporters, wodurch der Einstrom sowohl von Folsäure als auch von Methotrexat vermindert wird. Die Methotrexatresistenz kann aber auch auf eine erhöhte Enzymaktivität der Dihydrofolatreduktase oder auf Mutationen des DHFR-Gens zurückzuführen sein. Letztere wurden in experimentellen Tumorzellinien, die mit Antifolaten selektiert wurden, beobachtet. Bestimmte Mutationen des DHFR-Gens, z. B. der Austausch von Leucin gegen Arginin in Position 22 oder Phenylalanin gegen Serin bzw. Tryptophan in Position 31 führen zu einer verminderten Bindungsaffinität der DHFR-Inhibitoren Methotrexat und Trimetrexat zum Enzym [Chunduru et al. 1994, Dicker et al. 1990, Haber et al. 1981, McIvor u. Simonsen 1990, Srimatkandada et al. 1989]. Mutierte DHFR-Gene erwiesen sich wie auch das MDR1-Gen als geeignet für Gentransferstudien, da sie als dominant-selektierbare Markergene fungieren. Wie unten ausgeführt, können sie Knochenmarkzellen vor den Nebenwirkungen einer zytostatischen Behandlung mit Methotrexat schützen.

2.1.3.5 Erniedrigte intrazellulare Glutathionkonzentration

Der Chemoresistenz von Tumorzellen gegen multiple Zytostatika kann eine Veränderung des zellularen Glutathionmetabolismus zugrundeliegen. Änderungen der intrazellularen Glutathionkonzentration beruhen vorwiegend auf einer veränderten Expression von Glutathion-S-Transferasen. Diese heterogene Gruppe von Enzymen katalysiert die Bindung des reduzierenden Peptids Glutathion an elektrophile Verbindungen. Durch die Reaktion von Glutathion mit alkylierende Substanzen werden Konjugate gebildet, die wasserlöslich sind und rasch aus der Zelle entfernt werden können [McGirr u. O'Brien 1987]. Eine zusätzliche Wirkung beruht auf der Reaktion von Glutathion mit Oxidanzien, z. B. toxischen Sauerstoffradikalen bei der Quinonbildung von Anthrazyklinen [Arrick u. Nathan 1984]; diese Reaktion wird hauptsächlich durch die Selen-abhängigen Glutathionperoxidasen katalysiert [Ursini u. Bindoli 1987].

Vermutlich spielt der MRP-Transporter eine zentrale Rolle bei der Eliminierung der Glutathionkonjugate [Müller et al. 1995]. Hohe intrazellulare Glutathionkonzentrationen verringern die Wirksamkeit von Alkylanzien, Anthrazyklinen und Cisplatin. Dagegen kann eine Depletion des zellularen Glutathions, beispielsweise durch Buthioninsulfoximin (BSO), die malignen Zellen gegen die inaktivierten Zytostatika chemosensibilisieren [Ozols et al. 1987].

Obwohl völlig unterschiedliche molekulare Mechanismen vorliegen, wurde die Bezeichnung atypische MDR (at-MDR) – im Gegensatz zur klassischen MDR, die auf die Überexpression von P-Glykoprotein zurückgeführt wird – in der Literatur verschiedentlich für Zytostatikaresistenz verwendet, die entweder durch die Aktivität des MRP-Transporters oder durch Änderungen der Expression von Topoisomerasen bzw. Glutathion-S-Transferasen bedingt war.

2.1.4 Genetik

2.1.4.1 P-Glykoprotein-Genfamilie

Das humane P-Glykoprotein ist Mitglied einer Genfamilie, die sich aus Genen für weitgehend homologe Membranproteine zusammensetzt [Deuchars et al. 1992, Silverman et al. 1991]. P-Glykoproteine von Säugetieren werden in 2 Klassen und 2 Subklassen zusammengefaßt. Klasse 1A umfaßt neben dem humanen mdr1-Gen das murine mdr1a-Gen (auch als mdr3 bezeichnet) und die pgp1-Gene von Hamster und Ratte. Klasse 1B beinhaltet das murine mdr1b- (mdr2-) und die pgp2-Gene von Maus und Hamster, jedoch kein humanes homologes Gen. Durch Transfektionsexperimente wurde nachgewiesen, daß die P-Glykoproteine beider Subklassen Zytostatikaresistenz vermitteln; allerdings unterscheiden sie sich in ihrer Affinität von verschiedenen zytotoxischen Substraten und im Grad der vermittelten Chemoresistenz [Devault u. Gros 1990].

Im Gegensatz zu den P-Glykoproteinen der Klasse 1 transportieren die von MDR-Genen der Klasse 2 kodierten P-Glykoproteine keine Zytostatika und bewirken keine Chemoresistenz, obwohl sie weitgehend homolog zu den P-Glykoproteinen der Klassen 1A und 1B sind. Zu ihnen gehören das humane MDR2-Gen (auch als MDR3 klassifiziert), die pgp3-Gene von Hamster und Ratte sowie das mdr2-Gen der Maus. Die Funktion dieser P-Glykoproteine wurde durch Ausschaltung des murinen mdr2-Gens und Erzeugung von Knockout-Mäusen aufgeklärt. Es stellte sich heraus, daß dieses Gen für den Transport von Phospholipiden aus der Leber in die Gallenwege erforderlich ist und ein Fehlen dieses Gens zu schweren Leberzellschädigungen führt [Smit et al. 1993].

Sowohl das humane MDR1- als auch das MDR2-Gen sind auf dem langen Arm des Chromosoms 7 in Position 7q21.1 lokalisiert. Die Gene befinden sich in Tandemposition [Lincke et al. 1991]. In hochgradig chemoresistenten Tumorzellen wurde darüber hinaus das MDR1-Gen in Homogeneous staining regions (HSR), Abnormally banding regions (ABR) und in extrachromosomalen Elementen, episomal oder als Double-minute chromosomes, amplifiziert gefunden [Biedler 1992, Borst 1991, Schoenlein et al. 1992].

Transportproteine vom Typ der P-Glykoproteine kommen nicht nur in Säugetierzellen vor, sondern sind ubiquitär in eukaryoten Zellen beobachtet worden, beispielsweise in Insekten [Wu et al. 1991] und Pflanzen [Dudler u. Hertig 1992]. Auch in mehreren parasitären Organismen wurden verwandte Gene gefunden, z. B. in *Leishmania donovani* [Henderson et al. 1992], *Entamoeba histiolytica* (Descoteaux et al. 1992] und in *Giardia duodenalis* [Upcroft et al. 1992]. In Chloroquin-resistenten Plasmodien wurden ebenfalls 2 den MDR-Genen homologe Gene gefunden [Wilson et al. 1989]. Der resultierende Phänotyp der Resistenz von Parasiten gegen antiprotozoale Medikamente weist Gemeinsamkeiten mit der pleiotropen Chemoresistenz in humanen Tumorzellen auf [Grogl et al. 1991]. Das Antimalariamedikament Chloroquin ist ebenfalls ein Substrat des humanen P-Glykoproteins. Auch in Prokaryoten wurden partiell homologe Gene identifiziert [Gros et al. 1986]. Die Konservierung von MDR-ähnlichen Sequenzen während der gesamten Evolution legt nahe, daß P-Glykoproteine unter bestimmten Bedingungen essentielle Zellfunktionen wahrnehmen können.

P-Glykoprotein gehört der Superfamilie der Transportproteine vom Typ der ATP-bindenden Kassette an (ABC-Transporter). Diese Superfamilie besteht aus mittlerweile mehr als 50 membranassoziierten Proteinen unterschiedlicher biologischer Herkunft und Funktion [Higgins 1993, Hyde et al. 1990]. Die meisten Mitglieder der ABC-Superfamilie sind Transportproteine oder Ionenpumpen. Zu ihr gehören das CFTR-Protein, dessen Defekt die Mukoviszidose auslöst [Ames u. Lecar 1992], das Adrenoleukodystrophieprotein, ADLP, [Mosser et al. 1993] und die an der Präsentation von Antigenen an immunkompetente Zellen beteiligten Tap-1- und Tap-2-Transportproteine [Ambudkar et al. 1995].

2.1.4.2 Regulation der P-Glykoprotein-Expression

Verschiedene molekulare Mechanismen können zur Überexpression von P-Glykoprotein führen. Die Amplifikation des MDR1-Gens in HSR, ABR und extrachromosomalen Elementen wird nur in mit hohen Konzentrationen toxischer Substanzen selektierten, extrem chemoresistenten Zellinien beobachtet. In der Regel geht während der zytostatischen Selektion die Überexpression der MDR1-mRNA der Genamplifikation voraus [Shen et al. 1986]. Für die klinische Tumordiagnostik und -therapie spielt daher die MDR1-Genamplifikation keine Rolle. Die Überexpression von P-Glykoprotein ist häufig durch eine transkriptionale Aktivierung des MDR1-Gens bedingt, darüber hinaus durch die posttranskriptionale Stabilisierung der MDR1-mRNA und posttranslationale Modifikationen des kodierten Proteins.

Die Promotorregion des MDR1-Gens wurde von Ueda et al. [1987b] sequenziert. Es wurden 2 Promotoren identifiziert; in chemoresistenten Zellen wird fast immer der in 5'-Position liegende Promotor zur Initiierung der Transkription benutzt. Die Promotorsequenz enthält mehrere regulatorische Einheiten, darunter 2 GC- und 1 CAAT-Box-Konsensussequenz, aber keine TATA-Box. Für die Komplexität des MDR1-Promotors spricht, daß die Transkription in chemoresistenten KB-V1-Zellen an vielen Stellen innerhalb eines 80-bp-Fragments beginnt [Ueda et al. 1987b].

Eine transkriptionale Aktivierung des MDR1-Gens wurde erstmals in Zellinien von Nagetieren nach der Behandlung mit Doxorubicin, Daunomycin, Mitoxantron und Amsacrin nachgewiesen [Chin et al. 1990a]. Auch vergleichsweise unspezifische Schädigungen wie Hitzeschock und die Behandlung von Zellen mit Kanzerogenen oder Schwermetallen, wie Arsen oder Kadmium, induzieren die Expression der MDR1-mRNA und eine Zunahme der Resistenz gegen Vinblastin [Chin et al. 1990b]. MDR1 ist daher ein durch unspezifischen Streß induzierbares Gen. Zum Teil wird die Induzierbarkeit auf Heat-shock-responsive-Konsensuselemente in der MDR1-Promotorregion zurückgeführt [Chin et al. 1990b].

Der MDR1-Promotor kann weiterhin durch mutierte p53-Anti-Onkogene oder ras-Onkogene aktiviert werden [Chin et al. 1992]. Da eine ras-Überexpression oder Mutationen des p53-Gens häufig im Verlauf von Tumorerkrankungen in Verbindung mit der Progression eines Tumorleidens beobachtet werden, ist es möglich, daß auf diese Weise die Chemoresistenz in Tumoren induziert wird.

Thorgeirsson et al. [1987] fanden, daß in der regenerierenden Leber nach partieller Hepatektomie die Transkription des MDR1-Gens induziert wird. Marino et al. [1990] zeigten, daß die Zunahme des Gehalts an MDR1-mRNA posttranskriptional durch die Zunahme der mRNA-Stabilität reguliert ist. In der Leber führt auch die Kanzerogenexposition zur Induktion von MDR1 [Carr 1987, Thorgeirsson et al. 1987, Volm et al. 1990]. Zusammen mit MDR1 werden weitere Gene, z. B. Zytochrom-P450, induziert [Burt u. Thorgeirsson 1988]. Dabei kann die Induktion des MDR-Phänotyps unter der Einwirkung von Kanzerogenen der malignen Transformation von Leberzellen vorausgehen [Fairchild et al. 1987]. Nicht selten exprimieren daher Leberzellkarzinome bereits bei der Diagnosestellung P-Glykoprotein.

In eigenen Untersuchungen wurde gefunden, daß P-Glykoprotein durch die Zytostatika Doxorubicin und Vindesin in Zellen einer Pleuramesotheliomzellinie induzierbar ist [Licht et al. 1991]. Interessanterweise ging die Überexpression der MDR1-mRNA, welche schon nach 2 Tagen hoch exprimiert war, der des kodierten Proteins um mehrere Tage voraus. In dieser Tumorzellinie sind daher sowohl transkriptionale als auch posttranslationale Mechanismen an der Regulation der P-Glykoprotein-Expression beteiligt. Daß neben der transkriptionalen und posttranskriptionalen Kontrolle zusätzliche Mechanismen die Expression von P-Glykoprotein regeln, wurde auch von Hill et al. [1990] berichtet. Fraktionierte Röntgenbestrahlung von ovarialen Zellen des chinesischen Hamsters (CHO-Zellen) führte zur Überexpression von P-Glykoprotein und zur Ausbildung einer Resistenz gegen Kolchizin, Etoposid und Vinblastin. Es konnten jedoch keine Genamplifikation und keine Zunahme der MDR1-mRNA-Expression in den CHO-Zellen nachgewiesen werden. Weiterführende Analysen bewiesen, daß diesem Befund eine posttranslationale Regulation zugrundeliegt [McClean u. Hill 1993].

Zusammengefaßt ist die Expression von P-Glykoprotein komplex reguliert. Zwei MDR1-Promotoren wurden identifiziert; die Transkription kann an mehreren Stellen der Promotorregion initialisiert werden. Neben transkriptionalen und posttranskriptionalen sind auch posttranslationale Regulationsmechanismen für die P-Glykoprotein-Expression von Bedeutung.

2.1.5 Klassische Diagnostik und Therapie

2.1.5.1 Klassische Diagnostik

Seit der Einführung der zytostatischen Chemotherapie in die Behandlung maligner Erkrankungen wird versucht, den klinischen Behandlungserfolg vorherzubestimmen. Die meisten Chemotherapieprotokolle wurden empirisch entwickelt. Nicht selten entstanden sie auf der Basis älterer Protokolle durch Stratifizierung, d. h. durch die Anpassung von Dosis und Abfolge der Behandlung an bestimmte Risikokonstellationen. Von einem erhöhten Rezidivrisiko kann bei manchen Leukämien oder soliden Tumoren aufgrund von Tumorgröße, Karyotyp oder immunologischem Phänotyp der malignen Erkrankung sowie dem Alter der Patientengruppe ausgegangen werden.

Andererseits wurden erhebliche Anstrengungen unternommen, präklinische Testverfahren zu optimieren und dadurch das Ansprechen bestimmter Tumorentitäten oder auch individueller Malignome auf die Therapie vorherzusagen. Einen Meilenstein auf diesem Weg stellt die Entwicklung eines Koloniebildungstests für Tumorzellen durch Hamburger u. Salmon [1977] dar. Dieser wurde in vielfachen Modifikationen angewandt und zur Charakterisierung neuer zytostatischer Verbindungen eingesetzt. Verschiedentlich wurde seine Validität durch Chemoresistenztestung in vivo an immundefizienten Mäusen überprüft bzw. verbessert [Fiebig et al. 1987].

Andere Testverfahren messen die Abnahme der Viabilität von Tumorzellen unter der Einwirkung der Chemotherapeutika. Diese Verfahren sind außerordentlich nützlich für die Entwicklung neuer Substanzen; es ist jedoch bislang nicht gelungen, mit hoher Sicherheit das Ansprechen eines individuellen Tumors und die Prognose des Patienten vorherzubestimmen. Zusätzliche Testverfahren, durch die bestimmte Chemoresistenzmechanismen bestimmt werden können, haben sich als wertvolle Ergänzung der klassischen Diagnostik erwiesen (s. unten). Es ist anzunehmen, daß durch die Identifizierung und den diagnostischen Nachweis zusätzlicher Ursachen der Chemoresistenz von Tumoren die Behandlung weiter optimiert und an das individuelle Risiko angepaßt werden kann.

2.1.5.2 Hochdosischemotherapie

Die Ergebnisse der konventionellen Chemotherapie sind bis auf die Behandlung weniger Tumorentitäten unbefriedigend (s. oben). Zwar kann häufig eine Verringerung der Tumormasse erzielt werden, manche Neoplasien sprechen auch mit objektiven Remissionen auf die Behandlung an. Dennoch treten im weiteren Verlauf nicht selten Rezidive auf. Bei der Behandlung vieler Malignome, z. B. bei Mammakarzinomen, Sarkomen, multiplen Myelomen und akuten Leukämien, wurde eine Beziehung zwischen der verabreichten Dosis der Medikamente und dem Ansprechen auf die Behandlung festgestellt. Allerdings ist die applizierbare Dosis durch die Toxizität der eingesetzten Medikamente begrenzt. Insbesondere die Schädigung des blutbildenden Systems in Form einer Leuko- und Thrombozytopenie stellt eine erhebliche Gefährdung der Patienten dar. Bei weiterer Dosissteigerung treten zusätzliche, für die jeweilige Medikamentengruppe spezifische Nebenwirkungen auf. Anthrazykline führen zu disseminierten Nekrosen des Myokards; Vinkaalkaloide, Platinverbindungen und Taxane sind neurotoxisch, und Stickstoff-Lost-Derivate können eine hämorrhagische Zystitis auslösen.

Das Ziel einer Dosisintensivierung ist, daß dadurch auch nur mäßig chemosensible Tumorzellen innerhalb einer heterogenen Zellpopulation abgetötet werden können. Die Steigerung der Zytostatikadosis wurde durch die Transplantation von autologem Knochenmark oder von hämatopoetischen Stammzellen möglich, welche durch eine vorangegangene Chemotherapie oder die Gabe von Wachstumsfaktoren in peripheres Blut mobilisiert werden können. Alternativ kann die Phase der Chemotherapie-bedingten Leukopenie auch durch die Injektion von Wachstumsfaktoren verkürzt werden. Der Stellenwert einer Hochdosistherapie wird derzeit intensiv in klinischen Studien untersucht und ist noch nicht für alle Tumorentitäten definitiv entschieden.

Beispielhaft für die Erfolge einer Hochdosistherapie sei auf das Plasmozytom hingewiesen. Ohne Behandlung beträgt die Überlebenszeit von Patienten in den fortgeschrittenen Stadien II und III 11,5 bzw. 7,5 Monate [Feinleib u. MacMahon 1960]. Die konventionelle Chemotherapie vermag diese Spanne auf 20 Monate im Durchschnitt zu verlängern [Sporn u. McIntyre 1986]. Durch die Standardbehandlung mit Melphalan und einem Kortikosteroid werden Ansprechraten bis zu 60% erzielt [Buzaid u. Durie 1988]. Die Effekte sind jedoch ausschließlich palliativ, und im Durchschnitt tritt nach 11 Monaten ein serologisches, 4 Monate später ein klinisches Rezidiv auf. Auch die Therapie mit Interferon-α vermag die Gesamtlebensdauer nur geringfügig zu erhöhen; die Remissionsrate wird durch diese Behandlung gegenüber der Chemotherapie nicht verbessert [Westin 1991].

Im Gegensatz dazu wurde durch eine Induktionspolychemotherapie, anschließende Hochdosistherapie mit Reinfusion autologen Knochenmarks und nachfolgende Erhaltungstherapie mit Interferon-α eine Vollremission bei 43% der Patienten und eine stabile Teilremission bei 40% erreicht. Die projektierte Gesamtüberlebensrate nach 42 Monaten betrug 81% [Attal et al. 1992]. Ähnliche Daten wurden auch von anderen Gruppen berichtet [Harrousseau et al. 1987]. Es bleibt abzuwarten, ob sich diese günstigen Ergebnisse in größeren Studien bestätigen.

Die Transplantation autologen Knochenmarks oder von in die Peripherie mobilisierten Stammzellen beinhaltet jedoch die Gefahr, daß kontaminierende maligne Zellen, die der Diagnostik entgangen sind, dem Patienten reinfundiert werden und ein Tumorrezidiv verursachen. Brenner et al. [1993] markierten die hämatopoetischen Zellen des Transplantats mit einem retroviralen Vektor. Es erwies sich, daß bei manchen Patienten, die ein Rezidiv erlitten, die malignen Zellen retroviral markiert waren und daher nicht der residuellen Hämatopoese der Patienten nach der Konditionierungsbehandlung, sondern den transplantierten Zellen entstammten.

Die Entfernung maligner Zellen durch Immunseparation hämatopoetischer Stammzellen oder durch Purging-Verfahren sollte die Häufigkeit der Tumorrezidive nach autologer Transplantation von Knochenmark oder mobilisierten Stammzellen des peripheren Bluts deutlich reduzieren. Gegenwärtig werden daher verschiedene Verfahren zur Entfernung maligner Zellen aus Transplantaten (Purging) vor der Reinfusion untersucht. Die Wirksamkeit dieser Therapiemodalitäten muß jedoch noch in klinischen Studien belegt werden.

2.1.6 Molekulare Diagnostik und Therapie

2.1.6.1 Diagnostik

2.1.6.1.1 Molekularbiologischer und immunhistochemischer Nachweis von MDR1 und P-Glykoprotein

Zur Diagnose einer P-Glykoprotein-vermittelten Chemoresistenz sind Verfahren geeignet, mit denen die mRNA oder das kodierte P-Glykoprotein nachgewiesen werden können. Auch funktionelle Assays, mit denen die Transportaktivität erfaßt wird, sind nützlich, insbesondere wenn die Hemmung durch Inhibitoren gezeigt wird. Dagegen ist die Analyse der DNA nicht hilfreich, da das MDR1-Gen nur in hochgradig Zytostatika-selektierten Zellen amplifiziert wird.

Die MDR1-mRNA wurde in verschiedenen Untersuchungen mittels Northern-Blot oder Slot-Blot, RT-PCR oder In-situ-Hybridisierung nachgewiesen. Bereits sehr niedrige Expressionsniveaus, die nur durch die RT-PCR erfaßt werden können, sind mit klinischer Chemoresistenz korreliert und haben prädiktiven Wert für das spätere Versagen der zytostatischen Behandlung [Herzog et al. 1992, Holzmayer et al. 1992].

Monoklonale Antikörper gegen P-Glykoprotein wurden von verschiedenen Arbeitsgruppen entwikkelt. Manche reagieren spezifisch mit dem Produkt des MDR1-Gens, z. B. die Antikörper MRK16, UIC2, 4E3, HYP-241, 17F4 und C494; andere hingegen, wie der Antikörper C219, kreuzreagieren mit dem Produkt des MDR2-Gens. Da verschiedene Antikörper nicht notwendigerweise zu identischen Ergebnissen führen [Valk et al. 1991, Wishart et al. 1990], ist verschiedentlich vorgeschlagen worden, die immunhistochemischen Färbungen mit mehreren Antikörpern zu vergleichen.

2.1.6.1.2 Prognostische Wertigkeit des Nachweises von P-Glykoprotein

In mehreren klinischen Untersuchungen wurde gezeigt, daß P-Glykoprotein ein prognostischer Indikator ist. Daß die Expression von P-Glykoprotein einen ungünstigen Krankheitsverlauf anzeigt, selbst wenn nur ein Teil der neoplastischen Zellen den MDR-Phänotyp aufweist, ist für eine Reihe maligner Erkrankungen sicher belegt worden. Beispielsweise wurde die prognostische Relevanz für die Behandlung der AML von Campos et al. [1992], Kuwazuru et al. [1990], Pirker et al. [1991] sowie Zhou et al. [1992] gezeigt. Pirker et al. [1992] wiesen darüber hinaus bei der AML die Unabhängigkeit von anderen prognostischen Faktoren nach.

Häufig steigt nach vorangegangener zytostatischer Behandlung die Expression des MDR1-Gens an, beispielsweise in AML-Blasten, wie von Micheli et al. [1992] berichtet wurde. Auch bei der Behandlung von Neuroblastomen werden hohe MDR1-Expressionsniveaus häufiger nach als vor einer Chemotherapie beobachtet [Goldstein et al. 1990]. In ähnlicher Weise findet man P-Glykoprotein in Plasmozytomen nur gelegentlich primär, häufig jedoch nach vorangegangener Chemotherapie [Salmon et al. 1989a].

Wenn zu Beginn oder aber im Verlauf der Erkrankung bei pädiatrischen Patienten mit Weichteilsarkomen P-Glykoprotein nachgewiesen wird, ist die Prognose wesentlich schlechter als bei Sarkomen, in denen kein P-Glykoprotein gefunden wird [Chan et al. 1990]. Diese Beobachtungen belegen die prognostische Bedeutung dieses Resistenzfaktors. Sie wurde ebenfalls für Osteosarkome des Erwachsenenalters gezeigt [Baldini et al. 1995, Toffoli et al. 1992]. Bemerkenswert an der Studie von Baldini et al. ist, daß der Krankheitsverlauf bereits lange vor einem manifesten Rezidiv, zu einem Zeitpunkt, zu dem noch keine Generalisierung der Erkrankung festgestellt werden konnte, durch den MDR-Phänotyp determiniert war.

Auch Plasmozytomzellen, die nach dem Erreichen einer Remission unter Chemotherapie P-Glykoprotein exprimieren, weisen auf ein wenig später auftretendes und therapeutisch dann nicht mehr zu beeinflussendes Rezidiv hin [Musto et al. 1991]. Beim Plasmozytom wurde darüber hinaus eine Beziehung zwischen der P-Glykoprotein-Expression und der Intensität der Vortherapie festgestellt [Grogan et al. 1993]. In dieser Studie waren die Expressionsniveaus signifikant höher, wenn die Kumulativdosis für Vincristin 20 mg und für Doxorubicin 340 mg überschritt. Die Autoren kommen zum Schluß, daß die kombinierte Vincristin- und Doxorubicindosis prädiktiv für die Entwicklung des MDR-Phänotyps in vortherapierten Plasmozytomen sind. Die Korrelation mit der Dosis der Vortherapie spricht für den Stellenwert von Induktions- oder Selektionsmechanismen in vivo im Verlauf der Erkrankung.

Das MDR1-Gen wird während der Chemotherapie maligner Erkrankungen nicht selten zusammen mit anderen Chemoresistenzfaktoren exprimiert, insbesondere in relabierten Tumoren [Cheng et al. 1993]. Die Expression von mehr als einem Resistenzfaktor scheint eine noch höhere prognostische Wertigkeit für einen ungünstigen Krankheitsverlauf zu besitzen [Rodriguez et al. 1993].

2.1.6.2 Therapie

2.1.6.2.1 Chemosensibilisierung durch Inhibitoren von P-Glykoprotein

Die breite Substratspezifität von P-Glykoprotein bedingt, daß viele Verbindungen mit nur geringer eigener Toxizität den Transport anderer Substanzen beeinflussen. Ausreichend hohe Dosen von Verapamil oder Cyclosporin können die verminderte Zytostatikakonzentration in chemoresistenten Zellen auf das Niveau chemosensibler Zellen anheben [Cardarelli et al. 1995]. Diese Therapieansätze zeigten jedoch in klinischen Studien beträchtliche Nebenwirkungen [Salmon et al. 1991, Yahanda et al. 1992]. Verapamil senkt den Blutdruck und hemmt die Überleitung von elektrischen Reizen aus dem Herzvorhof in die Ventrikel. Das wird klinisch bei der Behandlung der arteriellen Hypertonie und von Herzrhythmusstörungen genutzt; bei Studien zur Chemosensibilisierung von Tumorzellen waren jedoch Hypotonie und Blockierung der atrioventrikulären Reizleitung dosislimitierend. Cyclosporin A wird als Immunsuppressivum nach Organtransplantationen oder zur Therapie von Autoimmunerkrankungen eingesetzt; als chemomodulierendes Agens führte es zu arterieller Hypertension, Nierenschädigungen, Hypomagnesämie und intrahepatischer Cholestase [Yahanda et al. 1992].

Aufgrund der erheblichen Nebenwirkungen in den ersten klinischen Studien zur Chemosensibilisierung von Tumorzellen wurden neue Verbindungen mit geringerer Toxizität getestet. Fortschritte beim Verständnis des zugrundeliegenden Transportmechanismus ermöglichten die gezielte Suche nach weiteren P-Glykoprotein-Inhibitoren mit chemosensibilisierender Aktivität. Eine deutliche Verbesserung stellte die Verwendung von D-Verapamil anstelle des klinisch verwandten Razemats dar. D-Verapamil löst bei gleicher Inhibition von P-Glykoprotein erst in 10facher Dosis die kardialen Nebenwirkungen des Verapamilrazemats aus [Pommerenke et al. 1991]. D-Verapamil verbesserte bei 5 von 21 Patienten mit refraktären Non-Hodgkin-Lymphomen das Ansprechen der Therapie [Chabner et al. 1992]. Andere strukturell analoge Verbindungen haben möglicherweise noch günstigere Eigenschaften [Pirker et al. 1990].

In ähnlicher Weise wurden nicht immunsuppressive Strukturanaloga von Cyclosporin entwikkelt, darunter PSC833, das verglichen mit Cyclosporin A eine wesentlich höhere inhibitorische Potenz besitzt [Boesch et al. 1991, Gaveriaux et al. 1989]. Eine große Anzahl von Substanzen wurde auf Interaktionen mit P-Glykoprotein hin untersucht, und neue Inhibitoren wurden entwickelt. Übersichtsarbeiten zur Überwindung der Chemoresistenz durch P-Glykoprotein-Inhibitoren wurden von Ford u. Hait [1993], Grunicke u. Hofmann [1992] und Lum et al. [1993] publiziert.

Daß die Chemosensibilisierung eine potentiell effiziente Behandlung darstellt, wurde eindrucksvoll von Sonneveld et al. [1992] demonstriert: 21 Patienten mit progredienten Plasmozytomen unter Therapie mit dem VAD-Protokoll oder bereits primär refraktären Plasmozytomen wurden mit VAD in Kombination mit Cyclosporin A behandelt. 48% aller Patienten und 58% der Untergruppe, bei denen die Expression von P-Glykoprotein vor Beginn der Erkrankung gesichert worden war, sprachen auf die Therapie an. Bei 6 von 8 Plasmozytomen, die vor und nach der Behandlung mit immunzytologischen Methoden untersucht wurden, wurden die P-Glykoprotein-exprimierenden Plasmazellen eliminiert.

2.1.6.2.2 Andere Strategien zur Modulation der Zytostatikaresistenz

Neben der Chemosensibilisierung durch Inhibitoren von P-Glykoprotein wurden andere Strategien zur Überwindung der Chemoresistenz entwickelt. Es wurde beobachtet, daß Zytostatika-resistente Zellen häufig eine gesteigerte Sensibilität gegenüber Nitrosoharnstoffen [Futscher et al. 1992], Verapamil [Warr et al. 1988] oder TNFα [Salmon et al. 1989b] aufweisen.

Eigene Untersuchungen ergaben, daß TNFα hochgradig chemoresistente Pleuramesotheliomzellen, in denen P-Glykoprotein überexprimiert ist, gegen Vindesin und Doxorubicin sensibilisiert [Licht et al. 1995b]. Diese Beobachtungen sind nicht auf eine direkte Interaktion der betreffenden Verbindungen mit P-Glykoprotein zurückzuführen. Sie stellen vielmehr Epiphänomene chemoresistenter Zellen dar.

Andere Ansätze zur Überwindung der P-Glykoprotein-vermittelten Chemoresistenz zielen auf die Inaktivierung von P-Glykoprotein durch monoklonale Antikörper oder die Verminderung der MDR1-mRNA-Konzentration in der Zelle. Die Anwendung monoklonaler Antikörper gegen P-Glykoprotein allein oder in Kombination mit zytostatischen Substanzen vermag das Wachstum von MDR-Tumoren in vivo zu unterdrücken [Pearson et al. 1991, Tsuruo et al. 1989]. Werden die Antikörper chemisch oder gentechnisch mit Toxinen verbunden, so nimmt ihre Wirksamkeit erheblich zu. Die Effizienz eines Immuntoxins, das den monoklonalen Antikörper MRK16 und ein rekombinantes Pseudomonasexotoxin enthielt, wurde in einem MDR1-transgenen Mausmodell demonstriert [Mickisch et al. 1993]. Eine weitere Anwendung monoklonaler Antikörper besteht darin, sie zum

Purging von mit Tumorzellen kontaminiertem Knochenmark vor der autologen Knochenmarktransplantation einzusetzen [Kulkarni et al. 1989, Padmanabhan et al. 1991]

Die Transkription des MDR1-Gens kann durch die Gabe von MDR1-antisense-Molekülen blockiert werden [Corrias u. Tonini 1992]. Eine andere Strategie der Chemosensibilisierung zielt darauf, die Transkripte durch Ribozyme zu spalten. Ribozyme sind Ribonukleinsäuren mit katalytischer Aktivität. Sie können RNA an spezifischen Stellen spalten und dabei inaktivieren. MDR1-Transkripte wurden durch Ribozyme gespalten und die chemoresistenten Zellen dadurch gegen die Zytostatika sensibilisiert [Scanlon et al. 1994]. Diese präklinischen Ansätze zur Überwindung von MDR befinden sich gegenwärtig noch auf der experimentellen Stufe. Da jedoch ihre Wirksamkeit bereits z.T. in vivo belegt ist, könnten sie zukünftige Behandlungskonzepte darstellen.

2.1.7 Ausblick

2.1.7.1 Optimierung der Chemomodulation

2.1.7.1.1 Inhibitoren von P-Glykoprotein

Inhibitoren von P-Glykoprotein mit reduzierter systemischer Toxizität und hoher Hemmung des Substrattransports werden gegenwärtig entwickelt. Die Verwendung neuartiger Chemoresistenz-modulierender Substanzen in der Klinik läßt gegenüber den in initialen Studien eingesetzten Inhibitoren wesentliche Fortschritte erwarten. Auch die Kombination bestimmter P-Glykoprotein-Inhibitoren erlaubt es, die Dosen der einzelnen Verbindungen auf ein tolerierbares Niveau zu senken [Hwang et al. 1996].

Manche neue Verbindungen hemmen nicht nur P-Glykoprotein, sondern auch den MRP-Transporter. Im Gegensatz zum MDR1 ist der MRP-Transporter in Lungentumoren häufig überexprimiert. Bislang war es nicht möglich, die Chemoresistenz dieser Tumoren wirksam zu modulieren. Inhibitoren des MRP-Transportproteins lassen eine Verbesserung der Behandlung dieser häufigen und therapeutisch oft nicht beeinflußbaren Tumoren erhoffen.

2.1.7.1.2 Modulation der Expression des MDR1-Gens

Durch die Analyse von Chemoresistenzmechanismen wurden grundlegende zellphysiologische und molekularbiologische Erkenntnisse zu zellularen Prozessen und Regulationsmechanismen über die zunächst begrenzte Fragestellung hinaus gewonnen. Daraus ergeben sich wiederum neue Ansätze zur Überwindung der Chemoresistenz von Tumoren.

Wie oben ausgeführt, besteht ein Zusammenhang zwischen der Expression von P-Glykoprotein und der Zelldifferenzierung. In manchen Tumoren beeinflussen differenzierungsinduzierende Verbindungen die Expression des MDR1-Gens bzw. des kodierten P-Glykoproteins. So wurde in einer Vincristin-selektierten Subzellinie der Erythroleukämielinie K562 beobachtet, daß die Expression von P-Glykoprotein durch den Differenzierungsfaktor Activin A herabreguliert wird [Okabe-Kado et al. 1991]. In Kolonkarzinomzellinien führte die Inkubation mit TNFα zur Herabregulierung der MDR1-Genexpression [Walther u. Stein 1994]. Andererseits wurden in Neuroblastom- und Kolonkarzinomzellinien erhöhte MDR1-mRNA-Konzentrationen nach einer Behandlung der Zellen mit Differenzierungs-induzierenden Verbindungen wie Dimethylsulfoxid, Dimethylformamid, Natriumbutyrat und Retinoiden gefunden [Bates et al. 1989, Mickley et al. 1989].

Erste therapeutische Ansätze wurden in experimentellen Modellen untersucht: In einer Studie von Scanlon et al. [1994] wurde gezeigt, daß Ribozyme gegen den Transkriptionsfaktor c-fos die P-Glykoprotein-Expression herabregulieren können. Auch wenn gegenwärtig nur Einzelbeobachtungen zur Modulation des MDR1-Gens vorliegen, ist zu hoffen, daß durch eine umfassende Analyse der komplexen Regulation auf transkriptionaler, posttranskriptionaler und posttranslationaler Ebene die P-Glykoprotein-Expression in Tumorzellen ausgeschaltet werden kann.

2.1.7.2 Schutz des blutbildenden Systems durch den Transfer von Chemoresistenzgenen

P-Glykoprotein ist in myeloischen und erythropoetischen Zellen nur niedrig exprimiert. Die geringe konstitutive Expression kann diese Zellen nicht vor den Nebenwirkungen der zytostatischen Chemotherapie schützen. Aus diesem Grund wurde vorgeschlagen, Chemoresistenzgene zum Schutz des Knochenmarks durch den Transfer in hämatopoetische Zellen nutzbar zu machen [Banerjee et al. 1994, Gottesman u. Pastan 1991].

Daß die Expression des MDR1-Gens im Knochenmark die Leukopenie nach Verabreichung von Chemotherapeutika wirksam abzumildern vermag, wurde in vivo zuerst in einem transgenen Tiermodell belegt [Galski et al. 1989]. Unter Kontrolle eines β-Aktin-Promotors wurde eine humane MDR1-cDNA in murinen Knochenmarkzellen exprimiert [Mickisch et al. 1991a]. Die normale Funktion des Knochenmarks war nicht beeinträchtigt, aber die Tiere überlebten hohe Taxol- und Daunomycindosen, die für normale Mäuse letal waren [Mickisch et al. 1991b]. Wurde das Mark der transgenen Tiere in letal bestrahlte normale Mäuse transplantiert, so konnte der Schutz vor der Myelotoxizität der Chemotherapeutika auch auf die Knochenmarkempfänger übertragen werden [Mickisch et al. 1992].

Die Übertragbarkeit der Chemoresistenz gab Anlaß zu Experimenten, in denen das MDR1-Gen unter Verwendung retroviraler Vektoren in normale hämatopoetische Vorläuferzellen transduziert wurde und Mäuse mit den MDR1-transduzierten Zellen knochenmarktransplantiert wurden [Podda et al. 1992, Sorrentino et al. 1992]. Beide Arbeitsgruppen fanden die Expression des MDR1-Transgens im Knochenmark der Transplantatempfänger. Zusätzlich wurde beobachtet, daß die MDR1-Expression im peripheren Blut nach Behandlung der Mäuse mit Taxol anstieg. Aufgrund der Ergebnisse dieser tierexperimentellen Untersuchungen wurden in 3 Zentren in den Vereinigten Staaten klinische Studien zur Durchführbarkeit und Sicherheit des MDR1-Gentransfers bei Patienten mit fortgeschrittenen Tumorleiden initiiert [Deisseroth et al. 1994, Hesdorffer et al. 1994, O'Shaughnessy et al. 1994]. Vor allem Patientinnen mit Mamma- und Ovarialkarzinomen wurden in diese Studien eingeschlossen.

Ein ernstzunehmender Einwand gegen den Transfer von Chemoresistenzgenen in hämatopoetische Vorläuferzellen von Patienten mit fortgeschrittenen Malignomen ist die Gefahr einer unerwünschten Transduktion in zuvor unerkannte kontaminierende Tumorzellen. Metastasierende Mammakarzinome bilden häufig Mikrometastasen im Knochenmark. Zwar können auch in diesem Fall weiterhin Chemotherapeutika zur Behandlung eingesetzt werden, die nicht von P-Glykoprotein inaktiviert werden; dennoch wäre es vorteilhaft, kontaminierende Tumorzellen vor der Durchführung des Gentransfers aus dem Transplantat eliminieren zu können.

In tierexperimentellen Untersuchungen wurden Methoden entwickelt, das MDR1-Gen in isolierte hämatopoetische Stammzellen, die in alle Linien differenzierter hämatopoetischer Zellen ausreifen können, zu transduzieren [Bodine et al. 1993, Licht et al. 1995a]. Hohe Expressionsniveaus wurden im Knochenmark von Mäusen nachgewiesen, die mit MDR1-transduzierten Stammzellen transplantiert worden waren. Die Verwendung gereinigter Stammzellen sollte im Vergleich zu unfraktioniertem Knochenmark die Sicherheit dieses neuartigen gentherapeutischen Verfahrens weiter erhöhen. Ob die Expression des MDR1-Transgens im Knochenmark nach dem Gentransfer in isolierte Stammzellen Tumorpatienten wirksam vor den Nebenwirkungen der Chemotherapie zu schützen vermag, sollte in klinischen Studien geklärt werden.

2.1.8 Literatur

Aftab DT, Yang JM, Hait WN (1994) Functional role of phosphorylation of the multidrug transporter (P-glycoprotein) by protein kinase C in multidrug resistant MCF-7 cells. Oncol Res 6: 59

Altuvia S, Stein WD, Goldenberg S, Kane SE, Pastan I, Gottesman MM (1993) Targeted disruption of the mouse mdr1b reveals that steroid hormones enhance mdr gene expression. J Biol Chem 268: 27127

Ambudkar SV, Lelong IH, Zhang JP, Cardarelli CO, Gottesman MM, Pastan I (1992) Partial purification and reconstitution of the human multidrug-resistance pump – characterization of drug-stimulatable ATP hydrolysis. Proc Natl Acad Sci USA 89: 8472

Ambudkar SV, Pastan I, Gottesman MM (1995) Cellular and biochemical aspects of multidrug resistance. In: Georgopapadakou NH (ed) Drug transport in antimicrobial and anticancer chemotherapy. Dekker, New York Basel, pp 525–547

Ames GF-L, Lecar H (1992) ATP-dependent bacterial transporters and cystic fibrosis: analogy between channels and transporters. FASEB J 6: 2660

Appelbaum FR, Fisher LD, Thomas ED (1988) Chemotherapy vs. marrow transplantation for adults with acute nonlymphocytic leukemia: a five-year follow up. Blood 72: 179

Arceci RJ, Croop JM, Horwitz SB, Housman DE (1988) The gene encoding multidrug resistance is induced and expressed at high levels during pregnancy in the secretory epithelium of the uterus. Proc Natl Acad Sci USA 85: 4350

Armitage JO (1993) Treatment of non-Hodgkin's lymphoma. N Engl J Med 328: 1023

Armitage JO, Weisenburger DD, Hutchins M, Moravec DF, Dowling M, Sorensen S, Maillard J, Okerbloom J, Howe D, Basom GK, Casey J, Linder J, Purtilo DT (1986) Chemotherapy for diffuse large-cell lymphoma – rapidly responding patients have more durable remissions. J Clin Oncol 4: 160

Arrick BA, Nathan CF (1984) Glutathione metabolism as a determinant of therapeutic efficacy: a review. Cancer Res 44: 4224
Attal M, Huguet F, Schlaifer D, Payen C, Laroche M, Fournie B, Mazieres B, Pris J, Laurent G (1992) Intensive combined therapy for previously untreated aggressive myeloma. Blood 79: 1130
Baldini N, Scotlandi K, Barbanti-Bródano G, Manara MC, Maurici D, Bacci G, Bertoni F, Picci P, Sottili S, Campanacci M, Serra M (1995) Expression of P-glycoprotein in high-grade osteosarcomas in relation to clinical outcome. N Engl J Med 333: 1380
Banerjee D, Zhao SC, Li M-X, Schweitzer B, Mineishi S, Bertino JR (1994) Gene therapy utilizing drug resistance genes: a review. Stem Cells (Dayt) 12: 378
Bates SE, Mickley LA, Chen Y-N, Richert N, Rudick J, Biedler JL, Fojo AT (1989) Expression of a drug resistance gene in human neuroblastoma cell lines: modulation by retinoic-acid induced differentiation. Mol Cell Biol 9: 4337
Bear CE, Duguay F, Naismith AL, Kartner N, Hanrahan JW, Riordan JR (1991) Cl-channel activity in Xenopus oocytes expressing the cystic fibrosis gene. J Biol Chem 266: 19142
Bech-Hansen NT, Till JE, Ling V (1976) Pleiotropic phenotype of colchicine-resistant CHO cells: cross-resistance and collateral sensitivity. J Cell Physiol 88: 23
Beck WT (1989) Unknotting the complexities of multidrug resistance: the involvement of DNA topoisomerases in drug action and resistance. Editorial. J Natl Cancer Inst 81: 1683
Beck WT, Qian X-D (1992) Photoaffinity substrates for P-glycoprotein. Biochem Pharmacol 43: 89
Biedler JL (1992) Genetic aspects of multidrug resistance. Cancer [Suppl] 70: 1799
Bodine DM, Moritz T, Donahue RE, Luskey BD, Kessler SW, Martin DI, Orkin SH, Nienhuis AW (1993) Long-term in vivo expression of a murine adenosine deaminase gene in rhesus monkey hematopoietic cells of multiple lineages after retroviral mediated gene transfer into CD34+ bone marrow cells. Blood 82: 1975
Boekhorst PAW te, Leeuw K de, Schoester M, Wittebol S, Nooter K, Hagemeijer A, Löwenberg B, Sonneveld P (1993) Predominance of functional multidrug resistance (mdr-1) phenotype in CD34+ acute myeloid leukemia cells. Blood 85: 3157
Boesch D, Gaveriaux C, Jachez B, Pourtier-Manzanedo A, Bollinger P, Loor F (1991) In vivo circumvention of P-glycoprotein-mediated multidrug resistance of tumor cells with SDZ PSC833. Cancer Res 51: 4226
Borst P (1991) Genetic mechanisms of drug resistance. Acta Oncol 30: 87
Brenner MK, Rill DR, Moen RC et al. (1993) Gene-marking to trace origin of relapse autologous bone-marrow transplantation. Lancet 341: 85
Bruggemann EP, Currier SJ, Gottesman MM, Pastan I (1992) Characterization of the azidopine and vinblastine binding site of P-glycoprotein. J Biol Chem 264: 15483
Burt RK, Thorgeirsson SS (1988) Coinduction of multidrug resistance (mdrl) and cytochrome P450 genes in rat liver by xenobiotics. J Natl Cancer Inst 80: 1383
Buzaid AC, Durie BGM (1988) Management of refractory myeloma: a review. J Clin Oncol 6: 889
Campain JA, Slovak ML, Schoenlein PV, Popescu NC, Gottesman MM, Pastan I (1995) Acquisition of multiple copies of a mutant topoisomerase Ii allele by chromosome 17 aneuploidy is associated with etoposide resistance in human meloma cell lines. Somat Cell Mol Genet 6: 451
Campos L, Guyotat D, Archimbaud E, Calmard-Oriol P, Tsuruo T, Troncy T, Treille T, Fiere T (1992) Clinical significance of multidrug resistance P-glycoprotein expression on acute nonlymphoblastic leukemia cells at diagnosis. Blood 79: 473
Cardarelli CO, Aksentijevich I, Pastan I, Gottesman MM (1995) Differential effects of P-glycoprotein inhibitors on NIH3T3 cells transfected with wild-type (G185) or mutant (V185) multidrug transporters. Cancer Res 55: 1086
Carr BI (1987) Pleiotropic resistance in hepatocytes induced by carcinogenes administered to rats. Cancer Res 47: 5577
Center MS (1983) Evidence that adriamycin resistance in Chinese hamster lung cells is regulated by phosphorylation of a plasma membrane glycoprotein. Biochem Biophys Res Commun 169: 253
Chabner BA, Bates S, Fojo AT, Bryant G, Herdt G, Wittes R, Wilson WH (1992) Drug resistance in malignant lymphoma: experience with EPOCH chemotherapy. Ann Oncol 3: 63
Chambers TC, Chalikonda I, Eilon G (1990) Correlation of protein kinase C translocation, P-glycoprotein phosphorylation and reduced drug accumulation in multidrug resistant KB cells. Biochem Biophys Res Commun 169: 253
Chambers TC, Pohl J, Raynor RL, Kuo JF (1993) Identification of specific sites in human P-glycoprotein phosphorylated by protein kinase-C. J Biol Chem 268: 4592
Chan HSL, Thorner PS, Haddad G, Ling V (1990) Immunohistochemical detection of P-glycoprotein: prognostic correlation in soft tissue sarcoma of childhood. J Clin Oncol 8: 689
Chaudhary PM, Roninson IB (1991) Expression and activity of P-glycoprotein, a multidrug efflux pump, in human hematopoietic stem cells. Cell 66: 85
Chaudhary PM, Mechetner EB, Roninson IB (1992) Expression and activity of the multidrug resistance P-glycoprotein in human peripheral blood lymphocytes. Blood 80: 2729
Chen C-J, Chin JE, Ueda K, Clark DP, Pastan I, Gottesman MM, Roninson IB (1986) Internal duplication and homology with bacterial transport proteins in the mdr1 (P-glycoprotein) gene from multidrug-resistant human cells. Cell 47: 381
Cheng A-L, Su I-J, Chen Y-C, Lee T-C, Wang C-W (1993) Expression of P-glycoprotein and glutathione-S-transferase in recurrent lymphomas: the possible role of Epstein-Barr virus, immunophenotypes, and other predisposing factors. J Clin Oncol 11: 109
Chin K-V, Chauhan S, Pastan I, Gottesman MM (1990a) Regulation of mdr RNA levels in response to cytotoxic drugs in rodent cells. Cell Growth Differ 1: 361
Chin K-V, Tanaka S, Darlington G, Pastan I, Gottesman MM (1990b) Heat shock and arsenite increase expression of the multidrug resistance (MDR1) gene in human renal carcinoma cells. J Biol Chem 265: 221
Chin K-V, Ueda K, Pastan I, Gottesman MM (1992) Modulation of the activity of the promoter of the human MDR1 gene by ras and p53. Science 255: 459
Chunduru SK, Cody V, Luft JR, Pangborn W, Appleman JR, Blakley RL (1994) Methotrexate-resistant variants of human dihydrofolatereductase. Effects of Phe31 substitutions. J Biol Chem 269: 9547
Coiffier B, Bryon B-A, Berger F, Archimbaud E, French M, Extra JM, Guyotat D, Fiere D, Gentilhomme O, Magaud JP, Blanc M, Peaud P-Y, Vuvan H, Viala J-J (1986) Intensive and sequential combination chemotherapy for ag-

gressive malignant lymphomas (protocol LNH-80). J Clin Oncol 4: 147

Cole SPC, Chanda ER, Dicke FP, Gerlach JH, Mirski SEL (1991) Non-P-glycoprotein-mediated multidrug resistance in a small cell lung cancer cell line: evidence for decreased susceptibility to drug-induced DNA damage and reduced levels of topoisomerase II. Cancer Res 51: 3345

Cole SPC, Bhardwaj G, Gerlach JH, Mackie JE, Grant CE, Almquist KC, Stewart AJ, Kurz EU, Duncan AMV, Deeley RG (1992) Over-expression of a transporter gene in a multidrug-resistant human lung cancer cell line. Science 258: 1650

Cordon-Cardo C, O'Brian JP, Casals D, Rittman-Grauer L, Biedler JL, Melamed MR, Bertino JR (1989) Multidrug-resistance gene (P-glycoprotein) is expressed by endothelial cells at blood-brain barrier sites. Proc Natl Acad Sci USA 86: 695

Cornwell MM, Safa AR, Felsted RL, Gottesman MM, Pastan I (1986) Membrane vesicles from multidrug-resistant human cancer cells contain a specific 150–170 kDa protein detected by photoaffinity labeling. Proc Natl Acad Sci USA 83: 3847

Corrias MV, Tonini GP (1992) An oligomer complementary to the 5′ end region of the mdr1 gene decreases resistance to doxorubicin of human adenocarcinoma multidrug-resistant cells. Anticancer Res 12: 1431

Currier SJ, Ueda K, Willingham MC, Pastan I, Gottesman MM (1989) Deletion and insertion mutants of the multidrug transporter. J Biol Chem 264: 14376

Deisseroth AB, Kavanagh J, Champlin R (1994) Use of safety-modified retroviruses to introduce chemotherapy resistance sequences into normal hematopoietic cells for chemoprotection during the therapy of ovarian cancer: a pilot trial. Hum Gene Ther 5: 1507

Descoteaux S, Ayala P, Orozco E, Samuelson J (1992) Primary sequences of two P-glycoprotein genes of Entamoeba histiolytica. Mol Biochem Parasitol 54: 201

Deuchars KL, Duthie M, Ling V (1992) Identification of distinct P-glycoprotein gene sequences in rat. Biochim Biophys Acta 1130: 157

Devault A, Gros P (1990) Two members of the mouse mdr gene family confer multidrug resistance with overlapping but distinct drug specificities. Mol Cell Biol 10: 1652

Dicker AP, Volkenandt M, Schweitzer BI, Banerjee D, Bertino JR (1990) Identification and characterization of a mutation in the dihydrofolate reductase gene from the methotrexate resistant CHO cell line Pro-3 MTXRIII. J Biol Chem 265: 8317

Drach D, Zhao S, Drach J, Mahadevia R, Gattringer C, Huber H, Andreeff M (1992) Subpopulations of normal and peripheral blood and bone marrow cells express a functional multidrug resistant phenotype. Blood 80: 2735

Dudler R, Hertig C (1992) Structure of a mdr-like gene from Arabidopsis thaliana: evolutionary implications. J Biol Chem 267: 5882

Einhorn LH, Williams SD, Loehrer LJ, Birch R, Drasga R, Omura G, Greco FA (1989) Evaluation of optimal duration chemotherapy in favorable prognosis disseminated germ cell tumors. J Clin Oncol 7: 387

Endicott JA, Ling V (1989) The biochemistry of P-glycoprotein-mediated multidrug resistance. Annu Rev Biochem 58: 137

Fairchild C, Ivy S, Rushmor T, Lee G, Koo P, Goldsmith M, Myers C, Farber E, Cowan K (1987) Carcinogen-induced mdr overexpression is associated with xenobiotic resistance in rat preneoplastic liver nodules and hepatocellular carcinomas. Proc Natl Acad Sci USA 84: 7701

Feinleib M, MacMahon B (1960) Duration of survival in multiple myeloma. J Natl Cancer Inst 24: 1259

Fiebig HH, Schmid JR, Bieser W, Henss H, Löhr G-W (1987) Colony assay with human tumor xenografts, murine tumors and human bone marrow. Potential for anticancer drug development. Eur J Cancer Clin Oncol 23: 937

Fojo AT, Ueda K, Slamon DJ, Poplack DG, Gottesman MM, Pastan I (1987) Expression of a multidrug resistance gene in human tumors and tissues. Proc Natl Acad Sci USA 84: 265

Fojo AT, Akiyama S-I, Gottesman MM, Pastan I (1985) Reduced drug accumulation in multiply drug-resistant human KB carcinoma cell lines. Cancer Res 45: 3002

Ford JM, Hait WN (1993) Pharmacologic circumvention of multidrug resistance. Cytotechnology 12: 171

Fuchs B, Ostmeier H, Suter L (1991) P-glycoprotein expression in malignant melanoma. J Cancer Res Clin Oncol 117: 168

Futscher BW, Campbell K, Salmon WS (1992) Collateral sensitivity to nitrosoureas in multidrug-resistant cells selected with verapamil. Cancer Res 52: 5013

Galski H, Sullivan M, Willingham MC, Chin K-V, Gottesman MM, Pastan I, Merlino GT (1989) Expression of a human multidrug resistance cDNA (MDR1) in the bone marrow of transgenic mice: resistance to daunomycin induced leukopenia. Mol Cell Biol 9: 4357

Gaveriaux C, Boesch D, Boelsterli JJ, Bollinger P, Eberle MK, Heistand P, Payne T, Traber R, Wenger R, Loor F (1989) Overcoming multidrug resistance in Chinese hamster ovary cells in vitro by cyclosporine A (Sandimmune) and non-immunosuppressive derivates. Br J Cancer 60: 867

Germann UA, Pastan I, Gottesman MM (1993) P-glycoproteins: mediators of multidrug resistance. Semin Cell Biol 4: 63

Germann UA, Chambers TC, Ambudkar SV, Licht T, Cardarelli CO, Pastan I, Gottesman MM (1996) Characterization of phosphorylation-defect mutants of human P-glycoprotein expressed in mammalian cells. J Biol Chem 271: 1708

Gill DR, Hyde SC, Higgins CF, Valverde MA, Mintenig GM, Sepulveda FV (1992) Separation of drug transport and chloride channel functions of the human multidrug resistance P-glycoprotein. Cell 71: 23

Goldie JH, Coldman AJ (1984) The genetic origin of drug resistance in neoplasms: implications for systemic therapy. Cancer Res 44: 3643

Goldstein L, Galski H, Fojo A, Willingham M, Lai S-I, Gadzar A, Pirker R, Green A, Crist W, Brodeur GM, Lieber M, Cossman J, Gottesman MM, Pastan I (1989) Expression of a multidrug resistance gene in human cancers. J Natl Cancer Inst 81: 116

Goldstein LJ, Fojo AT, Ueda K, Crist W, Green A, Brodeur G, Pastan I, Gottesman MM (1990) Expression of the multidrug resistance, MDR 1, gene in neuroblastomas. J Clin Oncol 8: 128

Gottesman MM, Pastan I (1991) The multidrug resistance (mdr1) gene as a selectable marker in gene therapy. In: Cohen-Haguenauer O, Boiron M (eds) Human gene transfer, vol 219. Libbey Eurotext, London, pp 185–191

Gottesman MM, Pastan I (1993) Biochemistry of multidrug resistance mediated by the multidrug transporter. Annu Rev Biochem 62: 385

Gottesman MM, Hrycyna CA, Schoenlein PV, Germann UA, Pastan I (1995) Genetic analysis of the multidrug transporter. Annu Rev Genet 29: 607

Grant CE, Valdimarsson G, Hipfner DR, Almquist KC, Cole SP, Deeley RG (1994) Overexpression of multidrug resistance-associated protein (MRP) increases resistance to natural product drugs. Cancer Res 54: 357

Greenberger LM, Lothstein L, Williams SS, Horwitz SB (1988) Distinct P-glycoprotein precursors are overproduced in independently isolated drug-resistant cell lines. Proc Natl Acad Sci USA 85: 3762

Grogan TM, Spier CM, Salmon SE, Matzner M, Rybski J, Weinstein RS, Scheper RJ, Dalton WS (1993) P-glycoprotein expression in human plasma cell myeloma: correlation with prior chemotherapy. Blood 81: 490

Grogl M, Martin RK, Oduola AM, Milhous WK, Kyle DE (1991) Characteristics of multidrug resistance in Plasmodium and Leishmania: detection of P-glycoprotein-like components. Am J Trop Med Hyg 45: 98

Gros P, Croop J, Housman DE (1986) Mammalian multidrug resistance gene: complete cDNA sequence indicates strong homology with bacterial transport proteins. Cell 47: 371

Grunicke H, Hofmann J (1992) Cytotoxic and cytostatic effects of antitumor agents induced at the plasma level. Pharmacol Ther 55: 1

Haber DA, Beverly SM, Kiely ML, Schimke RT (1981) Properties of an altered dihydrofolate reductase encoded by amplified genes in cultured mouse fibroblasts. J Biol Chem 256: 9501

Hamada H, Hagiwara K-I, Nakajima T, Tsururo T (1987) Phosphorylation of the Mr 170000 to 180000 glycoprotein specific to multidrug-resistant tumor cells: effects of verapamil, trifluperazine, and phorbol esters. Cancer Res 47: 2860

Hamburger AW, Salmon SE (1977) Primary bioassay of human tumor stem cells. Science 197: 461

Harris DT (1983) Hormonal therapy and chemotherapy of renal-cell carcinoma. Semin Oncol 10: 422

Harrousseau JL, Milpied N, Garand R, Bourhis JH (1987) High dose melphalan and autologous bone marrow transplantation in high-risk myeloma. Br J Haematol 67: 493

He X-Y, Antao VP, Basila D, Marx JC, Davis BD (1992) Isolation and molecular characterization of the human CD34 gene. Blood 79: 2296

Henderson DM, Sifri CD, Rodgers M, Wirth DF, Hendrickson N, Ullman B (1992) Multidrug resistance in Leishmania donovani is conferred by amplification of a gene homologous to the mammalian mdr-1 gene. Mol Cell Biol 12: 2855

Herzog CE, Trepel JB, Mickley IA, Bates SE, Fojo AT (1992) Various methods of analysis of mdr-1/P-glycoprotein in human colon cancer cell lines. J Natl Cancer Inst 84: 711

Hesdorffer C, Antman K, Bank A, Fetell M, Mears G, Begg M (1994) Human mdr1 gene transfer in patients with advanced cancer. Hum Gene Ther 5: 1151

Higgins CF (1993) The ABC transporter channel superfamily – an overview. Semin Cell Biol 4: 1

Hill BT, Deucharts K, Hosking LK, Ling V, Whelan RDH (1990) Overexpression of P-glycoprotein after fractionated irradiation in vitro. J Natl Cancer Inst 82: 607

Hinds M, Deisseroth K, Mayes J, Altschuler E, Jansen R, Ledley FD, Zwelling LA (1991) Identification of a point mutation in the topoisomerase II gene from a human leukemia cell line containing an amsacrine-resistant form of topoisomerase II. Cancer Res 51: 4729

Holzmayer TA, Hilsenbeck S, Hoff DD von, Roninson IB (1992) Clinical correlates of mdr1 (P-glycocoprotein) gene expression in ovarian and small-cell lung carcinomas. J Natl Cancer Inst 84: 1486

Homolya L, Hóllo Z, Germann UA, Pastan I, Gottesman MM, Sarkadi B (1993) Fluorescent cellular indicators are extruded by the multidrug resistance protein. J Biol Chem 268: 21493

Horio M, Gottesman MM, Pastan I (1988) ATP-dependent transport of vinblastine in vesicles from human multidrug-resistant cells. Proc Natl Acad Sci USA 85: 3580

Horio M, Lovelace E, Gottesman MM, Pastan I (1991) Agents which reverse multidrug-resistance are inhibitors of 3H-vinblastine transport by isolated vesicles. Biochim Biophys Acta 1061: 106

Hsiang YH, Liu LF (1988) Identification of mammalian DNA topoisomerase I as an intracellular target of the anticancer drug camptothecin. Cancer Res 48: 1722

Hwang M, Ahn C-H, Pine PS, Yin JJ, Hrycyna CA, Licht T, Aszalos A (1996) Effect of combinations of suboptimal concentrations of P-glycoprotein blockers on the proliferation of mdr1 gene expressing cells. Int J Cancer 65: 389

Hyde SC, Emsley P, Hartshorn MJ, Mimmack MM, Gileadi U, Pearce SR, Gullagher MP, Gill DR, Hubbart RE, Higgins CF (1990) Structural and functional relationships of ATP-binding proteins associated with cystic fibrosis, multidrug resistance and bacterial transport. Nature 346: 362

Juliano RL, Ling V (1976) A surface glycoprotein modulating drug permeability in Chinese hamster ovary cell mutants. Biochim Biophys Acta 455: 152

Kakehi Y, Kanamaru H, Yoshida O, Ohkubo H, Nakanishi S, Gottesman MM, Pastan I (1988) Measurement of multidrug-resistance messenger RNA in urogenital cancers; elevated expression in renal cell carcinoma is associated with intrinsic drug resistance. J Urol 139: 862

Kartner R, Riordan J, Ling V (1983) Cell-surface P-glycoprotein is associated with multidrug-resistance in mammalian cell lines. Science 221: 1285

Kartner N, Everden-Porelle D, Bradley G, Ling V (1986) Detection of P-glycoprotein in multidrug-resistant cell lines by monoclonal antibodies. Nature 316: 820

Keating MJ, Estey E, Kantarjian H (1993) Acute leukemia. In: De Vita VT jr, Hellman S, Rosenberg SA (eds) Cancer. Principles and practice of oncology, 4th edn. Lippincott, Philadelphia, pp 1938–1964

Klimecki WT, Futscher BW, Grogan TM, Dalton WS (1994) P-glycoprotein expression and function in circulating blood cells from normal volunteer. Blood 83: 2451

Kruh GD, Chan A, Myers K, Gaughan K, Miki T, Aaronson SA (1994) Expression complementary DNA library transfer establishes mrp is a multidrug resistance gene. Cancer Res 54: 1649

Kulkarni SS, Wang Z, Spitzer G, Taha M, Hamada H, Tsuruo T, Dicke KA (1989) Elimination of drug-resistant myeloma tumor cell lines by monoclonal anti-P-glycoprotein antibody and rabbit complement. Blood 74: 2244

Kuwazuru Y, Hanada S, Furukawa T, Yoshimura A, Sumizawa A, Utsunomiya A, Ishibashi K, Saito T, Uozumi K, Maruyama M, Ishizawa M, Arima T, Akiyama S-I (1990) Expression of P-glycoprotein in adult T-cell leukemia cells. Blood 76: 2065

Lai S-L, Goldstein L, Gottesman MM, Pastan I, Tsai C-M, Johnson BE, Mulshine JL, Ihde DC, Kayser K, Gadzar AF (1989) MDR1 gene expression in lung cancer. J Natl Cancer Inst 81: 1144

Licht T, Fiebig HH, Bross KJ, Herrmann F, Berger DP, Shoemaker R, Mertelsmann R (1991) Induction of multiple-drug resistance during antineoplastic chemotherapy in vitro. Int J Cancer 49: 630–637

Licht T, Pastan I, Gottesman MM, Herrmann F (1994) P-glycoprotein mediated multidrug-resistance in normal and neoplastic hematopoietic cells. Ann Hematol 59: 159–171

Licht T, Aksentijevich I, Gottesman MM, Pastan I (1995a) Efficient expression of functional human MDR1 gene in murine bone marrow after retroviral transduction of purified hematopoietic stem cells. Blood 86: 111–121

Licht T, Lübbert M, Martens C, Bross KJ, Fiebig HH, Mertelsmann R, Herrmann F (1995b) Modulation of vindesine- and doxorubicin-resistance in multidrug resistant pleural mesothelioma cells by tumor necrosis factor-alpha. Cytokines Mol Ther 1: 123–132

Lincke CR, Smit JJM, Velde-Koerts T van der, Borst P (1991) Structure of the human mdr3 gene and physical mapping of the mdr locus. J Biol Chem 266: 5303

List AF, Spier CM, Doll DC, Garewal H, Morgan R, Sandberg AA (1991) Expression of the multidrug resistance gene product (P-glycoprotein) in myelodysplasia is associated with a stem cell phenotype. Br J Haematol 78: 28

Lum BL, Fisher GA, Brophy NA, Yahanda AM, Adler KM, Kaubisch S, Halsey J, Sikic BI (1993) Clinical trials of modulation of multidrug resistance. Pharmacokinetic and pharmacodynamic considerations. Cancer [Suppl 11] 72: 3502

Marino PA, Gottesman MM, Pastan I (1990) Regulation of the multidrug resistance gene in regenerating rat liver. Cell Growth Differ 1: 57

McClean S, Hill BT (1993) Evidence of post-translational regulation of P-glycoprotein associated with the expression of a distinctive multiple drug-resistant phenotype in Chinese hamster ovary cells. Eur J Cancer 29A: 2243

McGirr LG, O'Brien PJ (1987) Glutathion conjugate formation without N-demethylation during the peroxidase catalysed N-oxidation of N,N',N,N'-tetramethylbenzidine. Chem Biol Interact 61: 61

McIvor RS, Simonsen CC (1990) Isolation and characterization of a variant dihydrofolate reductase cDNA from the methotrexate resistant murine L5178Y cells. Nucleic Acids Res 18: 7025

Micheli M, Damiani D, Geromin A, Michelutti A, Fanin R, Raspadori D, Russo D, Visani G, Dinota A, Pileri S, Tsuruo T, Grandi M, Baccarani M, Tura S (1992) Overexpression of multidrug resistance-associated p170-glycoprotein in acute non-lymphocytic leukemia. Eur J Haematol 48: 87

Mickisch GH, Licht T, Merlino GT, Gottesman MM, Pastan I (1991a) Chemotherapy and chemosensitization of transgenic mice which express the human multidrug resistance gene in bone marrow: efficacy, potency and toxicity. Cancer Res 51: 5417

Mickisch GH, Merlino GT, Galski H, Gottesman MM, Pastan I (1991b) Transgenic mice which express the human multidrug resistance gene in bone marrow enable a rapid identification of agents which reverse drug resistance. Proc Natl Acad Sci USA 88: 547

Mickisch GH, Aksentijevich I, Schoenlein PV, Goldstein LJ, Galski H, Staehle C, Sachs DH, Pastan I, Gottesman MM (1992) Transplantation of bone marrow cells from transgenic mice expressing the human mdrl gene results in long-term protection against the myelosuppressive effect of chemotherapy in mice. Blood 79: 1087

Mickisch GH, Pai LH, Siegsmund M, Campain J, Gottesman MM, Pastan I (1993) Pseudomonas exotoxin conjugated to monoclonal antibody MRK16 specifically kills multidrug resistant cells in cultured renal cell carcinomas and in mdr-transgenic mice. J Urol 149: 174

Mickley LA, Bates SE, Richert N, Currier S, Tanaka S, Foss F, Rosen N, Fojo AT (1989) Modulation of the expression of a multidrug resistance gene (mdr-1/P-glycoprotein) by differentiating agents. J Biol Chem 264: 18031

Mosser J, Douar A-M, Sarde C-O, Kioschis P, Feil R, Moser H, Poustka A-M, Mandel J-L, Aubourg P (1993) Putative X-linked adreno-leukodystrophy gene shares unexpected homology with ABC transporters. Nature 361: 726

Musto P, Lombardi G, Matera R, Carotenuto M (1991) The expression of the multidrug transporter P-170 glycoprotein in remission phase is associated with early and resistant relape in multiple myeloma. Haematologica 76: 513

Müller M, Meijer C, Zaman GJR, Borst P, Scheper RJ, Mulder NH, Vries EGE de, Jansen PLM (1995) Overexpression of the multidrug-resistance associated protein MRP results in increased ATP-dependent glutathione S-conjugate transport. Proc Natl Acad Sci USA 91: 13033

Neyfakh AA (1988) Use of fluorescent dyes as molecular probes for the study of multidrug resistance. Exp Cell Res 174: 168

Norris MD, Bordow SB, Marshall GM, Haber PS, Cohn SL, Haber M (1996) Expression of the gene for multidrug-resistance associated-protein and outcome in patients with neuroblastoma. N Engl J Med 334: 231

O'Shaughnessy JA, Cowan KH, Nienhuis AW, McDonagh KT, Sorrentino BP, Dunbar CE, Chiang Y, Wilson W, Goldspiel B, Kohler D, Cottler-Fox M, Leitman SF, Gottesman MM, Pastan I, Denicoff A, Noone M, Gress R (1994) Retroviral mediated transfer of the human multidrug resistance gene (mdr-1) into hematopoietic stem cells during autologous transplantation after intensive chemotherapy for metastatic breast cancer. Hum Gene Ther 5: 891

Okabe-Kado J, Hayashi M, Honma Y, Hozumi M, Tsuruo T (1991) Inhibition by erythroid differentiation factor (activin A) of P-glycoprotein expression in multidrug-resistant human K562 erythroleukemia cells. Cancer Res 51: 2582

Ozols RF, Louie KG, Plowman BC, Behrens RL, Fine RL, Dykes D, Hamilton TC (1987) Enhanced melphalan cytotoxicity in human ovarian cancer in vitro and in tumorbearing nude mice by buthionine sulfoximine depletion of glutathione. Biochem Pharmacol 36: 147

Padmanabhan R, Tsuruo T, Kane SE, Willingham MC, Howard BH, Gottesman MM, Pastan I (1991) Magnetic-affinity cell sorting of human multidrug-resistant cells. J Natl Cancer Inst 83: 565

Pastan I, Gottesman MM (1987) Multiple-drug resistance in human cancer. N Engl J Med 316: 1388

Pastan I, Gottesman MM (1991) Drug resistance: biological warfare at the cellular level. In: Broder S (ed) Molecular foundations of oncology. Williams & Wilkins, Baltimore, pp 83–93

Pearson JW, Fogler WE, Volker K, Usui N, Goldenberg SK, Gruys E, Riggs CW, Komschlies K, Wiltrout RH, Tsuruo T, Pastan I, Gottesman MM, Longo DL (1991) Reversal of drug resistance in a human colon cancer xenograft expressing mdrl complementary DNA by in vivo administration of MRK-16 monoclonal antibody. J Natl Cancer Inst 83: 1386

Per S-R, Mattern MR, Mirabelli CK, Drake FH, Johnson RK, Crooke ST (1987) Characterization of a subline of P388 resistant to amsacrine: evidence of altered topoisomerase II function. Mol Pharmacol 32: 17

Pirker R, Keilhauer G, Raschak M, Lechner C, Ludwig H (1990) Reversal of multidrug resistance in human KB cell lines by structural analogs of verapamil. Int J Cancer 45: 916

Pirker R, Wallner J, Geissler K, Linkesch W, Haas OA, Bettelheim P, Hopfner M, Scherrer P, Valent P, Havelec L, Ludwig H, Lechner K (1991) Mdr1 gene expression and treatment outcome in acute myeloid leukemia. J Natl Cancer Inst 83: 708

Pirker R, Wallner J, Gotzl M, Gsur A, Geissler K, Havelec L, Knapp W, Haas OA, Linkesch W, Lechner K (1992) Mdr1 RNA expression is an independent prognostic factor in acute myeloid leukemia. Blood 80: 557

Podda S, Ward M, Himelstein A, Richardson C, Flor-Weiss E de la, Smith L, Gottesman MM, Pastan I, Bank A (1992) Transfer and expression of the human multiple drug resistance gene into live mice. Proc Natl Acad Sci USA 89: 9676

Pommerenke EW, Mattern J, Traugott U, Volm M (1991) Durchbrechung der Multidrug-Resistenz mit (R)-Verapamil in vitro und in vivo. Arzneimittelforschung 8: 855

Posada JA, McKeegan EM, Worthington KF, Morin MJ, Jaken S, Tritton TR (1989) Human multidrug resistant KB cells overexpress protein kinase C: involvement in drug resistance. Cancer Commun 1: 285

Ramu A, Pollard HB, Rosario LM (1989) Doxorubicin resistance in P388 leukemia - evidence for reduced drug influx. Int J Cancer 44: 539

Richert N, Aldwin L, Nitecki D, Gottesman MM, Pastan I (1988) Stability and covalent modification of P-glycoprotein in multidrug-resistant KB cells. Biochemistry 27: 7607

Rodriguez C, Commes T, Robert J, Rossi J-F (1993) Expression of P-glycoprotein and anionic glutathione-S-transferase genes in non-Hodgkin's lymphoma. Leuk Res 17: 149

Safa AR, Stern RK, Choi K, Agresti M, Tamai I, Mehta ND, Roninson IB (1990) Molecular basis of preferential resistance to colchicine in multidrug-resistant human cells conferred by Gly-185-Val-185 substitution in P-glycoprotein. Proc Natl Acad Sci USA 87: 7225

Salles G, Shipp MA, Coiffier B (1994) Chemotherapy of non-Hodgkin's aggressive lymphomas. Semin Hematol 31: 46

Salmon SE, Grogan TM, Miller T, Scheper R, Dalton WS (1989a) Prediction of doxorubicin resistance in vitro in melanoma, lymphoma, and breast cancer by P-glycoprotein staining. J Natl Cancer Inst 81: 696

Salmon SE, Soehnlen B, Dalton WS, Grogan Meltzer P, Scuderi P (1989b) Effects of tumor necrosis factor on sensitive and multidrug resistant human leukemia and myeloma cell lines. Blood 74: 1723

Salmon SE, Dalton WS, Grogan TM, Plezia P, Lehnert M, Roe DJ, Miller TP (1991) Multidrug-resistant myeloma: laboratory and clinical effects of verapamil as a chemosensitizer. Blood 78: 44

Scanlon KJ, Ishida H, Kashani-Sabet M (1994) Ribozyme-mediated reversal of the multidrug-resistant phenotype. Proc Natl Acad Sci USA 91: 11123

Schinkel AH, Kemp S, Dolle M, Rudenko G, Wagenaar E (1993) N-Glycosylation and deletion mutants of the human mdr1 P-glycoprotein. J Biol Chem 267: 4854

Schinkel AH, Smit JJM, Tellingen O van, Beijnen JH, Wagenaar E, Deemter L van, Mol CAAM, Valk MA van der, Robanus-Maandag EC, Riele HPJ te, Berns AJM, Borst P (1994) Disruption of the mouse mdr1a leads to a deficiency in the blood-brain barrier and to increased sensitivity to drugs. Cell 77: 491

Schneider E, Horton JK, Yang CH, Nakagawa M, Cowan KH (1994) Multidrug resistance associated protein gene overexpression and reduced drug sensitivity of topoisomerase II in a human breast carcinoma MCF7 cell line selected for etoposide resistance. Cancer Res 54: 152

Schoenlein PV, Shen DW, Barrett JT, Pastan I, Gottesman MM (1992) Double minute chromosomes carrying the human multidrug resistance 1 and 2 genes are generated from the dimerization of submicroscopic circular DNAs in colchicine-selected KB cells. Mol Biol Cell 3: 507

Shen DA, Fojo A, Chin JE, Roninson IB, Richert N, Pastan I, Gottesman MM (1986) Human multidrug-resistant cell lines: increased mdr1 expression can precede gene amplification. Science 232: 643–645

Silverman JA, Raunio H, Gant TW, Thorgeirsson SS (1991) Cloning and characterization of a member of the rat multidrug resistance (mdr) gene familiy. Gene 106: 229

Slater LM, Sweet P, Stupeky M, Gaptz S (1986) Cyclosporin A reverses vincristine and daunorubicin resistance in acute lymphatic leukemia in vitro. J Clin Invest 77: 1405

Smit JJM, Schinkel AH, Oude Elferink RPJ, Groen AK, Wagenaar E, Deemter L van, Mol CAAL, Ottenhoff R, Lugt NMT van der, Roon MA van, Valk MA van der, Offerhaus GJA, Berns AJM, Borst P (1993) Homozygous disruption of the murine mdr2 P-glycoprotein gene leads to a complete absence of phospholipid from bile and to liver disease. Cell 75: 451

Sonneveld P, Durie BDM, Lokhorst HM, Marie JP, Solbu G, Suciu S, Zittoun R, Löwenberg B, Nooter K, for the leukemia group of the EORTC and the HOVON (1992) Modulation of multidrug-resistant multiple myeloma by cyclosporine. Lancet 340: 255

Sonneveld P, Dongen JJ van, Hagemeijer A, Lom K van, Nooter K, Schoester M, Adriaansen HJ, Tsuruo T, Leeuw K de (1993) High expression of the multidrug resistance P-glycoprotein in high-risk myelodysplasia is associated with immature phenotype. Leukemia 7: 763

Sorrentino BP, Brandt SJ, Bodine D, Gottesman M, Pastan I, Cline A, Nienhuis AW (1992) Selection of bone marrow cells in vivo after retroviral transfer of human MDR1. Science 257: 99

Sporn JR, McIntyre OR (1986) Chemotherapy of previously untreated myeloma patients: an analysis of recent treatment results. Semin Oncol 13: 318

Srimatkandada S, Schweitzer BI, Moroson BA, Dube S, Bertino JR (1989) Amplification of a polymorphic dihydrofolate reductase gene expressing an enzyme with a decreased binding to MTX in a human colon carcinoma cell line, HCT-8R4 resistant to this drug. J Biol Chem 264: 3524

Stein W, Cardarelli C, Pastan I, Gottesman MM (1994) Kinetic evidence suggesting that the multidrug transporter differentially handles influx and efflux of its substrates. Mol Pharmacol 45: 763

Sugawara I, Kataoka I, Morishita Y, Hamada H, Tsuruo T, Itoyama S, Mori S (1988) Tissue distribution of P-glycoprotein encoded by a multidrug-resistant gene as revealed by a monoclonal antibody, MRK16. Cancer Res 48: 1926

Tan KB, Mattern MR, Eng WK, McCabe FL, Johnson RK (1989) Non-productive rearrangement of DNA topoisomerase gene is correlated with resistance to topoisomerase inhibitors. J Natl Cancer Inst 81: 1732

Thiebaut F, Tsuruo T, Hamada H, Gottesman MM, Pastan I, Willingham MC (1987) Cellular localization of the multidrug-resistance gene product in normal human tissues. Proc Natl Acad Sci USA 84: 7735

Thiebaut F, Tsuruo T, Hamada H, Gottesman MM, Pastan I, Willingham MC (1989) Immunocytochemical localization in normal tissues of different epitopes in the multidrug resistance protein P170: evidence for localization in brain capillaries and cross-reactivity of one antibody with a muscle protein. J Histochem Cytochem 37: 159

Thorgeirsson SS, Huber BE, Sorrell S, Fojo A, Pastan I, Gottesman MM (1987) Expression of the multidrug-resistance gene in hepatocarcinogenesis and regenerating rat liver. Science 236: 1120

Toffoli G, Frustaci S, Tumiotto L, Talamini R, Gherlinzoni F, Picci P, Boiocchi M (1992) Expression of mdr1 and GST-p in human soft tissue sarcomas: relation to drug resistance and biological aggressiveness. Ann Oncol 3: 63

Tsuruo T, Iida K, Tsukagoshi S, Sakurai Y (1981) Overcoming of vincristine resistance in P388 leukemia in vivo and in vitro through enhanced cytotoxicity of vincristine and vinblastine by verapamil. Cancer Res 43: 808

Tsuruo T, Hamada H, Sato S, Heike Y (1989) Inhibition of multidrug-resistant human tumor growth in athymic mice by anti-P-glycoprotein monoclonal antibodies. Jpn J Cancer Res 80: 627

Ueda K, Clark DP, Chen C-J, Roninson IB, Gottesman MM, Pastan I (1987a) The human multidrug-resistance (MDR1) gene: cDNA cloning and transcription initiation. J Biol Chem 262: 505

Ueda K, Pastan I, Gottesman MM (1987b) Isolation and sequence of the promoter region of the human multidrug-resistance (P-glycoprotein) gene. J Biol Chem 262: 17432

Upcroft JA, Healy A, Murray DG, Boreham PFL, Upcroft P (1992) A gene associated with cell division and drug resistance in Giardia duodenalis. Parasitology 104: 397

Ursini F, Bindoli A (1987) The role of selenium peroxidases in the protection against oxidative damage of membranes. Chem Phys Lipids 44: 255

Valk P van der, Kalken CK van, Ketelaars E, Broxterman HJ, Scheffer G, Kuiper CM, Tsuruo T, Lankelma J, Meijer CJLM, Scheper RJ, Pinedo HM (1991) Distribution of multidrug resistance-associated P-glycoprotein in normal and neoplastic tissues. Analysis with 3 monoclonal antibodies recognizing different epitopes of the P-glycoprotein molecule. Ann Oncol 1: 56

Valverde MA, Diaz M, Sepulveda FV, Gill DR, Hyde SC, Higgins CF (1992) Volume-regulated chloride channels associated with the human multidrug resistance P-glycoprotein. Nature 355: 820

Van Kalken CK, Valk P van der, Hadisaputro MMN, Pieters R, Broxterman HJ, Kuiper CM, Scheffer GL, Veerman AJP, Meyer CJLM, Scheper RJ, Pinedo HM (1991) Differentiation dependent expression of P-glycoprotein in the normal and neoplastic human kidney. Ann Oncol 2: 55

Verdonck LF, Putten WLJ van, Hagenbeek A, Schouten HC, Sonneveld P, Imhoff GW van, Kluin-Nelemans HC, Raemaekers JMM, Oers RHJ van, Haak HL, Schots R, Dekker AW, Gast GC de, Löwenberg B (1995) Comparison of CHOP chemotherapy with autologous bone marrow transplantation for slowly responding patients with aggressive non-Hodgkin's lymphoma. N Engl J Med 332: 1045

Volm M, Zerban H, Mattern J, Efferth T (1990) Overexpression of P-glycoprotein in rat hepatocellular carcinomas induced with N-nitrosomorpholine. Carcinogenesis 11: 169–172

Walther W, Stein U (1994) Influence of cytokines on mdr1 expression in human colon carcinoma cell lines: increased cytotoxicity of mdr relevant drugs. J Cancer Res Clin Oncol 120: 471

Warr JR, Anderson M, Ferguson J (1988) Properties of verapamil-hypersensitive multidrug-resistant Chinese hamster ovary cells. Cancer Res 48: 4477

Weinstein RS, Jakate SM, Dominguez JM, Lebovitz MD, Koukoulis GK, Kuszak JR, Klusens LF, Grogan TM, Saclarides TJ, Roninson IB, Coon JS (1991) Relationship of the expression of the multidrug resistance gene product (P-glycoprotein) in human colon carcinoma to local tumor aggressiveness and lymph node metastasis. Cancer Res 51: 2720

Westin J (1991) Interferon therapy during the plateau phase of multiple myeloma: an update of the Swedish multicenter study. Semin Oncol [Suppl 1] 18: 37

Willingham MC, Cornwell MM, Cardarelli CO, Gottesman MM, Pastan I (1986) Single cell analysis of daunomycin uptake and efflux in multidrug-resistant and -sensitive KB cells: effects of verapamil and other drugs. Cancer Res 46: 5941

Wilson CM, Serrano A, Wasley A, Bogenschutz MP, Shankar AH (1989) Amplification of a gene related to mammalian mdr genes in drug-resistant Plasmodium falciparum. Science 244: 1184

Wishart GC, Plumb JA, Going JJ, McNicol AM, McArdle CS, Tsuruo T, Kaye SB (1990) P-glycoprotein expression in primary breast cancer detected by immunocytochemistry with two monoclonal antibodies. Br J Cancer 62: 758

Wu C-T, Budding M, Griffin MS, Croop JM (1991) Isolation and characterization of Drosophila multidrug resistance gene homologs. Mol Cell Biol 11: 3940

Yahanda AM, Adler KM, Fisher GA, Brophy NA, Halsey J, Hardy I, Gosland MP, Lum BL, Sikic BI (1992) Phase I trial of etoposide with cyclosporine as a modulator of multidrug resistance. J Clin Oncol 10: 1624

Zaman GJR, Versantvoort CHM, Smit JJM, Eijedems WHM, Haas M de, Smith AJ, Broxterman HJ, Mulder NH, Vries EGE de, Baas F, Borst P (1993) Analysis of the expression of MRP, the gene for a new putative transmembrane drug transporter, in human multidrug resistant lung cancer cell lines. Cancer Res 53: 1747

Zhou DC, Marie JP, Suberville AM, Zittoun RA (1992) Relevance of mdr1 gene expression in acute myeloid leukemia and comparison of different diagnostic methods. Leukemia 6: 879

Zittoun RA, Mandelli F, Willemze R, Witte T de, Labar B, Resegotti L, Leoni F, Damasio E, Visani G, Papa G, Caronia F, Hayat M, Stryckmans P, Rotoli B, Leoni P, Peetermans ME, Dardenne M, Vegna ML, Petti MC, Solbu G, Suciu S, for the European organization for research and treatment of cancer (EORTC) and the gruppo Italianio malattie ematologiche maligne dell'adulto (GIMEMA) leukemia cooperative study groops (1995) Autologous or allogeneic bone marrow transplantation compared with intensive chemotherapy in acute myelogenous leukemia. N Engl J Med 332: 217

Zwelling LA, Hinds M, Chan D, Mayes J, Sie KL, Parker E, Silberman L, Radcliffe A, Beran M, Blick M (1989) Characterization of an amsacrine resistant line of human leukemia cell: evidence for a drug-resistant form of topoisomerase II. J Biol Chem 264: 16411

2.2 In-vitro- und In-vivo-Manipulation hämatopoetischer Stammzellen für die Hochdosischemotherapie

THOMAS A. BOCK, STEFAN SCHEDING, WOLFRAM BRUGGER und LOTHAR KANZ

2.2.1 Einführung

Die Fortschritte der vergangenen Jahre haben weitreichende Einblicke in die phänotypischen Eigenschaften, die Biologie und Regulationsprozesse hämatopoetischer Stamm- und Progenitorzellen gestattet. Diese Erkenntnisse förderten die rasche klinische Verbreitung innovativer Transplantationskonzepte und ermöglichten eine kontinuierliche Fortentwicklung der Hochdosischemotherapie und Stammzelltransplantation (Abb. 2.2.1).

Die Mobilisierung von Stamm- und Progenitorzellen aus dem Knochenmark in das periphere Blut, z. B. durch hämatopoetische Wachstumsfaktoren, erlaubt es, diese Zellen einfach zu entnehmen und zu prozessieren. Autologe periphere Stammzellpräparate vermitteln eine schnellere hämatopoetische Regeneration und enthalten weniger kontaminierende Tumorzellen als konventionelle Knochenmarktransplantate.

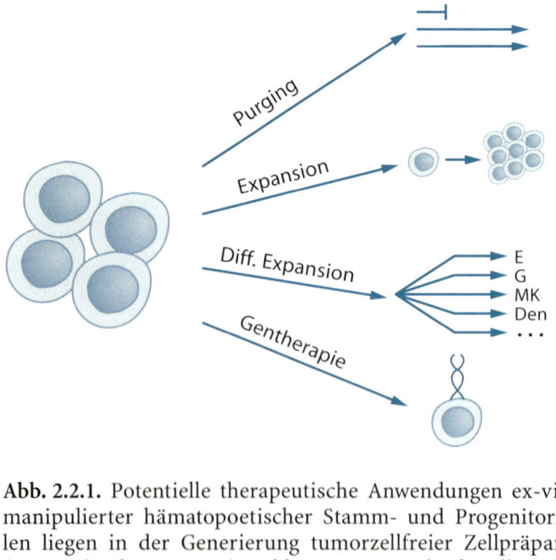

Abb. 2.2.1. Potentielle therapeutische Anwendungen ex-vivo-manipulierter hämatopoetischer Stamm- und Progenitorzellen liegen in der Generierung tumorzellfreier Zellpräparate (*Purging*), der Expansion klonogener Vorläuferzellen (*Expansion*), der differentiellen Expansion zu sog. Postprogenitorzellen oder Immunzellen (*Diff. Expansion*, *E* erythrozytäre Reihe, *G* myeloische Reihe, *MK* megakaryozytäre Reihe, *Den* dentritische Zellen) oder der somatischen Gentherapie (*Gentherapie*)

Mittels Elutriation, Immunadsorption oder durchflußzytometrischer Verfahren können Stamm- und Progenitorzellen um ein Vielfaches angereichert werden. Die Volumenreduktion von Transplantaten bietet gerade im klinischen Maßstab erhebliche logistische, methodische und ökonomische Vorteile bei der Zellmanipulation. Gleichzeitig bieten die genannten Verfahren durch Positivselektion von Stamm- und Vorläuferzellen einen Ansatzpunkt für die Separation von Tumorzellen (Purging).

Eine Minimierung der Zahl kontaminierender Tumorzellen in Transplantaten erscheint erstrebenswert, da diese Zellen biologische Aktivität besitzen und nach autologer Transplantation zu einem Rezidiv beitragen können. Durch kombinierte Strategien gelingt es, die Anzahl reinfundierter Tumorzellen um etwa 5-7 Logarithmen gegenüber unbehandelten Präparaten zu reduzieren.

Bei diesem Vorgehen spielen Ex-vivo-Manipulationsverfahren für hämatopoetische Stamm- und Progenitorzellen eine zentrale Rolle. Beim Konzept der Ex-vivo-Expansion werden aus einem minimalen Volumen (ca. 100-200 ml Blut), welches nur eine minimale Anzahl von Tumorzellen enthält, Progenitorzellen auf ein Vielfaches vermehrt. Die gewählten Kulturbedingungen gestatten dabei, daß möglicherweise darin enthaltene Tumorzellen nicht mitexpandiert werden. Man erhält so eine große Anzahl von Progenitorzellen, die aber nur mit einer minimalen Tumorzellzahl kontaminiert sind. Diese Expansionsstrategien fanden kürzlich erstmals auch in die Klinik Einzug.

Die potentiellen Einsatzmöglichkeiten ex vivo generierter Zellen haben sich in den vergangenen Jahren wesentlich erweitert. So können durch die differentielle Ex-vivo-Expansion sog. Postprogenitorzellen der myeloischen und megakaryozytären Reihen gebildet werden, um möglicherweise die Aplasiephase nach Hochdosistherapie zu überbrücken. Durch Ex-vivo-Generierung von Immun-

Handbuch der Molekularen Medizin, Band 2
Tumorerkrankungen
Herausgeber: D. Ganten und K. Ruckpaul

zellen (z. B. dendritische Zellen) in großer Menge eröffnen sich zudem neue Möglichkeiten, minimal residuelle Tumorzellen nach Transplantation durch das Immunsystem spezifisch zu attackieren.

Der Transfer genetischen Materials in hämatopoetische Stammzellen spielt eine zentrale Rolle bei der Gentherapie kongenitaler Erkrankungen und für viele andere Anwendungen. Aufgrund der Fähigkeit von pluripotenten Stammzellen zur Selbsterneuerung und multilinearen Differenzierung ist ein somatischer Gentransfer ein im idealen Fall einmaliger Prozeß, der ein Genprodukt lebenslang in allen hämatopoetischen Zellinien zur Expression bringen kann. Die Protektion hämatopoetischer Zellen vor einer Chemotherapie durch den Transfer eines Drogenresistenzgens könnte dazu beitragen, gegenwärtige Beschränkungen bei Transplantationen zu überwinden und wird daher in verschiedenen Ansätzen verfolgt.

Das folgende Kapitel beschreibt die aktuellen Entwicklungen auf dem Gebiet der Manipulation hämatopoetischer Stamm- und Progenitorzellen. Die enge Verbindung zur Molekularbiologie, Zellbiologie und Genetik verleiht diesem Forschungsbereich eine außergewöhnliche Dynamik und fördert die Entwicklung innovativer Therapiekonzepte und den schnellen Transfer dieser Strategien in die Klinik.

2.2.2 Gewinnung hämatopoetischer Stammzellen

Hämatopoetische Stammzellen können in ausreichender Anzahl aus verschiedenen Quellen gewonnen werden. Konventionell bildet Knochenmark die Quelle für derartige Stammzellen. Seit jedoch die Mobilisierung von Stammzellen in das periphere Blut in vielen klinischen Zentren ein Routineverfahren geworden ist, steigt die Häufigkeit autologer peripherer Stammzelltransplantationen kontinuierlich an und hat die konventionelle autologe Knochenmarktransplantation weitgehend verdrängt. Mit zunehmender Kenntnis über die biologischen Effekte von Zytokinen werden auch gesunde Personen zur Spende peripherer Stammzellen herangezogen, weswegen jetzt auch die Anzahl allogener peripherer Stammzelltransplantationen zunehmend ansteigt.

Nabelschnurblut, welches meist postnatal verworfen wird, ist eine weitere gut verfügbare Quelle für hämatopoetische Stammzellen und kann direkt aus den Nabelschnurvenen gewonnen werden. Ein besonderer Vorteil liegt in der immunologischen Unreife der Zellen, die dadurch nach allogener Transplantation eine nur geringe Potenz zur gefürchteten Transplantat-gegen-Wirt-Reaktion besitzen. Unreife Vorläufer- und Stammzellen aus Nabelschnurblut besitzen eine extensive Proliferationskapazität [Broxmeyer et al. 1992], die prinzipiell ausreicht, auch Erwachsene zu transplantieren. Der ausgeprägten Proliferationsfähigkeit ist es ebenfalls zu verdanken, daß der retrovirale Gentransfer in Nabelschnurstammzellen effizienter ist als in periphere oder Knochenmarkstammzellen von Erwachsenen [Moritz et al. 1993]. Nabelschnurblut stellt daher ein attraktives Zielorgan für gentherapeutische Strategien dar.

2.2.2.1 Stammzellen aus Knochenmark

Knochenmark für Transplantationen wird üblicherweise aus dem Beckenkamm entnommen. Die Knochenmarkspende wird allgemein als sichere Maßnahme angesehen. Sie birgt die Risiken einer Narkose, eines Blutverlusts, der Traumatisierung von Haut, Blutgefäßen, Nerven und Knochen an der Aspirationsstelle und kann in 0,1–0,4% der Fälle zu lebensbedrohlichen Komplikationen führen [Buckner et al. 1994]. Die Entnahme findet in einem Operationsraum unter sterilen Bedingungen statt, in der Regel während eines kurzen stationären Aufenthalts. Sie kann jedoch auch ambulant durchgeführt werden [Brandwein et al. 1989, Dicke et al. 1995].

Das auch heute noch verbreitete Vorgehen wurde ursprünglich von Thomas u. Storb beschrieben [1970]. Das Mark wird durch multiple (200–300) Punktionen am Beckenkamm aspiriert. Das Volumen einer Aspiration wird gewöhnlich unter 10 ml gehalten und die Aspirationsstelle variiert, um eine Blutbeimengung möglichst gering zu halten [Batinic et al. 1990]. Das gesammelte Knochenmark wird noch im Operationsraum filtriert (200- bis 300-μm-Filter) oder homogenisiert [Herrmann u. Davis 1982], um die Markbröckel zu zerkleinern bzw. zurückzuhalten.

Das Zielvolumen liegt bei 10–15 ml/kg Körpergewicht des Spenders. Dieses Volumen beinhaltet in aller Regel 3×10^8 nukleäre Zellen/kg, die für eine Transplantation anzustreben sind.

Das gefilterte Mark kann direkt dem Empfänger i.v. transfundiert werden. Alternativ kann es jedoch auch als buffy-coat präpariert oder zentrifugiert werden, um Fett, Plasma oder Erythrozyten abzutrennen [Cullis et al. 1991, Jin et al. 1987, McMannis 1991]. Alle Manipulationen können prinzipiell die enthaltenen Stammzellen schädigen. Darüber hinaus nimmt die Viabilität der Stammzellen kontinuierlich mit der Zeit ab, wenngleich ein Verzug von 12–24 h und Lagerung bei Raumtemperatur oder 4°C ohne offensichtliche Auswirkungen auf das Engraftment bleiben [Burnett et al. 1983, Janssen u. Lee 1991, Petersen et al. 1991].

2.2.2.2 Stammzellen aus peripherem Blut

Stamm- und Progenitorzellen aus peripherem Blut (PBPC) werden heute zumindest in Europa fast ausnahmslos für die Gewinnung autologer Transplantate verwendet [Kessinger u. Armitage 1991]. Autologe PBPC bieten verschiedene klinische und logistische Vorteile gegenüber konventionellen Knochenmarktransplantaten. PBPC können ambulant ohne Vollnarkose gewonnen werden, auch nach vorausgegangener Beckenbestrahlung, und sind in geringerem Ausmaß mit Tumorzellen kontaminiert [Kessinger 1995]. Die hämatopoetische Rekonstitution nach Transplantation autologer PBPC erfolgt schneller als durch konventionelle Knochenmarkpräparate [Sheridan et al. 1992], wenngleich jüngste experimentelle und klinische [Janssen et al. 1995] Untersuchungen andeuten, daß Zytokin-stimulierte Knochenmarkzellen zu einer ähnlich schnellen Regeneration der Granulozyten führen können. Inwieweit die Blutkontamination der Knochenmarkaspirate zu diesen Resultaten beitrug, ist zu diskutieren.

Normalerweise können Stamm- und Progenitorzellen im peripheren Blut nur in sehr geringer Frequenz (etwa 1 in 500000 mononukleären Zellen) nachgewiesen werden [Körbling et al. 1990]. Die Anzahl zirkulierender Stammzellen kann jedoch durch verschiedene Chemotherapieprotokolle oder durch die Verabreichung hämatopoetischer Wachstumsfaktoren erhöht werden [Brugger et al. 1992, Dührsen et al. 1988, Elias et al. 1992, Gianni et al. 1989, Haas et al.1990]. Der Prozeß des Übergangs von Stammzellen aus dem Knochenmark in das periphere Blut wird als Mobilisierung bezeichnet.

Stammzellen können entweder durch alleinige Chemotherapie (z. B. Cyclophosphamid), durch Zytokine oder durch deren Kombination mobilisiert werden. Sowohl G-CSF (Granulozyten-Kolonien-stimulierender Faktor) als auch GM-CSF (Granulozyten-Makrophagen-Kolonien-stimulierender Faktor) mobilisieren Stammzellen in die Zirkulation [Brugger et al. 1992, Gianni et al. 1989, Haas et al. 1990, Sheridan et al. 1992, Sica et al. 1992, Socinsky et al. 1988, Villeval et al. 1990] (Tabelle 2.2.1).

Gerade bei gesunden Spendern peripherer Stammzellen für die allogene Transplantation ist es essentiell, effiziente und risikofreie Mobilisierungsprotokolle zu etablieren. Die Verabreichung von Wachstumsfaktoren sollte kurz dauern und die Leukaphäresezeit minimiert werden. G-CSF wird in aller Regel wegen der geringeren Nebenwirkungen und der geringeren T-Zell-Aktivierung der Vorzug gegeben. Bereits die Gabe von 2 µg/kg und Tag G-CSF über 5 Tage erhöht die periphere Konzentration von unreifen Progenitorzellen. Dabei wurden Vorläuferzellen, die die Potenz zur Differenzierung in Granulozyten und Makrophagen besitzen (CFU-GM), um das 30fache sowie die Zellen, die in granulozytäre, makrophagozytäre, erythrozytäre und megakaryozytäre Zellinien differenzieren können (CFU-GEMM), um das 7fache vermehrt [Sato et al. 1994]. Es erscheint dabei günstig, PBPC 24–30 h nach der 5. Injektion zu sammeln. Das Oberflächenantigen CD34 wird auf hämatopoetischen Stamm- und Progenitorzellen exprimiert und kann zum durchflußzytometri-

Tabelle 2.2.1. Übersicht über gegenwärtige klinisch relevante Methoden der Mobilisierung von hämatopoetischen Stamm- und Progenitorzellen vom Knochenmark in das periphere Blut

Mobilisierung von Stammzellen mittels	Literatur
Chemotherapie	Kotasek et al. [1992], Richman et al. [1976], To et al. [1990]
Chemotherapie + G-CSF oder GM-CSF	Brugger et al. [1993b], Dreger et al. [1994], Matsunaga et al. [1993], Siena et al. [1989], Weaver et al. [1993]
G-CSF	Dührsen et al. [1988], Sato et al. [1994], Sheridan et al. [1992], Sica et al. [1992]
GM-CSF	Gianni et al. [1989], Haas et al. [1990], Socinsky et al. [1988], Villeval et al. [1990]
Il-3 oder Il-3 + GM-CSF	Brugger et al. [1992], Ganser et al. [1992]
SCF oder SCF + G-CSF	McNiece et al. [1994]

schen Nachweis dieser Populationen verwendet werden. Mehrere Studien belegen, daß 10 mg G-CSF/kg und Tag über 5 Tage die Konzentration positiver Zellen auf ca. 50–150/μl und die CFU-GM auf 5–10/μl erhöhen. In der Regel können 5–10×10^6 CD34$^+$-Zellen/kg in 1–3 Leukaphäresen gesammelt werden [De Luca et al. 1992, Dreger et al. 1994, Matsunaga et al. 1993, Weaver et al. 1993].

Die Verabreichung von in der Differenzierungskaskade frühwirkenden Zytokinen (z. B. Il-3, SCF) und nachfolgend spätwirkenden Zytokinen (G-CSF, GM-CSF) soll zunächst unreifere Progenitorzellen vermehren, die anschließend durch die spätwirkenden Zytokine stimuliert werden können. Die sequentielle Gabe von Il-3 und GM-CSF erhöhte die Konzentration zirkulierender Progenitorzellen (CFU-GM 20fach, CFU-GEMM 7fach) sowie die Konzentration von CFU-Meg um ein Mehrfaches [Brugger et al. 1992, Ganser et al. 1992]. Im Gegensatz hierzu wurden CFU-GEMM durch die alleinige Gabe von Il-3 vermindert [Verma et al. 1980].

Stammzellfaktor (SCF) besitzt eine pleiotrope Wirkung auf primitive hämatopoetische Zellen und kommitierte Progenitoren einschließlich Mastzellen. Vorläufige Daten aus Phase-I- und Phase-I/II-Studien deuten an, daß die Kombination aus SCF (5 und 10 μg/kg und Tag) und G-CSF (10 μg/kg und Tag) die periphere Leukozytenkonzentration gegenüber einer alleinigen Gabe von G-CSF verdoppelt und zu einem dosisabhängigen Anstieg der peripheren CD34$^+$-Zellen und CFU-GM führt [McNiece et al. 1994]. Derart mobilisierte Stammzellen sind möglicherweise geeignete Zielzellen für den retroviralen Gentransfer, da bei Rhesusaffen die Mobilisierung peripherer PHSC mit SCF und G-CSF erstmalig eine Transfereffizienz von ca. 10% ermöglichte, die bei Primaten in früheren Studien deutlich niedriger lag [Dunbar et al. 1996].

Zur autologen Transplantation von PBPC bei onkologischen Patienten bietet die Mobilisierung mittels Chemotherapie den klinischen Vorteil, daß der Patient bereits frühzeitig eine antineoplastische Therapie erhält. Die Gewinnung der PBPC erfolgt in der Regenerationsphase der Leukozyten nach Chemotherapie, wobei ein Anstieg zirkulierender CFU-GM bei Annäherung der peripheren Leukozytenwerte an 1000 Zellen/μl beobachtet werden kann [Kotasek et al. 1992, Richman et al. 1976, To et al. 1990].

Die Kombination von Chemotherapie und Zytokinen vereint frühzeitige Therapie und zuverlässige Mobilisierung. Die Verwendung von Hochdosiscyclophosphamid (7 g/m^2) mit nachfolgender Gabe von GM-CSF (5,5 μg/kg und Tag) oder G-CSF (5 μg/kg und Tag) induzierte einen bis zu 1000fachen Anstieg der zirkulierenden CFU-GM bei Patienten mit hochmalignen Non-Hodgkin-Lymphomen, der deutlich höher war als in einer historischen Kontrolle, die nur Cyclophosphamid erhielt [Gianni et al. 1989, Siena et al. 1989]. Andere Autoren konnten diesen ausgeprägten Anstieg von PBPC nach Hochdosiscyclophosphamid und G-CSF nicht bestätigen [Janssen et al. 1992]. Die Dosis der Chemotherapie kann ein wichtiger Faktor für eine optimale Mobilisierung sein, andererseits ist eine Erhöhung der verabreichten Zytokinmenge nicht immer mit einem Anstieg der peripheren CFU-GM verbunden. Die Gabe von Makrophagen-Kolonien-stimulierendem Faktor (M-CSF) nach zytoreduktiver Therapie eignete sich nicht zur Mobilisierung von Progenitorzellen [Eto et al. 1994].

Wir erhalten in unserer Institution eine zuverlässige Mobilisierung von PBPC durch eine Standardchemotherapie (VIP) mit 500 mg/m^2 Etoposid, 4 g/m^2 Ifosfamid und 50 mg/m^2 Cisplatin bzw. VIP-E (inklusive Epirubicin 50 mg/m^2). Diese Kombination besitzt eine synergistische Antitumoraktivität und erzielt eine effektive Zytoreduktion bei verschiedenen soliden Tumoren und Lymphomen [Brugger et al. 1992, Brugger et al. 1993a, Neidhard et al. 1989], wobei sich die nicht-hämatologischen Toxizitätsprofile der Einzelsubstanzen nur wenig überschneiden. Die Untersuchung der PBPC-Mobilisation durch VIP-Chemotherapie oder VIP plus nachfolgende Gabe von G-CSF (250 μg/m^2 für 14 Tage; n=40 Patienten), GM-CSF (250 μg/m^2 für 14 Tage; n=18) oder mit sequentieller Gabe von Il-3 (250 μg/m^2 für 5 Tage) und GM-CSF (250 μg/m^2 für 10 Tage; n=18) zeigte ein Zytokin-abhängiges Mobilisierungsmuster. Maximalkonzentrationen der CD34$^+$-PBPC wurden am frühesten nach der Gabe von G-CSF gemessen (10,5 Tage), dann nach GM-CSF (14 Tage), sodann nach Il-3/GM-CSF (16 Tage) [Brugger et al. 1992, Brugger et al. 1993a]. Die sequentielle Verabreichung von GM-CSF und Il-3 führte zur höchsten Konzentration von Kolonie-bildenden Zellen im peripheren Blut (Median 2,1×10^4 CFU/ml, inkl. CFU-GM, BFU-E, CFU-GEMM), die signifikant über den Konzentrationen der Vergleichsgruppen lag [Brugger et al. 1992]. Jedoch zeigte sich in durchflußzytometrischen Analysen, daß die Anzahl mobilisierter CD34$^+$- Zellen in allen Gruppen vergleichbar war. Dies deutet an, daß die In-vitro-Klonierungseffizienz der Il-3-GM-CSF-mobilisierten PBPC höher als in den Vergleichsgruppen ist. Primitive Progenitoren wie LTC-IC wurden ebenfalls in die Peripherie mobilisiert [Henschler et al. 1994, Sutherland et al. 1994].

Die Bestimmung des optimalen Zeitpunkts der Zellgewinnung nach Mobilisierung erfordert eine zuverlässige Bestimmung der Mobilisationskinetik der PBPC. Die oben genannten Kolonie-bildenden Assays eignen sich aufgrund der Latenz bis zum Erhalt der Resultate nicht für den klinischen Einsatz, sind international wenig standardisiert, und geben keine direkte Information über rekonstituierende Stammzellen. Daher werden oft empirische und indirekte Parameter zur Beurteilung der Stammzellmobilisierung herangezogen.

Eine gute Ausbeute an Stammzellen erhält man in der Regel, wenn sich nach einer Chemotherapie die Anzahl peripherer mononukleärer Zellen 1 000/µl nähert, wenn die peripheren Granulozyten- und Monozytenkonzentrationen ansteigen, wenn der Übergang des Nadirs zum Spitzenwert weniger als 7 Tage dauert oder wenn die peripheren Granulozyten- und Thrombozytenkonzentration schnell ansteigen. Eine langsame hämatopoetische Rekonstitution läßt dagegen auf eine eher geringe Ausbeute schließen [Henon 1993, Lee u. Klein 1995].

Die durchflußzytometrische Bestimmung des Anteils CD34-positiver Zellen im peripheren Blut wird allgemein als der günstigste Parameter angesehen, um über den Sammelzeitpunkt, die zu prozessierende Menge und die Qualität des Stammzellpräparats zu urteilen. Die Anzahl von $CD34^+$-Zellen ist mit der Anzahl von CFU-GM korreliert [Fritsch et al. 1991, Siena et al. 1991]. Die Transplantation von $>2\times10^6$ $CD34^+$-Zellen/kg gewährleistet in aller Regel eine rasche hämatopoetische Rekonstitution. Die Messung der $CD34^+$-Zellen erfolgt beim Anstieg der Leukozytenwerte, meist ab Tag 8–10 nach Beginn der Mobilisierungschemotherapie. Langzeitrekonstituierende Stammzellen scheinen eher in der Anstiegsphase peripherer $CD34^+$-Zellen zu zirkulieren, die 1–3 Tage vor dem Spitzenkonzentrationswert der $CD34^+$-Zellen liegt [Uchida et al. 1993].

Da Stammzellen unter hämatologischen Ruhebedingungen nur in geringer Konzentration im peripheren Blut vorliegen, sind zu deren Gewinnung (Leukaphärese) nach der Mobilisierungstherapie automatisierte Zellseparatoren erforderlich. Blutseparatoren mit klinischer Zulassung werden von verschiedenen Firmen angeboten (CS3000 plus – Fenwal, Baxter Healthcare; Spectra – Cobe BCT; V50 – Haemonetics) und unterscheiden sich im Grad der Automatisierung. Die Sedimentationseigenschaften dieser Zellen erlauben nicht die Abtrennung von anderen mononukleären Zellen, so daß periphere Stammzellpräparate erheblich mit reifen Lymphozyten und Monozyten kontaminiert sind [Dreger et al. 1994, Heal et al. 1986]. Thrombozyten, Granulozyten und Erythrozyten können jedoch weitgehend abgetrennt und in den Patienten reinfundiert werden. Das zu prozessierende periphere Blutvolumen wird eher durch die Dauer der Leukaphärese als durch den Konzentrationsabfall der peripheren Zellen determiniert. Typischerweise werden 1,5–3 Blutvolumen über 2–5 h prozessiert. Das Prozessieren von 6 l bei peripheren Leukozytenkonzentrationen um $5-10\times10^3/\mu l$ und vorhergehender Mobilisierung mit VIP-E und G-CSF erzielt in unserer Institution eine Ausbeute von $>2\times10^6$ $CD34^+$-Zellen/Leukaphärese und damit zumeist eine für die autologe Transplantation ausreichende Anzahl von PBPC.

2.2.3 Positivselektion hämatopoetischer Stammzellen

Hämatopoetische Stamm- und Progenitorzellen lassen sich aufgrund ihrer physikalischen, phänotypischen und biologischen Eigenschaften von differenzierten Zellpopulationen trennen [Scheding et al. 1996] (Tabelle 2.2.2).

Unterschiede in der Sedimentationsgeschwindigkeit von Zellen bieten die Möglichkeit der Separation durch zentrifugale Gegenflußelutriation [CCE (counterflow centrifugal elutriation)]. Diese Elutriation wird mit Hilfe eines Rotors durchgeführt, in dem ein Medium im Gegenfluß durch eine Separationskammer geleitet wird, welcher der Zentrifugalkraft entgegengerichtet ist. Die zentrifugale bzw. zentripetale Ausrichtung der Zellen resultiert dabei aus der Balance zwischen gegenfließendem Medium und der zentrifugalen Kraft. Die CCE kann zur Auftrennung verschiedener Zellquellen verwendet werden wie etwa Knochenmark oder periphere Stamm- und Progenitorzellpopulationen [Almici et al. 1993].

Da die Elutriation direkt im Medium und ohne alterierende Zusätze durchgeführt werden kann, sind die resultierenden Zellfraktionen in der Regel nur minimal morphologisch, biochemisch oder funktionell beeinträchtigt. Obwohl die CCE zur Separation pluripotenter Stammzellen von Progenitoren in der Lage ist [Jones et al. 1990], führt sie nicht zu besonders reinen Zellfraktionen. Daher werden diese Fraktionen von vielen Autoren zusätzlich aufgetrennt, etwa durch Antikörperselek-

Tabelle 2.2.2. Separationsverfahren zur Anreicherung hämatopoetischer Stammzellen

Separation anhand physikalischer Eigenschaften	Separation anhand immunphänotypischer Eigenschaften	
	Positivselektion (z. B. Anti-CD34-Antikörper)	Negativselektion (z. B. Anti-CD3, -CD15)
Gegenflußelutriation	Immunadsorptionssäule	Sojabohnenagglutination
Leukaphärese	Magnettrennverfahren (Mikro-/Makropartikel)	Magnettrennverfahren (Mikro-/Makropartikel)
	Durchflußzytometrische FACS-Sortierung	Durchflußzytometrische FACS-Sortierung

tion [Orlic et al. 1993]. CCE reduziert den Anteil an T-Lymphozyten aus peripherem Blut um mehr als 2,5 log mit einer Ausbeute von 60–80% der Progenitorzellen, was sich für klinische Anwendungen eignet.

Funktionell lassen sich Stamm- und Progenitorzellen durch Sojabohnenagglutinationsverfahren [Ebell et al. 1985] sowie durch Ausnutzung ihrer Resistenz gegenüber zytotoxischen Substanzen wie 4-Hydroxy-Cyclophosphamid [Smith et al. 1991] und 5-Fluorouracil (5-FU) [Stewart et al. 1993] anreichern. Diese Methoden resultieren jedoch in eher heterogenen anstatt gut definierten, hochselektierten Populationen. Durch Zytokinstimulation kombiniert mit der Gabe von Antimetaboliten versuchten Berardi et al. [1995], primitive Stammzellen zu isolieren. Menschliche Knochenmarkzellen wurden durch Einwirkung von Stammzellfaktor (c-kit-Ligand) und Interleukin 3 stimuliert und anschließend mit 5-FU inkubiert. Dies führte zum Zelltod differenzierter Zellen und zum Überleben einer Zellpopulation mit Charakteristika von hämatopoetischen Stammzellen. Die Ergebnisse dieser Studie werden jedoch kontrovers diskutiert und entbehren zum gegenwärtigen Zeitpunkt der Bestätigung.

Ein wichtiger Fortschritt auf dem Gebiet der Zellselektion besteht in der Charakterisierung des CD34-Antigens und der nachfolgenden Entwicklung von monoklonalen Antikörpern (mAK) gegen CD34. Es wird als weitgehend sicher angesehen, daß CD34 auf humanen Stamm- und Progenitorzellen exprimiert wird [Bodine 1995]. Arbeiten im murinen System deuten dagegen darauf hin, daß es auch langzeitrekonstituierende Stammzellpopulationen gibt, die CD34 nicht exprimieren [Osawa et al. 1996, Sharkis SJ, pers. Mitteilung].

Geräte zur Separation im experimentellen Maßstab verwenden biotinylierte (z. B. CellPro) oder Magnetpartikel-assoziierte (z. B. Dynal, Milteny) Anti-CD34-Antikörper. Diese Verfahren erlauben eine schnelle und effektive Positivselektion funktionell aktiver $CD34^+$-Zellen bis zu einer sehr hohen Reinheit.

Die Selektion erfolgt im 1. Schritt durch die Inkubation der Zellsuspension mit einem Anti-CD34-Antikörper. Anschließend wird diese Suspension auf eine Säule geladen, in der die Antikörper-markierten Zellen durch Streptavidin-Biotin-Bindung oder magnetische Adhärenz retiniert werden. Die nicht-adhärente Fraktion wird entfernt, und die $CD34^+$-Zellen werden nach Agitation bzw. Entfernen des Magnets aus der Säule gewaschen. Beim Biotin-Streptavidin-System wird der überwiegende Anteil der Antikörper in der Säule gehalten. Magnetische Mikropartikel (Mylteny) brauchen nicht von der Zelloberfläche abgelöst werden, während größere Magnetpartikel (Baxter) enzymatisch getrennt werden.

Durch Kombination eines positiven Selektionsschritts mit einer negativen Depletion kann die Reinheit der Zielpopulation in der Regel deutlich erhöht werden. Üblicherweise werden differenziertere hämatopoetische Zellen durch einen gegen mehrere Zellinien-spezifische Antigene gerichteten Antikörper-Cocktail (u. a. CD3, CD4, CD8, CD15, CD20, CD11b, Glykophorin-A) markiert und depletiert (lin^{neg}) [Orlic et al. 1993, Orlic et al. 1996]. Eine Kombination von Sojabohnenagglutininbindung und folgender CD34-Selektion auf Antikörper-beschichteten Kulturflaschen ist ebenfalls möglich (Applied Immune Sciences).

Sowohl Biotin-Streptavidin- als auch Magnetseparationsausrüstungen sind für den klinischen Gebrauch zugelassen (CellPro Europe, Baxter). Diese Systeme finden weite Verwendung und gewährleisten eine akzeptable Reinheit (ca. 50–80% $CD34^+$) und Ausbeute (50–80%). Seit 1–2 Jahren werden diese Geräte ebenfalls zur Selektion von $CD34^+$-peripheren Stamm- und Vorläuferzellen für die allogene Transplantation verwendet. In der allogenen Situation ist die CD34-Selektion aufgrund der hohen T-Zell-Konzentration von peripheren Stamm- bzw. Progenitorzelltransplantaten (1–2 log höher als in Knochenmark) möglicherweise vorteilhaft. In unseren Händen bewirkt die positive CD34-Selektion (CEPRATE SC, Fa. CellPro) von rhG-CSF-mobilisierten allogenen PBPC eine Depletion von T-Zellen um 2–3 Logarithmen.

Mittels durchflußzytometrischer Sortierung [FACS (fluorescence acticated cell sorting)] gelingt es, die höchste Reinheit von Zellpopulationen zu erzeugen. Die Zellen werden entweder mit direkt konjugierten Antikörpern [z. B. Fluoresceinisothiocyanat (FITC) oder Phycoerythrin (PE)] oder indirekt (z. B. mit einem biotinylierten Primär- und einem Streptavidin-konjugierten Sekundärantikörper) markiert. Die markierten Zellen können dann positiv identifiziert und auf Einzelzellbasis im Durchflußzytometer sortiert werden. Das Färbeverhalten von hämatopoetischen Stammzellen gegenüber Rhodamin 123 kann durchflußzytometrisch ebenfalls zur Anreicherung verwendet werden [Orlic et al. 1993]. Stammzellen schleusen den Farbstoff aufgrund der hohen Expression des Multidrogenresistenzgens MDR-1 aus und charakterisieren sich damit als Rho^{low}- oder Rho^{neg}-Fraktion. Da die Durchflußzytometrie jeweils auch Zellen aufgrund intrinsischer Charakteristika unterscheiden kann (Größe und Granularität durch Messung der Vorwärts- und Seitwärtslichtbrechung), können Zellen durchflußzytometrisch anhand von mindestens 5 Parametern differenziert werden.

FACS hat einen besonderen Stellenwert bei der Gewinnung primitiver Stammzellpopulationen. Sowohl im Maus- als auch im humanen System wurden Antigene (CD34, c-kit, Thy-1, SCA-1 u. a.) und mAK beschrieben, die primitive hämatopoetische Zellpopulationen charakterisieren [Orlic u. Bodine 1994]. Welchen antigenetischen Phänotyp die primitivsten Stammzellen besitzen, ist abhängig vom jeweiligen Untersuchungsmodell, kann jedoch nicht abschließend beurteilt werden, da Populationen, die den an Stammzellen gestellten Kriterien (Selbsterneuerung und Kapazität zur multilinearen Differenzierung) genügen, phänotypisch unterschiedlich beschrieben worden sind [Osawa et al. 1996, Sharkis SJ, pers. Mitteilung].

Durch die Anwendung von neuentwickelten Hochgeschwindigkeits-Sortern (Becton Dickinson, Systemics) können auch erstmals größere Zellmengen, wie sie im klinischen Maßstab benötigt werden, in einem realisierbaren zeitlichen Rahmen sortiert werden. Diese Systeme könnten prinzipiell zur Abtrennung von benignen Populationen in Tumorzell-kontaminierten Stammzellpräparationen eingesetzt werden.

2.2.4 Differentielle Expansion hämatopoetischer Progenitorzellen

Die Verfügbarkeit eines breiten Spektrums von rekombinanten Zytokinen und hämatopoetischen Wachstumsfaktoren und die zunehmende Kenntnis ihrer meist pleiotropen Wirkungsweise bieten weitreichende Möglichkeiten, Zellen zu kultivieren, zu stimulieren und zu manipulieren. Da Transplantationen im klinischen Maßstab eine hohe Anzahl hämatopoetischer Zellen erfordern, kommen Amplifikationsverfahren für hämatopoetische Zellen eine große Bedeutung zu. Die Strategien, eine geringe Zahl hämatopoetischer Zellen zu entnehmen, diese in vitro zu vermehren und ggf. zu reinfundieren, werden als Ex-vivo-Expansionsverfahren bezeichnet.

Das Ziel dieser Konzepte besteht darin, aus einer möglichst kleinen Menge gespendeter Zellen eine für Transplantationszwecke ausreichende Anzahl von Stamm- und Progenitorzellen zu generieren (Expansion klonogener Zellen). Werden die Expansionsbedingungen so gewählt, daß selektiv die normalen hämatopoetischen Zellen vermehrt werden, nicht jedoch potentiell kontaminierende Tumorzellen des autologen Spenders, so enthält das expandierte Stammzelltransplantat nur die minimale Anzahl kontaminierender Tumorzellen, die in dem kleinen Ausgangsblutvolumen mitgesammelt wurden. Im Vergleich zu direkt gesammelten, nicht-kultivierten Stammzellpräparaten reduziert dieses Vorgehen das Risiko einer Tumorzellkontamination um den Expansionsfaktor der normalen Zellen. Bei hinreichender Expansion wäre es möglich, zukünftig auf eine Leukaphärese zu verzichten bzw. ausreichend Zellen für mehrere Zyklen einer Hochdosistherapie zu generieren.

Weder durch Erhöhung der transplantierten Stammzelldosis noch durch Ex-vivo-Expansion klonogener Progenitorzellen gelang es bisher, die zytopenische Phase nach Hochdosistherapie unter 5–8 Tage zu senken. Daher zielen innovative Strategien darauf ab, periphere Progenitorzellen ex vivo selektiv zu Postprogenitoren und Effektorzellvorstufen zu differenzieren. Aufgrund der Vorstellung, daß diese kommittierten Zellen weniger Zellteilungen und damit weniger Zeit benötigen, um zu Effektorzellen zu reifen, soll durch die Transplantation einer ausreichenden Anzahl dieser Zellen zusammen mit unmanipulierten Stamm- und Progenitorzellen die aplastische Phase nach Hochdosistherapie ohne weiteren Transfusionsbedarf überbrückt werden.

Rezidiverkrankungen nach Hochdosischemotherapie und Stammzelltransplantation können sowohl durch Transplantat-kontaminierende Tumorzellen als auch durch sog. minimal residuelle Zellen verursacht werden. Während durch Purging-Verfahren das Risiko Transplantat-vermittelter Rezidive gesenkt werden soll, wird gleichzeitig versucht, durch ex vivo generierte Immunzellen im Körper verbliebene Tumorzellen durch das Immunsystem spezifisch zu attackieren. Besondere Beachtung finden die Fortschritte der vergangenen Jahre, professionelle Antigen-präsentierende Zellen – sog. dendritische Zellen – in großer Menge zu generieren und zur Induktion einer Tumorantigen-gerichteten zellularen Immunantwort zu nutzen.

2.2.4.1 Expansion klonogener Vorläuferzellen

Eine Vielzahl von Bedingungen für die Ex-vivo-Expansion klonogener Progenitor- und Stammzellen sind in den vergangenen Jahren untersucht worden [Brugger u. Kanz 1996]. Dabei kommt der Auswahl hämatopoetischer Wachstumsfaktoren eine besondere Bedeutung zu. Es ist jedoch offensichtlich, daß bei der Vielzahl möglicher Zytokinkombinationen und gleichzeitig fehlender Standardisierung der Progenitor-Assays ein direkter Vergleich unterschiedlicher Arbeiten und damit die Benennung eines optimalen Expansions-Cocktails nicht möglich ist.

Eine Expansion der mononukleären Zellen sowie der Anzahl Kolonie-bildender Zellen (CFC) um den Faktor 100–1 000 erscheint durch verschiedene Faktorenkombinationen möglich. SCF spielt bei der Expansion von Progenitorzellen eine wichtige Rolle [Keller et al. 1995]. Durch zusätzliche Zytokine, z. B. die Kombination aus Il-1, Il-3 und Il-6, kann der Expansionsfaktor erheblich gesteigert werden [Brugger et al. 1993b]. Andere Protokolle enthalten Il-4, Il-11, Il-12 und Il-13 [Bertolini et al. 1995, Jacobsen et al. 1995, Ven van de et al. 1995, Xi et al. 1995] oder untersuchten die Effekte der inhibitorischen Zytokine MIP-1α, TGF-α und TNF-α [Manyani et al. 1995]. Die Expansion primitiver Progenitoren wie auch kommittierter Progenitoren aus Nabelschnurblut oder Knochenmark durch SCF und G-CSF oder GM-CSF wurde durch die Zugabe von Il-4 oder Il-11 synergistisch unterstützt [Jacobsen et al. 1995, Ven van de et al. 1995]. Die Zugabe von Il-12 führt zu keiner weiteren Steigerung der CFU-GEMM im Vergleich zur alleinigen Kombination aus SCF, Il-3, Il-11 und MIP-1. In Kombination mit Il-3, Il-11 und SCF induzierte Il-12 interessanterweise die Transkription von CD19-mRNA, was entweder auf eine Wirkung auf sehr primitive Zellen oder ein äußerst pleiotropes Wirkungsspektrum dieses Zytokins hinweist [Bertolini et al. 1995]. Il-13 inhibierte das Wachstum der myeloiden und erythroiden Zellreihen, förderte jedoch die Generation megakaryozytärer Kolonien [Xi et al. 1995]. Inwieweit ein synergistischer Effekt mit Thrombopoetin auf diese Zellen existiert, ist bislang nicht untersucht.

Um eine quantitative Expansion primitiver Progenitor- und Stammzellen zu erzielen, verdienen solche Zytokine besondere Beachtung, die in der Differenzierungskaskade früh – also auf unreife Zellen – wirken. Flt-3-Ligand ist ein solches Zytokin, welches erst kürzlich identifiziert wurde [Lyman et al. 1993]. Flt-3-Ligand besitzt in vitro allein nur wenig Kolonie-bildende Aktivität, erhöht in Kombination mit anderen Zytokinen jedoch die klonogene Kapazität primitiver Progenitorzellen wie CFC-Blast, HPP-CFC und LTC-IC [Broxmeyer et al. 1995, Gabbianelli et al. 1995, Hudak et al. 1995, Jacobsen et al. 1995b]. Der ausgeprägteste Synergismus wurde in der Kombination mit anderen Liganden verzeichnet, die durch Rezeptoren der Hämopoetinfamilie wirken (G-CSF, GM-CSF, Il-3, Il-6, Il-11, Il-12). Weniger ausgeprägt war die kombinierte Wirkung von Flt-3-Ligand mit SCF oder M-CSF, die über andere Tyrosinkinaserezeptoren wirken [Jacobsen et al. 1995a]. Entgegen den pleiotropen Effekten von SCF fördert Flt-3-Ligand nicht das Wachstum von erythroiden, megakaryozytären oder von Mastzellkolonien [Hudak et al. 1995].

Die primitivsten Zellen, die derzeit im humanen System in vitro untersucht werden können, sind primitive Progenitoren wie CAFC, CFU-Blast, HPP-CFC und LTC-IC. Um möglicherweise einen Indikator für das Verhalten von Stammzellen zu finden, wird daher getestet, wie die Anzahl dieser Zellen vervielfacht werden kann. Die Kombinationen von SCF, Il-6 und Erythropoetin oder SCF, Il-1, Il-3, Il-6 und Erythropoetin in serumfreien bzw. serumhaltigen Medien und ohne Stromaunterlage amplifizieren zwar die Gesamtzahl von CFC und vermögen die Anzahl von LTC-IC über einen Zeitraum von 2–3 Wochen zu erhalten, aber nicht zu steigern [Henschler et al. 1994, Rebel et al. 1994]. Eine umfangreiche Analyse von Expansionsbedingungen für primitive Progenitoren zeigte, daß durch häufigen Mediumwechsel, eine Stromaunterlegung und eine hohe Zahl akzessorischer Zellen (d.h. präferentiell unseparierte mononukleäre Knochenmarkzellen) die Anzahl der LTC-IC um den Faktor 3,2 erhöht werden kann [Koller et al. 1995].

Eine hohe Bedeutung für das Zellteilungsverhalten primitiver Progenitorzellen könnte die Signaltransduktion durch die gp130-Komponente des Il-6-Rezeptors besitzen [Sui et al. 1995]. Über diese membranständige Komponente kann die lösliche Form des Il-6-Rezeptors (sIl-6-R) offenbar ein Signal auslösen, wie es üblicherweise durch Il-6 selbst induziert wird [Kishimoto et al. 1994]. Vielversprechend für eine quantitative Expansion möglichst primitiver Progenitorzellen sind dabei die Beobachtungen einer fortgesetzten Selbsterneuerung embryonaler Stammzellen unter sIl-6-R und Il-6 sowie eine deutliche Amplifikation von CFU-GEMM und CFU-Blast unter sIl-6-R, Il-6 und SCF. Es bleibt zu bestätigen, in welchen primitiven hämatopoetischen Subpopulationen die kombinierte Stimulierung über gp130 und c-kit tatsächlich zu einer ausgeprägten Expansion führt.

2.2.4.2 Können pluripotente Stammzellen expandiert werden?

Die Frage, ob auch die primitivsten hämatopoetischen Stammzellen quantitativ vermehrt werden können, besitzt nicht nur grundlagenwissenschaftliches Interesse, sondern ist für die klinische Transplantation minimaler Stammzellzahlen, isoliert aus Nabelschnurblut oder ex vivo generierten Progenitorzellen, äußerst relevant. Sie ist eng mit der experimentellen Frage verbunden, ob pluripotente Stammzellen durch Stimulation mit den derzeit zur Verfügung stehenden Zytokinen zur Zellzyklusprogression und Zellteilung angeregt werden können, und ferner, ob diese Proliferation inhärent mit einem Differenzierungsschritt verbunden ist.

Zweifellos bedarf die wissenschaftliche Untersuchung dieser Aspekte eines zuverlässigen Assay-Systems für pluripotente hämatopoetische Stammzellen. Im murinen System können quantitative Aussagen über Stammzellen mittels des kompetitiven Repopulationsverhaltens chimärer Zellpopulationen getroffen werden [Harrison et al. 1993]. Tatsächlich konnte im kompetitiven Repopulations-Assay gezeigt werden, daß in vivo die Zahl pluripotenter Stammzellen durch die Gabe von SCF und G-CSF vervielfältigt werden kann [Bodine et al. 1993b]. Ob diese Daten aus dem Maussystem in das humane System übertragbar sind, ist nicht gesichert.

Im humanen System sind In-vitro-Assays für primitive hämatopoetische Zellen wie LTC-IC, CAFC, HPP-CFC oder CFU-Blast als quantitative Systeme etabliert. Diese identifizieren jedoch nur sehr frühe Progenitorzellen und keine pluripotenten Stammzellen. Beschrieben sind In-vitro-Bedingungen, die eine bis zu 10- bis 40fache Vermehrung von LTC-IC ermöglichen [Koller et al. 1995, Eaves C, Ogawa M, Ziegler B, pers. Mitteilungen].

In-vivo-Assays für humane Stammzellen mit einer multilinearen Differenzierungskapazität und einem sekundären Transferpotential sind kürzlich etabliert worden [Bock et al. 1995, Lapidot et al. 1993, Nolta et al. 1994]. Während die qualitative Aussagekraft dieser Modelle allgemein hoch eingeschätzt wird, muß deren quantitative Validität jedoch noch optimiert werden.

Untersuchungen in einem chimären SCID-Mausmodell zeigten, daß humane PBPC durch Ex-vivo-Kultur und Xenotransplantation ihre Fähigkeit zur Langzeithämatopoese verlieren [Goan et al. 1995]. Diese Beobachtung steht im Einklang mit der Beobachtung im Rhesusaffenmodell, daß das Signal genetisch markierter PBPC, welche mit SCF, Il-3 und Il-6 kultiviert und expandiert wurden, nach wenigen Wochen nicht mehr nachweisbar war, während der Marker nicht-expandierter PBPC langfristig nachweisbar blieb [Dunbar C, pers. Mitteilung].

Diese vereinzelten Beobachtungen suggerieren, daß die gegenwärtig etablierten Bedingungen nicht geeignet sind, humane pluripotente Stammzellen über einen längeren Zeitpunkt zu kultivieren oder gar zu amplifizieren. Im murinen System lassen sich pluripotente Stammzellen in vivo nachweisbar vervielfachen. Ob dies auf das humane System übertragbar ist, läßt sich lediglich mittels markierter und kompetitiv transplantierter Zellpopulationen untersuchen. Nicht nur theoretisch interessant ist dabei die Frage, ob vervielfältigte Stammzellen mit den Ursprungszellen vollkommen identisch sind oder etwa eine pluripotente Stammzellpopulation niedrigerer Ordnung darstellen. In diesem Sinn könnten sie sich etwa durch ihre Kapazität zur Proliferation oder der Länge ihrer Telomere [Vaziri et al. 1994] unterscheiden. Wenngleich eine vollkommene Selbsterneuerung von Stammzellen als eher unwahrscheinlich angesehen wird, steht eine abschließende Beurteilung dieser Aspekte gegenwärtig aus und erfordert zweifellos verbesserte oder neue Assay-Systeme.

2.2.4.3 Tumorzellkontamination und Purging von peripheren Stammzellpräparaten

Genetische Markierungsstudien haben in den vergangenen Jahren eindeutig bewiesen, daß nicht nur bei hämatologischen Neoplasien, sondern auch bei soliden Tumorerkrankungen biologisch aktive Tumorzellen im peripheren Blut zirkulieren [Brenner et al. 1993]. Nach autologer Reinfusion können diese kontaminierenden Tumorzellen zu einem Transplantat-vermittelten Rezidiv führen [Brenner et al. 1993, Rill et al. 1992a, b].

In welcher Konzentration biologisch aktive Tumorzellen im peripheren Blut oder in Stammzellpräparaten vorliegen, ist abhängig von der Tumorentität und dem Stadium der Erkrankung und ist Gegenstand aktueller Untersuchungen. Die Anzahl im peripheren Blut kann sich nach Chemotherapie und G-CSF erhöhen, wobei die Mobilisierung von Tumorzellen gleichzeitig wie die benigner Vorläuferzellen erfolgen kann, wie erstmals von Brugger et al. [1994a] gezeigt wurde. Vor allem beim Mammakarzinom mit Knochenmarkbefall (Stadium IV) wurde eine ausgeprägte Komobilisierung maligner Zellen nachgewiesen [Brugger et al. 1994].

Trotz aller Unsicherheiten hinsichtlich des quantitativen Ausmaßes spricht der Nachweis PBPC-kontaminierender Tumorzellen für die Durchführung von Maßnahmen, um die Tumorkonzentration in PBPC-Präparaten zu minimieren (Purging). Dabei hat sich gezeigt, daß theoretisch die Wahrscheinlichkeit einer Tumorzellkontamination durch die Kombination verschiedener Maßnahmen um 5–7 Größenordnungen reduziert werden kann.

2.2.4.3.1 In-vivo-Purging

Die oben genannte Studie von Brugger et al. [1994] hatte gezeigt, daß nach 1 Zyklus einer konventionellen Chemotherapie (VIP-E) und G-CSF der Anteil Tumorzell-kontaminierter peripherer Blutproben um das 3fache auf etwa 30% anstieg. Nach einem 2. Zyklus der gleichen Chemotherapie konnten jedoch nur noch in Ausnahmefällen Tumorzellen in der Peripherie nachgewiesen werden. Dieses Verhalten bildet die Rationale für eine initiale zytoreduktive Therapie vor der Sammlung von PBPC, um in der 1. Stufe einer umfassenden Purging-Strategie bereits die Tumorzellkontamination der Präparate zu vermindern.

2.2.4.3.2 Positive CD34-Selektion

Um möglichst Tumorzell-freie Präparate zu erhalten, können Stamm- und Progenitorzellen, wie oben beschrieben, über das CD34-Antigen positiv selektiert werden. Hierdurch kann eine Depletion von non-$CD34^+$-Zellen um 2–3 Logarithmen erzielt werden (CEPRATE SC System, Fa. CellPro). Die in der Fraktion enthaltenen primitiven Progenitorzellen wie LTC-IC [Henschler et al. 1994] vermitteln eine hämatopoetische Rekonstitution, die der unseparierter Zellen entspricht [Brugger et al. 1994a, Sphall et al. 1994].

2.2.4.3.3 Immunologische und zytotoxische Purging-Verfahren

Welche Purging-Methode für PBPC die optimale ist, ist derzeit nicht gesichert. Verschiedene Methoden, die zur Abtrennung von malignen und normalen Zellen des Knochenmarks beschrieben wurden, sind ebenfalls an PBPC-Transplantaten getestet worden. Maligne Zellen können durch monoklonale Antikörper depletiert werden, die selektiv Tumor-assoziierte Oberflächenantigene erkennen [Freedman u. Nadler 1993]. Die Antikörper-beladenen Zellen können durch Komplementeinwirkung oder Immunkonjugate zerstört oder durch immunmagnetische Partikel abgetrennt werden [Uckun 1993]. Eine Verzögerung der hämatopoetischen Rekonstitution durch immunmagnetische Abtrennung von B-Zellen von PBPC wurde bei Lymphompatienten nicht beobachtet [Negrin et al. 1995]. Demgegenüber stellt die verzögerte Rekonstitution einen wesentlichen Nachteil einer chemotoxischen Behandlung von Stammzelltransplantaten mit zytotoxischen Substanzen wie dem 4-Hydroperoxy-Cyclophosphamid dar [Rowley et al. 1989].

2.2.4.3.4 Biologisches Purging

In anderen Strategien sollen potentielle Unterschiede im Wachstumsverhalten zwischen normalen hämatopoetischen Zellen und Tumorzellen genutzt werden, um den relativen Anteil oder die absolute Anzahl maligner Zellen zu vermindern [Agarwal et al. 1995, Chang u. Dexter 1991]. Es leuchtet ein, daß derartige Unterschiede zwischen den Zellen solider Tumoren und benignen Blutzellen ausgeprägter sind als zwischen Zellen hämatologischer Neoplasien und benignen hämatopoetischen Vorstufen.

Durch die Kombination von SCF, Il-1β, Il-3, Il-6 und EPO kann eine 100- bis 200fache Vermehrung von Kolonie-bildenden Zellen erzielt werden [Brugger et al. 1993b], wobei die absolute Anzahl der kontaminierenden Tumorzellen (Primärmaterial oder Zellinien) konstant bleibt [Brugger et al. 1995b, Vogel et al. 1996]. Damit belasten diese ex vivo expandierten Zellen den transplantierten Patienten mit einer um den Expansionsfaktor geringeren Tumorzellzahl. Auf die Situation bei der akuten myeloischen Leukämie dürfen diese Daten jedoch nicht übertragen werden.

2.2.4.4 Induktion von Postprogenitorzellen

Obwohl es bisher nicht gelang, die aplastische Phase nach Hochdosistherapie vollständig zu verhindern, ist es prinzipiell vorstellbar, daß durch die Transplantation vorgereifter Postprogenitorzellen (Myeloblasten, Myelozyten, Megakaryoblasten, Megakaryozyten) eine unmittelbare kurzfristige hämatopoetische Rekonstitution erzielt werden kann, bis schließlich Stammzellen die Aufrechterhaltung einer Langzeithämatopoese übernehmen. Die klinische Durchführbarkeit dieser Strategie hängt einerseits davon ab, ob es gelingt, derartige Postprogenitorzellen, deren proliferative Potenz sicherlich geringer als die von primitiven Progenitoren ist, in ausreichender Menge ex vivo zu generieren. Durch Il-3 und G-CSF oder GM-CSF ist es möglich, $CD34^+$-PBPC in die myeloische Zellreihe zu differenzieren und einen überwiegenden Anteil von Postprogenitorzellen zu erzeugen [Scheding et al. 1995a, Warren et al. 1995]. Il-3, Il-6, Il-13, GM-CSF und v. a. Thrombopoetin gelingt es, primitive Progenitoren zu megakaryozytären Vorstufen zu differenzieren [Nagler et al. 1995, Schattner et al. 1995]. Eine Computersimulation mit multiplen biologischen, logistischen und methodischen Vorgaben suggerierte die quantitative Durchführbarkeit der Ex-vivo-Generierung von Postprogenitoren der myeloischen und megakaryozytären Reihen in klinischem Maßstab [Scheding et al. 1995b].

Die 2. Voraussetzung für den Erfolg der Strategie ist die Fähigkeit von transplantierten Postprogenitorzellen, sich nach der Transplantation in hämatopoetischen Nischen anzusiedeln und dort auszureifen. Daten über diese Eigenschaften liegen zum gegenwärtigen Zeitpunkt nicht vor und werden in vivo erhoben werden müssen.

2.2.4.5 Induktion von Immunzellen

Minimal residuelle Tumorzellen sind eine häufige Ursache für Tumorrezidive nach Hochdosischemotherapie und Stammzelltransplantation. Die Ex-vivo-Generierung von professionellen Antigen-präsentierenden Zellen ist für immuntherapeutische Strategien der minimal residuellen Erkrankung von hohem Interesse. Dabei könnten dendritische Zellen zur Präsentation von Tumorantigenen induziert werden, mit deren Hilfe tumorspezifische T-Zell-Klone gebildet werden können.

Verschiedene Protokolle ermöglichen eine Zytokin-vermittelte Ex-vivo-Generierung dendritischer Zellen aus Knochenmark oder PBPC [Fisch et al. 1996, Mackensen et al.1995, Siena et al. 1995, Young et al. 1995]. Es besteht Übereinstimmung darin, daß GM-CSF für die Bildung dendritischer Zellen und SCF für deren quantitative Ausbeute wichtig sind. Il-4, ein starker Inhibitor der monozytären Differenzierung, ist ebenfalls für eine hohe Ausbeute an dendritischen Zellen essentiell [Mackensen et al. 1995, Sallusto u. Lanzavecchia 1994]. In Abhängigkeit von den gewählten Bedingungen weisen mehr als 50% der kultivierten Zellen die typischen Merkmale dendritischer Zellen auf. Diese können anhand der charakteristischen dendritischen Morphologie, Elektronenmikroskopie, der Expression der Oberflächenantigene CD1, Fc-γ-RII, CD40, CD44, CD80, CD86, ICAM-1 und der besonders hohen Expression der MHC-Klasse-I- und -II-Moleküle charakterisiert werden. CD 14 wird unterschiedlich exprimiert. Ex vivo generierte dendritische Zellen sind in ihrer Eigenschaft als Antigen-präsentierende Zellen funktionell aktiv. Sie können die Proliferation allogener T-Zellen in primären gemischten Lymphozytenreaktionen stimulieren sowie lösliche Antigene autologen T-Zellen präsentieren. Dabei fördern Il-4 und GM-CSF die Präsentationseigenschaften dieser Zellen, während TNF-α diese hemmt [Fisch et al. 1996, Sallusto u. Lanzavecchia 1994, Siena et al. 1995, Young et al. 1995]. Es wird als wahrscheinlich angesehen, daß die durch unterschiedliche Protokolle und aus unterschiedichen Quellen ex vivo generierten dendritischen Zellen eine sehr heterogene Population darstellen. Dabei ist derzeit nicht bekannt, welche Verfahren und welche Charakteristika die für eine optimierte Antigenprozessierung und Antigenpräsentation im Rahmen einer Immuntherapie am meisten geeignete Subpopulation darstellen. Nichtsdestoweniger stellt die Strategie, dendritische Zellen ex vivo zur Präsentation Tumor-assoziierter Antigene zu stimulieren und Patienten mit diesen Zellen zu vakzinieren, einen erfolgversprechenden Weg zur Induktion einer zellularen Tumorimmunität dar, der angesichts der gegebenen methodischen Voraussetzungen frühzeitig klinisch getestet werden sollte.

2.2.5 Gentransfer in hämatopoetische Stammzellen

Die Fortschritte der vergangenen Jahre bei der Isolierung und Charakterisierung von pluripotenten hämatopoetischen Stammzellen (PHSC) haben es ermöglicht, Stammzellen aufzureinigen, genetisch zu manipulieren und zu transplantieren. Die zahlreichen Anwendungsmöglichkeiten genetisch veränderter hämatopoetischer Zellen umfassen etwa ihren immuntherapeutischen Einsatz oder die Vermittlung einer Resistenz vor zytotoxischen Substanzen. Genetisch manipulierte Zellen geben bei der autologen Transplantation Aufschluß über das Schicksal reinfundierter Zellen sowie über die biologische Bedeutung kontaminierender Tumorzellen. Eine zentrale Bedeutung besitzt der Gentransfer in PHSC für die Genersatztherapie von Einzelgendefekten [Anderson 1984, Wolf u. Lederberg 1994].

Nur die Transplantation transduzierter PHSC, in denen der genetische Vektor stabil chromosomal integriert ist, kann zu einer kontinuierlichen und langfristigen Expression eines therapeutischen Genprodukts etwa im Rahmen einer Genersatztherapie (z. B. Enzymmangelerkrankungen) oder einer intrazellularen Vakzinationsstrategie (Aids, CML u. a.) führen. Dagegen ermöglichen der Einsatz transfizierter PHSC, in die ein Vektor nur eingeschleust wurde, oder die Verwendung genetisch veränderter Progenitorzellen lediglich eine zeitlich befristete Produktion eines Biomoleküls. Für manche wissenschaftliche und klinische Zielsetzungen ist eine transiente Expression jedoch ausreichend (Chemoprotektion von Stammzellen etc.).

Mehrere Bedingungen müssen für einen erfolgreichen Einsatz transduzierter Stammzellen erfüllt sein. Der Vektor soll an einem definierten, nicht mutagenen Genlocus integrieren und darf die PHSC nicht in ihren Stammzelleigenschaften transformieren. Das übertragene Gen sollte physiologisch durch den molekularen Kontrollapparat im Zellkern geregelt werden. Das Genprodukt muß für die Zelle untoxisch sein und seine Expression muß quantitativ ausreichen, um eine therapeutisch effektive Konzentration des Genprodukts zu erzielen. Die hierzu erforderlichen Wirkspiegel sind, je nach Anwendung, sehr variabel – von wenigen Prozent (Adenosindeaminasemangel) bis über die Hälfte der physiologischen Produktion (Sichelzellanämie).

2.2.5.1 Vektorsysteme

Für den Transfer genetischen Materials in hämatopoetische Stammzellen stehen unterschiedliche Vektorsysteme zur Verfügung [Bodine 1996, Brenner et al. 1995, Nienhuis et al. 1993], deren detaillierte molekulare und virologische Eigenschaften in Kapitel 2.3 „Molekulare Grundlagen des Gentransfers und Anwendung für die Gentherapie" beschrieben werden.

Rekombinante retrovirale Vektoren stellen die am besten charakterisierten Vektoren dar und sind derzeit die einzigen Vektoren, die für den Gentransfer in hämatopoetische Zellen in klinischen Studien eingesetzt werden. Mausretroviren wie MoMuLV können auf effiziente und untoxische Weise neue Gene in die Chromosomen von Zielzellen einschleusen [Mann et al. 1983]. Alternative retrovirale Vektorsysteme bedienen sich des Harvey-Sarkomvirus, des myeloproliferativen Sarkomvirus oder des rekombinanten HIV [Miller et al. 1986, Shimada et al. 1991].

Die viralen Partikel aus Überständen von Vektorproduktionszellinien binden sich über spezifische Virusrezeptoren an die Oberfläche der Zellen. Amphotrope Retroviren können ein breites Spektrum von hämatopoetischen Zellen von Primaten bis Nagern infizieren, da diese Spezies den amphotropen Rezeptor auf der Zelloberfläche exprimieren können [Miller et al. 1994]. Ekotrope Viren können entsprechend der Verteilung des ekotropen Rezeptors [Albritton et al. 1989] nur Nagerzellen infizieren. Der ekotrope Rezeptor wird auf murinen hämatopoetischen Stammzellen deutlich exprimiert. Dagegen belegen aktuelle Daten, daß der amphotrope Retrovirusrezeptor (GLVR-2) nicht oder nur minimal auf murinen und humanen pluripotenten Stammzellen exprimiert ist [Orlic et al. 1996]. Es ist davon auszugehen, daß primär diese differentielle Expression der Retrovirusrezeptoren dafür verantwortlich ist, daß die Gentransfereffizienz in murine Stammzellen um Größenordnungen höher ist als in die von Primaten oder in humane Stammzellen, und nur sekundär durch potentielle Unterschiede in der Zyklusinduzierbarkeit oder der Kultivierbarkeit der Stammzellen bedingt ist.

Daher wird gegenwärtig versucht, die Expression des amphotropen Rezeptors zu steigern oder alternativ humane Stammzellen unter Umgehung dieses Rezeptors zu transduzieren. Pseudotypisierte Retroviren tragen speziesfremde, rekombinante Oberflächenmoleküle in ihrer Hülle, die der Bindung an humane Stammzellen dienen sollen [Friedmann u. Jiing-Kuan 1995]. Darüber hinaus können Gibbon-ape-leukemia-Viren (GALV) in Zellen über einen spezifischen Rezeptor, GALV-1, eindringen, der eine hohe Homologie zum amphotropen Retrovirusrezeptor aufweist [Miller et al. 1994].

Eine Integration von Retroviren in die genomische DNA kann nur in sich teilende Zellen erfolgen. Der Großteil hämatopoetischer Stammzellen befindet sich jedoch in der G_0-Phase. Daher beinhalten die meisten Transduktionsprotokolle Schritte, um die Stammzellen zur Zellteilung anzuregen, wie etwa die Vorbehandlung des Donors mit zytotoxischen Substanzen oder hämatopoetischen Wachstumsfaktoren oder die Inkubation der Targetzellen mit Zytokinen vor und während der Transduktion. In einem der sowohl im murinen als auch im humanen System effizientesten Protokolle werden Stamm- und Progenitorzellen über 2 oder 3 Tage mit viralem Überstand unter der Zugabe von Il-3, Il-6 und SCF inkubiert, wobei ein täglicher Überstandswechsel erfolgt (die Halbwertszeit von Retroviren bei 37°C beträgt ca. 6 h) [Bodine et al. 1993a, Bodine et al. 1994, Cassel et al. 1993]. Andere Protokolle unterscheiden sich in der Expositionsdauer (wenige Stunden bis 14 Tage), der Frequenz des Überstandswechsels (stündlich bis wöchentlich), der Zugabe von Wachstumsfaktoren (keine bis multiple) oder der Verwendung einer Stromaschicht. In Maus- und anderen Kleintiersystemen kann inzwischen routinemäßig eine Gentransfereffizienz von über 50% der Stammzellen und deren Nachkommen erreicht werden. In Primaten und in ersten klinischen Studien war die Transfereffizienz jedoch deutlich weniger erfolgreich, sie lag bei etwa 0,1–1% der pluripotenten Stammzellen [Brenner et al. 1993, Dunbar et al. 1995]. Jedoch gelang es kürzlich in Rhesusaffen, durch In-vivo-Behandlung von Stammzellen mit SCF und G-CSF und der nachfolgenden Transduktion unter Zugabe von Il-3 und SCF eine Gentransfereffizienz von ca. 10% der Stammzellen aus peripherem Blut oder Knochenmark zu erzielen [Dunbar et al. 1997].

Zu alternativen, nicht-retroviralen Transfersystemen in hämatopoetische Zellen zählen Adenoassoziierte Viren (AAV), das vesikuläre Stomatitisvirus (VSV), Herpesviren, Adenoviren sowie physikalische Methoden wie Liposomen-vermittelter Gentransfer oder Elektroporation.

AAV wurde ursprünglich als vielversprechende Alternative zu retroviralen Transfersystemen in hämatopoetische Stammzellen angesehen [Lebkowski et al. 1988, Nienhuis et al. 1993]. Als apathogenes Virus, welches Zellzyklus-unabhängig Gene übertragen kann und dessen Wildtyp selektiv auf Chromosom 19 intergrieren kann, vereint es viele potentielle Vorteile [Lafacc et al. 1989, Samulski et al. 1991]. Es zeigte sich jedoch, daß rekombinante AAV-Viren nicht spezifisch integrieren und daß eine virale Integration eher selten ist [Walsh et al. 1992]. Ferner gelang die Herstellung stabiler Produktionslinien bislang nicht. Damit ist dieses System für die stabile Transduktion von genetischem Material in Stammzellen gegenwärtig den retroviralen Systemen eindeutig unterlegen. Diese stellen derzeit somit weiterhin das Mittel der Wahl dar, um hämatopoetische Zellen für wissenschaftliche Fragestellungen zu markieren oder im Rahmen gentherapeutischer Strategien einzusetzen.

2.2.5.2 Genetische Markierung von hämatopoetischen Stamm- und Progenitorzellen

Anhand genetischer Unterschiede, wie chromosomalen Markern, Isoenzymen oder Hämoglobinvarianten, können chimäre hämatopoetische Zellpopulationen voneinander abgegrenzt werden [Orlic u. Bodine 1994]. Der Transfer eines rekombinanten Retrovirus als Marker in hämatopoetische Zellen erlaubt damit die Abgrenzung unterschiedlicher Zellpopulationen auch im autologen System – etwa die Unterscheidung der Transplantat-vermittelten Hämatopoese von der endogenen hämatopoetischen Rekonstitution. Da der retrovirale Integrationsort für jede Zelle einen individuellen Marker darstellt, kann auch eine klonale Hämatopoese untersucht werden [Lemischka 1992]. Ein weiteres Ziel der retroviralen Markierung besteht in dem Nachweis der biologischen Aktivität Transplantat-kontaminierender Tumorzellen.

Die ersten retroviralen Markierungsstudien (s. unten) wurden mit Hilfe der verwandten, aber mittels PCR differenzierbaren Vektoren G1Na und LNL6 durchgeführt. Beide Vektoren enthalten das Neomycin-Phosphotransferase-Gen (Neo^R) und vermitteln dadurch eine Resistenz gegenüber Neomycin und dessen Analoga wie G418. Da gegenwärtig diskutiert wird, daß Zellen, die Neo^R exprimieren, ein Target für das Immunsystem darstellen, wird die Bedeutung von Vektoren, die endogene Proteine exprimieren (wie Glukozerebrosidase u. a.), für klinische Markierungsstudien zunehmen.

2.2.5.3 Gentherapie mit hämatopoetischen Stammzellen

Gentherapie kann definiert werden als Transfer neuen genetischen Materials in die Zellen eines In-

Tabelle 2.2.3. Einzelgendefekterkrankungen, die sich prinzipiell für einen therapeutischen Einsatz genetisch transduzierter hämatopoetischer Stammzellen eignen

Erkrankung	Defektes Gen
Schwere kombinierte Immundefizienz	Adenosindeaminase
Morbus Gaucher	Glykozerebrosidase
Chronisch granulomatöse Erkrankung	Glykoprotein 91phox
Leukozytenadhäsionsdefizienz	CD 18
Thalassämie	β-Globin
Sichelzellanämie	β-Globin
Fanconi-Anämie	FAC
Hämophilie A und B	Faktor VIII und IX

dividuums, gefolgt von einem therapeutischen Effekt auf dieses Individuum [Morgan u. Anderson 1993]. In diesem Sinn können die derzeit verfolgten gentherapeutischen Ansätze unter Verwendung hämatopoetischer Stammzellen in 3 Gruppen eingeteilt werden:

- Genersatztherapie
- Chemoprotektion von hämatopoetischen Zellen
- Intrazellulare Vakzinierung.

Genersatztherapeutische Strategien werden derzeit für verschiedene Erkrankungen verfolgt, in denen durch den Transfer eines korrekten Gens die zellularen und funktionellen Defekte in der Hämatopoese ausgeglichen werden können (Tabelle 2.2.3): schwere kombinierte Immundefizienz (SCID) aufgrund eines Adenosindesaminasemangels, Fanconi-Anämie, chronisch-granulomatöse Erkrankung, Thalassämie, Sichelzellanämie, Hämophilien A und B u. a. Adenosindesaminasemangel stellt eine Modellerkrankung für die Genersatztherapie von Einzelgendefekten dar, deren gentherapeutischen Ansätze am weitesten fortgeschritten sind (s. unten). Günstig für den therapeutischen Einsatz ist bei der Erkrankung, daß bereits ein Bruchteil der physiologischen Genproduktmenge ausreicht, um einen therapeutischen Effekt erzielen zu können, während etwa bei Anämien nahezu physiologische Spiegel erreicht werden müßten. Hierfür ist gegenwärtig aber die im humanen System erreichte Gentransfereffizienz in humane Stammzellen unzureichend.

Eine geringe Transfereffizienz kann teilweise jedoch durch einen selektiven Überlebensvorteil genetisch korrigierter Stammzellen ausgeglichen werden. Dieses Phänomen scheint auch bei der ADA-Defizienz zuzutreffen. Bei der Fanconi-Anämie ist ebenfalls ein starker proliferativer Vorteil der korrigierten Zellen zu erwarten, da gezeigt werden konnte, daß FACC-korrigierte Zellen eines Fanconi-Patienten in vitro wieder normale Kolonien bilden konnten und ihre abnormale Sensitivität gegenüber Mitomycin C verloren hatten [Walsh et al. 1994].

Der Transfer einer Chemoresistenz in humane hämatopoetische Zellen wird von verschiedenen Arbeitsgruppen verfolgt [Licht et al. 1994, Sorrentino et al. 1992] und ist Inhalt des Kapitels 2.1 „Pleiotrope Zytostatikaresistenz (Multidrug resistance) und Hochdosischemotherapie". Es ist abzusehen, daß durch den Transfer von MDR-1 oder von anderen chemoprotektiven Genen der Toxizität der Chemotherapie sowie der Hämatotoxizität etwa einer GVHD-Prophylaxe entscheidend entgegengewirkt werden kann und zusätzlich ein selektiver Überlebensvorteil der transduzierten Zellen vermittelt wird.

Der Transfer protektiver Biomoleküle in die Zelle kann im Sinn einer intrazellularen Immunisierung [Baltimore 1988] einen intrazellularen Schutz gegen virale u. a. Infektionen darstellen. Neben EBV- und HBV-assoziierten Infektionen, die mit einem erhöhten Krebsrisiko einhergehen, ist es v. a. die HIV-Infektion, die einen Schwerpunkt für solche Vakzinierungsstrategien darstellt. Dabei beinhalten diese Strategien eine Inhibition des Virus in verschiedenen Stadien des viralen intrazellularen Zyklus etwa durch kompetitive Genprodukte, Ribozyme, transdominante Proteine oder durch HIV-induzierbare Suizidgene [Chuah et al. 1994, Ho et al. 1995], Poeschla u. Wong-Staal 1995–1996, Vandendriessche et al. 1995].

2.2.6 Klinischer Einsatz von hämatopoetischen Stammzellen

Kontinuierliche methodische Fortschritte haben es erlaubt, transplantierte Stammzellen im Rahmen innovativer Therapiestrategien einzusetzen. Hierzu zählen insbesondere die allogene Transplantation von PBPC, Ex-vivo-Expansionsverfahren sowie die Transplantation genetisch manipulierter Zellen.

2.2.6.1 Periphere Progenitorzellen

Periphere Stamm- und Progenitorzellen wurden erstmals an Patienten mit chronisch-myeloischer Leukämie durchgeführt [Körbling et al. 1981], einer Erkrankung, die mit der peripheren Zirkulation von Progenitorzellen einhergeht. In der Folge wurde diese neue Therapiemodalität auf Patienten mit Lymphomen übertragen [Körbling et al. 1986], insbesondere wenn bei diesen Patienten eine Beckenbestrahlung vorausgegangen war. Später wurde die Transplantation von PBPC auch in der Behandlung von Leukämien eingesetzt [Carella et al. 1992, Juttner et al. 1985].

Zahlreiche vergleichende Studien belegten in den vergangenen Jahren eine schnellere hämatopoetische Rekonstitution nach Transplantation von PBPC gegenüber Knochenmark, sowohl hinsichtlich der Neutrophilen als insbesondere auch der Thrombozyten [Chao et al. 1993, Sheridan et al. 1992]. Die schnellere Rekonstitution resultierte dabei in einer kürzeren Krankenhausaufenthaltsdauer, einer verminderten Inzidenz von Infektionen und Blutungen und einer Kostensenkung [To et al. 1992]. Es wurde darüber hinaus gezeigt, daß die positive Selektion von $CD34^+$-PBPC den zeitlichen Verlauf der Rekonstitution gegenüber unseparierten PBPC nicht verändert [Brugger et al. 1994b, Sphall et al. 1994].

Die Schwellendosis für ein zuverlässiges Engraftment nach PBPC-Transplantation liegt in den meisten Studien oberhalb 2×10^6 $CD34^+$-Zellen/kg. Trotz der Transplantation von wesentlich höheren Stammzelldosen war eine obligate panzytopenische Phase nach Hochdosischemotherapie zu verzeichnen. Die Beurteilung der Qualität peripherer Stammzellpräparate, insbesondere im Hinblick auf die Rekonstitution einer lebenslangen Hämatopoese, ist weiterhin Gegenstand intensiver Untersuchungen. Insgesamt ist jedoch festzuhalten, daß auch nach myeloablativen Hochdosischemotherapien mit einer Transplantation autologer PBPC keine erhöhte Inzidenz von sekundären Nadiren beobachtet werden konnte und somit davon auszugehen ist, daß PBPC tatsächlich lebenslang die Hämatopoese aufrechterhalten können.

In den vergangenen Jahren wurden zunehmend PBPC von gesunden Spendern auch für allogene Transplantationen verwendet [Bensinger et al. 1995, Finke et al. 1996, Körbling et al. 1995, Schmitz et al. 1995]. Da der Anteil von Lymphozyten in PBPC ca. 3- bis 10fach höher ist als in konventionellen Knochenmarktransplantaten, könnte man theoretisch eine höhere Inzidenz von Graft-versus-host-Erkrankungen erwarten. Daher wurden auch hier CD34-selektierte allogene PBPC transplantiert, die zu einer T-Zell-Reduktion von 2–3 log führen [Finke et al. 1996, Link et al. 1996]. Erste klinische Daten bestätigen dies jedoch nicht, belegen andererseits aber eine rasche hämatopoetische Rekonstitution nach allogener PBPC-Transplantation [Finke et al. 1996, Körbling et al. 1995, Link et al. 1996, Weaver et al. 1993]. Vorstellbar ist demgegenüber, daß die erhöhte Dosis transplantierter allogener Lymphozyten nach G-CSF-Behandlung der Spender die Immunrekonstitution begünstigt und möglicherweise einen Graft-versus-Tumor-Effekt vermitteln kann.

2.2.6.2 Ex vivo expandierte Zellen

Die klinische Transplantation ex vivo generierter Zellen nach Hochdosischemotherapie wurde 1995 erstmals berichtet [Brugger et al. 1995a]. Primäres Ziel dieser Studie war die Minimierung der kontaminierenden Tumorzellzahl in autologen PBPC-Transplantaten durch die Kombination von In-vivo-Purging, CD34-Selektion und Ex-vivo-Expansion. Die Studie demonstrierte, daß durch die Ex-vivo-Expansion von ca. 11×10^6 $CD34^+$-PBPC (ca. 10% eines einzigen Leukaphäreseprodukts) ausreichend klonogene Progenitorzellen generiert werden können, um eine rasche hämatopoetische Rekonstitution nach Hochdosischemotherapie zu erzielen. $CD34^+$-PBPC wurden nach dem 2. Zyklus einer Induktionschemotherapie (VIP-E) gesammelt und mit SCF, Il-1, Il-3, Il-6 und Erythropoetin über 12 Tage kultiviert, wobei die Zahl der mononukleären Zellen durchschnittlich 62fach vermehrt wurde. 24 h nach der Hochdosischemotherapie (VIC-E-Protokoll) wurden die expandierten Progenitorzellen infundiert. Nebenwirkungen durch die ex vivo generierten Zellen wurden nicht beobachtet. Die hämatopoetische Regeneration erfolgte rasch mit einer durchschnittlichen Neutropenie (<100/µl) von 6 Tagen und einer Thrombopenie (<20000/µl) von 12 Tagen. Dies entsprach dem Verhalten einer historischen Kontrollgruppe, die nicht-kultivierte $CD34^+$-PBPC erhalten hatte. Ein sekundärer Nadir wurde bei keinem der Patienten beobachtet.

In der Folge durchgeführte Studien belegten ebenfalls die klinische Sicherheit und Durchführbarkeit der Transplantation ex vivo generierter Zellen; die Mehrheit dieser Patienten erhielt jedoch zusätzlich unmanipulierte Stammzellpräparate [Champlin et al. 1995, Holyake et al. 1995, Zimmermann et al. 1995]. Sämtliche bisherige Studien im autologen System erlauben jedoch nicht die Evaluation einer Transplantat-vermittelten Langzeithämatopoese, da diese ebenfalls durch eine endogene Rekonstitution vermittelt werden könnte. Nur präklinische Xenotransplantationsmodelle

[Bock et al. 1995, Dick et al. 1991], retrovirale Markierungsstudien oder allogene Transplantationen würden eine diesbezügliche Aussage erlauben.

2.2.6.3 Genetisch manipulierte Stamm- und Progenitorzellen

Weltweit haben gegenwärtig bereits mehr als 500 Patienten genetisch manipulierte Zellen erhalten, ohne daß toxische Nebenwirkungen durch die gentechnisch veränderten Zellen beschrieben worden wären. Der Gentransfer in hämatopoetische Stammzellen erfolgte ausnahmslos mittels retroviraler Vektoren. Die Zielsetzungen der ersten Genmarkierungsstudien bestanden in der Untersuchung zum einen des biologischen Verhaltens von Stammzellen nach der Transplantation, zum anderen der klinischen Durchführbarkeit und Sicherheit retroviraler Transduktionsverfahren und schließlich der biologischen Relevanz der Tumorkontamination von Transplantaten.

Markerstudien mit autologen PBPC oder Knochenmark sind bei verschiedenen soliden und hämatologischen Neoplasien durchgeführt worden; bei der akuten und chronisch-myeloischen Leukämie (AML und CML), dem Neuroblastom, Brustkrebs und Plasmozytom. Dabei konnte durch den Nachweis retroviraler Tumorzellen bewiesen werden, daß das Rezidiv einer AML und einer Neuroblastomerkrankung Transplantat-vermittelt sein kann [Brenner et al. 1993, Rill et al. 1994]. Dies konnte auch für die CML durch den Nachweis markierter bcr/abl^{+}-Kolonien nach der Transplantation gezeigt werden [Deisseroth et al. 1994]. In Studien der National Institutes of Health der USA (NIH) an Mammakarzinom- und Plasmozytompatienten konnte nach 2 Jahren Beobachtungszeit kein markiertes Rezidiv nachgewiesen werden [Dunbar CE, pers. Mitteilung]. Es ist jedoch bei diesen Ergebnissen zu beachten, daß die Transduktionsbedingungen eher für hämatopoetische Zellen als für Zellen solider Tumoren optimiert wurden, so daß es durchaus, aus methodischen Gründen, zu einer Unterschätzung des Anteils markierter Rezidive kommen kann.

Sowohl Patientenkollektive als auch Transferprotokolle unterschieden sich zwischen den jeweiligen Gruppen. Die Transduktion von Stammzellen von Kindern mit geringer Vorbehandlung erfolgte durch Inkubation mit retroviralem Überstand ohne Zytokinzugabe [Brenner et al. 1993, Rill et al. 1994]. Brenner et al. konnten in bis zu 20% der nichtleukämischen CFU bis 24 Monate nach der Transplantation den retroviralen Marker nachweisen, und 1% der peripheren Lymphozyten und Granulozyten waren nach 3 Jahren weiterhin Neomycin-resistent. Da tierexperimentelle Daten einen Vorteil der Zytokinstimulierung hämatopoetischer Zellen vor und während der Transduktion belegt hatten, wurden Stammzellen in den Studien des NIH durch Inkubation in Il-3, SCF und teilweise Il-6 transduziert [Dunbar et al. 1995]. Jedoch wies der Polymerasekettenreaktionsnachweis retroviraler Sequenzen in diesen Studien lediglich auf eine Transduktionsrate von 0,1–1% hin. Obwohl initial die unterschiedlichen Patientenkollektive (Alter, Vorbehandlung) für die Unterschiede verantwortlich gemacht wurden, zeigte sich kürzlich durch einen Austausch der Proben, daß die vermeintlichen Unterschiede der Transfereffizienz ausschließlich durch die unterschiedlichen Techniken bedingt waren. Tendenziell erschien es, daß in Analogie zu Ergebnissen präklinischer Experimente die Inkubation mit Wachstumsfaktoren eine Steigerung der Gentransferrate bewirkt.

1989 erhielten weltweit erstmals 2 Kinder, die an einer schweren kombinierten Immundefizienz litten, autologe T-Lymphozyten, die mit einem Adenosindesaminasegen genetisch transduziert worden waren. Obgleich die Resultate dieser gentherapeutischen Pionierstudie insgesamt positiv anzusehen sind, ist die Transplantation transduzierter Lymphozyten eine repetitive Maßnahme und die Transplantation stabil transduzierter Stammzellen prinzipiell vorzuziehen [Blaese 1995]. Trotz der gegenwärtig nur geringen Transduktionseffizienz von pluripotenten Stammzellen wurden dennoch in Folgestudien Stammzellen aus dem Nabelschnurblut bzw. aus dem peripheren Blut verwendet [Kohn et al. 1995]. Die erfolgreiche Transduktion von Stammzellen konnte durch den Nachweis proviraler ADA-Sequenzen aus mehreren Zellinien belegt werden. Der Anteil transduzierter Zellen schien dabei trotz der parenteralen ADA-Substitution, die aus ethischen Gründen zunächst parallel erfolgte, mit der Zeit langsam zuzunehmen, und vergrößerte sich um 1 logarithmische Größenordnung, nachdem die Dosis des parenteralen ADA halbiert wurde. Dieses Verhalten weist auf einen positiven Selektionsvorteil genetisch korrigierter Zellen hin und läßt hoffen, daß gentherapeutische Konzepte – deren klinische Erprobung derzeit ebenfalls für die Fanconi-Anämie, den Morbus Gaucher und die chronisch granulomatäse Erkrankung begonnen wurde – trotz derzeit noch unbefriedigender Transduktionseffizienz humaner Stammzellen klinische Erfolge aufweisen wird.

2.2.7 Ausblick

Das Konzept einer myelosuppressiven Hochdosischemotherapie mit Stammzelltransplantation hat in den vergangenen Jahren wesentliche innovative Impulse erhalten. Fortschritte in der Supportivtherapie sowie auch die Möglichkeit der peripheren Stammzellmobilisierung erlauben eine weniger komplizierte Durchführung, haben zu einem enormen Anstieg der autologen Transplantationen von PBPC geführt und die klassische autologe Knochenmarktransplantation ersetzt.

Neue Daten über rekombinante Wachstumsfaktoren und deren Effekte auf primitive und differenzierte Progenitorzellen erlauben immer mehr die gezielte Manipulation hämatopoetischer Zellen in vitro und in vivo und den klinischen Einsatz innovativer Ansätze in der Tumortherapie sowie im Rahmen gentherapeutischer Strategien.

Die Expansion von Progenitorzellen für die klinische Transplantation kann die Notwendigkeit einer Leukaphärese umgehen und damit das Risiko einer Tumorzellkontamination senken. Die differentielle Expansion von Vorläuferzellen in Postprogenitorzellen bietet die Aussicht, die panzytopenische Phase nach einer Hochdosistherapie abzukürzen bzw. ganz zu verhindern. Die klinische Durchführbarkeit ist noch zu belegen und wird entscheidend davon abhängen, ob refundierte Postprogenitorzellen in der Lage sind, sich in einer hämatopoetischen Nische anzusiedeln. Die langfristige klinische Verbreitung wird allerdings – wie bei allen Ex-vivo-Manipulationsverfahren – auch davon abhängen, inwieweit die logistischen und ökonomischen Voraussetzungen es erlauben, eine ausreichende Anzahl von Zielzellen zu generieren.

Auf der Basis der molekularbiologischen, zellbiologischen und immunologischen Fortschritte der vergangenen Jahre wurden neue Ansätze der Immuntherapie von Tumoren entwickelt. Die Methoden der Ex-vivo-Expansion, der Generation Antigen-präsentierender Zellen, der Vakzination und der Induktion einer spezifischen zellularen Immunität erweitern zweifellos bisherige therapeutische Ansatzpunkte, stehen jedoch auch weiterhin einer Tumorzelle gegenüber, deren Phänotyp sich nicht vollkommen spezifisch von normalen Zellen unterscheidet. Ob sich dies durch die Kombination verschiedener Angriffspunkte und Ansätze überwinden läßt, wird sicherlich die nahe Zukunft zeigen.

Aussichtsreiche Konzepte der Gentherapie sehen die Verwendung hämatopoetischer Stammzellen als Vehikel für eine neue genetische Information vor. Die wenig aufwendige Rekrutierung und Kultivierbarkeit hämatopoetischer Zellen sowie die langfristige Produktion des gewünschten Moleküls bieten – sollte zukünftig die Gentransfereffizienz in Stammzellen gesteigert werden können – attraktive Möglichkeiten etwa im Bereich der Genersatztherapie oder der Hämatoprotektion. Auch langfristig wird die Ex-vivo-Manipulation von hämatologischen Zellen zweifellos ein dynamisches experimentelles und klinisches Forschungsgebiet bleiben, aus dem über die bereits erfolgreichen Therapieverfahren hinaus auch in Zukunft neue Strategien hervorgehen werden.

2.2.8 Literatur

Agarwal R, Doren S, Hicks B, Dunbar CE (1995) Long-term culture of chronic myelogenous leukemia marrow cells on stem cell factor-deficient stroma favors benign progenitors. Blood 85: 1306–1312

Albritton LM, Tseng L, Scadden D, Cunningham JM (1989) A putative murine ecotropic retrovirus receptor gene encodes a multiple membrane-spanning protein and confers susceptibility to virus infection. Cell 57: 659–666

Almici C, Carlo-Stella C, Donnenberg AD, Rizzoli V (1993) Counterflow elutriation: present and future. Bone Marrow Transplant 12: 105–108

Anderson WF(1984) Prospects for human gene therapy. Science 226: 401–409

Baltimore D(1988) Gene therapy: intracellular immunization. Nature 335: 395–396

Batinic D, Marusic M, Pavletic Z, Bogdanic V, Uzarevic B, Nemet D, Labar B (1990) Relationship between differing volumes of bone marrow aspirates and their cellular composition. Bone Marrow Transplant 6: 103–107

Bensinger WI, Weaver CH, Appelbaum FR, Rowley S, Demirer T, Sanders J, Storb R, Buckner CD (1995) Transplantation of allogeneic peripheral blood progenitor cells mobilized by recombinant human granulocyte colony-stimulating factor. Blood 85: 1655–1658

Berardi AC, Wang A, Levine JD, Lopez P, Scadden D (1995) Functional isolation and characterization of human hematopoietic stem cells. Science 267: 104–108

Bertolini F, Soligo D, Lazzari L, Corsini C, Servida F, Sirchia G (1995) The effect of interleukin-12 in ex vivo expansion of human haematopoietic progenitors. Br J Haematol 90: 935–938

Blaese RM (1995) Steps toward gene therapy: the initial trials. Hosp Pract (Off Ed) 30: 33–40

Bock TA, Orlic D, Dunbar CE, Broxmeyer HE, Bodine DM (1995) Improved engraftment of human hematopoietic cells in severe combined immunodeficient (SCID) mice carrying human cytokine transgenes. J Exp Med 182: 2037–2043

Bodine D (1995) Mobilization of peripheral blood „stem" cells: where there is smoke, is there fire? Exp Hematol 23: 293–295

Bodine DM (1996) Principles of gene therapy. In: Morstyn G, Sheridan W (eds) Cell therapy. Cambridge University Press, Cambridge, pp 91–110

Bodine DM, Moritz T, Donahue RE, Luskey BD, Kessler SW, Martin DI, Orkin SH, Nienhuis AW, Williams DA (1993a) Long-term in vivo expression of a murine adenosine deaminase gene in rhesus monkey hematopoietic cells of multiple lineages after retroviral mediated gene transfer into CD34+ bone marrow cells. Blood 82: 1975–1980

Bodine DM, Seidel NE, Zsebo KM, Orlic D (1993b) In vivo administration of stem cell factor to mice increases the absolute number of pluripotent hematopoietic stem cells. Blood 82: 445–455

Bodine DM, Seidel NE, Gale MS, Nienhuis AW, Orlic D (1994) Efficient retrovirus transduction of mouse pluripotent hematopoietic stem cells mobilized into the peripheral blood by treatment with granulocyte colony-stimulating factor and stem cell factor. Blood 84: 1482–1491

Brandwein JM, Callum J, Rubinger M, Scott JG, Keating A (1989) An evaluation of out patient bone marrow harvesting. J Clin Oncol 7: 648–650

Brenner MK, Rill DR, Moen RC, Krance RA, Mirro J, Anderson WF, Ihle JN (1993) Gene-marking to trace origin of relapse after autologous bone-marrow transplantation. Lancet 341: 85–86

Brenner MK, Cunningham JM, Sorrentino BP, Heslop HE (1995) Gene transfer into human hematopoietic progenitor cells. Br Med Bull 51: 167–191

Broxmeyer HE, Hangoc G, Cooper S, Ribeiro RC, Graves V, Yoder M, Wagner J, Vadhan-Raj S, Benninger L, Rubinstein P (1992) Growth characteristics and expansion of human umbilical cord blood and estimation of its potential for transplantation in adults. Proc Natl Acad Sci USA 89: 4109–4113

Broxmeyer HE, Lu L, Cooper S, Ruggierei L, Li ZH, Lyman SD (1995) Flt3 ligand stimulates/costimulates the growth of myeloid stem/progenitor cells. Exp Hematol 23: 1121–1129

Brugger W, Kanz L (1996) Ex vivo expansion of hematopoietic precursor cells. Curr Opin Hematol 3: 235–240

Brugger W, Bross K, Frisch J, Dern P, Weber B, Mertelsmann R, Kanz L (1992) Mobilization of peripheral blood progenitor cells by sequential administration of interleukin-3 and granulocyte-macrophage colony-stimulating factor following polychemotherapy with etoposide, ifosfamide, and cisplatin. Blood 79: 1193–2000

Brugger W, Birken R, Bertz H, Hecht T, Pressler K, Frisch J, Schulz G, Mertelsmann R, Kanz L (1993a) Peripheral blood progenitor cells mobilized by chemotherapy plus granulocyte-colony stimulating factor accelerate both neutrophil and platelet recovery after high-dose VP16, ifosfamide and cisplatin. Br J Hematol 84: 402–407

Brugger W, Mäcklin W, Heimfeld S, Berenson RJ, Mertelsmann R, Kanz L (1993b) Ex vivo expansion of enriched peripheral CD34+ progenitor cells by stem cell factor, interleukin-1 , Interleukin-6, interleukin 3, interferon-gamma, and erythropoietin. Blood 81: 2579–2584

Brugger W, Bross KJ, Glatt M, Weber F, Mertelsmann R, Kanz L (1994a) Mobilization of tumor cells and hematopoietic progenitor cells into peripheral blood of patients with solid tumors. Blood 83: 636–640

Brugger W, Henschler R, Heimfeld S, Berenson RJ, Mertelsmann R, Kanz L (1994b) Positively selected autologous blood CD34+ cells and unseparated peripheral blood progenitor cells mediate identical hematopoietic engraftment after high-dose VP16, ifosfamide, carboplatin, and epirubicin. Blood 84: 1421– 1426

Brugger W, Heimfeld S, Berenson RJ, Mertelsmann R, Kanz L (1995a) Reconstitution of hematopoiesis after high-dose chemotherapy by autologous progenitor cells generated ex vivo. N Engl J Med 333: 283–287

Brugger W, Vogel W, Scheding S, Bock T, Ziegler B, Kanz L (1995b) Epithelial tumor cells are not expanded concomitantly during cytokine-mediated ex vivo expansion of peripheral blood CD34+ progenitor cells(abstract). Blood 86: 295a

Buckner CD, Petersen FB, Bolonesi BA (1994) Bone marrow donors. In: Forman SJ, Blume KG, Thomas ED (eds) Bone marrow transplantation. Blackwell Scientific Publications, Boston, pp 259–269

Burnett AK, Tansey P, Hills C, Alcorn MJ, Sheehan T, McDonald GA, Banham SW (1983) Haematological reconstitution following high dose and supralethal chemoradiotherapy using stored, non-cryopreserved autologous marrow. Br J Haematol 54: 309–316

Carella AM, Pollicardo N, Raffo MR, Podesta M, Ferrero M, Pierluigi D, Nati S, Naibo K, Congiu A et al. (1992) Intensive conventional chemotherapy can lead to a precocious overshoot of cytogenetically normal blood stem cells (BSC) in chronic myeloid leukemia and acute lymphoblastic leukemia. Leukemia [Suppl 6] 4: 120–123

Cassel A, Cottler-Fox M, Doren S, Dunbar CE (1993) Retroviral-mediated gene transfer into CD34-enriched human peripheral blood stem cells. Exp Hematol 21: 585–591

Champlin R, Mehra R, Gajewski J, Khouri I, Geisler D, Davis M, Oba K, Thomas M, Armstrong RD, Douville J, Weber S, Silver S, Muller T, Deisseroth A (1995) Ex vivo expanded progenitor cell transplantation in patients with breast cancer. Blood 86: 294a

Chang J, Dexter TM (1991) Long-term marrow cultures: in vitro purging of leukaemic cells. Baillieres Clin Haematol 4: 775–788

Chao NJ, Schriber JR, Grimes K, Long GD, Negrin RS, Raimondi CM, Horning SJ, Brown SL, Miller L, Blume KG (1993) Granulocyte colony-stimulating factor „mobilized“ peripheral blood progenitor cells accelerate granulocyte and platelet recovery after high-dose chemotherapy. Blood 81: 2031–2035

Chuah MK, Vandendriessche T, Chang HK, Ensoli B, Morgan RA (1994) Inhibition of human immunodeficiency virus type-1 by retroviral vectors expressing antisense-TAR. Hum Gene Ther 5: 1467–1475

Cullis HM, Areman E, Carter CS (1991) Nucleated cell separation using the Fenwall CS 3000™. In: Gee AP (ed) Bone marrow processing and purging. A practical guide. CRC Press, Boca Raton, pp 54–70

DeLuca E, Sheridan WP, Watson D, Szer J, Begley CG (1992) Prior chemotherapy does not prevent effective mobilisation by G-CSF of peripheral blood progenitor cells. Br J Cancer 66: 893–899

Deisseroth AB, Zu Z, Claxton D, Hanania EG, Fu S, Ellerson D, Goldberg L, Thomas M, Janicek K, Anderson WF et al. (1994) Genetic marking shows that Ph+ cells present in autologous transplants of chronic myelogenous leukemia (CML) contribute to relapse after autologous bone marrow in CML. Blood 83: 3068–3076

Dick JE, Lapidot T, Pflumio F (1991) Transplantation of normal and leukemic human bone marrow into immune-deficient mice: development of animal models for human hematopoiesis. Immunol Rev 124: 25–43

Dicke KA, Hood DL, Hanks S, Vaughan M, Fulbright L, Dicke JA, Arneson M, Blumenschein G (1995) A marrow harvest procedure under local anesthesia. Exp Hematol 23: 1229–1323

Dreger P, Haferlach T, Eckstein V, Jacobs S, Suttorp M, Löffler H, Müller-Ruchholtz W, Löffler H, Schmitz N (1994) G-CSF-mobilized peripheral blood progenitor cells for allogeneic transplantation: safety, kinetics of mobilization, and composition of the graft. Br J Haematol 87: 609–613

Dührsen U, Villeval JL, Boyd J, Kannourakis G, Morstyn G, Metcalf D (1988) Effects of recombinant human granulocyte colony-stimulating factor on hematopoietic progenitor cells in cancer patients. Blood 72: 2074–2081

Dunbar CE, Cottler-Fox M, O'Shaughnessy JA, Doren S, Carter C, Berenson R, Brown S, Moen RC, Greenblatt J, Stewart FM, Young NS, Nienhuis AW (1995) Retrovirally marked CD34-enriched peripheral blood and bone marrow cells contribute to long-term engraftment after autologous transplantation. Blood 85: 3048–3057

Dunbar CE, Seidel NE, Doren S, Sellers S, Cline A, Metzger ME, Agricola BA, Donahue RE, Bodine DM (1997) Improved retroviral gene transfer into murine and rhesus peripheral blood or bone marrow repopulating cells primed in vivo with stem cell factor and granulocyte colony-stimulating factor. Proc Natl Acad Sci USA in press

Ebell W, Castro-Malaspina H, Moore MA, O'Reilly RJ (1985) Depletion of stromal cell elements in human marrow grafts separated by soybean agglutination. Blood 65: 1105–1111

Elias AD, Ayash L, Anderson KC, Hunt M, Wheeler C, Schwartz G, Tepfer I, Mazanet R, Lynch C, Pap S et al. (1992) Mobilization of peripheral blood progenitor cells by chemotherapy and granulocyte-macrophage colony-stimulating-factor for hematologic support after high-dose intensification for breast cancer. Blood 79: 3036–3044

Eto T, Takamatsu Y, Harada N, Harada N, Akashi K, Teshima T, Inaba S, Okamura T, Niho Y (1994) Effects of macrophage-colony stimulating factor (M-CSF) on the mobilization of peripheral blood stem cells. Bone Marrow Transplant 13: 125–129

Finke J, Brugger W, Bertz H, Behringer D, Kunzmann R, Weber-Nordt RM, Kanz L, Mertelsmann R (1996) Allogeneic transplantation of positively selected peripheral blood CD34+ progenitor cells from matched related donors. Bone Marrow Transplant in press

Fisch P, Kähler G, Schaefer HE, Brugger W, Kanz L (1996) Generation of antigen presenting cells for soluble protein antigens ex vivo from peripheral blood CD34+ hematopoietic progenitor cells in cancer patients. Eur J Immunol 26: 595–600

Freedman AS, Nadler LM (1993) Developments in purging in autotransplantation. Hematol Oncol Clin North Am 7: 687–715

Friedmann T, Jiing-Kuan Y (1995) Pseudotyped retroviral vectors for studies of human gene therapy. Nat Med 1: 275–277

Fritsch G, Emminger W, Buchinger P, Printz D, Gadner H (1991) CD34-positive cell proportions in peripheral blood correlate with colony-forming capacity. Exp Hematol 19: 1079–1083

Gabiannelli M, Pelosi E, Montesoro E, Valieri M, Luchetti L, Samoggia P, Vitelli L, Barberi T, Testa U, Lyman S, Peschle C (1995) Multi-level effects of flt3 ligand on human hematopoiesis: expansion of putative stem cells and proliferation of granulomonocytic progenitors/monocytic precursors. Blood 86: 1661–1670

Ganser A, Lindemann A, Ottmann OG, Seipelt G, Hess U, Geissler G, Kanz L, Frisch J, Schultz G, Herrmann F, Mertelsmann R, Hoelzer D (1992) Sequential treatment with two recombinant human hematopoietic growth factors (interleukin-3 and granulocyte-macrophage colony-stimulating factor) as a new modality to stimulate hematopoiesis: result of a phase I study. Blood 79: 2583–2593

Gianni AM, Bregni M, Stern AC, Siena S, Tarella C, Pileri A, Bonadonna G (1989) Granulocyte-macrophage colony-stimulating factor to harvest circulating haematopoietic stem cells for autotransplantation. Lancet 9: 580–585

Goan SR, Fichtner I, Just U, Karawajew L, Schultze W, Krause KP, Harsdorf S von, Schilling C von, Herrmann F (1995) The severe combined immunodeficient-human peripheral blood stem cell (SCID-huPBSC) mouse: a xenotransplant model for huPBSC-initiated hematopoiesis. Blood 86: 89–100

Haas R, Ho AD, Bredthauer U, Cayeux S, Egerer G, Knauf W, Hunstein W (1990) Successful autologous transplantation of blood stem cells mobilized with recombinant human granulocyte-macrophage colony-stimulating factor. Exp Hematol 18: 94–98

Harrison DE, Jordan CT, Zhong RK, Astle CM (1993) Primitive hematopoietic stem cells: direct assay of most productive populations by competitive repopulation with simple binomial correlation and covariance calculations. Exp Hematol 21: 206–219

Heal JM, West BL, Brightman A (1986) Harvesting of committed hematopoietic progenitor cells (CFU-GM) by hemapheresis. Transfusion 26: 136–140

Henon PR (1993) Peripheral blood stem cell transplantations: past, present and future. Stem Cells (Dayt) 11: 154–172

Henschler R, Brugger W, Luft T, Frey T, Mertelsmann R, Kanz L (1994) Maintenance of transplantation potential in ex vivo expanded CD34+ selected human peripheral blood progenitor cells. Blood 84: 2898–2903

Herrmann RP, Davis RE (1982) Technique for human bone marrow harvest. Acta Haematol 68: 309–312

Ho AD, Li X, Lane TA, Yu M, Law P, Wong-Staal F (1995) Stem cells as vehicles for gene therapy: novel strategy for HIV infection. Stem Cells (Dayt) [Suppl 3] 13: 100–105

Holyoake TL, Alcorn MJ, Richmond L, Pearson C, Farrell E, Kyle B, Dunlop DJ, Fitzsimons E, Steward WP, Pragnell IB (1995) A phase I study to evaluate the safety of re-infusing CD34 cells expanded ex vivo as part of all or a PBPC transplant procedure (abstract). Blood 86: 294

Hudak S, Hunte B, Culpepper J, Menon S, Hannum C, Thompson-Snipes LA, Rennick D (1995) Flt3/flk2 ligand promotes the growth of murine stem cells and the expansion of of colony-forming cells and spleen colony-forming units. Blood 85: 2747–2755

Jacobsen FW, Keller JR, Ruscetti FW, Veiby OP, Jacobsen SE (1995a) Direct synergistic effects of Il-4 and Il-11 on proliferation of primitive hematopoietic progenitor cells. Exp Hematol 23: 990–995

Jacobsen SE, Okkenhaug C, Myklebust, Veiby OP, Lyman SD (1995b) The flt3 ligand potently and directly stimulates the growth and expansion of primitive murine bone marrow progenitor cells in vitro: synergistic interactions with interleukin(Il)-11, Il-12, and other hematopoietic growth factors. J Exp Med 181: 1357–1363

Janssen WE, Lee C (1991) Transportation of bone marrow for in vitro processing and transplantation. In: Gee AP (ed) Bone marrow processing and purging. A practical guide. CRC Press, Boca Raton, pp 40–49

Janssen WE, Farmelo MJ, Lee C, Smilee R, Kronish L, Elfenbein GJ (1992) The CD34+ cell fraction in bone marrow and blood is not universally predictive of CFU-GM [see comments]. Exp Hematol 20: 528–530

Janssen WE, Smilee RC, Elfenbein GJ (1995) A prospective randomized trial comparing blood-and marrow-derived stem cells following high-dose chemotherapy. J Hematother 4: 139–140

Jin NR, Hill R, Segal G, Still B, Petersen FB, Amos D, Buckner CD, Clift R, Bensinger W, Martin P et al. (1987) Preparation of red-blood-cell-depleted marrow for ABO-incompatible marrow transplantation by density-gradient separation using the IBM 2991 cell processor. Exp Hematol 15: 93–98

Jones RJ, Wagner JE, Celano P, Zicha MS, Sharkis SJ (1990) Separation of pluripotent haematopoietic stem cells from spleen colony-forming cells. Nature 347: 188–189

Juttner CA, To LB, Haylock DN, Branford A, Kimber RJ (1985) Circulating autologous stem cells collected in very early remission from acute nonlymphoblastic leukaemia produce prompt but incomplete haemopoietic reconstitution after high dose melphalan or supralethal chemoradiotherapy. Br J Haematol 61: 739–745

Keller JR, Ortiz M, Ruscetti FW (1995) Steel factor (c-kit ligand) promotes the survival of hematopoietic stem/progenitor cells in the absence of cell division. Blood 86: 1757–1764

Kessinger A (1995) Do autologous peripheral blood cell transplants provide more than hematopoietic recovery? Stem Cells (Dayt) 13: 351–354

Kessinger A, Armitage JO (1991) The evolving role of autologous peripheral stem cell transplantation following high-dose therapy for malignancies. Blood 77: 211–213

Kishimoto T, Taga T, Akira S (1994) Cytokine signal transduction. Cell 76: 253–262

Kohn DB, Weinberg KI, Nolta JA, Heiss LN, Lenarsky C, Crooks GM, Hanley ME, Annett G, Brooks JS, El-Khoureiy A, Lawrence K, Wells S, Moen RC, Bastian J, Williams-Herman DE, Elder M, Wara D, Bowen T, Hershfield MS, Mullen CA, Blaese RM, Parkman R (1995) Engraftment of gene-modified umbilical cord blood cells in neonates with adenosine deaminase deficiency. Nat Med 1: 1017

Koller MR, Palsson MA, Manchel I, Palsson BO (1995) Long-term culture initiating cell expansion is dependent on frequent medium exchange combined with stromal and other accessory cell effects. Blood 86: 1784–1793

Körbling M, Burke P, Braine H, Elfenbein G, Santos G, Kaizer H (1981) Successful engraftment of blood-derived normal hematopoietic stem cells in chronic myelogenous leukemia. Exp Hematol 9: 684–690

Körbling M, Dörken B, Ho AD, Pezzutto A, Hunstein W, Fliedner TM (1986) Autologous transplantation of blood-derived hematopoietic stem cells after myeloablative therapy in a patient with Burkitt's lymphoma. Blood 67: 529–532

Körbling M, Fliedner TM, Pflieger H (1990) Collection of large quantities of granulocyte-macrophage progenitor cells (CFUc) in man by means of continuous-flow leukapheresis. Scand J Haematol 24: 24

Körbling M, Przepiorka D, Huh YO, Engel H, Besien K van, Giralt S, Andersson B, Kleine HD, Seong D, Deisseroth AB et al. (1995) Allogeneic blood stem cell transplantation for refractory leukemia and lymphoma: potential advantage of blood over marrow allografts. Blood 85: 1659–1665

Kotasek D, Shepherd KM, Sage RE, Dale BM, Norman JE, Charles P, Gregg A, Pillow A, Bolton A (1992) Factors affecting blood stem cell collections following high-dose cyclophosphamide mobilization in lymphoma, myeloma, and solid tumors. Bone Marrow Transplant 9: 11–17

Laface D, Hermonat P, Wakeland E, Peck A (1989) Gene transfer into hematopoietic progenitor cells mediated by an adeno-associated virusvector. Virology 162: 483–487

Lapidot T, Pflumio F, Dick JE (1993) Modeling human hematopoiesis in immunodeficient mice. Lab Anim Sci 43: 147–150

Lebkowski JS, McNally MM, Okarma TB, Lerch LB (1988) Adeno-associated virus: a vector system for efficient introduction of DNA into a variety of mammalian cell types. Mol Cell Biol 8: 3988–3996

Lee JH, Klein HG (1995) Collection and use of circulating hematopoietic progenitor cells. Hematol Oncol Clin North Am 9: 1–22

Lemischka IR (1992) What we have learnt from retroviral marking of hematopoietic stem cells. Curr Top Microbiol Immunol 177: 59–71

Licht T, Pastan I, Gottesman M, Herrman F (1994) P-glycoprotein-mediated multidrug resistance in normal and neoplastic hematopoietic cells. Ann Hematol 69: 159– 171

Link H, Arseniev L, Bähre O, Kadar JG, Diedrich H, Poliwoda H (1996) Transplantation of allogeneic CD34+ blood cells. Blood 87: 4903–4909

Lyman SD, James L, Vanden Bos T, Vries P de, Brasel K, Gliniak B, Hollingsworth LT, Picha KS, McKenna HJ, Splett RR, Fletcher FA, Maraskovsky E, Farrah T, Foxwothe D, Williams DE, Beckmann MP (1993) Molecular cloning of a ligand for the flt3/flk-2 tyrosine kinase receptor: a proliferative factor for primitive hematopoietic cells. Cell 75: 1157–1167

Mackensen A, Herbst B, Köhler G, Wolff-Vorbeck G, Rosenthal FM, Veelken H, Kulmburg P, Schaefer HE, Mertelsmann R, Lindemann A (1995) Delineation of the dendritic cell lineage by generating large numbers of Birbeck granule-positive Langerhans cells from human peripheral blood progenitor cells in vitro. Blood 86: 2699–2707

Mann R, Mulligan RC, Baltimore D (1983) Construction of a retrovirus packaging mutant and its use to produce helper-free defective retrovirus. Cell 33: 153–159

Manyani H, Little MT, Dragowska W, Thornbury G, Lansdorp PM (1995) Differential effects of the hematopoietic inhibitors MIP-1alpha, TGF-β, and TNF-alpha on cytokine induced proliferation of subpopulations of CD34+ cells purified from cord blood and fetal liver. Exp Hematol 23: 422–427

Matsunaga T, Sakamaki S, Kohgo Y, Ohi S, Hirayama Y, Niitsu Y (1993) Recombinant human granulocyte colonystimulating factor can mobilize sufficient amounts of peripheral blood stem cells in healthy volunteers for allogeneic transplantation. Bone Marrow Transplant 11: 103–108

McMannis JD (1991) Use of the cobe 2991^{TM} cell processor for bone marrow processing. In: Gee AP (ed) Bone marrow processing and purging. A practical guide. CRC Press, Boca Raton, pp 73–84

McNiece IK, Briddell RA, Yan XQ, Hartley CA, Gringeri A, Foote MA, Andrews RG (1994) The role of stem cell factor in mobilization of peripheral blood progenitor cells. Leukemia Lymphoma 15: 405–409

Miller AD, Buttimore C (1986) Redesign of retrovirus packaging cell lines to avoid recombination leading to helper virus production. Mol Cell Biol 6: 2895–2902

Miller DG, Edwards RH, Miller D (1994) Cloning of the cellular receptor for amphotropic murine retroviruses reveales homology to that for gibbon ape leukemia virus. Proc Natl Acad Sci USA 91: 78–82

Morgan RA, Anderson WF (1993) Human gene therapy. Annu Rev Biochem 62: 191–217

Moritz T, Keller DC, Williams DA (1993) Human cord blood cells as targets for gene transfer: potential use in genetic therapies of severe combined immunodeficiency disease. J Exp Med 178: 529–536

Nagler A, Eldor A, Naparstek E, Mumcuoglu M, Slavin S, Deutsch VR (1995) Ex vivo expansion of megakaryocyte precursors by preincubation of marrow allografts with interleukin-3 and granulocyte-macrophage colony-stimulating factor in vitro. Exp Hematol 23: 1268–1274

Negrin RS, Kusnierz-Glaz CR, Still BJ, Schriber JR, Chao NJ, Long GD, Hoyle C, Hu WW, Homing SJ, Brown BW et al. (1995) Transplantation of enriched and purged peripheral blood progenitor cells from a single apheresis product in patients with non-Hodgkin's lymphoma. Blood 85: 3334–3341

Neidhart J, Mangalik A, Kohler W, Stidley C, Saiki J, Duncan P, Souza L, Downing M (1989) Granulocyte colony-stimulating-factor stimulates recovery of granulocytes in patients receiving dose-intense chemotherapy without bone marrow ablation. J Clin Oncol 7: 1685–1592

Nienhuis AW, Walsh CE, Liu J (1993) Viruses as therapeutic vectors. In: Young NS (ed) Viruses and bone marrow. Dekker, New York Basel, pp 353–414

Nolta JA, Hanley MB, Kohn DB (1994) Sustained human hematopoiesis in immunodeficient mice by cotransplantation of marrow stroma expressing human interleukin-3: analysis of gene transduction of long-lived progenitors. Blood 83: 3041–3051

Orlic D, Bodine DM (1994) What defines a pluripotent stem cell (PHSC): will the real PHSC please stand up! Blood 84: 3991–3994

Orlic D, Fischer R, Nishikawa SI, Nienhuis AW, Bodine DM (1993) Purification and characterization of heterogenous pluripotent hematopoietic stem cell populations expressing high levels of c-kit receptor. Blood 82: 762–770

Orlic D, Girard LJ, Jordan CT, Anderson SM, Cline AP, Bodine DM (1996) The level of mRNA encoding the amphotropic retrovirus receptor in mouse and human hematopoietic stem cells is low and correlates with the efficiency of retrovirus transduction. Proc Natl Acad Sci USA 93: 11097–11102

Osawa M, Hanada K, Hamada H, Nakauchi H (1996) Long-term lymphohematopoietic reconstitution by a single CD34-low/negative hematopoietic stem cell. Science 273: 242–245

Petersen FB, Weinberg P, Hansen JA, Thomas ED (1991) Collection and transplantation of human bone marrow cells from unrelated donors. Transfus Sci 12: 155–159

Poeschla EM, Wong-Staal F (1995–1996) Gene therapy and HIV disease. AIDS Clin Rev: 1–45

Rebel VI, Dragoswka W, Eaves CJ, Humphries RK, Lansdorp PM (1994) Amplification of Sca-1+, Lin-, WGA+ cells in serum-free cultures containing Steel factor, interleukin-6, and erythropoietin with maintenance of cells with long-term in vivo reconstitution potential. Blood 84: 2898–2903

Richman CM, Weiner RS, Yankee RA (1976) Increase in circulating stem cells following chemotherapy in man. Blood 47: 1031–1039

Rill DR, Buschle M, Foreman NK et al. (1992a) Retrovirus mediated gene transfer as an approach to analyse neuroblastoma relapse after autologous bone marrow transplantation. Hum Gene Ther 3: 129–136

Rill DR, Moen RC, Buschle M et al. (1992b) An approach for the analysis of relapse and marrow reconstitution after autologous marrow transplantation using retrovirus-mediated gene transfer. Blood 79: 2694–2700

Rill DR, Santana VM, Roberts WM, Nilson T, Bowman LC, Krance RA, Heslop HE, Moen RC, Ihle JN, Brenner MK (1994) Direct demonstration that autologous bone marrow transplantation for solid tumors can return a multiplicity of tumorigenic cells. Blood 84: 380–383

Rowley SD, Jones RJ, Piantadosi S, Braine HG, Colvin OM, Davis R, Saral R, Sharkis S, Wingard J, Yeager AM et al. (1989) Efficacy of ex vivo purging for autologous bone marrow transplantation in the treatment of acute non-lymphoblastic leukemia. Blood 74: 501–506

Sallusto F, Lanzavecchia A (1994) Efficient presentation of soluble antigen by cultured human dendritic cells is maintained by granulocyte/macrophage colony-stimulating factor plus interleukin 4 and downregulated by tumor necrosis factor alpha. J Exp Med 179: 1109–1118

Samulski RJ, Zhu X, Xiao X et al. (1991) Targeted integration of adeno-associated virus (AAV) into chromosome 19. EMBO J 10: 3941–3950

Sato N, Sawada K, Takahashi TA, Mogi Y, Asano S, Koike T, Sekiguchi S (1994) A time course study for optimal harvest of peripheral blood progenitor cells by granulocyte colony-stimulating factor in healthy volunteers. Exp Hematol 22: 973–978

Schattner M, Lefebvre P, Spanier Mingolelli S, Goolsby CL, Rademaker A, White JG, Foster D, Cohen I (1995) Thrombopoietin stimulated ex vivo expansion of megakaryocytes in human bone marrow (abstract). Blood 86: 368a

Scheding S, Bühring HJ, Ziegler B, Bock T, Kanz L, Brugger W (1995a) Ex vivo generation of myeloid post-progenitor cells from mobilized peripheral blood CD34+ cells (abstract). Blood 86: 224a

Scheding S, Franke H, Brugger W, Kanz L, Schmitz S (1995b) How many myeloid post-progenitor cells have to be transplanted to completely abrogate neutropenia after high-dose chemotherapy and peripheral blood progenitor cell transplantation (abstract). Blood 86: 224a

Scheding S, Brugger W, Vogel W, Kanz L (1996) Technical aspects of stem cell purification: implications for peripheral blood progenitor cell purging. Br J Haematol in press

Schmitz N, Dreger P, Suttorp M, Rohwedder EB, Haferlach T, Läffler H, Hunter A, Russell NH (1995) Primary transplantation of allogeneic peripheral blood stem cells mobilized by filgrastim (granulocyte colony-stimulating factor). Blood 85: 1666–1672

Sheridan WP, Begley CG, Juttner CA, Szer J et al. (1992) Effect of peripheral blood progenitor cells mobilized by filgrastim (G-CSF) on platelet recovery after high-dose chemotherapy. Lancet 339: 640–644

Shimada T, Fujii H, Mitsuya H, Nienhuis AW (1991) Targeted and highly efficient gene transfer into CD4+ cells by a recombinant human immunodeficiency virus retroviral vector. J Clin Invest 88: 1043–1047

Sica S, Salutari P, Teofili L, Menichella G, Leone G (1992) G-CSF and peripheral blood progenitor cells. Lancet 339: 1411

Siena S, Bregni M, Brando B, Ravagnani F, Bonadonna G, Gianni AM (1989) Circulation of CD34+ hematopoietic stem cells in the peripheral blood of high-dose cyclophosphamide-treated patients: enhancement by intravenous recombinant human granulocyte-macrophage colony-stimulating factor. Blood 74: 1905–1914

Siena S, Bregni M, Brando B, Belli N, Ravagnani F, Gandola L, Stern AC, Lansdorp PM, Bonadonna G, Gianni AM (1991) Flow cytometry for clinical estimation of circulating hematopoietic progenitors for autologous transplantation in cancer patients. Blood 77: 400

Siena S, Di Nicola M, Bregni M, Mortarini R, Anichini A, Lombardi L, Ravagnani F, Parmiani G, Gianni AM (1995) Massive ex vivo generation of functional dendritic cells from mobilized CD34+ blood progenitors for anticancer therapy. Exp Hematol 23: 1463–1471

Smith C, Gasparetto C, Collins N, Gillio A, Muensch MO, Moore MA (1991) Purification and partial characterization of a human hematopoietic precursor population. Blood 77: 2122–2128

Socinski MA, Cannistra SA, Elais A, Schnipper L, Antman KH, Griffin JD (1988) Granulocyte-macrophage colony-stimulating factor expands the circulating haemapoietic progenitor cell compartment in man. Lancet 1: 1194–1198

Sorrentino BP, Brandt SJ, Bodine D, Gottesman M, Pastan I, Cline A, Nienhuis AW (1992) Selection of drug-resistant bone marrow cells in vivo after retroviral transfer of human MDR 1. Science 257: 99–103

Sphall EJ, Jones RB, Bearman SI, Franklin WA, Archer PG, Curiel T, Bitter M, Clamann HN, Stemmer SN, Purdy M et al. (1994) Transplantation of enriched CD34-positive autologous marrow into breast cancer patients following high-dose chemotherapy: influence of CD34-positive peripheral blood progenitors and growth factors on engraftment. J Clin Oncol 12: 28–36

Stewart MF, Crittenden RB, Lowry PA, Pearson-White S, Quesenberry PJ (1993) Long-term engraftment of normal and post-5-fluorouracil murine bone marrow into normal nonmyeloablated mice. Blood 81: 2566–2571

Sui X, Tsuji K, Tanaka R, Tajima S, Muraoka K, Ebihara Y, Ikebuchi K, Yasukawa K, Taga T, Kishimoto T, Nakahata T (1995) gp 130 and c-kit signalling synergize for ex vivo expansion of human primitive hematopoietic progenitor cells. Proc Natl Acad Sci USA 92: 2859–2863

Sutherland HJ, Eaves CJ, Lansdorp PM, Phillips GL, Hogge DE (1994) Kinetics of committed and primitive blood progenitor mobilization after chemotherapy and growth factor treatment and their use in autotransplants. Blood 83: 3808–3814

Thomas ED, Storb R (1970) Technique for human marrow grafting. Blood 36: 507–515

To BL, Shepperd KM, Haylock DN, Dyson PG, Charles P, Thorp DL, Dale BM, Dart GW, Roberts MM, Sage RE, Juttner CA (1990) Single high doses of cyclophosphamide enable the collection of high numbers of hematopoietic stem cells from the peripheral blood. Exp Hematol 18: 442–447

To LB, Roberts MM, Haylock DN, Dyson PG, Branford AL, Thorp D, Ho JQ, Dart GW, Horvath N, Davy ML et al. (1992) Comparison of haematological recovery times and supportive care requirements of autologous recovery phase peripheral blood stem cell transplants, autologous bone marrow transplants and allogeneic bone marrow transplants. Bone Marrow Transplant 9: 277–284

Uchida N, Murray L, Altenhofen J (1993) Kinetic analysis and isolation of CD34+ Thy+ Lin-cells from mobilized peripheral blood of multiple myeloma patients (abstract). Blood [Suppl] 8: 284a

Uckun FM (1993) Immunotoxins for the treatment of leukaemia. Br J Haematol 85: 435–438

Vandendriessche T, Chuah MK, Chiang L, Chang HK, Ensoli B, Morgan RA (1995) Inhibition of clinical human immunodeficiency virus (HIV) type 1 isolates in primary CD4+ T lymphocytes by retroviral vectors expressing anti-HIV genes. J Virol 69: 4045–4052

Vaziri H, Dragowska W, Allsopp RC, Thomas TE, Harley CB, Lansdorp PM (1994) Evidence for a mitotic clock in human hematopoietic stem cells: loss of telomeric DNA with age. Proc Natl Acad Sci USA 91: 9857–9860

Ven van de, Ishizawa L, Law P, Cairo MS (1995) Il-11 in combination with SLF and G-CSF or GM-CSF significantly increases expansion of isolated CD34+ cell population from cord blood vs. adult bone marrow. Exp Hematol 23: 1289–1295

Verma DS, Spitzer G, Zander AR, Fisher R, McCredie KB, Dicke KA (1980) The myeloid progenitor cell: a parallel study of subpopulations in human marrow and peripheral blood. Exp Hematol 8: 32–43

Villeval JL, Dührsen U, Morstyn G, Metcalf D (1990) Effect of recombinant human granulocyte-macrophage colony-stimulating factor on progenitor cells in patients with advanced malignancies. Br J Haematol 74: 36–44

Vogel W, Behringer D, Scheding S, Kanz L, Brugger W (1996) Ex vivo expansion of CD34+ peripheral blood progenitor cells: implications for the expansion of contaminating tumor cells. Blood 88: 2707–2713

Walsh CE, Liu JM, Young N, Xiao X, Nienhuis AW, Samulski RJ (1992) Regulated high level expression of a human gamma-globin gene introduced into erythroid cells by a novel adeno-associated virus (AAV) vector. Proc Natl Acad Sci USA 89: 7257–7261

Walsh CE, Nienhuis AW, Samulski RJ, Brown MG, Miller JL, Young NS, Liu JM (1994) Phenotypic correction of Fanconi anemia in human hematopoietic cells with a recombinant adeno-associated virus vector [see comments]. J Clin Invest 94: 1440–1448

Warren MK, Rose WL, Beall LD, Cone J (1995) CD34+ cell expansion and expression of lineage markers during liquid culture of human progenitor cells. Stem Cells (Dayt) 13: 167–174

Weaver CH, Bensinger W, Longin K, Appelbaum FR, Rowley S, Lilleby K, Miser J, Storb R, Buckner CD (1993) Syngeneic transplantation with peripheral blood mononuclear cells collected after the administration of recombinant human granulocyte colony-stimulating factor. Blood 82: 1981–1984

Wolf JA, Lederberg J (1994) An early history of gene transfer and therapy. Hum Gene Ther 5: 469–443

Xi X, Schlegel N, Caen JP, Minty A, Fournier S, Caput D, Ferrara P, Han ZC (1995) Differential effects of recombinant human interleukin-13 on the in vitro growth of human haematopoietic progenitor cells. Br J Haematol 90: 921–927

Young JW, Szalbocs P, Moore MAS (1995) Identification of dendritic cell colony-forming units among normal human CD34+ bone marrow progenitors that are expanded by c-kit ligand and yield pure dendritic cell colonies in the presence of GM-CSF and TNFalpha. J Exp Med 182: 1111–1120

Zimmermann TM, Bender JG, Lee WJ, Swinney P, Blake M, Schilling M, Smith S, Van Epps D, Williams D, Williams SF (1995) Selection and expansion of CD34+ cells: feasibility and safety associated with clinical use. Blood 86: 294a

2.3 Molekulare Grundlagen des Gentransfers und Anwendung für die Gentherapie

KARSTEN BRAND und MICHAEL STRAUSS

2.3.1 Einführung

Gentherapie ist das gezielte Einbringen eines funktionsfähigen Gens in Körperzellen mit therapeutischer Zielstellung. Der Gentherapeut versucht entweder eine defekte Zellfunktion wiederherzustellen, wie etwa bei der Substitutionstherapie monogenetischer Erkrankungen, oder aber der Zelle eine zusätzliche Funktion zu vermitteln, wie etwa bei der Übertragung toxischer Gene. Damit können prinzipiell alle Erkrankungen, bei denen Proteine eine entscheidende pathogenetische Rolle spielen oder eine therapeutische Funktion haben, Ziel einer gentherapeutischen Behandlung sein. Inwieweit die Gentherapie tatsächlich sinnvoll zum Einsatz kommt, richtet sich danach, ob der Umweg über das Gen gegenüber konventionellen Verfahren eher Vor- oder Nachteile hat. Ausgehend von teilweise beeindruckenden tierexperimentellen Ergebnissen wurden in den letzten 5 Jahren bisher 136 klinische Therapiestudien, darunter 90 zur Behandlung von Krebs, durchgeführt (Stand: März 1996). Bei bisher etwa 600 behandelten Patienten traten, von einer publizierten Ausnahme abgesehen [Crystal et al. 1994], keine gravierenden Nebenwirkungen auf. Allerdings sind bisher auch keine konsistenten Therapieerfolge beschrieben worden. Damit wird wohl erst in den nächsten Jahren zu rechnen sein, wenn die noch unausgereifte gentherapeutische Methodik bis zur klinischen Reife weiterentwickelt worden ist.

Die Suche nach einer möglichst effizienten und doch spezifisch auf die Tumorzelle ausgerichteten Therapie, die das konventionelle Tumortherapiedesign bestimmt, ist auch Grundlage gentherapeutischer Ansätze. Gentherapie, im Vergleich etwa mit einer Chemotherapie, erlaubt ein höheres Maß an Regulierbarkeit und damit an Spezifität. Zugleich ist die Gentherapie aber störanfälliger und benötigt eine gute Feinabstimmung der einzelnen Komponenten, um eine optimale Effizienz zu haben. Daher ist ein möglichst umfassendes Verständnis der molekularen Grundlagen des Gentransfers zur Durchführung einer sinnvollen Gentherapie notwendig.

2.3.1.1 Geschichte von Gentransfer und Gentherapieansätzen

Gentherapie ist nicht, wie häufig angenommen, ein neues Konzept. Bereits vor 3 Jahrzehnten gab es recht präzise Vorstellungen über die Möglichkeiten des Transfers rekombinanter DNA: „Schließlich kann man davon ausgehen, daß Viren effizient zum Wohlergehen der Menschheit genutzt werden, in theoretischen Studien in der Genetik von somatischen Zellen und möglicherweise in genetischer Therapie.....Wir können sogar ziemlich optimistisch sein hinsichtlich der langfristigen Möglichkeit über die Isolation oder das Design, die Synthese und Einführung neuer Gene in defiziente Zellen bestimmter Organe zu therapieren" (Übersetzung der Autoren) [Tatum 1966]. Ausgehend von der Alteration von Genen als Ursache von Krebs, spekulierte Tatum [1966] (Übersetzung der Autoren) weiter: „*eine Behandlung könnte über eine Modifikation und Regulation von Genaktivitäten oder mit den Mitteln von Genreparatur oder -substitution erreicht werden.*" Solche Überlegungen weitblickender Forscher waren möglich geworden durch die Erkenntnis, daß Nukleinsäuren genetische Information vermitteln [Avery et al. 1944], durch die Strukturaufklärung der DNA [Watson u. Crick 1953] mit der weiteren Entschlüsselung des genetischen Kodes, durch den ersten Nachweis einer Übertragung genetischer Information mittels Viren auf Zellen [Zinder u. Lederberg 1952] und eine Reihe von Transfektionsstudien in den frühen 60er Jahren.

Nennenswerte Fortschritte in der Methode des Gentransfers gab es allerdings erst in den späten 70er Jahren, als ausgefeilte Transfektionstechniken und Selektionsmethoden in der Zellkultur mit den gewaltigen Fortschritten der rekombinanten DNA-

Handbuch der Molekularen Medizin, Band 2
Tumorerkrankungen
Herausgeber: D. Ganten und K. Ruckpaul

Technologie verbunden werden konnten. Jetzt war es möglich, in größerem Maßstab verschiedenste Gene in Säugerzellen einzubringen, auf Antibiotikaresistenz zu selektieren und die Effekte des Transgens zu studieren.

Für die Schaffung der ersten realistischen Möglichkeit zur Gentherapie kann man wohl in erster Linie die Entwicklung viraler Vektoren [Shimotono u. Temin 1981, Tabin et al. 1982, Wei et al. 1981] und entsprechender Verpackungszellinien [Miller u. Buttimore 1986] verantwortlich machen. Mit dem Transfer mehrerer krankheitsassoziierter Gene in verschiedene Zellen in Zellkultur bekam die Möglichkeit eines effizienten Gentransfers in Säugerzellen zum Zweck der Gentherapie eine breite Akzeptanz. Ein guter Überblick über die Anfänge der Gentherapie findet sich bei Wolf u. Lederberg [1994].

2.3.1.2 Zielstellung des Beitrags

Die Entwicklung eines klinisch einsetzbaren Gentransfersystems erfordert solide molekularbiologische Kenntnisse und ein Mindestmaß an zellbiologischem und physiologischem Wissen. Es ist abzusehen, daß die Gentherapie in nicht allzuferner Zukunft auch von Medizinern eingesetzt wird, die sich in ihrer medizinischen Ausbildung nicht intensiver mit molekularer Medizin auseinandergesetzt haben. Um die Eignung eines Gentherapeutikums im Einzelfall abschätzen zu können, ist es wichtig, seine molekulare Wirkungsweise zumindest in Grundzügen zu kennen. Dies zu vermitteln, soll auf den nächsten Seiten versucht werden. Es werden die beiden wesentlichen Komponenten von Gentransfersystemen, das therapeutische Gen mit seinen Expressionskontrollelementen (das Transgen) und das Gentransfervehikel (der Vektor) besprochen. Ein Schwerpunkt wurde auf die Relevanz für Tumorerkrankungen gelegt.

2.3.2 Transgen

2.3.2.1 Krebsgentherapiestrategien und ihre Kandidatengene

Man kann Krebsgentherapiestrategien im engeren Sinn, die auf eine möglichst vollständige Ausmerzung der Tumorzellen zielen, von supportiven Maßnahmen zum Schutz des normalen Körpergewebes vor den Effekten der konventionellen Therapie, wie z. B. der Chemotherapie, unterscheiden. Die Beschreibung und Wertung dieser Therapieformen, die alle bereits in klinischen Studien verfolgt werden, sind Gegenstand des folgenden Buchbeitrages. Sie werden hier nur in ihrer Bedeutung für die Wahl des jeweiligen Vektorsystems diskutiert. Tatsächlich sind die Wahl der Gentherapiestrategie und damit die Wahl des Transgens von entscheidender Bedeutung für die Anforderungen, die an den Vektor gestellt werden.

2.3.2.1.1 Immungentherapie

Die Immungentherapie, hervorgegangen und eng verbunden mit der Immuntherapie, ist das etablierteste unter den Krebsgentherapieverfahren und stellt den Großteil der bisher durchgeführten bzw. laufenden Krebsgentherapiestudien dar. Eine Aktivierung des Immunsystems zu einer effizienten Antitumorimmunantwort überträgt die schwierigste Aufgabe der Krebstherapie, die Spezifität und Effizienz, den immunologischen Effektoren. Die Anforderungen an den Vektor werden dadurch herabgesetzt. Der Vorteil der Immungentherapie gegenüber der nicht genetisch vermittelten Immuntherapie, bei der das Immuntherapeutikum systemisch appliziert wird, besteht in einer Verringerung von Nebenwirkungen, die in den frühen immuntherapeutischen Ansätzen erheblich waren. Das am weitesten verbreitete Verfahren ist die Tumorvakzinierung mit autologen oder heterologen bestrahlten Tumorzellen oder Fibroblasten, die ex vivo oder auch in vivo mit Zytokin-, MHC- oder kostimulatorischen Molekülgenen transfiziert werden, um so eine systemische Immunantwort zu stimulieren. Ein anderer Ansatz versucht durch Gentransfer in in vitro expandierte, tumorinfiltrierende Lymphozyten (TIL) deren Tumor-erkennende und -zerstörende Wirkungen zu erhöhen.

2.3.2.1.2 Suizidgentherapie

Bei dieser In-vivo-Strategie überträgt man ein Chemosensibilität-vermittelndes Gen auf die Tumorzellen, die dann durch die Gabe eines nebenwirkungsarmen Medikaments abgetötet werden. Im Fall des populärsten unter den eingesetzten Transgenen, dem der Herpes-simplex-Virus-Thymidinkinase (HSV-tk), phosphoryliert das in den Tumorzellen gebildete Enzym zusammen mit zelleigenen Enzymen extern appliziertes Gancyclovir zum toxischen Gancyclovirtriphosphat, welches im wesentlichen durch die Hemmung der DNA-Polymerase zum Zelltod führt. Aufgrund eines in seinem Mechanismus noch nicht vollständig aufgeklärten sog. Bystander-Effekts werden auch nicht transduzierte Tumorzellen in unmittelbarer Nachbarschaft genetisch modifizierter Zellen abgetötet, was die Notwendigkeit einer kaum erreichbaren 100%igen Transfereffizienz zu einer erfolgreichen Therapie relativiert. Trotz des Bystander-Effekts ist bei diesem Ansatz ein effizientes und spezifisches Vektorsystem gefordert, da, anders als bei der Immungentherapie, das Ausmaß des primären Gentransfers den limitierenden Schritt darstellt. Ein Vorteil dieser gentherapeutischen Chemotherapie gegenüber der konventionellen Form liegt in der Begrenzung von Nebenwirkungen durch die Nutzung der Möglichkeiten des Gentransfersystems zur Erhöhung der Spezifität. Ein Nachteil könnte in den schlechteren pharmakokinetischen Eigenschaften etwa eines 90 nm großen Viruspartikels gegenüber einem Zytostatikum bestehen.

2.3.2.1.3 Tumorsuppressor- und Antionkogentherapie

Die Entwicklung dieses jüngsten unter den Krebsgentherapieansätzen, für den es noch kein etabliertes Pendant unter den konventionellen Verfahren gibt, war durch den rasanten Erkenntnisgewinn über die Ursachen der Krebsentstehung möglich. Während zunächst noch die Vorstellung bestand, durch die Substitution verlorengegangener Suppressorgene oder die Ausschaltung überexprimierter Onkogene eine Art Korrektur des onkogenen Defekts vornehmen und die Krebszelle wieder in eine normal funktionierende Körperzelle überführen zu können, sieht man heute diese Therapieform als primär zytotoxisch an. Dabei spielt die Überlegung eine Rolle, daß aufgrund der Mehrschrittkanzerogenese die Rekonstitution eines Einzelschritts kaum eine Normalisierung der Zellfunktionen bewirken kann, sondern durch Rekonstruktion eines Einzeldefekts eher eine so empfindliche Störung der Balance im proliferativen Geschehen der Tumorzelle bewirkt wird, daß diese nicht anders als mit dem programmierten Zelltod (Apoptose) reagieren kann. Die Zahl der möglichen Kandidatengene aus dem Bereich der Zellzyklusregulation und der Apoptosemaschinerie wächst beständig. Aufgrund des tumorzellspezifischen Angriffspunkts ist die Spezifität des Ansatzes als höher einzuschätzen als bei der Suizidgenstrategie. Die größte Limitierung liegt vermutlich in der Effizienz des Gentransfers. Da aber auch hier von dem Auftreten eines Bystander-Effekts berichtet wurde, scheint ein Gentransfer in 100% der Tumorzellen nicht unbedingt notwendig zu sein.

2.3.2.1.4 Supportive Gentherapiemaßnahmen

Bevor sich gentherapeutische als eigenständige Verfahren etabliert haben werden und eine routinemäßig eingesetzte Alternative zu konventionellen Verfahren darstellen, wird vermutlich die Kombination beider Therapieformen Einzug in den klinischen Alltag finden. Zu den erfolgreichsten klinischen Phase-1-Studien gehören Genmarkierungen von hämatopoetischen Stammzellen mit dem Neomycinresistenzgen, mit deren Hilfe nachgewiesen werden konnte, daß residuale Tumorzellen nach der (unvollständigen) Reinigung autologen Knochenmarks und dessen Reinfusion an einem späten Rezidiv beteiligt sind. Eine 2. ebenfalls auf hämatopoetische Stammzellen abzielende Maßnahme ist die Einführung von Multidrug-resistance-Genen (MDR-Genen), die die deletären Auswirkungen vieler Chemotherapieregimes auf die korpuskulären Blutbestandteile erheblich verringern könnte. Die Hauptschwierigkeit bei diesen Therapieverfahren liegt im effizienten Gentransfer in die hämatopoetischen Stammzellen, die sich auch ex vivo nur schwer transfizieren lassen.

2.3.2.2 Struktur des Transgens

2.3.2.2.1 Kodierender Bereich

Aus Gründen der Handhabbarkeit und des besseren Zugriffs wird in der Gentherapie fast ausschließlich mit cDNA, der von Introns befreiten (gespleißten), nur aus kodierenden Einheiten (Exons) bestehenden DNA, gearbeitet. Die Größe der üblicherweise verwendeten cDNAs liegt zwischen 1 und 10 Kilobasenpaaren (kbp), ein Parameter, der bei vielen viralen Vektoren, die z. Z. noch Limitierungen in der maximalen Kapazität des Genoms haben, von Bedeutung sein kann. Bei der Wahl der Herkunft des Transgens bevorzugt man humane Gene (Ausnahme: Suizid- und Markergene), da von deren Produkten die geringste Modifizierung und Inaktivierung durch die Zielzelle und die geringste Immunogenität erwartet werden können.

2.3.2.2.2 Expressionskontrollelemente

Die Bedeutung der Expressionskontrollelemente (EKE) für die erfolgreiche Anwendung der Gentherapie kann nicht genügend betont werden. Die Möglichkeit, Gene kontrolliert zu exprimieren und damit Proteine kontrolliert zu synthetisieren, stellt einen gewaltigen konzeptionellen Vorteil gegenüber herkömmlichen Verfahren dar. EKE sind für die Expressionshöhe eines Gens in Abhängigkeit vom transfizierten Zelltyp verantwortlich. Damit besteht die Möglichkeit, die Transgenexpression auf den Tumor zu beschränken, selbst wenn mit dem Gentransfer auch Normalzellen getroffen wurden.

Bei Säugetieren wird die für ein Protein kodierende DNA-Sequenz von der RNA-Polymerase II transkribiert. Um aktiv zu werden, muß das Enzym im Verbund mit Transkriptionsfaktoren an 5′ vom Transkriptionsstart gelegene DNA-Sequenzen, den Promotor, binden. Weiter 5′ oder auch 3′ gelegene sog. Enhancer haben zusätzlich Einfluß auf das Expressionsniveau des abgelesenen Gens. Bei identischem Genotyp haben die Zellen des Körpers teilweise sehr unterschiedliche Phänotypen, ein Phänomen, was u. a. auch in Unterschieden im Expressionsniveau der Gene begründet liegt. Welche Genloci in welchem Gewebe zu welchen Zeitpunkten aktiv sind, hängt von dem jeweiligen Set an Transkriptionsfaktoren, über die ein Zelltyp verfügt, ab. Promotoren oder Enhancer werden für ein bestimmtes Gewebe oder einen Zelltyp als gewebespezifisch bezeichnet, wenn dort ein so spezifisches Set an Transkriptionsfaktoren existiert, daß die EKE nur oder vorzugsweise in diesem bestimmten Zelltyp aktiv sind und das nachgeschaltete Gen aktivieren. Es ist von entscheidender Bedeutung für eine gentherapeutische Anwendung dieses Prinzips, daß ein gewebespezifischer Promotor grundsätzlich ein heterologes Gen regulieren kann, welches natürlicherweise von einem anderen Promotor exprimiert wird. Die EKE vieler Gene sind heute gut charakterisiert, und für die meisten Gewebe sind auch mehr oder weniger gewebespezifische Promotoren bzw. Enhancer identifiziert worden. Da sich Tumorzellen in ihrem Phänotyp erheblich von den sie umgebenden Zellen unterscheiden, also Unterschiede in der Transkriptionsregulation vorliegen müssen, ist das Reservoir an tumorzellspezifischen EKE potentiell sehr groß. Bisher wurden die EKE von 3 verschiedenen Genklassen für den gentherapeutischen Einsatz in Betracht gezogen:

- Promotoren von Genprodukten, die z. B. als Tumormarker in der Onkologie Bedeutung haben [α-Fetoprotein (AFP, Hepatozellulares Karzinom), Karzinoembryonales Antigen (CEA, Kolonkarzinom)]
- Onkogenpromotoren (erbB2, Mammakarzinom)
- Promotoren mit einer Spezifität für das Normalgewebe, aus dem der Tumor hervorgegangen ist (Tyrosinkinase, Melanozyten, Melanom).

2.3.2.2.2.1 Gewebespezifische Expression in viralen Vektoren

Aufgrund der z. Z. noch bestehenden Limitierungen in der Verpackungskapazität vieler viraler Vektoren ist man daran interessiert, die eingesetzten EKE möglichst kurz zu halten. Während sich bei vielen Promotoren regulatorische Elemente noch 15 kbp 5′ vom Startkodon befinden, sind gentherapeutisch eingesetzte EKE selten länger als 5 kbp. Um trotzdem ein hohes Maß an Expressionsstärke und Spezifität aufrechtzuerhalten, muß man in transienten Transfektionsexperimenten von Plasmiden mit geeigneten Reportergenen unter der Kontrolle der zu testenden EKE sorgfältig prüfen, in welchem Ausmaß Sequenzen deletiert und wie regulatorische Elemente kombiniert werden können, um trotz notwendiger Verkürzungen möglichst geringe Einbußen an Wirkung zu haben. Gegebenenfalls können auch die Kernbereiche starker, aber ubiquitär wirksamer viraler Promotoren mit gewebespezifischen Enhancer-Elementen verbunden werden, was einen Kompromiß aus Effizienz und Spezifität darstellen kann. Das Ausmaß an notwendiger Spezifität hängt letztlich vom gewählten Therapieverfahren ab. Während man bei der ex vivo eingesetzten Immungentherapie und supportiven Therapie zugunsten starker, gut charakterisierter viraler Promotoren ganz auf die gewebespezifische Expression verzichten kann, ist eine solche bei zytotoxischen In-vivo-Verfahren aus Sicherheitsgründen auf Dauer unverzichtbar.

Wenn in der transienten Transfektion von Zielzellen eine gute Spezifität und Effizienz eines untersuchten EKE gezeigt wurde, ist der nächste Schritt der Nachweis, daß diese Eigenschaften auch nach der Integration in den Gentransfervektor oder nach der Integration in das Wirtszellgenom erhalten bleiben. Bei Retro- und Adenoviren sind Interferenzen durch viruseigene EKE bekannt. Nach der Integration in das retrovirale Genom (s. unten) in Leserichtung kann es vorkommen, daß der starke, ubiquitär aktive, retrovirale Promotor (LTR) am 5′-Ende des Genoms die Regulation des Transgens übernimmt und mit der Aktivität des gewebespezifischen Promotors konkurriert [Wu et al. 1996]. Daher bevorzugt man inzwischen den Einbau des Transgens in Antisense-Orientierung zur LTR. Eine andere Möglichkeit ist die Herstellung von retroviralen Vektoren, die bei der

Integration ins Wirtszellgenom die eigene LTR verlieren (SIN-Vektoren [Yu et al. 1986], s. unten) oder der Austausch des retroviralen Promotors durch einen gewebespezifischen.

Die entsprechenden Befunde bei Adenoviren sind noch uneinheitlich, aber es gibt mehrere Studien, wonach die Gewebespezifität im adenoviralen Kontext weitgehend erhalten bleibt [Kaneko et al. 1995, Sandig u. Strauss, submitted]. Eine Alternative zur gewebespezifischen Expression im engeren Sinn, die trotzdem eine spezifische Expression im Zielgewebe erlaubt, wurde unter Verwendung von 2 unabhängigen adenoviralen Vektoren demonstriert [Hersh et al. 1995]. Der natürliche Tropismus von Adenoviren für einen bestimmten Zelltyp konnte dadurch potenziert werden, daß das therapeutische Gen von einem Promotor gesteuert wurde, der wiederum vom Genprodukt des koapplizierten 2. Vektors abhängig war.

Adeno-assoziierte Viren scheinen für die gewebespezifische Expression besonders geeignet zu sein. Der transgene Vektor wird hier nur von 2 kurzen ITR (inverted terminal repeats) flankiert, die keine (nennenswerten) expressionsregulatorischen Sequenzen besitzen. Daher ist keine Interferenz mit internen gewebespezifischen Promotoren zu erwarten. Eine Erhaltung der gewebespezifischen Expression ist für den AFP-Promotor [Su et al. 1996] und die β-Globingen-LCR (LCR: locus control region) [Zhou et al. 1996] im AAV-Kontext beschrieben worden. Es ist zum jetzigen Zeitpunkt noch unklar, in welchem Maß AAV ins Genom integrieren oder aber stabil episomal vorliegen. Für zytotoxische Krebsgentherapien, die eine spezifische Expression erfordern, die nicht lang anhalten muß, wäre mit Blick auf die gewebespezifische Expression ein episomaler Status vorteilhaft, da dann keine Positionseffekte (s. unten) auftreten. Einer der internen (im Vektor gewöhnlich deletierten) Promotoren der Wildtyp-AAV (rep-p5) scheint selbst eine gewisse Gewebespezifität für Bronchialepithel und nicht-lymphatische Milzzellen zu haben [Flotte u. Carter 1995], eine Eigenschaft, die sich gentherapeutisch nutzen ließe. Einige Ergebnisse zur Expressionsregulation bei Herpes-simplex-Viren werden im Kapitel über diese Vektoren vorgestellt.

2.3.2.2.2.2 Gewebespezifische Langzeitexpression

Während für die immunologischen und zytotoxischen Therapieverfahren eine transiente Expression des Transgens ausreichend sein kann, ist bei Verfahren zur Knochenmarkprotektion oder Genmarkierung, wie auch bei der Mehrheit der Strategien zur Behandlung nichttumoröser Erkrankungen, eine Langzeitexpression notwendig. Diese kann durch den Einsatz von Sequenzen, die eine autonome Replikation von transferierten Plasmiden in den Zielzellen ermöglichen, erreicht werden. Experimente in dieser Richtung befinden sich z. Z. noch im Anfangsstadium.

Ein etablierterer Weg, zu einer stabilen Expression eines Transgens zu kommen, ist der über die stabile Integration des Gens in das Wirtszellgenom (s. unten). Es hat sich aber gezeigt, daß sowohl die Erhaltung der Spezifität als auch die Wahrung einer adäquaten und reproduzierbaren Effizienz der Genregulation nach der Integration in das Chromatin ein Problem darstellen (Positionseffekte). Dies zeigt sich sehr deutlich in Studien mit transgenen Mäusen, bei denen der Ausprägungsgrad, mit dem ein Phänotyp auftritt, je nach dem Integrationsort des Transgens erheblich zwischen den einzelnen transgenen Tieren differiert [Beermann et al. 1990, Koopman et al. 1991, Lem et al. 1992]. Es gibt verschiedene Erklärungen für dieses Phänomen. Eine, die vielleicht gentherapeutische Relevanz erlangen könnte, ist die fehlende Abschirmung der transferierten Transkriptionseinheit gegenüber dem benachbarten Chromatin. So gibt es einige Evidenz für natürlicherweise im Säugetiergenom auftretende sog. Matrix-attachment-sites (MAR), die eine Art Schutz- und Begrenzungsfunktion auszuüben scheinen [Eissenberg u. Elgin 1991, Kas et al. 1993, Kries et al. 1991]. Von solchen strukturellen Begrenzungselementen könnte durchaus eine Funktionsfähigkeit in einer breiten Palette von Geweben erwartet werden, und es sollte keinen übermäßigen technischen Aufwand darstellen, solche MAR an beiden Seiten einer Expressionskassette zu plazieren und so eine positionsunabhängige Expression zu erlangen. Eine 2. gentherapeutisch relevante Erklärung für die Uneinheitlichkeit im Auftreten von Positionseffekten besteht in der Überlegung, daß unter den getesteten Enhancer-Elementen durchaus solche zu finden sind, die bei einer Integration in das Genom ihre Gewebespezifität bewahren, daß aber die herkömmlichen Testmethoden gewöhnlich nicht geeignet sind, solche Elemente reproduzierbar herauszufiltern. Tatsächlich sind inzwischen mehrere Enhancer-ähnliche Sequenzen isoliert worden, die Positionseffekte anscheinend verhindern und die Transkription in einer dominant-positiven Weise aktivieren [Bonifer et al. 1990, Dillon u. Grosveld 1993, Greaves et al. 1989, Sippel et al. 1992]. Solche, als Locus-control-Regionen bezeichneten Abschnitte bewahren eine optimale Gewebespezifität im Verbund mit homologen Promotoren und können ohne Funktionsverlust mit heterologen Genen kombiniert werden.

2.3.2.2.2.3 Regulierbare Expression

Während bei der gentherapeutischen Behandlung von Krebs die Gewebespezifität im Vordergrund steht, kommt bei Marker- und supportiven Studien und bei der Therapie nichttumoröser Erkrankungen der absoluten Höhe der Genexpression eine besondere Bedeutung zu. Bei der Therapie monogenetisch vererbter Erkrankungen beispielsweise muß gewährleistet sein, daß das Expressionsniveau des substituierten Gens dem physiologischen möglichst nahe kommt. Zu niedrige Konzentrationen des Expressionsprodukts führen zum Wirkungsverlust, zu hohe Konzentrationen können toxisch sein. Eine Möglichkeit, Einfluß auf das Expressionsniveau eines Transgens zu nehmen, wenn auch auf Kosten der Gewebespezifität, bieten regulierbare Promotoren. Am weitesten verbreitet ist das tet-System [Gossen u. Bujard 1992, Gossen et al. 1995]. Hier wird das Transgen unter die Kontrolle eines primär inaktiven Minimalpromotors mit Transaktivatorbindungsstelle gebracht. Weiterhin wird ein Transaktivatorgen unter einem konstitutionell aktiven Promotor transferiert. Durch die externe Applikation des Antibiotikums Tetrazyklin kann der Transaktivator so modifiziert werden, daß er an seine Bindungsstelle 5′ vom Transgen bindet und dieses aktiviert wird. Da dieses System stufenweise regulierbar ist, wäre ein gentherapeutischer Einsatz dort vorstellbar, wo zumindest vorübergehend fein abgestimmte Expressionsniveaus gefordert sind. Auch eine Expressionskontrolle über Steroidhormon-responsive Elemente scheint in vitro und in vivo möglich zu sein [Delort u. Capecchi 1996]. Die kontrollierbare Transgenexpression wird im Verlauf der Entwicklung der Gentherapie zu einer klinischen Routinemethode vermutlich immer mehr an Bedeutung gewinnen, da nach der Dokumentation der Effizienz eines gentherapeutischen Ansatzes, die wesentlich von der Optimierung der bestehenden Vektoren abhängt, Aspekte der Feinregulation und Sicherheitsbedürfnisse im Vordergrund des Interesses stehen werden.

2.3.2.3 Stabilität des Transkripts

Um die effiziente Expression eines Fremdgens zu erreichen, ist es nicht nur notwendig, daß das Gen ordnungsgemäß transkribiert wird, sondern auch, daß ein stabiles Transkript entsteht, welches zur Translation ins Zytoplasma transportiert werden kann. Da eine transgene Expressionskassette immer ein Kunstprodukt darstellt, bleibt eine Unsicherheit, ob das Transgen in der Empfängerzelle auch so funktioniert, wie vorgesehen. Daher ist ein gentherapeutischer Einsatz immer nur nach empirischer Testung der hypothetischen Funktion in der Zellkultur und im Tierexperiment möglich. Dies wird besonders deutlich bei der Testung der Transkriptstabilität, bei der die Menge der experimentellen Daten so begrenzt ist, daß wenig theoretische Rahmenbedingungen gesetzt werden können. Weitgehende Einigkeit besteht darin, daß ein Poly-A-Schwanz am 3′-Ende der meisten eukaryotischen mRNAs deren Stabilität erhöht und daher in die Expressionskassette mit aufgenommen werden sollte. Möglicherweise spielen auch Introns, die während der Konversion des primären Transkripts zur mRNA entfernt werden (Spleißen), sowie auch die Ereignisse des Spleißens selbst für die Stabilität des Transkripts eine Rolle [Collis et al. 1990, Dillon 1993]. Wegen der Kapazitätsbegrenzung der meisten Vektoren (s. unten) können nicht sämtliche Introns wieder in das Transgen aufgenommen werden. Daten von transgenen Tieren legen es aber nahe, zumindest 1 Intron in die Expressionskassette mit einzubeziehen, wobei allerdings Hinweise existieren, daß nicht alle Introns gleichermaßen wirksam sind [Palmiter et al. 1991].

2.3.3 Vektor

Obwohl sich verschiedene Körpergewebe in ihrer Zugänglichkeit für unterschiedliche Pharmakapräparationen durchaus unterscheiden, stellen das Herankommen eines Medikaments an seinen Wirkort und die Aufnahme in die Zelle in der modernen Pharmakologie häufig lösbare Probleme dar und sind nicht mehr der Hauptgegenstand therapeutischer Überlegungen. Ganz anders liegt der Fall in der Gentherapie: DNA kann nicht unverpackt appliziert werden, da sie ohne Hilfsmittel nur sehr schlecht von Zellen aufgenommen wird. Einer In-vivo-Anwendung nackter DNA steht außerdem die rasche Inaktivierung durch Nukleasen des Bluts entgegen. Es wurden daher Vektorsysteme entwickelt, die neben dem Schutz der DNA vor enzymatischem Abbau noch 2 weitere wichtige Aufgaben übernehmen: Eine möglichst effiziente Aufnahme durch die Tumorzelle und die Gewährleistung, daß das

Tabelle 2.3.1. Eigenschaften gentherapeutischer Vektoren und Eignung für Krebsgentherapie

Vektor	Transfereffizienz in vitro	Transfereffizienz in vivo	Expressionsniveau	Expressionsdauer	Spezifität für Tumoren	Sicherheit	Zytotoxische Therapie	Immuntherapie ex vivo	Immuntherapie in vivo	Marker/Supportive Therapien ex vivo
Retroviren	++	+ ↑	+	+++	++ ↑	+++	+ ↑	++	+	+++
Adenoviren	+++	+++	+++	+ ↑	+ ↑	++ ↑	+++ ↑	++ ↑	++ ↑	+ ↑
AAV	++	++	++	+++	+ ↑	++ ↑	+ ↑	++	++	+++
HSV	+++	+++	+++	++	+	+ ↑	+++	+	+	+
Vakziniaviren	+++	+++	+++	+	+	++	++	+++	+++	+
Direkte DNA-Injektion	+	+	+	+	+	+++	+	+	+++	+
Partikelbombardement	++	+-++	+	+	+	+++	+-++	+	++	+
Kationische Liposomen	++	+-++	+	+	+	+++	++	++	+++	+
Rezeptorvermittelter Gentransfer	++	++	+	+	+++	+++	+	++	++	+
Adenovirusbestandteile im Vektor	+++	++	+	+	+++	++	+	++	+	+
Inaktivierte Sendai-Viren	++	++	+	+	+	++	++	++	++	+

Ausprägungsgrad: + gering, ++ mittel, +++ hoch, ↑ weist auf zu erwartende Verbesserungen hin

Gen zunächst ins Zytosol und dann in den Zellkern gelangt. Die Entwicklung von Vektoren für einen effizienten Gentransfer stellt die z. Z. größten Anforderungen an die gentherapeutische Forschung dar. Die verwendeten Vektoren haben durchweg makromolekulare bis subzellulare Größe und können schon daher nicht nach herkömmlichen pharmakokinetischen Gesichtspunkten beurteilt werden. Während in der Frühphase der gentherapeutischen Bemühungen im wesentlichen auf geringfügig modifizierte natürliche Vektoren zurückgegriffen wurde, bzw. In-vitro-Transfektionsmethoden empirisch auf ihre In-vivo-Anwendung getestet wurden, um die prinzipielle Möglichkeit eines Gentransfers mit der Expression eines Transgens zu zeigen, hat man sich in den letzten Jahren verstärkt bemüht, den gestiegenen Ansprüchen an die Gentherapie durch eine immer ausgefeiltere Modifikation der Vektorstruktur Rechnung zu tragen. Übersichtsartikel zu den Grundlagen des Gentransfers liegen von Mulligan [1993] und Vile u. Russell [1994] vor (s. auch Tabelle 2.3.1).

2.3.3.1 Nicht-virale Methoden

Obwohl sich auch die sog. nicht-viralen Gentransfermethoden zunehmend viraler Prinzipien bedienen und umgekehrt virologisch orientierte Gentherapeuten immer mehr virale Funktionen aus dem Vektor auslagern, erscheint zum gegenwärtigen Zeitpunkt die Unterscheidung in virale und nichtvirale Methoden noch sinnvoll. Bei nicht-viralen Verfahren besteht kein Risiko der Entstehung rekombinanter infektiöser Partikel. Im Vergleich zu manchen viralen Vektoren ist außerdem die Gefahr der insertionellen Mutagenese geringer. Diese Vorteile bleiben sicher bis auf weiteres der wesentliche Pluspunkt von nicht-viralen gegenüber viralen Therapien. Zwei weitere Vorteile, nämlich die bessere Herstellbarkeit und Handhabung sowie die hohe DNA-Aufnahmekapazität, könnten sich in naher Zukunft durch die Weiterentwicklungen viraler Vektoren relativieren. Den genannten Vorteilen steht als wesentlicher Nachteil die geringe In-vivo-Gentranseffizienz nicht viraler Methoden entgegen.

2.3.3.1.1 Physikalische Methoden

2.3.3.1.1.1 Ex-vivo-Verfahren

Ein in der Grundlagenforschung häufig angewandtes Transfektionsverfahren ist die Elektroporation [Chu et al. 1987]. In Suspension befindliche Zellen werden einem Spannungsfeld ausgesetzt. Durch kurzzeitig entstehende Öffnungen in der Plasmamembran kann Plasmid-DNA in die Zellen gelangen. Nach Optimierung der verschiedenen Parameter in Abhängigkeit von der jeweiligen Zellinie können transiente Transfektionsraten bis 90% erreicht werden [Ledley 1995]. Über stabile Transfektionsraten hämatopoetischer Vorläuferzellen von bis zu 4,5% wurde berichtet [Matthews et al. 1995].

Ein weiteres, ebenfalls nur für eine ex-vivo-Anwendung in Frage kommendes Verfahren ist die Mikroinjektion. Es bleibt abzuwarten, ob es gelingt, durch automatisierte Injektionen die Ausbeute stabil transfizierter Zellen (z. B. hämatopoetische Stammzellen) signifikant zu erhöhen und unter geeigneten Kulturbedingungen ex vivo zu vermehren, bevor sie reinfundiert werden. Beide Verfahren sind bisher nicht nennenswert zu gentherapeutischen Zwecken eingesetzt worden.

2.3.3.1.1.2 In-vivo-Verfahren

Neuere Verfahren, die auch für eine In-vivo-Anwendung geeignet wären, sind Partikelbombardement [Burkholder et al. 1993, Cheng et al. 1993, Yang et al. 1990] und Jetinjektion [Vahlsing et al. 1994]. Bei ersterem Verfahren werden zunächst 1–3 μm große Gold- oder Tungsten-Partikel mit Plasmid-DNA beschichtet. Die Partikel werden dann mit Hilfe eines Art Schockwellengenerators in einem elektrischen Spannungsfeld beschleunigt und auf das Zielgewebe gefeuert. Die Barriere der Zellmembran wird so durch den physikalischen Einschlag durchbrochen und die DNA intrazellular freigesetzt. In vitro konnte eine Transfektion von epithelialen, endothelialen, fibroblastoiden und lymphozytären Zellen sowie primären Lymphozyten, Monozyten und Fibroblasten gezeigt werden. Die DNA-Integration lag bei 0,01–0,001% [Ledley 1995]. In vivo wurde das Verfahren bisher mit Rattenepidermis, -muskelgewebe, -leber und -pankreas und Mausmuskelgewebe durchgeführt [Ledley 1995, Schofield u. Caskey 1995]. Leber, Epidermis und Pankreas zeigten nur eine transiente Expression. In der Dermis konnte eine Expression noch nach 3 Jahren festgestellt werden [Cheng et al. 1993]. Die transgene DNA scheint bei diesem Verfahren nicht in das Wirtszellgenom zu integrieren und in den meisten Fällen als relativ instabiles Episom vorzuliegen. Eine Transfereffizienz in 10–20% der beschossenen Hautzellen wurde beschrieben [Williams et al. 1991]. Die Eindringtiefe betrug, je nach Organ (Haut) 200–500 μm (Leber), [Williams et al. 1991]. Kürzlich wurde über Eindringtiefen von 30–50 Zellschichten berichtet [Yang u. Sun 1995]. Von seiten der Therapieeffizienz konnten Verzögerungen im Tumorwachstum durch den Zytokingentransfer festgestellt werden [Yang u. Sun 1995]. Der Transfer von mRNA scheint ebenfalls sowohl in vitro als auch in vivo möglich zu sein [Qiu et al. 1996].

Bei der Jetinjektion durchbricht ein unter hohen Druck gesetzter Strom aus Flüssigkeitskügelchen die Zellmembranen und reißt die zugefügte DNA mit. Mit dieser Technik ließ sich Maushaut durchdringen und der darunterliegende Muskel transfizieren, wobei die Expression des Reportergens jedoch nur 1/10 derjenigen nach Injektion (Kanüle) der gleichen DNA-Menge betrug [Vahlsing et al. 1994].

Überraschend hohe Transferraten in Muskelgewebe im Vergleich mit adenoviralen und retroviralen Vektoren konnten mit der einfachen Injektion nackter Plasmid-DNA erreicht werden [Davis et al. 1993]. Die Transferraten waren höher als bei Retroviren und mit etwa 10% an blaugefärbten Zellen im Gewebeschnitt mit Adenoviren vergleichbar. Für die meisten anderen Gewebe sind derart hohe Transferraten nicht gefunden worden [Ledley 1995]. Der Aufnahmemechanismus der DNA in die Zelle ist nicht bekannt.

Für die zytotoxische Behandlung der meisten soliden Tumoren ist die Transfereffizienz der physikalischen Verfahren zu niedrig. Eine Behandlung breitflächiger Hautlymphome mit Partikelbombardement wäre evtl. in Betracht zu ziehen. Dazu müßten aber die Transfereffizienz und die Eindringtiefe noch eingehender evaluiert werden. Eine Anwendung sowohl für Partikelbombardement und Jetinjektion als auch für das einfache und kostengünstige Verfahren der direkten DNA-Injektion könnte in der Immungentherapie liegen [Ulmer et al. 1993, Vahlsing et al. 1994], wo auch eine geringe Transgenexpression bzw. eine hohe Expression in wenigen Zellen zum Auslösen einer Immunantwort ausreichen können. Außerdem lassen sich mit diesen Verfahren auch Zellen transfizieren, die, z. B. wegen fehlender Rezeptoren, viralen Verfahren nicht zugänglich sind.

2.3.3.1.2 Chemische Methoden

Bei den chemischen Gentransfermethoden wird i. allg. gereinigte Plasmid-DNA, die das Transgen enthält, mit einer Trägersubstanz komplexiert und diese Komplexe ex vivo oder in vivo appliziert.

2.3.3.1.2.1 Kalzium-Phosphat-Kopräzipitation

Das 1. Verfahren mit dem die zellulare Aufnahme von DNA substantiell gesteigert werden konnte, die Kalzium-Phosphat-Kopräzipitation [Graham u. van der Eb 1973, Wigler et al. 1977], wurde bereits in den frühen 70er Jahren entwickelt und optimiert. Die in der Grundlagenforschung extensiv eingesetzte Methode erlaubt eine Transfektion von, je nach Zelltyp, 10–50%, wobei ein nennenswerter Prozentsatz der DNA bis in den Zellkern gelangt und dort transient exprimiert wird. Ein kleiner Anteil der Zellen (bis zu 1%, meist weniger als 0,1%) kann aufgrund der stabilen Integration des Transgens ins Genom eine Langzeitexpression aufweisen. Die nur in vitro einsetzbare Methode wurde aber bisher gentherapeutisch nicht in größerem Maß eingesetzt.

2.3.3.1.2.2 Kationische Liposomen

Die in der Gentherapie am häufigsten angewandte unter den nicht-viralen Gentransfermethoden ist die Transfektion mit kationischen Liposomen [Caplen et al. 1995, Staubinger 1993]. Sie wurde in den letzten Jahren mit Blick auf den therapeutischen Einsatz vielfach modifiziert. Die Technik beruht auf den elektrischen Ladungseigenschaften der DNA (negativ aufgrund des Phosphatrückgrads der Doppelhelix), kationischer Lipide (positiv) und der Zelloberfläche (insgesamt negativ). Zum Einsatz kommen monokationische Lipide, wie DOTMA, aber auch Weiterentwicklungen mit höherer Transfektionseffizienz, wie DOSPA, welches wegen einer Spermidinkopfgruppe mehrere positive Ladungen trägt. Weiterhin werden auch weniger toxische, für die In-vivo-Anwendung geeignete Einzelsubstanzen und Kombinationen, wie das polyzyklische DC-chol bzw. das myristylierte DMRIE in Verbindung mit dem neutralen Lipidamin DOPE verwendet. Diese Lipide bilden in wässriger Lösung unter Ultraschallbehandlung Doppelschichtmizellen, lassen sich durch Ultrazentrifugation in homogene Fraktionen gleicher Partikelgröße auftrennen und können durch einfache Inkubation mit DNA beladen werden. Auf diese Weise wird der DNA einerseits Schutz vor mechanischen und enzymatischen Einflüssen gegeben, andererseits durch die ladungsvermittelte Bindung ein Kontakt mit der Zelloberfläche hergestellt. Es ist noch nicht ganz geklärt, welcher Mechanismus die effiziente Abgabe der Nukleinsäuren ins Zytosol ermöglicht, aber sowohl die einfache Fusion der Liposomen mit der Zellmembran als auch ein endozytotischer Weg mit Freisetzung zumindest eines Teils der DNA aus den Endosomen werden diskutiert. Die Transgenexpression wird mit durchschnittlich 1–3 Wochen, ausnahmsweise auch länger (9 Wochen, Zhu et al. [1993]) angegeben.

Für Liposomen sind die wohl ausführlichsten pharmakokinetischen Studien unter den Gentransfersystemen durchgeführt worden [Ledley 1995]. Die Halbwertszeit im Blut z. B. nach i.v.-Infusion wird mit weniger als 5 min [Lew et al. 1995] angegeben.

Dort, wo eine transiente Expression des Transgens ausreichend oder sogar erwünscht ist, wie bei Tumorvakzinierungen, können kationische Liposomen ex vivo und in vivo eingesetzt werden. Wenig toxische Liposomen sind inzwischen in 6 In-vivo-Tumorvakzinierungsstudien mit etwa 60 Patienten eingesetzt worden. In allen Fällen werden die Liposomen direkt intratumoral appliziert. Während ein weitgehender Konsensus existiert, daß die erreichbare In-vivo-Transfereffizienz mit kationischen Liposomen ausreichen kann, um eine effiziente Immunantwort zu erhalten, besteht z. Z. keine Einigkeit darüber, ob Liposomen auch für die zytotoxische Gentherapie geeignet sind. Je nach Applikationsart kann die Transfereffizienz beachtlich sein. Die Applikation eines DC-chol-DOPE-Aerosols und dem β-Galaktosidase-Reportergen bei Mäusen zeigt eine Blaufärbung (als Ausdruck einer Transfektion) von mindestens 40% des respiratorischen Epithels von Trachea und Hauptbronchien [Alton et al. 1993]. Die Applikation von DOPE-Liposomen in die Schwanzvene von Mäusen resultierte in einer sehr guten Gewebsverteilung mit zumindest ausschnittsweiser Transfereffizienz von Lungen- und Milzgewebe von über 50% [Zhu et al. 1993], was für eine gute Extravasionsfähigkeit der Liposomen spricht. Gute Ansprechraten von Primärtumor und Lungenmetastasen bei Mäusen nach zytotoxischer p53-Therapie sind beschrieben worden [Lessonwood et al. 1995]. Bei einer direkten intratumoralen Injektion erreichte man eine Transfektionseffizienz von 1–10% in unmittelbarer Nähe der Injektionsstelle [Stewart et al. 1992]. In einem anderen Experiment lag die maximale durchschnittliche Transfereffizienz bei 2,4% der Tumorzellen [Sugaya et al. 1996], was allerdings zur Induktion einer Tumorregression ausreichte. Weiterentwicklungen, wie die Testung wiederholter Injektionen oder Dauerinfusion (Pumpensysteme), sind abzuwarten, bevor man die Wertigkeit liposomaler Präparationen für die zytotoxische Gentherapie beurteilen kann.

Die bisher klinisch eingesetzten Liposomen können als relativ sicher gelten. Zirkulierende Liposomen werden relativ schnell vom retikuloendothelialen System aufgenommen und abgebaut. Weder im Tierexperiment noch in klinischen Studien konnten akute Toxizitäten festgestellt werden. Es konnte auch kein Gentransfer in Gonadenzellen gefunden werden, und die überwiegend transiente Natur der Genexpression stellt hinsichtlich der unerwünschten vertikalen Weitergabe von Transgenen einen weiteren positiven Sicherheitsaspekt dar.

Eine Komplexierung der DNA mit dem Kernprotein HMG_1 vor der Integration in spezielle Liposomenpräparationen führt zu einer Erhöhung der Gentransfereffizienz in vitro und in vivo [Kaneda et al. 1989b]. HMG_1 (high mobility group antigen) ist ein Nicht-Histon-Kernprotein, das DNA an seiner Oberfläche zu binden vermag und darüber hinaus den Kerntransport des DNA-Protein-Komplexes zu unterstützen scheint. HMG_1 sorgt vermutlich für einen verbesserten Transport der DNA in den Zellkern und eine höhere Stabilität. HMG-vermittelter Gentransfer ist auch ohne Verwendung von Liposomen möglich, wobei die Transfereffizienz in vitro an die der Kalzium-Phosphat-Kopräzipitation heranreichen kann [Boettger et al. 1988]. Die In-vivo-Anwendung ist schwierig, aber möglich [Arnold u. Boettger, pers. Mitteilung].

Der mit anionischen oder neutralen Liposomenpräparationen erreichte Gentransfer liegt niedriger als der mit kationischen Liposomenmischungen mögliche und hat daher in der Gentherapie keine Bedeutung erlangt.

2.3.3.1.3 Kombinierte Gentransfersysteme

Die derzeitige Vektorentwicklung wird von der Modifikation bestehender viraler Gentransfersysteme nach den Erkenntnissen über deren bestehende Insuffizienzen dominiert (s. unten). Daneben gibt es aber auch Bestrebungen, in synthetischen Vektoren die Vorteile verschiedener Gentransfersysteme zu kombinieren.

2.3.3.1.3.1 Rezeptor-vermittelter Gentransfer

Neben der gewebespezifischen Expression (s. oben) und der ortsgerichteten Applikation des Vektors besteht im Einsatz von zellspezifischen Rezeptoren eine Möglichkeit, die Spezifität der Therapie zu erhöhen. Es sind eine Reihe mehr oder weniger tumorspezifischer Antigene bekannt, deren Liganden potentiell für gentherapeutische Zwecke einsetzbar sind. Es ist vorstellbar, die Oberfläche viraler Vektoren zu modifizieren (s. unten) oder in synthetische Vektoren eine Rezeptorkomponente zu integrieren. Die intensivsten Untersuchungen sind bisher mit dem Hepatozyten-spezifischen Asialoglykoproteinrezeptor durchgeführt worden [Wu et al. 1989]. Ein solches Gentransfersystem besteht aus 3 Komponenten:

- Kationisches Polypeptid Polylysin
- Kovalent an das Polylysin gebundener Asialoglykoproteinrezeptor
- DNA in Plasmidform, die, negativ geladen, mit Polylysin komplexiert

Die sorgfältige Reinigung der Polylysin-Asialoglykoproteinrezeptor-Konjugate ist wichtig, ebenso wie die Ermittlung des optimalen Verhältnisses von Konjugat zu DNA. Das System vereinigt den Vorteil der Protektion der DNA (durch das Polylysin) mit einem Targeting des Vektors (durch den Rezeptor), der im oben angeführten Beispiel zu einer Aufnahme von 85% der i.v. verabreichten DNA in die Leber führte [Wu u. Wu 1988]. Es ist nicht untersucht worden, in welchem Umfang das hepatische retikuloendotheliale System an diesem Effekt beteiligt war, aber die Höhe des Transfers in Leberparenchymzellen war ausreichend, um im hypercholesterinämischen Watanabe-Kaninchen eine signifikante, wenn auch nur transiente Verminderung des Serumcholesterinspiegels nach Transfer des LDL-Rezeptor-Gens zu erreichen [Wilson et al. 1992].

2.3.3.1.3.2 Virale Komponenten im Gentransfervektor

Ein Nachteil der oben beschriebenen Methode liegt im ineffizienten Transfer des Transgens von der Zellmembran zum Ort der Genexpression, dem Zellkern. Bei der Rezeptor-vermittelten Endozytose wird die DNA in intrazellulare Vesikel aufgenommen. Zytoplasmatische Lysosomen fusionieren dann mit diesen Vesikeln und bilden sog. Endolysosomen. Im Rahmen eines massiven pH-Abfalls im Endolysosom wird die DNA zum Großteil durch lysosomale Nukleasen abgebaut. Eine Möglichkeit, dies zu verhindern, ist die Integration attenuierter Adenoviren in den Gentransfervektor. Humane Adenoviren gelangen über die Rezeptor-vermittelte Endozytose in die Zelle. Sie sind in der Lage, bei einer Körpertemperatur von 37 °C und einem sauren pH von 5,5–6,0, bevor eine weitere Ansäuerung erfolgt, die endosomale Membran aufzubrechen, was die Aufnahme ins Zytoplasma und die Translokation in den Zellkern erlaubt. Mit diesem Ansatz konnte die Expression transferierter Gene auf das 1000fache erhöht werden [Cristiano et al. 1993, Curiel et al. 1992, Wagner et al. 1992a]. Zur Herstellung der inaktivierten Adenoviren werden diese zunächst mit Psoralen inkubiert und anschließend mit UV bestrahlt. Das in das Viruskapsid eingedrungene Psoralen führt nach UV-Aktivierung zur kovalenten Verknüpfung viraler DNA-Doppelstränge, wodurch die Möglichkeit zur Transkription aufgehoben wird. Anschließend werden die inaktivierten Adenoviren chemisch oder Antikörper-vermittelt an den Rezeptor-Polylysin-DNA-Komplex gebunden. Die Gentransferraten können in vitro bis zu 100% betragen. In vivo scheint die Gentransfereffizienz allerdings geringer zu sein. Um das System zu vereinfachen und die Größe des Vektors zu vermindern, wird vielfach versucht, die einzelnen viralen Proteine bzw. Peptide zu charakterisieren, für die endosomolytische Eigenschaften demonstriert wurden. Ein solches Peptid ist das fusogene Influenzavirusmembranglykoprotein, Hämagglutinin HA-2, welches bei saurem pH mit der endosomalen Membran fusioniert. Die Konjugation der HA-2-Peptide mit Transferrin-Polylysin-DNA verbesserte den Transfer in den Zellkern in erheblichem Maß [Wagner et al. 1992b].

Eine Alternative zu DNA-Polylysin-Adenovirus-Komplexen sind DNA-Liposom-Adenovirus-Komplexe. Mit diesem Gentransfersystem konnte eine intensive In-vivo-Transduktion von arteriellen Endothelzellen gezeigt werden [Raja-Walia et al. 1995].

Auch durch Zugabe des Anti-Malariamittels Chloroquin kann eine Ansäuerung des Endosoms gehemmt und die Stabilität der DNA erhöht werden.

2.3.3.1.3.3 Inaktivierte Sendai-Viren im Gentransfervektor

Eine Möglichkeit, trotz der Rezeptor-vermittelten Aufnahme die Degradation der DNA im Endosom zu vermeiden, ist die Umgehung des endosomalen Aufnahmewegs. Das nicht-humanpathogene Sendai-Virus [Hämagglutinierendes Virus aus Japan (HVJ)] bindet über Glykoproteinspikes an die Oberfläche der Wirtszelle, fusioniert mit der Zellmembran und entläßt, unter Umgehung des endosomalen Wegs, seine Inhaltsstoffe direkt in das Wirtszellzytoplasma [Kaneda et al. 1989a]. Bei der Konstruktion von Sendai-Vektoren werden zunächst DNA-HMG_1-Komplexe hergestellt. Diese werden dann durch Inkubation mit genau abgestimmten Mengen an neutralen Lipiden (Cholesterin, Phosphatidylserin und Phosphatidylcholin) als Liposomen verpackt. Der DNA-HMG_1-Liposomen-Suspension werden anschließend UV-inaktivierte Sendai-Viren zugesetzt. Mehrere Viren binden gleichzeitig ein Liposom. Mit Sendai-Komplexen läßt sich ein effizienter Gentransfer in eine Reihe von Zellinien in Kultur erreichen. In-vivo-Untersuchungen mit regionaler intraarterieller Applikation zeigten unterschiedlich gute

Transferraten in Leber, Niere und Gefäßendothelien [Dzau et al. 1993, Isaka et al. 1993, Kaneda et al. 1989a, b]. Die Genexpression ist nur transient.

2.3.3.1.3.4 Kombinierte Gentransfersysteme im Überblick

Keines der 3 beschriebenen kombinierten Gentransfersysteme wurde bisher in vivo zur Krebsgentherapie eingesetzt. Aufgrund der transienten Natur der Genexpression kommt eine Verwendung für Marker- und protektive Studien nicht in Betracht. Die Stärke der Rezeptor-vermittelten Verfahren liegt bei den zytotoxischen Therapieansätzen und ganz besonders bei dem regionalen, z. B. intraarteriellen, Zugang, denn hier können die Vorteile eines Targeting-Mechanismus mit fehlender Immunogenität und der Möglichkeit wiederholter Applizierbarkeit verbunden werden. Neben der Wahl geeigneter Tumorantigenliganden wird sicher die Partikelgröße der Kompositvektoren eine wichtige Rolle spielen. Es ist zu erwarten, daß in Abhängigkeit von der Partikelgröße ähnliche Schwierigkeiten bei der Penetration in das Tumorgewebe auftreten werden, wie sie für die Verteilung von tumorspezifischen Antikörpern bekannt sind. Unter Sicherheitsaspekten betrachtet, fehlen den Kompositsystemen weitgehend die typisch viralen Risiken, wie die Entstehung replikationsfähiger Wildtypviren oder insertionelle Mutagenese. Geringere Abwehrreaktionen des Körpers als bei viralen Vektoren sind zu erwarten. Allerdings sind bei der Verwendung höherer Dosen auch inaktivierter Adenoviren entzündliche Reaktionen beschrieben worden, die denen vitaler Viren entsprachen und nicht auf die Expression viraler oder therapeutischer Gene zurückzuführen waren [McCoy et al. 1995].

2.3.3.1.4 Bakterielle Systeme

Kürzlich wurde ein auf Clostridien gestützter gentherapeutischer Ansatz beschrieben, der sich den Tropismus von Anaerobiern zu hypoxischen Arealen von Tumoren zunutze macht [Fox et al. 1996].

2.3.3.2 Virale Gentransfersysteme

Für einen In-vivo-Gentransfer mit Langzeitexpression des Transgens müssen folgende 5 Kriterien berücksichtigt werden:

- Stabilität des Vektors im eingebrachten Körperkompartiment
- Bindung an die Zielzellen
- Passage der Zellmembran
- Transfer in den Zellkern
- Integration in das Genom bzw. stabile extrachromosomale Etablierung

In verschiedenen Viren hat die Natur Vehikel geschaffen, die eine erstaunliche Eignung als Gentransfervektoren besitzen und die die meisten der genannten Kriterien erfüllen. Das eigentliche Ziel eines Wildtypvirus besteht aber nicht im bloßen Gentransfer, sondern in der Vermehrung durch latente oder lytische Infektion. Außerdem hat der Wirtsorganismus im Laufe der Evolution Abwehrmaßnahmen auf verschiedenen der oben genannten Ebenen entwickelt. Deshalb ist es nicht verwunderlich, daß Viren noch erhebliche Insuffizienzen im Hinblick auf eine Anwendung als Gentherapievektoren besitzen. Die Aufdeckung der molekularen Natur solcher Insuffizienzen hat aber bereits zu Verbesserungen geführt, die einen nebenwirkungsarmen, effizienten Gentransfer möglich machen und zur Initiierung von über 100 klinischen Gentherapiestudien mit viralen Vektoren geführt haben.

Generell ist man aus Gründen der Kapazität, Toxizität und Immunogenität bestrebt, neben dem Transgen möglichst wenig virale Gene im Transfervektor zu behalten. Dies läßt sich erreichen, indem die aus dem Transfervektor ausgelagerten Gene von Helferviren, von einer eigens dafür konstruierten Verpackungszellinie oder von Helferplasmiden bereitgestellt werden. Je nach dem Ausgangspunkt und dem Entwicklungsstand der verschiedenen viralen Vektorsysteme ist man diesem Ziel mehr oder weniger nahe gekommen. Die Effizienz und Spezifität des Gentransfers hängen, abgesehen von der natürlichen Transduktionseffizienz der Viren, auch von der erreichbaren Konzentration viraler Suspensionen und von den Möglichkeiten der Oberflächenmodifikation ab. Auch diese Faktoren sind in den bestehenden Vektoren unterschiedlich weit entwickelt. Im folgenden werden die einzelnen viralen Vektorsysteme auf ihrem jetzigen Entwicklungsstand besprochen. Weiterführende Literatur zum Aufbau und Lebenszyklus der besprochenen Viren findet sich bei Fields [1990]. Auf Übersichtsarbeiten zu den gentherapeutischen Aspekten der Viren wird in den jeweiligen Kapiteln hingewiesen.

2.3.3.2.1 Retroviren

Retrovirale Vektoren wurden in mehr als 2/3 aller bisher durchgeführten klinischen Studien verwendet [Herrmann 1996]. Sie zeichnen sich vor anderen Vektorsystemen dadurch aus, daß sie sowohl eine recht gute In-vitro-Transfereffizienz für ein weites Spektrum proliferierender Zellinien besitzen als auch in das Wirtszellgenom integrieren und damit eine Langzeitexpression des Transgens erlauben. Neuere Übersichtsartikel zum Thema unter gentherapeutischen Gesichtspunkten sind von Günzburg u. Salmons [1996] und Vile u. Russell [1995] erschienen.

2.3.3.2.1.1 Aufbau und Lebenszyklus

Die Familie der Retroviridae kann in 3 Subfamilien unterteilt werden, die alle klinische Relevanz haben:

- Oncovirinae, die mit dem murinen (Maus) Moloney-Leukämie-Virus (MoMuLV) das Virus für die Entwicklung der gentherapeutischen Standardvektoren stellen
- Lentivirinae, die mit HIV 1 und HIV 2 als Erreger von Aids und jüngst in stark modifizierter Form auch für gentherapeutische Zwecke Bedeutung haben
- Spumavirinae oder Foamy viruses, die kürzlich erstmalig für einen gentherapeutischen Einsatz evaluiert wurden.

Die genaue Kenntnis der viralen Struktur und des Lebenszyklus dieser Wildtypviren hat die Entwicklung gentherapeutischer Vektoren ermöglicht und ist nach wie vor nötig, um Verbesserungen der Vektoren zu erreichen. Das Retrovirus ist behüllt und besitzt einen inneren Core, der aus einer ikosaedralen (von 20 gleichseitigen Dreiecken begrenzten) Proteinschale, dem Kapsid, 2 Kopien der viralen genomischen mRNA und den 3 zur Infektion benötigten Enzymen Protease, Reverse Transkriptase und Integrase besteht. Diese viral kodierten Strukturen (gag und pol) bringt das Virus vom letzten Zyklus in der letzten Wirtszelle mit. Eine nach außen an das Kapsid angrenzende Matrixproteinschicht stellt die Verbindung zur Hülle her, die von der Plasmamembran der letzten Wirtszelle abgeleitet ist und aus einem in etwa kugelförmigen Phospholipidbilayer besteht. In der Hülle befinden sich außerdem viral kodierte Glykoproteine (env), die in Abhängigkeit vom Wirtsspektrum der Viren eine Bindung an Rezeptoren der Zelloberfläche vermitteln und die Fusion der Virushülle mit der Zellmembran katalysieren. Nach einer solchen Membranverschmelzung wird das Virus internalisiert, der Core gelangt ins Zytoplasma und von dort aus in den Zellkern. Nun kommen 2 der 3 mitgebrachten viralen Enzyme zum Einsatz: Die Reverse Transkriptase schreibt die genomischen RNA in eine doppelsträngige cDNA (Provirus) um, und die Integrase baut das Provirus in das Wirtszellchromatin ein. Der Core kann bei Oncovirinae (anders als bei Lentivirinae) eine intakte Nuklearmembran nicht passieren, daher ist eine Zellteilung für die erfolgreiche Fortführung des viralen Lebenszyklus erforderlich. Die Integration des Provirus in das Genom erfolgt zufällig, möglicherweise mit einer leichten Häufung in transkriptionell aktiven Bereichen. Es entsteht immer die Abfolge LTR-Gene-LTR. Die beiden identischen Long terminal repeats (LTR) begrenzen das integrierte Provirus auf beiden Seiten und beinhalten regulatorische Sequenzen (Promotor, Enhancer, Poly-A-Schwanz). Dazwischen liegen die viralen Gene, namentlich gag für die Kernproteine, pol für die Reverse Transkriptase und Integrase sowie env für verschiedene Glykoproteine der Hülle. Aus Full-length-Transkriptionsprodukten werden gag- und gag-pol-Polyproteine translatiert, aus einem kleineren gespleißten Transkript entsteht env. Ein weiteres Full-length-Transkript wird als genomische RNA verpackt. Die genomische RNA bindet über ihre 5′ gelegene Verpackungssequenz (Psi) an das gag-Polyprotein, während die gag- und gag-pol-Polyproteine oligomerisieren. Die gebildeten Komplexe verlassen die Zelle über einen als Budding bezeichneten Prozeß, bei dem das Kapsid von Bereichen der Plasmamembran, in die sich virale Hüllproteine eingelagert haben, umschlossen wird. Infektiosität erreichen die Viren dann durch Protease-vermitteltes Schneiden der gag-und gag-env-Polyproteine in ihre einzelnen Bestandteile. Dieser gesamte Prozeß der Virusproduktion scheint die Wirtszelle nicht zu beeinträchtigen.

2.3.3.2.1.2 Rekombinante Retroviren

Da Viren sich nur in Zellen vermehren können, bedient man sich auch in der Gentherapie der Zellkultur zur Virusproduktion (Abb. 2.3.1). Bei der Herstellung einer Virus-produzierenden Zellinie (VPC) geht man so vor, daß zunächst ein volles retrovirales Genom, dem aber die Verpackungssequenz fehlt, meist auf eine Mausfibroblastenzellinie transfiziert wird. Es werden nun Viruspartikel gebildet, die leer bleiben, da die virale RNA ohne Verpackungssequenz nicht an das gag-Polyprotein im sich aufbauenden Kapsid binden kann. Eine solche Zellinie nennt man Verpackungszellinie. Im nächsten Schritt wird ein retrovirales Plasmid transfiziert, bei welchem gag, pol und env durch das Transgen ersetzt wurden und das aufgrund

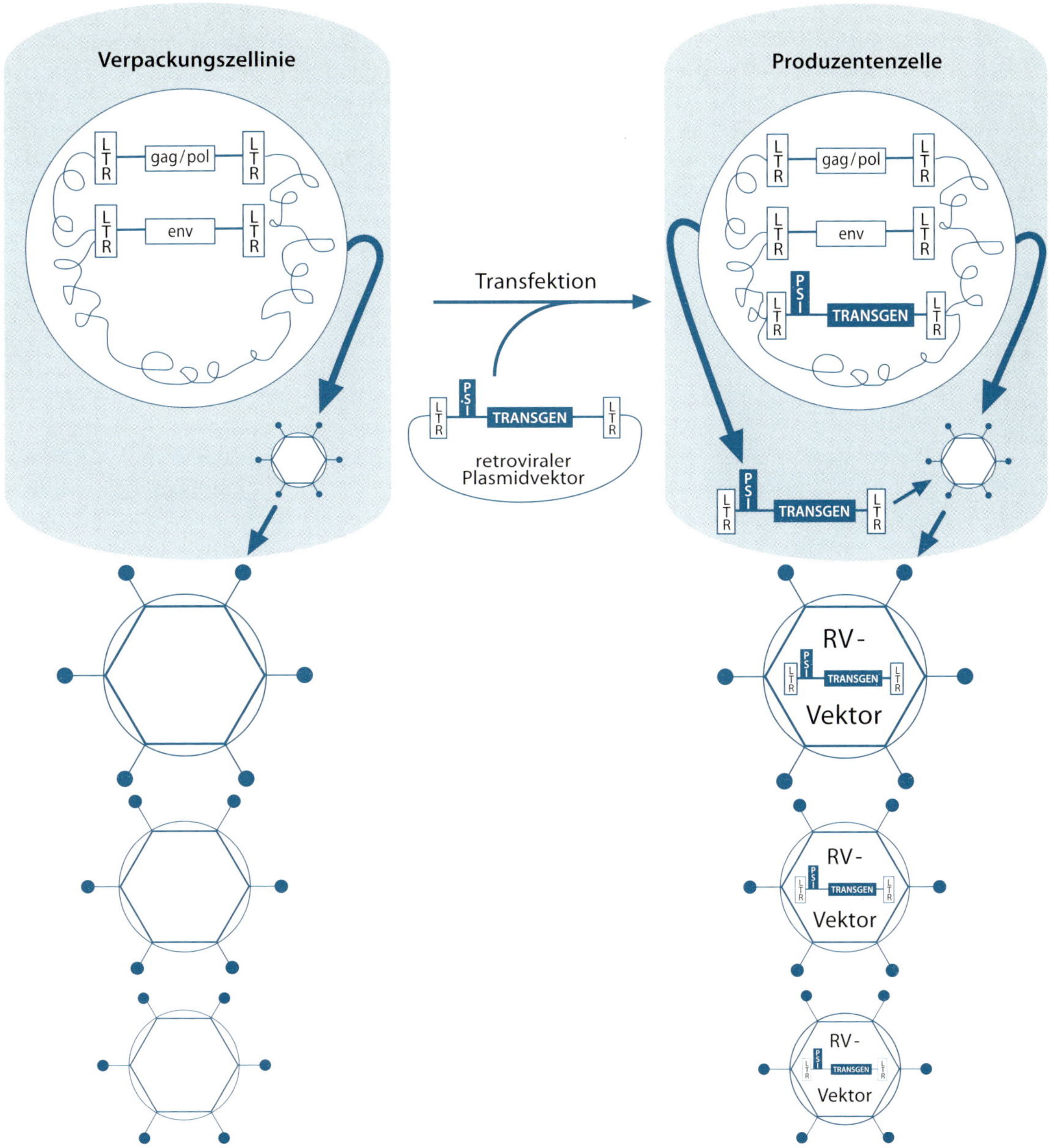

Abb. 2.3.1. Produktion retroviraler Vektoren. Durch Transfektion mit entsprechenden retroviralen Plasmiden wird eine Verpackungszellinie generiert, die stabil ins Genom integrierte retrovirale (gag/pol, env) Sequenzen besitzt. Die Expression retroviraler Sequenzen führt zur Produktion leerer Viruspartikel, da die retrovirale mRNA (fehlende Verpackungssequenz Psi) nicht verpackt werden kann. Die Transfektion der Verpackungszellinie mit einem retroviralen, das Transgen tragenden Plasmid führt zu dessen stabiler Integration. Aufgrund des vorhandenen Verpackungssignals kann die gebildete RNA in die Virushüllen verpackt werden. Damit werden Transgen-tragende, replikationsdefiziente Viruspartikel gebildet

seiner erhaltenen Verpackungssignalsequenz von den leeren Viruspartikeln gebunden werden kann. Die VPC geben nun Viren in den Zellkulturüberstand ab, die eine Zielzelle 1malig infizieren können und auch zur Integration ins Wirtszellgenom mit Expression eines Transgens befähigt sind, aber keine neuen Virusstrukturelemente aufbauen können, also replikationsinkompetent sind. Neben dem Verpackungssignal verbleiben auf dem transgenen Virusgenom die beiden LTR und spezifische, nahe den LTR gelegene Bereiche, die für eine korrekte reverse Transkription und Integration von Bedeutung sind. Die Aufnahmekapazität für Fremd-DNA beträgt dann bis zu 8 kb, was, je nach

Gengröße, 1–3 Transgenen entspricht. Die Aufnahme eines (Antibiotikum)-Resistenzgens neben dem eigentlichen Transgen eröffnet die Möglichkeit einer In-vitro-Selektion einer Zielzellkultur und einer Anreicherung transduzierter Zellen. Die Expression kann von einem einzelnen Promotor, gewöhnlich der 5′-LTR, gesteuert werden. Entweder wird durch entsprechendes Plazieren von Spleiß-Donor- und Akzeptor-sites ein Transkript aus einem langen Transkript gespleißt oder beide Gene liegen auf einem langen Transkript, das aufgrund einer IRES-Sequenz (IRES: interne ribosomale Eintrittsstelle) differentiell translatiert wird bzw. ohne eine solche für ein Fusionsprotein kodiert. Alternativ können die beiden Gene auch durch die LTR und einen internen Promotor gesteuert werden, wobei die interne Expressionskassette auch in reverser Orientierung liegen kann, was eine geringere Beeinflussung durch die LTR zu ermöglichen scheint. Neben diesen Standardvektoren sind noch Spezialfälle mit besonderen Zielstellungen entwikkelt worden: Selbst-inaktivierende (SIN) Vektoren besitzen eine Deletion in der 3′-LTR, was wegen der besonderen Art der reversen Transkription zu einem Funktionsverlust der 5′-LTR führt und damit die unbeeinflußte Expression eines Transgens durch einen internen, z. B. gewebespezifischen, Promotor (s. oben) ermöglicht [Yu et al. 1986]. Umgekehrt kann man die Expression eines Transgens in einer Zielzelle durch die Verdoppelung einer Expressionskassette erhöhen, indem man diese in die 3′-LTR des Vektors einführt und durch den Duplikationseffekt der reversen Transkription im Provirus in beiden LTR Expressionskassetten entstehen. Neben Doppelgen- oder Mehrfachgenvektoren kommen auch Einzelgenvektoren zum Einsatz, die wegen ihrer geringeren Größe zu höherkonzentrierten Virussuspensionen zu führen scheinen und bei denen keine Gefahr der Promotorinterferenz besteht.

2.3.3.2.1.3 Sicherheitsaspekte

Die größten Sicherheitsbedenken bei der Verwendung retroviraler Vektoren gehen von der Gefahr einer Entstehung replikationskompetenter Retroviren (RCR) mit dem Risiko der Vektor-induzierten malignen Transformation aus. Tatsächlich wurde die Entstehung aggressiver T-Zell-Lymphome in 3 von 5 Primaten dokumentiert, die hämatopoetische Stammzellen erhalten hatten, welche mit RCR-positiven Virusproben kontaminiert waren [Donahue et al. 1992].

Die ersten Verpackungszellinien für Vektoren, die vom Moloney-Maus-Leukämie-Virus (MoMuLV) abgeleitet waren (Psi 2 und Psi am), basierten auf der Transfektion mit einem MoMuLV-Genom, das in der Verpackungssignalsequenz deletiert war [Cone u. Mulligan 1984, Mann et al. 1983]. Da ein einzelnes rekombinatorisches Ereignis mit dem im 2. Schritt transfizierten, das Transgen und eine Verpackungssequenz tragenden Virusgenom genügt, um ein komplettes und verpackbares Virusgenom zu generieren, entstehen in solchen VPC relativ häufig replikationsfähige Viren. Beim retroviralen Budding wird neben dem transgenen Genom trotz fehlender Verpackungssequenz in einem geringen Prozentsatz (0,1%) auch die Strukturgen-RNA (oder Helfer-RNA) verpackt. In Abhängigkeit von der Homologie der beiden Transkripte kann bei der reversen Transkription in der Zielzelle eine homologe Rekombination stattfinden. Man ist daher bemüht, die Homologie zwischen Vektor- und Helfergenom so gering wie möglich zu halten [Martinez u. Dornburg 1996]. Verpackungszellinien der 2. und 3. Generation wurden in den letzten Jahren außerdem so konstruiert, daß die Zahl der nötigen rekombinatorischen Ereignisse auf 2 bzw. 3 erhöht wird, ehe sich Wildtypviren entwickeln können. Die der 2. Generation zugehörige Verpackungszellinie PA317 wurde durch Transfektion von Mausfibroblasten mit dem Plasmid pPAM3 erzeugt, das eine Deletion der Verpackungssequenz und der 3′-LTR aufweist [Miller u. Buttimore 1986]. Es hat sich gezeigt, daß 2 rekombinatorische Ereignisse nur mit äußerst geringer Frequenz auftreten und PA317, die wohl populärste unter den Verpackungszellinien, wurde für die Herstellung der VPC der 1. klinischen Studien verwendet. Eine weitere Steigerung der Sicherheit wird mit Verpackungszellen der 3. Generation erreicht, bei denen die für gagpol und env kodierenden Sequenzen auf 2 verschiedenen Plasmiden in die Zelle transfiziert wurden [Markowitz et al. 1988]. Bei den von diesen Verpackungszellinien abgeleiteten VPC sind 3 rekombinatorische Ereignisse zur Generierung von Wildtypviren nötig. Auch die Spezieszugehörigkeit der Verpackungszellinien (Maus) und der Zielzellen (z. B. Mensch) spielt eine Rolle. Einerseits können selbst Drittgenerations-VPC endogene Mausvirusgenome enthalten, verpacken und weitergeben, andererseits gewährleistet die Inaktivierung von Mausviren durch das humane Komplementsystem einen gewissen Schutz.

Zusammenfassend läßt sich sagen, daß bei der Arbeit mit replikationsinkompetenten Viren zwar in zahlreichen Tierexperimenten und klinischen Studien noch keine Tumorentstehung dokumentiert wurde, daß aber aufgrund des grundsätzlich bestehenden Risikos der insertionellen Mutagenese und auch des erst kurzen Beobachtungszeitraums gentherapeutisch behandelter Organismen eine Optimierung der retroviralen Sicherheitsaspekte angestrebt werden muß, um diese in vieler Hinsicht idealen Vektoren auf lange Sicht konkurrenzfähig zu erhalten.

2.3.3.2.1.4 Effizienz des Gentransfers

2.3.3.2.1.4.1 Retroviraler Titer. Unter optimalen Bedingungen können die am weitesten verbreiteten VPC 10^6–10^7 infektiöse Partikel/ml Zellkulturüberstand (Titer) generieren [Russel 1991]. Die meisten klinischen Studien sind aber mit Titern $<10^6$ durchgeführt worden. Der retrovirale Titer wird limitiert durch die Rate, mit der infektiöse Partikel von den VPC abgegeben werden, und die Rate, mit der sie ihre Infektiosität verlieren ($t_{1/2} \sim 8$h bei 37°C). Erstere kann optimiert werden, indem eine maximale Produktion von gag-pol-Polyproteinen und env-Polyprotein einerseits und von transgener RNA andererseits angestrebt wird, was von verschiedenen Strukturmerkmalen der transfizierten Sequenzen, wie z. B. der Länge des Verpackungssignals und der transgenen RNA oder der Promotorstärke der Helferplasmide, abzuhängen scheint. Außerdem müssen extensive Subklonierungen durchgeführt werden, um unter der Vielzahl stabil transfizierter Zellen diejenigen zu ermitteln, bei denen besonders hohe Titer zu erwarten sind. Grund für die rapide Abnahme der Infektiosität der MoMuLV ist vermutlich die Dissoziation der gp70SU-Hüllproteine, und diese erschwert auch die Zentrifugation der Viren zum Zweck der Anreicherung. Durch das sog. Pseudotyping, den Austausch der empfindlichen MoMuLV-Hüllproteine durch robustere des vesikulären Stomatitisvirus (VSV) war es möglich, durch Ultrazentrifugation Titer von mehr als 10^9 infektiösen Partikeln/ml zu erhalten [Burns et al. 1993, Yang et al. 1995, Yee et al. 1994].

2.3.3.2.1.4.2 In-vitro-Anwendung. Für proliferierende Zellen in Zellkultur stellen die hocheffizienten und stabil integrierenden von MoMuLV abgeleiteten Retroviren das Mittel der Wahl dar. Fast alle der bisher durchgeführten In-vitro-Markierungs-, Protektions- und Tumorvakzinierungsstudien verwendeten retrovirale Vektoren. Zum Einsatz kommen sog. amphotrope Retroviren, die im Gegensatz zu den auf Maus und Ratte restringierten, ekotropen Retroviren anscheinend alle Säugerzellen infizieren können. Der hauptsächliche Nachteil für die In-vitro-Anwendung besteht darin, daß manche Zielzelllinien wenig oder gar nicht proliferieren und entsprechend schlecht von MoMuLV infiziert werden können. Neben einer Modifikation der Viren (s. unten) versucht man, z. B. hämatopoetische Stammzellen durch Wachstumsfaktoren zur Proliferation zu bringen, ohne sie zugleich differenzieren zu lassen, damit ihre Infizierbarkeit zu erhöhen und die Resultate klinischer Studien zu verbessern bzw. die Infektionsprotokolle zu vereinfachen [Hatzfeld et al. 1996].

2.3.3.2.1.4.3 In-vivo-Anwendung. Die präferentielle Infektion proliferierender Zellen durch MoMuLV ist auch für die In-vivo-Anwendung von entscheidender Bedeutung. In der Gentherapie nicht-maligner Erkrankungen gilt dies als der entscheidende Nachteil von Retroviren, da viele Zielzellen, wie Hepatozyten, Myozyten oder Neuronen, nicht oder kaum proliferieren. Dagegen ist diese Eigenschaft in der Tumorgentherapie von Vorteil, da sie eine Schutzfunktion für das einen schnell proliferierenden Tumor umgebende Normalgewebe bietet. Mehrere klinische In-vivo-Gentransferstudien mit einem retroviralen Transfer von Suizid-, Tumorsuppressor und Antisense-Onkogenen sind bisher initiiert worden, wobei wegen der niedrigen retroviralen Titer meistens die VPC selbst in den Tumor appliziert wurden [Caruso et al. 1993, Culver et al. 1992]. Angesichts des geringen Prozentsatzes der zu einem gegebenen Zeitpunkt im Tumor proliferierenden Tumorzellen ist allerdings zu überlegen, ob auf lange Sicht dem Sicherheitsaspekt nicht von anderer Seite (s. unten) Rechnung getragen werden sollte und Retroviren, die auch ruhende Zellen infizieren, in der zytotoxischen Tumortherapie nicht einen Effizienzvorteil besitzen. Lentivirinae, wie z. B. das HIV-Virus, besitzen diese Fähigkeit, die vermutlich mit dem gag-Matrixprotein und dem vpr-Genprodukt assoziiert ist und eine Kernlokalisation auch durch eine intakte nukleare Membran hindurch erlaubt. Kürzlich ist ein auf HIV basierender Vektor beschrieben worden, der mit Titern bis 10^5 eine effiziente Infektion nicht-proliferierender Zellen in vitro zeigte [Naldini et al. 1996]. Wenn sich, wegen der Sicherheitsbedenken, selbst massiv deletierte HIV-Vektoren vielleicht nicht durchsetzen werden, könnten doch ähnliche Ansätze, z. B. die Verwendung nur des HIV-Kernlokalisationssignals in Verbindung mit MoMuLV-Vektoren oder andere Lentivirinae, wie das Caprine-arthritis-encephalitis-Virus (CAEV) Aussicht auf Erfolg haben.

Ein wesentlicher Punkt, der die Effizienz eines retroviralen Gentransfers erheblich einschränkt und schon zur Ablehnung eingereichter Studienprotokolle geführt hat, ist die Sensibilität von Mausretroviren gegenüber humanem Komplement [Welsh et al. 1975] bzw. von Maus-VPC gegenüber natürlichen Antikörpern und Komplement [Rother et al. 1995], was eine rasche Inaktivierung beim Kontakt mit Serum nach sich zieht. Die Spezieszugehörigkeit sowohl der Verpackungszellinie als auch der viralen Strukturelemente scheint Einfluß auf das Ausmaß der Komplementinaktivierung zu haben. Von HIV abgeleitete Vektoren sind z. B. komplementresistent. Kürzlich wurde eine humane Verpackungszellinie vorgestellt, die weitgehend komplementresistente MoMuLV generierte [Cosset et al. 1995].

Ungeachtet aller Fortschritte auf molekularer Ebene wird die Lösung eines jedem Krebstherapeuten bekannten physiologischen Problems vermutlich über die Zukunft jeder Art von zytotoxischer Krebsgentherapie entscheiden: der Zugang applizierter Vektoren zum Tumor. Angesichts der Schwierigkeiten, die selbst die kleineren Antikörper oder gar Chemotherapeutika haben, einen soliden Tumor ausreichend zu perfundieren, werden besondere Applikationsformen oder Modifikationen viraler Vektoren notwendig sein, um nicht schon am 1. Schritt des Gentransfers zu scheitern. Manche Wissenschaftler sehen daher in replikationskompetenten Retroviren (oder auch Adenoviren) die einzige Chance, einen ausreichend effizienten Gentransfer zu erreichen. Solche Systeme werden sich beim Menschen vielleicht dann einsetzen lassen, wenn die Kontrollierbarkeit der Vektoren garantiert ist.

2.3.3.2.1.5 Spezifität des Gentransfers

Eine möglichst hohe Spezifität des primären Gentransfers mit einer Expression nur in den Zielzellen ist im Interesse der Sicherheit wünschenswert. Dies ist bei allen Formen des Transfers zytotoxischer Gene von besonderer Bedeutung. Eine erste Determination der Vektorverteilung ergibt sich aus der Applikationsweise der Viren in den Empfängerorganismus. Bisher wurde in Tierexperimenten und klinischen Studien hauptsächlich intratumoral appliziert. Dieser Zugang ist aber nicht immer möglich, weist erhebliche Mängel hinsichtlich einer homogenen Verteilung der Vektoren auf und ist für die Behandlung multipler oder okkulter Metastasen ungeeignet. Daher wurden in letzter Zeit in Anlehnung an konventionelle chemotherapeutische Methoden häufig auch regionale arterielle und systemische venöse Zugangsweisen für verschiedene virale und nicht-virale Vektoren gewählt. Besonders im Hinblick auf zukünftige, wenig spezifische Applikationsmethoden ist es wichtig, einen möglichst spezifischen Effekt des Gentransfers auf molekularer Ebene zu gewährleisten. Eine Möglichkeit besteht in der Regulation des Transgens durch gewebespezifische Promotoren, was zur Bildung toxischer Transgenprodukte nur in den Zielzellen führt, selbst wenn normale Zellen transduziert wurden. Die gewebespezifische Expression bei Retroviren ist im Kapitel 2.3.2.2.2.1 „Gewebespezifische Expression in viralen Vektoren“ beschrieben.

Eine 2. Möglichkeit besteht in einer gezielten Bindung und Infektion der Zielzellen. Das Spektrum infizierbarer Zellen wird durch die Interaktion zwischen den viralen Hüllproteinen und den membranständigen Rezeptoren der Zellen bestimmt. Ekotrope MoMuLV binden an den Aminosäuretransporter, amphotrope an den Phosphattransporter und haben daher ein weites Spektrum. HIV-Viren dagegen haben wegen ihrer präferentiellen Bindung an den CD4-Rezeptor ein eher enges Spektrum. Wenn die Rezeptoren der Zielzellen bekannt sind, kann man die Retroviren so verändern, daß ein spezifisches Targeting möglich wird. So kann der für die Rezeptorbindung verantwortliche N-terminale Bereich des MoMuLV-SU-Hüllproteins gentechnisch durch heterologe Epitope ersetzt werden, für die eine Interaktion mit Zielzellrezeptoren bekannt ist [Chu u. Dornburg 1995, Kasahara et al. 1994, Valesia-Wittmann et al. 1994]. Zu diesem Ansatz sind bisher mehrere Arbeiten erschienen, eine davon mit besonderer Relevanz für die Krebsgentherapie: Der Austausch des N-terminalen SU-Proteins durch den Steel-Faktor oder Heregulin-Liganden ergab hochtitrige Viren, die, anders als die Ausgangsform, c-kit-exprimierende hämatopoetische Stammzellen bzw. den Heregulinrezeptor exprimierende Mammakarzinomzellen infizieren konnten. Eine andere Möglichkeit besteht im Einsatz von SU-Hüllprotein-spezifischen und Membranprotein-spezifischen Antikörpern, die, über eine Streptavidinbrücke verbunden, die Retroviren an die Zielzellen binden sollen. Hier scheinen aber Schwierigkeiten bei der Internalisierung gebundener Viren aufzutreten [Roux et al. 1989].

2.3.3.2.1.6 Zusammenfassung

Seit den Anfängen der Gentherapie stellen rekombinante Retroviren die bevorzugten Vektoren für einen In-vitro-Gentransfer in der Krebsgentherapie dar. Sie infizieren eine Vielzahl von Säugerzellen, können bis zu 8 kbp fremder Sequenzen transferieren und wegen ihrer Integration ins Wirtszellgenom eine Langzeitexpression ermöglichen. Einem entsprechenden krebstherapeutischen In-vivo-Einsatz standen bisher Nachteile, wie Komplementinaktivierung, ungenügende Titer und mäßige Transduktionseffizienz, entgegen. Für jedes einzelne dieser Probleme wurden bereits ausgezeichnete Lösungen gefunden. Ein erfolgreicher Vektor der Zukunft wird aber erst durch die Kombination dieser Lösungen entstehen.

2.3.3.2.2 Adenoviren

Adenovirale Vektoren haben gegenüber anderen Transfersystemen den Vorteil eines hocheffizienten Gentransfers in vitro und v. a. auch in vivo. Daher sind sie z. Z. die Vektoren der Wahl für alle zytotoxischen In-vivo-Krebsgentherapien. Für Anwendungen, die eine Langzeitexpression von Transgenen erforderlich machen, sind sie bisher nur bedingt geeignet, da sie nicht in das Wirtszellgenom integrieren und eine starke Immunantwort hervorrufen, was zur Eliminierung der transgenen Zellen führen kann.

2.3.3.2.2.1 Aufbau und Lebenszyklus

Die humanen Adenoviren gehören zum Genus der Mastadenoviren. Die bisher bekannten 47 Serotypen werden in die Untergruppen A–F eingeteilt. Der Durchseuchungsgrad in der Bevölkerung erreicht 90%, wobei in der überwiegenden Zahl der Fälle Erkältungskrankheiten oder inapparente Infektionsverläufe auftreten.

Die hüllenlosen Viren bestehen aus einem Kapsid mit Spikes und einem die genomische DNA enthaltenden Kern. Das ikosaedrale Kapsid besteht aus 720 Hexons und 60 Pentons, an die die Spikebildenden Fiberproteine gebunden sind. Eine Vielzahl verschiedener Polypeptide hält die Untereinheiten des Kapsids zusammen, bildet die Strukturen des Kerns und stellt die Verbindung zwischen Kern und Kapsid her. Nach Bindung der Fiberproteine an noch nicht eindeutig identifizierte Rezeptoren der Zelloberfläche [Bai et al. 1994, Mathias et al. 1994] werden die Adenoviren über eine Rezeptor-vermittelte Endozytose internalisiert. Nach der Verschmelzung des Endosoms mit dem Lysosom kommt es zu einem pH-Abfall. Dies aktiviert einen adenoviralen Mechanismus zur Rupturierung der Endolysosomenmembran, was den Übertritt der Viren ins Zytosol ermöglicht. Das Virus bindet nun an Kernporenkomplexe und entläßt seine DNA in den Zellkern. Diese integriert nicht ins Genom, sondern liegt im Zellkern episomal vor. Die doppelsträngige virale DNA hat eine Länge von 36 kbp und wird an beiden Enden von terminalen Proteinen mit einem MG von 55000 begrenzt, die miteinander assoziieren, um bei der Lyse des Virus die DNA zu zirkularisieren. Man kann das Genom funktionell in 2 überlappende Regionen, eine frühe und eine späte, einteilen. Die meisten frühen Regionen werden etwa bis zum Einsetzen der viralen Replikation transkribiert. Etwa 7 h nach der Infektion erfolgt das Umschalten von der frühen auf die späte Genexpression. Die 6 frühen Regionen E1A/B, E2A/B, E3 und E4 haben mit Ausnahme der E2A/B-Region eigene Promotoren im Gegensatz zu den späten Regionen L1–5, die alle vom Major-late-Promotor (MLP) reguliert werden. Jede dieser Regionen besteht aus einer Kassette von Genen, die für Polypeptide verwandter Funktionen kodieren. Jede Region wird zuerst als Full-length-RNA transkribiert und dann in Einzel-RNAs gespleißt. In Ad 2, einem der bestuntersuchtesten Serotypen, sind bisher mehr als 30 unterschiedliche mature mRNAs identifiziert worden. Die beiden E1-Promotoren werden mit Hilfe zellularer Transaktivatoren als erste aktiviert. Die Gene der E1A- und B-Region kodieren für Proteine, die entweder Transaktivatorfunktion für andere virale Promotoren haben, die zellulare Proteinsynthese hemmen oder mit Zellzyklus- und Apoptoseproteinen assoziieren. Die E2-Regionen kodieren für Proteine, die für die virale Replikation relevant sind. Die verschiedenen Genprodukte der E3-Region sorgen für eine Immuntoleranz des Wirtsorganismus gegenüber der infizierten Zelle. Die E4-Region scheint für ein Abschalten der Genexpression der Wirtszelle verantwortlich zu sein und die Expression von E2-Genen und Genen der späten Regionen zu erhöhen.

Etwa zu dem Zeitpunkt, an dem die Synthese der viralen DNA beginnt, startet auch die Transkription der Gene der späten Region. Diese Gene kodieren für Proteine der Virusstruktur und deren Aufbau.

2.3.3.2.2.2 Rekombinante Adenoviren

Als Gentransfersysteme kamen bisher rekombinante Adenoviren der Serotypen 2 und 5 der Gruppe C zum Einsatz. Die Verpackungskapazität des adenoviralen Genoms beträgt nur 105% der natürlichen Länge. Daher hat man die zur Replikation nicht essentielle E3-Region sowie die E1-Region aus dem Genom deletiert und damit Platz für die Verpackung von 7–8 kbp transgener DNA geschaffen. Da die E1-Region zur Replikation der Viren und damit zu ihrer Herstellung notwendig ist,

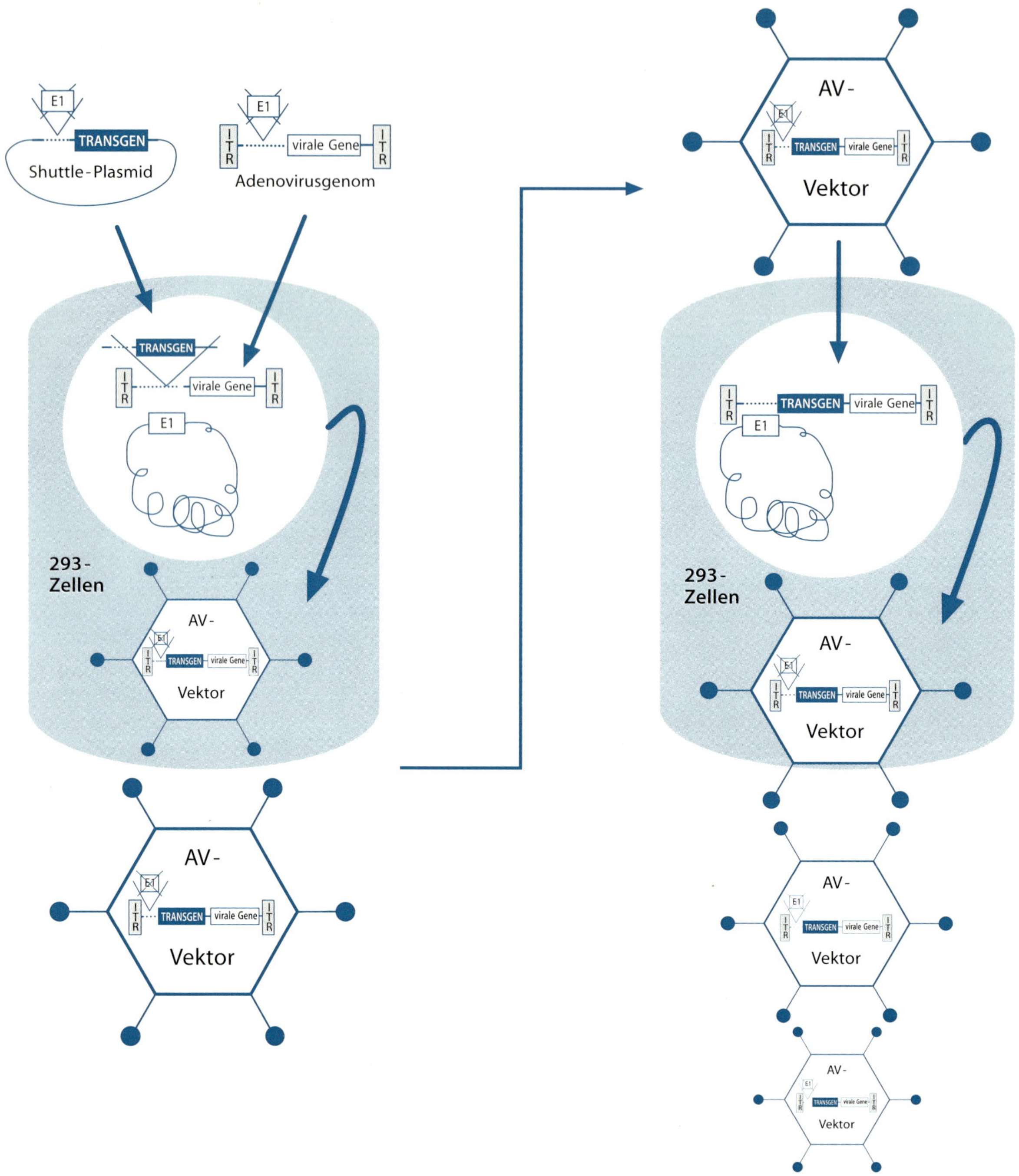

Abb. 2.3.2. Produktion adenoviraler Vektoren. Rekombinante Adenoviren werden durch Kotransfektion eines tansgenen Shuttle-Plasmids mit einem genomischen E1-deletierten Adenvirusplasmid auf 293-Zellen und nachfolgende homologe Rekombination der beiden Plasmide gebildet. Die Gene der zur Replikation essentiellen E1-Region werden von der 293-Verpackungszellinie bereitgestellt. Da die E1-Region nicht mit verpackt wird, sind die entstehenden Viren replikationsdefizient. Die entstandenen Adenoviren werden zur Transduktion von 293-Zellen verwendet, können sich in diesen vermehren und werden schließlich freigesetzt

muß diese Funktion von einer Verpackungszellinie (in trans) bereitgestellt werden (Abb. 2.3.2). Dazu wurden menschliche embryonale Nierenzellkarzinomzellen mit einem entsprechenden Helferplasmid stabil transfiziert (293-Zellen [Graham et al. 1977]). Da die E1-Region beim Aufbau der Viruspartikel nicht mit verpackt wird, sind die entstehenden Viren replikationsinkompetent. Ein adenoviraler Vektor wird hergestellt, indem 2 verschiedene Plasmide auf 293-Zellen kotransfiziert werden. Das eine Plasmid (z. B. pJM17) besteht aus einem adenoviralen Genom und einer zusätzlichen Füllsequenz, die dieses Genom zu groß für eine Verpackung macht. Das 2. sog. Shuttle-Plasmid (z. B. pΔE1sp1A) trägt das Transgen, flankiert von Sequenzen, die homolog zu Sequenzen sind, die das Füllgen im genomischen Plasmid flankieren [McGrory et al. 1988]. In einem bestimmten Prozentsatz von Fällen findet eine homologe Rekombination der beiden Plasmide statt, und es entsteht ein transgenes, um die E1A-Region deletiertes adenovirales Genom. Dieses kann verpackt werden, da man das Transgen kleiner hält als die Füllsequenz des genomischen Plasmids und, nach Austausch der beiden durch homologe Rekombination, das resultierende Virusgenom die Verpackungskapazität nicht übersteigt.

2.3.3.2.2.3 Effizienz und Stabilität des Gentransfers

2.3.3.2.2.3.1 Adenoviraler Titer. Adenoviren sind relativ stabil und lassen sich gut reinigen und konzentrieren. Üblicherweise infiziert man 293-Zellen mit einer Multiplizität der Infektion (MOI: Verhältis von Viren zu Zelle) von MOI=10:1. Nach 2–3 Tagen kommt es zur Abrundung und Aufblähung der Zellen, dem zytopathischen Effekt (CPE), der die Bildung intrazellularer Viren anzeigt. Dann werden die Zellen geerntet, aufgeschlossen und die freigesetzten Viren durch Ultrazentrifugation in einem Zäsiumchloridgradienten gereinigt. Die Viruskonzentration in den entstehenden Virusbanden liegt, je nach Virus, zwischen 10^9 und $5*10^{11}$ infektiösen Partikeln/ml. Diese Banden können ggf. noch weiter konzentriert werden, so daß der erreichbare Titer, der eine wesentliche Limitierung z. B. bei retroviralen Vektoren ausmacht, bei Adenoviren keine Rolle spielt.

2.3.3.2.2.3.2 In-vitro-Anwendung. Adenoviren infizieren ein weites Spektrum humaner Zellen in vitro, viele davon mit 100%iger Transfereffizienz. Der Gentransfer führt, vermutlich wegen des Vorliegens multipler Kopien, zu einer außerordentlich hohen Expression des Transgens. Bei einer zu hohen MOI muß allerdings mit einer erheblichen Toxizität gerechnet werden, die vermutlich ebenfalls auf die hohe Kopienzahl intrazellularer Viren mit einer Rekrutierung auch essentieller zellularer Funktionen für die Virusproduktion (auch replikationsdefizienter Viren, s. unten) zurückzuführen ist. Aufgrund der transienten Natur der adenoviral vermittelten Fremdgenexpression hat man Adenoviren bisher in vitro nur dort eingesetzt, wo Retroviren eine ungenügende Transfereffizienz besitzen oder wo eine besonders hohe Fremdgenexpression erwünscht und eine Langzeitexpression nicht erforderlich ist. Dies trifft z. B. für Makrophagen zu, die sich physiko-chemisch oder retroviral sehr schlecht, aber adenoviral zu 80% transduzieren lassen. Die Ex-vivo-Transduktion von Tumorzellen zur Zytokin-vermittelten Vakzinierung scheint ebenfalls ein aussichtsreiches Verfahren zu werden.

2.3.3.2.2.3.3 In-vivo-Anwendung. Bei der In-vivo-Anwendung liegt augenblicklich die Domäne adenoviraler Vektoren. Besonders für zytotoxische Therapieformen scheint dieser Ansatz wegen des breiten Wirtszellspektrums und der hohen Transfereffizienz bestens geeignet zu sein. Es liegen noch keine systematischen Untersuchungen über den Prozentsatz transduzierter Tumorzellen nach In-vivo-Gentransfer vor, aber in mehreren Studien wurde über komplette Remissionen nach direkter Injektion von Maustumoren bis etwa 5 mm Größe berichtet [Chen et al. 1995, Jin et al. 1995, Kaneko et al. 1995, Liu et al. 1995]. Es bleibt zu klären, ob Tumoren klinisch relevanter Größe mit dieser Methode ähnlich gut behandelbar sind. Mehrere klinische Studien mit Suizid- und Apoptosegenen sind bereits initiiert. Wie bei Retroviren wird bei Adenoviren über replikationskompetente Vektoren nachgedacht.

Immunologische Therapieansätze, die bisher v.a. ex vivo durchgeführt wurden, bedienen sich zunehmend adenoviraler Vektoren zum In-vivo-Gentransfer, der z.B. die technischen Schwierigkeiten und Kosten einer Kultivierung explantierter autologer Tumorzellen umgeht [Haddada et al. 1993]. Eine entsprechende klinische Studie ist angelaufen. Von geringerer Bedeutung für zytotoxische und immunologische Verfahren stellt die nur transiente Expression adenoviral eingebrachter Fremdgene das große Problem von Markierungs- und protektiven Studien und so gut wie allen nicht-krebstherapeutischen Gentherapieansätzen dar. Von Ausnahmen abgesehen, bei denen eine Transgenexpression von über 1 Jahr gesehen wurde, liegt die Dauer der Expression bei erwachsenen Tieren gewöhnlich bei maximal 8 Wochen. Ein Grund für diesen raschen Wirkungsverlust liegt bei proliferierenden Zellen vermutlich in einem Ausdünnen der adenoviralen DNA, die, episomal vorliegend, mit dem Wirtszellgenom nicht mitrepliziert. Eine Möglichkeit, zu einer stabilen extrachromosomalen Expression zu kommen, ist die Verwendung von Sequenzen viraler Replikationsmechanismen, die eine 1malige Replikation episomaler DNA/Zellzyklus erlauben. Die Verwendung solcher Sequenzen in adenoviralen Vektoren, wird gegenwärtig untersucht [Sandig, pers. Mitteilung]. Aber auch wenig oder nicht-proliferierende Gewebe zeigen einen raschen Expressionsabfall adenoviral transferierter Gene [Barr et al. 1995, Grossman et al. 1994, Li et al. 1993]. Ursache hierfür ist eine zellulare und humorale Immunantwort auf adenovirale Expressionsprodukte, die zu einer Eliminierung der Wirtszellen führt und auch die Wirksamkeit wiederholter Vektorapplikationen verringert. Eine wiederholte Applikation von Adenoviren könnte nach jüngsten Ergebnissen durch einen sog. Sero-switch gelingen, indem man Adenoviren unterschiedlichen Serotyps verwendet [Mastrangeli et al. 1996]. Außerdem wirken bestimmte adenovirale Gene immunsuppressiv, wie z. B. gp19k. Dieses Protein aus der E3-Region vermindert die Expression der Antigen-präsentierenden MHC-Klasse-I-Moleküle auf der Wirtszelloberfläche und die zytolytische Aktivität zytotoxischer T-Lymphozyten (CTL) gegenüber transduzierten Mausfibroblasten. Andere Strategien zur Verminderung der Immunantwort sind die Immunsuppression z. B. durch Cyclosporin, die Antikörpervermittelte Immundepletion von CD4-positiven T-Helferzellen [DeMatteo et al. 1996, Kolls et al. 1996, Sawchuk et al. 1996] oder die selektive Hemmung der Aktivierung bestimmter T-Helferzellen durch Interleukin-12 oder Interferon-γ. Die nebenwirkungsärmere Strategie ist aber vermutlich die Modifikation des Vektors. Schließlich sei noch angemerkt, daß bei der Behandlung von Tumoren die immunstimulatorische Wirkung der Adenoviren auch einen erwünschten zytotoxischen Effekt haben kann.

Die Zytotoxizität viraler Proteine als weiterer Grund für den raschen Abfall adenoviral vermittelter Transgenexpression wird im folgenden Abschnitt behandelt.

2.3.3.2.2.4 Spezifität des Gentransfers und Sicherheitsaspekte

Die Sicherheitsbedenken gegenüber adenoviralen Vektoren sind nicht unerheblich. Immerhin mußte bereits eine Studie mit Gentransfer ins Bronchialepithel wegen des Auftretens eines Pneumonieähnlichen Bilds vorzeitig abgebrochen werden [Crystal et al. 1994]. Andererseits sind es nicht zuletzt die Vorteile der Adenoviren, wie hohe Effizienz des Gentransfers und hohe Expression des Transgens, die zugleich ein Sicherheitsrisiko darstellen. Die Problematik starker Nebenwirkungen bei hoher Effizienz ist auch in der klassischen Pharmakologie gut bekannt. Im Fall der Adenoviren muß versucht werden, die Toxizität eines primär hocheffizienten Systems auf Kosten der Effizienz zu verringern, während bei verschiedenen anderen Vektoren die Effizienz bei primär geringer Toxizität gesteigert werden muß. Beide Ansätze haben sicher ihre Berechtigung.

Die Infektion mit adenoviralen Vektoren der 1. Generation ist ab einer bestimmten MOI zytotoxisch, was durch In-vitro-Experimente eindeutig gezeigt wurde. Auch in vivo tritt z. B. eine erhebliche Hepatotoxizität auf, wenn die (i.v. applizierte) Virusmenge einen gewissen Grenzwert überschreitet [Li et al. 1993]. Grund hierfür ist eine trotz der Deletion der E1-Region vorhandene Restaktivität viraler Gene. Adenovirale Vektoren der 1. Generation enthalten noch etwa 80% ihres Genoms und die Deletion der E1-Region reicht anscheinend nicht aus, um die Expression der anderen viralen Gene völlig zu verhindern. Eine Auslagerung möglichst vieler viraler Gene auf die Verpackungszellinie, in Analogie zu der retroviralen Methode, oder die Bereitstellung der Gene durch Helferviren könnten die Toxizität des Vektorsystems verringern. (Außerdem könnte die Verpackungskapazität bis auf theoretische 37 kbp erhöht werden.) Eine Schwierigkeit bei der Verwendung von Helferviren liegt im Abtrennen dieser von den eigentlichen Vektoren. Über eine weitgehende Abtrennung der Helfervirusfraktion von einer Vektorfraktion, die nur das Transgen, das Verpackungssignal und die ITR (inverted terminal repeat, mit dem Startpunkt der Replikation) besitzt, wurde kürzlich berichtet [Fisher et al. 1996a, b]. Allerdings war die Ausbeute an transgenen Vektoren um 3–4 Größenordnungen niedriger als bei der herkömmlichen Vektorherstellung.

Die Anzahl der auf die Verpackungszellinie auslagerbaren viralen Gene ist vermutlich durch deren Zytotoxizität limitiert. Ein Kandidat für eine Deletion ist die E2A-Region, die für ein komplexes Gen kodiert, dessen N-terminale Domäne die Expression der späten Gene reguliert [Yang et al. 1994]. Kürzlich wurde über E4-deletierte Adenoviren berichtet, die mit einem akzeptablen Titer generiert werden konnten. Die E4-Region bringt die zellulare Transkription zum Erliegen und aktiviert außerdem die Transkription der E2- und der späten Regionen. Durch Auslagerung der E4-Region auf die 293-Verpackungszellinie konnten Adenoviren mit erheblich reduzierter Zytotoxizität generiert werden. Auch die virale DNA-Polymerase konnte stabil auf Verpackungszellen transfiziert werden [Amalfitano et al. 1996].

Ein anderer Sicherheitsfaktor ist die gute Infizierbarkeit sowohl ruhender als auch proliferierender Gewebe durch Adenoviren, was dann ein Problem darstellt, wenn sich Normalgewebe besser infizieren läßt als Zielgewebe. Ein solcher Fall ist in einer Serie eigener Experimente aufgetreten, bei denen nach i.v.-Injektion von Adenoviren bei Nacktratten die Leber um Größenordnungen besser transduzierbar war als der in ihr wachsende Tumor. Selbst bei einer direkten intratumoralen Injektion war die Toxizität des Suizidgentherapieansatzes noch erheblich [Brand et al. 1997]. Eine Möglichkeit, dies zu kompensieren, besteht in der gewebespezifischen Expression des Transgens (s. oben). Noch sicherer wäre es, wenn die Viren erst gar nicht zur Infektion von Nicht-Zielgewebe kommen würden. Während bei Retroviren bereits einige Ansätze zur Modifikation der Oberflächeneigenschaften, um spezifisches Targeting zu erreichen, unternommen wurden, beginnt man bei Adenoviren erst, in diese Richtung zu denken [Michael et al. 1995].

Ähnlich wie bei den Retroviren besteht auch bei Adenoviren die Gefahr der Entstehung replikationskompetenter Vektoren. Bei den Vektoren der 1. Generation genügt ein rekombinatorisches Ereignis, um die E1-Region in den Vektor zu bringen. Bei den bisher in klinischen Studien eingesetzten adenoviralen Stammsuspensionen von Vektoren sind aufwendige Testungen auf Kontamination mit replikationskompetenten Rekombinanten nötig. Selbst bei der Applikation einwandfreier Suspensionen besteht im Organismus eine gewisse Gefahr, daß eine Replikation stattfindet, indem die Deletion der E1A-Region durch E1A-ähnliche zelluläre oder von anderen Viren stammende Faktoren in der Wirtszelle kompensiert wird. HeLa-Zervixkarzinomzellen z. B. exprimieren einen E1A-ähnlichen Transkriptionsfaktor. Eine gewisse, wenn auch niedrige Replikationsrate rekombinanter Adenoviren in HeLa-Zellen bei hoher MOI wurde festgestellt. Da rekombinante Adenoviren mit Wildtypadenoviren der gleichen Gruppe rekombinieren können und der Durchseuchungsgrad der Bevölkerung bei über 80% liegt, ist auch hier die Gefahr der Entstehung rekombinanter Wildtypviren gegeben. Eine Auslagerung möglichst vieler adenoviraler Sequenzen auf die Verpackungszelllinie würde auch dieses Sicherheitsproblem verbessern.

2.3.3.2.2.5 Zusammenfassung

Aufgrund ihrer hohen In-vivo-Transfereffizienz in viele Gewebe und ihrer guten Handhabbarkeit besteht z. Z. größtes Interesse an adenoviralen Vektoren. Dem stehen eine gewisse Toxizität und Immunogenität entgegen. Für den Einsatz von Adenoviren in der Krebsgentherapie muß der Erhöhung der Spezifität von Gentransfer und Genexpression vermutlich die größte Bedeutung beigemessen werden. Aber auch die Probleme im Bereich der Gentherapie nichtmaligner bzw. genetischer Erkrankungen, wie Langzeitexpression und Verringerung der Immunogenität, berühren krebstherapeutische Verfahren, wie Stammzellprotektion oder Mehrfachapplikation der Vektoren.

2.3.3.2.3 Adeno-assoziierte Viren

Adeno-assoziierte Viren (AAV) vereinigen den Vorteil von Retroviren, die langandauernde Expression des Transgens, und den der Adenoviren, eine gute In-vivo-Transfereffizienz, auf sich. Eine Limitierung besteht in der geringen Verpackungskapazität von nur 4,7 kbp, was die Wahl der Kandidatengene zum Gentransfer einschränkt. Das bisher dringendste Problem, die Vereinfachung der Produktion hochtitriger Viren, scheint lösbar zu sein. Damit besitzen die nicht-toxischen Viren, die in bisher 2 initiierten klinischen Studien verwendet werden, eine gute Chance, in den Kreis der etablierten Vektorsysteme aufgenommen zu werden. Übersichtsartikel zum Thema haben Berns u. Giraud [1995] sowie Flotte u. Carter [1995] veröffentlicht.

2.3.3.2.3.1 Aufbau und Lebenszyklus

Adeno-assoziierte Viren (AAV), die zu den Parvoviren gehören, sind hüllenlose, nur 18–26 nm große Partikel mit einem ikosaedrischen Kapsid. Strukturbildend sind 3 nichtglykosylierte Proteine mit einem MG von 87000, 73000 und 62000 Größe. Gesicherte Daten zum Aufnahmemechanismus der Partikel in die Wirtszellen liegen noch nicht vor. Im Zellkern wird die lineare einzelsträngige AAV-DNA zu einem doppelsträngigen Molekül repliziert und integriert über noch nicht bekannte Mechanismen ins Wirtszellgenom. Die Integration scheint präferentiell in einen auf Chromosom 19 gelegenen Ort (19q13.4) stattzufinden, eine Eigenschaft die bei rekombinanten AAV nicht mehr ausgeprägt vorhanden ist. Die AAV-DNA hat eine Länge von 4680 Nukleotiden mit 2,145 Nukleotide umfassenden ITRs. Zur Replikation in der Zielzelle benötigt das AAV Fremdproteine, die gewöhnlich von Helferviren gestellt werden. Es ist aber auch schon die Helfervirus-unabhängige Replikation von AAV beschrieben worden, welche durch Kanzerogene und chemische Agenzien, die mit Zellzyklusfunktionen interagieren, induziert wird. Die am besten charakterisierten Helferfunktionen sind die der Adenoviren. Als Helferviren können aber auch Herpesviren, Epstein-Barr-Viren und SV40-Viren fungieren. AAV scheinen die adenoviralen E1A-51 000-, E1B-55 000-, E4-35 000- und E2A-Bindungsproteine zu benötigen. Drei Promotoren sind unter Mithilfe der oben angeführten Proteine verantwortlich für die Transkription z. B. des gut studierten AAV2-Genoms, die in 3 überlappenden Regionen mit der Entstehung von insgesamt 7 primären Transkripten erfolgt. Die wesentlichen kodierenden Regionen sind rep und cap, wobei rep für transkriptions- und replikationsrelevante Proteine und cap für Strukturproteine kodiert.

2.3.3.2.3.2 Rekombinante AAV

Schon Wildtyp-AAV erinnern an Gentherapievektoren insoweit, als sie ohne Helfervirus replikationsinkompetent sind. Allerdings wurde durch das wohl evolutionäre Ereignis des Verlusts essentieller viraler Sequenzen kein Platz für die Insertion neuer Sequenzen geschaffen. Um Transgene inserieren zu können, hat man daher auch den Großteil der restlichen AAV-Sequenzen, v. a. rep und cap, ausgelagert (Abb. 2.3.3). Diese werden von einem ITR-losen Plasmid bereitgestellt, welches mit dem transgenen Plasmid auf die Verpackungszellinie (293) transfiziert wird. Auf dem Vektor verbleiben nur noch die ITR, die für die Expression und die Verpackung verantwortlich sind. Dadurch wird eine Verpackungskapazität von 4,7 kbp erreicht. Vor der Kotransfektion der Plasmide werden die Verpackungszellen mit Adenoviren infiziert, die die notwendigen Initialfaktoren bereitstellen. Nach dem Auftreten des CPE (72 h) werden die Zellen geerntet, lysiert und die Viren gereinigt (s. unten).

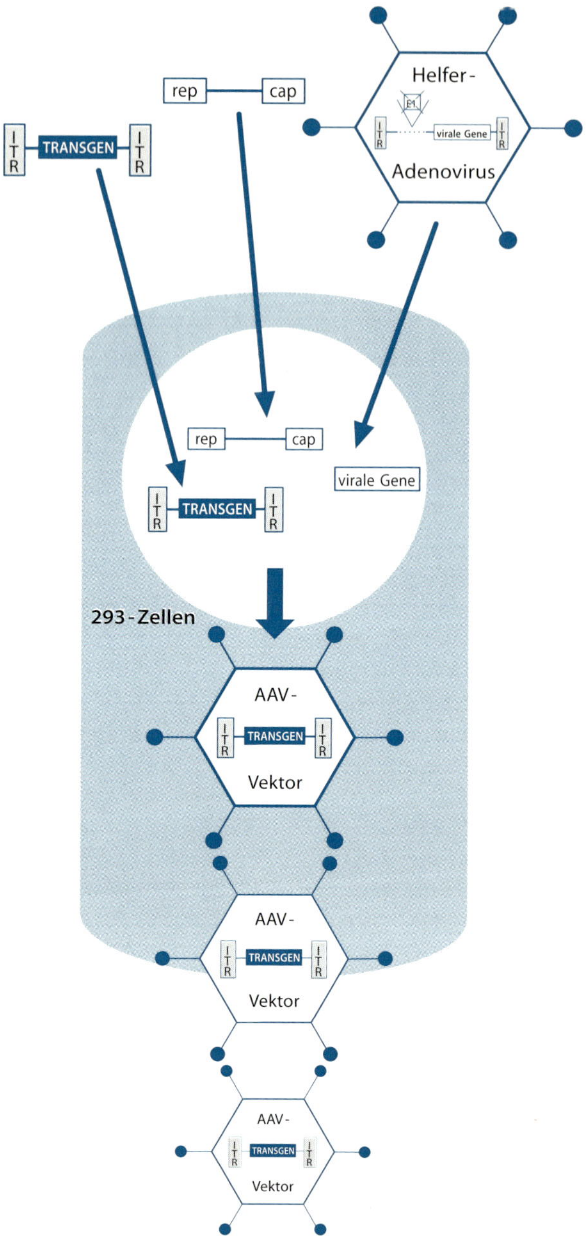

Abb. 2.3.3. Produktion von rekombinanten Adeno-assoziierten Viren. Initial werden Verpackungszellen mit replikationsdefizienten Adenoviren transduziert, die wichtige Gene zur AAV-Produktion bereitstellen. Dann werden die AAV-Gene rep/cap und das Transgen mit den AAV-ITR, die die Verpackungssequenz beinhalten, kotransfiziert. Die entstehenden Viren tragen nur die ITR und das Transgen und sind replikationsdefizient

2.3.3.2.3.3 Effizienz des Gentransfers

2.3.3.2.3.3.1 In-vitro-Anwendung. AAV infizieren wie Adenoviren ein breites Spektrum von Zellen, darunter Affennieren- (COS), Zervixkarzinom- (HeLa), verschiedene Leukämie-, Bronchialepithel-, lymphatische, maligne epidermale, Bindegewebs- und primäre hämatopoetische Zellen. Die Transduktionseffizienz liegt im Mittel etwas niedriger als bei Adenoviren, aber Transfereffizienzen von 20–40% in Kolonie-bildenden hämatopoetische Stammzellen [Miller et al. 1994] und von 75% in humane Nasenpolypenzellen [Flotte et al. 1993] wurden beschrieben. Hierbei wird mit nicht-toxischen MOI bis 1 000 gearbeitet. AAV scheinen präferentiell S-Phase-Zellen zu transduzieren [Russell et al. 1994], aber eine Transduktion während aller

Zellzyklusstadien ist möglich. Da AAV außerdem ins Genom integrieren oder zumindest stabil episomal vorliegen, kann mit einer Langzeitexpression des Transgens gerechnet werden. Diese ist für hämatopoetische Zellen noch nicht systematisch untersucht worden (bisher 3 Wochen), aber im positiven Fall wären AAV-Vektoren aufgrund der hohen Transfereffizienz beim Gentransfer für Markierungs- und protektive Studien sowie für den nicht-krebstherapeutischen Gentransfer in hämatopoetische Stammzellen mit den Retroviren zu vergleichen [Flotte u. Carter 1995].

2.3.3.2.3.3.2 In-vivo-Anwendung. In vivo ist die Langzeitexpression (> 6 Monate) in mehreren Experimenten gezeigt worden [Flotte u. Carter 1995, Flotte et al. 1993, Kaplitt et al. 1994]. Eine klinische Studie zur Behandlung der Mukoviszidose durch den AAV-vermittelten Gentransfer des defekten Gens in Bronchialepithelien ist initiiert. Der Einsatz von AAV für zytotoxische Krebsgentherapien wird von einer Verbesserung der erreichbaren Titer abhängen. Obwohl sich AAV gut durch Ultrazentrifugation anreichern lassen, sind die erreichbaren Titer im Vergleich zu Adenoviren sehr niedrig. Typische Titer liegen bei 10^6 infektiösen Einheiten/ml [Kotin 1994], was im wesentlichen auf eine begrenzte Gesamtausbeute zurückzuführen ist. Grund hierfür ist die Notwendigkeit der Transfektion von Vektor- und Helferplasmid mit der bekannten niedrigen Rate des Gentransfers. Um dieses Problem zu umgehen, wurden verschiedene Modifikationen des Verpackungssystems getestet: Eine 50 fache Erhöhung der Virusausbeute im Vergleich zu konventionellen Verfahren wurde durch die Expression des rep-Gens von der HIV-LTR in Kombination mit dem stabilen Einbringen des Vektorplasmids auf die Zielzellen erreicht [Flotte et al. 1995]. Eine andere Möglichkeit besteht im Einbringen der Vektorsequenzen auf das Helferadenovirus, womit dessen hohe Transduktionskapazität genutzt wird. Bisher konnte noch keine Titererhöhung erreicht werden [Thrasher et al. 1995], aber dies wäre dann zu erwarten, wenn zusätzlich auch die rep-cap-Sequenzen z. B. auf ein paralleles Adenovirus ausgelagert werden könnten. Unter verschiedenen anderen Versuchen sei ein kürzlich publizierter Ansatz hervorgehoben, bei dem es gelang, ohne die bisher beschriebenen Toxizitätsprobleme HeLa-Zellen stabil mit einem AAV-Vektor-rep-cap-neo^R-Gen zu transfizieren und zu selektieren. Die Verwendung dieser Zellpopulation führte zu Virusausbeuten, die nur noch 1–2 Zehnerpotenzen unter den adenoviralen Ausbeuten liegen [Clark et al. 1995].

Ein Vorteil der AAV gegenüber den Adenoviren besteht in ihrer geringeren Größe, was eine bessere Penetrationsfähigkeit in solide Tumoren bedingen könnte. Ein weiterer Vorteil liegt in der geringen Immunogenität der (abgesehen vom Transgen) quasi für keine Proteine kodierenden AAV, was ihre wiederholte Applikation und damit eine Erhöhung der Transfereffizienz ermöglichen könnte.

2.3.3.2.3.4 Spezifität des Gentransfers

Die gute Eignung von AAV zur gewebespezifischen Expression von Transgenen ist im Kapitel 2.3.2.2.2.1 „Gewebespezifische Expression in viralen Vektoren" beschrieben. Publizierte Ansätze für ein spezifisches Rezeptor-Targeting des Vektors bestehen unseres Wissens nach z. Z. noch nicht.

2.3.3.2.3.5 Sicherheitsaspekte

AAV gelten als apathogen für den Menschen und sind von dieser Seite her als attraktive Vektoren anzusehen. Die Relevanz einer etwaigen Integration des Virus ins Genom ist noch nicht sicher geklärt. Während Wildtyp-AAV gezielt an einer vermutlich ungefährlichen Stelle ins Genom integrieren, geht diese Eigenschaft, die wahrscheinlich rep-assoziiert ist [Kotin 1994], den rep-negativen Rekombinanten verloren. Damit besteht die Möglichkeit der Mutagenese bei einer zufälligen Integration ins Genom. Die Gefahr einer Aktivierung von Onkogenen (nicht aber einer Inaktivierung von Suppressorgenen) ist allerdings als geringer einzuschätzen als bei den Retroviren, da beide AAV-ITR-Promotoren auf das virale Genom und nicht die zellulare DNA hin orientiert sind [Kotin 1994]. Schließlich ist noch offen, in welchem Ausmaß AAV tatsächlich ins Genom integrieren und nicht nur in einem stabilen episomalen Zustand vorliegen [Flotte u. Carter 1995].

Die Gefahr der Entstehung von Wildtypviren durch eine Rekombination von kotransfizierten Vektor- und Helferplasmiden läßt sich durch eine Minimierung der Homologie von Vektor- und Helferplasmid so weit verringern, daß Wildtyp-freie Suspensionen generiert werden können. Durch neuere Methoden läßt sich diese Gefahr weiter minimieren [Thrasher et al. 1995]. Weiterhin muß eine Kontamination mit Helferadenoviren verhindert werden, die per se toxisch sein können (s. oben). Dies wird durch eine Hitzebehandlung der hitzebeständigen AAV (60 °C) und/oder Trennung im Zäsiumchloridgradienten erreicht. Bestehen bleibt ein Restrisiko, daß integrierte Wildtyp-AAV prinzipiell in vivo durch eine Infektion mit Helferviren aktiviert werden könnten.

2.3.3.2.4 Herpes-simplex-Viren

Herpes-simplex-Viren beeindrucken durch ihre hohe Verpackungskapazität und ein großes Potential noch ungenutzter Möglichkeiten der Modifikation des Vektordesigns. Hinsichtlich ihrer Transfereffizienz und Stabilität der Expression zeichnen sie sich in ihrem jetzigen Entwicklungsstand allerdings noch nicht vor anderen Vektoren aus. Der wesentliche Nachteil ist außerdem z. Z. noch die Toxizität. Die wohl komplexesten unter den derzeit verwendeten viralen Gentransfersystemen sind sicher noch erheblich entwicklungsfähig und -bedürftig. Eine Übersichtsarbeit zu diesem Thema wurde von Glorioso et al. [1995a, b] veröffentlicht.

2.3.3.2.4.1 Aufbau und Lebenszyklus

Das Herpes-simplex-Virus ist ein etwa 180 nm großes, umhülltes DNA-Virus mit einem ikosaedralen Kapsid. Zwischen Kapsid und Hülle liegt eine dünne Proteinschicht, das Tegument. Das Genom besteht aus einer linearen, doppelsträngigen DNA von 152 kbp Länge. HSV ist ein bekannter humanpathogener Erreger. Eintrittsorte sind üblicherweise die Epithelien von Haut oder Schleimhaut. Über Glykoproteine der Hülle bindet das Virus an zellulare Rezeptoren. Hierbei können mehrere Glykoproteine beteiligt sein, die neben einer Modulation der Immunantwort auch die Bindung an spezifische Zelltypen vermitteln. Die virale Hülle verschmilzt mit der Plasmamembran und die freigesetzten Kapside werden, vermutlich unter Beteiligung des Zytoskeletts, zur Kernmembran transportiert, wo die virale DNA durch die Kernporen in den Kern gelangt. Hier initiiert das Virus die synthetische Phase eines replikativen Zyklus. Dies beginnt mit der Aktivität 2er Tegumentproteine deren eines, VP16, die virale Transkription verbessert und deren anderes, VHS, die Wirtszellreplikation hemmt. Nun erfolgt die Expression aller bekannten Gene in einer zeitlichen Kaskade von 3 Phasen: Die Immediate-early-Gene (IE-Gene) kodieren für Proteine, die im wesentlichen für die Initiation und Kontrolle der Expression der frühen und späten Gene relevant sind. Die frühen Gene kodieren für Enzyme der Replikation und der Wirtszellmodifikation. Die DNA-Synthese erfolgt nach dem sog. Rolling-circle-Mechanismus, der miteinander verbundene, identische Genomeinheiten (Konkatamere) erzeugt. Die späten Gene kodieren für virale Strukturproteine. Nach der Expression der späten Gene wird das Kapsid zusammengesetzt, die virale DNA geschnitten, über die Erkennung von Verpackungssequenzen verpackt und die Tegumentproteine werden integriert. Durch die Umhüllung mit einem Teil der Kernmembran erhält das Virus seine Hülle und wird dann, vermutlich unter Beteiligung des Golgi-Apparats und einen Membranaustausch, freigesetzt. Nach der Lyse der initial infizierten Epithelzellen erfolgen der Eintritt der Viren in die Enden sensibler Neuronen und der retrograde Transport in den Körper der Nervenzelle. In einem Teil der befallenen Neuronen kommt es zur produktiven Infektion. In einigen Neuronen wird aber nur eine latente Infektion etabliert, die zu einem lebenslangen Persistieren der Viren ohne Beeinträchtigung der Zellfunktion führen kann. Eine Reaktivierung der produktiven (lytischen) Infektion ist möglich. Während der Latenzzeit liegt das Virus episomal vor. Es ist nicht ganz klar, wie es zum Status der latenten Infektion kommt, aber möglicherweise handelt es sich um eine Alternative zur lytischen Infektion, falls diese, wegen viraler Mutationen oder fehlender Voraussetzungen in der Zielzelle, nicht zustandekommt. Während der Latenzzeit sind die viralen lytischen Gene, die den replikativen Zyklus kennzeichnen, abgeschaltet und nur das Latenz-assoziierte Transkript (LAT) ist aktiv. Dieses wiederum ist für die Etablierung einer latenten Infektion nicht unbedingt notwendig, was bedeutet, daß der LAT-Promotor zur Expression von Transgenen genutzt werden könnte.

2.3.3.2.4.2 Rekombinante Herpes-simplex-Viren

Unter Zellkulturbedingungen auf hochpermissiven Zellen ist ungefähr die Hälfte der etwa 70 viralen Strukturgene zur Replikation nicht notwendig. Diese akzessorischen Gene sind aber für eine optimale lytische Replikation und einen optimalen Lebenszyklus in vivo wichtig. Durch entsprechende Deletionen kann man Platz für Transgene schaffen (bis zu 50 kbp) und zugleich die Virulenz der Viren bzw. ihre Replikationsfähigkeit in bestimmten Zielzellen vermindern. Durch eine entsprechende Wahl der Deletionen ist es denkbar, replikationskompetente Viren zu generieren, die aber vollkommen apathogen sind.

Da auch viele HSV-Genprodukte zur Replikation notwendig sind, kann man durch entsprechende Deletionen auch replikationsinkompetente Viren generieren. Die Replikation der Viren wird gewährleistet, indem die deletierten Gene in die Verpackungszellinie transfiziert und die essentiellen Genprodukte dann von dieser bereitgestellt werden (Abb. 2.3.4).

Eine weitere routinemäßig angewandte Herstellung rekombinanter HSV-Vektoren besteht in der

Auslagerung sämtlicher HSV-Gene aus dem transgenen Vektor, was eine theoretisch mögliche Kapazität von 150 kbp erlauben würde. Die viralen Gene können aus Toxizitätsgründen aber nicht alle von der Verpackungszellinie bereitgestellt werden. Daher bedient man sich eines replikationsinkompetenten (s. oben) HSV-Virus mit ansonsten vollständigem Genom (Helfervirus). Praktisch geht man so vor, daß zunächst eine Verpackungszellinie, die z.B IE-3 bereitstellt (z. B. RR1-Zellen), mit dem transgenen Plasmid transfiziert wird. Durch Verwendung des HSV-Origin of replication ist eine Replikation der Vektor-DNA gewährleistet. Ein ebenfalls inseriertes Verpackungssignal führt zur Verpackung des als Amplikon bezeichneten Vektors in die vom Helferplasmid bereitgestellten Viruspartikel. Daneben wird aber auch das Helferplasmid verpackt, so daß eine Mischpopulation rekombinanter Viren freigesetzt wird. Während der folgenden Passagen auf den Verpackungszellen scheint sich das Verhältnis von Vektor zu Helfervirus, vermutlich wegen des besseren Wachstumsverhaltens der DNA, zugunsten des transgenen Vektors zu verschieben [Geller et al. 1990].

2.3.3.2.4.3 Effizienz des Gentransfers

2.3.3.2.4.3.1 Titer. Die in der Literatur beschriebenen Titer liegen bei 1fach deletierten HSV-Vektoren zwischen 10^8 und 10^9 infektiösen Partikeln/ml [Huard et al. 1995], bei doppelt deletierten 1 Titerstufe niedriger [Wang et al. 1995b], aber auch Titer von 10^{10} sind beschrieben worden. Bei Amplikonvektoren sind infektiöse Titer von $2*10^8$ [Wood et al. 1994], $4*10^7$ [Pakzaban et al. 1994] und $2*10^7$ [Geller et al. 1990] erreicht worden. HSV-Vektoren sind durch Ultrazentrifugation konzentrierbar [Geschwind et al. 1996].

2.3.3.2.4.3.2 In-vivo-Anwendung. HSV haben einen sehr weiten Zelltropismus und scheinen, unabhängig vom proliferativen Status, fast alle menschlichen Zellen zu infizieren. Wenn auch Experimente mit Zellen neuronalen Ursprungs im Vordergrund stehen, sind z. B. Infektionen von Muskel-, Gliom-, Leber- und Endothelzellen zu therapeutischen Zwecken beschrieben worden. Üblicherweise werden MOI von 0,1–10 eingesetzt, was etwa 2 Zehnerpotenzen unter den adenoviralen MOI liegt. Allerdings scheinen auch sowohl die Transfereffizienz als auch die Toxizität von HSV mehrfach höher zu liegen als bei Adenoviren [Huard et al. 1995]. Eine besonders gute Transduktionseffizienz im Vergleich mit retroviralen VPC und Adenoviren wurde bei der Injektion von 9L-Gliosarkomhirntumoren bei Ratten festgestellt [Boviatsis et al. 1994b]. Die Zytotoxizität selbst kann, wenn sie auf die Tumorzellen beschränkt bleibt, auch als Effizienzvorteil angesehen werden. In eine solche Richtung argumentiert ein Vergleich der Toxizität von unterschiedlich deletierten HSV-Vektoren für 9L-Gliosarkomzellen [Boviatsis et al. 1994a]. Ein signifikanter Gentransfer in disseminierte Metastasen im ZNS konnte durch die intrathekale Applikation replikationskompetenter HSV erreicht werden, die wegen eines defekten Ribonukleotidreduktasegens vorzugsweise in sich teilenden Zellen replizieren [Kramm et al. 1996]. Allerdings wurden auch eine nennenswerte Transduktion von Normalgewebe und eine erhebliche Toxizität mit Ataxie und Apathie aller behandelten Tiere festgestellt. Die Kombination der natürlichen Toxizität mit zytotoxischen Genen unter exakter gewebespezifischer Kontrolle, die, angesichts der hohen Verpackungskapazität des HSV-Genoms, gut möglich erscheint, könnte eine ernstzunehmende Alternative für die zytotoxische Gentherapie solider Tumoren werden.

2.3.3.2.4.3.3 Expressionsdauer. Weniger weit entwickelt ist ein Ex-vivo-Einsatz von HSV z. B. für Markerstudien oder hämatopoetische Stammzellen. In proliferationsaktiven Zellen muß mit einem Ausdünnen des Transgens gerechnet werden, da das episomal vorliegende rekombinante Virus nicht zur autonomen Replikation befähigt ist. Ähnlich wie bei Adenoviren könnte hier das Einführen eines Replikationmechanismus eine wichtige Verbesserung sein. Wie bei den Adenoviren konnte bisher noch keine Langzeitexpression nachgewiesen werden. Als Grund hierfür wird u. a. die Zytotoxizität viraler Proteine diskutiert (s. unten). Eine attraktive, evtl. gentherapeutisch nutzbare Eigenschaft ist die Fähigkeit der Viren zur Etablierung eines latenten Stadiums der Persistenz.

Einen bedeutenden und auch HSV-typischen Anteil an der Dauer der Expression von Transgenen in HSV-Vektoren hat die Wahl eines geeigneten Promotors. Eine transiente Expression konnte mit den meisten der bisher getesteten Promotoren erreicht werden, darunter HSV-Promotoren des lytischen Zyklus, der RSV-LTR und der HCMV-IE-Promotor. Sowohl bei Amplikonvektoren als auch bei defizienten HSV-Vektoren stellt die Langzeitexpression mit diesen Promotoren jedoch ein Problem dar. Als Kandidat für eine Langzeitexpression erscheint der LAT-Promotor (s. oben) besonders geeignet, der natürlicherweise während einer

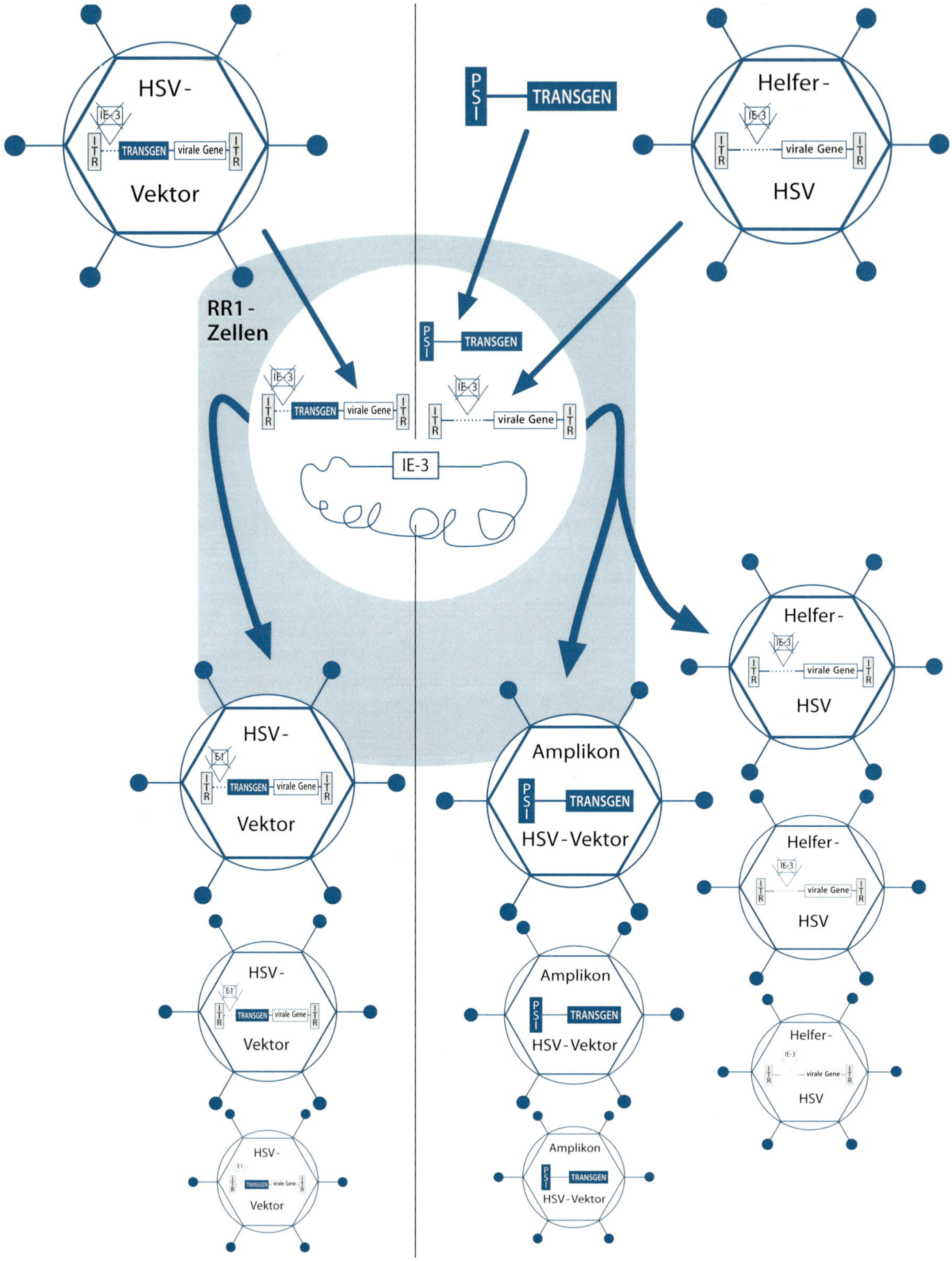
HSV-
IE-3
ITR
TRANSGEN
virale Gene
ITR
Vektor
PSI
TRANSGEN
Helfer-
IE-3
ITR
virale Gene
ITR
HSV
RR1-
Zellen
IE-3
Amplikon
PSI
TRANSGEN
HSV-Vektor
E1

latenten Infektion auf unbestimmte Zeit aktiv ist. So bewirkten CMV- und HSV-IE4/5-Promotoren im murinen und im Rattenmodell nur eine transiente Expression, während sich die Reportergenaktivität unter dem HSV-LAT-Promotor für 4 Monate nachweisen ließ. Entsprechend ließ sich die Faktor-IX-Expression in der murinen Leber unter dem HSV-LAT-Promotor für 3–5 Wochen nachweisen, während es unter dem CMV-Promotor wieder nur zu einer transienten Expression kam. Ansätze zur weiteren Optimierung des homologen HSV-LAT-Promotors bestehen. Es scheint weiterhin, als ob der Insertionsort heterologer Promotoren im HSV-Genom und die Nähe zum LAT-Promotor eine besondere Bedeutung für die Aktivitätserhaltung hätten. Dies wird zu berücksichtigen sein, wenn die gewebespezifische Langzeitexpression von Transgenen erwünscht ist, was die Integration heterologer Promotoren nötig macht. Aber auch dort, wo eine transiente gewebespezifische Expression ausreicht, wie bei der zytotoxischen Therapie, bieten HSV-Vektoren mit ihrem komplexen Genom und ihrer hohen Verpackungskapazität besondere Verhältnisse und Möglichkeiten. Prinzipiell ist auch eine induzierbare Expressionsregulation in einem modifizierten Amplikonvektor möglich, wie z. B. die Glukokortikoid-induzierbare Genexpression [Lu u. Federoff 1995].

2.3.3.2.4.4 Sicherheitsaspekte

Eines der Hauptprobleme von HSV-Vektoren ist die Zytotoxizität, die die Langzeitexpression in Zielgeweben verhindern kann und bei der Transduktion von Normalgewebe Sicherheitsbedenken aufwirft. Man versucht, dem entgegenzuwirken, indem man bei Deletionsvektoren die virale Genexpression in einem möglichst frühen Stadium blockiert.

Von Amplikonvektoren dürfte keine Zytotoxizität zu erwarten sein, wenn es gelingt, die Helfervirusfraktion wirkungsvoll abzutrennen. Dies war bisher noch nicht möglich, da die verpackte DNA immer 152 kbp lang ist und eine Unterscheidung der Viren mit üblichen physiologischen Methoden nicht gelingt.

Weitere Möglichkeiten der Toxizitätsbegrenzung bestehen in der Applikation von Interferon-α [Johnson et al. 1992] oder Nervenwachstumsfaktor [Wang et al. 1995b] bzw. der Konstruktion von Viren, die Interferon-α [Mester et al. 1995], Nervenwachstumsfaktoren oder bcl-2-Onkogen-Anti-Apoptosegen [Wang et al. 1995b] produzieren.

HSV-Vektor-Suspensionen sind z. Z. noch regelmäßig mit replikationskompetenten Viren kontaminiert. Es gibt In-vivo- und In-vitro-Testsysteme für replikationskompetente Viren, aber noch keine sicheren Methoden, die Entstehung der Rekombinanten zu verhindern. Aufgrund der hohen Rekombinationsrate in vivo bestehen weiterhin erhebliche Sicherheitsbedenken v. a. hinsichtlich der Entstehung einer Enzephalitis bei einer Rekombination der Vektoren mit Wildtypviren im produktiven oder auch latenten Status.

2.3.3.2.5 Vakziniaviren

Vakziniaviren gelten als relativ sicher und haben eine hohe Verpackungskapazität. Im Rahmen einer breitflächigeren Testung der erreichbaren Transfereffizienz sollte die Bedeutung dieser Vektoren für die transiente In-vivo-Genexpression in nächster Zeit zunehmen.

2.3.3.2.5.1 Aufbau und Lebenszyklus

Vakziniaviren gehören zur Familie der Pockenviren. Sie sind die am besten studierten unter den Pockenviren, da sie seit dem Beginn des letzten Jahrhunderts routinemäßig zur Pockenschutzimpfung eingesetzt wurden. Nach 200jähriger Geschichte in Mensch und Tier ist man sich über die letztliche Herkunft des Vakziniavirus nicht sicher, aber eine Verwandtschaft mit Variola (dem Pockenerreger), Kuhpocken und anderen Mitgliedern der Pockenfamilie ist sehr wahrscheinlich.

Infektiöse Viren haben eine ziegelsteinartige Form und einen Durchmesser von 300–400 nm, was sie zu den größten Viren des Tierreichs macht [Moss 1991]. Eine Lipoproteinhülle umgibt die komplexe Core-Struktur, die eine lineare doppelsträngige 200 kbp lange DNA sowie verschiedene virale Proteine beinhaltet. Nach Bindung des Virus an die Zellmembran und Membranfusion wird das Core in das Zytoplasma abgegeben. Hier erfolgen die Replikation der viralen DNA und die Synthese viraler Bestandteile. Dazu werden weitgehend vi-

◄

Abb. 2.3.4. Zwei herkömmliche Möglichkeiten der HSV-Vektor-Produktion. *Linker Teil* Die Verpackungszellinie stellt zur Replikation von HSV notwendige virale Sequenzen, wie die IE-3-Region. Transgen-tragende, IE-3-deletierte, rekombinante HSV können so in der Zelle replizieren. Da die IE-3-Region in die entstehenden Viruspartikel nicht verpackt wird, sind die entstehenden Viren replikationsdefizient. *Rechter Teil* Die Transfektion der Zellen erfolgt durch ein Transgen-tragendes Plasmid, welches über die Verpackungssequenz Psi verpackt werden kann. Die IE-3-Gene werden durch die Verpackungszelle, die restlichen Gene durch ein Helfervirus bereitgestellt. Das Transgen wird in mehreren hintereinander geschalteten Kopien als sog. Amplikon verpackt. Daneben entstehen replikationsdefiziente Helfer-HSV

ruseigene, mitgebrachte Proteine verwendet. Entsprechend kommt es nicht zur Integration der viralen DNA in das Wirtszellgenom. Nach der Synthese der späten Strukturproteine werden Vorläufervituspartikel gebildet, von denen ein Teil unter Mitnahme von Golgi-Membranen freigesetzt wird.

2.3.3.2.5.2 Rekombinante Vakziniaviren

Rekombinante Vakziniaviren werden nach einem ähnlichen Prinzip wie Adenoviren hergestellt. Das mit einer Häufigkeit von etwa 0,1% stattfindende Ereignis der homologen Rekombination zwischen dem Transferplasmid und dem viralen Genom führt zur Entstehung rekombinanter Viren, die ein Transgen transferieren können. Allerdings ist im Unterschied zu Adenoviren die Verwendung ganzer Viruspartikel anstelle der genomischen DNA notwendig, da ohne die mitgebrachten Enzyme und Faktoren des Cores keine infektiösen Partikel entstehen [Mackett et al. 1982, Qin u. Chatterjee 1996]. Es können mindestens 25 kbp transgener Sequenzen in das virale Genom inseriert werden, ohne daß Deletionen nötig sind. Allerdings muß mit Intron-freier cDNA gearbeitet werden, da kein Spleißen möglich zu sein scheint. Üblicherweise ist die Selektion rekombinanter Plaques dadurch möglich, daß das Transgen in das virale Thymidinkinasegen inseriert, welches als negativer Selektionsmarker fungiert und dessen Inaktivierung eine Selektion mit dem entsprechenden Selektionsmedium erlaubt [Mackett et al. 1982, O'Neil et al. 1993].

2.3.3.2.5.3 Effizienz und Sicherheit

Vakziniaviren infizieren eine Vielzahl von Zellinien mit hoher Transfereffizienz. Als Tumorvakzinen sind Vakziniavektoren bereits mehrfach ex vivo eingesetzt worden, da hier keine Langzeitexpression notwendig ist. Die hohe eigene Immunogenität des Virus wirkt sich vermutlich verstärkend auf eine Antitumorimmunität aus. Zwei klinische Studien, bei denen Vakziniaviren, die tumorspezifische Antigene exprimieren, eingesetzt werden, wurden kürzlich initiiert. Ein früher klinischer Einsatz erfolgte bereits vor mehreren Jahren zur Behandlung der HIV-Infektion. Die behandelten Patienten zeigten keine Nebenwirkungen [Cooney et al. 1991]. Routinemäßig wird heute mit Viren gearbeitet, die aufgrund verschiedener Deletionen im Genom die Fähigkeit verloren haben, Säugerzellen produktiv zu infizieren, ein Transgen aber exprimieren können. Ein solches Virus ist der durch multiple Passagen in Hühnerembryofibroblasten entstandene MVA-Stamm [Sutter u. Moss 1992, Sutter u. Moss 1995]. Alternativ kann man auch andere Mitglieder der Pockenvirenfamilie mit restringiertem Wirtsspektrum, wie z. B. Vogelpockenviren, einsetzen [Baxby u. Paoletti 1992, Roth et al. 1996, Somogyi et al. 1993, Wang et al. 1995a]. Diese Viren infizieren im günstigen Fall Säugetierzellen und bringen das Transgen zur Expression, ohne sich in ihnen vermehren zu können.

Vakziniavektoren könnten aufgrund ihrer hohen Verpackungskapazität dort, wo eine hohe Spezifität verlangt wird und längere Promotorsequenzen nötig sind, wie bei zytotoxischen Therapieformen, Bedeutung erlangen. Allerdings bleibt abzuwarten, ob die relativ großen Partikel eine gute Penetrationsfähigkeit in solide Tumoren besitzen und wie gut die In-vivo-Transfereffizienz in Tumorzellen ist.

2.3.3.2.6 Andere Viren

Eine Vielzahl noch nicht genannter Viren wurde bisher auf die Eignung als Gentransfervehikel überprüft. Es wird sicher das ein oder andere, im Augenblick noch unbekannte virale Transfersystem aufgrund entscheidender Verbesserungen plötzlich in den Mittelpunkt des Interesses gerückt werden, um dann von einer breiten wissenschaftlichen Gemeinschaft getestet werden zu können.

Das zur Familie der Herpesviren gehörende Epstein-Barr-Virus (EBV) kann ähnlich wie das Herpes-simplex-Virus (s. oben), von den meisten seiner kodierenden Sequenzen befreit, als Minivirus eingesetzt werden [Bloss u. Sugden 1994]. Damit kann das transformierende Potential des Virus vermindert werden. EBV hat einen natürlichen Tropismus für B-Lymphozyten und wurde bereits in Vakzinierungsstudien eingesetzt [Vos 1994]. Eine Ex-vivo-Transfereffizienz von 45% wurde beschrieben [Banerjee et al. 1995]. Es wäre interessant, zu testen, ob eine ähnlich hohe In-vivo-Effizienz für zirkulierende B-Zell-Leukämie- oder B-Zell-Lymphom-Zellen erreichbar ist, was EBV zu einem guten Kandidaten für zytotoxische Therapien machen würde. Die viralen Elemente Origin of replication (EBV-ORI) und Trans-acting-nuclear-Protein (EBNA-1) bedingen eine episomale Persistenz des Virus und eine Replikation des Genoms analog zur Zellteilung. Dies ermöglicht die Herstellung stabil transduzierter Zellen, sofern EBNA-1, das sich nicht auf den gängigen Minivektoren befindet, von natürlich infizierten Zellen bereitgestellt oder kotransduziert wird. Der wesentliche Nachteil von EBV-Vektoren besteht z. Z. noch in der Ungewissheit über die Häufigkeit rekombinatorischer Ereignisse, die potentiell zu einem transformierenden Virus führen könnten.

Ein anderes Virus mit einem natürlichen hohen Wirtzelltrophismus ist das Baculovirus. Die großen, mit einer Hülle versehenen Viren infizieren präferentiell Leberzellen [Hofmann et al. 1995]. Rekombinante Viren werden durch Kotransfektion von viraler DNA und einem Transferplasmid, welches das Transgen enthält, auf Insektenzellen generiert. Das Transferplasmid enthält ein essentielles Gen, welches auf der transfizierten viralen DNA deletiert ist. Nur bei homologer Rekombination von viraler DNA und Transferplasmid kann ein lebensfähiges Virus entstehen, was die Selektion rekombinanter Viren erheblich erleichtert [Kitts et al. 1990]. Die Tatsache, daß die Infektion von Säugerhepatozyten nicht produktiv zu sein scheint, also keine Replikation der Viren stattfindet [Hofmann et al. 1995], und auch von Hepatozyten abgeleitete Tumorzellen infizierbar zu sein scheinen, eröffnet die Möglichkeit, Baculoviren zur Therapie von Lebertumoren einzusetzen. Allerdings konnte bisher noch kein erfolgreicher In-vivo-Gentransfer nachgewiesen werden, wofür möglicherweise eine Komplementinaktivierung verantwortlich ist [Hofmann u. Sandig, pers. Mitteilung]. Sollte sich dieses Problem lösen lassen, könnten die anscheinend nicht-toxischen, nicht transformierenden und über eine hohe Aufnahmekapazität verfügenden Baculoviren ihren Platz in der zytotoxischen Therapie von Lebertumoren finden.

Relativ neu unter den Gentransfersystemen sind die α-Viren und hier insbesondere das Sindbisvirus [Xiong et al. 1989] und das Semliki-Forest-Virus [Berglund et al. 1993]. Diese Viren haben ein breites Wirtspektrum für Säugerzellen [Liljeström 1994]. Die mit einer Hülle ausgestatteten α-Viren haben ein 12 kbp großes RNA-Genom (Sindbis), welches im Zytoplasma der infizierten Zelle vielfach repliziert wird und zu einer hohen Expression eingeschleuster Transgene führen kann. Die Expression ist transient. Zur Herstellung rekombinanter Viren werden z. Z. noch transgene und Helfer-RNA [Bredenbeek et al. 1993] sowie neuerdings auch die entsprechende cDNA in Plasmidform [Dubensky et al. 1996, Herweijer et al. 1995] auf empfängliche Zellen kotransfiziert. An der Herstellung von Verpackungszellinien in Analogie zu den Retroviren wird gearbeitet [Dubensky et al. 1996]. Hochtitrige Suspensionen mit 10^{10} Viren, produziert von 10^7 Zellen, sind beschrieben worden [Liljeström u. Garoff 1991]. Diese Eigenschaften machen α-Viren hochgeeignet für die Immungentherapie, bei der eine transiente Expression ausreicht und eine hohe Expression wünschenswert ist [Zhou et al. 1995].

Autonome Parvoviren gehören zu den abhängigsten unter den DNA-Viren. Während die ebenfalls zu den Parvoviren gehörenden AAV (s. oben) einen Helfervirus zur Replikation benötigen, sind die autonomen Parvoviren von Helferfunktionen der Wirtszelle abhängig. Sie können nur replizieren, wenn kurz nach Infektion der Zelle eine S-Phase im Zellzyklus abläuft. Dabei integriert die DNA nicht in den Zellkern. Rekombinanten der 25 nm großen unbehüllten Viren, zu denen B19, H1, MVM und LuIII gehören, werden nach dem Prinzip der Kotransfektion von Transferplasmid und viraler DNA generiert [Maxwell et al. 1993]. Da sich in den Viren die gewebespezifische Expression anscheinend erhalten läßt [Maxwell et al. 1996] und aufgrund ihrer Kleinheit eine gute Penetrationsfähigkeit in Tumorgewebe zu erwarten ist, könnten autonome Parvoviren besonders für zytotoxische Krebsgentherapien interessant sein. Sollten replikationsfähige Parvoviren zu generieren sein, die den gestellten Sicherheitsansprüchen genügen, könnte die Abhängigkeit vom replizierenden Status der Tumorzellen einen wichtigen Spezifitätsfaktor darstellen.

Polioviren sind ikosaedrale, hüllenlose RNA-Viren mit einem 7,5 kbp großen Genom [Kitamura et al. 1981]. Eine Deletion im P1-Kapsidproteingen erlaubt die Insertion transgener Sequenzen. Das deletierte Strukturgen wird in trans von einem Vakziniavirus bereitgestellt [Ansardi et al. 1993]. Polioviren integrieren nicht ins Genom und infizieren eine Vielzahl von Säugerzellen. Bisher konnten 1,5 kbp und 2,4 kbp transgener Sequenz erfolgreich verpackt werden [Ansardi et al. 1994, Porter et al. 1995]. Die Fähigkeit der transferierten RNA, in den Zielzellen zu replizieren, empfiehlt Polioviren für Tumorvakzinierungsstrategien.

2.3.4 Ausblick

Auf dem jetzigen Stand der Forschung sind die beschriebenen Gentransfersysteme je nach gewünschter Anwendung unterschiedlich gut geeignet. Kein System kann bisher als so gut angesehen werden, daß keine Verbesserungen mehr nötig wären. Bei einer langfristigen Planung ist es sinnvoll, sich die natürlichen Limitierungen und Vorteile eines Vektors genau anzusehen. So wird man bei einem geplanten Schwerpunkt auf der gewebespezifischen Expression großer Gene nicht unbedingt Viren mit beschränkter Verpackungskapazität, wie Retroviren oder α-Viren wählen. Andererseits hat es sicher Sinn, den hohen Lebertrophismus von Adenoviren auszunutzen, um In-vivo-Lebergentherapie zu betreiben, auch wenn zum jetzigen Zeitpunkt die Langzeitexpression nach adenoviralem Gentransfer noch nicht gegeben ist. Gleichermaßen werden sicher Herpesvektoren wegen ihres Neurotropismus für neurale Anwendungen erste Priorität haben, auch wenn die Toxizität z. Z. noch ein Problem darstellt.

Nach 1/2 Jahrzehnt klinischer Phase-I-Studien mit dem primären Ziel, Toxizität auszuschließen, hat nun in der klinischen Gentherapie eine Phase begonnen, in welcher die Forderung nach therapeutischer Wirksamkeit größer geworden ist. Die enormen molekularen Möglichkeiten zum Design künstlicher und zur Modifikation natürlicher Vektoren erlauben die Prognose, daß sich die Gentherapie diesem Anspuch stellen kann.

2.3.5 Literatur

Alton EW, Middleton PG, Caplen NJ, Smith SN, Steel DM, Munkonge FM, Jeffery PK, Geddes DM, Hart SL, Williamson R et al. (1993) Non-invasive liposome-mediated gene delivery can correct the ion transport defect in cystic fibrosis mutant mice [published erratum appears in Nat Genet 1993 5: 312]. Nat Genet 5: 135–142

Amalfitano A, Begy CR, Chamberlain JS (1996) Improved adenovirus packaging cell lines to support the growth of replication-defective gene-delivery vectors. Proc Natl Acad Sci USA 93: 3352–3356

Ansardi DC, Porter DC, Morrow CD (1993) Complementation of a poliovirus defective genome by a recombinant vaccinia virus which provides poliovirus P1 capsid precursor in trans. J Virol 67: 3684–3690

Ansardi DC, Moldoveanu Z, Porter DC, Walker DE, Conry RM, LoBuglio AF, McPherson S, Morrow CD (1994) Characterization of poliovirus replicons encoding carcinoembryonic antigen. Cancer Res 54: 6359–6364

Avery OT, Macleod CM, McCarty M (1944) Studies on the chemical nature of the substance inducing transformation of pneumococcal types. J Exp Med 79: 137–158

Bai M, Campisi L, Freimuth P (1994) Vitronectin receptor antibodies inhibit infection of HeLa and A549 cells by adenovirus type 12 but not by adenovirus type 2. J Virol 68: 5925–5932

Banerjee S, Livanos E, Vos JM (1995) Therapeutic gene delivery in human B-lymphoblastoid cells by engineered non-transforming infectious Epstein-Barr virus. Nat Med 1: 1303–1308

Barr D, Tubb J, Ferguson D, Scaria A, Lieber A, Wilson C, Perkins J, Kay MA (1995) Strain related variations in adenovirally mediated transgene expression from mouse hepatocytes in vivo: comparisons between immunocompetent and immunodeficient inbred strains. Gene Ther 2: 151–155

Baxby D, Paoletti E (1992) Potential use of non-replicating vectors as recombinant vaccines. Vaccine 10: 8–9

Beermann F, Ruppert S, Hummler E, Bosch FX, Muller G, Ruther U, Schutz G (1990) Rescue of the albino phenotype by introduction of a functional tyrosinase gene into mice. EMBO J 9: 2819–2826

Berglund P, Sjoberg M, Garoff H, Atkins GJ, Sheahan BJ, Liljeström P (1993) Semliki Forest virus expression system: production of conditionally infectious recombinant particles. Biotechnology 11: 916–920

Berns KI, Giraud C (1995) Adenovirus and adeno-associated virus as vectors for gene therapy. Ann NY Acad Sci 772: 95–104

Bloss TA, Sugden B (1994) Optimal lengths for DNAs encapsidated by Epstein-Barr virus. J Virol 68: 8217–8222

Boettger M, Vogel F, Platzer M, Kiessling V, Grade K, Strauss M (1988) Condensation of vector DNA by the chromosomal protein HMG1 results in efficient transfection. Biochim Biophys Acta 950: 221–228

Bonifer C, Vidal M, Grosveld F, Sippel AE (1990) Tissue specific and position independent expression of the complete gene domain for chicken lysozyme in transgenic mice. EMBO J 9: 2843–2848

Boviatsis EJ, Chase M, Wei MX, Tamiya T, Hurford RK Jr, Kowall NW, Tepper RI, Breakefield XO, Chiocca EA (1994a) Gene transfer into experimental brain tumors mediated by adenovirus, herpes simplex virus, and retrovirus vectors. Hum Gene Ther 5: 183–191

Boviatsis EJ, Scharf JM, Chase M, Harrington K, Kowall NW, Breakefield XO, Chiocca EA (1994b) Antitumor activity and reporter gene transfer into rat brain neoplasms inoculated with herpes simplex virus vectors defective in thymidine kinase or ribonucleotide reductase. Gene Ther 1: 323–331

Brand K, Arnold W, Bartels T, Lieber A, Kay MA, Strauss M, Dörken B (1997) Liver-associated toxicity of the HSV-tK/6CV approach and adenoviral rectors. Cancer Gene Ther 4: 9–16

Bredenbeek PJ, Frolov I, Rice CM, Schlesinger S (1993) Sindbis virus expression vectors: packaging of RNA replicons by using defective helper RNAs. J Virol 67: 6439–6446

Burkholder JK, Decker J, Yang NS (1993) Rapid transgene expression in lymphocyte and macrophage primary cultures after particle bombardment-mediated gene transfer. J Immunol Methods 165: 149–156

Burns JC, Friedmann T, Driever W, Burrascano M, Yee JK (1993) Vesicular stomatitis virus G glycoprotein pseudotyped retroviral vectors: concentration to very high titer and efficient gene transfer into mammalian and nonmammalian cells [see comments]. Proc Natl Acad Sci USA 90: 8033–8037

Caplen NJ, Kinrade E, Sorgi F, Gao X, Gruenert D, Geddes D, Coutelle C, Huang L, Alton EW, Williamson R (1995) In vitro liposome-mediated DNA transfection of epithelial cell lines using the cationic liposome DC-Chol/DOPE. Gene Ther 2: 603–613

Caruso M, Panis Y, Gagandeep S, Houssin D, Salzmann JL, Klatzmann D (1993) Regression of established macroscopic liver metastases after in situ transduction of a suicide gene. Proc Natl Acad Sci USA 90: 7024–7028

Chen SH, Chen XH, Wang Y, Kosai K, Finegold MJ, Rich SS, Woo SL (1995) Combination gene therapy for liver me-

tastasis of colon carcinoma in vivo. Proc Natl Acad Sci USA 92: 2577–2581
Cheng L, Ziegelhoffer PR, Yang NS (1993) In vivo promoter activity and transgene expression in mammalian somatic tissues evaluated by using particle bombardment. Proc Natl Acad Sci USA 90: 4455–4459
Chu TH, Dornburg R (1995) Retroviral vector particles displaying the antigen-binding site of an antibody enable cell-type-specific gene transfer. J Virol 69: 2659–2663
Chu G, Hayakawa H, Berg P (1987) Electroporation for the efficient transfection of mammalian cells with DNA. Nucleic Acids Res 15: 1311–1326
Clark KR, Voulgaropoulou F, Fraley DM, Johnson PR (1995) Cell lines for the production of recombinant adeno-associated virus. Hum Gene Ther 6: 1329–1341
Collis P, Antoniou M, Grosveld F (1990) Definition of the minimal requirements within the human beta-globin gene and the dominant control region for high level expression. EMBO J 9: 233–240
Cone RD, Mulligan RC (1984) High-efficiency gene transfer into mammalian cells: generation of helper-free recombinant retrovirus with broad mammalian host range. Proc Natl Acad Sci USA 81: 6349–6353
Cooney EL, Collier AC, Greenberg PD, Coombs RW, Zarling J, Arditti DE, Hoffman MC, Hu SL, Corey L (1991) Safety of and immunological response to a recombinant vaccinia virus vaccine expressing HIV envelope glycoprotein [see comments]. Lancet 337: 567–572
Cosset FL, Takeuchi Y, Battini JL, Weiss RA, Collins MK (1995) High-titer packaging cells producing recombinant retroviruses resistant to human serum. J Virol 69: 7430–7436
Cristiano RJ, Smith LC, Kay MA, Brinkley BR, Woo SL (1993) Hepatic gene therapy: efficient gene delivery and expression in primary hepatocytes utilizing a conjugated adenovirus-DNA complex. Proc Natl Acad Sci USA 90: 11548–11552
Crystal RG, McElvaney NG, Rosenfeld MA, Chu CS, Mastrangeli A, Hay JG, Brody SL, Jaffe HA, Eissa NT, Danel C (1994) Administration of an adenovirus containing the human CFTR cDNA to the respiratory tract of individuals with cystic fibrosis [see comments]. Nat Genet 8: 42–51
Culver KW, Ram Z, Wallbridge S, Ishii H, Oldfield EH, Blaese RM (1992) In vivo gene transfer with retroviral vector-producer cells for treatment of experimental brain tumors [see comments]. Science 256: 1550–1552
Curiel DT, Wagner E, Cotten M, Birnstiel ML, Agarwal S, Li CM, Loechel S, Hu PC (1992) High-efficiency gene transfer mediated by adenovirus coupled to DNA-polylysine complexes. Hum Gene Ther 3: 147–154
Davis HL, Demeneix BA, Quantin B, Coulombe J, Whalen RG (1993) Plasmid DNA is superior to viral vectors for direct gene transfer into adult mouse skeletal muscle. Hum Gene Ther 4: 733–740
Delort JP, Capecchi MR (1996) TAXI/UAS: a molecular switch to control expression of genes in vivo. Hum Gene Ther 7: 809–820
DeMatteo RP, Markmann JF, Kozarsky KF, Barker CF, Raper SE (1996) Prolongation of adenoviral transgene expression in mouse liver by T-lymphocyte subset depletion. Gene Ther 3: 4–12
Dillon N (1993) Regulating gene expression in gene therapy. Trends Biotechnol 11: 167–173
Dillon N, Grosveld F (1993) Transcriptional regulation of multigene loci: multilevel control. Trends Genet 9: 134–137
Donahue RE, Kessler SW, Bodine D, McDonagh K, Dunbar C, Goodman S, Agricola B, Byrne E, Raffeld M, Moen R et al. (1992) Helper virus induced T cell lymphoma in nonhuman primates after retroviral mediated gene transfer. J Exp Med 176: 1125–1135
Dubensky TW Jr, Driver DA, Polo JM, Belli BA, Latham EM, Ibanez CE, Chada S, Brumm D, Banks TA, Mento SJ, Jolly DJ, Chang SM (1996) Sindbis virus DNA-based expression vectors: utility for in vitro and in vivo gene transfer. J Virol 70: 508–519
Dzau VJ, Morishita R, Gibbons GH (1993) Gene therapy for cardiovascular disease. Trends Biotechnol 11: 205–210
Eissenberg JC, Elgin SC (1991) Boundary functions in the control of gene expression. Trends Genet 7: 335–340
Fields BN (ed) (1990) Virology. Raven Press, New York
Fisher KJ, Choi H, Burda J, Chen SJ, Wilson JM (1996a) Recombinant adenovirus deleted of all viral genes for gene therapy of cystic fibrosis. Virology 217: 11–22
Fisher KJ, Gao GP, Weitzman MD, DeMatteo R, Burda JF, Wilson JM (1996b) Transduction with recombinant adeno-associated virus for gene therapy is limited by leading-strand synthesis. J Virol 70: 520–532
Flotte TR, Carter BJ (1995) Adeno-associated virus vectors for gene therapy. Gene Ther 2: 357–362
Flotte TR, Afione SA, Conrad C, McGrath SA, Solow R, Oka H, Zeitlin PL, Guggino WB, Carter BJ (1993) Stable in vivo expression of the cystic fibrosis transmembrane conductance regulator with an adeno-associated virus vector. Proc Natl Acad Sci USA 90: 10613–10617
Flotte TR, Barraza Ortiz X, Solow R, Afione SA, Carter BJ, Guggino WB (1995) An improved system for packaging recombinant adeno-associated virus vectors capable of in vivo transduction. Gene Ther 2: 29–37
Fox ME, Lemmon MJ, Mauchline ML, Davis TO, Giaccia AJ, Minton NP, Brown JM (1996) Anaerobic bacteria as a delivery system for cancer gene therapy: in vitro activation of 5-fluorocytosine by genetically engineered clostridia. Gene Ther 3: 173–178
Geller AI, Keyomarsi K, Bryan J, Pardee AB (1990) An efficient deletion mutant packaging system for defective herpes simplex virus vectors: potential applications to human gene therapy and neuronal physiology. Proc Natl Acad Sci USA 87: 8950–8954
Geschwind MD, Hartnick CJ, Liu W, Amat J, Vandewater TR, Federoff HJ (1996) Defective HSV 1 vector expressing BDNF in auditory ganglia elicits neurite outgrowth: model for treatment of neuron loss following cochlear degeneration. Hum Gene Ther 7: 173–182
Glorioso JC, Bender MA, Goins WF, Fink DJ, DeLuca N (1995a) HSV as a gene transfer vector for the nervous system. Mol Biotechnol 4: 87–99
Glorioso JC, DeLuca NA, Fink DJ (1995b) Development and application of herpes simplex virus vectors for human gene therapy. Annu Rev Microbiol 49: 675–710
Gossen M, Bujard H (1992) Tight control of gene expression in mammalian cells by tetracycline-responsive promoters. Proc Natl Acad Sci USA 89: 5547–5551
Gossen M, Freundlieb S, Bender G, Muller G, Hillen W, Bujard H (1995) Transcriptional activation by tetracyclines in mammalian cells. Science 268: 1766–1769
Graham FL, Eb AJ van der (1973) A new technique for the assay of infectivity of human adenovirus 5 DNA. Virology 52: 456–460

Graham FL, Smiley J, Russell WC, Nairn R (1977) Characteristics of a human cell line transformed by DNA from human adenovirus type 5. J Gen Virol 36: 59–74

Greaves DR, Wilson FD, Lang G, Kioussis D (1989) Human CD2 3'-flanking sequences confer high-level, T-cell-specific, position-independent gene expression in transgenic mice. Cell 56: 979–986

Grossman M, Raper SE, Kozarsky K, Stein EA, Engelhardt JF, Muller D, Lupien PJ, Wilson JM (1994) Successful ex vivo gene therapy directed to liver in a patient with familial hypercholesterolaemia [see comments]. Nat Genet 6: 335–341

Günzburg WH, Salmons B (1996) Development of retroviral vectors as safe, targeted gene delivery systems. J Mol Med 74: 171–182

Haddada H, Ragot T, Cordier L, Duffour MT, Perricaudet M (1993) Adenoviral interleukin-2 gene transfer into P815 tumor cells abrogates tumorigenicity and induces antitumoral immunity in mice. Hum Gene Ther 4: 703–711

Hatzfeld A, Batard P, Panterne B, Taieb F, Hatzfeld J (1996) Increased stable retroviral gene transfer in early hematopoietic progenitors released from quiescence. Hum Gene Ther 7: 207–213

Herrmann F (1996) Clinical application of gene transfer. J Mol Med 74: 213–221

Hersh J, Crystal RG, Bewig B (1995) Modulation of gene expression after replication-deficient, recombinant adenovirus-mediated gene transfer by the product of a second adenovirus vector. Gene Ther 2: 124–131

Herweijer H, Latendresse JS, Williams P, Zhang G, Danko I, Schlesinger S, Wolff JA (1995) A plasmid-based self-amplifying Sindbis virus vector. Hum Gene Ther 6: 1161–1167

Hofmann C, Sandig V, Jennings G, Rudolph M, Schlag P, Strauss M (1995) Efficient gene transfer into human hepatocytes by baculovirus vectors. Proc Natl Acad Sci USA 92: 10099–10103

Huard J, Goins WF, Glorioso JC (1995) Herpes simplex virus type 1 vector mediated gene transfer to muscle. Gene Ther 2: 385–392

Isaka Y, Fujiwara Y, Ueda N, Kaneda Y, Kamada T, Imai E (1993) Glomerulosclerosis induced by in vivo transfection of transforming growth factor-beta or platelet-derived growth factor gene into the rat kidney. J Clin Invest 92: 2597–2601

Jin X, Nguyen D, Zhang WW, Kyritsis AP, Roth JA (1995) Cell cycle arrest and inhibition of tumor cell proliferation by the p16INK4 gene mediated by an adenovirus vector. Cancer Res 55: 3250–3253

Johnson PA, Miyanohara A, Levine F, Cahill T, Friedmann T (1993) Cytotoxicity of a replication-deficient mutant of herpes simplex virus type 1. J Virol 66: 2952–2965

Kaneda Y, Iwai K, Uchida T (1989a) Increased expression of DNA cointroduced with nuclear protein in adult rat liver. Science 243: 375–378

Kaneda Y, Iwai K, Uchida T (1989b) Introduction and expression of the human insulin gene in adult rat liver. J Biol Chem 264: 12126–12129

Kaneko S, Hallenbeck P, Kotani T, Nakabayashi H, McGarrity G, Tamaoki T, Anderson WF, Chiang YL (1995) Adenovirus-mediated gene therapy of hepatocellular carcinoma using cancer-specific gene expression. Cancer Res 55: 5283–5287

Kaplitt MG, Leone P, Samulski RJ, Xiao X, Pfaff DW, O'Malley KL, During MJ (1994) Long-term gene expression and phenotypic correction using adeno-associated virus vectors in the mammalian brain. Nat Genet 8: 148–154

Kas E, Poljak L, Adachi Y, Laemmli UK (1993) A model for chromatin opening: stimulation of topoisomerase II and restriction enzyme cleavage of chromatin by distamycin. EMBO J 12: 115–126

Kasahara N, Dozy AM, Kan YW (1994) Tissue-specific targeting of retroviral vectors through ligand-receptor interactions [see comments]. Science 266: 1373–1376

Kitamura N, Semler BL, Rothberg PG, Larsen GR, Adler CJ, Dorner AJ, Emini EA, Hanecak R, Lee JJ, Werf S van der, Anderson CW, Wimmer E (1981) Primary structure, gene organization and polypeptide expression of poliovirus RNA. Nature 291: 547–553

Kitts PA, Ayres MD, Possee RD (1990) Linearization of baculovirus DNA enhances the recovery of recombinant virus expression vectors. Nucleic Acids Res 18: 5667–5672

Kolls JK, Lei DH, Odom G, Nelson S, Summer WR, Gerber MA, Shellito JE (1996) Use of transient Cd4 lymphocyte depletion to prolong transgene expression of E1 deleted adenoviral vectors. Hum Gene Ther 7: 489–497

Koopman P, Gubbay J, Vivian N, Goodfellow P, Lovell Badge R (1991) Male development of chromosomally female mice transgenic for Sry [see comments]. Nature 351: 117–121

Kotin RM (1994) Prospects for the use of adeno-associated virus as a vector for human gene therapy. Hum Gene Ther 5: 793–801

Kramm CM, Rainov NG, Senaesteves M, Chase M, Pechan PA, Chiocca EA, Breakefield XO (1996) Herpes vector mediated delivery of marker genes to disseminated central nervous system tumors. Hum Gene Ther 7: 291–300

Kries JP von, Buhrmester H, Stratling WH (1991) A matrix/scaffold attachment region binding protein: identification, purification, and mode of binding. Cell 64: 123–135

Ledley FD (1995) Nonviral gene therapy: the promise of genes as pharmaceutical products. Hum Gene Ther 6: 1129–1144

Lem J, Flannery JG, Li T, Applebury ML, Farber DB, Simon MI (1992) Retinal degeneration is rescued in transgenic rd mice by expression of the cGMP phosphodiesterase beta subunit. Proc Natl Acad Sci USA 89: 4422–4426

Lesoonwood LA, Kim WH, Kleinman HK, Weintraub BD, Mixson AJ (1995) Systemic gene therapy with p53 reduces growth and metastases of a malignant human breast cancer in nude mice. Hum Gene Ther 6: 395–405

Lew D, Parker SE, Latimer T, Abai AM, Kuwahararundell A, Doh SG, Yang ZY, Laface D, Gromkowski SH, Nabel GJ, Manthorpe M, Norman J (1995) Cancer gene therapy using plasmid DNA: pharmacokinetic study of DNA following injection in mice. Hum Gene Ther 6: 553–564

Li Q, Kay MA, Finegold M, Stratford Perricaudet LD, Woo SL (1993) Assessment of recombinant adenoviral vectors for hepatic gene therapy. Hum Gene Ther 4: 403–409

Liljeström P (1994) Alphavirus expression systems. Curr Opin Biotechnol 5: 495–500

Liljeström P, Garoff H (1991) A new generation of animal cell expression vectors based on the Semliki Forest virus replicon. Biotechnology 9: 1356–1361

Liu TJ, Naggar AK el, McDonnell TJ, Steck KD, Wang M, Taylor DL, Clayman GL (1995) Apoptosis induction mediated by wild-type p53 adenoviral gene transfer in squamous cell carcinoma of the head and neck. Cancer Res 55: 3117–3122

Lu B, Federoff HJ (1995) Herpes simplex virus type 1 amplicon vectors with glucocorticoid-inducible gene expression. Hum Gene Ther 6: 419–428
Mackett M, Smith GL, Moss B (1982) Vaccinia virus: a selectable eukaryotic cloning and expression vector. Proc Natl Acad Sci USA 79: 7415–7419
Mann R, Mulligan RC, Baltimore D (1983) Construction of a retrovirus packaging mutant and its use to produce helper-free defective retrovirus. Cell 33: 153–159
Markowitz D, Goff S, Bank A (1988) A safe packaging line for gene transfer: separating viral genes on two different plasmids. J Virol 62: 1120–1124
Martinez I, Dornburg R (1996) Partial reconstitution of a replication competent retrovirus in helper cells with partial overlaps between vector and helper cell genomes. Hum Gene Ther 7: 705–712
Mastrangeli A, Harvey BG, Yao J, Wolff G, Kovesdi I, Crystal RG, Falckpedersen E (1996) Sero switch adenovirus mediated in vivo gene transfer: circumvention of anti adenovirus humoral immune defenses against repeat adenovirus vector administration by changing the adenovirus serotype. Hum Gene Ther 7: 79–87
Mathias P, Wickham T, Moore M, Nemerow G (1994) Multiple adenovirus serotypes use alpha v integrins for infection. J Virol 68: 6811–6814
Matthews KE, Dev SB, Toneguzzo F, Keating A (1995) Electroporation for gene therapy. Methods Mol Biol 48: 273–280
Maxwell IH, Maxwell F, Rhode SL, Corsini J, Carlson JO (1993) Recombinant LuIII autonomous parvovirus as a transient transducing vector for human cells. Hum Gene Ther 4: 441–450
Maxwell IH, Spitzer AL, Long CJ, Maxwell F (1996) Autonomous parvovirus transduction of a gene under control of tissue-specific or inducible promotors. Gene Ther 3: 28–36
McCoy RD, Davidson BL, Roessler BJ, Huffnagle GB, Janich SL, Laing TJ, Simon RH (1995) Pulmonary inflammation induced by incomplete or inactivated adenoviral particles. Hum Gene Ther 6: 1553–1560
McGrory WJ, Bautista DS, Graham FL (1988) A simple technique for the rescue of early region I mutations into infectious human adenovirus type 5. Virology 163: 614–617
Mester JC, Pitha PM, Glorioso JC (1995) Antiviral activity of herpes simplex virus vectors expressing murine alpha 1-interferon. Gene Ther 2: 187–196
Michael SI, Hong JS, Curiel DT, Engler JA (1995) Addition of a short peptide ligand to the adenovirus fiber protein. Gene Ther 2: 660–668
Miller AD, Buttimore C (1986) Redesign of retrovirus packaging cell lines to avoid recombination leading to helper virus production. Mol Cell Biol 6: 2895–2902
Miller JL, Donahue RE, Sellers SE, Samulski RJ, Young NS, Nienhuis AW (1994) Recombinant adeno-associated-virus-(rAAV)-mediated expression of a human gamma-globin gene in human progenitor-derived erythroid cells [published erratum appears in Proc Natl Acad Sci USA 1995 92: 646]. Proc Natl Acad Sci USA 91: 10183–10187
Mulligan RC (1993) The basic science of gene therapy. Science 260: 926–932
Moss B (1991) Vaccinia virus: a tool for research and vaccine development. Science 252: 1662–1667
Naldini l, Blomer U, Gallay P, Ory D, Mulligan R, Gage FH, Verma IM, Trono D (1996) In vivo gene delivery and stable transduction of nondividing cells by a lentiviral vector. Science 272: 263–267
O'Neil BH, Kawakami Y, Restifo NP, Bennink JR, Yewdell JW, Rosenberg SA (1993) Detection of shared MHC-restricted human melanoma antigens after vaccinia virus-mediated transduction of genes coding for HLA. J Immunol 151: 1410–1418
Pakzaban P, Geller AI, Isacson O (1994) Effect of exogenous nerve growth factor on neurotoxicity of and neuronal gene delivery by a herpes simplex amplicon vector in the rat brain. Hum Gene Ther 5: 987–995
Palmiter RD, Sandgren EP, Avarbock MR, Allen DD, Brinster RL (1991) Heterologous introns can enhance expression of transgenes in mice. Proc Natl Acad Sci USA 88: 478–482
Porter DC, Ansardi DC, Morrow CD (1995) Encapsidation of poliovirus replicons encoding the complete human immunodeficiency virus type 1 gag gene by using a complementation system which provides the P1 capsid protein in trans. J Virol 69: 1548–1555
Qin HX, Chatterjee SK (1996) Construction of recombinant vaccinia virus expressing gm csf and its use as tumor vaccine. Gen Ther 3: 59–66
Qiu P, Ziegelhoffer P, Sun J, Yang NS (1996) Gene gun delivery of mRNA in situ results in efficient transgene expression and genetic immunization. Gen Ther 3: 262–268
Raja Walia R, Webber J, Naftilan J, Chapman GD, Naftilan AJ (1995) Enhancement of liposome-mediated gene transfer into vascular tissue by replication deficient adenovirus. Gene Ther 2: 521–530
Roth J, Dittmer D, Rea D, Tartaglia J, Paoletti E, Levine A (1996) p53 as a target for cancer vaccines: recombinant canarypox virus vectors expressing p53 protect mice against lethal tumor cell challenge. Proc Natl Acad Sci USA 93: 4781–4786
Rother RP, Squinto SP, Mason JM, Rollins SA (1995) Protection of retroviral vector particles in human blood through complement inhibition. Hum Gene Ther 6: 429–435
Roux P, Jeanteur P, Piechaczyk M (1989) A versatile and potentially general approach to the targeting of specific cell types by retroviruses: application to the infection of human cells by means of major histocompatibility complex class I and class II antigens by mouse ecotropic murine leukemia virus-derived viruses. Proc Natl Acad Sci USA 86: 9079–9083
Russell SJ (1991) Making high titre retroviral producer cells. Methods Mol Biol 8: 29–60
Russell DW, Miller AD, Alexander IE (1994) Adeno-associated virus vectors preferentially transduce cells in S phase. Proc Natl Acad Sci USA 91: 8915–8919
Sawchuk SJ, Boivin GP, Duwel LE, Ball W, Bove F, Trapnell B, Hirsch R (1996) Anti T-cell receptor monoclonal antibody prolongs transgene expression following adenovirus mediated in vivo gene transfer to mouse synovium. Hum Gene Ther 7: 499–506
Schofield JP, Caskey CT (1995) Non-viral approaches to gene therapy. In: Lever AML, Goodfellow P (eds) Gene therapy. Churchill Livingstone, Edinburgh London New York, pp 56–71
Shimotohno K, Temin HM (1981) Formation of infectious progeny virus after insertion of herpes simplex thymidine kinase gene into DNA of an avian retrovirus. Cell 26: 67–77

Sippel A, Saueressig H, Winter D, Grewal T, Faust N, Hecht A, Bonifer C (1992) In: Grosveld F, Kollias G (eds) Transgenic animals. Academic Press, New York London, pp 1–26

Somogyi P, Frazier J, Skinner MA (1993) Fowlpox virus host range restriction: gene expression, DNA replication, and morphogenesis in nonpermissive mammalian cells. Virology 197: 439–444

Staubinger RM (1993) pH-sensitive liposomes for delivery of macromolecules into cytoplasm of cultured cells. Methods Enzymol 221: 361–370

Stewart MJ, Plautz GE, Del Buono L, Yang ZY, Xu L, Gao X, Huang L, Nabel EG, Nabel GJ (1992) Gene transfer in vivo with DNA-liposome complexes: safety and acute toxicity in mice. Hum Gene Ther 3: 267–275

Su H, Chang JC, Xu SM, Kan YW (1996) Selective killing of AFP-positive hepatocellular carcinoma cells by adeno-associated virus transfer of the herpes simplex virus thymidine kinase gene. Hum Gene Ther 7: 463–470

Sugaya S, Fujita K, Kikuchi A, Ueda H, Takakuwa K, Kodama S, Tanaka K (1996) Inhibition of tumor growth by direct intratumoral gene transfer of herpes simplex virus thymidine kinase gene with DNA liposome complexes. Hum Gene Ther 7: 223–230

Sutter G, Moss B (1992) Nonreplicating vaccinia vector efficiently expresses recombinant genes. Proc Natl Acad Sci USA 89: 10847–10851

Sutter G, Moss B (1995) Novel vaccinia vector derived from the host range restricted and highly attenuated MVA strain of vaccinia virus. Dev Biol Stand 84: 195–200

Tabin CJ, Hoffmann JW, Goff SP, Weinberg RA (1982) Adaptation of a retrovirus as a eucaryotic vector transmitting the herpes simplex virus thymidine kinase gene. Mol Cell Biol 2: 426–436

Tatum EL (1966) Molecular biology, nucleic acids and the future of medicine. Perspect Biol Med 10: 19–32

Thrasher AJ, Alwis M de, Casimir CM, Kinnon C, Page K, Lebkowski J, Segal AW, Levinsky RJ (1995) Generation of recombinant adeno-associated virus (rAAV) from an adenoviral vector and functional reconstitution of the NADPH-oxidase. Gene Ther 2: 481–485

Ulmer JB, Donnelly JJ, Parker SE, Rhodes GH, Felgner PL, Dwarki VJ, Gromkowski SH, Deck RR, DeWitt CM, Friedman A et al. (1993) Heterologous protection against influenza by injection of DNA encoding a viral protein [see comments]. Science 259: 1745–1749

Vahlsing HL, Yankauckas MA, Sawdey M, Gromkowski SH, Manthorpe M (1994) Immunization with plasmid DNA using a pneumatic gun. J Immunol Methods 175: 11–22

Valsesia-Wittmann S, Drynda A, Deleage G, Aumailley M, Heard JM, Danos O, Verdier G, Cosset FL (1994) Modifications in the binding domain of avian retrovirus envelope protein to redirect the host range of retroviral vectors. J Virol 68: 4609–4619

Vile R, Russell SJ (1994) Gene transfer technologies for the gene therapy of cancer. Gen Ther 1: 88–98

Vile RG, Russell SJ (1995) Retroviruses as vectors. In: Lever AML, Goodfellow P (eds) Gene therapy. Churchill Livingstone, Edinburgh London New York, pp 12–30

Vos JM (1994) Herpesviruses as genetic vectors. In: Vos JM (ed) Viruses in human gene therapy. Carolina Academic Press, Durham, NC, pp 108–140

Wagner E, Plank C, Zatloukal K, Cotten M, Birnstiel ML (1992a) Influenza virus hemagglutinin HA-2 N-terminal fusogenic peptides augment gene transfer by transferrin-polylysine-DNA complexes: toward a synthetic virus-like gene-transfer vehicle. Proc Natl Acad Sci USA 89: 7934–7938

Wagner E, Zatloukal K, Cotten M, Kirlappos H, Mechtler K, Curiel DT, Birnstiel ML (1992b) Coupling of adenovirus to transferrin-polylysine/DNA complexes greatly enhances receptor-mediated gene delivery and expression of transfected genes. Proc Natl Acad Sci USA 89: 6099–6103

Wang M, Bronte V, Chen PW, Gritz L, Panicali D, Rosenberg SA, Restifo NP (1995a) Active immunotherapy of cancer with a nonreplicating recombinant fowlpox virus encoding a model tumor-associated antigen. J Immunol 154: 4685–4692

Wang MJ, Friedmann T, Johnson PA (1995b) Differentiation of PC12 cells by infection with an HSV-1 vector expressing nerve growth factor. Gene Ther 2: 323–335

Watson JD, Crick FHC (1953) Genetical implications of the structure of deoxyribonucleic acid. Nature 171: 964–969

Wei CM, Gibson M, Spear PG, Scolnick EM (1981) Construction and isolation of a transmissible retrovirus containing the src gene of Harvey murine sarcoma virus and the thymidine kinase gene of herpes simplex virus type 1. J Virol 39: 935–944

Welsh RM Jr, Cooper NR, Jensen FC, Oldstone MB (1975) Human serum lyses RNA tumour viruses. Nature 257: 612–614

Wigler M, Silverstein S, Lee LS, Pellicer A, Cheng YC, Axel R (1977) Transfer of purified herpes virus thymidine kinase gene to cultured mouse cells. Cell 11: 223–232

Williams RS, Johnston SA, Riedy M, DeVit MJ, McElligott SG, Sanford JC (1991) Introduction of foreign genes into tissues of living mice by DNA-coated microprojectiles. Proc Natl Acad Sci USA 88: 2726–2730

Wilson JM, Grossman M, Wu CH, Chowdhury NR, Wu GY, Chowdhury JR (1992) Hepatocyte-directed gene transfer in vivo leads to transient improvement of hypercholesterolemia in low density lipoprotein receptor-deficient rabbits. J Biol Chem 26: 963–967

Wolff JA, Lederberg J (1994) An early history of gene transfer and therapy. Hum Gene Ther 5: 469–480

Wood MJ, Byrnes AP, Pfaff DW, Rabkin SD, Charlton HM (1994) Inflammatory effects of gene transfer into the CNS with defective HSV-1 vectors. Gene Ther 1: 283–291

Wu GY, Wu CH (1988) Receptor-mediated gene delivery and expression in vivo. J Biol Chem 263: 14621–14624

Wu CH, Wilson JM, Wu GY (1989) Targeting genes: delivery and persistent expression of a foreign gene driven by mammalian regulatory elements in vivo. J Biol Chem 264: 16985–16987

Wu XY, Holschen J, Kennedy SC, Ponder KP (1996) Retroviral vector sequences may interact with some internal promoters and influence expression. Hum Gene Ther 7: 159–171

Xiong C, Levis R, Shen P, Schlesinger S, Rice CM, Huang HV (1989) Sindbis virus: an efficient, broad host range vector for gene expression in animal cells. Science 243: 1188–1191

Yang NS, Sun WH (1995) Gene gun and other non-viral approaches for cancer gene therapy. Nat Med 1: 481–483

Yang NS, Burkholder J, Roberts B, Martinell B, McCabe D (1990) In vivo and in vitro gene transfer to mammalian somatic cells by particle bombardment. Proc Natl Acad Sci USA 87: 9568–9572

Yang Y, Nunes FA, Berencsi K, Gonczol E, Engelhardt JF, Wilson JM (1994) Inactivation of E2a in recombinant adenoviruses improves the prospect for gene therapy in cystic fibrosis. Nat Genet 7: 362–369

Yang Y, Vanin EF, Whitt MA, Fornerod M, Zwart R, Schneiderman RD, Grosveld G, Nienhuis AW (1995) Inducible, high-level production of infectious murine leukemia retroviral vector particles pseudotyped with vesicular stomatitis virus G envelope protein. Hum Gene Ther 6: 1203–1213

Yee JK, Friedmann T, Burns JC (1994) Generation of high-titer pseudotyped retroviral vectors with very broad host range. Methods Cell Biol 43: 99–112

Yu SF, Ruden T von, Kantoff PW, Garber C, Seiberg M, Ruther U, Anderson WF, Wagner EF, Gilboa E (1986) Self-inactivating retroviral vectors designed for transfer of whole genes into mammalian cells. Proc Natl Acad Sci USA 83: 3194–3198

Zhou XZ, Berglund P, Zhao HX, Liljestrom P, Jondal M (1995) Generation of cytotoxic and humoral immune responses by nonreplicative recombinant semliki Forest virus. Proc Natl Acad Sci USA 92: 3009–3013

Zhou SZ, Li Q, Stamatoyannopoulos G, Srivastava A (1996) Adeno associated virus 2 mediated transduction and erythroid cell specific expression of a human beta globin gene. Gen Ther 3: 223–229

Zhu N, Liggitt D, Liu Y, Debs R (1993) Systemic gene expression after intravenous DNA delivery into adult mice. Science 261: 209–211

Zinder ND, Lederberg J (1952) Genetic exchange in Salmonella. J Bacteriol 64: 679–699

3 Immuntherapie

3.1 Interdependenz von Adhäsionsverlust und Apoptose als tragendes Prinzip der Gewebshomöostase und deren Störung in der Neoplasie

ULRIKE VON REYHER, JÖRN STRÄTER und PETER MÖLLER

3.1.1 Apoptose, der programmierte Zelltod

Zellen multizellularer Organismen verfügen über Programme der gezielten Selbstelimination. Dabei werden Proteasen aktiviert, die bereits als inaktive Vorstufen vorliegen. Diese Proteasen katalysieren einerseits intrazellulare Signalkaskaden, andererseits bewirken sie die Degradation von intrazellularen Makromolekülen. Diese Selbstmordprogramme wurden von Wyllie [1980] in den 80er Jahren Apoptose (altgriech. für Herabfallen, Bild des sterbenden Herbstblattes) genannt. Die Morphologie der Apoptose ist für alle eukaryotischen Zellen sehr ähnlich. Es entstehen bläschenförmige Membranausstülpungen (engl. blebs), die sich ablösen und etwa die Größe von Thrombozyten haben. Das Kernchromatin kondensiert, der Kern schrumpft und zerfällt in chromatinhaltige Fragmente; die apoptotische Zelle wird zu einer strukturverarmten blasigen Intermediärform, bevor diese zu unterschiedlich großen, Kernfragmente enthaltenden zellularen Restkörpern zerfällt. Durch Endonukleasen wird die genomische DNA systematisch zuerst in große, schließlich in kleine, ca. 200 bp lange Bruchstücke zerlegt (Abb. 3.1.1). Der Nachweis der charakteristischen kleinen DNA-Fragmente gilt derzeit als klassischer [Wyllie 1980] und sicherster Apoptoseparameter. Damit ist die Individualität der Zelle irreversibel erloschen. Die

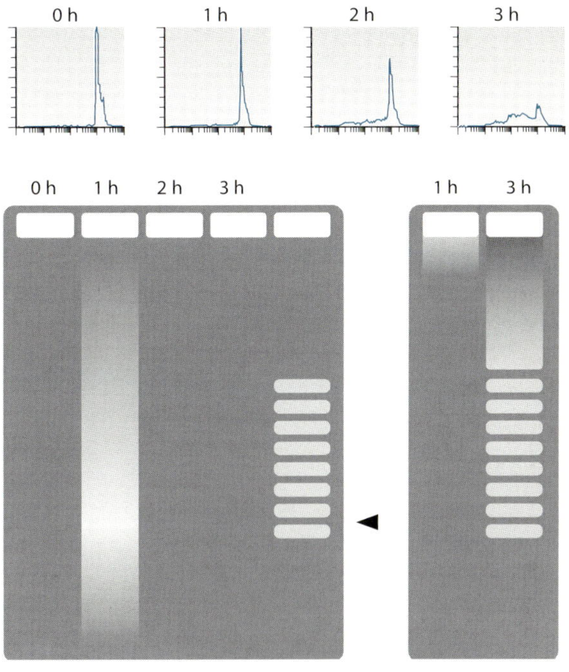

Abb. 3.1.1. Darstellungsmöglichkeiten des DNA-Zerfalls im Rahmen der Apoptose. Die Histogramme zeigen eine durchflußzytophotometrische Kinetik einer Zellkultur, im speziellen Fall die Kolonkarzinomzellinie HT29, die mit einem Apoptoseinduktor, im speziellen Beispiel CD95-Ligation, in die Apoptose getrieben wurde. Dabei wurde die nukleäre DNA mit einem DNA-bindenden Fluoreszenzfarbstoff angefärbt. Die noch intakte Zellpopulation zeigt einen schmalen Peak, der der Fluoreszenzintensität der intakten, diploiden chromosomalen DNA entspricht. Die während der Apoptose entstehenden niedrigmolekularen DNA-Fragmente können aus den permeabilisierten Zellen herausdiffundieren, so daß diese einen hypodiploiden DNA-Gehalt besitzen. Der diploide DNA-Peak nimmt folglich ab, und die ordinatennähere breitbasige Schulter nimmt in dem Maß zu, wie die DNA-Fragmentation fortschreitet. Die schematisierten DNA-Blots in der 2. Reihe zeigen links eine sog. Pulse-field-Gelelektrophorese, die eine hohe Auflösung im Bereich der hochmolekularen DNA besitzt. Die Wanderungsgeschwindigkeit hängt von der Fragmentgröße ab. Intakte DNA wandert unter den gewählten Bedingungen kaum. Bereits 1 h nach Beginn des Apoptoseversuchs wandern große DNA-Bruchstücke in das Gel ein. Diese sind als unscharfer Schmier im Gel sichtbar. Diese grob fragmentierte DNA (Bruchstücklänge um 50 kbp; vgl. sog. λ-Leiter in der 5. Spur und Pfeilmarkierung bei 49 kbp) ist nach 2 h völlig durch das Gel gewandert und herausgelaufen und insofern nicht mehr nachweisbar. Das rechte Gel stellt eine konventionelle DNA-Gelelektrophorese dar. Die DNA des oben genannten Versuchs ist in die Startpositionen eingebracht. Die großen, links gezeigten DNA-Bruchstücke wandern bei der gewählten Spannung nur wenig in das Gel ein (1. Spur). 3 h nach Gabe des Apoptose-induzierenden Stimulus zeigt sich jedoch eine DNA-Leiter, die durch kleine DNA-Bruchstücke definierter Länge hervorgerufen wird (d. h. ca. 200 bp lang), nach Günthert et al. [1996]

Handbuch der Molekularen Medizin, Band 2
Tumorerkrankungen
Herausgeber: D. Ganten und K. Ruckpaul

Zellfragmente und Blebs werden von Makrophagen und anderen benachbarten Zellen aufgenommen oder über natürliche Oberflächen aus dem Organismus eliminiert. Dabei entsteht kein lokaler Entzündungsreiz.

3.1.1.1 Biologische Bedeutung der Apoptose

Die Apoptose ist ein mittlerweile als fundamental anerkanntes Prinzip, das die Ontogenese und die Homöostase eines komplexen Organismus gewährleistet [Kerr et al. 1972, Raff 1992]. Die Ontogenese ist eine kontinuierliche Proliferations- und Apoptosedynamik, deren genetisch determiniertes Metakonzept die organismische Organogenese ist. Im adulten Organismus eliminieren sich über Apoptose alternde und genetisch derangierte, potentiell deregulierte und insofern gefährliche Zellen. Auch B-Lymphozyten der Keimzentrumsreaktion, deren Affinitätsreifung mißglückt ist, eliminieren sich wahrscheinlich selbst. Im T-Lymphozyten-System werden potentiell autoreaktive Lymphozyten abgetötet. Hierbei wird die Apoptose der Zelle entweder aufgezwungen oder sie wird über zytotoxische Moleküle durch andere Zellen induziert. Dieser Mechanismus wurde Fratrizid genannt. Über Suizid bzw. Fratrizid werden wahrscheinlich auch die im Zug einer erfolgreichen Immunreaktion entstandenen antigenspezifischen T- und B-Lymphozyten-Klone auf eine Mindestgröße dezimiert und so die Immunreaktion beendet [Lynch et al. 1995]. Versuche, normale, nicht transformierte Zellen zu kultivieren, schlagen, von wenigen Zelltypen (wie z. B. Fibroblasten) abgesehen, in der Regel fehl, auch dann, wenn alle Aminosäuren, Nukleotide und Energieträger, Vitamine etc. im Kulturmedium in hinreichender Konzentration angeboten werden. Schon diese Erfahrung zeigt, daß viele Zelltypen im Organismus von ständig auf sie einwirkenden Überlebenssignalen abhängig sind. Fallen diese Signale fort, erfolgt der individuelle oder zelltypspezifische Zelltod (Tod durch Vernachlässigung, death by neglect), und zwar ebenfalls über Apoptose. Dieses Prinzip trägt erheblich zur Gewebeintegrität bei. Es erlaubt die übergeordnete Regulation der Größe von Zellpopulationen (z. B. des testikulären Keimepithels) durch lösliche Mediatoren (z. B. Geschlechtshormone), also aus der Ferne. Andere Überlebenssignale kommen aus der unmittelbaren Umgebung. Zellen, die obligat auf Basalmembranen sitzen, wie z. B. Drüsenepithelien und Endothelien, erhalten über den direkten Zell-Matrix-Kontakt Überlebenssignale aus der makromolekularen Struktur des Interstitiums.

3.1.1.2 Anoikis, programmierter Zelltod nach Unterbrechung der Zell-Matrix-Interaktion

Ein wichtiges zellbiologisches Schlüsselexperiment der letzten Jahre wurde von Steven Frisch u. Hunter Francis [1994] beschrieben. Über das bis dato vorhandene Wissen, daß Zell-Matrix-Interaktionen erhebliche Effekte auf die Genregulation, die Zytoskelettstruktur, die Differenzierung und die Wachstumskontrolle haben, zeigten diese Autoren, daß Epithelzellen, beraubt man sie der Möglichkeit der Anhaftung an einen Träger oder eine Matrix, binnen Stunden in die Apoptose übergehen. Diese spezielle Form der Apoptoseinduktion wurde von den Autoren Anoikis genannt (altgriech. für Heimatlosigkeit). Sie konnten zeigen, daß Anoikis eine Eigenschaft nicht-transformierter Epithelien ist. Nach Transformation der Epithelien mit Onkogenen wie v-Ha-ras oder v-src wuchsen die Zellen Matrix-unabhängig und zeigten keine Apoptose mehr. Nach reverser Transformation waren die Zellen wieder apoptosesensitiv [Frisch u. Francis 1994]. Der biologische Sinn von Anoikis mag u. a. darin bestehen, daß losgelöste und (z. B. traumatisch) verschleppte sessile Zellen nicht an einem anderen, d. h. falschen Ort, etwa im Sinn einer autologen Implantation, wachsen können. Mit diesem Prinzip scheint eine metastatische Verschleppung normaler sessiler Zellen erfolgreich vermieden zu werden.

3.1.1.3 Integrine als Funktionsträger der Zell-Matrix-Interaktion und des dadurch bedingten Überlebens

Integrine sind eine große Familie von α-β-heterodimeren Transmembranmolekülen. Die Größen der Untereinheiten schwanken zwischen einem MG von 90 000 für die kleinsten β-Untereinheiten β-2 und β-3 und einem MG bis ca. 200 000 für die bislang größte β-Untereinheit, β-4, und für α-1. Beide Typen von Ketten bilden eine extrazellular gelegene Ligandenbindungsstelle und eine intrazellulare Verbindung zum Zytoskelett, die überaus komplex ist, da sie aus vielen Molekülen besteht [Burridge u. Chrzanowska-Wodnicka 1996].

Unterschiedliche Integrine verhindern die Apoptose in unterschiedlichen Zelltypen. Die α-5-Untereinheit, die mit der β-1-Kette den klassischen

Fibronektinrezeptor bildet [Ruoslahti et al. 1994], steigert das Überleben von CHO-Zellen auf Fibronektin in Abwesenheit von Wachstumsfaktoren [Zhang et al. 1995]. β-1-Integrine verhindern die Apoptose von Brustdrüsenzellen auf Basalmembranen [Boudreau et al. 1995] und von isolierten humanen Kolonkryptenepithelien im Kollagengel [Sträter et al. 1996]. Die Inhibition dieser Interaktion mit inhibierendem Anti-β-1-Antikörper führte zur schnell einsetzenden Apoptose [Sträter et al. 1996]. Die Unterbrechung der αv-β3-Interaktion führt zur Apoptose in einigen Kolonkarzinom-, Endothel- und Melanomzellen [Bates et al. 1994, Brooks et al. 1994, Montgomery et al. 1994]. Dabei scheint die Fokale Adhäsionskinase (FAK) eine Rolle zu spielen. Meredith et al. [1993] zeigten, daß die Apoptose von in Suspension gezwungenen Zellen durch eine gesteigerte Tyrosinphosphorylierung verhindert werden konnte, was als indirekter Hinweis auf eine FAK-Wirkung gedeutet wurde. Die mögliche Rolle von FAK in diesem Zusammenhang wurde molekularbiologisch zu erhärten versucht. Reduzierte man die FAK-Expression auf mRNA-Ebene durch Antisense-Inhibition, resultierten in mehreren Tumorzellinien eine Loslösung vom Substrat und eine hohe Apoptoserate [Xu et al. 1996]. Dies ließ sich bei nicht-neoplastischen Zellen allerdings nicht erreichen [Xu et al. 1996]. Frisch et al. [1996] konnten in ihrem Anoikissystem zeigen, daß die Zellen nach Transfektion mit konstitutiv aktivierter FAK nicht mehr abstarben. Diese Überlebensinduktion ließ sich durch Transfektion mit Kinase-mutierter FAK oder FAK, deren wichtigste Autophosphorylierungsstelle defekt war, nicht erreichen. Interessanterweise wurden in verankerungsunabhängigen Tumorzellinien erhöhte Expressionsniveaus von FAK gefunden [Owens et al. 1995], so daß die Datenlage im Moment insgesamt dafür spricht, daß FAK eine zentrale Rolle bei der Anoikisverhinderung spielt. Auch der Integrin-vermittelte Zell-Zell-Kontakt scheint die Apoptose zu promovieren [Bates et al. 1995, Ruoslahti u. Reed 1994]. So konnte mit einem Anti-αv-Antikörper, der die Interaktion von in Suspension gehaltenen Epithelzellen verhindert, deren Eintritt in die Apoptose beschleunigt werden [Bates et al. 1994].

3.1.1.4 CD95, ein Rezeptor für ein exogenes Apoptosesignal

Im Jahr 1989 entdeckten 2 Laboratorien unabhängig voneinander monoklonale Antikörper, die in einigen Zellinien Apoptose auslösten [Trauth et al. 1989, Yonehara et al. 1989].

Das Antigen, das von der einen Arbeitsgruppe APO-1, von der anderen Fas genannt wurde, wurde charakterisiert und trägt mittlerweile die offizielle Leukozytenantigenbezeichnung CD95. CD95 ist ein Membranrezeptor, an den ein mittlerweile ebenfalls charakterisierter Ligand bindet, der CD95-Ligand, kurz CD95L. Aktivierte B- und T-Zellen exprimieren im Gegensatz zu ruhenden Lymphozyten CD95 und werden bei fortgesetzter Aktivierung über diesen Rezeptor apoptosesensitiv. T-Lymphozyten exprimieren nach prolongierter Antigenstimulation CD95L. Zell-Zell-Interaktionen unter Beteiligung von CD95/CD95L sind demnach deletär. Da CD95L auch proteolytisch von T-Zellen abgespalten werden kann und als löslicher Ligand (sCD95L) in trimerisierter Form ebenfalls biologisch aktiv ist [Tanaka et al. 1995], sind alle CD95-exprimierenden Zellen der Nachbarschaft spät-aktivierter T-Zellen potentiell gefährdet, besonders dann, wenn sie konstitutiv oder induziert auf CD95-Ligation mit Apoptose reagieren. Ein wichtiger Vermittler der Sensitivität gegenüber CD95-vermittelter Apoptose ist Interferon-γ, ein pleiotropes Sekretionsprodukt aktivierter T-Lymphozyten [Yonehara et al. 1989].

3.1.1.4.1 Gewebeverteilung von CD95 und CD95L

In einer umfangreichen Untersuchung [Leithäuser et al. 1993] konnten wir vor einiger Zeit zeigen, daß CD95 im normalen adulten Organismus sehr breit exprimiert ist, sogar breiter als z. B. HLA-DR. Es existieren:

- konstitutiv CD95-positive Zelltypen, unter denen viele Epitheltypen sind;
- die differentielle CD95-Positivität, z. B. bei Lymphozyten. Zelltypen dieser Kategorie exprimieren CD95 in einigen Entwicklungsstadien, in anderen nicht;
- eine induzierbare CD95-Positivität, z. B. bei Mesothelien, einigen Epithel- und einigen Mesenchymzelltypen.

Der adäquate Reiz zur Induktion von CD95 ist immunhistologisch gesehen die lymphohistiozytäre, also chronische Entzündung. In vitro konnte gezeigt werden, daß das T-Lymphozyten-Produkt Interferon-γ ein stark CD95-induzierendes Molekül ist [Möller et al. 1994, Yonehara et al. 1989].

Da die derzeit verfügbaren Antikörper gegen CD95L alle unerwünschte Nebenreaktionen aufweisen (unpublizierte eigene Daten), ist die Analyse der Gewebeverteilung des CD95L noch auf den In-situ-Nachweis von CD95L-Transkripten beschränkt. Mittels einer DNA-Sonde [Möller et al. 1996] konnten CD95L-mRNA-exprimierende Zellen im Gewebe nachgewiesen werden. Im Gegensatz zur breiten Gewebeverteilung von CD95 war der Ligand nur in spärlichen, vereinzelt liegenden mononukleären Zellen des Immunsystems und in Paneth-Körnerzellen nachweisbar [Möller et al. 1996]. Somit scheint die CD95L-Expression in erheblichem Maß restringiert zu sein, und zwar auf kleine Subpopulationen von T-Zellen, Histiozyten sowie auf Paneth-Zellen, wobei letztere auch Tumornekrosefaktor synthetisieren [Keshav et al. 1990, Schmauder-Chock et al. 1994, Tan et al. 1993].

In der Maus mag dies anders sein. Fas-Ligand wurde bei der Maus zusätzlich in Stromazellen der Retina und in Sertoli-Zellen des Hodens gefunden [Bellgrau et al. 1995, Griffith et al. 1995]. Diese Beobachtungen wurden bislang noch nicht von anderen Arbeitsgruppen bestätigt. Dennoch wurde in der Diskussion und in Kommentaren darauf das Konzept von immunprivilegierten Organen entworfen [Griffith et al. 1995]. Darunter versteht man eine Art Schutz dieser Gewebe bzw. Organe vor dem Immunsystem und somit vor möglichen Autoimmunreaktionen. Die lokale und konstitutive Produktion von Fas-Ligand bzw. CD95L in diesen Geweben würde alle aktivierten, inklusive potentiell autoreaktiven, T-Zellen, die in solch ein immunprivilegiertes Gewebe eindringen, eliminieren.

3.1.1.4.2 Molekulare Struktur von CD95 und CD95L

CD95 (APO-1/Fas) ist ein 48000-Typ-I-Zellmembranprotein der Tumornekrosefaktorrezeptorfamilie (TNF-Rezeptor-Familie) [Itoh et al. 1991] (Abb. 3.1.2). Mitglieder dieser Rezeptorsuperfamilie haben als Gruppenmerkmal unterschiedliche Anzahlen von Cystein-reichen extrazellularen Domänen, die Rezeptorfunktion für die Liganden haben. Die Liganden dieser Familie sind ihrerseits Mitglieder einer korrespondierenden molekularen Superfamilie, die der TNF-ähnlichen Zytokine (Abb. 3.1.2). Der natürliche Ligand für CD95 ist CD95L, ein 40000-Typ-II-Membranprotein [Suda et al. 1993]. CD95L existiert als zellständiges Molekül und als lösliche Form (sCD95L), die als Trimer aus Untereinheiten mit einem MG von 26000 besteht. CD95L wird von aktivierten T-Zellen exprimiert und als proteolytisches Spaltprodukt abgegeben. Derzeit wird intensiv untersucht, ob es eine Rezeptor-Ligand-Promiskuität innerhalb dieser beiden Superfamilien gibt, die weiter geht als die bekannte Promiskuität von TNF und Lymphotoxin-α (LTα) zu den TNF-Rezeptoren. CD95 und der TNF-Rezeptor-1 haben auch intrazytoplasmatische Homologiedomänen, die für die Übermittlung des Todessignals notwendig sind. Diese als Todesdomäne bezeichnete Homologieregion ist auf einer Reihe anderer, meist rein intrazellularer Proteine bekannt. Der molekulare Prototyp ist das Protein Reaper in Drosophila, das in deren Zellen Apoptose vermittelt [White et al. 1994]. Kürzlich

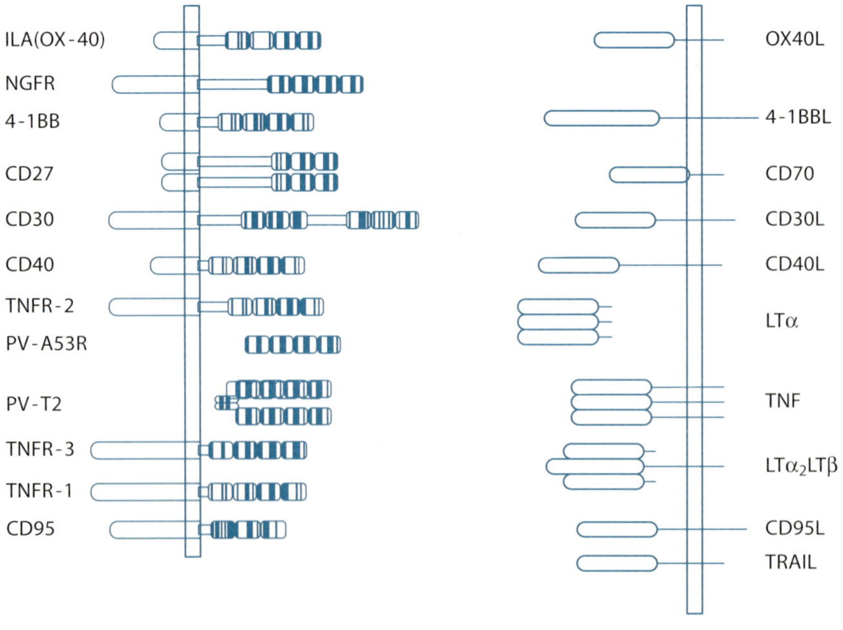

Abb. 3.1.2. Kartoon der Mitglieder der Tumornekroserezeptorsuperfamilie (*links*) und der Superfamilie der Tumornekrosefaktor-ähnlichen Zytokine (*rechts*). Die sich direkt gegenüber befindlichen Moleküle stehen in einem nachgewiesenen Rezeptor-Liganden-Verhältnis zueinander. Für TRAIL ist der Rezeptor noch unbekannt. Manche Vertreter der Zytokinfamilie sind lediglich als Trimer wirksam, u. a. auch der CD95L; modifiziert nach Gruss u. Dower [1995], weitere Details s. dort

konnte gezeigt werden, daß CD95 allein, selbst unter der notwendigen Bedingung der Oligomerisierung und intakter Todesdomäne, nicht in der Lage ist, das Signal zu übertragen. Dazu bedarf es akzessorischer Moleküle, die ebenfalls über Todesdomänen verfügen und die über dieses Protein-Protein-Interaktionsmotiv mit der Todesdomäne des CD95 aggregieren (Abb. 3.1.3). Diese Moleküle heißen MORT1/FADD [Boldin et al. 1995, Chinnaiyan et al. 1995] und RIP [Stanger et al. 1995] und sind dem TNF-Rezeptor-1-assoziierten Molekül TRADD strukturell und funktionell ähnlich. Die Assoziation von MORT1/FADD und RIP mit CD95 zu einem sog. Death inducing signaling complex (DISC) geht in Sekunden vonstatten [Kischkel et al. 1995]. Mit dieser Struktur noch nicht erkennbar verbunden, agiert sehr früh, innerhalb weniger Minuten, eine Sphingomyelinase, die Sphingomyelin zu Ceramid spaltet. Ceramid ist ein in der Signalkaskade wichtiges apoptosevermittelndes Molekül. Die Proteinphosphatase FAP-1 scheint dagegen auf DISC zu wirken, und zwar als negativer Regulator. Weiter stromab gelegene molekulare Funktionsträger sind die apoptoseinhibierenden Protoonkogenprodukte bcl-2 und bcl-x_L, deren genaue Einbindung(en) in den Regelmechanismus derzeit noch nicht bekannt sind, und als Schlüsselenzyme Vertreter aus der Gruppe der Interleukin-1-converting-Enzyme-ähnlichen (ICE-ähnlichen) Proteasen [Martin u. Green 1995]. ICE selbst wird über Spaltung der pro-ICE-Form aktiviert und aktiviert seinerseits andere ICE-ähnliche Proteasen, z. B. CPP32, und katalysiert den Aktinzerfall. Über Aktin wird die DNAse I inhibiert. Die Aktindegradation wirkt somit aktivierend auf diese DNAse und promoviert indirekt die DNA-Degradation, die ein intrinsischer Teil des Apoptoseprogramms ist (Abb. 3.1.3).

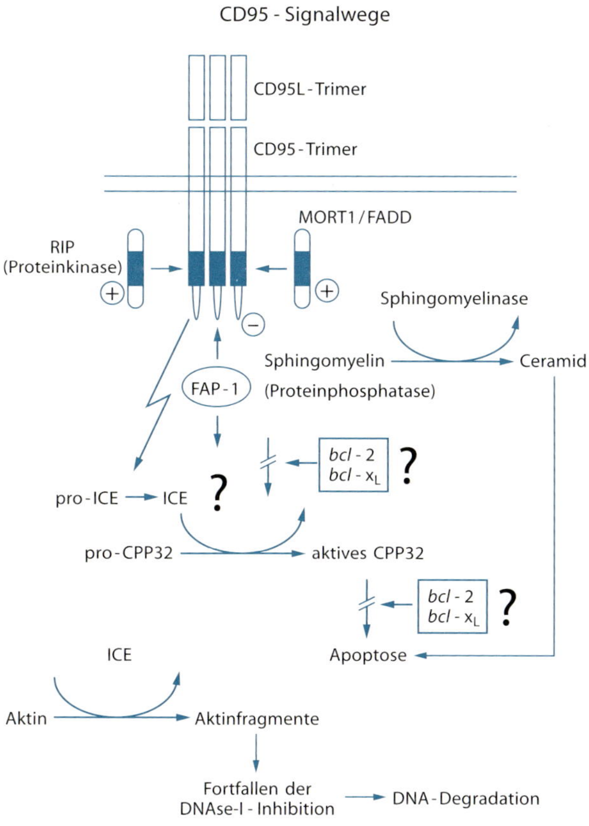

Abb. 3.1.3. Die Wege des CD95-Signals sind erst in Ansätzen verstanden. Die bislang publizierten Moleküle und deren Funktion sind hier zusammengefaßt. Erläuterung s. Text

3.1.1.4.3 Zellulare Interaktionen im Hinblick auf das CD95-CD95L-System

Die aktuelle Literatur ist in Hinsicht auf das CD95-CD95L-System mittlerweile sehr komplex [Lynch et al. 1995]. T-Lymphozyten exprimieren nach Antigen-getriggerter Stimulation CD95 und werden bei protrahierter Stimulation apoptosesensitiv. Bei protrahierter oder repetitiver Stimulation wird auch CD95L exprimiert. Dies kann im Prinzip dazu führen, daß sich benachbarte T-Zellen in die Apoptose zwingen (trans-Mechanismus) oder über Membraneinstülpung und membrangebundenen CD95L oder über proteolytische Abspaltung durch löslichen CD95L Suizid begehen (cis-Mechanismus). So ergibt sich für zytotoxische Lymphozyten die Möglichkeit, hochgradig antigenspezifisch über Membrankontakt und das CD95-CD95L-System Zielzellen über Apoptoseinduktion abzutöten. Dieser Mechanismus ist offenbar dem Perforin-Granzym-Weg der zellvermittelten Zytotoxizität komplementär (Abb. 3.1.4). Über sCD95L wirkt die aktivierte zytotoxische Zelle aber auch unspezifisch fatal auf ihre nähere zellulare Umgebung (parakrine Nahwirkung) (Abb. 3.1.4). Dieser Mechanismus mag bei der Graft-versus-Host-Reaktion eine essentielle Rolle spielen.

3.1.1.4.4 CD95/CD95L im natürlichen Kontext, am Beispiel der Colitis ulcerosa

Leithäuser et al. [1993] konnten zeigen, daß normale Kolonepithelzellen konstitutionell CD95 exprimieren, während CD95-Ligand im normalen Dickdarm lediglich von einzelnen mononukleären Zellen der Lamina propria ohne erkennbaren Bezug zum Epithel gebildet wird [Möller et al. 1996].

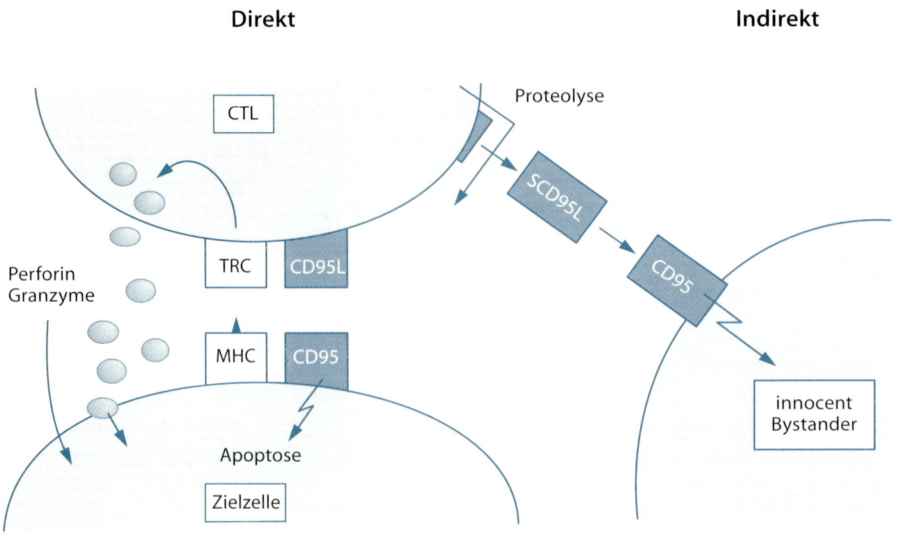

Abb. 3.1.4. Wirkungsmöglichkeiten der CD95-CD95L-Interaktion. Auf direktem, zielgerichtetem Weg erfolgt das CD95-Signal, wenn über Ligation des T-Zell-Antigenrezeptors (*TCR*) auf der T-Lymphozytenseite und Haupthistokompatibilitätsantigen (*MHC*) der Klasse I präsentiertes Antigen (*kleines schwarzes Dreieck*) von der T-Zelle erkannt wird. Parallel oder alternativ dazu kann eine zytotoxische T-Zelle die Zielzelle auch direkt über den Perforin-Granzym-Weg zerstören. Über proteolytisch abgespaltenen löslichen CD95L können dabei unbeteiligte Dritte ebenfalls – indirekt – in die Apoptose getrieben werden, falls sie CD95 exprimieren und apoptosesensitiv sind

Da das CD95-CD95L-System eine wichtige Rolle bei der Regulation entzündlicher Vorgänge spielt und insbesondere das proinflammatorische Interferon-γ die Expression von CD95 auf Kolonepithelien verstärkt [Möller et al. 1994], lag es nahe, die Ligandenexpression bei chronisch entzündlichen Darmerkrankungen zu untersuchen. Tatsächlich zeigt sich im Kolon von Patienten mit Colitis ulcerosa bereits in frühen Krankheitsstadien eine deutliche Vermehrung CD95L-positiver mononukleärer Zellen in der Lamina propria, die außerdem oft Epithel-assoziiert zu finden war. Parallel zu der gesteigerten CD95L-Expression war ein Anstieg der Zahl apoptotischer Epithelzellen gegenüber der normalen Situation zu beobachten [Sträter et al. 1997]. Eine fokal konzentrierte, vermehrte Apoptose von Epithelzellen könnte dabei zu einem lokalen Zusammenbruch der Barrierefunktion des Epithels führen, was wiederum die Invasion pathogener Keime ermöglichen und den entzündlichen Prozeß fördern würde. Pathogenetisch hieße dies, daß der lymphohistiozytären Infiltration der Lamina propria, die evtl. im Sinn einer überschießenden Toleranzinduktionsreaktion vor Ort zu denken wäre, die entscheidende Schrittmacherfunktion für die ulzeröse Kolitis zukäme. Es bleibt zu klären, ob ähnliche Phänomene auch bei anderen Formen chronisch-entzündlicher, speziell mit Parenchymschäden einhergehender Erkrankungen auftreten. Darüber hinaus deutet sich ein neuer, exotisch erscheinender endokriner Typ von Autoimmunerkrankungen an, wenn man bedenkt, daß sCD95L neben der soeben diskutierten Nahwirkung auch eine endokrine Fernwirkung haben könnte. Tierexperimentell ließ sich zeigen, daß durch Anti-Fas-Antikörper das Bild der akuten Leberdystrophie induziert werden konnte. Dies käme funktionell einer stark erhöhten Serumkonzentration von sCD95L gleich. In der Tat sind schon erhöhte Spiegel von sCD95L im Menschen beobachtet worden, und zwar im Rahmen der seltenen Neoplasien der natürlichen Killerzellen (NK-Zell-Lymphom und Leukämie der großen granulierten Lymphozyten) [Tanaka et al. 1996]. Tanaka et al. [1996] spekulierten, daß die im Rahmen dieser Erkrankungsgruppe bekannten Parenchymschäden, die aplastische Anämie und die Neutropenie, durch sCD95L hervorgerufen sein könnten.

3.1.1.4.5 CD95/CD95L in der Neoplasie, am Beispiel des kolorektalen Karzinoms

Wir konnten zeigen, daß CD95 in allen normalen Kolonepithelien in hoher Antigenkonzentration an der basolateralen Zelloberfläche exprimiert ist [Möller et al. 1994]. An isolierten Kolonkrypten gelang der Nachweis der konstitutiven CD95-vermittelten Apoptosesensitivität. Nach 3 h waren die meisten Kolonepithelien apoptotisch [Reyher et al. 1997a], wobei die schleimbildenden Becherzellen kurze Zeit länger überlebten [Sträter et al 1997]. In kolorektalen Adenomen war das physiologische CD95-Expressionsmuster bis auf wenige Ausnahmen konserviert. In kolorektalen Karzinomen hingegen ergab sich ein differentes Bild: In 31% der Fälle war die CD95-Expression vermindert, und in 48%, besonders häufig in nicht-muzinösen Karzinomen, war CD95 immunhistologisch nicht mehr nachweisbar. Ein kompletter CD95-Verlust wurde signifikant häufiger bei Karzinomen gefunden, die bereits metastasiert hatten [Möller et al. 1994]. Dies legt nahe, daß CD95 in der Biologie des Kolonkarzinoms eine bedeutende Rolle spielen könnte, gerade weil es so häufig in der malignen Neoplasie verloren geht. Wir und andere Autoren [Owen-Schaub et al. 1994] beobachteten, daß Kolonkarzinomlinien CD95 in unterschiedlicher, überwiegend sehr geringer Antigendichte an der Oberfläche exprimieren. Die Wirkung der apoptoseauslösenden Antikörper-vermittelten Kreuzvernetzung von CD95-Molekülen führte bei den meisten Kolonkarzinomzellinien nicht oder nur in sehr geringem Ausmaß zur Apoptose. Die Apoptoseraten ließen sich aber nach Prästimulation mit Interferon-γ erheblich steigern. Diese Sensitivitätssteigerung ging mit einer verstärkten Expression von CD95 einher. Die Frage, ob der beobachtete Effekt eine Funktion der Molekülmenge auf der Zelloberfläche war, konnte mit verschiedenen Drogen, die jeweils die Transkription, Proteinbiosynthese und den intrazellularen Transport neusynthetisierter Proteine hemmen, widerlegt werden [Reyher et al. 1997a]. Der Interferon-γ-Effekt war nicht von der Molekülmenge abhängig, selbst die wenigen konstitutiv auf den Kolonkarzinomlinien HT29, SW480 und COLO 205 exprimierten CD95-Moleküle reichten aus, um das apoptotische Signal effektiv zu übermitteln. Der Interferon-γ-Effekt beruhte auf der Unterdrückung der konstitutiven Wirkung der Proteinkinase C, wie mit Proteinkinase-C-stimulierenden und -hemmenden Drogen gezeigt werden konnte [Reyher et al. 1997a]. Die Blockade der Transkription, der Proteinbiosynthese und des Proteintransports führte jeweils zu einer erheblichen Steigerung der CD95-vermittelten Apoptosesensitivität, wobei sich unterschiedliche Kinetiken und Effektivitäten ergaben. Die Hemmung des Proteintransports führte unabhängig von der Proteinkinase C, die Hemmung der Translation und Proteinsynthese indessen in Abhängigkeit von der Proteinkinase C zur Sensitivitätssteigerung. Dies läßt den Schluß zu, daß in Kolonkarzinomzellen mehrere anti-apoptotische Programme aktiviert sind, die zusammen die konstitutive Resistenz gegenüber CD95-Signalen bewirken. Die schnelle Wirkung der Blockade der Proteinbiosynthese durch Cycloheximid, die bereits nach 15 min Einwirkungsdauer meßbar war [Reyher et al. 1997a], wäre dementsprechend so zu deuten, daß die Protagonisten solcher anti-apoptotischer Programme Proteine mit extrem kurzer biologischer Halbwertszeit sein müssen. Ein weiterer akquirierter Resistenzmechanismus wurde bei der vergleichenden Analyse der Zellinien SW480 und SW620 gefunden. Beide Zellinien stammen aus demselben Kolonkarzinompatienten, SW480 aus dem Primärtumor, SW620 aus einer Metastase [Leibovitz et al. 1976]. Im Vergleich zu SW480 zeigte SW620 in allen Assays eine extrem verzögerte Reaktion auf den CD95-Antikörper. Immunzytologische Sequenzuntersuchungen konnten zeigen, daß bei der sensiblen SW480-Linie die Apoptose von einem CD95-Capping eingeleitet wird, worunter man eine durch laterale Membranmobilität der Oberflächenmoleküle bedingte lokale Massierung von Molekülen gleichen Typs versteht. Dieses Antikörper-vermittelte CD95-Capping war in der SW620-Linie nicht nachweisbar. Somit erscheint die Störung der normalen Membranfluidität als ein neuer Resistenzmechanismus, der es der Zelle erlaubt, auch in Gegenwart von CD95L weiterzuwachsen. All diese Daten zusammengenommen lassen die Überlegung zu, ob es für das Kolonkarzinom notwendig ist, gegenüber CD95-Ligation resistent zu werden. Die Häufigkeit des CD95-Verlusts und die unterschiedlichen Resistenzmechanismen in Kolonkarzinomzellinien sprechen dafür. Im Umkehrschluß legt dies nahe, daß das frühe Kolonkarzinom einem erheblichen CD95L-bedingten Selektionsdruck unterliegt. Dieser Selek-

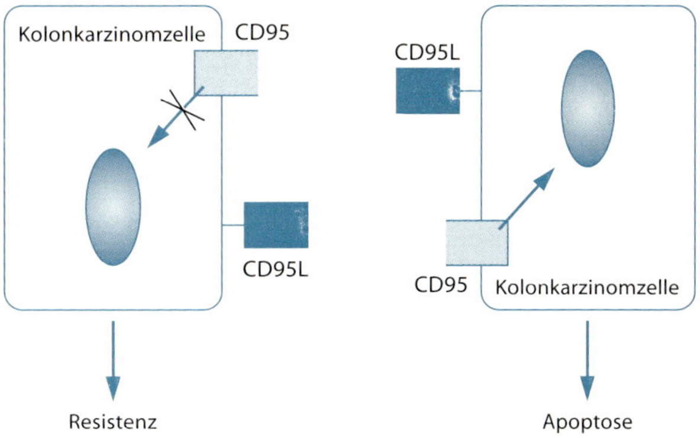

Abb. 3.1.5. Hypothetischer Mechanismus des intraklonalen CD95-getriebenen Selektionsdrucks im Fall einer Koexpression von CD95 und CD95L innerhalb der neoplastischen Population

tionsdruck könnte aus dem Tumor-assoziierten lymphohistiozytären Infiltrat stammen, ähnlich der Situation bei Colitis ulcerosa (s. oben). Der Selektionsdruck könnte jedoch auch durch das Karzinom selbst bedingt sein. O'Connell et al. [1996] konnten zeigen, daß Kolonkarzinomzellinien CD95L funktionell exprimieren. Diese Befunde können wir mittlerweile bestätigen (unveröffentlichte eigene Daten): SW480, SW620 und COLO 205 exprimieren in der Tat CD95L-Transkripte. CD95L aus Karzinomzellen könnte in seiner membrangebundenen oder löslichen Form potentielle tumorspezifische aktivierte und folglich CD95-positive Immunozyten abtöten (Konterattacke), aber auch zur intraklonalen Selektion apoptoseresistenter Tumorzellen führen (Abb. 3.1.5). Der In-situ-Nachweis von CD95L in der neoplastischen Population eines Kolonkarzinoms, d. h. die intravitale Bestätigung dieser In-vitro-Daten steht derzeit noch aus.

3.1.1.4.6 CD95-vermittelte Loslösung sessiler Epithelien: aktive Desintegration als Gegenprinzip zur Anoikis

Kolonkarzinomzellinien wachsen in der Regel als Monolayer und sind sowohl auf Glas und Plastik als auch auf unterschiedlichen künstlichen Matrices adhärent. Nach Induktion der Apoptose über CD95-Signale wurde innerhalb der 1. beiden Stunden eine morphologische Veränderung der Zellen beobachtet. Es kam zu einer Retraktion von Zytoplasmaausläufern, zum Membran-blebbing und darunter zur Ablösung von der Unterlage. In Suspension und unter persistentem Membran-blebbing starben die Zellen den apoptotischen Tod (Abb. 3.1.6). Immunchemisch fanden wir, daß einige Moleküle im Zellüberstand in verstümmelter Form vorlagen, andere immunchemisch intakt waren. Wir setzten daraufhin die Kolonkarzinomzellen auf Hyaluronat. Diese künstliche Matrix wird von einem weitverbreiteten Adhäsionsmolekül, CD44, als Bindungspartner benutzt. CD95-Antikörper verursachten auch von dieser Matrix einen alsbaldigen Adhäsionverlust. Nach CD95-vermittelter Deadhäsion fanden wir verkürzte CD44-Moleküle im Kulturüberstand. Es ist bekannt, daß CD44 über eine noch nicht genauer charakterisierte Membranprotease in Membrannähe abgespalten werden kann [Bazil u. Horejsi 1992]. Somit induziert das CD95-Signal auch die proteolytische Abspaltung des CD44-Moleküls [Günthert et al. 1996]. Die CD95-induzierte Deadhäsion von Plastik und Matrixmolekülen wie Fibronektin und Kollagen zeigte zwar eine ähnlich schnelle Kinetik, erwies sich aber als vom Mechanismus her different. Wir fanden, daß Integrine im Überstand das gleiche Molekulargewicht hatten wie die von intakten Zellen immunpräzipitierten Integrine. Weiterhin beobachteten wir, daß die Membran-blebs auf der Matrix haften blieben. Die Haftungsneigung dieser Blebs ließ sich durch Zugabe 2wertiger Kationen verstärken. Dies legte den Schluß nahe, daß die Integrine nach Apoptose noch intakt und funktionstüchtig sein mußten. Wir isolierten daraufhin die Blebs und führten Adhäsions- und Adhäsionsinhibitionsassays durch. Isolierte Blebs adhärierten in Abhängigkeit 2wertiger Kationen auf Kollagen. Diese Bindung ließ sich mit einem Antikörper gegen die β-Untereinheit der β-1-Integrine vollständig inhibieren [Reyher et al. 1997b]. Somit lag es nahe, anzunehmen, daß der CD95-induzierte Adhäsionsverlust von Plastik und Kollagen sowie Fibronektin über eine Depletion von Integrinen über Membran-blebbing vonstatten geht. Das Membran-blebbing ist ein aktiver Prozeß, in den das Aktinzytoskelett involviert ist. Cytochalasin B ist eine Droge, die die funktionelle Umgestaltung von Aktinzytofilamenten verhindert und somit auch das Blebbing inhibiert. Gaben wir vor der Applikation des apoptoseauslösenden CD95-Antikörpers Cytochalasin B zu den Zellen, so entwickelten sie keine Blebs, und die Zellen blieben auf der Unterlage haften, obwohl das Apoptoseprogramm bis zur kompletten Degradation der nukleären DNA ablief [Reyher et al. 1997b]. Somit erfolgt die Deadhäsion von Kolonkarzinomzellen von konventionellen Matrices über CD95-induzierten Integrinverlust via Membran-blebbing. Sowohl die

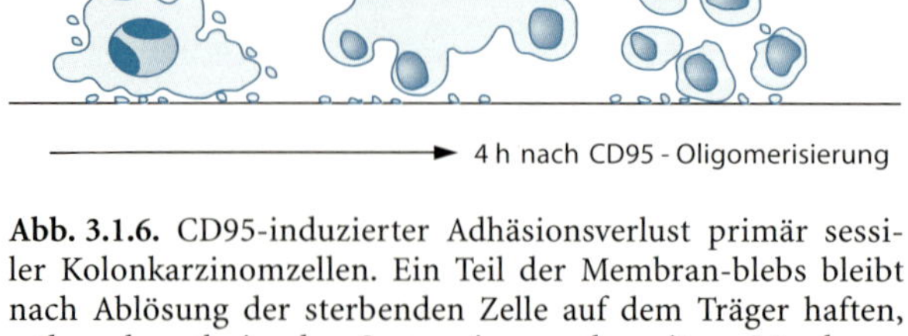

Abb. 3.1.6. CD95-induzierter Adhäsionsverlust primär sessiler Kolonkarzinomzellen. Ein Teil der Membran-blebs bleibt nach Ablösung der sterbenden Zelle auf dem Träger haften, während auch in der Suspension noch weitere Membranblebs entstehen, bevor die Zelle zu apoptotischen Restkörpern zerfällt

Abspaltung von CD44 als auch die Integrindepletion sind regulierbare Unterprogramme des CD95-vermittelten Apoptosemechanismus und vom funktionellen Repertoire der Zelle abhängig. Um dies auch terminologisch klarzustellen, haben wir den Begriff der aktiven Desintegration geprägt [Günthert et al. 1996, Reyher et al. 1997b]. Die Zelle, die das CD95-Signal erhält, löst sich aktiv aus dem Zell-Zell- und Zell-Matrix-Verbund. Sie trennt sich dadurch auch von Rezeptoren, über die sie bislang Überlebenssignale empfangen hat, und sichert ihr Absterben somit zusätzlich ab.

3.1.2 Zusammenfassung und Schlußfolgerungen

Sessile Zellen empfangen über Adhäsionsrezeptoren Überlebenssignale aus dem Zell-Zell- und Zell-Matrix-Verbund. Geht dieser verloren, stirbt die sessile Zelle nach 12–24 h eine Form des programmierten Tods, der als Anoikis bezeichnet wird. Ob es Anoikis unter physiologischen Zuständen gibt, ist noch nicht geklärt. Wahrscheinlich spielt Anoikis bei der Aufrechterhaltung der Gewebshomöostase eine Rolle. So scheint es möglich, daß der für Drüsenepithelien diskutierte Mechanismus der Expulsion seneszenter Zellen aus dem Zellverband Anoikis zur Folge hätte. Weiterhin mag ein Effekt des Anoikisprogramms darin bestehen, daß akzidentell verschleppte sessile Zellen nicht im Sinn einer autologen Heterotransplantation kolonisieren können. Störungen in dieser Funktionsachse erscheinen folglich als notwendige Voraussetzungen für die Metastasierung. Selbst maligne Zellen können nur dann lymphogen und/oder hämatogen disseminieren, wenn sie in Suspension weiterzuleben imstande sind. Das von uns erarbeitete Konzept der aktiven Desintegration basiert auf der Beobachtung, daß der CD95-induzierte Zelltod bei Kolonkarzinomzellen sehr früh (d. h. 2–4 h nach dem CD95-Signal) zur Ablösung von der Matrix führt. Dabei werden von der sterbenden Zelle der Hyaluronatrezeptor CD44 proteolytisch abgespalten und Integrine über Membran-blebbing von der Zelloberfläche depletiert. Die biologische Funktion der aktiven Desintegration liegt auf der Hand. Die todgeweihte Zelle löst sich aktiv aus dem geweblichen Verband, stößt Membranrezeptoren ab, über die sie bis dato Überlebenssignale empfangen hat und garantiert damit ihren Untergang zum Wohl der Integrität des Organismus. Daß daraus auch eine Pathologie entstehen kann, glauben wir am Beispiel der Colitis ulcerosa zu beobachten. Dort führt die (akzidentelle?!) CD95L-vermittelte Apoptose im Kryptenepithel zu Mikrodefekten, dadurch zum lokalen Zusammenbruch der Mukosabarriere und eröffnet so Darmkeimen die Möglichkeit der Invasion. Der Nachweis von CD95L in Paneth-Körnerzellen würde über das Konzept der aktiven Desintegration dann einen Sinn erhalten, wenn man sich vorstellt, daß löslicher CD95L im Kryptenlumen all die Enterozyten der Krypte in die Apoptose treiben würde, die eine Störung in der Polarität erfahren haben und im Zug dieser Störung CD95 auf der luminalen Zelloberfläche exprimieren. Störungen der Polarisierung sind ein häufiger Befund in Kolon- und Magenkarzinomen und kommen auch in Adenomen vor. Die so bekannte wie unverstandene Seltenheit von Dünndarmadenomen und -karzinomen im Vergleich zur Karzinominzidenz im Magen und im Kolon korrespondiert zwar mit dem Verteilungsmuster von Paneth-Zellen, bislang gibt es indessen noch keinerlei Daten, die diese Tumorpräventionshypothese stützen könnten. Es gibt jedoch In-vitro-Daten, die ein homöostasefeindliches, in letzter Konsequenz deletäres Szenario evozieren: Maligne Zellen, die in der Lage sind, CD95L zu exprimieren und zu sezernieren, sind für den Gesamtorganismus aus 2erlei Gründen lebensbedrohlich: Erstens könnte eine evtl. zielgerichtete Immunattacke tumorspezifischer Lymphozyten und Killerzellen von den CD95L-exprimierenden Tumorzellen ebenso elektiv gekontert werden. Zweitens könnte über einen CD95L-vermittelten Fratrizid innerhalb des neoplastischen Klons ein starker Selektionsdruck in Richtung Apoptoseresistenz ausgeübt werden, der bilanziert eine Tumorprogression bedeuten würde. Für dieses Szenario fehlen aber derzeit noch solide In-situ-Daten.

3.1.3 Literatur

Bates RC, Buret A, Helden DF van, Horton MA, Burns GF (1994) Apoptosis induced by inhibition of cellular contact. J Cell Biol 125: 403–415

Bates RC, Lincz LF, Burns GF (1995) Involvement of integrins in cell survival. Cancer Metastasis Rev 14: 191–203

Bazil V, Horejsi V (1992) Shedding of the CD44 adhesion molecule from leukocytes induced by anti-CD44 monoclonal antibody simulating the effect of a natural receptor ligand. J Immunol 149: 747–753

Bellgrau D, Gold D, Selawry H, Moore J, Franzusoff A, Duke RC (1995) A role for the CD95 ligand in preventing graft rejection. Nature 377: 630–632

Boldin MP, Varfolomeev EE, Pancer Z, Mett IL, Camonis JH (1995) A novel protein that interacts with the death domain of Fas/APO-1 contains a sequence motif related to the death domain. J Biol Chem 270: 7795–7798

Boudreau N, Sympson CJ, Werb Z, Bissell MJ (1995) Suppression of ICE and apoptosis in mammary epithelial cells by extracellular matrix. Science 267: 891–893

Brooks PC, Montgomery AM, Rosenfeld M, Reisfeld RA, Hu T, Klier G, Cheresh DA (1994) Integrin avb3 antagonists promote tumor regression by inducing apoptosis of angiogenic blood vessels. Cell 79: 1157–1164

Burridge K, Chrzanowska-Wodnicka M (1996) Focal adhesion, contractility, and signaling. Annu Rev Cell Dev Biol 12: 463–519

Chinnaiyan AM, O'Rourke K, Tewari M, Dixit VM (1995) FADD, a novel death domain-containing protein, interacts with the death domain of Fas and initiates apoptosis. Cell 81: 505–512

Frisch SM, Francis H (1994) Disruption of epithelial cell-matrix interactions induces apoptosis. J Cell Biol 124: 619–626

Frisch SM, Vuori K, Ruoslahti E (1996) Control of adhesion-dependent cell survival by focal adhesion kinase. J Cell Biol 134: 793–799

Griffith TS, Brunner T, Fletcher SM, Green DR, Ferguson TA (1995) Fas ligand-induced apoptosis as a mechanism of immune previlege. Science 270: 1189–1192

Gruss HJ, Dower SK (1995) Tumor necrosis factor ligand superfamily: involvement in the pathology of malignant lymphomas. Blood 85: 3378–3404

Günthert AR, Sträter J, Reyher U von, Henne C, Joos S, Koretz K, Moldenhauer G, Krammer PH, Möller P (1996) Early detachment of colon carcinoma cells during CD95(APO-1/Fas)-mediated apoptosis. I. De-adhesion from hyaluronate by shedding of CD44. J Cell Biol 134: 1089–1096

Itoh N, Yonehara S, Ishii A, Yonehara M, Mizushima S, Jameshima M, Hase A, Seto Y, Nagata S (1991) The polypeptide encoded by the cDNA for human cell surface antigen Fas can mediate apoptosis. Cell 66: 233–243

Kerr JFR, Wyllie AH, Currie AR (1972) Apoptosis: a basic biological phenomenon with wide-ranging implications in tissue kinetics. Br J Cancer 26: 239–257

Keshav S, Lawson L, Chung LP, Stein M, Perry VH, Gordon S (1990) Tumor necrosis factor mRNA localized to Paneth cells of normal murine intestinal epithelium by in situ hybridization. J Exp Med 171: 327–332

Kischkel FC, Hellbardt S, Behrmann I, Germer M, Pawlita M, Krammer PH, Peter ME (1995) Cytotoxicity-dependent APO-1 (Fas/CD95)-associated proteins (CAP) form a death-inducing signalling complex (DISC) with the receptor. EMBO J 14: 5579–5588

Leibovitz A, Stinson JC, McCombs W, III, McCoy CE, Mazur KC, Mabry ND (1976) Classification of human colorectal adenocarcinoma cell lines. Cancer Res 36: 4561–4569

Leithäuser F, Dhein J, Mechtersheimer G, Koretz K, Brüderlein S, Henne C, Schmidt A, Debatin KM, Krammer PH, Möller P (1993) Constitutive and induced expression of APO-1, a new member of the nerve growth factor/tumor necrosis factor receptor superfamily, in normal and neoplastic cells. Lab Invest 69: 415–429

Lynch DH, Ramsdell F, Alderson MR (1995) Fas and FasL in the homeostatic regulation of immune response. Immunol Today 16: 569–574

Martin SJ, Green DR (1995) Protease activation during apoptosis: death by a thousand cuts? Cell 82: 349–352

Meredith JE Jr, Frazeli B, Schwartz MA (1993) The extracellular matrix as a cell survival factor. Mol Biol Cell 4: 953–961

Möller P, Koretz K, Leithäuser F, Brüderlein S, Henne C, Quentmeier A, Krammer PH (1994) Expression of APO-1 (CD95), a member of the NGF/TNF receptor superfamily, in normal and neoplastic colon epithelium. Int J Cancer 57: 371–377

Möller P, Walczak H, Riedl S, Sträter J, Krammer HP (1996) Paneth cells express high levels of CD95 ligand transcripts. A unique property among gastrointestinal epithelia. Am J Pathol 149: 9–13

Montgomery AM, Reisfeld RA, Cheresh DA (1994) Integrin avb3 rescues melanoma cells from apoptosis in three dimensional dermal collagen. Proc Natl Acad Sci USA 91: 8856–8860

O'Connell J, O'Sullivan GC, Collins JK, Shanahaqn F (1996) The Fas counterattack: Fas-mediated T cell killing by colon carcinoma cells expressing Fas ligand. J Exp Med 184: 1075–1082

Owen-Schaub LB, Radinsky R, Kruzel E, Berry K, Yonehara S (1994) Anti-Fas on nonhematopoietic tumors: levels of Fas/Apo-1 and bcl-2 are not predictive of biological responsiveness. Cancer Res 54: 1580–1586

Owens LV, XU L, Craven RJ, Dent GA, Weiner TM, Kornberg L, Liu ET, Cance WG (1995) Overexpression of the focal adhesion kinase (p125FAK) in invasive human tumors. Cancer Res 55: 2752–2755

Raff M (1992) Social controls on cell survival and death. Nature 356: 397–400

Reyher U von, Sträter J, Barth T, Günthert AR, Moldenhauer G, Krammer PH, Möller P (1997a) CD95(APO-1/Fas)-triggering causes detachment of adherent colon carcinoma cells due to selective depletion of surface integrins by membrane blebbing. submitted

Reyher U von, Sträter J, Kittstein W, Gschwendt M, Krammer PH, Möller P (1997b) Colon carcinoma cells use different mechanisms to escape CD95-mediated apoptosis. submitted

Ruoslahti E, Reed JC (1994) Anchorage dependence, integrins and apoptosis. Cell 77: 477–478

Ruoslahti E, Noble NA, Kagami S, Border WA (1994) Integrins. Kidney Int 45: s17–s22

Schmauder-Chock EA, Chock SP, Patchen ML (1994) Ultrastructural localization of tumor necrosis factor-α. Histochem J 26: 142–151

Stanger BZ, Leder P, Lee TH, Kim E, Seed B (1995) RIP: a novel protein containing a death domain that interacts with Fas/APO-1 (CD95) in yeast and causes cell death. Cell 81: 513–523

Sträter J, Wedding U, Barth TFE, Koretz K, Elsing C, Möller P (1996) Rapid onset of apoptosis in vitro follows disruption of b1-integrin/matrix interactions in human colonic crypt cells. Gastroenterology 110: 1776–1784

Sträter J, Wellisch I, Riedl S, Walczak H, Koretz K, Tandara A, Krammer PH, Möller P (1997) CD95(APO-1/Fas)-mediated apoptosis in colon epithelial cells: a possible pathogenic role of the CD95/CD95 ligand-system in ulcerative colitis. Gastroenterology 113: 160–167

Suda T, Takahashi T, Goldstein P, Nagata S (1993) Molecular cloning and expression of the Fas ligand, a novel member of the tumor necrosis factor family. Cell 75: 1169–1178

Tan X, Hsueh W, Gonzalez-Crussi F (1993) Cellular localization of tumor necrosis factor (TNF)-α transcripts in normal bowel and in necrotizing enterocolitis: TNF gene expression by Paneth cells, intestinal eosinophils, and macrophages. Am J Pathol 142: 1858–1865

Tanaka M, Suda T, Takahashi T, Nagata S (1995) Expression of the functional soluble form of human Fas ligand in activated lymphocytes. EMBO J 14: 1129–1135

Tanaka M, Suda T, Haze K, Nakanura N, Sato K, Kimura F, Motoyoshi K, Mizuki M, Tagawa S, Ohga S, Hatake K, Drummond AH, Nagata S (1996) Fas ligand in human serum. Nat Med 2: 317–322

Trauth BC, Klas C, Peters AMJ, Matzku S, Möller P, Falk W, Debatin K-M, Krammer PH (1989) Monoclonal antibody-mediated tumor regression by induction of apoptosis. Science 245: 301–305

White K, Grether ME, Abrams JM, Young L, Farrell K, Steller H (1994) Genetic control of programmed cell death in drosophila. Science 264: 677–683

Wyllie A (1980) Glucocorticoid-induced thymocyte apoptosis is associated with endogenous nuclease activation. Nature 284: 555–556

Yonehara S, Ishii A, Yonehara M (1989) A cell-killing monoclonal antibody (anti-Fas) to a cell surface antigen codownregulation with the receptor of tumor necrosis factor. J Exp Med 169: 1747–1756

Xu L, Owens LV, Sturge GC, Yang X, Liu ET et al. (1996) Attenuation of the expression of the focal adhesion kinase induces apoptosis in tumor cells. Cell Growth Differ 7: 413–418

Zhang Z, Vuori K, Reed JC, Ruoslahti E (1995) The α-5β-1 integrin supports survival of cells on fibronectin and upregulates Bcl-2 expression. Proc Natl Acad Sci USA 92: 6161–6165

3.2 Tumorantigene und ihre Nutzung für eine Therapie mit Antikörpern

BURKHARD MICHEEL

3.2.1 Einleitung

Das Konzept einer immunologischen Therapie von Tumoren basiert auf der Ende des vergangenen Jahrhunderts entwickelten Vorstellung, daß Krebszellen ebenso wie die Erreger einer Infektionserkrankung vom Immunsystem der Wirbeltiere als fremd erkannt und zerstört werden können. Bei Tumorpatienten müßte demzufolge durch geeignete Maßnahmen eine Stimulierung des Immunsystems möglich sein, die letztendlich zur Heilung einer Krebserkrankung führt [Old 1992, 1996]. Voraussetzungen für eine Immunreaktion gegen Tumoren sind:

- Vorhandensein von molekularen Strukturen auf bzw. in den Tumorzellen, die sie von Normalzellen unterscheiden und
- Erkennung dieser Strukturen als „fremd" durch Komponenten des Immunsystems.

Derartige Strukturen auf den Tumorzellen werden allgemein als Tumorantigene bezeichnet, wobei auch von Tumor-assoziierten oder tumorspezifischen Antigenen gesprochen wird.

Die tumorimmunologische Forschung kann besonders in den letzten Jahren auf eine Reihe bemerkenswerter Erfolge zurückblicken, ist aber auch immer wieder durch zahlreiche Mißerfolge zurückgeworfen worden.

Die ersten eindeutigen Hinweise auf das Vorhandensein von Tumorantigenen und eine Immunisierbarkeit gegen diese Antigene wurden in den 50er Jahren mit Hilfe von Transplantationsexperimenten an Tumoren der Maus (*Mus musculus*) erhalten (Abb. 3.2.1) [Foley 1953, Prehn u. Main 1957]. Mit Lymphozyten und in einigen Fällen auch mit Antikörpern konnte die Tumorimmunität auf nichtimmunisierte Mäuse übertragen werden (Abb. 3.2.2). Neben den eindeutigen Beweisen für das Vorhandensein von Tumorantigenen zeigte sich bei diesen Experimenten, daß virusinduzierte Tumoren in Abhängigkeit vom jeweiligen Virus kreuzreagierende Tumorantigene besitzen [Klein u. Klein, 1964], während chemisch und physikalisch induzierte Tumoren individuelle Tumorantigene tragen [Pasternak et al. 1964, Prehn u. Main 1957].

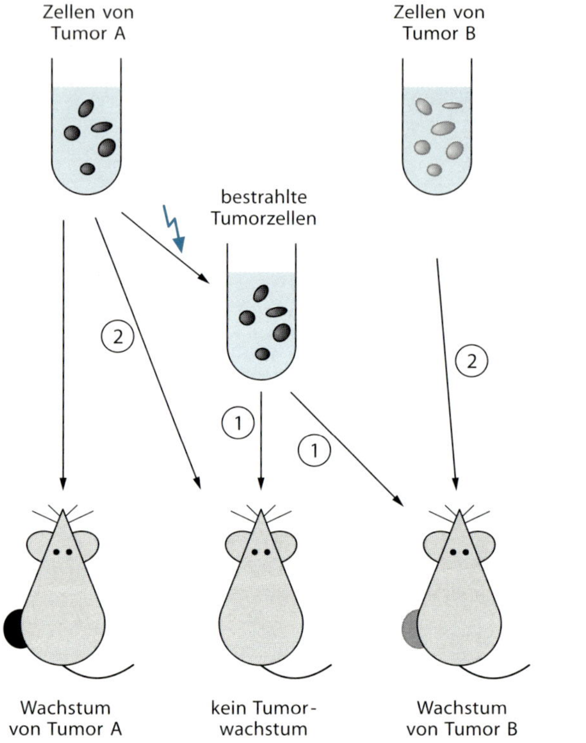

Abb. 3.2.1. Nachweis von Tumorantigenen in experimentellen Tumoren. Tumorzellen (vom Tumor A) aus einer Versuchsmaus wachsen nach Transplantation auf Mäuse des gleichen Inzuchtstamms zu einem Tumor. Mäuse eines Inzuchtstamms besitzen identische Transplantationsantigene (MHC-Antigene, engl. major histocompatibility complex), sie entsprechen eineiigen Zwillingen. Werden einer Maus des gleichen Inzuchtstamms bestrahlte Tumorzellen injiziert, die sich nicht mehr teilen können, und anschließend erfolgt eine Transplantation lebender Tumorzellen, so wachsen diese nicht an. Da alle anderen Antigene des Tumors und des Tumorträgers identisch sind, weist das Ergebnis auf die Anwesenheit von Tumorantigenen hin. Die Maus wurde gegen diese Tumorantigene immunisiert. Gegen Tumoren einer anderen Ätiologie (Tumor B) erfolgt keine Immunisierung

Handbuch der Molekularen Medizin, Band 2
Tumorerkrankungen
Herausgeber: D. Ganten und K. Ruckpaul

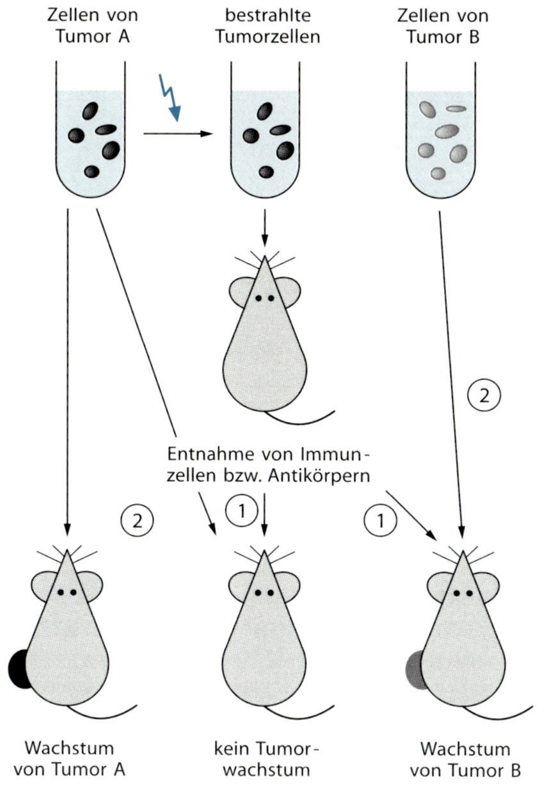

Abb. 3.2.2. Nachweis der passiven Übertragung einer Immunität gegen Tumorantigene. Werden einer mit bestrahlten Tumorzellen immunisierten Maus T-Zellen bzw. Antikörper entnommen und in Mäuse des gleichen Inzuchtstamms injiziert und werden diesen Mäusen anschließend lebende Zellen des gleichen Tumors transplantiert, so wachsen die Tumorzellen nicht an. Die Maus wird durch die übertragenen T-Zellen bzw. die Antikörper gegen die Tumorantigene immunisiert. Gegen Tumoren einer anderen Ätiologie erfolgt keine Immunisierung. Die passive Übertragung der Tumorimmunität mit Hilfe von T-Zellen ist in der Regel effektiver als mit Hilfe von Antikörpern

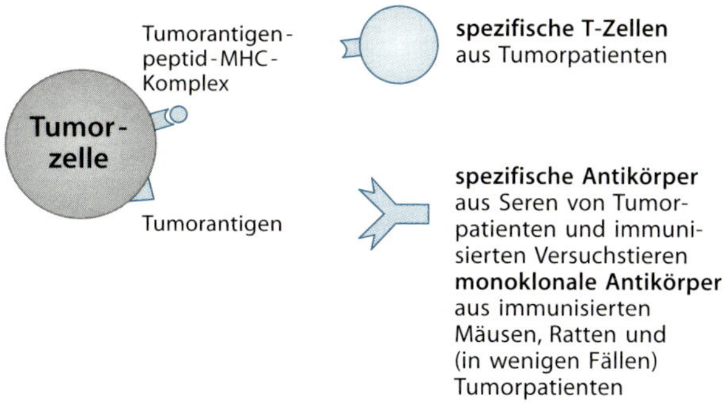

Abb. 3.2.3. Immunologisch aktive Komponenten gegen Tumorantigene. T-Zellen erkennen Komplexe aus Tumorantigenfragmenten (Peptide) und körpereigenen MHC-Molekülen an der Oberfläche von Tumorzellen. Antikörper erkennen Antigendeterminanten (Epitope) auf der Oberfläche von löslichen oder zellular lokalisierten Tumorantigenmolekülen

Virale Tumoren können demzufolge zur Immunisierung gegen andere Tumoren gleicher Ätiologie herangezogen werden, während eine Immunisierung bei chemisch und physikalisch induzierten Tumoren letztendlich nur gegen den jeweiligen Tumor möglich ist. Die Hoffnung auf eine breit anwendbare Vakzinierung stimulierte dann auch eine intensive Suche nach krebsinduzierenden Viren beim Menschen und verstärkte die Bemühungen, beim Menschen Tumorantigene nachzuweisen. Leider erwies sich die Hoffnung auf einen hohen Prozentsatz virusinduzierter Tumoren beim Menschen als Trugschluß. Auch der Nachweis von Tumorantigenen beim Menschen zeigte sich als ausgesprochen schwierig [Old 1981]. Hinzukam die Erkenntnis, daß mit Hilfe von Transplantationsmethoden auch bei spontan auftretenden Tumoren von Versuchstieren keine Tumorantigene nachweisbar waren. Damit hatte die Tumorimmunologie wieder einen Tiefpunkt erreicht und die Akzeptanz einer generellen „Immunüberwachung bei Krebs" (immunesurveillance hypothesis) [Burnet 1970] ging zunehmend verloren.

Weitere umfangreiche und aufwendige Untersuchungen an Tumorpatienten, die mit Tumorzellen und Lymphozyten bzw. Antikörpern des gleichen Patienten (autologes System) durchgeführt wurden, erbrachten im Laufe der nächsten Jahre auch für den Menschen Hinweise auf Tumorantigene (Abb. 3.2.3) [Hellström u. Hellström 1969, Oettgen et al. 1990, Old 1981, Sahin et al. 1995]. Diese Immunreaktionen im Tumorträger sind jedoch offensichtlich zu schwach, um einen Einfluß auf das Tumorwachstum ausüben zu können. Parallel zu diesen Untersuchungen führten Immunisierungen von Versuchstieren (heterologes System) mit menschlichem Tumormaterial und anschließender Absorption mit Normalgewebe zur Identifizierung von Tumorantigenen, die Tumorzellen von Normalzellen unterscheiden, jedoch offensichtlich keine oder kaum nachweisbare Immunreaktionen im Patienten hervorrufen [Abelev 1968; Gold u. Freeman 1965]. Eine im Prinzip gleiche Versuchsstrategie wurde dann auch auf die unterschiedlichsten Tumoren des Menschen angewandt, als mit der Hybridomtechnik und den monoklonalen Antikörpern ein neues Werkzeugrepertoire zur Verfügung stand und damit eine neue Ära der Tumorimmunologie begann (Abb. 3.2.4) [Köhler u. Milstein 1975]. Monoklonale Antikörper gegen neue Tumorantigene wurden in zunehmendem Maß für den klinischen Einsatz erprobt [Mellstedt 1990,

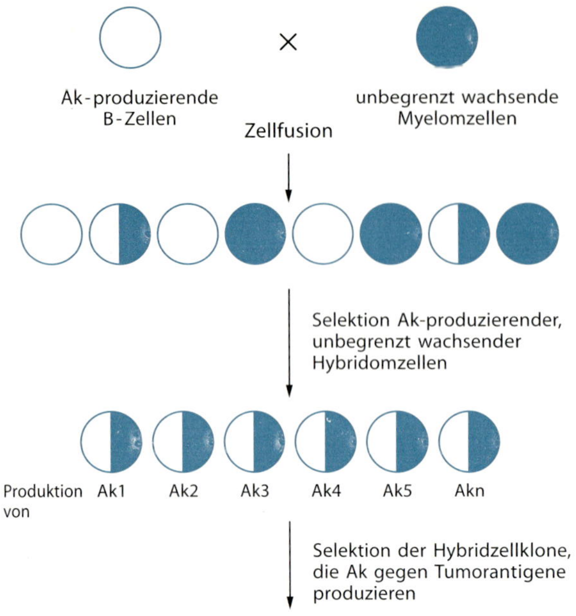

Abb. 3.2.4. Herstellung von monoklonalen Antikörpern gegen Tumorantigene. B-Lymphozyten von immunisierten Versuchstieren bzw. von Tumorpatienten, die Antikörper (*Ak*) produzieren, sind nur 7–10 Tage lebensfähig. Sie können mit unbegrenzt wachsenden Myelomzellen (Krebszellen der B-Zell-Reihe) fusioniert werden, wodurch man unbegrenzt wachsende, Antikörper-produzierende Hybridomzellen erhält. Nach der Zellfusion erfolgt mit Hilfe von speziellen Zellkulturmedien die Selektion der fusionierten von den nichtfusionierten Zellen. Als nächster Schritt werden mit immunologischen Tests diejenigen Hybridomzellen selektiert, die Antikörper gegen Tumorantigene produzieren. Hybridomzellen, die einen ganz bestimmten Antikörper produzieren, gehen auf 1 einzige B-Zelle zurück. Sie sind somit ein Klon, der monoklonale, vollkommen identische Antikörper synthetisiert

Natali u. Siccarrdi 1990]. Der Anteil der bisher für klinische Zwecke genutzten Tumorantigene ist allerdings immer noch verhältnismäßig klein, da längst nicht alle vorhandenen getestet und auch nicht alle Einsatzmöglichkeiten eines Tumorantigens erprobt werden können. Inzwischen wurden, ausgehend von den Resultaten zum Erkennungsmechanismus von T-Zellen (T-Zellen erkennen von MHC-Molekülen präsentierte Peptide), Tumorantigene in Tumoren des Menschen nachgewiesen, die den ursprünglich mit Transplantationsmethoden in experimentellen Tumoren nachgewiesenen Tumorantigenen entsprechen [Boon 1993, Boon u. Bruggen 1996, Finn 1993, Henderson u. Finn 1996, Van der Bruggen 1994].

Mit dem heutigen Methodenspektrum und den schon identifizierten Tumorantigenen ist die Tumorimmunologie wieder am Beginn einer sehr hoffnungsvollen Phase ihrer Entwicklung angelangt.

3.2.2 Nachweis von Tumorantigenen

Bei experimentellen Tumoren der Maus und anderer Versuchstiere konnten in vivo wirksame Tumorantigene verhältnismäßig einfach durch Immunisierung von Inzuchttieren und anschließende Testtransplantation von lebenden Tumorzellen nachgewiesen werden (Abb. 3.2.1). Ausbleibendes oder verzögertes Tumorwachstum im Vergleich zu unbehandelten Kontrolltieren waren ein Zeichen für eine Immunisierung gegen Tumorantigene [Old 1981].

Bei Tumorpatienten konnten derartige Untersuchungen nur in vitro durch den Nachweis einer Reaktivität von Antikörpern und/oder Lymphozyten gegen die eigenen Tumorzellen erfolgen. Für den Nachweis von Tumorantigenen bei Tumoren des Menschen wurden folgende Teststrategien genutzt:

- Suche nach Antikörpern im Serum von Tumorpatienten, die mit den eigenen Tumorzellen reagieren, Charakterisierung der gebundenen molekularen Strukturen; Identifizierung von Molekülen nach Expression von cDNA aus Tumoren, die mit autologen Seren der Patienten reagieren (Abb. 3.2.5) [Roth et al. 1994, Sahin et al. 1995]
- Identifizierung von T-Lymphozyten, die mit den eigenen Tumorzellen reagieren, Klonierung der T-Zellinien, Charakterisierung der durch die T-Zellen nachgewiesenen Tumorantigene, Versuche zur Identifizierung der Peptide und der jeweiligen MHC-Antigene, die durch die T-Zell-Rezeptoren erkannt werden (Abb. 3.2.6) [Boon 1993, Roth et al. 1994]
- Herstellung von monoklonalen Antikörpern (Abb. 3.2.4; aus Mäusen oder von Tumorpatienten), die mit Tumorzellen, nicht aber mit den entsprechenden Normalzellen reagieren (vor der Ära der monoklonalen Antikörper erfolgte die Herstellung von Immunseren gegen Tumorzellen oder Tumorextrakte und anschließende Absorption mit Normalgeweben), Identifizierung der gebundenen Antigene [Epstein u. Khawli 1991, Suresh 1996]
- Herstellung monoklonaler Antikörper gegen isolierte potentielle Tumorantigene (isolierte Proteine, mutierte Onkogene, mit Hilfe von T-Zellen identifizierte Tumorantigene etc.)

All diese Methoden haben zum Nachweis einer Vielzahl von Tumorantigenen in bzw. auf Tumorzellen geführt. In den meisten Fällen (mit Ausnahme von mutierten Onkogenen bzw. tumorspezifischen Fusionsproteinen oder von Immunglobulin-

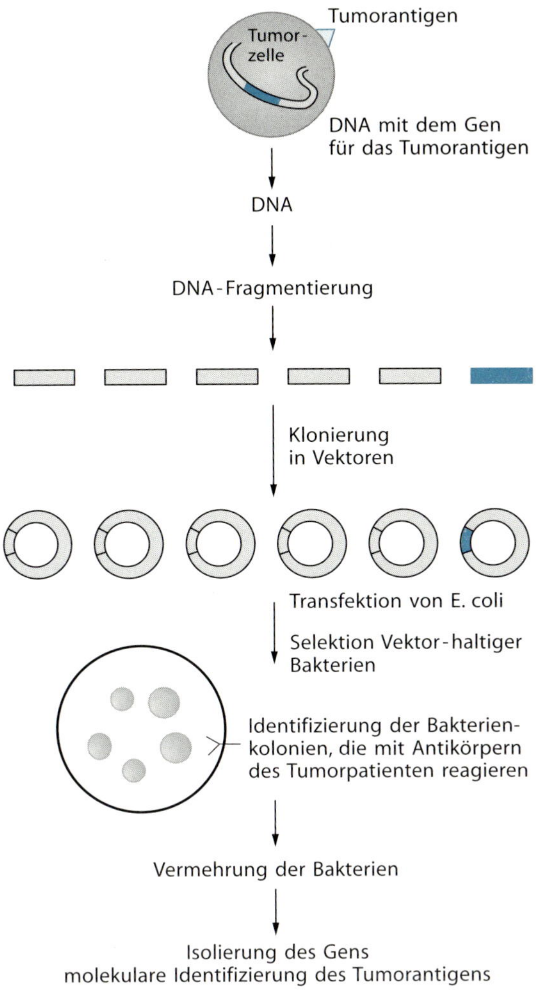

Abb. 3.2.5. Molekularbiologische Identifizierung eines Tumorantigens, gegen das Antikörper im Tumorpatienten vorhanden sind. Aus den Tumorzellen wird DNA isoliert (in den meisten Fällen über mRNA) und mit Hilfe von Restriktionsendonukleasen fragmentiert. Die DNA-Fragmente werden in geeignete Vektoren kloniert, mit denen Bakterien transformiert werden. Nach Auswachsen der Bakterienkolonien auf Agarplatten werden mit Antikörpern, die mit den ursprünglichen Tumorzellen reagieren, diejenigen Bakterienkolonien identifiziert, die das Tumorantigen exprimieren. Nach Großvermehrung dieser Bakterienklone können das Gen, das das Tumorantigen kodiert, und auch das Tumorantigen selbst charakterisiert und isoliert werden. Damit ist die Möglichkeit zur Immunisierung gegeben

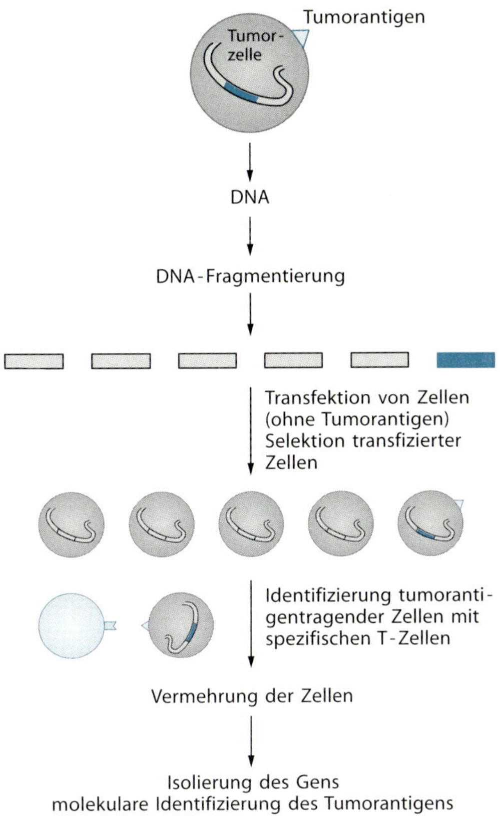

Abb. 3.2.6. Molekularbiologische Identifizierung eines Tumorantigens, gegen das spezifische T-Lymphozyten im Tumorpatienten vorhanden sind. Aus den Tumorzellen wird DNA isoliert (in den meisten Fällen über mRNA) und mit Hilfe von Restriktionsendonukleasen fragmentiert. Die DNA-Fragmente werden in geeignete Vektoren kloniert, mit denen Tumorzellvarianten, die das Tumorantigen nicht besitzen, transfiziert werden. Nach Selektion der transfizierten Zellen mit entsprechenden Zellkulturmedien werden die Zellen vereinzelt (kloniert) und mit spezifischen T-Lymphozyten, die mit den ursprünglichen Tumorzellen reagieren, diejenigen Klone identifiziert, die das Tumorantigen exprimieren. Nach Großvermehrung dieser Klone kann das Gen, das das Tumorantigen kodiert, charakterisiert und isoliert werden

idiotypen von B-Zell-Malignomen) konnte jedoch keine Tumorspezifität gefunden werden, da die entsprechenden Antigene in normalen Zellen ebenfalls vorhanden sind [Henderson u. Finn 1996, Urban u. Schreiber 1992]. Für Tumorzellen ließ sich dabei entweder eine erhöhte Konzentration im Vergleich zu Normalzellen oder eine „ungewöhnliche" Expression (hinsichtlich Zelltyp, Differenzierungsgrad der Zellen oder subzellularer Lokalisation) zeigen (Abb. 3.2.7). In einigen Fällen konnte die Antigenität möglicherweise sogar nur auf die für den normalen Organismus ungewöhnliche Konzentration der jeweiligen Substanzen zurückgeführt werden. Folgende Faktoren spielen bei der Entstehung von Tumorantigenen offenbar eine Rolle: Aktivierung normalerweise ruhender Gene, Punktmutationen, Chromosomentranslokationen, posttranslationale Modifikation von Proteinen und Amplifikationen normaler Gene.

Der Bezeichnung tumorspezifische Antigene ist aus diesem Grund der allgemeinere Terminus Tumorantigene bzw. Tumor-assoziierte Antigene vor-

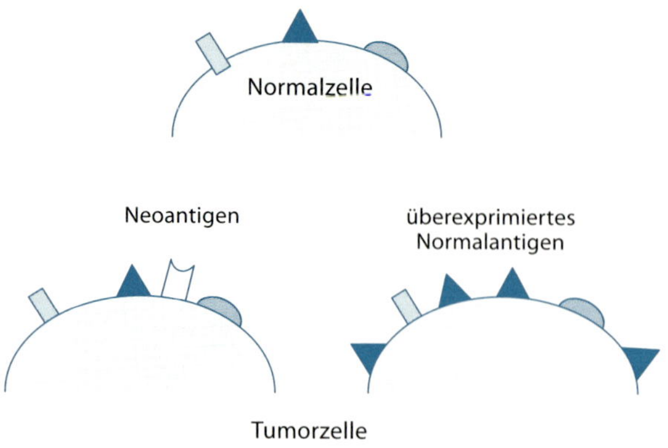

Abb. 3.2.7. Schematische Darstellung von Tumorantigenen. Bei Tumorantigenen kann es sich um fremde Neoantigene (z. B. virusinduzierte oder mutierte Antigene) oder um normale Antigene (z. B. überexprimierte Differenzierungsantigene) handeln

zuziehen. Vielfach ist auch die Bezeichnung Tumormarker für solche Strukturen zu finden, die mit Hilfe von Antikörpern im Serum von Tumorpatienten und in bzw. auf Tumorzellen nachgewiesen werden und deshalb diagnostisch genutzt werden können. In dieser Arbeit wird durchgehend die Bezeichnung Tumorantigene für alle mit Hilfe immunologischer Techniken nachweisbaren tumorspezifischen und Tumor-assoziierten Strukturen verwendet.

3.2.3 Biologische Bedeutung von Immunreaktionen gegen Tumorantigene

Wenn in einer Vielzahl der untersuchten Fälle bei Tumoren des Menschen Tumorantigene und bei den Tumorpatienten auch Immunreaktionen gegen derartige Antigene nachweisbar sind, bleibt die Frage offen, warum in diesen Fällen die Tumoren in ihrem Wachstum nicht (oder nicht offensichtlich) beeinflußt werden, während in den zuerst untersuchten experimentellen Tumoren eine eindeutige Wachstumsinhibition durch Immunreaktionen nachgewiesen werden konnte. Wird das Verhältnis vom Tumor zum Tumorträger wie das eines Parasiten oder Infektionserregers zu seinem Wirt betrachtet, bieten sich biologische und evolutionäre Erklärungsmöglichkeiten. Auch im Fall von Infektionserregern haben nicht alle Immunreaktionen klinische Relevanz, nur ein Teil der nachgewiesenen Antikörper hat neutralisierende Wirkung. Chemische und physikalische Kanzerogene sind oft auch stark mutagen und immunsuppressiv. Damit können die durch diese Agenzien induzierten stark antigenen Tumoren immunologisch unbeeinflußt wachsen. Ständige Immunsuppressivagaben können auch beim Menschen das Auswachsen bestimmter Tumoren fördern. Lange an ihren Wirt angepaßte onkogene Viren unterliegen in ihren natürlichen Wirten einer immunologischen Überwachung [Klein u. Boon 1993]. Sie induzieren in diesen Wirten nur unter bestimmten Bedingungen Tumoren, wie z. B. nach Infektion von Neugeborenen, nach Immunsuppression etc.; sie sind jedoch in anderen Arten stark onkogen. Intensiv wurde zu dieser Problematik das Epstein-Barr-Virus (EBV) untersucht, das im Menschen (*Homo sapiens*) seinen natürlichen Wirt hat und hier normalerweise einer effektiven Immunüberwachung unterliegt, in Neuweltprimaten jedoch stark onkogen wirkt. Das EBV kann humane B-Zellen in vitro immortalisieren, in vivo werden diese Zellen normalerweise, wie im Fall der infektiösen Mononukleose, eliminiert. Die durch das EBV beim Menschen hervorgerufenen seltenen malignen Erkrankungen [Burkitt-Lymphom (BL) und Nasopharynxkarzinom (NPC)] zeichnen sich durch besondere Wachstumsvorteile (durch Translokation des c-myc-Onkogens in die Immunglobulinregion im Fall des BL) und durch eine schwache Immunogenität aus. So erfolgt im Fall des BL nur eine Expression des virusinduzierten EBNA1-Antigens, das für die Malignität der Zellen offensichtlich erforderlich ist, aber keine zytotoxischen Immunreaktionen hervorruft. Weiterhin haben diese Tumorzellen eine geringe Konzentration an Adhäsionsmolekülen, wodurch eine leichtere Metastasierung erfolgen kann, und eine geringe Konzentration von MHC-Klasse-I-Antigenen, die für die Präsentation von Peptiden und damit die Auslösung von immunologischen Abwehrvorgängen benötigt werden. Im Fall des NPC konnte nur eine Expression einer mutierten und dadurch schwach immunogenen Form des virusinduzierten LMP1-Antigens gefunden werden. Diese schwach immunogenen Tumorzellen sind wahrscheinlich aufgrund eines langen Selektionsprozesses entstanden, der das Entstehen von Tumoren trotz einer starken Immunabwehr ermöglicht hat. Bei den spontanen experimentellen Tumoren und der überwiegenden Zahl der Tumoren des Menschen dürfte ebenfalls eine Selektion von schwach immunogenen Varianten stattgefunden haben. Die meisten spontanen Tumoren entstehen in mehreren Schritten, die durch aufeinanderfolgende Mutationen bedingt sind. Dieser Prozeß kann zur Selektion eines von den wachstumsregulierenden Mechanismen des Organismus nicht mehr beeinflußbaren unbegrenzt vermehrbaren Tumors führen. Dabei zeigt sich kein einheitliches Bild, da verschiedene Mechanismen zur Selektion der wachsenden Tumorzellen beigetragen haben können. Immunologische Phänomene sind ein Teil dieser Mechanismen [Klein u. Boon 1993, Old 1996]. Sie führen dazu, daß schwach immunogene Tumorzellvarianten selektiert werden, daß von Tumorzellen immunsuppressive Faktoren synthetisiert werden, die den Tumor vor der Immunabwehr schützen, und daß Tumorzellen in den Organen und Geweben besser wachsen, die keine Immunreaktionen induzieren bzw. den Komponenten des Immunsystems kaum zugänglich sind (immunologisch privilegierte Orte). In einigen Fällen können Tumoren auch einfach so rasant wachsen, daß das Immunsystem nicht intervenieren kann. Nach Old [1996] lassen sich folgende Mechanismen, durch die sich Tumoren vor einer Immunabwehr schützen, auflisten:

- Selektion von Varianten, denen z. B. Tumorantigene, MHC-Moleküle oder kostimulierende Faktoren fehlen
- Defekte in der Prozessierung und Präsentation von antigenen Peptiden
- Immunsuppression und Inhibition der Immunantwort z. B. durch Produktion von Tumorwachstumsfaktor-β (TGF-β), Komplementinhibitoren etc.
- Wachstum in „geschützten" Regionen (z. B. im Gehirn oder einer schützenden Stromaschicht)
- Schnelleres Wachstum als Aktivierung des Immunsystems erfolgen kann

Der Nachweis von Immunreaktionen gegen Tumorantigene bei Tumorpatienten kann als Hinweis auf die potentielle Immunogenität der Tumorzellen gewertet werden, obwohl der Tumor wächst. Das bedeutet aber auch, daß Manipulationsmöglichkeiten vorhanden sind. Es muß jedoch herausgefunden werden, welche zur Tumorzerstörung führen. Dabei kann schon die Anwesenheit von Immunreaktionen klinische Signifikanz haben. So scheinen z. B. Antikörper gegen p53 auf eine schlechte Prognose beim Mammakarzinom hinzudeuten [Houbiers et al. 1995, Peyrat et al. 1995]. In den meisten Fällen ist ein Zusammenhang jedoch nicht ersichtlich bzw. bisher nicht erkannt worden.

3.2.4 Tumorantigene in Tumoren des Menschen

Darunter wird eine Gruppe von Substanzen zusammengefaßt, die sich durch große Unterschiede hinsichtlich ihrer biologischen Funktion (falls überhaupt bekannt), ihrer biochemischen Struktur, ihrer subzellularen Lokalisation, der angewandten immunologischen Nachweismethoden sowie ihrer Immunogenität im autologen Tumorträger auszeichnen. Aufgrund der Vielfalt der mit verschiedenen immunologischen Methoden bisher in menschlichen Tumoren nachgewiesenen Tumorantigene erweist sich ihre Systematik als äußerst schwierig [Henderson u. Finn 1996, Suresh 1996, Urban u. Schreiber 1992]. Hier sollen sowohl Tumorantigene erfaßt werden, die im autologen System, d. h. mit Antikörpern und T-Lymphozyten der Tumorträger, als auch im heterologen System, d. h. mit Antikörpern anderer Spezies (mit T-Lymphozyten anderer Spezies ist der Nachweis nicht möglich), nachgewiesen wurden. Ihre Gemeinsamkeit besteht demzufolge nur im immunologischen Nachweis ihrer unterschiedlichen Expression auf Tumor- und Normalzellen (Abb. 3.2.7). Unter diesen Tumorantigenen gibt es Substanzen die

- eine biologische Funktion bei der Tumorentstehung oder beim Tumorwachstum haben
- eine Rolle als Angriffsziele einer natürlichen Immunüberwachung bei Krebs spielen
- eine Bedeutung für eine Immundiagnostik und -therapie von Krebs haben.

Da Tumorantigene in erster Linie wegen ihrer Bedeutung für eine Diagnostik und Therapie von Tumoren interessieren, werden ihnen auch einige Bestandteile von Nichttumorzellen zugeordnet, die für das Wachstum von Tumoren erforderlich sind und die mit Hilfe von Antikörpern aktiviert oder inaktiviert werden können. Weiterhin werden Antigene hinzugezählt, die nicht auf den Tumorzellen selbst lokalisiert sind, sondern auf den für das Wachstum der malignen Zellen rekrutierten Stromazellen in einem Tumor.

Folgende Einteilung der Tumorantigene wurde gewählt:

- Virusinduzierte Tumorantigene
- Tumorantigene, die auf genetische Veränderungen zurückzuführen sind
- Normale Zellbestandteile als Tumorantigene wie
  - Onkofetale Antigene
  - Kohlenhydratverbindungen
  - Muzine
  - Differenzierungsantigene

- Individuelle Antigene in malignen Zellklonen
- Rezeptoren
- Tumorantigene, die nicht auf den Tumorzellen lokalisiert sind

Gegen viele dieser Tumorantigene konnten inzwischen monoklonale Antikörper hergestellt werden, die in erster Linie für diagnostische Fragestellungen eingesetzt wurden, von denen einige aber auch für therapeutische Ansätze Anwendung gefunden haben.

3.2.4.1 Virusinduzierte Tumorantigene

Virusinduzierte experimentelle Tumoren wurden für umfangreiche tumorimmunologische Untersuchungen herangezogen und haben das Vorhandensein von virusinduzierten Antigenen in den Tumorzellen, die auch zu Tumorabstoßungen führen können, zweifelsfrei bewiesen. Von den Tumorviren, die beim Menschen mit großer Wahrscheinlichkeit an der Entstehung von Tumoren beteiligt sind [Masucci 1993], konnten für das Epstein-Barr-Virus, für Papillomviren, für das humane T-Zell-Leukämie-Virus (HTLV I) sowie für das Hepatitis-B-Virus Tumorantigene auch im autologen System nachgewiesen werden bzw. werden z. Z. intensiv bearbeitet. Die umfangreichsten Untersuchungen hierzu wurden mit dem EBV durchgeführt [Klein u. Boon 1993]. Sie haben neben der Identifizierung mehrerer virusinduzierter Antigene und der Klärung der Immunogenität dieser Proteine auch eine Reihe von Mechanismen aufgeklärt, mit deren Hilfe das onkogene Virus einer Immunabwehr des Wirts entgehen kann (escape mechanisms). Hier sind neben den schon genannten Faktoren zu nennen:

- Kodierung für ein Protein, das, ähnlich wie Il 10, die Lymphokinproduktion von T-Helferzellen inhibieren kann und die Proliferation von B-Lymphozyten, den Targetzellen des EBV, stimuliert [Vieira et al. 1991]
- Selektion von Varianten, die ein immundominantes, von T-Zellen erkennbares Epitop verloren haben [De Campos-Lima et al. 1993].

3.2.4.2 Tumorantigene, die auf genetische Veränderungen zurückzuführen sind

Diese Tumorantigene, die durch Punktmutationen oder andere genetische Veränderungen an Genen, die für „normale" Proteine kodieren, entstehen, stellen, wie virusinduzierte Antigene, für den Tumorträger Neoantigene (Nicht-selbst-Antigene) dar, gegen die eine Immunantwort zu erwarten ist. Die bisher identifizierten Proteine dieser Kategorie sind intrazellular lokalisiert.

3.2.4.2.1 Mutierte Proteine

In experimentellen Tumoren konnten die oben beschriebenen Antigene gezeigt werden, wobei der Nachweis hier in erster Linie mit zytotoxischen T-Zellen erfolgte. Die durch diese Zellen erkannten, von autologen MHC-Antigenen präsentierten Peptide enthielten z. T. 1 einzige Punktmutation.

Da z. Z. mehr als 10 Tumorsuppressorgene und etwa 100 Onkogene bekannt sind [Bishop 1991], die eine direkte Rolle bei der Entstehung von Krebs spielen, wurde auch eine Beteiligung an der Immunüberwachung der entsprechenden Genprodukte vermutet. Für das p53-Tumorsuppressorgen, das ras-Genprodukt und die BCR-abl-Tyrosinkinase sind mit immunologischen Methoden tumorspezifische Neoantigene nachgewiesen worden [Disis u. Cheever 1996]. Praktische Bedeutung haben bisher in erster Linie die Ergebnisse zum p53-System erlangt.

Für das intrazellular lokalisierte p53-Genprodukt konnten in 70% der Kolonkarzinome, bei ca. 50% der Brusttumoren und bei 50–100% der Lungenkarzinome (einschließlich der kleinzelligen Lungenkarzinome) Mutationen im p53-Tumorsuppressorgen gefunden werden [Hollstein et al. 1991]. Ein Teil dieser Mutationen ist offensichtlich auch an der Tumorentstehung beteiligt. Einige synthetisierte Peptide, die diese Mutationen enthalten, können an MHC-Moleküle (im speziellen Fall an HLA-A2.1) binden und spezifische zytotoxische T-Zellen induzieren. Die Mutationen führen offensichtlich zu Konformationsänderungen im Genprodukt, die durch Antikörper erkannt werden können. Eine Reihe von monoklonalen Antikörpern konnte bisher hergestellt werden, die p53-Protein mit mutierten Regionen erkennen. Diese Antikörper haben sich als wertvoll für diagnostische Fragestellungen erwiesen. Antikörper gegen das p53-Genprodukt wurden in Tumorpatienten mit unterschiedlichen Tumoren (Brust-, Lungen-, Kolorektal-, Prostata-, Blasen-, Ovarial-, Schilddrüsen- und Pankreaskrebs sowie B-Zell-Lymphomen und multiplen Myelomen) gefunden [Canevari et al. 1996]. Ob es sich bei den durch die Antikörper erkannten Epitopen um auf Mutationen zurückzuführende Neoepitope handelt, wurde nicht in allen Fällen untersucht. Antikörper aus Tumorpatienten gegen p53 können jedoch gegen die normalen nichtmutierten Epitope gerichtet sein [Schlichtholz et al. 1992].

Für die ras-Genprodukte sind eine Reihe von Mutationen bekannt, die auch zu immunogenen Peptiden führen, die durch T-Helferzellen und zytotoxische T-Zellen erkannt werden können [Disis u. Cheever 1996]. Antikörper gegen mutierte Peptide wurden ebenfalls gewonnen, und in Patienten mit Kolorektalkarzinomen wurden Antikörper gegen ras-Genprodukte nachgewiesen [Cheever et al. 1995].

In einigen Tumorpatienten wurden auch Antikörper gegen die c-myb- und c-myc-Onkogenprodukte gefunden, wobei Beziehungen zu evtl. Mutationen allerdings ebenfalls nicht geklärt wurden [Canevari et al. 1996].

In Melanomen wurden mit T-Lymphozyten Punktmutationen identifiziert, die auch im autologen Wirt zytotoxische T-Zellen aktivieren und damit ein individuelles Tumorantigen (MUM-1) nachweisen [Coulie et al. 1995]. Weiterhin ließ sich ein Tumorantigen (gp75) in Melanomen durch Antikörper und T-Zellen von Tumorträgern identifizieren [Mattes et al. 1983, Vijayasyradhi et al. 1990], dessen antigenes Peptid, im Gegensatz zu allen bisher bekannten Tumorantigenen, von einem alternativen offenen Leserahmen abgeleitet ist [Wang et al. 1996].

3.2.4.2.2 Rekombinante Neoepitope in Tumoren

Der Prototyp dieser Gruppe ist das BCR-abl-Fusionsprotein der chronisch-myeloischen Leukämien (CML), bei denen in mehr als 95% der Patienten die t(9;22)(q34;q11)-Translokation auftritt. Durch die Translokation des c-abl-Protoonkogens (abl) vom Chromosom 9 in die Breakpoint-cluster-Region (BCR) auf dem Chromosom 22 entsteht das Philadelphia-Chromosom mit dem Fusionsgen BCR-abl, das ein Fusionsprotein mit anomaler Tyrosinkinaseaktivität kodiert. Die so entstandenen neuen Peptidepitope der Fusionsregion induzieren in Mäusen eine zellulare Immunantwort [Chen et al. 1992]. Inzwischen wurden auch humane BCR-abl-spezifische T-Zellen nachgewiesen [Bocchia et al. 1996].

3.2.4.3 Normale Zellbestandteile als Tumorantigene

Die Mehrzahl der bisher identifizierten Tumorantigene gehört in diese Kategorie und ist damit im eigentlichen Sinn nicht tumorspezifisch. Es handelt sich hier in der überwiegenden Zahl der Fälle um normale Antigene, die in Tumorzellen im Vergleich zu Normalzellen in höherer Konzentration (bedingt durch Überexpression oder auch Genamplifikation) bzw. am „falschen" Ort oder zu einem „falschen" Zeitpunkt exprimiert werden. Es sind meist Antigene, die wir als Differenzierungsantigene in bestimmten Nichttumorzellen kennen. Entgegen ursprünglichen Vorstellungen, daß dabei für jeden Differenzierungsschritt einer Zellinie bestimmte Antigene charakteristisch sind, kann heute angenommen werden, daß sich das Antigenspektrum einer differenzierten Zelle durch einen Satz bestimmter Antigene auszeichnet und daß die Verteilung dieser Antigene modular erfolgt [Rettig 1992]. Damit kann durch den Organismus mit einem kleinen und begrenzten Anteil an potentiell zur Verfügung stehenden Differenzierungsantigenen eine sehr große Zahl verschiedener Zellen markiert werden. Durch die Deregulation in malignen Zellen können dann auf bestimmten Tumorzellen auch Antigene nachweisbar sein, die auf Nichttumorzellen gefunden werden, die zu einer ganz anderen Differenzierungslinie gehören.

Gegen einige dieser „normalen" Tumorantigene konnten Immunreaktionen im Tumorträger nachgewiesen werden [Canevari et al. 1996, Roth et al. 1994], obwohl dies, entsprechend der Lehrbuchmeinung, bei einer immunologischen Unterscheidung von fremd und selbst und der Tolerierung von letzterem nicht auftreten dürfte. Jedoch unterliegt auch dieser Fremd-selbst-Unterscheidungsprozeß komplizierten Regulationsmechanismen, die bisher nur teilweise erkannt sind. Die Induktion einer Toleranz gegen die körpereigenen Substanzen ist offensichtlich ebenfalls ein aktiver Prozeß, der von der Präsentation einer gewissen Menge an Selbstantigen abhängig ist, wodurch entweder eine Deletion von T-Zellen, die mit körpereigenen Substanzen reagieren können, oder Anergie, d. h. Nichtreaktivität gegen körpereigene Antigene, induziert werden [Lanzavecchia 1995]. Da ein Großteil der körpereigenen Bestandteile möglicherweise nie mit dem Immunsystem in Kontakt kommt, weil die betreffenden Antigene entweder nicht prozessiert oder nicht (oder in zu geringer Konzentration) präsentiert werden (sog. kryptische Antigene) [Sercarz et al. 1993], können durchaus zahlreiche B- und T-Lymphozyten im Organismus existieren, die Rezeptoren für bestimmte normale Antigene besitzen. In malignen Zellen könnte eine Antigenpräsentation dieser körpereigenen Antigene möglich werden und damit auch eine Stimulierung von Immunzellen erfolgen. Die in Tumorträgern nachgewiesenen Immunreaktionen gegen normale Antigene können deshalb Indikatoren einer unter normalen Bedingungen nicht vorhandenen, jedoch während des Tumorwachstums erfolgten Aktivierung des Immunsystems sein. Es könnte sich aber auch um eine unvollständige, nicht zur Zerstörung von Zellen führende Immunreaktion gegen normale Bestandteile handeln, die teilweise auch in gesunden Personen nachweisbar ist.

Die Zahl der als Tumorantigene bisher in erster Linie mit murinen monoklonalen Antikörpern nachgewiesenen normalen Antigene ist verhältnismäßig groß. Deshalb kann hier nur eine Auswahl angeführt werden.

3.2.4.3.1 Onkofetale Antigene

In diese Gruppe gehören die ersten Tumorantigene, die in Tumoren des Menschen identifiziert wurden. Der Nachweis erfolgte zunächst mit heterologen Seren, dann v. a. mit monoklonalen Antikörpern. Diese Antigene werden im Normalfall in hoher Konzentration von bestimmten Zellen in der Fetal- und Embryonalphase synthetisiert und kommen im adulten Organismus in nur geringer Konzentration in wenigen differenzierten Zelltypen vor. Ihre Expression in hoher Konzentration in Tumorzellen und teilweise auch ihre Freisetzung in Körperflüssigkeiten sind sehr gute diagnostische Indikatoren für das Wachstum bestimmter Tumoren. Die bekanntesten Tumorantigene dieser Kategorie sind das karzinoembryonale Antigen (CEA), das α-Fetoprotein (AFP) und das humane Choriongonadotropin (HCG). Das karzinoembryonale Antigen, ein Glykoprotein der Zelloberfläche mit einem Molekulargewicht von 180 000, gehört zu den am meisten untersuchten und genutzten Tumorantigenen [Gold u. Freeman 1965, Shively u. Beatty 1985, Thomson et al. 1991]. Es kommt in hoher Konzentration in der Fetal- und Embryonalphase vor und wird in Karzinomen von Kolon, Rektum, Brust und Lunge exprimiert. In normalen Epithelzellen des Kolons und anderer Gewebe erwachsener Personen ist es ebenfalls, allerdings in geringer Konzentration, nachweisbar. Die gewisse Tumorspezifität von CEA und die dadurch mögliche Nutzung als Tumormarker sind auf folgende Faktoren zurückzuführen: Höhere Konzentration in Tumorzellen im Vergleich zu Normalzellen, Unterschiede in der Prozessierung des Moleküls in Tumor- und Normalzellen, Unterschiede in der subzellularen Lokalisation (Verteilung über die gesamte Oberfläche von Tumorzellen, apikale Lokalisation auf Normalzellen) sowie Freisetzung von CEA ins Serum durch Tumorzellen, nicht aber durch Normalzellen. Der Nachweis erfolgt mit Hilfe monoklonaler Antikörper, die in der Lage sind, CEA von nahe verwandten Molekülen, die keine Tumorrelevanz haben [wie das auf Granulozyten verbreitete NCA (non-cross-reacting antigen)], zu unterscheiden [Jantscheff et al. 1991]. Zelluläre T-Zell-vermittelte Immunreaktionen konnten in Mäusen induziert werden. Das Vorhandensein von Antikörpern oder zellularen Immunreaktionen gegen CEA in Tumorpatienten ist seit der Entdekkung dieses Moleküls eine grundlegende Kontroverse. Neuere Ergebnisse [Tsang et al. 1995] scheinen aber auch für den Menschen eine potentielle Immunogenität und damit die Möglichkeit einer Nutzung von CEA für Immunisierungen anzuzeigen. Die größte Bedeutung hat CEA bisher für ein Tumormonitoring nach einer Therapie, da bei CEA-positiven Tumoren die Konzentration dieses Markers im Serum ein Indikator für das Wachstum und auch die Größe des Tumors ist.

α-Fetoprotein (AFP) wird von fetalen Leberzellen produziert und ist das wichtigste Serumprotein in der Fetal- und Embryonalphase [Abelev 1968]. Im adulten Organismus wird es von Leberkarzinomen, einigen embryonalen Tumoren (wie z. B. Seminomen) sowie von Leberzellen unter verschiedenen pathologischen Zuständen synthetisiert. Für die entsprechenden Tumoren wird es dann zur Diagnostik herangezogen.

Das humane Choriongonadotropin (HCG) wird normalerweise vom Trophoektoderm des Embryos produziert, der Nachweis im Urin dient zum Nachweis einer Schwangerschaft. Da HCG auch von 100% der Chorionkarzinome sowie von einigen embryonalen Tumoren gebildet wird, kann es in diesen Fällen als Tumormarker genutzt werden [Böttger et al. 1993].

3.2.4.3.2 Kohlenhydratverbindungen

Kohlenhydratantigene sind auf der Oberfläche von Tumorzellen entweder als Glykolipide oder als Glykoproteine anzutreffen, wobei die durch Antikörper nachgewiesenen Epitope im Kohlenhydratteil lokalisiert sind [Hakamori 1985, Lloyd u. Old 1989]. Durch diese Epitope unterscheiden sich die entsprechenden Moleküle teilweise von den normalen Molekülen, obwohl auch hier keine Tumorspezifität vorliegt. Ganglioside und Blutgruppenantigene sind die am besten untersuchten Tumorantigene dieser Gruppe.

Auf einer Vielzahl von Tumoren neuroektodermaler Herkunft, in erster Linie Melanomen, Astrozytomen und Neuroblastomen, sind Ganglioside nachweisbar. Hierbei handelt es sich um N-Azetylneuraminsäure (Sialylsäure) enthaltende Glykosphingolipide, wobei die Kohlenhydratkette an einen Ceramidteil gekoppelt ist, über den die Verankerung in der Zellmembran erfolgt. In Melanomen findet man die Ganglioside GM3, GD3 und GM2 in unterschiedlichen Anteilen, während normale Melanozyten vorwiegend GM3 enthalten [Carubia et al. 1984]. Wegen der hohen Konzentration an der Zelloberfläche eignen sich die Ganglioside für potentielle immunologische Attacken. Die Immunogenität im Menschen zeigte sich durch die Anwesenheit von Antikörpern gegen GM2- und GD2-Ganglioside in Melanompatienten und gesunden Personen [Lloyd 1991] sowie durch Immunisierungserfolge mit GM2-Vakzinen [Livingston 1995].

Blutgruppenantigene sind auf hämatopoetischen und epithelialen Zellen exprimiert und in Abhängigkeit von der Differenzierung auf normalen Zellen oder aber auch auf Tumorzellen anzutreffen [Lloyd 1987]. Die am besten untersuchten Tumorassoziierten Antigene dieser Gruppe sind das T-(Thomsen-Friedenreich-) und das sialylierte Tn-Antigen (sTn-Antigen). Auf Tumoren sind diese Epitope in erster Linie auf Glykoproteinen der Muzinfamilie exprimiert. T- und Tn-Antigene sind in Tumorpatienten immunogen [O'Boyle et al. 1992].

3.2.4.3.3 Muzine

Muzine sind hochmolekulare Glykoproteine, die durch eine Wiederholung zahlreicher gleichartiger Aminosäuresequenzen unterschiedlicher Länge (tandem repeats) ausgezeichnet sind. Muzine sind nicht nur wegen ihres Kohlenhydratanteils für tumorimmunologische Untersuchungen interessant, sondern auch wegen des Proteingerüsts. Sie sind in sehr hoher Konzentration auf der Oberfläche verschiedener epithelialer Tumorzellen vorhanden [Zotter et al. 1988]. Normale Gewebe enthalten weniger Muzine und zeigen ein anderes Epitopprofil [Girling et al. 1989]. Charakteristisch für Epithelzellen der Mamma ist das Muzin MUC-1 [Gendler et al. 1990]. Auf den normalen Epithelzellen der Milchgänge ist MUC-1 apikal lokalisiert, während es auf den entsprechenden Tumorzellen in höherer Konzentration auf der gesamten Zelloberfläche anzutreffen ist. Hinzukommt, daß aufgrund einer gestörten oder inkompletten Glykosilierung in den Tumorzellen Epitope exponiert sind, die in den Normalzellen verdeckt sind [Finn et al. 1995]. Monoklonale Antikörper gegen diese tumorspezifischen „normalen" Epitope sind ausgezeichnete diagnostische Werkzeuge und bieten zudem die Möglichkeit einer therapeutischen Nutzung. Diese Epitope sind darüber hinaus immunogen im autologen System, da Antikörper in Tumorträgern nachgewiesen wurden [Kotera et al. 1994, Rughetti et al. 1993] und zytotoxische T-Lymphozyten von Tumorpatienten Muzin-tragende Tumorzellen in einer offensichtlich nicht-MHC-restringierten Weise erkennen können [Barnd et al. 1991]. Die Stimulierung des T-Zell-Rezeptors erfolgt wahrscheinlich aufgrund der repetitiven Anordnung der Tandem-repeat-Region, ohne daß eine Präsentation der Peptide durch MHC-Moleküle erfolgen muß. Damit bietet das Muzinmolekül vielfältige Einsatzmöglichkeiten als Zielmolekül für eine Immuntherapie.

3.2.4.3.4 Differenzierungsantigene

In diese Kategorie werden hier Antigene eingeordnet, die auf Tumorzellen (oftmals in höherer Konzentration als auf Normalzellen) und auf Normalzellen einer bestimmten Differenzierungsstufe anzutreffen sind, wobei sie bei letzteren als Differenzierungsmarker dienen. Sie können entweder auf den jeweiligen Tumorzellen, entsprechenden Normalzellen oder auch auf Zellen anderen histologischen Ursprungs nachweisbar sein. Der Unterschied zu einigen der bisher behandelten Gruppen von Tumorantigenen ist artifiziell. Diese Einteilung wurde hier aus praktischen Erwägungen gewählt.

In diese Gruppe gehören u. a. zahlreiche Antigene auf Kolon-, Brust-, Ovarial-, Lungen- und Prostatatumoren sowie Melanomen, die mit Hilfe monoklonaler Antikörper identifiziert werden konnten [Suresh 1996]. Ihre jeweilige Bedeutung hängt von der praktischen Nutzbarkeit ab, über die zum jetzigen Zeitpunkt jedoch nur bedingt Aussagen getroffen werden können.

Der vielfältig genutzte Antikörper 17-1A weist ein Glykoprotein mit einem MG von 38 000 auf der Zelloberfläche von gastrointestinalen und anderen Adenokarzinomen, aber auch auf normalen Epithelzellen unterschiedlicher Lokalisation nach [Göttlinger et al. 1986]. Der monoklonale Antikörper A33 erkennt ein hitzestabiles und Protease- und Neuraminidase-resistentes Antigen, das auf nahezu allen Kolonkarzinomzellen und in der Kolonmukosa, aber nicht auf anderen Epithelzellen vorhanden ist [Welt et al. 1990, 1996].

Ähnliche Tumor-assoziierte Antigene, die als diagnostische Marker Einsatz finden konnten, wurden mit Hilfe von Antikörpern u. a. für Brusttumoren [Mansi et al. 1991], Prostatakarzinome [Prostata-spezifisches Antigen (PSA)] [Kuriyama et al. 1981] und kleinzellige Lungenkarzinome [Canon et al. 1988] nachgewiesen. Für Melanome sowie eine Reihe weiterer Tumoren konnten in Tumorpatienten mit autologen T-Lymphozyten eine Reihe neuer bisher unbekannter Antigene (MAGE, BAGE, GAGE) nachgewiesen werden [Boon u. Bruggen 1996, Boon et al. 1994, Van der Bruggen u. Van den Eynde 1992], die außer in den Tumorzellen auch in Testiszellen auftreten. Als weitere Antigene wurden durch MHC-restringierte T-Zell-Erkennung einige zusätzliche Differenzierungsantigene von Melanozyten (Tyrosinase, MART-1/Melan-A, GP100/Pmel17, GP75) entdeckt [Henderson u. Finn 1996]. Ein Teil dieser Strukturen sowie neue zusätzliche Tumorantigene konnten inzwischen auch mit autologen Seren von Tumorträgern identifiziert werden [Sahin et al. 1995]. Für einige der Antigene stehen darüber hinaus monoklonale Antikörper zur Verfügung, die für diagnostische Fragestellungen eingesetzt werden können [Chen et al. 1994a].

Neben diesen Tumor-assoziierten Antigenen haben sich einige normale Antigene, deren Konzentration in Tumor- und Normalzellen identisch ist, auch für die Tumordiagnostik als ausgesprochen wertvoll erwiesen. Hierzu gehören z. B. die intrazellular lokalisierten Zytokeratine. Da sie in allen epithelialen Zellen vorkommen, nicht jedoch in hämatopoetischen Zellen, kann der immunhistologische Zytokeratinnachweis über die Anwesenheit von Mikrometastasen in Lymphknoten und Knochenmark Aufschluß geben [Schlimok et al. 1987].

Für maligne Erkrankungen des hämatopoetischen Systems (Leukämien, Lymphome, Myelome) haben sich die normalen CD-Antigene (cluster of differentiation antigens) als wertvolle Tumormarker erwiesen, da sie z. B. Hinweise auf die zellulare Herkunft der Erkrankung und damit auch auf die Therapieform geben, aber auch als Ziel für therapeutische Ansätze dienen können. Häufig genutzte CD-Antigene sind z. B. CD33, CD19 und CDW52. Hiervon zeichnet sich das CD33-System durch seine Anwesenheit auf frühen myeloischen und monozytischen Zellen und seine Abwesenheit auf Stammzellen aus und ist damit für diagnostische Fragen ein ausgezeichneter Indikator [Scheinberg et al. 1989].

Bei der Metastasierung von Tumoren spielen eine Reihe von Faktoren (Proteasen, aktivierte Onkogene, extrazellulare Matrixproteine etc.) eine wichtige Rolle [Fidler 1990]. Offensichtlich sind an der Metastasierung auch bestimmte Varianten des Zelloberflächenantigens CD44 beteiligt, so daß, wenn sich diese Beobachtungen bestätigen sollten, ein weiterer Tumormarker für diagnostische und therapeutische Anwendungen zur Verfügung stände [Streit et al. 1996].

3.2.4.3.5 Individuelle Antigene in malignen Zellklonen

Die meisten Antigene maligner Zellen sind normale Antigene, die auch in den entsprechenden normalen Zellen der gleichen Differenzierungsstufe anzutreffen sind. Für eine Immundiagnostik und -therapie suchen wir nach Strukturen, die Tumorzellen tragen, nicht jedoch die Normalzellen. T- und B-Lymphozyten besitzen an ihrer Oberfläche mit den Antigenerkennungsstrukturen [Idiotypen der T-Zell-Rezeptoren (TcR) bzw. Immunglobuline (Ig)] antigene Determinanten, durch die sich ein normaler Lymphozytenklon von allen anderen Zellen des Organismus unterscheidet. Wenn solche Zellen maligne entarten, enthalten sie demzufolge individuelle tumorspezifische Antigene (Abb. 3.2.8). Antiidiotypische Antikörper gegen diese Moleküle wurden wegen ihrer einzigartigen Spezifität deshalb in Strategien zur Behandlung von B-Lymphomen eingebaut [Levy u. Miller 1990, Miller et al. 1982]. Experimentelle Untersuchungen haben gezeigt, daß eine Wechselwirkung von antiidiotypischen Antikörpern mit B-Lymphomzellen zu einer Reversion des malignen Stadiums der Tumorzellen führen kann [Yefenof et al. 1993]. Dieser „Ruhezustand“ der malignen Zellen (tumor dormancy) wird durch negative Signalinduktion

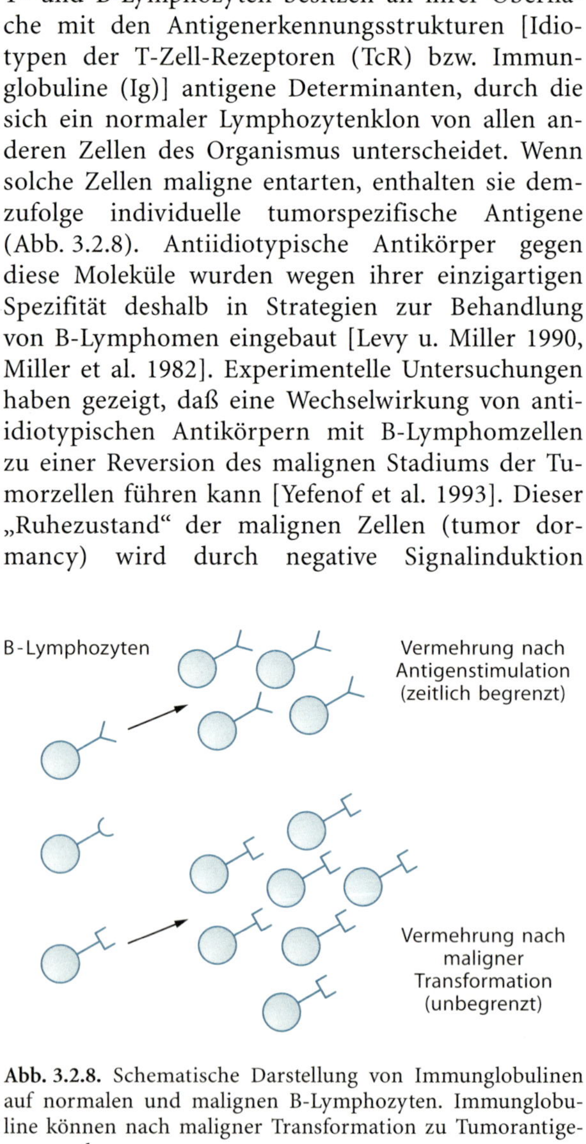

Abb. 3.2.8. Schematische Darstellung von Immunglobulinen auf normalen und malignen B-Lymphozyten. Immunglobuline können nach maligner Transformation zu Tumorantigenen werden

(negative signalling) des Antikörpers auf den B-Zell-Rezeptor-Komplex induziert, ohne daß die Zellen zerstört werden. Damit ist eine Beeinflussung des malignen Zustands durch Bindung von Antikörpern an Zelloberflächenrezeptoren möglich.

3.2.4.3.6 Rezeptoren

Einige Tumorzellen zeichnen sich durch eine Überexpression (teilweise bedingt durch Amplifikation der Gene) von Rezeptoren für Wachstumsregulatoren oder Nährstoffe an der Oberfläche aus bzw. reagieren aufgrund von Mutationen in den Rezeptorgenen nicht mehr auf die normalen Regulationsmechanismen. Damit sind sie gute Kandidaten für eine Beeinflussung durch Antikörper. In 40% der Gliome wurde eine Amplifikation des Gens für den Rezeptor des epidermalen Wachstumsfaktors [epidermal growth factor receptor (EGFR)] gefunden, worunter sich ein Teil strukturell abnormer EGFR befand [Sugawa et al. 1990]. Weiterhin treten diese Rezeptoren in Tumoren des Kopf-Hals-Bereichs sowie in Lungentumoren auf. Untersuchungen zur Nutzung von Antikörpern gegen den epidermalen Wachstumsfaktor für therapeutische Zwecke wurden begonnen [Modjtahedi et al. 1996]. Das an der Oberfläche von Brust-, Ovarial- sowie zahlreichen anderen epithelialen Tumoren gefundene HER2/neu- oder erbB2-Antigen ist das Produkt eines Protoonkogens mit Tyrosinkinaseaktivität, das Homologie zum Rezeptor des epidermalen Wachstumsfaktor zeigt [Di Fiore et al. 1992]. Es ist in den Tumoren über- und in normalen Zellen eingeschränkt exprimiert und stellt damit einen potentiellen Angriffspunkt für immunologische Interventionen, entweder durch direkte Zytotoxizität oder über eine Wachstumsinhibition, dar [Kasprzyk et al. 1992]. Ein durch mehrere monoklonale Antikörper identifiziertes Antigen, das Homologie zum Folat-bindenden Protein (FBP) zeigt, könnte wegen dieser Funktion ebenfalls Ansatzpunkte für neue Therapien bieten [Colnaghi et al. 1993]. In diese Gruppe von Oberflächenmolekülen kann noch das P-Glykoprotein eingereiht werden, das für die Resistenz von Tumorzellen gegen eine Vielzahl von Chemotherapeutika (multidrug resistance) mitverantwortlich ist und gegen das mehrere monoklonale Antikörper zur Verfügung stehen [Scheper et al. 1988].

Therapeutische Angriffspunkte für monoklonale Antikörper könnten auch die Apoptoseantigene sein, die in mehreren Arbeitsgruppen untersucht werden [Rensing et al. 1995].

3.2.4.4 Tumorantigene, die nicht auf den Tumorzellen lokalisiert sind

Für eine immunologische Diagnostik und Therapie von Tumoren des Menschen können nicht nur Antigene der Tumorzellen selbst, sondern auch Moleküle, die vom umgebenden Stroma produziert werden (wie Wachstumsfaktoren), oder Antigene auf diesen Stromazellen von Interesse sein. Ohne das Stroma, das bis zu 60% der Masse eines Karzinoms ausmachen kann, kann ein Tumor nicht wachsen. Stromazellen eines epithelialen Tumors zeigen, verglichen mit den entsprechenden normalen Zellen, charakteristische Veränderungen, ohne selbst maligne zu sein. Dabei weisen die Stromazellen verschiedener Tumoren identische oder ähnliche Besonderheiten auf. So wurde das Antigen F19, ein 95 000-Fibroblastenaktivierungsprotein, auf der Fibroblastenoberfläche von mehr als 90% der Karzinome von Kolon, Brust, Lunge und Pankreas [Garin-Chesa et al. 1990, Welt et al. 1994] und das Antigen FB5 (Endosialin) in einem signifikanten Anteil der Endothelzellen von Blutgefäßen in Tumoren, nicht jedoch von normalen Geweben gefunden [Rettig et al. 1992]. Weitere im Stroma identifizierte Tumor-assoziierte Moleküle sind z. B. Rezeptoren für endotheliale Wachstumsfaktoren. Da diese Antigene den Tumor vom Normalgewebe unterscheiden und teilweise zum Wachstum des Tumors beitragen, werden sie z. Z. intensiv auf ihre Nutzbarkeit für diagnostische und therapeutische Fragestellungen untersucht. Tierexperimentelle Untersuchungen mit Immuntoxinen gegen Endothelzellen der Blutgefäße eines Tumors haben schon gezeigt, daß ihr Einsatz zur Regression der Tumoren führen kann [Burrows u. Thorpe 1993].

3.2.5 Prophylaktische, diagnostische und therapeutische Nutzung von Tumorantigenen

Das Vorhandensein von Tumorantigenen bietet Möglichkeiten für ihre Nutzung in der Krebsbekämpfung. Die breiteste praktische Anwendung haben sie bisher in der Diagnostik gefunden. Immuntests, die auf monoklonalen Antikörpern gegen Tumorantigene beruhen, werden zum Nachweis löslicher Tumormarker im Serum eingesetzt, woraus Schlußfolgerungen auf das Wachstum von Rezidiven und Metastasen nach einer chirurgischen, Strahlen- oder Chemotherapie gezogen werden können. Hier wird in erster Linie das karzinoembryonale Antigen als Indikator für verschiedene Karzinome des Magen-Darm-Trakts (vorrangig Kolon- und Rektumkarzinome), aber auch anderer epithelialer maligner Tumoren herangezogen. Testbestecke für eine Reihe weiterer Tumorantigene, wie α-Fetoprotein, humanes Choriongonadotropin, CA 19-9 etc., haben ebenfalls Eingang in die klinischen Laboratorien gefunden [Suresh 1996]. Weiterhin werden monoklonale Antikörper gegen Tumorantigene und gegen normale Differenzierungsantigene (wie z. B. gegen Zytokeratine, die Epithelzellen von Leukozyten einschließlich Lymphozyten unterscheiden) in der immunhistologischen Diagnostik eingesetzt, wobei besonders nach Identifizierung von Mikrometastasen in Lymphknoten und im Knochenmark direkte therapeutische Konsequenzen abgeleitet werden können [Schlimok et al. 1987]. Die Nutzung von radioaktiv markierten monoklonalen Antikörpern für die immunologische Lokalisation eines Tumors nach Injektion der Antikörper und anschließender Szintigraphie ist mit einer Reihe monoklonaler Antikörper erfolgreich verlaufen [Chetanneau et al. 1990].

Die Nutzung der Tumorantigene für eine Therapie befindet sich im Augenblick, trotz der intensiven Bearbeitung, noch im experimentellen Stadium, und es wird sich in den nächsten Jahren zeigen, welcher der vielen eingeschlagenen Wege zu einem greifbaren Erfolg führt.

Immunologische Behandlungen können prinzipiell als Vorbeugung einer Erkrankung bzw. zur Intervention bei schon aufgetretener Krankheit erfolgen. Zur Vorbeugung wird die aktive Immunisierung angewandt, wobei im Fall einer Tumorprophylaxe der Einsatz der unterschiedlichsten Vakzinen (Tumorzellen, Interleukin-exprimierende Tumorzellen, isolierte Tumorantigene, rekombinante Tumorproteine, Peptidvakzinen in unterschiedlicher Form, DNA-Vakzinen etc. zusammen mit verschiedenen Adjuvanzien in unterschiedlichen Applikationsformen) erprobt wird [Linehan et al. 1996, Pardoll 1996].

Eine Tumorvakzinierung als vorbeugende Maßnahme zur Vermeidung einer Tumorentstehung setzt voraus, daß eine größere Risikogruppe durch das Auftreten von Tumoren gefährdet ist und daß die entstehenden Tumoren identische kreuzreagierende Tumorantigene besitzen, gegen die der eigene Organismus auch reagieren kann. Hierfür kommen prinzipiell Personen aus Familien mit einem gehäuften Auftreten bestimmter Tumorerkrankungen (z. B. familiärer Brustkrebs), aber in erster Linie Personen mit einer Infektionsgefährdung durch onkogene Viren in Frage [Rickinson 1995]. An der Entwicklung und Nutzung von Virusvakzinen zur Prophylaxe bestimmter Tumorerkrankungen wird intensiv gearbeitet, die ersten Erfolge wurden bei Lebertumoren, an denen das Hepatitis-B-Virus beteiligt ist, erzielt [Kane 1995, Thanavala 1996] und sind bei verschiedenen Papillomen, bei denen die onkogenen Papillomviren (HPV 16 und HPV 18) involviert sind, zu erwarten [Tindle 1996, Zur Hausen u. Villiers 1994]. Da der Anteil nichtviraler Tumoren mit identischen kreuzreagierenden Tumorantigenen prozentual sehr gering ist, ist eine solche Prophylaxe für diese Tumoren kaum möglich. Hier wird eine Vakzinierung gegen schon vorhandene Tumoren bzw. gegen therapeutisch behandelte Tumoren zur Vermeidung von Rezidiven oder Metastasen erprobt. Prinzipiell sind durch die Klonierung einer Reihe neuer Tumorantigene und die Identifizierung von Peptidepitopen zur Präsentation durch MHC-Moleküle Bedingungen für eine spezifische Immunisierung gegen bestimmte Tumoren, wie z. B. Melanome, erarbeitet worden. Experimentelle und klinische Untersuchungen hierzu laufen in verschiedenen Institutionen [Melief et al. 1996]. Weiterhin wurden Vakzinierungen mit Tumorzellen, die transfizierte Lymphokingene enthalten, sowie mit Lymphom-spezifischen Immunglobulinen (Idiotypen), die mit einem Wachstumsfaktor [granulocyte/macrophage colony-stimulating factor (GM-CSF)] oder Interleukinen fusioniert wurden, erprobt [Chen et al. 1994b].

Eine solche aktive Immunisierung setzt jedoch ein intaktes Immunsystem voraus, das gegen die Tumorantigene des eigenen Tumors reagieren kann. Wie schon erwähnt, sind vom Tumor Mechanismen entwickelt worden, durch die sein besseres Wachstum ermöglicht wird. In vorgerückten Tumorstadien ist das Immunsystem sehr oft beeinträchtigt. Hinzukommt, daß MHC-Moleküle in Tumorzellen häufig nicht oder schwach exprimiert sind [Pantel et al. 1991]. Da diese Down regulation das Wachstum der Tumoren ebenfalls fördert, ist sie für eine Tumorvakzinierung kontraproduktiv. Eine defekte Peptidprozessierung, ein defekter Peptidtransport in einigen Tumorzellen sowie das Nichtvorhandensein kostimulierender Faktoren (wie B7) sind weitere Faktoren, die eine aktive Immunisierung erschweren [Becker et al. 1993, Restifo et al. 1993].

Eine passive immunologische Intervention durch Gabe von Antikörpern oder immunologisch aktiven T-Lymphozyten erscheint im Fall einer schon vorhandenen Erkrankung naheliegender.

Eine passive Immunisierung mit Antikörpern wurde und wird bei einigen Infektionserkrankungen (z. B. Diphterie) und Schlangenbißvergiftungen erfolgreich praktiziert [Reid 1975]. Der Einsatz von Antikörpern wird generell als passive Immunisierung, die Gabe von T-Lymphozyten als adoptive Immunisierung bezeichnet. Aus tierexperimentellen Untersuchungen ist bekannt, daß mit beiden Behandlungsmethoden eine Intervention bei Tumoren möglich ist, daß jedoch T-Zellen oftmals effektiver in der Zerstörung von Tumorzellen sind (Abb. 3.2.2). Der Erkennungsmechanismus von Antigenen durch Antikörper und T-Zellen ist jedoch vollkommen verschieden. Während Antikörper an der Oberfläche lokalisierte Antigene (auf Zellen oder Molekülen) erkennen und dann aufgrund der anschließenden Bindung von Effektorzellen oder -molekülen an ihren Fc-Teil ihre biologische Wirkung entfalten, erkennen die T-Zell-Rezeptoren der T-Lymphozyten antigene Peptide, die an körpereigene MHC-Moleküle gebunden sind und so an der Zelloberfläche präsentiert werden [Parham 1996]. Dieser Erkennungsmechanismus sowie die Vielzahl körpereigener Antigene auf den T-Lymphozyten setzen voraus, daß eine adoptive Immunisierung nur mit den körpereigenen T-Lymphozyten des Tumorträgers erfolgen kann, die aus dem Organismus entnommen, in vitro gegen die eigenen Tumorantigene stimuliert, danach vermehrt und anschließend in großen Mengen reinfundiert werden. Voraussetzung für diese Behandlung ist eine intakte Präsentation der entsprechenden Tumorantigenpeptide durch die Tumorzellen. Auf die Probleme hierzu ist schon bei der aktiven Immunisierung eingegangen worden. Kohlenhydratkomponenten, die Tumorzellen in zahlreichen Fällen von Normalzellen unterscheiden, scheiden zudem für eine solche Behandlung aus, da T-Zellen (in der Regel) nur Proteinbestandteile als MHC-präsentierte Peptide erkennen. An einer derartigen Behandlung wird intensiv gearbeitet.

3.2.6 Tumortherapie mit Antikörpern

Gegenüber den eben aufgeführten Möglichkeiten erscheint eine passive Immuntherapie mit Hilfe von Antikörpern zum jetzigen Zeitpunkt als einfacher und dadurch im Augenblick auch erfolgversprechender und naheliegender. Die Tatsache, daß eine Reihe von Antikörpern Tumorantigene auf der Zelloberfläche einer größeren Anzahl von Tumoren gleichen histologischen Ursprungs erkennt, begünstigt zudem die Wahl von Antikörpern als potentielle Immuntherapeutika. Bei der Vielfalt der Tumoren sowie der z. Z. bekannten Tumorantigene ist jedoch für die Zukunft keine einheitliche immunologische Behandlungsmethode, sondern eine Kombination der unterschiedlichsten Methoden zu erwarten.

3.2.6.1 Voraussetzungen für eine passive Immuntherapie von Tumoren mit Antikörpern

Die Identifikation von Tumorantigenen durch Antikörper ist z. Z. noch bedeutend leichter als mit Hilfe von MHC-restringierten T-Lymphozyten. Demzufolge ist die Anzahl der durch Antikörper identifizierten Tumorantigene auch größer. Antikörper erkennen an der Zelloberfläche lokalisierte Antigene und sind in der Lage, solche Zellen in vitro und in vivo zu zerstören. Die Eigenschaft, auch Tumorzellen zerstören zu können, veranlaßte Paul Ehrlich am Anfang unseres Jahrhunderts zu der Bezeichnung „Zauberkugel" (magic bullet), die die Hoffnung auf einen schnellen Einsatzerfolg in der Krebsbehandlung ausdrückte.

Antikörper erreichen als natürliche Abwehrmoleküle nach i.v.-Injektion (fast) alle Regionen eines Organismus, sie sind durch die Hybridomtechnik mit Hilfe von Hybridzellen unbegrenzt vermehrbar, leicht handhabbar und können nach Wunsch manipuliert werden, um z. B. die zytotoxische Effektivität zu steigern (Abb. 3.2.9). Sie sind durch folgende Mechanismen prinzipiell in der Lage, Tumorzellen zu zerstören bzw. in ihrem Wachstum zu inhibieren [Riethmüller et al. 1993]:

- Komplement-abhängige Zytotoxizität
- Antikörper-abhängige zellulare Zytotoxizität [antibody-dependent cellular cytotoxicity (ADCC)], bei der verschiedene Effektorzellen (NK-Zellen, Granulozyten, auch phagozytierende Makrophagen) an die an Tumorzellen gebundenen Antikörper angelagert werden und dadurch ihre zytotoxische Aktivität entfalten können
- Direkte Bindung an für die Vitalität der Zellen essentielle Rezeptoren (Wachstumsfaktoren, Apoptoseantigene) und dadurch Inhibition von aktivierenden bzw. Aktivierung von destruktiven Mechanismen (Apoptose, Phagozytose)
- In-vivo-Induktion von antiidiotypischen Antikörpern und von zellularen und humoralen anti-antiidiotypischen Reaktionen, die die Tumorzellvermehrung inhibieren (Abb. 3.2.10)

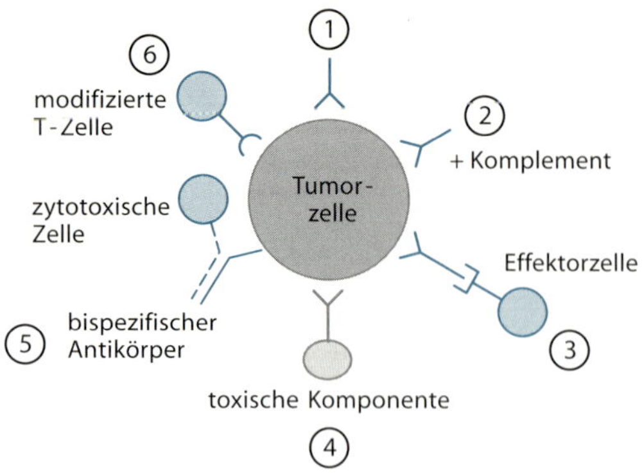

Abb. 3.2.9. Möglichkeiten der Wachstumshemmung von Tumoren durch Antikörper. *1* Hemmung der Zellteilung durch Blockierung von Wachstumsfaktoren bzw. Induktion von Apoptose durch Bindung an Apoptoseantigene, *2* Zellyse nach Anlagerung von Komplement und Aktivierung der Komplementkaskade, *3* Zellyse nach Bindung von zytotoxischen körpereigenen Effektorzellen an die Fc-Region eines Antikörpers über Fc-Rezeptoren dieser Zellen (sog. ADCC, engl. antibody-dependent cellular cytotoxicity), *4* Zellyse durch an die Antikörper gebundene toxische Komponenten (radioaktive Isotope; pflanzliche oder bakterielle Toxine; Chemotherapeutika; Enzyme, die nichttoxische Substanzen am Tumor in toxische Moleküle umwandeln – Prodrug-Konzept), *5* Zellyse durch zytotoxische körpereigene Zellen, die über bispezifische Antikörper an den Tumor gebunden und aktiviert werden, *6* Zellyse durch körpereigene T-Zellen, die nach gentechnischer Manipulation Tumorantigen-bindende Antikörperfragmente exprimieren

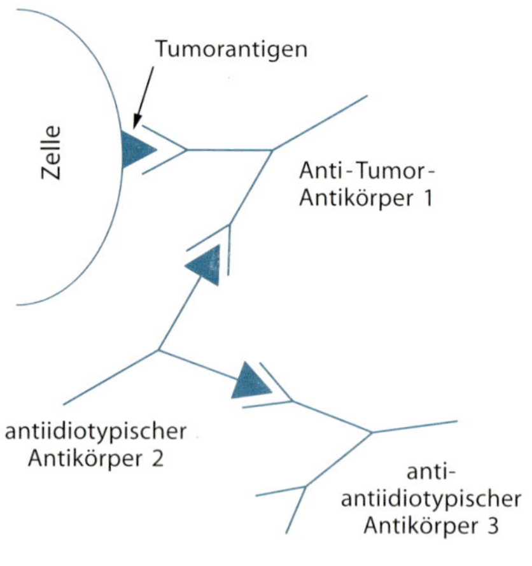

Abb. 3.2.10. Schematische Darstellung einer Idiotyp-anti-Idiotyp-Kaskade. Antiidiotypische Antikörper können ein Internal image des Antigens darstellen. Diese Antikörper sind nur ein Bruchteil der gebildeten Antiidiotypen; der größte Teil der antiidiotypischen Antikörper enthält jedoch keine Mimikrystrukturen des Antigens

- Aktivierung von Zellen, die Zytokine freisetzen, die wiederum eine Tumorzellzerstörung induzieren

Erste Voraussetzung für einen Einsatz monoklonaler Antikörper für eine Therapie beim Menschen ist ihre Reaktion mit einem an der Zelloberfläche lokalisierten Tumorantigen sowie eine zytotoxische Wirkung in vitro. Nach Epstein u. Khawli [1991] sind hierzu folgende präklinische Untersuchungen mit monoklonalen Antikörpern und nachfolgende Vorgehensweisen erforderlich:

- Identifizierung und Quantifizierung des Tumorantigens auf den Zielzellen
- Nachweis der Verteilung des Tumorantigens in Normalgeweben, Verteilung im Knochenmark und peripheren Blut, Ermittlung der Tumorspezifität
- Ermittlung der zytotoxischen Wirkung in vitro
- Immunszintigraphie im Tiermodell, Verteilung, Dosimetrie, Clearance-Daten
- Ermittlung der Anwesenheit zirkulierender Antigene
- Quantitative Daten zur Tumorwachstumsbeeinflussung durch Antikörper
- Massenproduktion des Antikörpers unter Sicherheitsstandards

Intrazellular lokalisierte Tumorantigene eignen sich nur für eine Immuntherapie mit zytotoxischen T-Zellen oder eine Vakzinierung zur Induktion zytotoxischer T-Lymphozyten bzw. für eine histologische Immundiagnostik mit Antikörpern. Als weitere Schritte zur Testung der Nutzbarkeit von Antikörpern [Epstein u. Khawli 1991] müssen in geeigneten Tiermodellen tumorzerstörende oder tumorwachstumshemmende Wirkungen in vivo gezeigt werden. Als gute Modelle für diese Zwecke eignen sich humane Tumoren nach Transplantation auf nude- oder SCID-Mäuse, die ein defektes Immunsystem haben, wodurch heterologe Tumoren auf diesen Tieren wachsen können. An diesen Tieren muß gezeigt werden, daß injizierte tumorreaktive Antikörper bevorzugt am Tumor binden. Dies wird mit Hilfe Radionuklid-markierter Antikörper erreicht. Danach muß ein Einfluß auf das Wachstum der Tumorzellen bewiesen werden. Vor einem Einsatz am Menschen ist es erforderlich, mehrere Studien durchzuführen, die sich folgendermaßen unterteilen lassen [Fiebig 1995]:

- Phase-I-Studien: Ermittlung der Verträglichkeit; festgestellt wird die maximal tolerierbare Dosis (MTD) hinsichtlich der Nebeneffekte, Pharmakokinetik und Immunogenität, wobei therapeutische Erfolge nicht im Vordergrund stehen, da diese Untersuchungen an Patienten mit fortgeschrittenen Tumorstadien durchgeführt werden

- Phase-II-Studien: Ermittlung des tumorinhibierenden Effekts an einer kleinen Patientengruppe mit fortgeschrittenen Tumoren; partielle oder komplette Remissionen bieten dann die Voraussetzung für die nächsten großen Studien
- Phase-III-Studien: Ermittlung des Therapieerfolgs durch Austestung an einem randomisierten großen Patientenkollektiv (möglichst multizentrisch). Diese Studien müssen teilweise sowohl mit schwach radioaktiv markierten Antikörpern zur Ermittlung der Lokalisierbarkeit von Tumoren als auch mit hochmarkierten Antikörpern durchgeführt werden, um einen schädigenden Einfluß auf normale Zellen ausschließen zu können

Wie hieraus ersichtlich, ist der Weg bis zu einem für eine Therapie einsetzbaren monoklonalen Antikörper sehr langwierig und schwierig. Der schon erwähnte monoklonale Mausantikörper A33, der ein Antigen auf Kolonkarzinomzellen erkennt, wurde z. B. im Jahr 1982 gewonnen, die ersten klinischen Studien wurden im Jahr 1988 begonnen, die ersten therapeutischen Untersuchungen starteten 1991, und 1995 wurden die ersten Untersuchungen mit einer nichtimmunogenen humanisierten Variante des Antikörpers durchgeführt [Old 1996, Welt et al. 1996]. Es ist deshalb durchaus nicht am Beginn einer Untersuchung voraussagbar, ob ein hergestellter und in vitro ausgezeichnet und spezifisch mit einem Tumorantigen reagierender Antikörper auch im Patienten die gewünschte Wirkung zeigt. Bis zu einer generellen erfolgreichen Anwendung der monoklonalen Antikörper in der Tumortherapie beim Menschen ist deshalb sicher noch ein weiter Weg zurückzulegen.

3.2.6.2 Unmodifizierte monoklonale Antikörper in der Tumortherapie

Die ersten Untersuchungen zur Ermittlung evtl. therapeutischer Effekte am Menschen mit Hilfe monoklonaler Antikörper zeigten eher bescheidene therapeutische Erfolge, aber insgesamt kaum ernste Nebenwirkungen. Eine Zusammenfassung zum Einsatz monoklonaler Antikörper bei hämatologischen malignen Erkrankungen an 130 Patienten aus dem Jahr 1989 zählte bei 15% der Patienten komplette und bei 16% partielle Remissionen sowie bei 17% geringfügige Antworten [Janson et al. 1989]. Gewisse Erfolge wurden auch durch den Einsatz von antiidiotypischen Antikörpern erzielt, die mit Oberflächenimmunglobulinen von Non-Hodgkin-Lymphomen reagierten. So wurden von Brown et al. [1989] bei 6 von 14 Patienten komplette bzw. partielle Remissionen beobachtet. In einigen Fällen wurde weiterhin beobachtet, daß die eingesetzten antiidiotypischen Antikörper auch mit den Tumorzellen anderer Patienten reagierten, so daß offensichtlich kreuzreagierende Idiotypen existieren, die die Einsatzmöglichkeiten eines bestimmten Antikörpers erweitern könnten. Eine zusätzliche Behandlung mit Interferon α zeigte einen synergistischen Effekt. Für die Behandlung ist der Isotyp der Antikörper von Bedeutung, da nur ein Teil der Maus- und Rattenantikörper zytotoxische Effektivität besitzt. So wurde an den verschiedenen CAMPATH-Antikörpern, die mit lymphatischen Zellen des Menschen reagieren, ermittelt, daß IgG2B-Antikörper der Ratte den stärksten Effekt haben [Dyer et al. 1989]. In einer Untersuchungsreihe an Patienten wurden monoklonale Antikörper gegen den Interleukin-2-Rezeptor eingesetzt und bei 3 von 9 Tumorpatienten mit HTLV-1-induzierten (human T-cell leukemia virus-induzierten) T-Zell-Leukämien Regressionen beobachtet [Waldmann et al. 1988].

Die meisten Untersuchungen an soliden Tumoren wurden mit dem monoklonalen Antikörper 17-1A durchgeführt, der mit kolorektalen Karzinomen reagiert [Mellstedt et al.1989]. Hier wurden bei ca. 5% der Tumorpatienten komplette bzw. partielle Remissionen erzielt. Da die gleichzeitige Gabe des hämatologischen Wachstumsfaktors GM-CSF (granulocyte/macrophage colony-stimulating factor) die Zerstörung von Tumorzellen förderte, wurden Studien begonnen, diesen synergistischen Effekt auszunutzen [Masucci et al. 1990]. Untersuchungen am Menschen sind mit einer Reihe weiterer monoklonaler Antikörper mit etwa gleichartiger Erfolgsrate fortgeführt worden [Caron u. Scheinberg 1993, 1994, Ferrone 1990, Jurcic et al. 1995, Kuzel u. Rosen 1994, LoBuglio u. Saleh 1992 a, b, Matthews et al. 1992, Mellstedt 1990, Riethmüller u. Johnson 1992, Riethmüller et al. 1993, Schneider-Gädicke u. Riethmüller 1995].

Insgesamt lassen sich die Ergebnisse folgendermaßen zusammenfassen:

- Nach der Applikation von monoklonalen Antikörpern der Maus oder der Ratte sind in einigen Fällen Tumorregressionen zu beobachten, d. h. die Antikörper reagieren in vivo selbst mit den Tumoren oder induzieren eine Immunabwehr gegen diese.
- Die Erfolgsrate bei hämatologischen Tumoren erscheint größer als bei soliden Tumoren, obwohl insgesamt kein einheitliches und vorhersagbares Bild zu verzeichnen ist.

- Die Nebenwirkungen sind erstaunlich gering, selbst bei Injektionen von sehr hohen Antikörpermengen (Einzeldosen bis zu 1 g und Gesamtdosen von bis zu 12 g).
- In den meisten Fällen wird die Bildung von offensichtlich nichtschädigenden humanen Antikörpern gegen die injizierten Maus- oder Rattenantikörper induziert [human anti-mouse antibodies (HAMA); human anti-rat antibodies (HARA)]. Diese Antikörper können sich jedoch als negativ für eine langfristige Behandlung mit monoklonalen Antikörpern erweisen. Es ist bisher allerdings keine Korrelation zwischen einem Mißerfolg der Behandlung und der Bildung von Anti-Maus-Antikörpern zu beobachten.

Damit wurde der Beweis erbracht, daß monoklonale Antikörper in vivo zur Zerstörung der Tumorzellen führen können, wenn auch die Erfolgsrate insgesamt sehr klein war. Als Mechanismus, der zu dieser Zerstörung führen kann [Riethmüller et al. 1993], wurde in erster Linie eine direkte Zellyse nach Aktivierung von Komplement oder zytotoxischen Effektorzellen bzw. einer Wirkung der Antikörper auf zellulare Wachstumsrezeptoren (wie im Fall von HER2-neu-, Tac-, Interleukin-2-Rezeptor, EGFR) diskutiert. Da in einigen Fällen auch positive Reaktionen mit potentiell nichtzytotoxischen Antikörpern erreicht wurden, erscheint der Wirkungsmechanismus weitaus komplizierter. Immunreaktionen gegen die an der Tumorzelloberfläche lokalisierten Antikörper sowie die Induktion einer antiidiotypischen Reaktion, die dann die Bildung antiantiidiotypischer T-Zellen induziert, könnten eine Rolle spielen (Abb. 3.2.10). Der Nachweis von antiidiotypischen und anti-antiidiotypischen Antikörpern in mit monoklonalen Antikörpern behandelten Tumorpatienten spricht für einen derartigen Erklärungsversuch [Herlyn et al. 1989, Wettendorf et al. 1989].

Für die geringe Erfolgsrate beim Einsatz unmodifizierter monoklonaler Antikörper wurden folgende Möglichkeiten diskutiert:

- Die Bildung von Anti-Maus-Antikörpern, die eine wiederholte Behandlung beeinträchtigen können,
- eine geringe Tumorspezifität in vivo,
- eine geringe zytotoxische Aktivität der unmodifizierten Antikörper,
- eine Selektion von Tumorzellvarianten mit verändertem Antigenprofil nach der ersten Antikörperbehandlung,
- die Möglichkeit, daß zu wenig Antikörpermoleküle den Tumor überhaupt erreichen [Epstein u. Khawli 1991].

Beim Vorliegen einer geringen Tumorspezifität muß ein anderes Antigen-Antikörper-System gewählt werden. Bei einer Selektion von Antigenverlustvarianten sowie bei Antigenmodulation (Inhibition der Antigenexpression durch angelagerte Antikörper) müssen ebenfalls von vornherein oder nacheinander mehrere verschiedene Antikörper eingesetzt werden.

Um die Immunogenität der Antikörper zu verringern und um ihre Zytotoxizität zu erhöhen, wird der Einsatz modifizierter Antikörper erprobt [Houghton u. Larson 1989]. Es werden unterschiedlich modifizierte monoklonale Antikörper in vivo angewendet:

- Chimäre oder humanisierte monoklonale Antikörper
- Einzelkettenantikörper
- Radioisotop-gekoppelte Antikörper
- Immuntoxine
- Chemotherapeutika-gekoppelte Antikörper
- Enzym-gekoppelte Antikörper (prodrug activation)
- Bispezifische Antikörper
- Modifizierte T-Zell-Rezeptoren

3.2.6.3 Modifizierte Antikörper in der Tumortherapie

Eine Verringerung bzw. Vermeidung von Immunreaktionen gegen die injizierten monoklonalen Antikörper wird vom Einsatz humaner monoklonaler Antikörper erwartet. Die Nutzung von humanen Antikörpern sollte auch Vorteile für die Induktion von zytotoxischen Reaktionen haben, da diese Antikörper am besten an die natürlichen menschlichen Abwehrmechanismen angepaßt sind. Die Herstellung humaner monoklonaler Antikörper ist z. Z. jedoch noch problematisch. Da beim Menschen eine Hyperimmunisierung zur Herstellung hochaffiner Antikörper aus ethischen Gründen nicht möglich ist und eine Immunisierung in vitro bisher nicht als Routinemethode zur Verfügung steht, sind die mit der Hybridomtechnik erhaltenen humanen monoklonalen Antikörper meist niedrig affin und oftmals nur begrenzt spezifisch, so daß sie für einen praktischen Einsatz nicht geeignet sind. Mit Hilfe gentechnischer Methoden wurden deshalb rekombinante Antikörper (Abb. 3.2.11) gewonnen, bei denen der konstante Teil des Mausantikörpers durch den konstanten Teil eines humanen Antikörpers (chimäre Antikörper) [Billetta u. LoBuglio 1993] ersetzt wurde bzw. bei denen der gesamte Antikörper bis auf die hypervariablen Antigenbindungsregionen durch humane Immunglobulinsequenzen ausgetauscht wurde (humanisierte Antikörper) [Winter u. Harris 1993]. Chimäre Antikörper bestehen zu 65% und humanisierte Antikörper zu 95% aus humanen Aminosäuresequenzen (Abb. 3.2.11). Diese Antikörper zeigen nach Injektion in Tumorpatienten eine verlängerte Clearance sowie eine deutlich reduzierte Immunogenität, ohne daß ihre Bindung an die Tumorzellen verlorengeht [Goodman et al. 1993, Waldmann 1996]. Da wir jedoch die Mechanismen einer Tumorzellzerstörung in vivo nur unvollständig kennen, könnte in den Fällen, in denen eine Tumorabwehr über eine antiidiotypische Reaktion induziert wird, der Einsatz muriner Antikörper sogar effektiver sein. Mit Hilfe rekombinanter Techniken lassen sich auch niedermolekulare Antikörperfragmente, wie Einzelkettenantikörper [single chain antibodies (scAb)], gewinnen, die aufgrund ihres niedrigen Molekulargewichts, verglichen mit dem eines intakten Antikörpers (MG 25 000–30 000 gegenüber 150 000), effektiver in den Tumor penetrieren und damit mehr Tumorzellen erreichen können [Huston et al. 1993]. Für einen immundiagnostischen und immuntherapeutischen Einsatz müssen sie jedoch mit entsprechenden Molekülen gekoppelt werden, da sie neben der Antigenbindungsstelle keine funktionellen Gruppen tragen.

Neue Ansätze, in denen humane monoklonale Antikörper aus kombinatorischen Antikörper-Phagen-Bibliotheken gewonnen werden können, werden in Zukunft auf dem Gebiet der humanen monoklonalen Antikörper sicher die bisherigen chimären und humanisierten Antikörper ersetzen [Marks u. Marks 1996]. Mit Hilfe dieser Methode können Antikörper aus nichtimmunisierten Personen gewonnen und in vitro zu hochaffinen Antikörpern mutiert werden. Erste Erfolge bei der Gewinnung von spezifischen Antikörperfragmenten gegen den Tumormarker CEA zeigen die Bedeutung dieser Techniken [Begent et al. 1996].

Wegen der verhältnismäßig geringen zytotoxischen Wirkung unmodifizierter monoklonaler Antikörper wurde schon frühzeitig begonnen, toxische Substanzen an Antikörper zu koppeln und diese Konjugate für eine Therapie in experimentellen Modellen und auch beim Menschen einzusetzen.

Gekoppelt wurden in erster Linie radioaktive Isotope und pflanzliche oder bakterielle Toxine sowie Chemotherapeutika und Enzyme.

Die wichtigsten radioaktiven Isotope für einen therapeutischen Einsatz sind bisher ^{131}J, ^{90}Y und

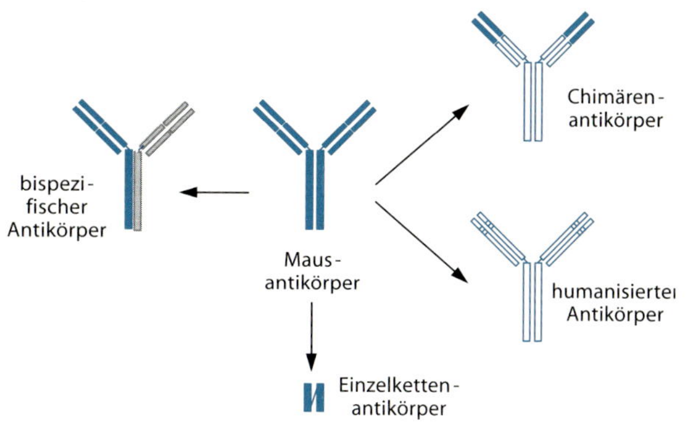

Abb. 3.2.11. Rekombinante Antikörper

^{186}Re. Der Vorteil einer Behandlung mit Radioisotop-markierten Antikörpern besteht darin, daß nicht nur die Zellen, an die das Konjugat gebunden ist, zerstört werden, sondern auch Zellen in der Umgebung [Jurcic u. Scheinberg 1994].

Als grobe Einschätzung der vielen Ansätze zur Behandlung von Tumoren mit konjugierten Antikörpern kann gesagt werden, daß der Anteil kompletter Remissionen bei der Behandlung von Non-Hodgkin-Lymphomen am höchsten war. Hier war die Behandlung mit radioaktiv markierten Antikörpern besser als der Einsatz von Immuntoxinen und unmodifizierten Antikörpern. So wurden z. B. bei der Behandlung von an Non-Hodgkin-B-Lymphomen erkrankten Patienten mit ^{131}J-markierten Antikörpern gegen das Oberflächenantigen CD20 bei 6 von 9 Patienten positive Reaktionen beobachtet; bei 4 der Patienten erfolgte eine komplette Remission [Kaminski et al. 1993]. Weitere Untersuchungen bestätigten diesen Trend [Kaminski et al. 1996]. In anderen Studien, besonders bei Patienten mit nichtleukämischen Erkrankungen, waren die Erfolge längst nicht so beeindruckend. Die besseren Behandlungschancen von Patienten mit leukämischen Erkrankungen verglichen mit soliden Tumoren sind im Zusammenhang mit der höheren Strahlungssensitivität dieser Zellen zu sehen. Als hauptsächlichste Nebenwirkungen wurden Myelosuppressionen sowie durch erhöhte Transaminasewerte auffällige Leberschädigungen beobachtet [Jacobs et al. 1993]. Weiterhin wurden Immunreaktionen gegen die Mausantikörper nachgewiesen. Diese konnten durch den Einsatz humanisierter Antikörper vermieden werden [Waldmann 1996].

Für die Herstellung von Immuntoxinen [Thrush et al. 1996, Vitetta et al. 1993] wurden u. a. Ricin (ein pflanzliches Toxin, das Ribosomen inaktiviert) und Pseudomonasexotoxin (ein bakterielles Toxin, das die Proteinsynthese inhibiert) verwendet. An die Antikörper werden jetzt nur die toxischen Komponenten der Toxine (im Fall von Ricin die A-Kette, im Fall des Pseudomonasexotoxins ein verkürztes Molekül) ohne die bindende Komponente gekoppelt, wodurch das Toxin nur über den Antikörper an Zellen gebunden werden kann. Neben chemisch gekoppelten Immuntoxinen wurden auch verschiedene rekombinante Immuntoxine hergestellt. Voraussetzung für die Effektivität eines Immuntoxins ist seine Internalisierung, d. h. der Antikörper muß gegen ein internalisierbares Antigen gerichtet sein. In diesem Fall genügt ein einziges Molekül, um eine Zelle zu zerstören. In klinischen Untersuchungen wurden vorrangig bei Non-Hodgkin-Lymphomen positive Reaktionen beobachtet. Insgesamt wurden beim Einsatz von Immuntoxinen Erfolgsraten von 12–75% (partielle und komplette Remissionen) bei verschiedenen Tumoren beschrieben [Thrush et al. 1996]. Diese Ergebnisse sind im Vergleich zu herkömmlichen Chemotherapeutika bemerkenswert. Allerdings waren auch die Nebenwirkungen verhältnismäßig groß. Besonders durch unspezifische toxische Reaktionen und Immunreaktionen gegen die Immuntoxine wird der Einsatz dieser potentiellen Immuntherapeutika gegenwärtig noch eingeschränkt.

Monoklonale Antikörper, an die Chemotherapeutika gekoppelt wurden, sind bisher in nur geringem Maß und mit keinem größeren Erfolg als die anderen Konjugate für eine Therapie eingesetzt worden [Elias et al. 1990, Li et al.1995]. Eine Wertung ist jedoch bisher kaum möglich. Ein genereller Nachteil dürfte die verhältnismäßig geringe Konzentration der toxischen Substanz sein, die an die Tumorzellen gelangt.

Bessere Erfolge in dieser Hinsicht werden vom Einsatz der sog. Prodrug-Therapie [antibody directed enzyme prodrug therapy (ADEPT)] erwartet. Hier wird ein Enzym an einen Antikörper gekoppelt, das eine nichtzytotoxische Substanz (Prodrug) in eine toxische umwandeln kann. Somit können nach Bindung des Antikörper-Enzym-Konjugats an die Tumorzellen große Mengen dieser Substanz injiziert werden, ohne daß eine generelle Schädigung auftritt. Toxische Reaktionen werden nur im Tumor induziert. Erste klinische Tests mit dieser Technik sind begonnen worden [Bagshawe et al. 1994].

3.2.6.4 Bispezifische Antikörper und modifizierte T-Lymphozyten in der Tumortherapie

Daß die körpereigenen Immunmechanismen in der Lage sind, Tumorzellen zu zerstören, haben tierexperimentelle Untersuchungen sowie Untersuchungen an Tumorpatienten bewiesen. T-Zellen sind aufgrund der tierexperimentellen Ergebnisse in der Zerstörung von Tumorzellen besonders effektiv. Auf dieser Grundlage beruht auch die Strategie des Einsatzes von bispezifischen Antikörpern für eine Tumortherapie. Bispezifische Antikörper besitzen im Gegensatz zu natürlichen Antikörpern 2 unterschiedliche Antigenbindungsstellen [Featherstone 1996, Karawajew et al. 1987, Mack et al. 1995, Renner u. Pfreundschuh 1995] (Abb. 3.2.11). Sie werden durch chemische Kopplung (in wenigen Fällen), durch Zellfusion von 2 unterschiedlichen Hybridomzellen (in der überwiegenden Zahl der Fälle) sowie in zunehmendem Maß durch gentechnische Methoden gewonnen. Wenn ein bispezifischer Antikörper mit einer Bindungsstelle gegen ein Tumorantigen und mit der anderen gegen ein Aktivierungsantigen einer Effektorzelle, z. B. einer T-Zelle oder einer NK-Zelle (natural killer cell), reagiert, so kann dieser Antikörper die Effektorzelle an der Tumorzelle zur Zellyse aktivieren. Das Konzept, das in verschiedenen Kombinationen in vitro Erfolge gezeigt hat, wird z. Z. in vivo erprobt [Luiten et al. 1996, Weiner et al. 1995]. Als Nebenwirkungen treten wie beim Einsatz von unmodifizierten Antikörpern humane Anti-Maus-Immunglobulinantikörper auf.

Als weitere Möglichkeit, die zytotoxische Aktivität von T-Zellen zu nutzen, werden Antikörpergene als Fusionsgene in T-Zellen transfiziert und ihre Produkte an der Oberfläche der Zellen exprimiert [Hwu et al. 1995]. Handelt es sich bei dem Fusionspartner um einen Teil des Aktivierungskomplexes der T-Zellen (wie z. B. der Zetakette des CD3/T-Zell-Rezeptor-Komplexes), so werden die Zellen nach Bindung des Antikörpers an das entsprechende Antigen auf den Tumorzellen aktiviert und können diese lysieren. Bei Verwendung körpereigener T-Zellen und Vermehrung nach Transfektion mit einem Antikörper können diese Zellen in den Patienten reinfundiert werden, ohne daß Immunreaktionen erwartet werden müssen. Gegenüber der adoptiven Immunisierung, bei der die eigenen aktiven T-Zellen selektiert und vermehrt werden müssen, erscheint dieser Weg leichter, da der gleiche Antikörper für verschiedene T-Zellen genutzt werden kann.

3.2.6.5 Antikörper als Tumorantigene zur Immunisierung

Bei der Erprobung unmodifizierter Antikörper als potentielle Immuntherapeutika wurde in verschiedenen Systemen die Bildung von antiidiotypischen Antikörpern beobachtet, die wahrscheinlich eine Mimikry des Epitops auf dem Tumorantigen darstellen. Eine Immunisierung gegen diese Antikörper und die Bildung von anti-antiidiotypischen Antikörpern und T-Lymphozyten hatten in einigen Fällen möglicherweise Anteil an dem beobachteten positiven Behandlungserfolg. In Übereinstimmung mit diesen Beobachtungen wurden gegen verschiedene monoklonale Anti-Tumorantikörper antiidiotypische Antikörper hergestellt und diese dann auf ihre Mimikry des Epitops auf dem entsprechenden Tumorantigen (internal image) getestet (Abb. 3.2.10). Inzwischen existieren einige derartige Antikörper, die ein Internal image eines Tumorantigens darstellen [Chapman 1995]. Die Nutzbarkeit dieser Antikörper für einen Einsatz in der Tumorbehandlung konnte an Melanompatienten gezeigt werden, in denen verlängerte Überlebenszeiten nach einer Immunisierung mit diesen Antikörpern beobachtet wurden [Mittelmann et al. 1992].

3.2.6.6 Monoklonale Antikörper zur Behandlung von Mikrometastasen

Insgesamt muß festgestellt werden, daß die bisherigen Erfolge bei der Behandlung von Tumoren mit monoklonalen Antikörpern bescheiden sind und daß komplette Remissionen eher eine Ausnahme darstellen (Tabelle 3.2.1) [Dillmann 1994, Pantel u. Riethmüller 1996, Riethmüller u. Johnson 1992, Riethmüller et al. 1993]. Allerdings zeigen die Remissionen, daß Antikörper unter gewissen Bedingungen effektiv sein können. Woran liegen nun diese spärlichen Erfolgsraten? Ein Hauptgrund scheint die geringe Erreichbarkeit der Tumorzellen in großen und schlecht durchbluteten Tumoren zu sein. Dies trifft besonders für epitheliale Tumoren zu. Eine Reihe von Faktoren verhindert das Eindringen von Makromolekülen in wachsende solide Tumoren und damit die Bindung von Antikörpern an die Tumorzellen [Riethmüller et al. 1993]:

- Heterogene und schlechte Vaskularisierung im Vergleich zu Normalgeweben
- Erhöhter interstitieller Druck im Vergleich zu Normalgeweben
- Niedriger transvaskulärer Druck in den Tumorblutgefäßen
- Lange Transportwege im Interstitium des Tumors
- Nach außen gerichtete interstitielle Flüssigkeitsbewegung
- Basalmembran, die epitheliale Tumoren abgrenzt
- Freies Tumorantigen in der umgebenden Region
- Interzellulare Tight junctions in den Tumorepithelien

Dadurch ist der Einsatz von Antikörpern für eine Therapie von fortgeschrittenen Tumoren limitiert. Schon aufgrund der Erkenntnisse aus Untersuchungen an experimentellen Tumoren, daß das Immunsystem einer immunisierten Versuchsmaus nur zur Zerstörung einer begrenzten Anzahl von

Tabelle 3.2.1. Eine Auswahl klinischer Studien mit monoklonalen Antikörpern zur Behandlung von Tumorpatienten, nach Riethmüller et al. [1993][a]

Tumorformen	Eingesetzte Antikörper	Erfolg[b]
Leukämien und Lymphome	Unmodifizierte Antikörper	5/161[c]
	Immuntoxine	6/179[c]
	Radioimmunkonjugate	40/211[c]
Melanome und Karzinome	Unmodifizierte Antikörper	2/196[d]
Melanome	Unmodifizierte Antikörper	3/74[e]
Melanome und Karzinome	Immuntoxine	9/375[f]

[a] Zusammenfassung nach Riethmüller et al. [1993]. Untersuchungen späterer Jahre an Patienten mit fortgeschrittenen Tumorstadien haben das Bild nicht wesentlich verändert; nicht enthalten sind die Ergebnisse der Untersuchungen von Riethmüller et al. [1994] zur Behandlung von Mikrometastasen.
[b] Anzahl der Patienten mit kompletter Remission über Gesamtzahl der behandelten Patienten.
[c] Nach Grossbord et al. [1992].
[d] Nach Riethmüller u. Johnson [1992].
[e] Nach Steffens et al. [1992].
[f] Nach Vitetta et al. [1993].

Tumorzellen in der Lage ist (mehr als 100000 Zellen wachsen in der Regel trotz einer Immunabwehr), ist ein Behandlungserfolg im fortgeschrittenen Tumorstadium kaum zu erwarten. Wenn trotzdem in Phase-I-Studien, die an Patienten mit fortgeschrittenen Tumoren durchgeführt werden, ein gewisser kurativer Effekt sichtbar wird, spricht das um so mehr für den potentiellen Nutzen einer Antikörpertherapie. Ein besserer Erfolg bei der Behandlung von Tumorpatienten mit Antikörpern sollte sich deshalb im Fall kleiner Tumoren ergeben.

Nach einer kurativen Behandlung durch Chirurgie bzw. Chemo- und/oder Radiotherapie bleiben bei ca. 50% der Patienten nicht entfernte Tumorzellen bzw. Mikrometastasen im Organismus zurück. Diese als Minimal residual disease bezeichneten Tumorherde sind mit immunhistologischen Methoden z. B. im Knochenmark eindeutig zu diagnostizieren. Die Entfernung dieser kleinen Tumorherde mit Hilfe von Antikörpern sollte den Wert dieser Therapie besser unterstreichen können als die bisher vorgestellten Untersuchungen. Von Riethmüller et al. [1994] wurde dazu eine umfangreiche multizentrische Studie an Patienten mit kolorektalen Tumoren durchgeführt. Nach chirurgischer Entfernung der Tumoren und anschließender Behandlung mit dem murinen monoklonalen Antikörper 17-1A wurden nach einem Beobachtungszeitraum von 5 Jahren gegenüber der Kontrollgruppe eine Verringerung der Todesrate um 30% und eine Verringerung des Wiederauftretens der Tumorerkrankung um 27% beobachtet [Riethmüller et al. 1994, Scheider-Gädicke u. Riethmüller 1995]. Dieser Behandlungserfolg ist den Ergebnissen der Radio- und Chemotherapie vergleichbar, jedoch sind die Nebenwirkungen geringer. Hiermit liegt ein definitiver Heilungserfolg bei der Zerstörung von Mikrometastasen vor.

3.2.6.7 Ex-vivo-Einsatz monoklonaler Antikörper in der Tumortherapie

Als aussichtsreiche Immuntherapie mit monoklonalen Antikörpern hat sich die Ex-vivo-Entfernung von Tumorzellen aus dem autologen Knochenmark erwiesen. Zur Rekonstitution des Immunsystems werden bei einigen Krebspatienten autologe Knochenmarkzellen entnommen, in vitro kultiviert und nach einer chemo- und/oder radiotherapeutischen Krebsbehandlung in die Patienten reinfundiert. Um mögliche Tumorzellen aus dem entnommenen Knochenmark zu entfernen (purging), werden Antikörper gegen Tumorantigene entweder als zytotoxische Reagenzien (zusammen mit Komplement oder als Immuntoxin) oder gekoppelt an Magnetkügelchen, die nach Bindung der Tumorzellen aus der Suspension entfernt werden, eingesetzt. Diese Strategie wurde bei Leukämien erfolgreich eingesetzt, hat sich aber auch bei anderen Tumorerkrankungen als wirksam erwiesen [Caron u. Scheinberg 1994, Nimgaonkar et al. 1996, Tyer et al. 1996].

Bei Tumorerkrankungen, in denen die Tumorzellen keine Stammzellantigene tragen (in erster Linie nichtleukämische Tumoren), wurden monoklonale Antikörper erfolgreich zur Isolierung der Blutstammzellen eingesetzt (Anti-CD34-Antikörper gekoppelt an Magnetkügelchen). Solchermaßen isolierte Blutstammzellen können dann nach einer Chemo- und/oder Radiotherapie in die Patienten reinfundiert werden [Berenson et al. 1991].

3.2.7 Ausblick

Aus den bisher publizierten Ergebnissen ist ersichtlich, daß die Behandlung von Tumorerkrankungen mit monoklonalen Antikörpern einen kurativen Effekt haben kann. Damit werden Untersuchungen erforderlich, die diese Behandlungsmöglichkeit in die bisherigen Therapieformen integrieren, d. h. rationelle Kombinationen der verschiedenen Therapien erproben.

Studien zur Ermittlung der Effektivität weiterer vorhandener monoklonaler Antikörper sind erforderlich, um das Spektrum der in vivo einsetzbaren Antikörper zu vergrößern. Es ist dabei u. a. zu ermitteln, welche Applikationsformen (i.v., intratumoral, langsame stetige Freisetzung durch physikalische oder chemische Systeme, Kombination mit anderen Substanzen etc.) den größten Heilerfolg erzielen können. Für die Grundlagenforschung ist die Aufgabe zu lösen, effektivere In-vitro- und tierexperimentelle In-vivo-Modelle zu erarbeiten, die eine bessere Vorhersage des Behandlungserfolgs beim Menschen zulassen. Kombinationen mit neuen Ansätzen, wie z. B. der Gentherapie, sind auszubauen.

Die größten Aussichten für eine breitere Nutzung in der Krebsbehandlung haben Antikörper z. Z. bei Ex-vivo-Anwendungen. Berechtigte Hoffnungen bestehen auch beim In-vivo-Einsatz zur Entfernung von Mikrometastasen. Für eine In-vivo-Anwendung beim Menschen erscheint der Einsatz von humanen monoklonalen Antikörpern naheliegend, wenn auch in einigen Fällen, wie schon diskutiert, Mausantikörper evtl. sogar günstiger sein könnten. Die Gewinnung humaner Antikörper gegen Tumorantigene und die Ermittlung ihrer Tumorspezifität erfordert jedoch noch einen großen Einsatz in der Grundlagenforschung, zudem wird, ähnlich wie bei der Anwendung der murinen monoklonalen Antikörper, der unmittelbare Nutzen für die Behandlung von Patienten erst nach mehreren Jahren sichtbar werden.

Neben den Tumorantigenen auf Tumorzellen ist von einer immunologischen Reaktion gegen Antigene des umgebenden Gewebes ebenfalls eine verbesserte Tumorbehandlung zu erhoffen. Hier sind die schon erwähnten Strukturen auf den Tumorstromabestandteilen sowie die nekrotischen Regionen zu nennen, die einen Tumor vom Normalgewebe [Colnaghi et al. 1993, Epstein u. Khawli 1991, Rettig et al. 1992] unterscheiden.

Inwieweit diese Hoffnungen gerechtfertigt sind, müssen zukünftige Untersuchungen zeigen. Weit entfernt von einer euphorischen Einschätzung der zukünftigen Rolle der immunologischen Therapie bei Krebs kann jedoch zum ersten Mal von einem nachgewiesenen Nutzen der bisherigen tumorimmunologischen Forschung für die Tumorpatienten gesprochen werden.

Danksagung. Für die kritischen Hinweise und die Unterstützung bei der Abfassung des Manuskripts möchte ich Frau Gudrun Scharte herzlich danken.

3.2.8 Literatur

Abelev GI (1968) Production of embryonal serum alpha globulin by hepatomas. Review of experimental and clinical data. Cancer Res 28: 1344–1350

Bagshawe KD, Sharma SK, Springer CJ et al. (1994) Antibody directed enzyme prodrug therapy (ADEPT): review. Ann Oncol 5: 879–891

Barnd DL, Lan M, Metzger RS et al. (1991) Specific, MHC-unrestricted recognition of tumor-associated mucins by human cytotoxic T cells. Proc Natl Acad Sci USA 86: 7159–7163

Becker JC, Brabletz T, Czerny C et al. (1993) Tumor escape mechanisms from immunosurveillance: induction of unresponsiveness in a specific MHC-restricted CD4+ human T cell clone by the autologous MHC class II+ melanoma. Int Immunol 5: 1501–1508

Begent RH, Verhaar MJ, Chester KA et al. (1996) Clinical evidence of efficient tumor targeting based on single-chain Fv antibody selected from a combinatorial library. Nat Med 2: 979–984

Berenson RJ, Bensinger WI, Hill RS et al. (1991) Engraftment after infusion of CD34+ marrow cells in patients with breast cancer and neuroblastoma. Blood 77: 1717–1722

Billetta R, LoBuglio AF (1993) Chimeric antibodies. Int Rev Immunol 10: 165–176

Bishop M (1991) Molecular themes in oncogenesis. Cell 64: 235–248

Bocchia M, Korontsevit T, Xu Q et al. (1996) Specific human cellular immunity to bcr-abl oncogene-derived peptides. Blood 87: 3587–3592

Boon T (1993) Teaching the immune system to fight cancer. Scientific Am 266: 32–39

Boon T, Bruggen P van der (1996) Human tumor antigens recognized by T lymphocytes. J Exp Med 183: 725–729

Boon T, Cerottini JC, Van den Eynde B et al. (1994) Tumor antigens recognized by T lymphocytes. Annu Rev Immunol 12: 337–365

Böttger V, Micheel B, Scharte G et al. (1993) Monoclonal antibodies to human chorionic gonadotropin (HCG) and their use in two-site binding enzyme immunoassays. Hybridoma 12: 81–91

Brown SL, Miller RA, Horning SJ et al. (1989) Treatment of B-cell lymphomas with anti-idiotype antibodies alone and in combination with alpha interferon. Blood 73: 651–661

Burnet FM (1970) The concept of immunological surveillance. Prog Exp Tumor Res 13: 1–27

Burrows FJ, Thorpe PE (1993) Eradication of large solid tumors in mice with an immunotoxin directed against tumor vasculature. Proc Natl Acad Sci USA 90: 8996–9600

Canevari S, Pupa SM, Ménard S (1996) 1975–1995 revised anti-cancer serological response: biological significance and clinical implications. Ann Oncol 7: 227–232

Canon JL, Humblet Y, Lebacq-Verheyden AM et al. (1988) Immunodetection of small cell lung cancer metastases in bone marrow using three monoclonal antibodies. Eur J Cancer 24: 147–150

Caron PC, Scheinberg DA (1993) Anti-CD33 monoclonal antibody M195 for the therapy of myeloid leukemia. Leuk Lymphoma [Suppl 2] 11: 1–6

Caron PC, Scheinberg DA (1994) Immunotherapy for acute leukemias. Curr Opin Oncol 6: 14–22

Carubia JM, Yu RK, Macaela LJ et al. (1984) Gangliosides of normal and neoplastic human melanocytes. Biochem Biophys Res Commun 120: 500–504

Chapman PB (1995) Anti-idiotypic monoclonal antibody cancer vaccines. Semin Cancer Biol 6: 367–374

Cheever MA, Disis ML, Bernard H et al. (1995) Immunity to oncogenic proteins. Immunol Rev 145: 33–59

Chen W, Peace DJ, Rovira DK et al. (1992) T-cell immunity to the joining region of p210 bcr-abl protein. Proc Natl Acad Sci USA 89: 1468–1472

Chen YT, Stockert E, Chen Y et al. (1994a) Identification of the MAGE-1 gene product by monoclonal and polyclonal antibodies. Proc Natl Acad Sci USA 91: 1004–1008

Chen TT, Tao MH, Levy R (1994b) Idiotype-cytokine fusion proteins as cancer vaccines. Relative efficacy of IL-2, IL-4, and granulocyte-macrophage colony-stimulating factor. J Immunol 153: 4775–4787

Chetanneau A, Baum RB, Lehur PA et al. (1990) Multi-centre immunoscintigraphic study using indium-111-labelled CEA-specific and/or 19-9 monoclonal antibody F(ab')2 fragments. Eur J Nucl Med 17: 223–229

Colnaghi MI, Menard S, Canevari S (1993) Evolution of the therapeutic use of new monoclonal antibodies. Curr Opin Oncol 5: 1035–1042

Coulie PG, Brichard V, Van Pel A et al. (1995) A mutate intron sequence codes for an epitope of an anigenic peptide recognized by cytolytic T lymphocytes on a human melanoma. Proc Natl Acad Sci USA 92: 7976–7980
De Campos-Lima PO, Gavioli R, Zhang Q-J et al. (1993) HLA-A11 epitope loss isolates of Epstein-Barr virus from a highly A11+ population. Science 260: 179–181
Di Fiore PP, Helin K, Kraus MH et al. (1992) A single amino acid substitution is sufficient to modify the mitogenic properties of the epidermal growth factor receptor to resemble that of gp185erbB-2. EMBO J 11: 3927–3933
Dillman RO (1994) Antibodies as cytotoxic therapy. J Clin Oncol 12: 1497–1515
Disis ML, Cheever MA (1996) Oncogenic proteins as tumor-antigens. Curr Opin Immunol 8: 637–642
Dyer MJ, Hale G, Hayhoe FG et al. (1989) Effects of CAMPATH-1 antibodies in vivo in patients with lymphoid malignancies: influence of antibody isotype. Blood 73: 1431–1439
Elias DJ, Hirschowitz L, Kline LE et al. (1990) Phase I clinical comparative study of monoclonal antibody KS1/4 and KS1/4-methotrexate immunconjugate in patients with non-small cell lung carcinoma. Cancer Res 50: 4154–4159
Epstein AL, Khawli LA (1991) Tumor biology and monoclonal antibodies: overview of principles and clinical considerations. Antibody Immunoconjug Radiopharm 4: 373–384
Featherstone C (1996) Bispecific antibodies: the new magic bullets. Lancet 348: 536
Ferrone S (1990) Monoclonal antibodies and tumor vaccines. Curr Opin Oncol 2: 1146–1151
Fidler IJ (1990) Critical factors in the biology of human cancer metastasis: twenty-eighth GHA Clowes memorial award lecture. Cancer Res 50: 6130–6138
Fiebig HH (1995) Durchführung von klinischen Studien. In: Zeller WJ, Zur Hausen H (Hrsg) Onkologie, Grundlagen, Diagnostik, Therapie, Entwicklungen. ecomed, Landsberg/Lech, IV-2, S 1–5
Finn OJ (1993) Tumor-rejection antigens recognized by T lymphocytes. Curr Opin Immunol 5: 701–708
Finn OJ, Jerome K, Henderson RA et al. (1995) MUC-1 epithelial tumor mucin-based immunity and cancer vaccines. Immunol Rev 145: 61–89
Foley EJ (1953) Antigenic properties of methylcholanthrene-induced tumors in mice in the strain of origin. Cancer Res 13: 835–837
Garin-Chesa P, Old LJ, Rettig WJ (1990) Cell surface glycoprotein of reactive stromal fibroblasts as a potential antibody target in human epithelial cancers. Proc Natl Acad Sci USA 87: 7235–7239
Gendler S, Lancaster C, Taylor-Papadimitriou J et al. (1990) Molecular cloning and expression of human tumor-associated polymorphic epithelial mucin. J Biol Chem 265: 15286
Girling A, Bartkova J, Burchell J et al. (1989) A core protein of the polymorphic epithelial mucin detected by the monoclonal antibody SM3 is selectively exposed in a range of primary carcinomas. Int J Cancer 43: 1072–1075
Gold P, Freeman SO (1965) Demonstration of tumor-specific antigens in human colonic carcinomata by immunological tolerance and adsorption techniques. J Exp Med 121: 439–445
Goodman GE, Hellström I, Yelton DE et al. (1993) Phase I trial of chimeric (human-mouse) monoclonal antibody L6 in patients with non-small-cell lung, colon, and breast cancer. Cancer Immunol Immunother 36: 267–273
Göttlinger HG, Funke I, Johnson JP et al. (1986) The epithelial cell surface antigen 17-1A, a target for antibody-mediated tumor therapy: its biochemical nature, tissue distribution and recognition by different monoclonal antibodies. Int J Cancer 38: 47–53
Grossbord ML, Press OW, Applebaum FR et al. (1992) Monoclonal antibody-based therapies of leukemia and lymphoma. Blood 80: 863–878
Hakamori S (1985) Aberrant glycosylation in tumors and tumor-associated carbohydrate antigens. Adv Cancer Res 52: 257–331
Hellström KE, Hellström I (1969) Cellular immunity against tumor specific antigens. Adv Cancer Res 12: 167–223
Henderson RA, Finn OJ (1996) Human tumor antigens are ready to fly. Adv Immunol 62: 217–256
Herlyn D, Wettendorff M, Koprowski H (1989) Modulation of cancer patients' immune responses by anti-idiotypic antibodies. Int Rev Immunol 4: 347–357
Hollstein M, Sidransky D, Vogelstein B et al. (1991) P53 mutations in human cancer. Science 253: 49–53
Houbiers JGA, Van der Burg SH, Van de Watering LMG et al. (1995) Antibodies against p53 are associated with poor prognosis of colorectal cancer. Br J Cancer 72: 673–641
Houghton AN, Larson S (1989) Monoclonal antibodies for the treatment of cancer: therapeutic strategies. Curr Opin Oncol 1: 258–265
Huston JS, McCartney J, Tai MS et al. (1993) Medical applications of single-chain antibodies. Int Rev Immunol 10: 195–217
Hwu P, Yang JC, Cowherd R et al. (1995) In vivo antitumor activity of T cells redirected with chimeric antibody/T-cell receptor genes. Cancer Res 55: 3369–3373
Jacobs AJ, Fer M, Su FM et al. (1993) A phase I trial of a rhenium 186-labeled monoclonal antibody administered intraperitoneally in ovarian carcinoma: toxicity and clinical response. Obstet Gynecol 82: 586–593
Janson CH, Tehrani M, Wigzell H et al. (1989) Rational use of biological response modifiers in hematological malignancies – a review of treatment with interferon, cytotoxic cells and antibodies. Leuk Res 13: 1039–1046
Jantscheff P, Böttger V, Price M et al. (1991) Production and characterization of monoclonal antibodies against carcinoembryonic antigen (CEA). Biomed Biochim Acta 50: 1261–1267
Jurcic JG, Scheinberg DA (1994) Recent developments in the radioimmunotherapy of cancer. Curr Opin Immunol 6: 715–721
Jurcic JG, Caron PC, Scheinberg DA (1995) Monoclonal antibody therapy of leukemia and lymphoma. Adv Pharmacol 33: 287–314
Kaminski MS, Zasadny KR, Francis IR et al. (1993) Radioimmunotherapy of B-cell lymphoma with [131I]anti-B1 (anti-CD20) antibody. N Engl J Med 329: 459–465
Kaminski MS, Zasadny KR, Francis IR et al. (1996) Iodine-131-anti-B1 radioimmunotherapy for B-cell lymphoma. J Clin Oncol 14: 1974–1981
Kane M (1995) Global programme for control of hepatitis B infection. Vaccine [Suppl 1] 13: 47–49
Karawajew L, Micheel B, Behrsing O et al. (1987) Bispecific antibody-producing hybrid hybridomas selected by a fluorescence activated cell sorter. J Immunol Methods 96: 265–270

Kasprzyk PG, Song SU, Di Fiore PP et al. (1992) Therapy of an animal model of human gastric cancer using a combination of anti-erbB-2 monoclonal antibodies. Cancer Res 52: 2771–2776

Klein G, Boon T (1993) Cancer. Tumor immunology: present perspectives. Curr Opin Immunol 5: 687–692

Klein G, Klein E (1964) Antigenic properties of lymphomas induced by the Moloney agent. J Natl Cancer Inst 32: 547–568

Köhler G, Milstein C (1975) Continuous cultures of fused cells secreting antibody of predefined specificity. Nature 256: 495–497

Kotera Y, Fontenot JD, Pecher G et al. (1994) Humoral immunity against a tandem repeat epitope of human mucin MUC-1 in sera from breast, pancreatic and colon cancer patients. Cancer Res 54: 2856–2860

Kuriyama M, Wang MC, Lee CI et al. (1981) Use of human prostate-specific antigen in monitoring prostate cancer. Cancer Res 41: 3874–3876

Kuzel TM, Rosen ST (1994) Antibodies in the treatment of human cancer. Curr Opin Oncol 6: 622–626

Lanzavecchia A (1995) How can cryptic epitopes trigger autoimmunity? J Exp Med 181: 1945–1948

Levy R, Miller RA (1990) Therapy of lymphoma directed at idiotypes. Monogr Natl Cancer Inst 10: 61–68

Li LC, Zhang YS, Lin Q et al. (1995) Clinical application of monoclonal antibody drug conjugate to immunotargeting chemotherapy of bladder cancer. Chin Med J (Engl) 108: 764–768

Linehan DC, Goedegebuure PS, Eberlein TJ (1996) Vaccine therapy for cancer. Ann Surg Oncol 3: 219–228

Livingston PO (1995) Approaches to augmenting the immunogenicity of melanoma gangliosides: from whole melanoma cells to ganglioside-KLH conjugate vaccine. Immunol Rev 145: 147–166

Lloyd KO (1987) Blood group antigens as markers for normal cell differentiation and malignant change in human tissues. Am J Clin Pathol 87: 129–139

Lloyd KO (1991) Humoral immune responses to tumor-associated carbohydrate antigens. Cancer Biol 2: 421–431

Lloyd KO, Old LJ (1989) Human monoclonal antibodies to glycolipids and other carbohydrate antigens: dissection of the humoral immune response in cancer patients. Cancer Res 49: 3445–3451

LoBuglio AF, Saleh MN (1992a) Monoclonal antibody therapy of cancer. Crit Rev Oncol Hematol 13: 271–282

LoBuglio AF, Saleh MN (1992b) Advances in monoclonal antibody therapy of cancer. Am J Med Sci 304: 214–224

Luiten RM, Coney LR, Fleuren GJ et al. (1996) Generation of chimeric bispecific G250/anti CD3 monoclonal antibody, a tool to combat renal cell carcinoma. Br J Cancer 74: 735–744

Mack M, Riethmuller G, Kufer P (1995) A small bispecific antibody construct expressed as a functional single-chain molecule with high tumor cell cytotoxicity. Proc Natl Acad Sci USA 92: 7021–7025

Mansi JL, Easton D, Berger U et al. (1991) Bone marrow micrometastases in primary breast cancer: prognostic significance after 6 years' follow-up. Eur J Cancer 27: 1552–1555

Marks C, Marks JD (1996) Phage libraries – a new route to clinically useful antibodies. N Engl J Med 335: 730–733

Masucci MA (1993) Viral immunopathology of human tumors. Curr Opin Immunol 5: 693–700

Masucci G, Ragnhammar P, Wersall P et al. (1990) Granulocyte-monocyte colony-stimulating-factor augments the interleukin-2-induced cytotoxic activity of human lymphocytes in the absence and presence of mouse or chimeric monoclonal antibodies (mAb 17-1A). Cancer Immunol Immunother 31: 231–235

Mattes MJ, Thomson TM, Old LJ et al. (1983) A pigmentation-associated, differentiation antigen of human melanoma defined by a precipitating antibody in human serum. Int J Cancer 32: 717–721

Matthews DC, Smith FO, Bernstein ID (1992) Monoclonal antibodies in the study and therapy of hematopoietic cancers. Curr Opin Immunol 4: 641–646

Melief CJM, Offringa R, Toes REM et al. (1996) Peptide-based cancer vaccines. Curr Opin Immunol 8: 651–657

Mellstedt H (1990) Monoclonal antibodies in cancer therapy. Curr Opin Immunol 2: 708–713

Mellstedt H, Frodin JE, Ragnhammar P et al. (1989) The clinical use of monoclonal antibodies, MAb 17-1A, in the treatment of patients with metastatic colorectal carcinoma. Med Oncol Tumor Pharmacother 6: 99–107

Miller RA, Maloney DG, Warnke R et al. (1982) Treatment of B-cell lymphoma with monoclonal anti-idiotype antibody. N Engl J Med 30: 517–522

Mittelman A, Chen ZJ, Yang H et al. (1992) Human high molecular weight melanoma-associated antigen (HMW-MAA) mimicry by mouse anti-idiotypic monoclonal antibody MK2-23: induction of humoral anti-HMW-MAA immunity and prolongation of survival in patients with stage IV melanoma. Proc Natl Acad Sci USA 89: 466–470

Modjtahedi H, Hickish T, Nicolson M et al. (1996) Phase I trial and tumour localisation of the anti-EGFR monoclonal antibody ICR62 in head and neck or lung cancer. Br J Cancer 73: 228–235

Natali PG, Siccardi AG (1990) Monoclonal antibodies in cancer diagnosis. Curr Opin Immunol 2: 697–701

Nimgaonkar M, Kemp A, Lancia J et al. (1996) A combination of CD34 selection and complement-mediated immunopurging (anti-CD15 monoclonal antibody) eliminates tumor cells while sparing normal progenitor cells. J Hematother 5: 39–48

O'Boyle KP, Zamore R, Adluri S et al. (1992) Immunization of colorectal cancer patients with modified ovine submaxillary gland mucin and adjuvants induces IgM and IgG antibodies to sialylated Tn. Cancer Res 52: 5663–5667

Oettgen HF, Rettig WJ, Lloyd KO et al. (1990) Serologic analysis of human cancer. Immunol Allergy Clin North Am 10: 607–637

Old LJ (1981) Cancer immunology: the search for specificity. Cancer Res 41: 361–375

Old LJ (1992) Cancer. Tumor immunology: the first century. Curr Opin Immunol 4: 603–607

Old LJ (1996) Immuntherapy of cancer. Scientific Am 275: 102–109

Pantel K, Riethmüller G (1996) Micrometastasis detection and treatment with monoclonal antibodies. Curr Top Microbiol Immunol 213: 1–18

Pantel K, Schlimok G, Kutter D et al. (1991) Frequent down-regulation of major histocompatibility class I antigen expression on individual micrometastatic carcinoma cells. Cancer Res 51: 4712–4715

Pardoll DM (1996) Cancer vaccines: a road map for the next decade. Curr Opin Immunol 8: 619–621

Parham P (1996) Pictures of MHC restriction. Nature 384: 109–110

Pasternak G, Graffi A, Horn K-H (1964) Der Nachweis individualspezifischer Antigenität bei UV-induzierten Sarkomen der Maus. Acta Biol Med Ger 13: 276–279
Peyrat J-P, Bonneterre J, Lubin R et al. (1995) Prognostic significance of circulating p53 antibodies in patients undergoing surgery for locoregional breast cancer. Lancet 345: 621–622
Prehn RT, Main JM (1957) Immunity of methylcholanthrene-induced sarcomas. J Natl Cancer Inst 18: 769–778
Reid HA (1975) Antivenom in sea-snake bit poisoning. Lancet I: 622–623
Renner C, Pfreundschuh M (1995) Tumor therapy by immune recruitment with bispecific antibodies. Immunol Rev 145: 179–209
Rensing-Ehl A, Frei K, Flury R et al. (1995) Local Fas/APO-1 (CD95) ligand-mediated tumor cell killing in vivo. Eur J Immunol 25: 2253–2258
Restifo NP, Esquivel F, Kawakami Y (1993) Identification of human cancers deficient in antigen processing. J Exp Med 177: 265–272
Rettig WJ (1992) Immunogenetics of cell surface antigens of human cancer. Curr Opin Immunol 4: 630–640
Rettig WJ, Garin-Chesa P, Healey H et al. (1992) Identification of endosialin, a cell surface glycoprotein of vascular endothelial cells in human cancer. Proc Natl Acad Sci USA 89: 10832–10836
Rickinson AB (1995) Immune intervention against virus-associated human cancers. Ann Oncol [Suppl 1] 6: 69–71
Riethmüller G, Johnson JP (1992) Monoclonal antibodies in the detection and therapy of micrometastatic epithelial cancers. Curr Opin Immunol 4: 647–655
Riethmüller G, Schneider-Gädicke E, Johnson JP (1993) Monoclonal antibodies in cancer therapy. Curr Opin Immunol 5: 732–739
Riethmüller G, Schneider-Gädicke E, Schlimok G et al. (1994) Randomised trial of monoclonal antibody for adjuvant therapy of resected Dukes' C colorectal carcinoma. German cancer aid 17-1A study group. Lancet 343: 1177–1183
Roth C, Rochlitz C, Kourilsky P (1994) Immune response against tumors. Adv Immunol 57: 281–351
Rughetti A, Turchi V, Ghetti CA et al. (1993) Human B-cell immune response to the polymorphic epithelial mucin. Cancer Res 53: 2457–2459
Sahin U, Türeci Ö, Schmitt H et al. (1995) Human neoplasms elicit multiple specific immune responses in the autologous host. Proc Natl Acad Sci USA 92: 11810–11813
Scheinberg DA, Tanimoto M, McKenzie S et al. (1989) Monoclonal antibody M195: a diagnostic marker for acute myelogenous leukemia. Leukemia 3: 440–445
Scheper RJ, Bulte JW, Brakkee JG et al. (1988) Monoclonal antibody JSB-1 detects a highly conserved epitope on the P-glycoprotein associated with multi-drug-resistance. Int J Cancer 42: 389–394
Schlichtholz B, Legros Y, Gillet D et al. (1992) The immune response to p53 in breast cancer patients is directed against immunodominant epitopes unrelated to the mutational hot spots. Cancer Res 52: 6380–6384
Schlimok G, Funke I, Holzmann B et al. (1987) Micrometastatic cancer cells in bone marrow: in vitro detection with anti-cytokeratin and in vivo labeling with anti-17-1A monoclonal antibodies. Proc Natl Acad Sci USA 84: 8672–8676
Schneider-Gädicke E, Riethmüller G (1995) Prevention of manifest metastasis with monoclonal antibodies: a novel approach to immunotherapy of solid tumours. Eur J Cancer 31A: 1326–1330
Sercarz EE, Lehmann PV, Amentani A et al. (1993) Dominance and crypticity of T cell antigenic determinants. Annu Rev Immunol 11: 729–766
Shively J, Beatty J (1985) CEA related antigens: molecular, biological and clinical significance. Crit Rev Oncol Hematol 2: 355–399
Steffens TA, Bajorin DF, Houghton AN (1992) Immuntherapy with monoclonal antibodies in metastatic melanoma. World J Surg 16: 261–269
Streit M, Schmidt R, Hilgenfeld RU et al. (1996) Adhesion receptors in malignant transformation and dissemination of gastrointestinal tumors. J Mol Med 74: 253–268
Sugawa N, Ekstrand AJ, James CD et al. (1990) Identical splicing of aberrant epidermal growth factor receptor transcripts from amplified rearranged genes in human glioblastoma. Proc Natl Acad Sci USA 87: 8602–8606
Suresh MR (1996) Classification of tumor markers. Anticancer Res 16: 2273–2278
Thanavala Y (1996) Novel approaches to vaccine development against HBV. J Biotechnol 44: 67–73
Thomson J, Grunert F, Zimmermann W (1991) CEA gene family: molecular biology and clinical perspective. J Clin Lab Anal 5: 344–366
Thrush GR, Lark LR, Clinchy BC et al. (1996) Immunotoxins. An update. Annu Rev Immunol 14: 49–71
Tindle RW (1996) Human vaccines for cervical cancer. Curr Opin Immunol 8: 643–650
Tsang KY, Zaremba S, Nieroda CA et al. (1995) Generation of human cytotoxic T cells specific for human carcinoembryonic antigen epitopes from patients immunized with recombinant vaccinia-CEA vaccine. J Natl Cancer Inst 87: 982–990
Tyer L, Vredenburgh JJ, Heimer M et al. (1996) Breast cancer cells are effectively purged from peripheral blood progenitor cells with an immunomagnetic technique. Clin Cancer Res 2: 81–86
Urban JL, Schreiber H (1992) Tumor antigens. Annu Rev Immunol 10: 617–644
Van der Bruggen P (1994) The long-standing quest for tumor rejection antigens. Clin Immunol Immunopathol 71: 248–252
Van der Bruggen P, Van den Eynde B (1992) Molecular definition of tumor antigens recognized by T lymphocytes. Curr Opin Immunol 4: 608–612
Vieira P, Waal-Malefyt RD, Dang M-N et al. (1991) Isolation and expression of human cytokine synthesis inhibitory factor cDNA clones; homology to Epstein-Barr virus open reading frame BCRFI. Proc Natl Acad Sci USA 88: 1172–1176
Vijayasyradhi S, Bouchard BB, Houghton AN (1990) The melanoma antigen gp75 is the human homologue to mouse b (BROWN) locus gene. J Exp Med 171: 1375–1380
Vitetta ES, Thorpe PE, Uhr JW (1993) Immunotoxins: magic bullits or misguided missiles? Immunol Today 14: 252–259
Waldmann TA (1996) The promiscuous IL 2/IL 15 receptor: a target for immunotherapy of HTLV I associated disorders. J Acquir Immune Defic Syndr Hum Retrovirol [Suppl] 13: 179–185

Waldmann TA, Goldman CK, Bongiovanni KF et al. (1988) Therapy of patients with human T-cell lymphotrophic virus I-induced adult T-cell leukemia with anti-Tac, a monoclonal antibody to the receptor for interleukin-2. Blood 72: 1805–1816

Wang RF, Parkhurst MR, Kawakami Y et al. (1996) Utilization of an alternative open reading frame of a normal gene in generating a novel human cancer antigen. J Exp Med 183: 1131–1140

Weiner M, Clark JI, Davey M et al. (1995) Phase I trial of 2B1, a bispecific monoclonal antibody targeting c erbB-2 and Fc gamma RIII. Cancer Res 55: 4586–4593

Welt S, Divgi CR, Real FX et al. (1990) Quantitative analysis of antibody localization in human metastatic colon cancer: a phase I study of monoclonal antibody A33. J Clin Oncol 8: 1894–1906

Welt S, Divgi CR, Scott AM et al. (1994) Antibody targeting in metastatic colon cancer: a phase I study of monoclonal antibody F19 against a cell-surface protein of reactive tumor stromal fibroblasts. J Clin Oncol 12: 1193–1203

Welt S, Divgi CR, Kemeny NE et al. (1996) Phase I/II study of iodine 125-labeled monoclonal antibody A33 in patients with advanced colon cancer. J Clin Oncol 14: 1787–1797

Wettendorff M, Iliopoulos D, Tempero M et al. (1989) Idiotypic cascades in cancer patients treated with monoclonal antibody CO17-1A. Proc Natl Acad Sci USA 86: 3787–3791

Winter G, Harris WJ (1993) Humanized antibodies. Immunol Today 14: 243–246

Yefenof E, Picker LJ, Scheuermann RH et al. (1993) Induction of B cell tumor dormancy by anti-idiotypic antibodies. Curr Opin Immunol 5: 740–744

Zotter S, Hagemann PC, Lossnitzer A et al. (1988) Tissue and tumor distribution of human polymorphic epithelial mucin. Cancer Rev 11: 55–101

Zur Hausen H, Villiers EM de (1994) Human papillomaviruses. Annu Rev Microbiol 48: 427–447

3.3 Bispezifische Antikörper – Werkzeuge zur T-Zell Rekrutierung

HERIBERT BOHLEN, OLIVER MANZKE und HANS TESCH

3.3.1 Einleitung

Seit der Entdeckung monoklonaler Antikörper durch Köhler u. Milstein [1975] werden diese in einer Vielzahl von Therapieversuchen eingesetzt [Brennan et al. 1985, Paulus 1985]. Bispezifische Antikörper bilden eine neue Generation von Antikörpern und erkennen im Gegensatz zu herkömmlichen Antikörpern 2 unterschiedliche Antigene. Sie lassen sich aufgrund dieser Eigenschaft vielfältig in der Tumortherapie einsetzen [Staerz u. Bevan 1986].

So können diese Antikörper, ausgestattet mit einem spezifisch den Tumor erkennenden Arm, an der 2. Bindungsstelle entweder Effektorzellen binden oder Substanzen wie Chemotherapeutika [Morelli et al. 1994a, Sahin et al. 1990], Toxine [Shen et al. 1994, Vitetta u. Thorpe 1989] oder Isotope [Le et al. 1990, Le-Doussal et al. 1992] an der Tumorzelle konzentrieren (Abb. 3.3.1). Diese Therapieform hat gegenüber dem Einsatz markierter Antikörper den Vorteil, daß der aktive, also potentiell zelltoxische Bestandteil nicht lange im System verbleiben muß. Im Rahmen eines therapeutischen Einsatzes wird der bispezifische Antikörper systemisch verabreicht. Durch den tumorspezifischen Anteil wird der Antikörper im Tumorgewebe angereichert und verbleibt auf der Tumorzellmembran [Morelli et al. 1994b]. Da aufgrund der Monovalenz der bispezifischen Antikörper keine Kreuzvernetzung von Oberflächenantigenen zustandekommt, unterbleibt auch das Signal zur Modulation, d. h. die Internalisierung des bispezifischen Antikörpers [Blum et al. 1994]. Nachfolgend können dann z. B. niedermolekulare Toxine verabreicht werden, welche durch die 2. Valenz des Antikörpers an der Tumorzelle gebunden werden und somit den toxischen Effekt fokussieren.

Zur Aktivierung einer T-Zelle bedarf es einer effizienten Präsentation eines Antigens durch eine sog. professionelle Antigen-präsentierende Zelle, wie dendritische Zellen, sowie eines 2. Signals, welches von T-Helferzellen vermittelt werden kann [Inaba et al. 1993, Nair et al. 1992, Sornasse et al. 1992]. Unterbleibt diese optimale T-Zell-Aktivierung oder wird ein negatives Feedback induziert, welches nachfolgend zur Toleranz der T-Zelle führt, kann der betreffende T-Lymphozyt nur durch eine Aktivierung mit einer Kombination maximaler Stimuli reaktiviert werden. Zu den bekannten maximalen T-Lymphozyten-Stimuli zählt die Bindung von Antikörpern an den Antigenrezeptor bzw. an den TCR-CD3-Proteinkomplex [Geppert u. Lipsky 1988]. Erhält eine so aktivierte

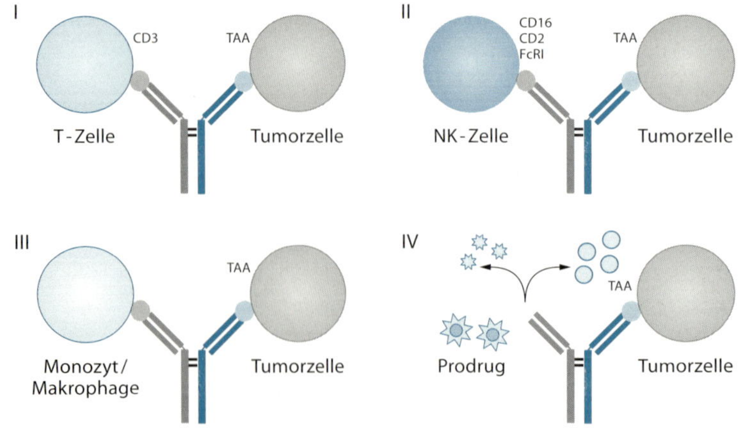

Abb. 3.3.1. Bispezifische Antikörper in der Tumortherapie

Handbuch der Molekularen Medizin, Band 2
Tumorerkrankungen
Herausgeber: D. Ganten und K. Ruckpaul

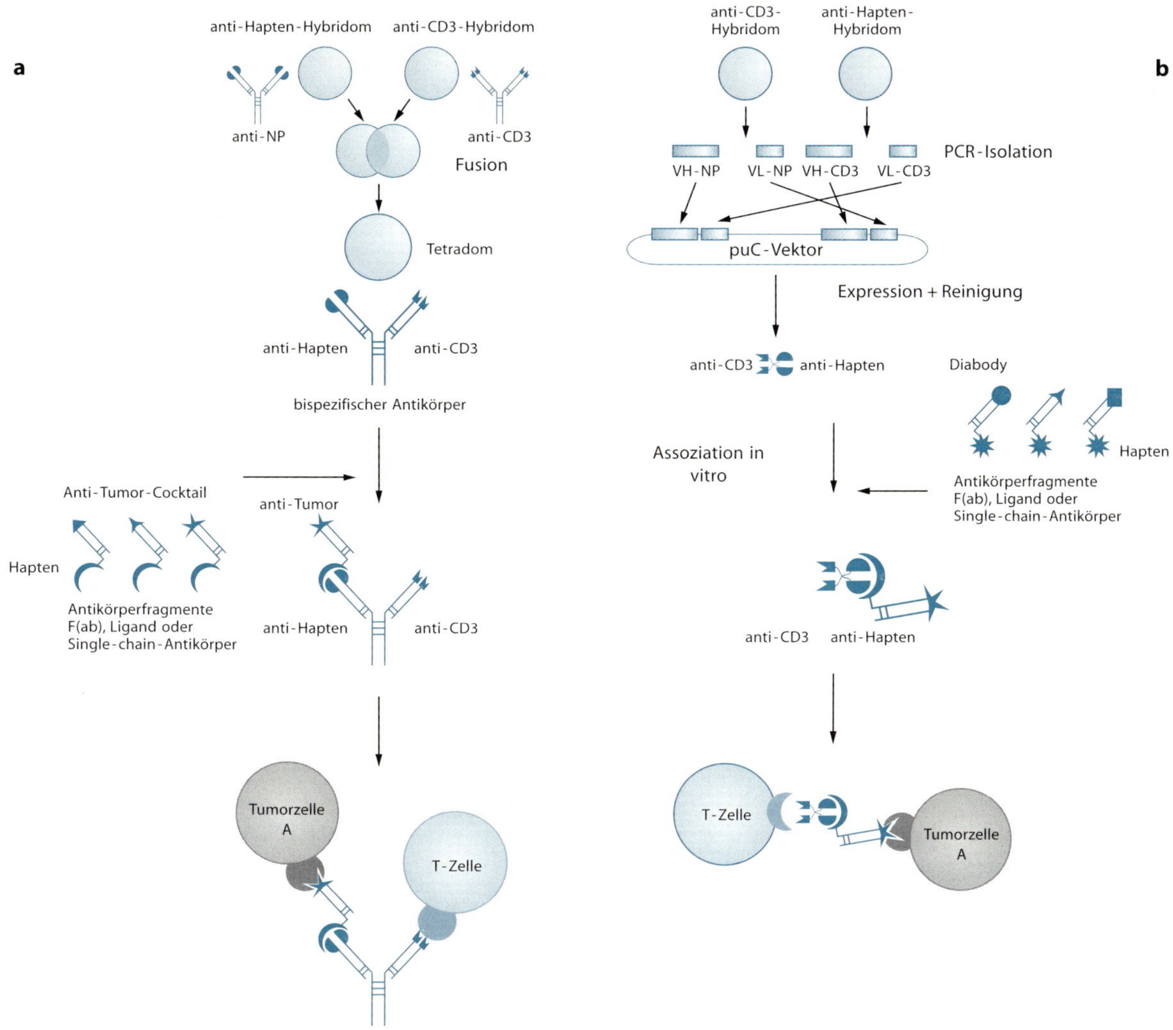

Abb. 3.3.2. Universelle bispezifische Antikörper. Durch die Einführung einer Haptenspezifität in das Antikörpermolekül kann jede Hapten-gekoppelte tumorbindende Struktur (Fab, Zytokin, Ligand, Ig) zur Kreuzvernetzung eingesetzt werden. Schematisch sind Ansätze über Tetradome und Diabodies dargestellt

T-Zelle ein 2. Signal durch die Vernetzung des CD28-Membranproteins mit Anti-CD28-Antikörpern, so kann eine maximale Stimulation dieser T-Zelle ausgelöst werden [Assoc et al. 1991, Azuma et al. 1992, Damle et al. 1991, Li et al. 1994, Linsley u. Ledbetter 1993, Nijhuis 1990, Tan et al. 1993]. Diese Kostimulation ist so stark, daß selbst negative Feedback-Mechanismen, ausgehend von T-Suppressorzellen, nicht länger greifen. Dieser Effekt wird derzeit im Rahmen einer klinischen Studie mit bispezifischen CD3-x-CD19-Antikörpern in Kombination mit koaktivierenden CD28-Antikörpern bei Patienten mit malignen Lymphomen überprüft [Bohlen et al. 1993a]. Die Annahme einer sich selbst unterhaltenden Immunreaktion mit bispezifischen Antikörpern als Initialzündung wurde in experimentellen Lymphommodellen der Maus gezeigt (Abb. 3.3.2, 3.3.3) [Brissinck et al. 1991].

3.3.2 Isolation und Herstellung bispezifischer Antikörper

Die Produktion bispezifischer monoklonaler Antikörper stellt insofern größere Anforderungen an die Ressourcen eines Labors, als im Unterschied zu monospezifischen bivalenten Antikörpern nicht nur die Etablierung einer Hybridomzellinie gewünschter Spezifität mit nachfolgender Aufreini-

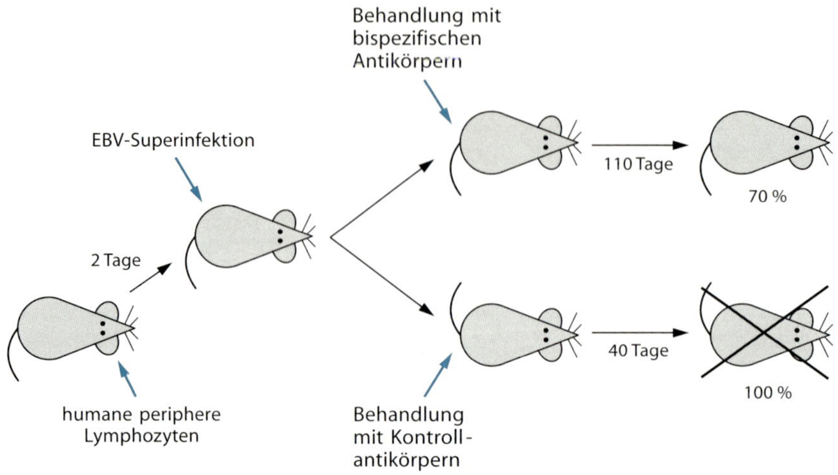

a

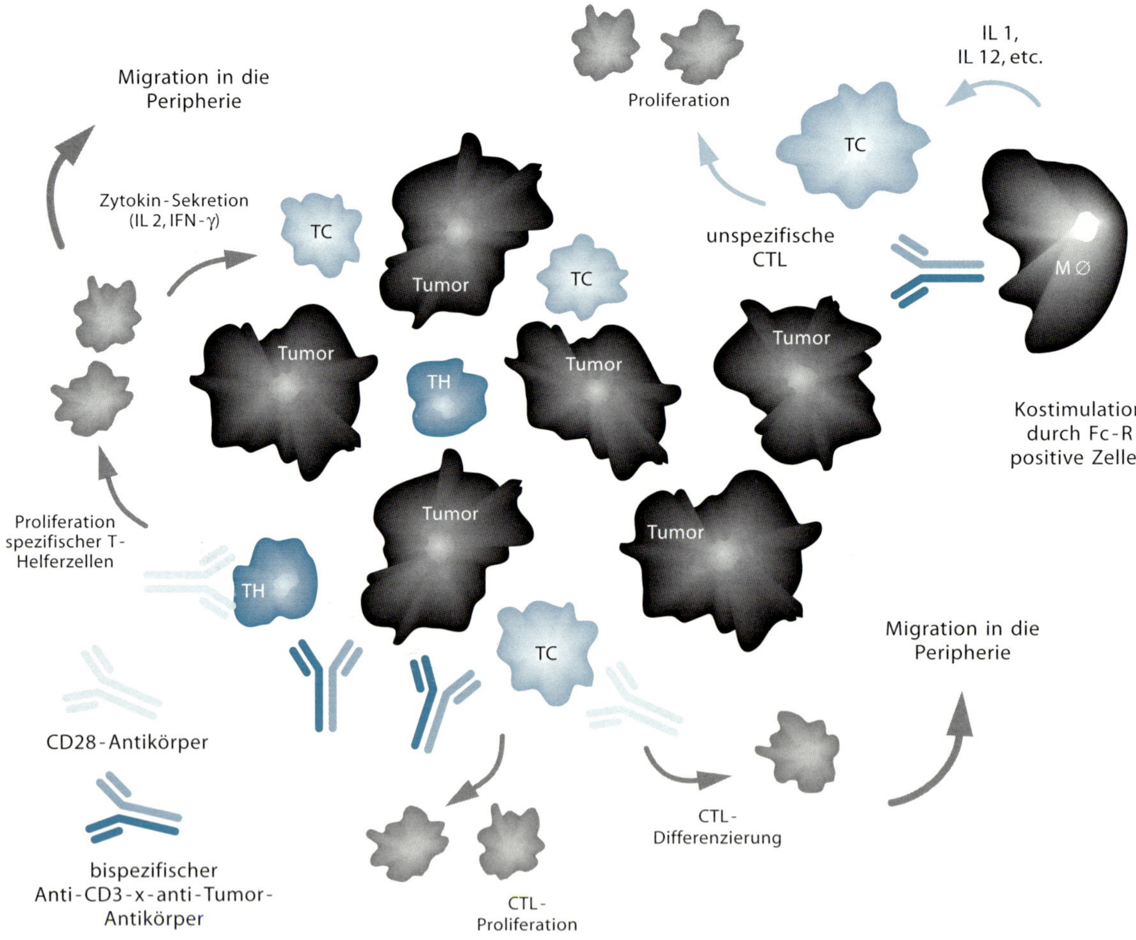

b

Abb. 3.3.3. a Experimenteller Ansatz zur Überprüfung von anti-CD3-x-anti-Lymphom-Antikörper im SCID-Mausmodell. Humane EBV-transformierte B-Zellen induzieren nach Transplantation in immuninkompetente Mäuse B-Lymphome. Schematisch ist hier die Behandlung dieser Tiere mit autologen T-Zellen und bispezifischen Antikörpern gezeigt, die in Tumorprotektion bei 70% der Tiere resultiert. **b** Arbeitshypothese zum Einsatz von bispezifischen CD3-x-anti-Tumor-Antikörpern und kostimulatorischen CD28-Antikörpern in der Tumortherapie

gung eines wohldefinierten, den natürlich vorkommenden Immunglobulinen sehr ähnlichen Antikörpers erforderlich ist [Kuppen et al. 1993, Tarditi et al. 1992, Warnaar et al. 1994], sondern die Vereinigung zweier Antigenbindungsstellen in einem Molekül, also die Herstellung eines artifiziellen Proteins.

Zur Herstellung bispezifischer Antikörper gibt es mehrere, grundsätzlich unterschiedliche Ansätze. Die Kopplung der beiden Bindungsmotive kann auf Proteinebene oder auf Zellniveau durch Fusion zweier Hybridome erfolgen (Abb. 3.3.4). Darüber hinaus stehen gentechnologische Verfahren zur Verfügung, die durch die Einfachheit sowohl der Aufreinigung der Proteine als auch der Modifikation der Antigenbindungsstellen einen Entwicklungsschub im Design und in der Produktion bispezifischer Antikörper erwarten lassen.

Kriterien bei der Wahl der Herstellungsmethode eines bispezifischen Antikörpers sind einerseits die zu erwartende Molekülgröße des bispezifischen Moleküls im Hinblick auf die Verweildauer und das Verteilungsmuster im Körper, andererseits aber auch die Fähigkeit zur Aktivierung von gewünschten oder unerwünschten immunologischen Reaktionen, die in der Regel durch das Vorhandensein entsprechender Fc-Anteile der Immunglobulinschwerketten bestimmt wird. Chemische Verfahren durch Kopplung von 2 kompletten Immunglobulinen führen zu Proteinen, die größer als natürlich vorkommende Antikörper sind. Dagegen erhält man durch die Etablierung von Tetradomzellinien bispezifische Immunglobuline, die in ihrer Größe und ihrem Distributionsverhalten natürlich vorkommenden Antikörpern gleichen. Die gentechnisch hergestellten Double-single-chain-Antikörper sowie Diabodies bestehen lediglich aus einer einzelnen Peptidkette, die beide Antigenbindungsstellen enthält; sie sind daher von niedrigerem Molekulargewicht und haben eine kürzere Verweildauer, zeichnen sich jedoch auch durch eine wesentlich bessere Fähigkeit zur Gewebepenetration aus.

Im Hinblick auf die mehrmalige Applikation bispezifischer Antikörper in therapeutischen Modellen ist auch die potentielle Immunogenität der verwendeten, meist im Maussystem generierten Proteine von Bedeutung. Eine länger dauernde Antikörpertherapie mit mehrmaliger Exposition des humanen Immunsystems mit Mausimmunglobulinen wird zu einer Bildung von menschlichen Antikörpern gegen die Mausantikörper, [human antimouse antibodies (HAMA)] führen. Das Auftreten dieser unerwünschten Reaktion ist häufig der limitierende Faktor für die Fortführung einer Immuntherapie. Auch aus diesem Grund sollten in Zukunft Therapiestrategien mit gentechnisch hergestellten Proteinen, die exakt auf die Funktionen Zielantigenbindung und Effektorsystemaktivierung zugeschnitten sind und darüber hinaus keine unnötigen immunogenen Abschnitte mehr enthalten, an Bedeutung gewinnen.

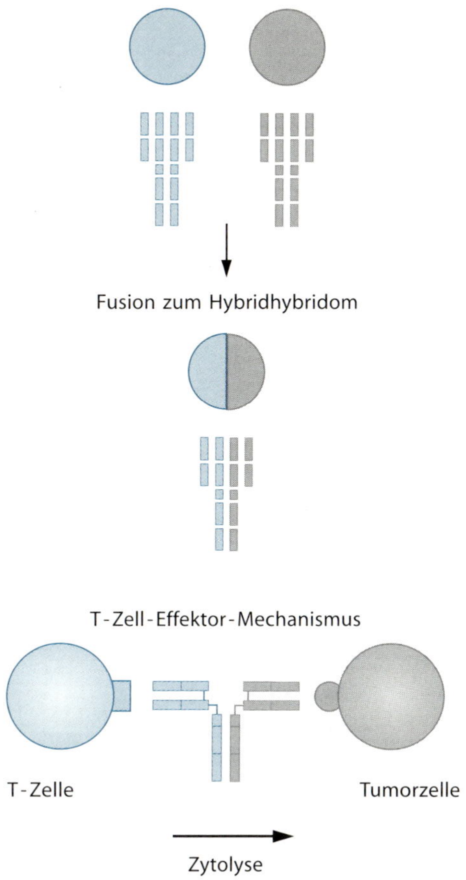

Abb. 3.3.4. Tetradom-isolierte bispezifische Antikörper. Schematische Darstellung zur Isolation von Tetradomen sowie der Brückenfunktion eines bispezifischen Antikörpers in der T-Zell-Rekrutierung bei Tumoren

3.3.2.1 Chemische Herstellung

Um die Problematik der Isolation und Etablierung von Hybridhybridomen, die komplette bispezifische Antikörper sezernieren, zu umgehen, bietet sich das Verfahren der chemischen Kopplung monoklonaler Antikörper zu bispezifischen Molekülen an [Alkan et al. 1988]. Im Unterschied zu den anderen Verfahren werden hier zunächst monospezifische Immunglobuline hergestellt, die dann durch proteinchemische Verfahren zu bispezifischen Konstrukten gekoppelt werden. Bei den im nachfolgenden beschriebenen Methoden werden die verschiedenen Antikörper über eine chemische Reaktion mit einer hochaffinen Gruppe verbunden. Nach Zusammenfügen beider Antikörper bildet sich ein bispezifisches Molekül, das an beiden Armen jeweils 2 Bindungsstellen für das entsprechende Antigen trägt. Durch geeignete Wahl der beteiligten Gruppen erreicht man eine hohe Ausbeute an Heteroassoziation bei geringer bzw. fehlender Homoassoziation. Die in diesem Zusammenhang verwandten heterobifunktionalen Linker sind zumeist SPDP sowie das Ellmann-Reagenz, wobei sich das letztere eher für einen Einsatz in vivo eignet, da hier eine Kopplung von Fab-Fragmenten durchgeführt wird und die Antikörper somit keine unerwünschten Monozytenaktionen induzieren können [Jung u. Eberhard 1988].

3.3.2.1.1 Streptavidin-Biotin-Modell

In diesem Modell wird die hohe Affinität von Avidin und Biotin zueinander ausgenutzt. Um ein bispezifisches Molekül zu erhalten, wird einer der zu koppelnden Antikörper mit dem Vitamin Biotin, der andere Antikörper mit Streptavidin markiert. Nach äquimolarer Mischung beider Komponenten ergibt sich über die Avidin-Biotin-Kopplung ein bispezifisches Molekül hoher Stabilität. Der Vorteil dieser Methode liegt darin, daß durch die leichte Austauschbarkeit der jeweiligen Partner ein großes Spektrum verschiedener bispezifischer Moleküle hergestellt werden kann. So kann z. B. ein Streptavidin-markierter Antikörper mit Spezifität für ein bestimmtes Effektorsystem mit einer Vielzahl von Biotin-markierten Antikörpern, die unterschiedliche Zielantigene erkennen, gekoppelt werden. Da für die Kopplung meist komplette Immunglobuline verwendet werden, ist das entstehende Molekül jedoch ungleich größer als natürlich vorkommende Antikörper (MG >300 000) und besitzt jeweils 2 identische Bindungsvalenzen [Kipriyanov et al. 1995].

3.3.2.1.2 Tetradomtechnologie

Die Verschmelzung 2er Hybridomzellinien zu Tetradomen (so genannt aufgrund der Abstammung aus insgesamt 4 Ursprungszellen) führt zu Antikörper-produzierenden Zellen, die bispezifische Moleküle sezernieren, welche den natürlich vorkommenden Immunglobulinen in Struktur und Größe vergleichbar sind (Abb. 3.3.1) [Brennan et al. 1985, Kohler u. Milstein 1975, Paulus 1985].

Technisch wird dabei ähnlich wie bei der Herstellung von Hybridomen vorgegangen. Zunächst wird eine der zu hybridisierenden Hybridomzellinien auf HAT-Sensitivität selektiert. Dies wird durch Kultivierung der Zellen in Medium mit ansteigenden Konzentrationen an 8-Azaguanin [Chervonsky et al. 1988] induziert und hat zur Folge, daß der entstehende Zellklon einen genetischen Defekt für das Enzym Hypoxanthin-Guanin-Phosphoribosyl-Transferase (HGPRT) aufweist und damit nicht in Zellkulturmedien mit Hypoxanthin, Aminopterin und Thymidin (HAT-Medium) wächst. Das andere Hybridom kann entweder gegen einen anderen biologischen Stoff sensibilisiert oder z. B. mit Iodoazetamid irreversibel inaktiviert werden [Gilliland et al. 1988]. Nach der Fusion der elterlichen Hybridome können schließlich im HAT-Medium nur solche Hybride wachsen, die die genetische Information beider elterlicher Hybridome enthalten. Nach Subklonierungen wird dann die Etablierung stabiler Tetradomzellinien angestrebt, die einen möglichst hohen Anteil bispezifischer Moleküle sezernieren.

Eine weitere Möglichkeit zur Herstellung von Tetradomen ist die Membranmarkierung der zu fusionierenden Zellen mit unterschiedlichen fluoreszierenden Farbstoffen und anschließender Sortierung von doppeltgefärbten fusionierten Zellen mit Hilfe der Durchflußzytometrie (fluorescent activated cell sorting) [Karawajew et al. 1987].

Die entstehende Tetradomzelle enthält also das Genmaterial beider ursprünglicher Hybridomzellen und damit die Information zur Bildung der 4 elterlichen schweren bzw. leichten Antikörperketten. Nach stochastischer Reassoziierung ergeben sich insgesamt 10 Kombinationsmöglichkeiten der jeweils schweren und leichten Ketten. Von diesen stellen jedoch lediglich 3 in funktioneller Hinsicht korrekte Antikörpermoleküle dar, in denen die Bindungsstellen der Molekülhälften aus Schwer- und Leichtkette desselben elterlichen Hybridoms stammen. Hierbei handelt es sich um die beiden elterlichen (monospezifischen) Antikörper sowie den neugeformten bispezifischen Antikörper, dessen Hälften aus schwerer und leichter Kette jeweils eines elterlichen Hybridoms stammen. Die restlichen 7 Kombinationsmöglichkeiten stellen funktionell fehlerhafte Immunglobuline, Mismatches, dar, die jedoch durch die meist bevorzugte Assoziation der schweren und leichten Kette desselben elterlichen Antikörpers in weitaus geringerem Maß entstehen [De Lau et al. 1991]. Der Anteil der korrekt sezernierten bispezifischen Antikörper im Tetradomprodukt variiert bei den verschiedenen Zellinien zwischen 5 und 50% des insgesamt produzierten Immunglobulins [Somasundaram et al. 1993]. Da bei der späteren Aufreinigung der bispezifischen Antikörperfraktion in der Regel eine Differenzierung über die proteinchemischen Eigenschaften der konstanten Teile der schweren Kette erfolgt, ist schon bei der Fusion darauf zu achten, daß Hybridome miteinander kombiniert werden, die Immunglobuline unterschiedlicher Isotypen sezernieren [Bohlen et al. 1993b]. So ist z. B. bei der Verwendung von gegen menschliche Antigene gerichteten Mausantikörpern die Kombination der Isotypen IgG_1 und IgG_{2a} sowie IgG_1 und IgG_{2b} im Hinblick auf die spätere Differenzierung zwischen elterlichen und bispezifischen Antikörpern besonders günstig. Ein bispezifischer Antikörper aus einem Tetradom, das aus 2 Hybridomen mit gleichen Antikörperisotypen gewonnen wurde, oder ein rekombinantes Molekül ohne Tag (Proteininsert mit spezifischen affinen Gruppen, z. B. Histidingruppen, zur Aufreinigung über eine Nickelmatrix) ließen sich nur über die Antigenbindungsstellen (z. B. durch Immunaffinitätschromatographie) von den sonst identischen elterlichen monospezifischen Antikörpern unterscheiden [Bruynck et al. 1993].

Technisch schwieriger als die Isolation eines monospezifischen monoklonalen Antikörpers aus Zellkulturüberstand – bei dem meist die Aufreinigung über eine Affinitätschromatographie, z. B. Protein A oder Protein G, ausreichend ist – gestaltet sich die Gewinnung einer Präparation reiner bispezifischer Moleküle, da innerhalb der Immunglobulinfraktion zwischen den elterlichen und den bispezifischen Antikörpern differenziert werden muß. Verunreinigungen der bispezifischen Fraktion mit elterlichen monospezifischen Antikörpern können in therapeutischen Systemen zu abgeschwächten immunologischen Wirkungen führen, da sowohl auf der Zielzell- als auch auf der Effektorzellseite Antigene mit kontaminierenden parentalen Antikörpern besetzt werden. Darüber hinaus kann es auch zu gegenteiligen Effekten kommen, z. B. in Therapieformen, die eine Aktivierung zytotoxischer T-Zellen mit bispezifischen Antikörpern gegen das mit dem T-Zell-Rezeptor assoziierte CD3-Molekül sowie ein Tumor-assoziiertes Antigen erreichen wollen. Hier können monospezifische CD3-Antikörper zur Unterdrückung der Funktion und zur Anergisierung von zytotoxischen T-Zellen statt zur Tumorzytolyse führen [Wolf et al. 1994].

Um eine optimale Trennung der heterogenen Immunglobulinfraktion zu erreichen, müssen im Anschluß an die Affinitätschromatographie weitere Aufreinigungsverfahren angeschlossen werden. Hier bieten sich als zusätzliche chromatographische Reinigungsschritte v. a. die Ionenaustausch- und die hydrophobe Interaktionschromatographie an, wobei sich letztere auch ohne vorherige Immunglobulinanreicherung durchführen läßt. Hierbei lassen sich in einem einzigen Chromatographieschritt sowohl die Differenzierung zwischen Immunglobulinen und anderen Proteinbestandteilen des Zellkulturmediums als auch eine ausreichende Separierung innerhalb der Antikörperfraktion erreichen. Aber auch andere Isolationsverfahren wie die elektrophoretische Auftrennung mittels isoelektrischer Fokussierung, die die unterschiedlichen isoelektrischen Punkte der elterlichen und bispezifischen Antikörper zur Differenzierung benutzt, werden erfolgreich angewendet.

3.3.2.2 Molekularer Ansatz

Gentechnologische Methoden der Herstellung bispezifischer Antikörper stellen eine Weiterführung der bisher beschriebenen Methoden dar. Durch gezieltes Proteindesign ist es möglich, bispezifische Moleküle zu konstruieren, die lediglich aus den Antigenbindungsstellen der ursprünglichen Antikörper bestehen. Dies erleichtert einerseits die Modifikation der Bindungsmotive, andererseits ist der Herstellungsaufwand um ein Vielfaches niedriger als bei zellbiologischen Verfahren, da die Bakterienprodukte im Medium z. B. bis zu 1 g/l an Diabody enthalten. Darüber hinaus sind die bispezifischen Moleküle in weitaus geringerem Maß mit nicht funktionellen Proteinen kontaminiert, was die Aufreinigung wesentlich vereinfacht.

3.3.2.2.1 Double-single-chain-Antikörper

Die Single-chain-Technologie bietet die Möglichkeit, Proteine durch Expression der sie kodierenden Gensequenzen in geeigneten Bakteriensystemen herzustellen. Auf diese Weise können auch die antigenbindenden Abschnitte eines Immunglobulinmoleküls konstruiert werden. Setzt man Antikörperabschnitte mit 2 unterschiedlichen Antigenbindungsstellen aneinander, so entspricht die entstehende Peptidkette der Definition eines bispezifischen Moleküls. Aus sterischen Gründen wird in der Regel ein Platzhalter (spacer) zwischen die Antikörpersequenzen gesetzt, denn zur gleichzeitigen Bindung zweier Antigene ist eine gewisse räumliche Distanz erforderlich [George et al. 1994, Gruber et al. 1994, Segal et al. 1995, Traunecker et al. 1991, Raag u. Whitlow 1995].

3.3.2.2.2 Diabodies

Diabodies stellen ähnlich den Single-chain-Antikörpern genetisch konstruierte Proteine dar [Griffiths et al. 1993, Holliger u. Winter 1993, Holliger et al. 1993, Perisic et al. 1994]. Die Bindungssequenzen der schweren und leichten Ketten der Immunglobuline werden in Bakteriensystemen exprimiert, wobei in der Gensequenz der variable Teil der Schwerkette (V_{H1}) des einen Antikörpers an die Leichtkettensequenz (V_{L2}) des anderen Antikörpers und umgekehrt (V_{H2}/V_{L1}) gesetzt wird. Das Bakterienprodukt faltet sich dann derart, daß die Bindungsstellen V_{H1} und V_{L1} sowie V_{H2} und V_{L2} in funktionell korrekter Stellung zueinander kommen und damit ein bispezifisches Molekül entsteht, welches vergleichbare Bindungsaffinitäten wie ein natürlicher Antikörper aufweist. Da der Diabody aber nur aus den variablen Proteinabschnitten der ursprünglichen Immunglobuline besteht, ist er im humanen System nur wenig immunogen (Abb. 3.3.5).

Die Expression von Antikörperfragmenten in Bakterien ist eine relativ neue technische Entwicklung, aber schon jetzt scheint sich abzuzeichnen, daß rekombinante Antikörperfragmente die Hybridome als die Hauptquelle von Antikörpern für klinische Anwendungen ersetzen werden. Antikörperfragmente haben einige Vorteile gegenüber vollständigen Antikörpern, nämlich die kostengünstigere Produktion in Bakterien und die, aufgrund eines geringeren Molekulargewichts, bessere Penetration in Körpergewebe und Tumoren. Jedoch fehlen den Antikörperfragmenten bestimmte Immuneffektorfunktionen traditioneller kompletter Antikörpermoleküle.

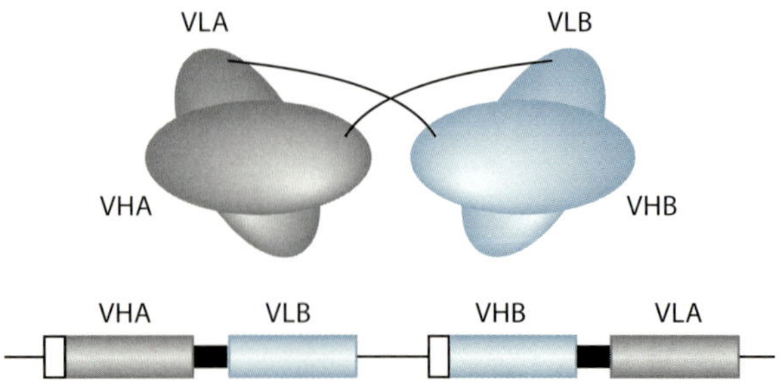

Abb. 3.3.5. Schematische Darstellung eines Diabodies. Funktionelle Bindungseigenschaften ergeben sich erst durch das Cross-pairing beider Ketten, nach Holliger et al. [1993]

Diabodies bilden ein neues Designkonzept für die Produktion rekombinanter Antikörperfragmente mit Immuneffektorfunktionen. Sie sind bispezifisch, d. h. sie besitzen 2 Antigenbindungsstellen auf demselben Molekül: 1 zur Erkennung des Zielantigens (z. B. ein Tumormarker) und 1 weitere auf der Effektorzelle des Immunsystems. Auf diese Weise lassen sich z. B. Killer-T-Zellen aktivieren, um Tumorzellen spezifisch abzutöten.

Diabodies können aber nicht nur Killer-T-Zellen aktivieren: Durch Variation der Effektorbindungsstelle läßt sich eine ganze Palette von Immuneffektorfunktionen, wie Komplementaktivierung oder Antikörper-aktivierte Zytolyse (ADCC), aktivieren.

Während aufgrund der hohen Kosten in Produktion und Aufreinigung konventionelle bispezifische Antikörper nur vereinzelt den Sprung in die klinische Anwendung gefunden haben, sind Diabodies mit niedrigen Kosten herstellbar und können in einem einzigen Chromatographieschritt aufgereinigt werden. Dies verspricht neben der Möglichkeit, rekombinante Proteine genetisch zu modifizieren, die klinische Anwendung und Optimierung drastisch zu vereinfachen.

3.3.3 Universelle bispezifische Antikörper [Gilliland et al. 1988]

Obwohl vielversprechende Daten in Tiermodellen und in In-vitro-Modellen erzielt wurden, ist der Einsatz von bispezifischen Antikörpern in der Klinik bisher nur vereinzelt gelungen, was hauptsächlich durch Probleme in der Produktion dieser Proteine bedingt ist. Bispezifische Antikörper werden, wie bereits beschrieben, durch die chemische Konjugation von F(ab)-Fragmenten von 2 monoklonalen Antikörpern, durch die Fusion zweier Hybridome oder durch die Transfektion von 2 Paaren von jeweils V_H- und V_L-Genen isoliert. In den meisten Fällen war die Isolation arbeits- und zeitintensiv, was hauptsächlich durch die Komplexität der Antikörper, die schwierige Produktion und die geringe Ausbeute bedingt ist. Diese Umstände haben die Anzahl bispezifischer Moleküle, die bislang für klinische Studien vorbereitet werden können, erheblich vermindert.

Bedingt durch die Fortschritte in der Antikörperproduktions- und Isolationstechnologie wurden in der Vergangenheit eine Reihe von rekombinanten bispezifischen Antikörpermolekülen beschrieben [Griffiths et al. 1993, Holliger u. Winter 1993, Holliger et al. 1993, Perisic et al. 1994], wobei sich einige durch hochgradig vereinfachte Produktionsprozeduren auszeichnen. Die bereits beschriebenen Diabodies stellen die bisher kleinsten Moleküle dar. Sie bestehen aus 4 Antikörper-V-Domänen und eignen sich aufgrund dieser Charakteristik optimal für den klinischen Einsatz als bispezifisches Molekül, da von einer schnellen Gewebepenetration, einer sehr schnellen renalen Clearance sowie einer minimalen Immunogenität bei humanen V-Genen auszugehen ist.

Die Isolation von neuen bispezifischen Antikörpern zur Überprüfung des therapeutischen Potentials gegen unterschiedliche Tumor-assoziierte Antigene könnte durch die Einbringung einer Spezifität für ein definiertes koppelbares Hapten wie z. B. Nitroiodophenyl (NIP) gewährleistet werden. Bispezifische Moleküle zur Aktivierung von T-Zellen an Tumoren über haptenisierte Anti-Tumor-F(ab)-Fragmente oder über einen haptenisierten Tumorliganden, wie z. B. Il 2 beim Hodgkin-Lymphom [Engert et al. 1992] und GM-CSF bei der akuten myeloischen Leukämie, stellen hier eine interessante Alternative dar. Die einfache Produktion der Diabodies sowie der Einsatz eines einzelnen bispezifischen Antikörpers in Kombination mit austauschbaren tumorbindenden Spezifitäten sollten einen beträchtlichen Stimulus für den Einsatz in der bispezifischen Antikörpertherapie bedeuten (Abb. 3.3.2).

Die Demonstration der universalen Anwendung dieser bispezifischen Komponente zeigt sich durch die Induktion von Zytolyse gegenüber Non-Hodgkin-Lymphom-Zellen, die effektiv durch NIP-konjugierte F(ab)-Fragmente gegen CD19 induziert werden konnte. Außerdem lassen sich T-Zellen über den Il-2-Rezeptor (CD25) mit NIP-konjugiertem Il 2 aktivieren. Der generelle Aspekt dieses Ansatzes zeigt sich durch die erfolgreiche T-Zell-mediierte Abtötung von Kolonkarzinomzellen mittels CD3-x-anti-Hapten-Antikörper im Zusammenhang mit NIP-konjugierten bivalenten Anti-CEA-Diabodies.

Der Einsatz der Phage-display-Technologie in der Isolation von Antikörperfragmenten mit nahezu universeller Spezifität bietet hierbei eine interessante methodische Erweiterung zur Isolation von monoklonalen Antikörpern gegen ein beliebiges Tumor-assoziiertes Antigen [Hoogenboom u. Winter 1992, Hoogenboom et al. 1992]. Diabodies lassen sich relativ einfach konstruieren, haben eine relativ kleine Größe, was die Penetration in Tumoren erleichtern sollte, und können aus *E.-coli*-Kulturen einfach und direkt aus dem Kulturüberstand isoliert werden. Des weiteren haben Diabodies keine Fc-Region, was die Nebenwirkungen über Fc-mediierte Monozytenaktivierung reduzieren sollte. Nicht zuletzt zeigen Diabodies eine identische T-Zell-Aktivierung wie die herkömmlichen Antikörper, die über die Hybrid-Hybridom-Technologie isoliert werden.

In klinischen Studien sollte eine spezifische Tumortherapie angestrebt werden. Im einzelnen könnte dies bedeuten, daß einzelne monovalente NIP-konjugierte tumorspezifische Liganden oder Cocktails mehrerer tumorspezifischer Antikörperfragmente eingesetzt werden. Auch hier sollte bedacht werden, daß die Aktivierung von autologen ruhenden T-Zellen durch die Il-2-Gabe [Nitta et al. 1991] oder aber die Verabreichung von monospezifischen bivalenten CD28-Antikörpern [Bohlen et al. 1993a] oder löslichem B7 realisierbar ist.

3.3.4 Bispezifische Antikörper in experimentellen Therapiestudien

Obwohl tumorspezifische T-Zellen in einer Reihe von Patienten mit malignen Lymphomen und anderen Tumoren nachgewiesen werden konnten, ist die Immunantwort gegen Tumorzellen sehr häufig ineffektiv [Ioannides et al. 1993, Kawakami et al. 1993, Lattime et al. 1992, Sakato et al. 1990]. Die Unfähigkeit des Immunsystems, Tumorzellen zu kontrollieren, kann durch suppressive Effekte erklärt werden [Taga et al. 1993], die durch Tumorzellen selbst mediiert werden bzw. durch eine defiziente Präsentation tumorspezifischer Antigene durch antigenpräsentierende Zellen.

Die Induktion von tumorspezifischen T-Zellen durch Immunisierung mit inaktivierten Tumorzellen, Tumorproteinfragmenten [Thielemans et al. 1985], welche an immunogene Carrier-Moleküle gebunden wurden [Meeker et al. 1985], oder dem Einsatz von Internal image (Antiidiotypantikörper) [Pohl et al. 1993] wurde in einer Reihe von Arbeitsgruppen erprobt. In experimentellen Tumorsystemen wie z. B. dem BCL-1-Maus-B-Zell-Lymphom zeigte die Immunisierung mit Idiotyp, präsentiert durch Antigen-präsentierende Zellen, in diesem Fall die dendritischen Zellen, eine effektive Tumorantwort [Flamand et al. 1994].

Die Rekrutierung von tumorspezifischen T-Zellen kann auch durch den Einsatz von bispezifischen CD3-anti-Tumor-Antikörper induziert werden. Bispezifische Antikörper, die den CD3-Proteinkomplex auf T-Zellen und antigene Strukturen auf Tumorzellen erkennen, sind in einer Reihe von Versuchen eingesetzt worden. Im Rahmen dieser experimentellen Tumorsysteme wurden T-Zellen zu autologen Tumorzellen attrahiert, die im weiteren die Aktivität der zytotoxischen T-Zellen medierten. In einer Reihe von Tumormodellen konnte der Erfolg dieser Modelle in vitro nachgewiesen werden. Oshimi et al. [1991] demonstrierten, daß CD3-x-CD10-heterobifunktionale Antikörper effizient die Lyse von CD10-positiven akuten lymphoblastischen Leukämiezellen induzierten. Ein weiterer Ansatz, CD10-negative ALL-Blasten zu lysieren, wurde durch Anderson et al. [1992] durch den Einsatz von CD3-x-CD19-bispezifischen Antikörpern durchgeführt. Der In-vivo-Effekt von CD3-x-Antiidiotypantikörpern wurde durch Brissinck et al. [1991] und Weiner et al. [1995a] im 38C13- und im BCL-1-Modell anschaulich dargestellt. Jedoch wurde offenbar, daß ein Cross-link des CD3-Proteinkomplexes allein für die Aktivierung von ruhenden humanen T-Lymphozyten nicht ausreicht. Diese T-Zellen erfordern den sog. 2. Stimulus (second signal) neben der Kreuzvernetzung des CD3-Komplexes, der über die CD28-Kreuzvernetzung gegeben werden kann. Im weiteren ergab sich, daß die alleinige Stimulation der T-Zellen über den CD3-T-Zell-Rezeptor-Komplex in klonaler Anergie der stimulierten T-Zell-Klone resultierte. Wie bereits durch Harding u. Allison [1993] nachgewiesen, kann der Effekt der klonalen Anergie durch die Kostimulation von T-Zellen über CD28-Homodimer vermieden werden. Das Konzept der CD28-Kostimulation als einer Form der zielzellinduzierten T-Zell-Aktivierung durch bispezifische Antikörper wurde erstmals durch Jung et al. [1987] im humanen Melanommodell beschrieben. In unserer Gruppe wurde die Aktivierung von ruhenden T-Zellen von Patienten mit chronisch-lymphatischer Leukämie (B-CLL) durch Stimulation mit CD3-x-CD19-bispezifischen Antikörpern und bivalenten monospezifischen CD28-Antikörpern berichtet. Die Aktivierung durch diese Antikörperkombination führt zu einer 5- bis 14fachen Steigerung der CD4/CD8-Ratio in vitro. Diese stimulierten T-Zellen exprimieren Aktivierungsantigene und sekundäre Zytokine und zeigen eine stark erhöhte zytotoxische Aktivität gegen autologe leukämische Zellen.

3.3.5 Klinische Studien mit bispezifischen Antikörpern

Nachdem vielversprechende Daten aus In-vitro-Studien und tierexperimentellen Untersuchungen vorlagen [Moreno et al. 1995], wurden von zahlreichen Gruppen Phase-I-Studien mit ermutigenden Ergebnissen veröffentlicht [Azuma et al. 1991, Haagen 1995, Kroesen et al. 1993, Le et al. 1993, Nitta et al. 1990, Repp et al. 1995, Shalaby et al. 1995, Valone et al. 1995, Warnaar et al. 1994, Weiner et al. 1995a, b]. Die Antikörper wurden z. T. lokal intraperitoneal [Ravenswaay et al. 1994] oder interpleural oder auch systemisch i.v. appliziert.

In vielen Untersuchungen wurde eine T-Zell-Aktivierung durch CD3-x-anti-Tumor bispezifische Antikörper untersucht. Allerdings sind in diesem Ansatz voraktivierte T-Zellen notwendig, die entweder durch Il 2 oder Il-2-induzierte LAK-Zellen [Nitta et al. 1990] gewonnen werden können. Die so stimulierten T-Zellen zeigten eine signifikante lokale Lyse von Tumorzellen verbunden mit einer inflammatorischen Reaktion. In einer Studie mit anti-CD3-x-anti-CD19-bispezifischen Antikörpern konnte in einem Patienten mit einem B-Zell-Tumor eine signifikante Reduktion der malignen B-Zellen im Blut induziert werden [Haagen et al.1994]. Bispezifische Anti-CD3-x-anti-CD19-Antikörper wurden von De Gast et al. [1995b], Utrecht, bei Patienten mit Non-Hodgkin-Lymphomen untersucht. De Gast et al. [1995a], konnten zeigen, daß T-Zellen durch die Antikörper aktiviert wurden und lokal in Tumorläsionen infiltrierten. Bei Patientinnen mit fortgeschrittenem Ovarialkarzinom führte die Kombination von aktivierten T-Zellen und einem bispezifischen Tetradomantikörper (Anti-CD3-x-anti-MOV18) [Mezzanzanica et al. 1991] zu einer partiellen Remission bei 3 Patientinnen und kompletter Remission bei ebenfalls 3 Patientinnen. Allerdings ist, bedingt durch eine kurze Beobachtungszeit, die Interpretation dieser Ergebnisse schwierig. In einer Studie zur Behandlung von Patienten mit Ovarialkarzinom, welche in Mailand sowie Rotterdam [Bolhuis et al. 1992] durchgeführt wurde, wurden T-Zellen ex vivo mit Interleukin 2 aktiviert und diese Zellen zusammen mit bispezifischen Antikörpern intraperitoneal injiziert. In 9 von 27 Patienten konnten komplette oder partielle intraperitoneale Remissionen erzielt werden. Signifikante Effekte wurden auch bei Patienten beobachtet, die mit einem bispezifischen Antikörper CD3-x-anti-Pankreaskarzinom (MOC31) behandelt wurden [Kroesen et al. 1993, 1994, 1995].

Besonders vielversprechende Ergebnisse wurden von Nitta et al. [1990] publiziert. In dieser Studie wurden maligne Gliome zunächst chirurgisch entfernt und danach eine Strahlentherapie bzw. Chemotherapie durchgeführt. Anschließend wurden Il-2-aktivierte LAK-Zellen und ein anti-CD3-x-anti-Gliom-bispezifischer Antikörper intrakranial injiziert. Eine Kontrollgruppe wurde mit LAK-Zellen allein behandelt. Die bispezifischen Antikörper wurden durch chemische Konjugation von Anti-CD3-x-anti-Gliom-NE150-MAK hergestellt. In allen Fällen konnten autologe LAK-Zellen in vitro angezüchtet werden. Patienten erhielten 10^6 LAK-Zellen in wöchentlichen Abständen. Allerdings waren lediglich 20% der Patienten, die mit LAK-Zellen allein behandelt wurden, nach 2 Jahren noch am Leben, während in der Gruppe, welche mit bispezifischen Antikörpern und LAK-Zellen behandelt wurde, 80% der Patienten auf die Therapie ansprachen und 40% eine komplette Remission zeigten. Drei Jahre nach der Therapie waren 40% der so behandelten Patienten am Leben und tumorfrei, während von den Patienten, die mit LAK-Zellen allein behandelt worden waren, lediglich 10% überlebten. Die Nebenwirkungen in beiden Gruppen waren Fieber und Liquorzirkulationsprobleme, und in einigen Fällen war eine Shunt-Anlage notwendig, um intrakraniale Druckerhöhungen zu kontrollieren. Keiner der Patienten zeigte eine anaphylaktische Reaktion gegen bispezifische Antikörper. Somit sind diese Ergebnisse mit LAK-Zellen und bispezifischen Antikörpern sehr ermutigend.

Ein weiteres prinzipielles Zielmolekül für bispezifische Antikörper sind Fc-Rezeptoren, welche zytotoxische Antworten von myeloischen Zellen und Natural-killer-Zellen induzieren können. Der Typ-III-Fc-Rezeptor (FcRgIII) für IgG ist ein Triggermolekül auf Makrophagen und NK-Zellen. Weiner et al. [1995a] behandelten 15 Patienten mit dem 2B1-Antikörper, der den FcRg III und das HER-2/neu-Protoonkogen bindet. Diese Behandlung führte zu Remissionen von Pleuraergüssen und Aszites in 2 Patienten mit metastasiertem Kolonkarzinom. Eine Phase-II-Studie mit dem Antikörper wurde initiiert. Ein anderer Antikörper, MDX-210, erkennt HER-2/neu und Typ-I-Fc-Rezeptor für IgG. In einer Phase-I/II-Studie [Valone et al. 1995] wurde eine klinische Remission in 2 von 10 Patienten nachgewiesen. Von Repp et al. [1995] wurde dieser Antikörper mit G-CSF kombiniert, um Patientinnen mit metastasiertem Mammakarzinom zu behandeln. G-CSF wurde benutzt, um eine Hochregulation des Fcg-RI-Rezeptors auf neutrophilen Granulozyten zu erzielen.

Daneben wurden bispezifische Antikörper eingesetzt, um Makrophagen in einer Immuntherapie zu aktivieren. Anti-CD15-x-anti-CD64-bispezifische Antikörper wurden in einer Phase-I-Studie bei 4 Patienten mit CD15-positiven Tumoren (1 AML, 1 kleinzelliges Bronchialkarzinom, 1 Mammakarzinom, 1 Pankreasinselzellkarzinom) geprüft [Ball et al. 1992]. In dem Patienten mit AML konnte eine transiente Reduktion der leukämischen Blasten beobachtet werden [Kaneko et al. 1993, Silla et al. 1995].

Neben dieser Aktivierung von immunkompetenten Zellen wurden bispezifische Antikörper eingesetzt, um Immunotoxine in Tumorzellen zu bringen. So wurden Versuche mit anti-Saporin-x-Antiidiotyp-bispezifischen Antikörpern durchgeführt, um das Ribosomen-inaktivierende Protein Saporin in höheren Konzentrationen an die Tumorzellen zu transferieren [French et al. 1991]. In einer Studie in England wurden 2 Patienten mit Non-Hodgkin-Lymphomen mit anti-CD22-x-anti-Saporin-bispezifischen Antikörpern und Saporin behandelt [Bonardi et al. 1992, French et al. 1995]. Die Patienten zeigten ein signifikantes klinisches Ansprechen mit kompletter Remission der Tumorzellen im Blut und Aszites und Reduktion der Tumorzellmasse. Sahin et al. [1990] aus der Arbeitsgruppe von M. Pfreundschuh, Homburg, benutzten einen Anti-CD30-x-anti-alkalische-Phosphatase-Antikörper, um durch das Enzym eine Konversion einer nichtzytotoxischen Prodrug (Mitomycinphosphat) in das zytotoxische Mitomycin zu induzieren. Dieser Ansatz wurde an Hodgkin-Zellen erprobt. Die Autoren zeigten, daß eine effektive Target-Zell-Lyse stattfand, und daß neben den CD30-positiven Tumorzellen auch CD30-negative Bystander-Zellen in der Umgebung durch den bispezifischen Antikörper plus Mitomycinphosphat lysiert wurden, allerdings in einem geringeren Ausmaß.

3.3.6 Resümee

Charakteristisch für bispezifische Antikörper ist deren Fähigkeit, gleichzeitig 2 unterschiedliche Antikörper binden zu können. Diese Eigenschaft wird derzeit in tumorgerichteten immuntherapeutischen Strategien überprüft. Durch den Einsatz von bispezifischen Antikörpern, die neben einem Tumor-assoziierten Antigen auch aktivierende Strukturen auf Zellen des Immunsystems erkennen

(CD3, CD16, CD69 etc.), können so T-Zellen, Natürliche Killerzellen, Monozyten und Granulozyten direkt am Tumor zu einer den Tumor destruierenden Aktion stimuliert werden.

Durch den Einsatz von anti-T-Zell-x-anti-Tumor-bispezifischen Antikörpern mit kostimulierenden Antikörpern oder Antikörperfragmenten können auch ruhende oder durch den Tumor selbst inhibierte T-Zellen direkt aktiviert werden. Dieser Ansatz wird derzeit in einer Reihe von klinischen Phase-I/II-Versuchen überprüft (Abb. 3.3.3).

3.3.7 Literatur

Alkan SS, Towbin H, Hochkeppel HK (1988) Enhanced antiproliferative action of interferon targeted by bispecific monoclonal antibodies. J Interferon Res 8: 25–33

Anderson PM, Crist W, Hasz D, Carroll AJ, Myers DE, Uckun FM (1992) G19.4(alpha CD3) x B43(alpha CD19) monoclonal antibody heteroconjugate triggers CD19 antigen-specific lysis of t(4; 11) acute lymphoblastic leukemia cells by activated CD3 antigen-positive cytotoxic T cells. Blood 80: 2826–2834

Assoc JAO, Koulova L, Clark EA, Shu G, Dupont B (1991) The CD28 ligand B7/BB1 provides costimulatory signal for alloactivation of CD4+ T cells. J Exp Med Behav Res Ther 173: 759–762

Azuma A, Niitani H, Okumura K (1991) [Cancer therapy by using bispecific antibody]. Gan To Kagaku Ryoho 18: 1535–1542

Azuma M, Phillips JH, Lanier LL (1992) CD28 co-stimulation of T-cell-mediated cytotoxicity. Int J Cancer Suppl 7: 33–35

Ball ED, Guyre PM, Mills L, Fisher J, Dinces NB, Fanger MW (1992) Initial trial of bispecific antibody-mediated immunotherapy of CD15-bearing tumors: cytotoxicity of human tumor cells using a bispecific antibody comprised of anti-CD15 (MoAb PM81) and anti-CD64/Fc gamma RI (MoAb 32). J Hematother 1: 85–94

Blum S, Milesi R, Tratkiewicz J, Olive D, Gallati H, Cerottini JC, Fliedner V von (1994) Rapid induction of cytolytic T cells via CD28 stimulation for cellular immunotherapy. Ther Immunol 1: 143–152

Bohlen H, Hopff T, Manzke O, Engert A, Kube D, Wickramanayake PD, Diehl V, Tesch H (1993a) Lysis of malignant B cells from patients with B-chronic lymphocytic leukemia by autologous T cells activated with CD3 x CD19 bispecific antibodies in combination with bivalent CD28 antibodies. Blood 82: 1803–1812

Bohlen H, Manzke O, Patel B, Moldenhauer G, Dorken B, Fliedner V von, Diehl V, Tesch H (1993b) Cytolysis of leukemic B-cells by T-cells activated via two bispecific antibodies. Cancer Res 53: 4310–4314

Bolhuis RL, Lamers CH, Goey SH, Eggermont AM, Trimbos JB, Stoter G, Lanzavecchia A, Re E di, Miotti S, Raspagliesi F et al. (1992) Adoptive immunotherapy of ovarian carcinoma with bs-MAb-targeted lymphocytes: a multicenter study. Int J Cancer Suppl 7: 78–81

Bonardi MA, Bell A, French RR, Gromo G, Hamblin T, Modena D, Tutt AL, Glennie MJ (1992) Initial experience in treating human lymphoma with a combination of bispecific antibody and saporin. Int J Cancer Suppl 7: 73–77

Brennan M, Daviso PF, Paulus H (1985) Preparation of bispecific antibodies by chemical recombination of monoclonal immunoglobulin G1 fragments. Science 229: 81–83

Brissinck J, Demanet C, Moser M, Leo O, Thielemans K (1991) Treatment of mice bearing BCL1 lymphoma with bispecific antibodies. J Immunol 147: 4019–4026

Bruynck A, Seemann G, Bosslet K (1993) Characterisation of a humanised bispecific monoclonal antibody for cancer therapy. Br J Cancer 67: 436–440

Chervonsky AV, Faerman AI, Evdonina LV, Jazova AK, Kazarov AR, Gussev AI (1988) A simple metabolic system for selection of hybrid hybridomas (tetradomas) producing bispecific monoclonal antibodies. Mol Immunol 25: 913–915

Damle NK, Linsley PS, Ledbetter JA (1991) Direct helper T cell-induced B cell differentiation involves interaction between T cell antigen CD28 and B cell activation antigen B7. Eur J Immunol 21: 1277–1282

De Gast GC, Haagen IA, Van Houten AA, Klein SC, Duits AJ, De Weger RA, Vroom TM, Clark MR et al. (1995a) CD8 T cell activation after intravenous administration of CD3*CD19 bispecific antibody in patients with non-Hodgkin lymphoma. Cancer Immunol Immunother 40: 390–396

De Gast GC, Van Houten AA, Haagen IA, Klein S, De Weger RA, Van Dijk A, Phillips J, Clark M, Bast BJ (1995b) Clinical experience with CD3*CD 19 bispecific antibodies in patients with B cell malignancies. J Hematother 4: 433–437

De Lau WB, Heije K, Neefjes JJ, Oosterwegel M, Rozemuller E, Bast BJ (1991) Absence of preferential homologous H/L chain association in hybrid hybridomas. J Immunol 146: 906–914

Engert A, Pohl C, Diehl V (1992) Experimental therapy in Hodgkin's disease. Ann Oncol 4: 97–100

Flamand V, Sornasse T, Thielemans K, Demanet C, Bakkus M, Bazin H, Tielemans F, Leo O, Urbain J, Moser M (1994) Murine dendritic cells pulsed in vitro with tumor antigen induce tumor resistance in vivo. Eur J Immunol 24: 605–610

French RR, Courtenay AE, Ingamells S, Stevenson GT, Glennie MJ (1991) Cooperative mixtures of bispecific F(ab')2 antibodies for delivering saporin to lymphoma in vitro and in vivo. Cancer Res 51: 2353–2361

French RR, Hamblin TJ, Bell AJ, Tutt AL, Glennie MJ (1995) Treatment of B-cell lymphomas with combination of bispecific antibodies and saporin. Lancet 346: 223–224

George AJT, Titus JA, Jost CR, Kurucz I, Perez P, Andrew SM, Nicholls PJ, Huston JS, Segal DM (1994) Redirection of T-cell mediated cytotoxicity by a recombinant single chain Fv molecule. J Immunol 152: 1802 –1811

Geppert TD, Lipsky PE (1988) Activation of T lymphocytes by immobilized monoclonal antibodies to CD3. Regulatory influences of monoclonal antibodies to additional T cell surface determinants. J Clin Invest 81: 1497–1505

Gilliland LK, Clark MR, Waldmann H (1988) Universal bispecific antibody for targeting tumor cells for destruction by cytotoxic T cells. Proc Natl Acad Sci USA 85: 7719–7723

Griffiths AD, Malmqvist M, Marks JD, Bye JM, Embleton MJ, McCafferty J, Baier M, Holliger KP, Gorick BD,

Hughes-Jones NC, Hoogenboom HR, Winter G (1993) Human anti-self antibodies with high specificity from phage display libraries. EMBO J 12: 725–734

Gruber M, Schodin BA, Wilson ER, Kranz DM (1994) Efficient tumor cell lysis mediated by a bispecific single chain antibody expressed in Escherichia coli. J Immunol 152: 5368–5374

Haagen IA (1995) Performance of CD3xCD19 bispecific monoclonal antibodies in B cell malignancy. Leuk Lymphoma 19: 381–393

Haagen IA, Geerars AJ, Lau WB de, Clark MR, Griend RJ van de, Bast BJ, Gast BC de (1994) Killing of autologous B-lineage malignancy using CD3*CD19 bispecific monoclonal antibody in end stage leukemia and lymphoma. Blood 84: 556–563

Harding FA, Allison JP (1993) CD28-B7 interactions allow the induction of CD8+ cytotoxic T lymphocytes in the absence of exogenous help. J Exp Med 177: 1791–1796

Holliger P, Winter G (1993) Engineering bispecific antibodies. Curr Opin Biotechnol4: 446–449

Holliger P, Prospero T, Winter G (1993) „Diabodies“: small bivalent and bispecific antibody fragments. Proc Natl Acad Sci USA 90: 6444–6448

Hoogenboom HR, Winter G (1992) By-passing immunisation: human antibodies from synthetic repertoires of germline VH gene segments rearranged in vitro. J Mol Biol 227: 381–388

Hoogenboom HR, Marks JD, Griffiths AD, Winter G (1992) Building antibodies from their genes. Immunol Rev 130: 41–68

Inaba K, Inaba M, Naito M, Steinman RM (1993) Dendritic cell progenitors phagocytose particulates, including bacillus Calmette-Guerin organisms, and sensitize mice to mycobacterial antigens in vivo. J Exp Med 178: 479–488

Ioannides CG, Fisk B, Pollack MS, Frazier ML, Taylor WJ, Freedman RS (1993) Cytotoxic T-cell clones isolated from ovarian tumour infiltrating lymphocytes recognize common determinants on non-ovarian tumour clones. Scand J Immunol 37: 413–424

Jung G, Eberhard HJ (1988) An in-vitro model for tumor immunotherapy with antibody heteroconjugates. Immunol Today 9: 257–260

Jung G, Ledbetter JA, Muller-Eberhard HJ (1987) Induction of cytotoxicity in resting human T lymphocytes bound to tumor cells by antibody heteroconjugates. Proc Natl Acad Sci USA 84: 4611–4615

Kaneko T, Fusauchi Y, Kakui Y, Masuda M, Akahoshi M, Teramura M, Motoji T, Okumura K, Mizoguchi H, Oshimi K (1993) A bispecific antibody enhances cytokine-induced killer-mediated cytolysis of autologous acute myeloid leukemia cells. Blood 81: 1333–1341

Karawajew L, Micheel B, Behrsing O, Gaestel M (1987) Bispecific antibody-producing hybrid hybridomas selected by a fluorescence activated cell sorter. J Immunol Methods 96: 265–270

Kawakami Y, Nishimura MI, Restifo NP, Topalian SL, O'Neil BH, Shilyansky J, Yannelli JR, Rosenberg SA (1993) T-cell recognition of human melanoma antigens. J Immunother 14: 88–93

Kipriyanov SM, Breitling F, Little M, Dubel S (1995) Single-chain antibody streptavidin fusions: tetrameric bifunctional scFv-complexes with biotin binding activity and enhanced affinity to antigen. Hum Antibodies Hybridomas 6: 93–101

Kohler G, Milstein C (1975) Continuous cultures of fused cells secreting antibody of predefined specificity. Nature 256: 495–497

Kroesen BJ, Haar A ter, Spakman H, Willemse P, Sleijfer DT et al. (1993) Local antitumour treatment in carcinoma patients with bispecific-monoclonal-antibody-redirected T cells. Cancer Immunol Immunother 37: 400–407

Kroesen BJ, Buter J, Sleijfer DT, Janssen RA, Graaf WT van der, The TH, Leji L de, Mulder NH (1994) Phase I study of intravenously applied bispecific antibody in renal cell cancer patients receiving subcutaneous interleukin 2. Br J Cancer 70: 652–661

Kroesen BJ, Janssen RA, Buter J, Nieken J, Sleijfer DT, Mulder NH, De Leij L (1995) Bispecific monoclonal antibodies for intravenous treatment of carcinoma patients: immunobiologic aspects. J Hematother 4: 409–414

Kuppen PJ, Eggermont AM, Smits KM, Eendenburg JD van, Lazeroms SP, Velde CJ van de, Fleuren GJ (1993) The development and purification of a bispecific antibody for lymphokine-activated killer cell targeting against the rat colon carcinoma CC531. Cancer Immunol Immunother 36: 403–408

Lattime EC, Gomella LG, McCue PA (1992) Murine bladder carcinoma cells present antigen to BCG-specific CD4+ T-cells. Cancer Res 52: 4286–4290

Le DJ, Gruaz GA, Martin M, Gautherot E, Delaage M, Barbet J (1990) Targeting of indium 111-labeled bivalent hapten to human melanoma mediated by bispecific monoclonal antibody conjugates: imaging of tumors hosted in nude mice [published erratum appears in Cancer Res 1990 50: 6115]. Cancer Res 50: 3445–3452

Le DJ, Chetanneau A, Gruaz GA, Martin M, Gautherot E, Lehur PA, Chatal JF, Delaage M, Barbet J (1993) Bispecific monoclonal antibody-mediated targeting of an indium-111-labeled DTPA dimer to primary colorectal tumors: pharmacokinetics, biodistribution, scintigraphy and immune response. J Nucl Med 34: 1662–1671

Le-Doussal DJ, Barbet J, Delaage M (1992) Bispecific-antibody-mediated targeting of radiolabeled bivalent haptens: theoretical, experimental and clinical results. Int J Cancer Suppl 7: 58–62

Li Y, McGowan P, Hellstrom I, Hellstrom KE, Chen L (1994) Costimulation of tumor-reactive CD4+ and CD8+ T lymphocytes by B7, a natural ligand for CD28, can be used to treat established mouse melanoma. J Immunol 153: 421–428

Linsley PS, Ledbetter JA (1993) The role of the CD28 receptor during T cell responses to antigen. Annu Rev Immunol 11: 191–212

Meeker TC, Lowder J, Maloney DG, Miller RA, Thielemans K, Warnke R, Levy R (1985) A clinical trial of anti-idiotype therapy for B cell malignancy. Blood 65: 1349–1363

Mezzanzanica D, Canevari S, Colnaghi MI (1991) Retargeting of human lymphocytes against human ovarian carcinoma cells by bispecific antibodies: from laboratory to clinic. Int J Clin Lab Res 21: 159–164

Morelli D, Sardini A, Villa E, Villa ML, Menard S, Colnaghi MI, Balsari A (1994a) Modulation of drug-induced cytotoxicity by a bispecific monoclonal antibody that recognizes the epidermal growth factor receptor and doxorubicin. Cancer Immunol Immunother 38: 171–177

Morelli D, Villa E, Tagliabue E, Perletti L, Villa ML, Menard S, Balsari A, Colnaghi MI (1994b) Relevance of antibody valency in EGF receptor modulation. Scand J Immunol 39: 453–458

Moreno MB, Titus JA, Cole MS, Tso JY, Le N, Paik CH, Bakacs T, Zacharchuk CM, Segal DM, Wunderlich JR (1995) Bispecific antibodies retarget murine T cell cytotoxicity against syngeneic breast cancer in vitro and in vivo. Cancer Immunol Immunother 40: 182–190

Nair S, Zhou F, Reddy R, Huang L, Rouse BT (1992) Soluble proteins delivered to dendritic cells via pH-sensitive liposomes induce primary cytotoxic T lymphocyte responses in vitro. J Exp Med 175: 609–612

Nijhuis EW (1990) Activation and expansion of tumour-infiltrating lymphocytes by anti-CD3 and anti-CD28 monoclonal antibodies. Cancer Immunol Immunother 32: 245–250

Nitta T, Sato K, Yagita H, Okumura K, Ishii S (1990) Preliminary trial of specific targeting therapy against malignant glioma. Lancet 335: 368–371

Nitta T, Nakata M, Yagita H, Okumura K (1991) Interleukin-2 activated T cells (T-LAK) express CD16 antigen and are triggered to target cell lysis by bispecific antibody. Immunol Lett 28: 31–37

Oshimi K, Seto T, Oshimi Y, Masuda M, Okumura K, Mizoguchi H (1991) Increased lysis of patient CD10-positive leukemic cells by T cells coated with anti-CD3 Fab′ antibody cross-linked to anti-CD10 Fab′ antibody. Blood 77: 1044–1049

Paulus H (1985) Preparation and biomedical applications of bispecific antibodies. Behring Inst Mitt, Germany, 78: 118–132

Perisic O, Webb PA, Holliger P, Winter G, Williams RL (1994) Crystal structure of a diabody, a bivalent antibody fragment. Structure 2: 1217–1226

Pohl C, Renner C, Schwonzen M, Schobert I, Liebenberg V, Jung W, Wolf J, Pfreundschuh M, Diehl V (1993) CD30-specific AB1-AB2-AB3 internal image antibody network: potential use as anti-idiotype vaccine against Hodgkin's lymphoma. Int J Cancer 54: 418–425

Raag R, Whitlow M (1995) Single chain Fv proteins and their fusion proteins. FASEB J 9: 73–80

Ravenswaay Claasen HH van, Eggermont AM, Nooyen YA, Warnaar SO, Fieuren GJ (1994) Immunotherapy in a human ovarian cancer xenograft model with two bispecific monoclonal antibodies: OV-TL 3/CD3 and OC/TR. Gynecol Oncol 52: 199–206

Repp R, Valerius T, Wieland G, Becker W, Steininger H, Deo Y, Helm G, Gramatzki M, Van de Winkel JG, Lang N et al. (1995) G-CSF-stimulated PMN in immunotherapy of breast cancer with a bispecific antibody to Fc gamma RI and to HER-2/neu (MDX-210). J Hematother 4: 415–421

Sahin U, Hartmann F, Senter P, Pohl C, Engert A, Diehl V, Pfreundschuh M (1990) Specific activation of the prodrug mitomycin phosphate by a bispecific anti-CD30/anti-alkaline phosphatase monoclonal antibody. Cancer Res 50: 6944–6948

Sakato N, Rugdech P, Yoda T, Ota A, Zhao Y, Semma M, Suzuki Y, Fujio H (1990) Activation of idiotype-specific CD4+ T-cell line: cellular processing of exogenous self-immunoglobulin. Immunology 71: 153–157

Segal DM, Sconocchia G, Titus JA, Jost CR, Kurucz I (1995) Alternative triggering molecules and single chain bispecific antibodies. J Hematother 4: 377–382

Shalaby MR, Carter P, Maneval D, Giltinan D, Kotts C (1995) Bispecific HER2 x CD3 antibodies enhance T-cell cytotoxicity in vitro and localize to HER2-overexpressing xenografts in nude mice. Clin Immunol Immunopathol 74: 185–192

Shen GL, Li JL, Vitetta ES (1994) Bispecific anti-CD22/anti-CD3-ricin A chain immunotoxin is cytotoxic to Daudi lymphoma cells but not T cells in vitro and shows both A-chain-mediated and LAK-T-mediated killing. J Immunol 152: 2368–2376

Silla LM, Chen J, Zhong RK, Whiteside TL, Ball ED (1995) Potentiation of lysis of leukaemia cells by a bispecific antibody to CD33 and CD16 (Fc gamma RIII) expressed by human natural killer (NK) cells. Br J Haematol 89: 712–718

Somasundaram C, Matzku S, Schuhmacher J, Zoller M (1993) Development of a bispecific monoclonal antibody against a gallium-67 chelate and the human melanoma-associated antigen p97 for potential use in pretargeted immunoscintigraphy. Cancer Immunol Immunother 36: 337–345

Sornasse T, Flamand V, De Becker G, Bazin H, Tielemans F, Thielemans K, Urbain J, Leo O, Moser M (1992) Antigen-pulsed dendritic cells can efficiently induce an antibody response in vivo. J Exp Med 175: 15–21

Staerz UD, Bevan MJ (1986) Hybrid hybridoma producing a bispecific monoclonal antibody that can focus effector T-cell activity. Proc Natl Acad Sci USA 83: 1453–1457

Taga K, Mostowski H, Tosato G (1993) Human interleukin-10 can directly inhibit T-cell growth. Blood 81: 2964–2971

Tan P, Anasetti C, Hansen JA, Melrose J, Brunvand M, Bradshaw J, Ledbetter JA, Linsley PS (1993) Induction of alloantigen-specific hyporesponsiveness in human T lymphocytes by blocking interaction of CD28 with its natural ligand B7/BB1. J Exp Med 177: 165–173

Tarditi L, Camagna M, Parisi A, Vassarotto C, De Monte LB, Letarte M, Malavasi F, Mariani M (1992) Selective high-performance liquid chromatographic purification of bispecific monoclonal antibodies. J Chromatogr 599: 13–20

Thielemans K, Rothbard JB, Levy S, Levy R (1985) Syngeneic antiidiotypic immune responses to a B cell lymphoma. Comparison between heavy chain hypervariable region peptides and intact Ig as immunogens. J Exp Med 162: 19–34

Traunecker A, Lanzavecchia A, Karjalainen K (1991) Bispecific single chain molecules (Janusins) target cytotoxic lymphocytes on HIV infected cells. EMBO J 10: 3655–3659

Valone FH, Kaufman PA, Guyre PM, Lewis LD, Memoli V, Ernstoff MS, Wells W, Barth R, Deo Y, Fisher J et al. (1995) Clinical trials of bispecific antibody MDX-210 in women with advanced breast or ovarian cancer that overexpresses HER-2/neu. J Hematother 4: 471–475

Vitetta ES, Thorpe PE (1982) Immunotoxins. In: Vita SHaSRVd (ed) Biologic therapy of cancer: principles and practice. Lippincott, Philadelphia

Warnaar SO, De Paus V, Lardenoije R, Machielse BN, De Graaf J, Bregonje M, Van Haarlem H (1994) Purification of bispecific F(ab′)2 from murine trinoma OC/TR with specificity for CD3 and ovarian cancer. Hybridoma 13: 519–526

Weiner LM, Clark JI, Davey M, Li WS, Garcia de Palazzo I, Ring DB, Alpaugh RK (1995a) Phase I trial of 2B1, a bispecific monoclonal antibody targeting c-erbB-2 and Fc gamma RIII. Cancer Res 55: 4586–4593

Weiner LM, Clark JI, Ring DB, Alpaugh RK (1995b) Clinical development of 2B1, a bispecific murine monoclonal antibody targeting c-erbB-2 and Fc gamma RIII. J Hematother 4: 453–456

Wolf H, Muller Y, Salmen S, Wilmanns W, Jung G (1994) Induction of anergy in resting human T lymphocytes by immobilized anti-CD3 antibodies. Eur J Immunol 24: 1410–1417

4 Vorhersage, Diagnostik und Prävention

4.1 Krebsprävention durch Vakzination

Lutz Gissmann

4.1.1 Vakzine beim Menschen

Infektionskrankheiten sind bis heute die Ursache für eine hohe Mortalität in Ländern der 3. Welt, in erster Linie bei Neugeborenen und Kindern. Nach Schätzungen der WHO waren 1990 in diesen Ländern 44% aller Todesfälle auf Infektionen mit Parasiten, Viren oder Bakterien (z. B. Malaria, HIV oder Tuberkulose) zurückzuführen [Mackett u. Williamson 1995], in westlichen Ländern waren es 4,4%. Empirische Maßnahmen zur Verhütung von Infektionskrankheiten werden seit langem praktiziert. So führten die Isolierung der Erkrankten, die Beseitigung von vermeintlichen Infektionsquellen – z. B. die Schließung einer öffentlichen Wasserpumpe während der Choleraepidemie 1854 in London – bis hin zur allgemeinen Verbesserung der sanitären Verhältnisse häufig zur Eindämmung der Erkrankung.

Die Geschichte der Vakzinierung geht auf die Beobachtung Edward Jenners zurück, daß Melkerinnen häufig von Pocken verschont blieben. Tatsächlich konnte Jenner 1796 zeigen, daß die Inokulation von Kuhpocken (lat. *vacca*: Kuh) vor einer Pockeninfektion schützt. Zum Ende des vergangenen Jahrhunderts führten die Entdeckung verschiedener bakterieller Krankheitserreger sowie die damals etablierten Methoden zu deren Anzüchtung in Kultur zur Entwicklung der ersten Vakzinen gegen Tollwut und Milzbrand. Die noch heute eingesetzten klassischen Impfstoffe verwenden entweder die inaktivierten Bakterien oder Viren (Totvakzine) oder attenuierte Stämme der entsprechenden Erreger, die zwar ihre pathogenen Eigenschaften, nicht aber ihre Immunogenität verloren haben (Lebendvakzine). Beide Arten von Impfstoffen haben wechselseitige Vor- und Nachteile [Ellis 1994]:

- Lebendimpfstoffe (z. B. Mumps, Masern, Tuberkulose)
  - Vermehrungsfähig nach Inokulation
  - Attenuiert in der Pathogenität
  - Vorteile gegenüber Totimpfstoffen
    - Induzieren humorale und zellulare Immunität
    - Wirksam in geringeren Dosen
    - Meist länger anhaltender Schutz
- Totimpfstoffe (z. B. Tollwut, Keuchhusten)
  - Nicht vermehrungsfähig
  - Vorteil gegenüber Lebendvakzinen
    - Revertieren nicht zur Pathogenität
    - Weniger Nebenreaktionen
    - Nicht übertragbar
    - Leichter herstellbar

Die Entwicklung moderner Vakzinen beruht auf der Technologie zur Herstellung rekombinanter DNA. Aus den folgenden Beispielen wird offensichtlich, daß die Entwicklung solcher rekombinanter Vakzinen erst dann möglich wird, wenn detaillierte Kenntnisse zum Mechanismus der Pathogenese bzw. zur Immunbiologie des Erregers vorliegen. So können – wie beispielsweise für das Poliovirus beschrieben – die für die Entstehung der Krankheitssymptome verantwortlichen Abschnitte auf dem Genom eines Erregers gezielt durch Einführung von Deletionen so mutiert werden, daß das Risiko einer Reversion zum pathogenen Wildtyp fast auszuschließen ist [Iizuka et al. 1989]. Eine weitere Anwendung molekularer Techniken bei der Entwicklung von Vakzinen besteht in der biotechnologischen Herstellung der immunogenen Moleküle eines bestimmten Erregers, wie z. B. des Hepatitis-B-Virus-Oberflächenantigens, das heute in Hefe produziert wird. Schließlich lassen sich auch rekombinante Vektoren (Viren oder Bakterien) herstellen, welche diejenigen Proteine oder Peptide anderer Erreger exprimieren, die für die Induktion neutralisierender Antikörper verantwortlich sind. Damit kann dieses Protein als Bestandteil einer Lebendvakzine (z. B. in rekombinanten Vakziniaviren) eine effiziente Immunisierung bewirken (Abb. 4.1.1). Außerdem ist es möglich, einen polyvalenten Impfstoff in einem einzigen Vektor zu generieren [Ellis 1994]. In jüngster

Handbuch der Molekularen Medizin, Band 2
Tumorerkrankungen
Herausgeber: D. Ganten und K. Ruckpaul

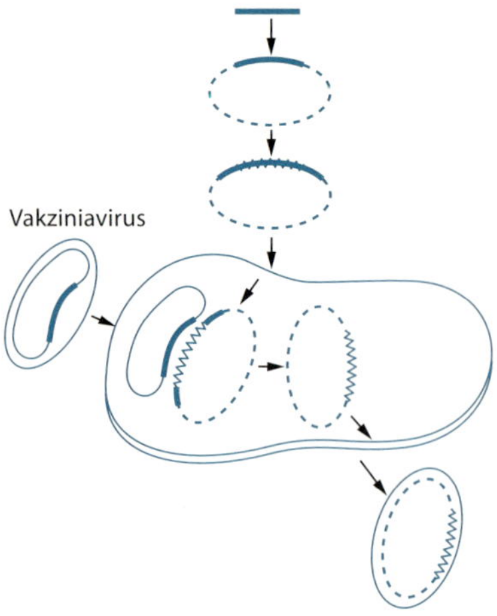

Abb. 4.1.1. Herstellung von rekombinantem Vakziniavirus

Zeit konnte – bisher allerdings nur im Tierexperiment – gezeigt werden, daß eine effiziente Immunantwort sogar nach Injektion von nackter DNA induziert werden kann [Ulmer et al. 1993]. Dabei kommt es zur Integration in das Genom der Zellen am Injektionsort (Muskel) und so zu einer langanhaltenden Expression des von der DNA kodierten Proteins. Selbstverständlich müssen in jedem Einzelfall vor dem Einsatz einer solchen Vakzine auch beim Menschen die möglichen Risiken (Einführung einer persistierende Infektion, Mutagenese aufgrund der DNA-Insertion) sorgfältig überprüft werden.

Impfungen gegen verschiedene Infektionskrankheiten werden heute in großem Maßstab durchgeführt und haben wesentlich zu deren Reduktion in westlichen Ländern beigetragen. Wie im folgenden zu diskutieren ist, können bestimmte chronische Infektionen nach langer Latenzzeit zur Entwicklung maligner Tumoren führen. Es ist zu erwarten, daß präventive Maßnahmen auch gegen das Auftreten solcher Spätfolgen erfolgreich sein werden. Im Fall einiger Virus-assoziierter Tumoren erscheint daneben auch eine Immuntherapie vielversprechend, da virale Proteine als Marker in den Tumorzellen exprimiert werden, gegen die eine Immunantwort erzeugt werden kann [Almann et al. 1994]. Dieser Aspekt der Tumorvakzinen soll jedoch hier nicht diskutiert werden.

4.1.2 Die Rolle von Infektionen bei Tumorerkrankungen des Menschen

Der Zusammenhang zwischen Infektionen und Tumoren wurde zum ersten Mal um die Jahrhundertwende beschrieben. McFaydan u. Hobday [1898], Ellermann u. Bang [1908] und Peyton Rous [1911] gelang es, mit Hilfe von zellfreien Extrakten aus den Tumoren von Hunden oder Hühnern entsprechende Geschwülste bei den inokulierten Tieren zu erzeugen. Ciuffo führte 1907 Übertragungsversuche von Warzen auch an Menschen durch. Die entsprechenden Erreger (Papillomviren bzw. Geflügelretroviren) konnten allerdings erst Jahrzehnte später identifiziert werden. Impfungen gegen Tumorerkrankungen bei Tieren werden in der Landwirtschaft erfolgreich durchgeführt, so z. B. gegen das Virus der Marek-Erkrankung, das bei Hühnern Lymphome hervorruft und zu großen Verlusten in den betroffenen Ställen führt [Payne 1994].

Ein Zusammenhang zwischen einem infektiösen Agens und einer Tumorerkrankung beim Menschen ist nicht ohne weiteres herzustellen, da in der Regel mehrere Jahrzehnte zwischen der Erstinfektion und dem Auftreten der Erkrankung liegen. Unmittelbar zu beweisen ist ein solcher Zusammenhang ohnehin nicht, da – anders als im Tiersystem – direkte experimentelle Evidenzen aus ethischen Gründen nicht zu erbringen sind.

Es lassen sich jedoch eine Reihe von Kriterien – abgeleitet von epidemiologischen Beobachtungen, biologischen Eigenschaften des Erregers und experimentellen Befunden in der Zellkultur und an Versuchstieren – definieren, die für die infektiöse Ätiologie eines bestimmten Krebses erfüllt sein müssen. Wie sich aus dem Folgenden ergibt, sind die aus den verschiedenen Disziplinen (Epidemiologie, Molekularbiologie, Tumorbiologie) hergeleiteten Evidenzen nicht in allen Fällen gleichermaßen überzeugend. Dennoch werden die vorhandenen Argumente heute insofern als ausreichend angesehen, um Impfstrategien zu entwickeln, soweit entsprechende Studien nicht ohnehin bereits begonnen haben. Die Verminderung der Tumorinzidenz in einer geimpften Population ist schließlich auch der einzig mögliche schlüssige Beweis dafür, daß dieser Erreger tatsächlich für die entsprechende Krebserkrankung verantwortlich ist. Aufgrund der erwähnten langen Latenzzeiten zwischen der Infektion und der Tumorentstehung ist es schwierig, die Wirksamkeit verschiedener Vakzinen innerhalb eines überschaubaren Zeitraums zu überprüfen. Erste Studien können daher nur das Ziel haben, das Auftreten der durch den Erreger her-

Tabelle 4.1.1. Infektiöse Erreger und Tumorerkrankungen beim Menschen

Erreger	Krankheit
Epstein-Barr-Virus (EBV)	Burkitt-Lymphom Nasopharynxkarzinom Immunoblastische Lymphome T-Zell-Lymphome Morbus Hodgkin
Humanpathogene Papillomviren (HPV)	Zervixkarzinom, Analkarzinom Peniskarzinom, Vulvakarzinom HNO-Karzinome (Tonsillen, Mundhöhle, Kehlkopf) Lungenkarzinom Hauttumoren
Hepatitis-B-Virus (HBV)	Primäres Leberzellkarzinom
Hepatitis-C-Virus (HCV)	Primäres Leberzellkarzinom
Humanpathogenes T-Zell-Lymphom-Virus (HTLV-I)	Adulte T-Zell-Leukämie
Humanpathogenes Herpesvirus 8 (HHV8)	Kaposi-Sarkom[a]
Helicobacter pylori	Magenkarzinom
Schistosoma haematobium	Blasenkarzinom
Opisthorchis viverrini	Gallengangkarzinom

[a] Zusammenhang erst kürzlich beschrieben [Chang et al. 1994], im Text nicht diskutiert

vorgerufenen Primärerkrankungen zu beeinflussen. Impfungen gegen ein vermeintliches tumorigenes infektiöses Agens sind zumal v. a. dann durchsetzbar, wenn damit auch eine Primärerkrankung von hoher Morbidität und Mortalität (z.B bei Hepatitis B) reduziert werden kann.

Tabelle 4.1.1 zeigt, daß heute für bestimmte Krebserkrankungen des Menschen eine kausale Beteiligung von Bakterien, extrazellularen Parasiten und Viren angenommen wird. Da ein solcher Zusammenhang für Viren am besten untersucht ist, sollen die Kriterien für eine kausale Rolle von Infektionen bei der Tumorentstehung anhand dieser Gruppe von Erregern diskutiert werden.

4.1.2.1 Epidemiologische Studien

Die Risikofaktoren für die Infektion mit dem entsprechenden infektiösen Agens und für die Erkrankung müssen übereinstimmen. Dies wird besonders bei solchen Tumorerkrankungen deutlich, die mit einem durch Sexualkontakt übertragbarem Agens in Zusammenhang gebracht werden. So sind im Fall des Zervixkarzinoms die Anzahl der Sexualpartner oder die Möglichkeiten der persönlichen Hygiene entscheidende und bereits seit langem bekannte Risikofaktoren. Die Kenntnis dieser Zusammenhänge führte schließlich auch zu der Suche nach einem möglichen Erreger dieses Tumors, wenn sich auch in diesem Fall die ursprünglichen Kandidaten (z. B. das Herpes-simplex-Virus) später als unbeteiligt erwiesen und der entscheidende Faktor, nämlich die Infektion mit bestimmten Papillomviren, erst in den 70er und 80er Jahren identifiziert und charakterisiert wurde. Die ereignisreiche Geschichte der viralen Ätiologie des Zervixkarzinoms belegt, daß epidemiologische Untersuchungen ohne hinreichende experimentelle Befunde zur Charakterisierung des vermeintlichen Erregers auf die falsche Fährte führen können.

Ein anderer wichtiger Hinweis für die Beteiligung eines infektiösen Agens bei der Entstehung eines bestimmten Tumors kann sich aus der geographischen Koinzidenz in der Häufigkeit der Infektion und der Erkrankung ergeben. Dies läßt sich sehr eindrucksvoll im Fall des primären Leberzellkarzinoms aufzeigen: Regionen mit einer hohen Prävalenz dieses Tumors (z. B. Taiwan) zeigen in der Regel auch eine hohe Rate von persistierenden Infektionen mit dem Hepatitis-B-Virus. Durch zusätzliche epidemiologische Studien konnte dieses Virus tatsächlich eindeutig mit der Entstehung von Leberkrebs assoziiert werden, wenn auch der Mechanismus der viralen Tumorgenese noch weitgehend unverstanden ist (s. unten).

Die regelmäßige Isolierung des Erregers aus dem befallenen Gewebe ist entsprechend der Koch-Henle-Postulate eine entscheidende Voraussetzung für die Kausalität zwischen der Infektion und der Erkrankung beim Menschen. Im Fall von Tumorerkrankungen ist dies jedoch in der Regel nicht möglich, da in den transformierten Zellen meist keine Vermehrung stattfindet. Spuren des Erregers sind jedoch in den meisten Virus-assoziierten Tumoren noch zu finden - der regelmäßige Nachweis viraler Nukleinsäure und der Expression bestimmter Gene ist oftmals der erste direkte Hinweis auf eine Rolle des Agens bei der Entstehung dieser Erkrankung. Der berechtigte Einwand gegen eine aus solchen Beobachtungen abgeleitete Kausalität besteht darin, daß die Tumorzellen lediglich ein gutes Substrat für den Erreger darstellen und dieser daher häufig in den Tumorbiopsien - und nicht in Normalgeweben - nachzuweisen ist. Aus diesem Grund muß in prospektiven Studien gezeigt werden, daß die Infektion der Tumorentstehung vorausgeht. Solche Untersuchungen erfordern einen erheblichen organisatorischen Aufwand und werden daher meist erst dann durchgeführt, wenn die diagnostischen Verfahren zum Nachweis einer bestimmten Infektion gut etabliert sind.

4.1.2.2 Biologische Eigenschaften des Erregers

Akute Infektionen mit Viren führen in der Regel zur Zerstörung der infizierten Zelle, wobei neu produzierte Viruspartikel freigesetzt werden. Manche Viren sind darüber hinaus in der Lage, in den infizierten Zellen zu persistieren, ohne diese zu zerstören; es ist offensichtlich, daß nur solche Viren an der Entstehung von Tumoren beteiligt sein können. Unklar ist, wie die Entscheidung zwischen der für das Virus lebenswichtigen lytischen Infektion einer Zelle und der Persistenz ohne erkennbare Zellschädigung und Virusvermehrung getroffen wird. Sie mag vom Typ oder Differenzierungsgrad der Zelle, aber auch von äußeren Einflüssen wie Alter bei der Infektion, dem hormonellen Status oder der Immunitätslage der infizierten Personen abhängen.

4.1.2.3 Experimentelle Befunde

Die oben erwähnte Fähigkeit von Viren, Zellen persistent ohne offensichtliche Schädigung zu infizieren, läßt sich in einigen Fällen auch in Zellkulturmodellen nachvollziehen. In bestimmten Systemen kann es zur Transformation der Zellen mit den verschiedenen dafür charakteristischen Veränderungen kommen, so z. B. Verlust der Kontaktinhibition, Verhinderung von Seneszenz und malignem Wachstum nach Inokulation in Versuchstiere. Durch die Expression viraler Gene in transgenen Mäusen lassen sich deren biologische Eigenschaften auch im lebenden Organismus studieren. Die Transformation von Zellen in Kultur bzw. ein pathologisch veränderter Phänotyp von transgenen Mäusen als Folge der Expression bestimmter viraler Gene sind ein wichtiges Argument, daß dieses Virus auch im natürlichen Wirt onkogene Eigenschaften besitzt.

4.1.3 Virale Infektionen

4.1.3.1 Epstein-Barr-Virus (EBV)

Das Epstein-Barr Virus (EBV) gehört in die Familie der Herpesviren. Das DNA-Genom hat eine Größe von etwa 170×10^6 Basenpaaren und ist von einem Kapsid sowie einer lipidhaltigen Hülle umgeben. EBV ist in der Lage, B-Lymphozyten und bestimmte Keratinozyten zu infizieren. EBV-Infektionen sind weit verbreitet; etwa 90% der Weltbevölkerung sind mit diesem Virus infiziert, das lebenslang in B-Lymphozyten persistiert. Die Infektion erfolgt in der Regel in der Kindheit und verläuft dann meist ohne erkennbare Symptome. Infektionen in einem späteren Lebensalter führen zu einer massiven virusspezifischen Immunantwort und als Folge davon zur Symptomatik der infektiösen Mononukleose.

Bereits seit längerer Zeit werden das Burkitt-Lymphom (BL) und das Nasopharynxkarzinom (NPC) mit EBV in Zusammenhang gebracht [Rickinson u. Kieff 1996, Wolf et al. 1973, Zur Hausen et al. 1970]. Diese Tumoren sind in westlichen Ländern sehr selten, jedoch in bestimmten Teilen der Welt weit verbreitet, nämlich BL v. a. in den Malariaendemiegebieten Afrikas und NPC in Südostasien und bei Eskimos [The 1982]. Neuere Untersuchungen lassen eine Beteiligung von EBV auch bei der Entstehung von immunoblastischen B-Zell-Lymphomen bei immunsupprimierten Patienten (einschließlich HIV-Infizierten), von seltenen T-Zell-Lymphomen sowie bei einer Reihe von Hodgkin-Lymphomen vermuten [Harabuchi et al. 1990, Herbst et al. 1992, Rickinson u. Kieff 1996]. Bei allen mit EBV assoziierten Tumoren werden virale Marker (DNA und bestimmte Proteine) in 100% der Tumorzellen gefunden. Dies steht im Gegensatz zu dem geringen Anteil an EBV-positiven Zellen (<0,1% der peripheren B-Zellen) bei gesunden Spendern. Beim NPC sind alle bisher untersuchten Tumoren EBV-positiv; ebenfalls enthalten annähernd 100% der Burkitt-Lymphome aus den Endemiegebieten EBV-Marker, während die weltweit sporadisch auftretenden Fälle nur zu etwa 20% positiv sind. In einer an 42000 ugandischen Kindern durchgeführten prospektiven Studie konnte nachgewiesen werden, daß die EBV-Infektionen zwischen 3 und 8 Jahren vor der Entstehung des Tumors stattfinden [Geser et al. 1982]. Verschiedene Spezies von Neuweltaffen lassen sich experimentell mit EBV infizieren. Am besten untersucht ist der Effekt der EBV-Infektion in Tamarinen (*Sanguinus oedipus oedipus*), bei denen es zur Entstehung von multifokalen Lymphomen kommt [Cleary et al. 1985].

Allen BL-Tumoren gemeinsam ist die Translokation des c-myc-Protoonkogens (auf Chromosom 8) hin zu einem der Immunglobulinloci (auf Chromosom 2, 14 bzw. 22), wobei allerdings die Bruchpunkte innerhalb dieser Gene unterschiedlich sind. Bei den sporadischen (meist EBV-negativen) Fällen liegt der Bruchpunkt im Immunglobulingen innerhalb der Region, die beim Umschalten zwischen den Immunglobulinisotypen (IgM, IgG etc.) beteiligt ist. Demgegenüber sind in den (meist EBV-positiven) Tumoren aus Endemiegebieten die für das Rearrangement der Immunglobulingene wichtigen V-, D- und J-Regionen betroffen [Vousden u. Farrell 1994]. Die genaue Rolle von EBV bei der Tumorentstehung ist noch unklar. Nur eines der insgesamt mehr als 80 viralen Gene, nämlich EBNA 1, ist regelmäßig in den Tumorzellen exprimiert, während das gesamte Genom in mehreren Kopien pro Zelle persistiert, und für die Immortalisierung von B-Zellen in Kultur mehr als 10 virale Gene erforderlich sind.

Nasopharynxkarzinome sind Plattenepithelkarzinome, die im Waldeyer-Ring, einer lymphozytenreichen Region im Nasopharynx, entstehen. Es wird angenommen, daß es unter Bedingungen einer intensiven EBV-Replikation in diesem Bereich auch zur Infektion von für EBV nicht permissiven (noch nicht identifizierten) Zellen kommt. Tumoren entstehen dann über eine Reihe (nicht definierter) zusätzlicher Schritte, wobei die Rolle der im Tumor exprimierten immortalisierenden EBV-Gene nicht bekannt ist. Vergleichende Untersuchungen bei verschiedenen ethnischen Gruppen in Singapur zeigten eine Häufung von NPC ausschließlich bei Chinesen, obwohl in allen Populationen die Infektion mit EBV im frühen Lebensalter stattfindet. Es wird daher angenommen, daß zusätzlich zu der Virusinfektion genetische Faktoren oder die Einwirkung von Kanzerogenen (z. B. Substanzen in der traditionellen chinesischen Nahrung) bei der Genese von NPC bedeutsam sind [Ho 1972].

Das in hoher Kopienzahl auf der Oberfläche von EBV-Partikeln vorhandene Glykoprotein gp350 wird von neutralisierenden Antikörpern erkannt und ist daher ein geeigneter Kandidat für eine EBV-spezifische Vakzine [Thorey-Lawson u. Geilinger 1980]. Tatsächlich konnte für verschiedene Präparationen von gp350 (z. B. nach Reinigung aus Membranen von BL-Zellen) gezeigt werden, daß EBV-induzierte Lymphome bei experimentell infizierten Tamarinen verhindert werden [Epstein u. Morgan 1986, Morgan 1992]. Ein Schutz gegen eine EBV-Infektion ließ sich auch nach Inokulation von gp350-rekombinanten Vakziniaviren oder Adenoviren erhalten [Finerty et al. 1991, Morgan et al. 1988]. Obwohl der Mechanismus des Impfschutzes bisher nicht im einzelnen verstanden wird, ist die induzierte Immunität wahrscheinlich gegen die Viruspartikel selbst oder gegen gerade infizierte Zellen (mit an der Oberfläche gebundenem Virus) und nicht gegen latent infizierte Lymphozyten gerichtet, da diese gp350 nicht exprimieren. Es wird vermutet, daß neben neutralisierenden Antikörpern auch gegen gp350 gerichtete zytotoxische T-Zellen an dem Immunisierungseffekt beteiligt sind [Morgan et al. 1988].

Die bisher einzige EBV-Impfstudie wurde kürzlich in China durchgeführt, wo eine effiziente Vakzine aufgrund des häufig auftretenden Nasopharynxkarzinoms von großem Nutzen wäre [Gu et al. 1995]. Die Autoren verwendeten einen gp350-exprimierenden, in China lizensierten Vakziniavirusstamm (Tien Tan). In die Studie eingeschlossen waren Jugendliche und Erwachsene, die zum Zeitpunkt der Immunisierung bereits mit EBV infiziert waren, sowie EBV-negative Kinder im Alter von 1–3 Jahren. Während bei den EBV-positiven Probanden nur geringfügige Änderungen in der Virusspezifischen humoralen Immunantwort nachweisbar waren, entwickelten alle immunisierten Kinder neutralisierende Antikörper. Innerhalb von 16 Monaten wurde bei allen 10 unvakzinierten Kontrollen, jedoch nur bei 3 der insgesamt 9 immunisierten Kinder eine natürliche Infektion mit EBV nachgewiesen. Zukünftige Studien werden zeigen, ob sich ein vollständiger Impfschutz gegen EBV-Infektionen überhaupt erzielen läßt. Es ist jedoch durchaus möglich, daß auch eine partielle Immunität aufgrund der dadurch abgeschwächten initialen Virusvermehrung zur Verhinderung einer persistierenden Infektion führt und damit letztlich das Risiko zur Entwicklung EBV-assoziierter Tumoren entscheidend senkt [Rickinson u. Kieff 1996].

4.1.3.2 Humanpathogene Papillomviren (HPV)

Die tumorigenen Eigenschaften von Papillomviren wurden bereits in den 30er Jahren erkannt, als Rous u. Beard [1934] beobachteten, daß die durch das Cottontail-rabbit-Papillomavirus (CRPV) induzierten Papillome beim Baumwollschwanzkaninchen mit einer bestimmten Frequenz in maligne Plattenepithelkarzinome übergehen. Papillomviren des Menschen (HPV) repräsentieren eine heterogene Gruppe von strikt epitheliotropen Viren [Delius u. Hofmann 1994, Villiers 1989]. Annähernd 100 verschiedene Vertreter (Typen) dieser Virusgruppe wurden bisher identifiziert. HPV-Infektionen führen zu gutartigen Veränderungen des Epithels, histologisch charakterisiert durch Hyperproliferation und Parakeratose der Haut oder der Schleimhäute. In den terminal differenzierten Zellen findet die Vermehrung der Viren statt [Shah u. Howley 1996]. Klinisch manifestieren sich die Infektionen je nach Lokalisation und HPV-Typ als verhornende Hautwarzen, Papillome der Schleimhäute (z. B. Condylomata acuminata) oder intraepitheliale Neoplasien, z. B. die sog. zervikalen Dysplasien [Sonnex 1995]. Bestimmte HPV-Typen haben die Fähigkeit, über lange Zeit ohne klinische Zeichen einer Infektion im Epithel zu persistieren. Es wird angenommen, daß eine persistierende Infektion die Voraussetzung für die maligne Progression der infizierten Zellen darstellt [Schiffman 1994].

Papillomviren besitzen ein zirkuläres DNA-Genom von etwa 8000 bp (Abb. 4.1.2). Dieses Genom kodiert für 2 Strukturproteine sowie für eine Reihe von Nicht-Strukturproteinen (frühen Proteinen), die an der Replikation der viralen DNA, an der Regulation der gewebespezifischen Genexpression bzw. an der Virusreifung beteiligt sind, wenn auch deren Funktionen im einzelnen noch nicht vollständig verstanden werden [Howley 1996]. Zu erwähnen sind die viralen Proteine E6 und E7, die offensichtlich dafür sorgen, daß die differenzierten Epithelzellen, in denen normalerweise keine DNA-Synthese mehr stattfindet, wieder in die S-Phase zurückgeführt werden, und sie somit in der Lage sind, die virale DNA zu replizieren [Auewarakul et al. 1994].

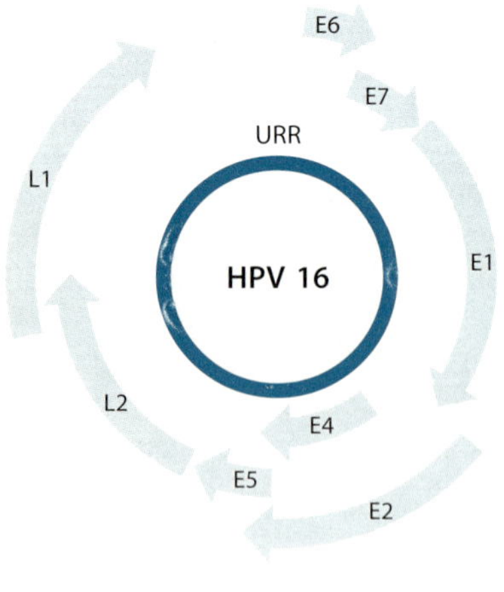

Abb. 4.1.2. Genomstruktur von HPV 16. Das zirkuläre DNA-Genom hat eine Größe von etwa 7900 bp und enthält neben einer nichtkodierenden Region (NCR) die Gene für 2 Strukturproteine (*L1*, *L2*) und für eine Reihe von nicht strukturellen (frühen) Proteinen (*E1-E7*). Alle Papillomviren haben eine ähnliche Genomstruktur, die Proteine werden nach Transkription von nur 1 DNA-Strang (*Pfeile*) exprimiert

Bestimmte Papillomviren des Menschen stehen mit Plattenepithel- und Adenokarzinomen der Cervix uteri in Verbindung. In diesen Tumoren werden Genome bestimmter HPV-Typen (z. B. 16, 18, 31, 33, 45) regelmäßig nachgewiesen, wobei die Häufigkeit einzelner Typen geographisch variieren kann [Bosch et al. 1995, Ikenberg 1991]. Einige dieser Viren werden auch mit der Entstehung anderer Karzinome des Anogenitaltrakts und des Nasen-Rachen-Raums in Zusammenhang gebracht [Snijders et al. 1994]. In jüngster Zeit wurde auch in Biopsien von Hautkrebs die DNA von bis dahin noch nicht bekannten Papillomvirustypen gefunden [Shamanin et al. 1994].

Am besten dokumentiert ist der Zusammenhang zwischen der Papillomvirusinfektion und dem Gebärmutterhalskrebs (Zervixkarzinom). Bereits im vorigen Jahrhundert wurde dieser Tumor mit einem sexuell übertragbaren Agens in Zusammenhang gebracht: Rigoni-Stern [1842] beobachtete, daß Zervixkarzinome überdurchschnittlich häufig bei Prostituierten, hingegen nur sehr selten bei Frauen ohne Sexualkontakte auftraten. Spätere epidemiologische Untersuchungen konnten diesen Befund eindeutig bestätigen und zeigten zudem, daß das Tumorrisiko der Frauen direkt mit der Zahl ihrer Sexualpartner, aber auch der ihrer Ehemänner korreliert. In der Vergangenheit wurden verschiedene sexuell übertragbare Agenzien, wie beispielweise das Herpes-simplex-Virus, als Verursacher des Zervixkarzinoms diskutiert. Die Evidenz beruhte im wesentlichen auf der erhöhten Durchseuchung bei den Patientinnen im Vergleich zu gesunden Frauen. In keinem Fall konnten jedoch überzeugende Daten für eine transformierende Aktivität dieser Agenzien präsentiert werden. Diese Voraussetzungen sind ausschließlich im Fall der Papillomviren erfüllt, die erstmals 1976 als mögliche Ursache für Anogenitaltumoren diskutiert wurden [Zur Hausen 1976]. Gegenwärtig ist noch unklar, ob Zervixkarzinome allein aufgrund der Infektion mit Papillomviren als singulärem Kanzerogen entstehen [Zur Hausen 1991] oder ob bestimmte Kofaktoren – z. B. kanzerogene Substanzen in Tabakkondensaten oder Steroidhormone – an der Tumorgenese beteiligt sind.

Untersuchungen zum Mechanismus der Tumorentstehung wurden v. a. an den zuerst in Tumoren nachgewiesenen HPV-Typen 16 und 18 durchgeführt. Aufgrund der folgenden Befunde ist heute eine kausale Rolle von Papillomviren bei der Entstehung des Zervixkarzinoms unumstritten:

- Über 90% einer Vielzahl von untersuchten Tumorbiopsien aus verschiedenen Regionen der Welt enthalten HPV-Genome. Dabei wird insgesamt gesehen HPV 16 in etwa 50%, HPV 18 in etwa 15%, HPV 45 in 10% und HPV 31 in 5% der Fälle gefunden, wenn auch die Verteilung der einzelnen Typen regional variiert.
- In vielen Fällen ist die während der Virusvermehrung ringförmige DNA linearisiert und liegt integriert im Genom der Wirtszelle vor. Dabei betrifft der Bruchpunkt im viralen Genom regelmäßig das an der Regulation der viralen Transkription beteiligte Gen E2. Es wird angenommen, daß dieses Ereignis zu einer Deregulation der Expression der transformierenden Proteine E6 und E7 (s. unten) führt.
- Zervixkarzinomzellen enthalten HPV-RNA und exprimieren die viralen Proteine E6 und E7, selbst wenn sie, wie beispielsweise die HeLa-Zellen, seit mehreren Jahrzehnten in Kultur gehalten werden. Die entscheidende Rolle der viralen Gene bei der Zellproliferation zeigt sich außerdem daran, daß das Wachstum der Zellen sowohl in Kultur als auch im Versuchstier stark reduziert ist, wenn die Expression der Proteine E6 und E7 in Zervixkarzinomzellen mit Hilfe von Antisense-RNA spezifisch gehemmt wird.
- Die biologische Aktivität von HPV läßt sich experimentell durch Einbringen der DNA (Transfektion) in Zellen in Kultur demonstrieren. So läßt sich in ruhenden Fibroblasten durch die Expression von HPV-Genen die Synthese zellularer DNA induzieren. Außerdem werden das Differenzierungsverhalten von menschlichen Keratinozyten durch HPV 16 oder HPV 18 verändert und gleichzeitig die Zellen immortalisiert, möglicherweise durch Aktivierung der zellularen Telomerase, die an der Steuerung von Alterungsprozessen innerhalb der Zelle beteiligt ist [Klingelhutz et al. 1996]. Durch Transfektion einzelner Genomabschnitte wurden alle erwähnten Effekte auf die Gene E6 und E7 zurückgeführt. Ähnliche Veränderungen lassen sich in transgenen Mäusen induzieren, wenn die Proteine E6 und E7 mit Hilfe epithelspezifischer Promotoren exprimiert werden [Arbeit et al. 1994, Auewarakul et al. 1994].

Die Rolle der Proteine E6 und E7 bei der Tumorentstehung ist gut untersucht. So konnte gezeigt werden, daß beide mit bestimmten zellularen Proteinen, z. B. mit bestimmten Cyclinen oder mit den Produkten der Tumorsuppressorgene p53 bzw. Rb interagieren [Dyson et al. 1989, Scheffner et al. 1990, Zerfaß et al. 1995]. Diese Proteine spielen eine zentrale Rolle bei der Regulation des Zellzyklus. In ruhenden Zellen bzw. nach Schädigung der DNA (z. B. durch Bestrahlung) wird durch die Proteine p53 und Rb das Programm des Zellzyklus vor dem Eintritt in die S-Phase blockiert [Cobrinik et al. 1992, Kastan et al. 1992]. Erst durch Signale, die die Zellteilung einleiten, oder nach Reparatur der Schäden innerhalb der DNA wird dieser Block aufgehoben. Es ist anzunehmen, daß die häufig in Tumorzellen gefundenen Mutationen in Tumorsuppressorgenen zur unkontrollierten Zellteilung führen. Denselben Effekt haben die Wechselwirkungen der Proteine p53 und Rb mit den viralen Proteinen E6 bzw. E7, die entweder zur Degradation (p53) oder zur funktionellen Inaktivierung (Rb) des zellularen Proteins führen. Eine bedeutsame Rolle der HPV-Proteine bei der Entstehung des Zervixkarzinoms läßt sich nicht zuletzt daran erkennen, daß hier nur sehr selten Mutationen im p53-Gen gefunden werden, während dieses bei fast allen übrigen Tumoren beim Menschen verändert ist [Hollstein et al. 1991]. Die HPV-Proteine E6 und E7 sind bei der Virusvermehrung wahrscheinlich dafür notwendig, die bereits differenzierten Epithelzellen in den Zellzyklus zurückzuführen und so die Synthese der viralen DNA zu ermöglichen. Als Folge der fehlenden Überwachung von DNA-Schäden (durch die Inaktivierung von p53) kommt es zur Akkumulation von Mutationen, die schließlich zur Etablierung eines malignen Zellklons führen können.

Zervixkarzinome sind weltweit der zweithäufigste Tumor bei Frauen und stehen in Ländern der 3. Welt an 1. Stelle. Eine Immunprophylaxe wäre daher v. a. in Regionen, die über keine Vorsorgeprogramme verfügen, von großer Bedeutung. Gegenwärtig wird intensiv an einer Vakzine zur Verhinderung von Papillomvirusinfektionen beim Menschen gearbeitet und erste klinische Studien werden voraussichtlich bald beginnen. Aufgrund der ausschließlichen Vermehrung in den äußeren

Schichten des Epithels sind Papillomviren während ihrer natürlichen Infektion nicht besonders immunogen. Dennoch scheint es beim Menschen mit zunehmendem Lebensalter, wahrscheinlich aufgrund der wiederholten Exposition, zur Entwicklung einer natürlichen Immunität zu kommen [Schiller, pers. Mitteilung]. Zusätzlich wurde mit Hilfe verschiedener Papillomviren bei Tieren (Rind, Kaninchen, Hund) gezeigt, daß eine Immunisierung mit inaktivierten Viruspartikeln zu einem vollständigen Schutz gegen das Auftreten von Warzen nach einer Infektion mit infektiösem Virus führt und daß diese Immunität auf der Induktion neutralisierender Antikörper beruht [Altmann et al. 1994, Campo 1994]. Die Expression der viralen Strukturproteine in rekombinanten Vektoren (z. B. Baculovirus) führt zur Ausbildung sog. Virus-like particles (VLP), die sich in ihren immungenen Eigenschaften nicht von den kompletten Viren unterscheiden [Schiller u. Roden 1995]. Tatsächlich wurde im Tiermodell mit VLP eine ähnlich effiziente Protektion wie mit kompletten Viruspartikeln erhalten [Breitburd et al. 1995]. Da diese Partikel keine kontaminierende DNA – v. a. nicht die der frühen viralen Gene – enthalten, stellen sie einen geeigneten Impfstoff dar und werden wahrscheinlich als 1. Generation von Vakzinen verwendet werden. Aufgrund der Typenvielfalt der untereinander serologisch nicht kreuzreagierenden Papillomviren muß allerdings eine multivalente Vakzine entwickelt werden, wobei die in der entsprechenden geographischen Region häufigsten Typen eingeschlossen sein müssen [Roden et al. 1996]. Die für die Entstehung von Zervixkarzinomen verantwortlichen Papillomviren werden auf sexuellem Weg übertragen, daher sollten für einen optimalen Impfschutz Mädchen im präpubertären Alter immunisiert werden. Als klinischer Marker für die Immunisierung dienen die zervikalen intraepithelialen Neoplasien, fakultative Präkanzerosen des Zervixkarzinoms, deren Entstehung sich auch in einer größeren Impfstudie mit Hilfe der zytologischen Untersuchung von Zervixabstrichen in einem Zeitraum von 1–2 Jahren leicht verfolgen läßt. Erst wenn die Bedingungen zur Induktion einer effizienten Immunantwort anhand solcher relativ kurz angelegter Studien ausgearbeitet sind, ist daran zu denken, Vakzinierungen im großen Maßstab in Populationen mit hohem Risiko für das Zervixkarzinom durchzuführen.

4.1.3.3 Hepatitisviren

Akute Hepatitis beim Menschen wird gelegentlich durch das Epstein-Barr-Virus oder das Zytomegalievirus, typischerweise jedoch von einem der 5 bekannten Hepatitisviren (Hepatitisvirus A-E), hervorgerufen. Von diesen sind jedoch nur die Hepatitis-B-, -C- und -D-Viren (HBV, HCV, HDV) in der Lage, darüber hinaus eine chronische Leberinfektion zu induzieren. Wie oben erwähnt, ist eine persistierende Virusinfektion die Voraussetzung für eine Beteiligung an der Tumorentwicklung in dem betroffenen Organ. Die Diskussion im folgenden bleibt auf das Hepatitis-B- und -C-Virus beschränkt, für die gute Hinweise für eine kausale Rolle bei der Entwicklung von Leberkrebs existieren.

4.1.3.3.1 Hepatitis-B-Virus

Das Hepatitis-B-Virus (HBV) gehört in eine Familie onkogener Viren. Andere Mitglieder der Hepadnaviren (Hepatitis-DNA-Viren), z. B. das Hepatitisvirus des Murmeltiers (WHV), können in ihren natürlichen Wirten Leberkrebs hervorrufen [Popper et al. 1987]. Vor allem aufgrund der epidemiologischen Befunde wurde die chronische HBV-Infektion mit der Entstehung des primären Leberzellkarzinoms beim Menschen assoziiert. Die Prävalenz der chronischen Hepatitis B zeigt eine ausgeprägte geographische Variation, mit einer besonders hohen Rate (bis zu 20%) in tropischen Regionen Afrikas und in Südostasien. Weltweit sind etwa 200 Mio. Menschen chronisch infiziert.

In den Endemiegebieten erfolgt die Infektion häufig bereits bei Neugeborenen, ohne daß sich die klinischen Symptome einer Hepatitis entwikkeln. In 80–90% der Fälle kommt es dann allerdings zu einer chronischen Erkrankung der Leber. In westlichen Ländern erfolgt die Infektion meist erst beim Erwachsenen und hier häufig durch Geschlechtsverkehr; chronische Verläufe sind in diesen Fällen selten (bei 1–10% der Infizierten). Entsprechend ist die Inzidenz von Leberkrebs in Ländern Südostasiens etwa 7mal höher als in westlichen Ländern [Parkin et al. 1988], Männer erkranken 3- bis 4mal häufiger als Frauen. Untersuchungen in Taiwan haben gezeigt, daß chronisch Infizierte ein über 200fach höheres Tumorrisiko gegenüber nicht-infizierten Personen haben. Das lebenslange Risiko, an Leberkrebs zu erkranken, liegt für einen chronisch mit HBV infizierten Mann in Taiwan bei annähernd 50% [Beasley et al. 1981] (Abb. 4.1.3).

Das HBV-Genom besteht aus zirkulärer, partiell doppelsträngiger DNA; die Replikation erfolgt jedoch über ein RNA-Intermediärprodukt. Der längere Strang enthält etwa 3200 Basen, der kürzere Strang variiert in der Länge. Das zirkuläre Genom wird durch Basenpaarung an den 5'-Enden der DNA-Einzelstränge zusammengehalten. Es kodiert für die viralen Strukturproteine HBs (Surface) und HBc (Core), für eine Polymerase zur Replikation des Genoms und für ein Protein (HBx), das für die Aktivierung der Transkription der viralen Gene verantwortlich ist. Ein bestimmter Abschnitt auf dem Genom ist in der Lage, mit Steroidhormonen zu interagieren – eine mögliche Erklärung für den erwähnten geschlechtsspezifischen Unterschied in der Tumorhäufigkeit [Tur-Kasta et al. 1986].

Im übrigen wird bisher der Mechanismus der HBV-assoziierten Tumorgenese nur unvollständig verstanden. Während die HBV-Infektion beim Erwachsenen normalerweise mit der vollständigen Ausheilung der Erkrankung endet, führt die perinatale Infektion zu einer chronischen Erkrankung bei fast allen infizierten Kindern [Chen 1993]. In der 1. Phase der persistierenden Infektion, die etwa 20 Jahre dauern kann, findet eine permanente Virusvermehrung in den betroffenen Leberzellen statt. Allmählich kommt es dann zur Entwicklung einer zytotoxischen Immunantwort gegen HBV-produzierende Zellen mit den Symptomen einer aktiven Hepatitis gefolgt von einer Leberzirrhose. Die Folge dieser ebenfalls mehrere Jahre andauernden Phase ist nicht in allen Fällen die vollständige Eliminierung der infizierten Zellen. Gelegentlich wird die Expression des HBs-Proteins beim gleichzeitigen Vorliegen von integrierten HBV-Genomen fortgesetzt, wobei diese Zellen jedoch nicht von den zytotoxischen T-Zellen erkannt werden.

Es wird angenommen, daß die Präsenz der in den meisten Tumoren gefundenen integrierten HBV-Genome die Voraussetzung für die maligne Transformation der betroffenen Zellen darstellt [Tiollais et al. 1985]. Dabei ist unklar, ob die Integration selbst oder bestimmte virale Genprodukte die für die Tumorgenese entscheidende Rolle spielen. Bisher wurden keine spezifischen Integrationsorte im Genom der Wirtszelle gefunden; daher gilt die direkte Aktivierung eines ganz bestimmten zellularen Onkogens (oder die Inaktivierung eines Tumorsuppressorgens) als wenig wahrscheinlich. Es gibt jedoch einzelne Fälle, in denen integrierte HBV-DNA in der Umgebung des c-myc-Gens oder des Cyclin-A-Gens gefunden wurde [Nagaya et al. 1987]. Obwohl nicht auszuschließen ist, daß die Beteiligung der HBV-Infektion bei der Entstehung

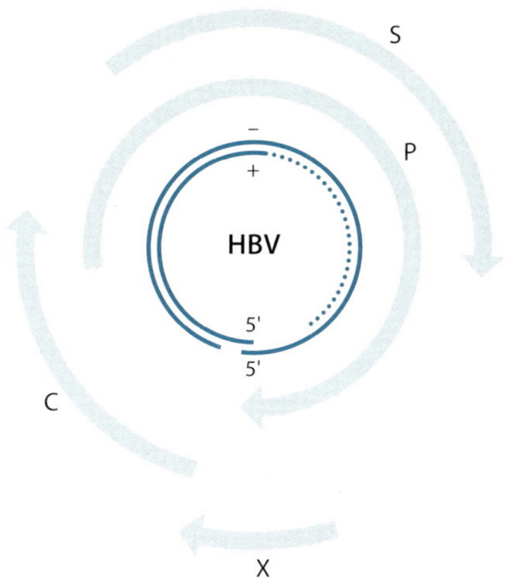

Abb. 4.1.3. Genomstruktur von HBV. Das etwa 3200 bp enthaltende DNA-Genom ist partiell doppelsträngig und wird durch Basenpaarung an den 5'-Enden der beiden Stränge zusammengehalten. Der +Strang variiert in seiner Länge. Das Genom enthält die Gene für die Strukturproteine Hbs, Hbc, die Polymerase (*P*) und ein regulatorisches Protein (Hbx)

von Leberzellkarzinomen lediglich in der Induktion von Nekrose und der damit verbundenen ständigen Regeneration der Leberzellen besteht [Schmuckler et al. 1984], gibt es zunehmend Hinweise darauf, daß virale Genprodukte selbst eine Rolle bei der Tumorgenese spielen. Neben dem S-Protein [Kekule et al. 1990] wird in 1. Linie das HBx-Genprodukt als Kandidat für ein virales Onkoprotein diskutiert. Tatsächlich entwickeln HBx-transgene Mäuse mit langer Latenzzeit Lebertumoren. Da die Tumoren außerdem nur bei bestimmten Mäusestämmen mit einer hohen spontanen Leberkrebsrate auftreten, scheint das HBx-Protein lediglich als Kofaktor bei der malignen Progression eine Rolle zu spielen. Dafür spricht auch, daß in Zellkulturexperimenten nur bereits immortalisierte Leberzellen von transgenen Mäusen, nicht aber primäre Hepatozyten durch das HBx-Gen transformiert werden können [Höhne et al. 1990]. Das HBx-Protein ist ein Transkriptionsaktivator, der sowohl virale als auch eine Vielzahl zellularer Promotoren anschalten kann. Dabei ist nicht klar, inwieweit diese pleiotrope Aktivierung durch eine direkte Beteiligung des HBx-Proteins am Transkriptionskomplex oder indirekt über 2 Schlüsselmoleküle in der Signaltransduktionskette, nämlich die Proteinkinase C und die Raf-1-Kinase erfolgt [Kekule et al. 1993]. Ein anderer möglicher Effekt des HBx-Proteins könnte in seiner kürzlich beschriebenen Interaktion mit dem zellularen p53-

Protein liegen [Feitelson et al. 1993]. Dabei ist unklar, ob diese Wechselwirkung – ähnlich wie beim E6-Protein bestimmter HPV-Typen – zur Degradation des zellularen Proteins führt. Es ist allerdings bemerkenswert, daß bei HBV-assoziierten Leberkarzinomen das p53-Gen nur sehr selten mutiert ist, während bei solchen Fällen, die aufgrund einer hohen Aflatoxinexposition entstanden sind, regelmäßig eine Inaktivierung dieses Tumorsuppressorgens zu beobachten ist [Buetow et al. 1992, Harris 1990].

Die Beobachtung, daß das HBs-Antigen durch Hitzeinaktivierung seine immunogenen Eigenschaften nicht verliert [Krugman et al. 1970], war die Basis der Herstellung von Hepatitis-B-Vakzinen durch die Reinigung und Inaktivierung von HBs-Antigen aus dem Plasma von chronisch Infizierten [Hilleman et al. 1975, Maupas et al. 1981]. Es zeigte sich, daß die Vakzinen bei Neugeborenen immunogen sind und daß die Immunogenität nicht durch mütterliche Antikörper beeinträchtigt wird. Immunogenes HBs-Antigen wird heute auch mit Hilfe verschiedener rekombinanter Vektoren (z. B. durch Expression in Hefe) hergestellt [Mackett u. Williamson 1995]. Insgesamt wurden bisher 4 Impfstudien in Ländern mit einer hohen Rate an chronischer HBV-Infektion durchgeführt, nämlich in Alaska, Senegal und 2 Studien in Gambia [Coursaget et al. 1986, IARC 1994a, McMahon et al. 1987, The Gambia hepatitis study group 1987, Whittle et al. 1987, 1991]. In allen Fällen wurden Kinder zwischen dem 1. und 5. Lebensjahr mit Vakzine aus menschlichem Plasma immunisiert. Bei einem Follow up von 4–7 Jahren konnten chronische Infektionen bei den geimpften Kindern mit einer Effizienz von 85–100% verhindert werden. In der Alaska-Studie führte die Vakzinierung zudem zu einer 15fachen Reduktion der Inzidenz von akuter Hepatitis B in der Gesamtbevölkerung [McMahon et al. 1987]. Wenn die weltweit begonnenen Vakzinierungsprogramme konsequent weitergeführt werden, ist daher zu erwarten, daß nicht nur die Inzidenz der Hepatitis-B-Infektion, sondern langfristig auch die des primären Leberzellkarzinoms sinkt.

4.1.3.3.2 Hepatitis-C-Virus

Der Erreger der meisten Post-Transfusionshepatitiden und einer bestimmten Zahl von sporadischen Non-A-, Non-B-Hepatitiden wurde erst 1989 durch die direkte Klonierung des Genoms aus einem chronisch infizierten Schimpansen identifiziert [Choo et al. 1989] und als Hepatitis-C-Virus (HCV) bezeichnet. Die nähere Charakterisierung des viralen Genoms ergab, daß es sich hierbei um einen Verwandten der Pesti- und Flaviviren, also um ein Plus-Strang-RNA-Virus handelt [Miller u. Purcell 1990]. Das Genom enthält etwa 9500 Nukleotide und kodiert für eine noch nicht genau definierte Anzahl von Nicht-Strukturproteinen sowie für mindestens 3 Strukturproteine. Zwei davon (E1 und E2) sind glykosyliert und bedecken wahrscheinlich als Hüllproteine die Oberfläche des Viruspartikels [Houghton 1996]. Nukleotidsequenzanalysen von Isolaten aus verschiedenen geographischen Regionen führten zur Identifizierung von 6 verschiedenen Virustypen (und einer Reihe von Subtypen) mit bis zu 50% Divergenz der Aminosäuresequenz innerhalb der E1- und E2-Gene [Bukh et al. 1993, Simmonds et al. 1993]. Es ist wahrscheinlich, daß in den nächsten Jahren noch weitere HCV-Typen entdeckt werden.

Die Prävalenz der HCV-Infektion variiert weltweit zwischen 0,5 und 2%, sie ist signifikant höher bei Dialysepatienten und Drogenabhängigen [IARC 1994a]. Die Infektion verläuft in etwa 95% der Fälle asymptomatisch, sie führt jedoch bei 50% der Patienten mit Symptomen einer akuten Hepatitis zu einer chronischen Lebererkrankung und wiederum bei 20% dieser Fälle zur Leberzirrhose [Kiyosawa et al. 1991, Mondelli u. Colombo 1991]. In einer Reihe von seroepidemiologischen Studien konnte ein klarer Zusammenhang zwischen Leberzellkarzinom und vorangegangener HCV-Infektion festgestellt werden. Es ist möglich, Hepatitis C experimentell auf Schimpansen zu übertragen; die Tiere können eine chronische Lebererkrankung entwickeln und in wenigen Fällen kommt es zur Entstehung von Leberzellkarzinomen [Farci u. Purcell 1993, Linke et al. 1987]. Obwohl HCV-RNA in Tumorenbiopsien beim Menschen gefunden wurde, ist die Rolle des Virus bei der Tumorentstehung noch unklar [Chou et al. 1991].

Alle Patienten mit chronischer Hepatitis C entwickeln Antikörper gegen die Oberflächenproteine E1 und E2, die wahrscheinlich vor einer Reinfektion schützen [Chien et al. 1993]. Tatsächlich konnten in solchen Patienten neutralisierende Antikörper nachgewiesen werden, die eine HCV-Infektion in der Zellkultur und im Tierexperiment verhindern [Farci et al. 1994]. In einer kürzlich veröffentlichten Studie wurde gezeigt, daß Schimpansen gegen eine HCV-Infektion nach Immunisierung mit rekombinanten Glykoproteinen E1 und E2 geschützt werden können [Choo et al. 1994]. Damit sollten grundsätzlich Vakzinierungen auch beim Menschen erfolgreich sein; die ausgeprägte genetische Variabilität des Hepatitis-C-Virus innerhalb

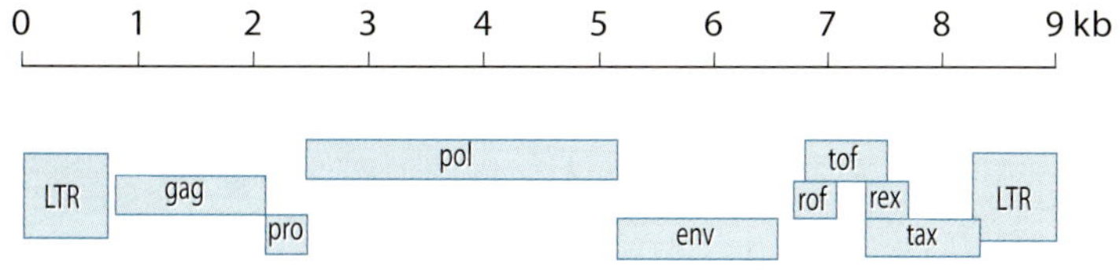

Abb. 4.1.4. Genomstruktur von HTLV-I. Das lineare einzelsträngige RNA-Genom (etwa 9000 Basen) ist von 2 identischen Regionen (*LTR*) flankiert, die für die Regulation der Genexpression notwendig sind. Neben den Genen für virale Strukturproteine (*gag*, *env*) und die Polymerase (*pol*) sind auf dem Genom Gene für regulatorische Proteine enthalten, deren Funktionen z. T. noch nicht geklärt sind. Einzelheiten s. Cann u. Chen [1996]

der Oberflächenproteine erschwert jedoch die Entwicklung eines potenten Impfstoffs.

4.1.3.4 Humanpathogenes T-Zell-Leukämie-Virus

Das von einem Leukämiepatienten isolierte humanpathogene T-Zell-Leukämie-Virus Typ I (HTLV-I) gehört in die Familie der Retroviren und wird zusammen mit HTLV-II und dem bovinen Leukämievirus in eine noch nicht näher bezeichnete Gattung zusammengefaßt [Murphy 1996, Poiesz et al. 1980]. Zusätzlich zu den bei Retroviren gebräuchlichen Genen für die viralen Strukturproteine gag und env sowie für die reverse Transkriptase enthält HTLV-I noch zusätzliche Gene für regulatorische Proteine, z. B. die Proteine Tax und Rex (Abb. 4.1.4).

Es gibt überzeugende epidemiologische Beweise, daß HTLV-I mit der T-Zell-Leukämie beim Erwachsenen (ATL) assoziiert ist. Die Prävalenz der Infektion ist in den meisten Teilen der Welt sehr niedrig (z. B. 0,025% in der Gesamtbevölkerung der USA), sie ist jedoch wesentlich höher in der Karibik sowie in bestimmten Teilen Afrikas und Südamerikas und erreicht 30% im Süden Japans. Das Vorkommen von ATL ist fast ausschließlich auf die Regionen mit hoher HTLV-I-Durchseuchung beschränkt [Cann u. Chen 1996, Hollsberg u. Haller 1993]. Obwohl die Infektion offensichtlich für die Entwicklung der Erkrankung notwendig ist, liegt das lebenslange Risiko für einen Infizierten jedoch nur bei 2% und die meisten Fälle von HTLV-I-Infektionen verlaufen asymptomatisch. Infizierte Personen können auch, in etwa 5% der Fälle, an einer progredienten Myelopathie, der sog. tropischen spastischen Parese (auch HTLV-assoziierte Myelopathie) erkranken. Weiterhin wird eine Beteiligung von HTLV-I mit anderen T-Zell-Leukämien diskutiert, jedoch beruht der Zusammenhang mit diesen Tumoren bisher nur auf Berichten von Einzelfällen. Ähnliches gilt für ein verwandtes Virus, HTLV-II, das von einem Patienten mit Haarzelleukämie isoliert wurde [Kalyanaraman et al. 1982].

Die Übertragung von HTLV-I erfolgt häufig von stillenden Müttern auf ihre Kinder über infizierte Lymphozyten in der Milch. Bei Erwachsenen ist die sexuelle Übertragung von Männern auf Frauen über Lymphozyten in der Samenflüssigkeit am häufigsten. Bei asymptomatischen Virusträgern sind etwa 1–2% der CD4-positiven peripheren T-Lymphozyten mit HTLV-I infiziert. In diesen Zellen liegt das virale RNA-Genom als provirale DNA integriert im Wirtsgenom vor. Es gibt keinen Hinweis für spezifische Integrationsstellen und somit für einen möglichen Einfluß durch die Integration selbst (Integrationsmutagenese).

Das transformierende Potential von HTLV-I kann experimentell eindeutig belegt werden. So entwickeln Kaninchen nach Inokulation von infizierten Lymphozyten Lymphome [Seto et al. 1988]. Außerdem ist HTLV-I in der Lage, menschliche T-Zellen in der Kultur zu immortalisieren, die dann auch ohne das sonst für das Wachstum dieser Zellen notwendige Interleukin-2 (Il 2) proliferieren. Tatsächlich wurde gezeigt, daß die Expression von Il 2 und des Il-2-Rezeptors durch das HTLV-I-Tax-Protein aktiviert werden kann [Cross et al. 1987, Maruyama et al. 1987]. Dieses Protein ist tumorigen in transgenen Mäusen, allerdings entwickelten sich in den Tieren keine Lymphome, sondern mesenchymale Tumoren [Hinrichs et al. 1987]. Bei der Entstehung der adulten T-Zell-Leukämie ist die Rolle von Tax unklar. So werden in HTLV-I-transformierten Zellen aus Patienten weder Tax noch Il 2 exprimiert. Die Expression viraler Proteine wird allerdings wieder nachweisbar, sobald die Zellen für einige Passagen in der Kultur gehalten werden. Es wird angenommen, daß in vivo die Expression bestimmter HTLV-I-Gene (wahrscheinlich Tax) initial die Proliferation von T-Zellen induziert. Auf der anderen Seite unterdrückt eine virusspezifische Immunantwort das Auswachsen HTLV-I-positiver Zellen, so daß sich im Laufe der Zeit zellulare Mutationen anhäufen, die die Zellproliferation auch ohne virale Genexpression und in der Abwesenheit von Il 2 ermöglichen. Dieser Ablauf erklärt auch die lange Latenzzeit für die Entstehung der ATL (20–30 Jahre) und die erwähnte geringe Wahrscheinlichkeit der Tumorentwicklung bei HTLV-I infizierten Personen.

Weltweit sind zwischen 10 und 20 Mio. Menschen mit HTLV-I infiziert, von denen 5–8% entweder eine Leukämie oder die ebenfalls lebensbedrohende HTLV-assoziierte Myelopathie entwikkeln. Die erfolgreiche Vakzinierung ist die einzige Möglichkeit zu einer signifikanten Verminderung dieser Erkrankungen, da die meisten Infektionen in Ländern der 3. Welt auftreten, in denen andere präventive Maßnahmen nicht praktikabel sind [Thé et al. 1994]. Die Aussichten für die Entwicklung einer Vakzine erscheinen gut, da verschiedene Isolate von HTLV-I wenig antigene Variationen zeigen. Außerdem induziert die Immunisierung von Versuchstieren mit dem HTLV-I-env-Protein die Bildung von neutralisierenden Antikörpern und schützt so die Tiere erfolgreich vor der Infektion [Nakamura et al. 1987, Shida et al. 1987]. Eine erste Studie in Französisch-Guyana ist geplant. Es wird vorgeschlagen, Kleinkinder gegen HTLV-1 zu vakzinieren, um so die Übertragung durch die Muttermilch zu verhindern. Eine Auffrischungsimpfung bei Jugendlichen soll vor einer Infektion durch Sexualkontakt schützen [Thé et al. 1994].

4.1.4 Nicht-virale Infektionen

4.1.4.1 *Helicobacter pylori*

Das einzige Bakterium, das bisher mit einer Tumorerkrankung beim Menschen in Zusammenhang gebracht wird, ist *Helicobacter pylori.* Dieses gramnegative Stäbchen wurde als Prototyp der Gattung Helicobacter erstmals 1982 aus endoskopischen Biopsien von Patienten mit Gastritis und Magengeschwüren isoliert [Marshall 1983, Warren 1983], obwohl solche Erreger mikroskopisch bereits 100 Jahre früher im Mikroskop gesehen worden waren [Pel 1899]. *Helicobacter pylori* wächst aerob und kann auf Blutagar angezogen werden. Der Nachweis der Infektion erfolgt durch Isolierung aus Magenbiopsien oder Magensaft, aber auch indirekt aufgrund von spezifischen Serumantikörpern. *Helicobacter pylori* ist weltweit verbreitet und verursacht in den meisten Fällen chronische Gastritiden mit einer gelegentlichen Ulzeration. Eine Behandlung mit Antibiotika führt in 60–95% der Fälle zur Elimination des Erregers und damit zum Verschwinden der Erkrankung [IARC 1994b]. Die Prävalenz der Infektion ist in der 3. Welt 2- bis 3mal höher als in westlichen Ländern, sie steigt mit dem Lebensalter und kann in bestimmten Populationen bis 80% erreichen.

Weltweit durchgeführte epidemiologische Untersuchungen konnten einen klaren Zusammenhang zwischen Infektionen mit *Helicobacter pylori* und Magenkrebs, sowie – weniger gut dokumentiert – B-Zell-Lymphomen im Magen aufzeigen. Dabei ist das Krebsrisiko für chronisch infizierte Personen bis zu 6mal höher als für Nicht-Infizierte. Anders als bei den oben diskutierten Tumorviren gibt es bei *Helicobacter pylori* keinen Hinweis für ein Genprodukt, das direkt an der Zelltransformation beteiligt ist. Stattdessen wird diskutiert, daß die Infektion die Produktion kanzerogener Substanzen (z. B. N-Nitrosoverbindungen) steigert und zusätzlich die Magenschleimhaut schädigt, so daß es zu einer Stimulation der Zellproliferation kommt [Hill 1986, Sidebotham et al. 1991]. Ebenso von Bedeutung für die Tumorentstehung könnte die durch ein bakterielles Protein induzierte Produktion von Interleukin-8 sein, das seinerseits zur Freisetzung von reaktivem Sauerstoff und Stickoxid aus aktivierten Makrophagen führt [IARC 1994b, Noach et al. 1994]. Die *Helicobacter-pylori*-Infektion führt stets zur Ausbildung einer lokalen und systemischen Immunantwort, ohne daß dies jedoch die Infektion selbst zu beeinflussen scheint [Bontkes et al. 1992]. Daher ist bisher nicht klar, inwieweit eine Immunisierung Primärinfektionen verhindern kann. Jedoch wurde eine erfolgreiche orale Immunisierung bei Mäusen gegen ein nahe verwandtes Bakterium (*Helicobacter felis*) durchgeführt [Chen et al. 1993].

4.1.4.2 *Schistosoma haematobium*

Schistosomen sind Trematoden (Würmer), die im Blutsystem von Vögeln und Säugetieren parasitieren. Die Eier werden ausgeschieden und reifen in bestimmten Schneckenarten aus; es entwickeln sich Larven, mit denen sich dann der ursprüngliche Wirt über die Haut wieder infiziert. Infektionen mit *Schistosoma haematobium* beim Menschen sind häufig in tropischen und subtropischen Gebieten Afrikas und in Ländern des östlichen Mittelmeers, z. B. in Ägypten. Die Infektion erfolgt in der Regel über mit Schistosomenlarven kontaminiertes Wasser. Die in den infizierten Personen abgelegten Eier gelangen in verschiedene Organe und führen zu Stenosen, aber auch zu chronischen Entzündungen, die schwere Schädigungen innerhalb des Urogenital- und Intestinaltrakts hervorrufen können. Die jährliche Mortalität beträgt etwa 2/1 000 infizierte Erwachsene [Forsyth 1969]. Die Diagnose der Infektion erfolgt durch den Nachweis der Wurmeier im Urin.

Chronische Infektionen mit *Schistosoma haematobium* werden mit der Entstehung von Blasenkrebs in Verbindung gebracht [IARC 1994b]. Die Evidenz hierfür beruht auf epidemiologischen Untersuchungen:

- Häufung des Tumors in Regionen mit hoher Infektionsrate (z. B. 10mal häufiger in Ägypten als in Algerien)
- Identische Risikofaktoren für die Infektion und für Blasenkrebs (z. B. Arbeit in der Landwirtschaft)
- Nachweis von Infektionen bei Tumorpatienten häufiger als bei Kontrollen

Klare Vorstellungen zum Mechanismus der Tumorentstehungen fehlen. Es wird allerdings angenommen, daß die durch die Wurmeier induzierte Bildung von Granulomen den Zugang anderer Kanzerogene erleichtert. Die Chemotherapie (mit Praziquantel) von *Schistosoma-haematobium*-Infektionen ist - auch in Spätstadien - sehr effizient. Nationale Programme zur Bekämpfung der Parasiten oder der Zwischenwirte (Schnecken) waren wegen der insgesamt sehr schlechten sanitären Verhältnisse in den betroffenen Regionen allerdings nur teilweise erfolgreich [WHO 1993]. Trotz großer Anstrengungen steht bisher keine Vakzine zur Verhinderung der Schistosomeninfektion zur Verfügung [IARC 1994b].

4.1.4.3 *Opisthorchis viverrini*

Die Vermehrung von *Opisthorchis viverrini* (Leberegel) ist ähnlich der bei Schistosomen, außer daß für den vollständigen Vermehrungszyklus dieses Parasiten ein zusätzlicher Zwischenwirt (Fisch) benötigt wird, über den die Infektion des Menschen erfolgt. Leberegel sind in Südostasien weit verbreitet, mit der höchsten Rate im Norden Thailands und in Laos. Es besteht ein strikter Zusammenhang zwischen der Häufigkeit der *Opisthorchis-viverrini*-Infektion und dem Verzehr von rohen Süßwasserfischen. Die Leberegel produzieren nach der Infektion Eier in den Gallengängen, die mit dem Stuhl ausgeschieden werden. Klinische Symptome (bei 5–10% der infizierten Personen) umfassen Beschwerden aufgrund von Vergrößerungen der Gallengänge; gelegentlich kommt es zum Auftreten von Gallensteinen [IARC 1994b]. *Opisthorchis-viverrini*-Infektionen sind mit dem Auftreten von Gallengangkarzinomen verbunden. So ist dieser Tumor im Norden Thailands bei Männern (80/100 000 und Jahr) etwa 40mal häufiger als in anderen Regionen der Welt (0,2–2,8/100 000 und Jahr) [Parkin et al. 1992]. Die Evidenz aufgrund der vorliegenden epidemiologischen Studien wird als ausreichend angesehen, um eine kausale Rolle der Infektion mit Leberegel bei der Entstehung dieses Tumors zu postulieren [IARC 1994b]. Eine medikamentöse Behandlung ist wie bei Schistosomen sehr wirksam, eine Vakzine steht nicht zur Verfügung.

4.1.5 Ausblick

Neben den oben diskutierten Krebserkrankungen, die als Folge von Infektionen entstehen können, gibt es eine Reihe anderer Tumoren, die auf Umwelteinflüsse zurückzuführen und damit - zumindestens theoretisch - vermeidbar sind. Da eine erfolgreiche Prävention in diesen Fällen jedoch häufig eine Änderung von Lebensgewohnheiten voraussetzt oder auch mit wirtschaftlichen Interessen kollidiert, sind die Erfolgsaussichten von Aufklärungskampagnen eher bescheiden, wie sich unschwer an den weltweit bisher wenig erfolgreichen Aktionen zur Verhinderung von Hautkrebs (übermäßige Sonnenexposition) oder den Tumoren des Repirationstrakts (Zigarettenrauchen) nachweisen läßt. Diese Probleme bestehen nicht im Fall solcher Tumoren, bei denen aufgrund ihrer infektiösen Ätiologie die Möglichkeiten zur Prävention durch Impfung gegeben ist. Es besteht also tatsächlich Hoffnung, durch fortschreitende Kenntnis der Pathogenitätsmechanismen und der Immunbiologie der infektiösen Erreger sowie durch eine konsequente Verbesserung von Technologien zur Entwicklung und Produktion von Vakzinen in der Zukunft einen erheblichen Anteil der Krebserkrankungen beim Menschen verhindern zu können. Die Planung und die erfolgreiche Durchführung entsprechender Programme werden allerdings nur in der Zusammenarbeit zwischen Partnern aus Grundlagenforschung und Industrie sowie mit internationaler Unterstützung möglich sein.

4.1.6 Literatur

Altmann A, Gissmann L, Jochmus I (1994) Towards HPV vaccination. In: Minson A, Neil J, McCrae M (eds) Viruses and cancer. Cambridge University Press, Cambridge, pp 71–80

Arbeit JM, Münger K, Howley PM, Hanahan D (1994) Progressive squamous epithelial neoplasia in K14-human papillomavirus type 16 transgenic mice. J Virol 68: 4358–4364

Auewarakul P, Gissmann L, Cid A (1994) Targeted expression of the E6 and E7 oncogenes of human papillomavirus type 16 in the epidermis of transgenic mice elicits generalized epidermal hyperplasia involving autocrine factors. Mol Cell Biol 14: 8250–8258

Beasley RP, Lin CC, Hwang LT, Chein CS (1981) Hepatocellular carcinoma and hepatitis B virus. Lancet II: 1129–1133

Bontkes HJ, Veenendal RA, Pea AS, Goedhard JG, Duijn W van, Kuiper I, Meijer JL, Lamers CBHW (1992) IgG subclass response to helicobacter pylori in patients with chronic active gastritis and duodenal ulcer. Scand J Gastroenterol 27: 129–133

Bosch FX, Manos MM, Munoz N, Sherman M, Jansen AM, Peto J, Schiffman MH, Moreno V, Kurman R, Shah KV (1995) Prevalence of human papillomavirus in cervical cancer: A worldwide perspective. J Natl Cancer Inst 87: 796–802

Breitburd F, Kirnbauer R, Hubbert NL, Nonnenmacher B, Trindinhdesquarmet C, Orth G, Schiller JT, Lowy DR (1995) Immunization with virus like particles from cottontail rabbit papillomavirus (CRPV) can protect against experimental CRPV infection. J Virol 69: 3959–3963

Buetow KH, Sheffield VC, Zhu M, Zhou T, Shen FM, Hino O, Smith M, McMahon BJ, Lanier AP, London WT (1992) Low frequency of p53 mutations observed in a diverse collection of primary hepatocellular carcinomas. Proc Natl Acad Sci USA 89: 9622–9626

Bukh J, Purcell RH, Miller RH (1993) At least 12 genotypes of hepatitis C virus predicted by sequence analysis of the putative E1 gene of isolates collected worldwide. Proc Natl Acad Sci USA 90: 8234–8238

Campo MS (1994) Vaccination against papillomavirus in cattle. Current Top Microbiol Immunol 186: 255–266

Cann AJ, Chen ISY (1996) Human T-cell leukemia virus types I and II. In: Fields B, Knipe DM, Howley PM, Chanock RM, Melnick JL, Monath TP, Roizman B, Straus SE (eds) Virology, 3rd edn. Raven Press, New York, pp 1849–1880

Chang Y, Cesarman E, Pessin MS, Lee F, Culpepper J, Knowles DA, Moore PS (1994) Identification of herpes virus-like DNA sequences in aids-associated Kaposis' sarcoma. Science 266: 1865–1869

Chen DS (1993) From hepatitis to hepatoma: lessons from type B hepatitis. Science 262: 369–370

Chen M, Lee A, Hazell S, Hu P, Li Y (1993) Immunization against gastric infection with Helicobacter species: first step in the prophylaxis of gastric cancer? Zentralbl Hyg Umweltmed 280: 155–165

Chien DY, Choo QL, Ralston R, Spaete R, Tong M, Houghton M, Kuo (1993) Persistence of HVC despite antibodies to both putative envelope glycoproteins. Lancet 342: 933

Choo QL, Kuo G, Weiner AJ, Overby LR, Bradley DW, Houghton M (1989) Isolation of a cDNA clone derived from a blood-borne non-A, non-B viral hepatitis genome. Science 244: 359–362

Choo QL, Kuo G, Ralston B (1994) Vaccination of chimpanzees against infection by the hepatitis C virus. Proc Natl Acad Sci USA 91: 1294–1298

Chou WH, Yoneyama T, Takeuchi K, Harada H, Saito I, Miyamura T (1991) Discrimination of hepatitis C virus in liver tissue from patients with hepatocellular carcinoma by direct nucleotide sequence of amplified cDNA of the viral genome. J Clin Microbiol 29: 2860–2864

Ciuffo G (1907) Investo positi con filtrato di verucce volgare. Giornale Italiano Delle Malattie Veneree 48: 12–17

Cleary ML, Epstein MA, Finerty S, Dorfman RF, Bornkamm GW, Kirkwood JK, Morgan AJ, Sklar J (1985) Individual tumors of multifocal Epstein Barr virus induced malignant lymphomas in tamarins arise from different B cell clones. Science 228: 772–774

Cobrinik D, Dowdy SF, Hinds PW, Mittnacht S, Weinberg RA (1992) The retinoblastoma protein and the regulation of cell cycling. TIBS 17: 312–315

Coursaget P, Yvonnet B, Chotard J, Sarr M, Vincelot P, N'Doye R, Diop-Mar I, Chiron JP (1986) Seven-year study of hepatitis B vaccine efficacy in infants from an endemic area (Senagal). Lancet II: 1143–1145

Cross SL, Feinberg MB, Wolf JB, Holbrook NJ, Wong-Staal F, Leonhard WJ (1987) Regulation of the human interleukin-2 receptor alpha promoter; activation of a non-functional promoter by the transactivator gene of HTLV-I. Cell 49: 47–56

De Villiers EM (1989) Heterogeneity of the human papillomavirus group. J Virol 63: 4898–4903

Delius H, Hofmann B (1994) Primer-directed sequencing of human papillomavirus types. In: Zur Hausen H (ed) Human pathogenic papillomaviruses. Springer, Berlin Heidelberg New York, pp 13–31

Dyson N, Howley PM, Münger K, Harlow E (1989) The human papillomavirus 16 E7 oncoprotein is able to bind to the retinoblastoma gene product. Science 243: 934–937

Ellermann V, Bang O (1908) Experimentelle Leukämie bei Hühnern. Zentralbl Bakteriol Mikrobiol Hyg 46: 595–599

Ellis RW (1994) New technologies for making vaccines In: Plotkin SA, Mortimer EA (eds) Vaccines. Saunders, Philadelphia, pp 867–887

Epstein MA, Morgan AJ (1986) Progress with subunit vaccines against the virus. In: Epstein MA, Achong BG (eds) The Epstein-Barr-virus. Recent advances. Heinemann, New York, pp 272–289

Farci P, Purcell RH (1993) Natural history and experimental models. In: Zuckerman AJ, Thomas HC (eds) Viral hepatitis. Scientific basis and clinical management. Churchill Livingstone, Edinburgh London New York, pp 241–268

Farci P, Alter HJ, Won DC (1994) Prevention of hepatitis C virus infection in chimpanzees after antibody-mediated in vitro neutralization. Proc Natl Acad Sci USA 91: 7792–7796

Feitelson MA, Zhu M, Duan LX, London WT (1993) Hepatitis B virus x antigen and p53 are associated in vitro and in liver tissues from patients with primary hepatocellular carcinoma. Oncogene 8: 1109–1117

Finerty S, Tarlton J, Mackett M, Conway M, Arrand JR, Watkins PE, Morgan AJ (1992) Protective immunization against Epstein-Barr virus-induced disease in cottontop tamarins using the virus envelope glycoprotein gp340 produced from a bovine papillomavirus expression vector. J Gen Virol 73: 449–453

Forsyth DM (1969) A longitudinal study of endemic urinary schistosomiasis in a small East African community. Bull World Health Organ 40: 771–783

Geser AD, Thé G de, Lenoir G, Day NE, Williams EH (1982) Final case reporting from the Uganda prospective study of the relationship between EBV and Burkitt's lymphoma. Int J Cancer 29: 397–400

Gu SY, Huang TM, Ruan L, Miao YH, Lu H, Chu CM, Motz M, Wolf H (1995) First EBV vaccine trial in humans using recombinant vaccinia virus expressing the major membrane protein. Dev Biol Stand 84: 171–177

Harabuchi Y, Yamanaka N, Kataura A, Imai S, Kinoshita T, Mizuno F, Osato T (1990) Epstein-Barr virus in patients with lethal midline granuloma. Lancet 335: 128–130

Harris C (1990) Hepatocellular carcinogenesis: recent advances and speculations. Cancer Cells 2: 146–148

Herbst H, Steinbrecher E, Niedobiteck G, Young LS, Brooks L, Müller-Lantzsch N, Stein H (1992) Distribution and phenotype of Epstein Barr virus harbouring cells in Hodgkin's disease. Blood 80: 484–491

Hill MJ (1986) Microbes and human carcinogenesis. Arnold, London, pp 36–55

Hilleman MR, Buynak EB, Roehm RR, Tytell AA, Bertland UA, Lampson GP (1975) Purified and inactivated human hepatitis B vaccine: progress report. Am J Med Sci 270: 401–404

Hinrichs SH, Nerenberg M, Reynolds K, Khoury G, Jay G (1987) A transgenic mouse model for human neurofibromatosis. Science 237: 1340–1343

Ho JHC (1972) Current knowledge of the epidemiology of nasopharyngeal carcinoma. In: Biggs P, Thé G de, Payne L (eds) Oncogenesis and herpes viruses. IARC, Lyon, pp 357–366

Höhne M, Schaefer S, Seifer M, Feitelsen MA, Paul D, Gerrlich WH (1990) Malignant transformation of immortalized transgenic hepatocytes after transfection with hepatits B virus. EMBO J 9: 1137–1145

Hollsberg P, Haller DA (1993) Pathogenesis of diseases induced by human lymphotropic virus type 1 infection. N Engl J Med 328: 1173–1182

Hollstein M, Sidransky D, Vogelstein B, Harris CC (1991) p53 mutations in human cancers. Science 253: 49–53

Houghton M (1996) Hepatitis C virus. In: Fields B, Knipe DM, Howley PM, Chanock RM, Hirsch MS, Melnick JL, Monath TP, Roizman B (eds) Virology, 3rd edn. Raven Press, New York, pp 1035–1058

Howley PH (1996) Papillomavirinae: the viruses and their replication. In: Fields B, Knipe DM, Howley PM, Chanock RM, Melnick JL, Monath TP, Roizman B, Straus SE (eds) Virology, 3rd edn. Raven Press, New York, pp 2045–2076

IARC monographs on the evaluation of carcinogenic risks to humans (1994a) Hepatitis viruses, vol 59. IARC, Lyon

IARC monographs on the evaluation of carcinogenic risks to humans (1994b) Schistosomes, liver flukes and helicobacter pylori, vol 61. IARC, Lyon

Iizuka N, Kohara M, Hagino-Yamagishi K, Abe S, Komatsu T, Tago K, Arita M, Nomoto A (1989) Construction of less neurovirolent polioviruses by introducing deletions into the 5'noncoding sequence of the genome. J Virol 63: 5354–5356

Ikenberg H (1991) Human papillomavirus DNA in invasive genital carcinomas. In: Gross G, Jablonska S, Pfister H, Stegner HE (eds) Genital papillomavirus infections. Springer, Berlin Heidelberg New York, pp 87–112

Kalyanaraman VS, Sarngadharan MG, Robert-Guroff M, Miyoshi I, Golde D, Gallo RC (1982) A new subtype of human T-cell leukemia virus (HTLV-II) associated with a T-cell variant of hairy cell leukemia. Science 218: 571–573

Kastan MB, Zhan Q, Deiry WS, Carrier F, Jacks T, Walsh WV, Plunkett BS, Vogelstein B, Fornace AJ (1992) A mammalian cell cycle checkpoint pathway utilizing p53 and GADD 45 is defective in ataxia teleangiectasia. Cell 71: 587–597

Kekule AS, Lauer U, Meyer M, Caselmann WH, Hofschneider PH, Koshy R (1990) The preS2/S region of integrated hepatitis B virus DNA encodes a transcriptional transactivator. Nature 343: 457–461

Kekule AS, Lauer U, Weiss L, Luber B, Hofschneider HP (1993) Hepatitis B virus transactivator HBx uses a tumour promoter signalling pathway. Nature 361: 742–745

Kiyosawa K, Sodeyama T, Tanaka E, Nakano Y, Furuta S, Nishioka K, Purcell RH, Alter HJ (1991) Hepatitis C in hospital employees with needlestick injuries. Ann Intern Med 115: 367–369

Klingelhutz AJ, Foster SA, McDougall JK (1996) Telomerase activation by the E6 gene product of human papillomavirus type 16. Nature 380: 79–82

Krugman S, Giles JP, Hammond J (1970) Hepatits C virus: effect of heat on the infectivity and antigenicity of the MS-1 and MS-2 strain. J Infect Dis 122: 432–436

Linke HK, Miller FH, Peterson D (1987) Documentation of non-A, non-B hepatitis in a chimpanzee with hepatocellular carcinoma. In: Robinson W, Koike K, Will H (eds) Hepadna viruses. Liss, New York, pp 357–370

Mackett M, Williamson JD (1995) Human vaccines and vaccination. Bios Scientific Publishers, Oxford

Marshall BJ (1983) Unidentified curved bacilli on gastric epithelium in active chronic gastritis. Lancet I: 1273–1275

Maruyama I, Shibuya H, Harada H, Hatakeyama M, Seiki M, Fujita T, Inoue J, Yoshida M, Taniguchi T (1987) Evidence for aberrant activation of the interleukin-2 autokrine loop by HTLV-I encoded p40xI and T3/Ti complex triggering. Cell 48: 343–350

Maupas P, Chiron JP, Barin F, Coursaget P, Goudeau A, Perrin J, Denis F, Diop-Mar I (1981) Efficacy of hepatitis B vaccine in prevention of early HBsAg carrier state in children. Controlled trial in an endemic area (Senegal). Lancet I: 289–292

McFaydan J, Hobday F (1898) Notes on the experimental transmission of warts in the dog. J Comp Pathol Ther 11: 342–346

McMahon BJ, Rhoades ER, Heyward WL, Tower E, Ritter D, Lanier AP, Wainwright RB, Helminiak C (1987) A comprehensive program to reduce the incidence of hepatitis B virus infection and its sequelae in Alaskan natives. Lancet II: 1134–1136

Miller RH, Purcell RH (1990) Hepatits C virus shares aminoacid sequence similarity with pestiviruses and flaviviruses as well as members of two plant virus subgroups. Proc Natl Acad Sci USA 87: 2057–2061

Mondelli MU, Colombo M (1991) The emerging picture of hepatitis C. Dig Dis 9: 245–252

Morgan AJ (1992) Epstein-Barr virus vaccines. Vaccine 10: 563–571

Morgan AJ, Mackett M, Finerty S, Arrand JR, Scullion FT, Epstein MA (1988) Recombinant vaccinia virus expressing Epstein-Barr virus glycoprotein gp340 protects cottontop tamarins against EB virus-induced malignant lymphomas. J Med Virol 25: 189–195

Murphy FA (1996) Virus taxonomy. In: Fields B, Knipe DM, Howley PM, Chanock RM, Melnick JL, Monath TP, Roizman B, Straus SE (eds) Virology, 3rd edn. Raven Press, New York, pp 15–57

Nagaya T, Nakamura T, Tokino T, Tsurimoto T, Imai M, Mayumi T, Kamino K, Yamamura K, Matsubura K (1987) The mode of hepatitis B virus DNA integration in chromosomes of human hepatocellular carcinoma. Genes Dev 1: 773–782

Nakamura H, Hayami M, Ohta Y, Ishikawa K, Tsujimoto H, Kiyokawa T, Yoshida M, Sasagawa A, Honjo S (1987) Pretection of cynomolgus monkeys against infection by human T cell leukemia virus type-I by immunization with viral env gene products produced in E. coli. Int J Cancer 40: 403–407

Noach LA, Bosma NB, Jansen J, Haeck FJ, Deventer SJH van, Tytgat GNJ (1994) Mucosal tumor necrosis factor-α, interleukin-1β and interleukin-8 production in patients with helicobacter pylori infection. Scand J Gastroenterol 29: 425–429

Parkin DM, Laara E, Muir CS (1988) Estimates of the worldwide frequency of sixteen major cancers in 1980. Int J Cancer 41: 184–197

Parkin DM, Muir CS, Whelan SL, Gao YT, Ferlay J, Powell J (eds) (1992) Cancer incidence in five continents, vol VI. IARC scientific publications No. 120. IARC, Lyon, pp 182–193

Payne LN (1994) Marek's disease virus. In: Webster RG, Granoff A (eds) Encyclopedia of virology. Academic Press, New York London, pp 832–837

Pel PK (1899) Ziekten van de Maag. De Erven F Bohn, Amsterdam

Poiesz BJ, Ruscetti FW, Gazdar AF, Bunn PA, Minna JD, Gallo RC (1980) Detection and isolation of type C retrovirus particles from fresh and cultured lymphocytes of a patient with cutaneous T-cell lymphoma. Proc Natl Acad Sci USA 77: 7415–7419

Popper H, Roth L, Purcell RH, Tennant BC, Gerin JL (1987) Hepatocarcinogenesis of the woodchuck hepatitis virus. Proc Natl Acad Sci USA 84: 866–870

Rickinson AB, Kieff E (1996) Epstein Barr virus. In: Fields B, Knipe DM, Howley PM, Chanock RM, Melnick JL, Monath TP, Roizman B, Straus SE (eds) Virology, 3rd edn. Raven Press, New York, pp 2397–2446

Rigoni-Stern D (1842) Fatti statistici relativi alle malatie cancerose. G Serv Prog Pathol Ther 2: 507–519

Roden RBS, Hubbert NL, Kirnbauer R, Christensen ND, Lowy DR, Schiller JT (1996) Assessment of the serological relatedness of genital human papillomaviruses by hemagglutination inhibition. J Virol 70: 3298–3301

Rous P (1911) A sarcoma of the fowl transmissible by an agent separable from the tumor cells. J Exp Med 13: 397–399

Rous P, Beard JW (1934) The progression to carcinoma of virus-induced rabbit papilloma (shope). J Exp Med 62: 523–528

Scheffner M, Werness BA, Huibregtse JM, Levine AJ, Howley PM (1990) The E6 oncoprotein encoded by human papillomavirus types 16 and 18 promotes the degradation of p53. Cell 63: 1129–1136

Schiffman MH (1994) Epidemiology of cervical human papillomavirus infections. In: Zur Hausen H (ed) Human pathogenic papillomaviruses. Springer, Berlin Heidelberg New York, pp 55–81

Schiller JT, Roden RBS (1995) Papillomavirus-like particles. Papillomavirus Rep 6: 121–128

Schmuckler EA, Ferrell L, Clawson GA (1984) Proliferative hepatocellular lesions, benign and malignant. In: Vyas GN, Dienstag JL, Hoofnagle JH (eds) Viral hepatitis and liver disease. Grune & Stratton, New York, pp 201–207

Seto A, Kawanishi M, Matsuda S, Ogawa K, Miyoshi I (1988) Adult T-cell leukemia-like disease experimentally induced in rabbits. Jpn J Cancer Res 79: 335–341

Shah KV, Howley PM (1996) Papillomaviruses. In: Fields B, Knipe DM, Howley PM, Chanock RM, Melnick JL, Monath TP, Roizman B, Straus SE (eds) Virology, 3rd edn. Raven Press, New York, pp 2077–2110

Shamanin V, Glover M, Rausch C, Proby C, Leigh IM, Zur Hausen H, Villiers EM de (1994) Specific types of human papillomavirus found in benign proliferations and carcinomas of the skin in immunosuppressed patients. Cancer Res 54: 4610–4613

Shida H, Tochikura T, Sato T, Konno T, Hirayoshi K, Seki M, Ito Y, Hatanaka M, Hinuma Y, Sugimoto M (1987) Effect of the recombinant vaccinia viruses that express HTLV-I envelope gene on HTLV-I expression. EMBO J 6: 3379–3384

Sidebotham RL, Batten JJ, Karim QN, Spencer J, Baron JH (1991) Breakdown of gastric mucus in presence of helicobacter pylori. J Clin Pathol 44: 52–57

Simmonds P, Holmes EC, Cha TA, Chan SW, McOmish F, Irvine B, Beall E, Yap PL, Kolberg J, Urdea MS (1993) Classification of hepatitis C virus into six major genotypes and a series of subtypes by phylogenetic analysis of the NS-5 region. J Gen Virol 74: 2391–2399

Snijders PJF, Brule AJC van den, Meijer CJLM, Walboomers JMM (1994) Papillomaviruses and cancer of the upper digestive and respiratory tracts. In: Zur Hausen H (ed) Human pathogenic papillomaviruses. Springer, Berlin Heidelberg New York, pp 177–198

Sonnex C (1995) The clinical features of genital and perigenital human papillomavirus infection. In: Mindel A (ed) Genital warts: human papillomavirus infection. Arnold, London, pp 82–104

The Gambia hepatitis study group (1987) The Gambia hepatitis intervention study. Cancer Res 47: 5782–5787

Thé G de (1982) Epidemiology of Epstein Barr virus and associated diseases. In: Roizman B (ed) The herpesviruses, vol 1. Plenum Press, New York, pp 25–87

Thé G de, Bomford R, Kazanji M, Ibrahim F (1994) Human T cell lymphotropic virus: necessity for and feasibility of a vaccine. Ciba Found Symp 187: 47–55

Thorey-Lawson DA, Geilinger K (1980) Monoclonal antibodies against the major glycoprotein (gp350/220) of Epstein Barr virus neutralize infectivity. Proc Natl Acad Sci USA 77: 3507–3511

Tiollais P, Pourcel C, Dejean A (1985) The Hepatitis B virus. Nature 317: 489–495

Tur-kasta R, Burk RD, Shaul Y, Shafritz DA (1986) Hepatitis B virus DNA contains a glucocorticoid responsive element. Proc Natl Acad Sci USA 83: 1627–1631

Ulmer JB, Donnelly J, Parker SE, Rhodes DH, Felgner PL, Dwarki VL, Grombowski SH, Deck R, Devitt CM, Friedman A, Hawe LA, Leander KR, Marinez D, Perry H, Shiver JW, Montgomery D, Liu MA (1993) Heterologous protection against influenza by injection of DNA encoding a viral protein. Science 259: 1745–1749

Vousden KH, Farrell PJ (1994) Viruses and human cancer. Br Med Bull 50: 560–581

Warren JR (1983) Unidentified curved bacilli on gastric epithelium in active chronic gastritis. Lancet I: 1273

Whittle HC, Lamb WH, Ryder RW (1987) Trials of intradermal hepatitis B vaccines in Gambian children. Ann Trop Paediatr 7: 6–9

Whittle HC, Inskip H, Hall AJ, Mendy M, Downes R, Hoare S (1991) Vaccination against hepatitis B and protection against chronic viral carriage in the Gambia. Lancet 337: 747–750

WHO (1993) The control of schistosomiasis. Second report of the WHO expert committee. WHO Tech Rep Ser 830

Wolf H, Zur Hausen H, Becker Y (1973) EBV viral genomes in epithelial nasopharyngeal carcinoma cells. Nat Biol 244: 245–257

Zerfaß K, Schulze A, Spitkovsky D, Friedman V, Henglein B, Jansen-Dürr P (1995) Sequential activation of cyclin E and cyclin A gene expression by human papillomavirus 16 E7 through sequences necessary for transformation. J Virol 69: 6389–6399

Zur Hausen (1976) Condylomata acuminata and human genital cancer. Cancer Res 36: 794

Zur Hausen (1991) Human papillomaviruses in the pathogenesis of anogenital cancer. Virology 184: 9–13

Zur Hausen H, Schulte-Holthausen H, Klein G (1970) EBV DNA in biopsies of Burkitt tumors and anaplastic carcinomas of the nasopharynx. Nature 228: 1956–1958

4.2 Fremdstoffmetabolismus und Krebs: Molekular-epidemiologische Forschung

JÜRGEN BROCKMÖLLER

4.2.1 Grundlagen der molekularen Epidemiologie von Krebserkrankungen

4.2.1.1 Biotransformation von Fremdstoffen und chemische Kanzerogenese

Chemische Substanzen (Abb. 4.2.1) können Mutationen auslösen (Tumorinitiation) oder das Wachstum mutierter Zellen stimulieren (Tumorpromotion). Die meisten Krebserkrankungen lassen sich auf chemische Umwelteinflüsse zurückführen [Doll u. Peto 1981]. Epidemiologisch, d. h. für sehr viele Menschen, bedeutsam sind die Fremdstoffbelastungen durch das Rauchen und die Ernährung [Gold et al. 1992, Willett 1994]. Der Zusammenhang zwischen diesen Fremdstoffbelastungen und Tumorerkrankungen gilt nach epidemiologischen Daten als gut gesichert. Auch Tumoren wie Darm- und Brustkrebs hängen von Ernährungsgewohnheiten ab, ohne daß man sich über die Mechanismen im Detail klar ist [Willett 1994]. Die beim Braten oder Kochen der Nahrung entstehenden und experimentell kanzerogenen heterozyklischen aromatischen Amine sind dabei wahrscheinlich nur eine Teilursache. Weitere Schadstoffbelastungen ergeben sich aus der Umweltverschmutzung (Autoabgase, Industrieabgase, Emissionen aus der Wohnraumheizung, Wasserkontamination) und durch den beruflichen Umgang mit Schadstoffen. In einigen Ländern spielt auch die Kontamination durch Mykotoxine (Aflatoxine, Ochratoxine) eine Rolle.

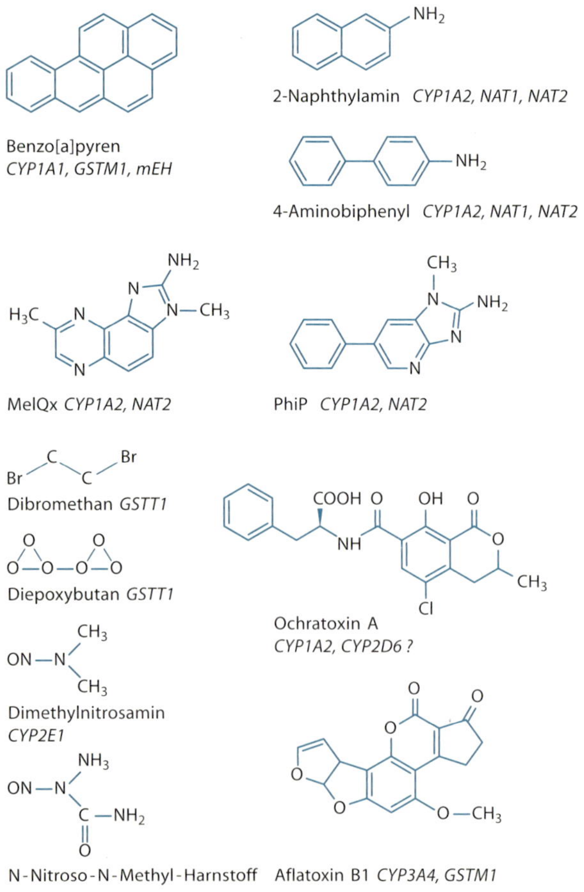

Abb. 4.2.1. Chemische Struktur ausgewählter Kanzerogene und Präkanzerogene. Fast alle hier exemplarisch gezeigten (Pro)kanzerogene werden von körpereigenen Enzymen metabolisch umgewandelt. Einige der beteiligten Enzyme sind in kursiver Schrift angegeben. Benzpyren ist ein Beispiel für Substanzen aus der Gruppe der polyzyklischen aromatischen Kohlenwasserstoffe, wie sie in gegrillten Speisen, im Tabakrauch oder in Abgasen auftreten. *Benzo[a]pyren* ist, genauso wie die beiden genannten aromatischen Amine *2-Naphthylamin* und *4-Aminobiphenyl*, ein Prokanzerogen, das erst durch metabolische Aktivierung zum ultimativen Kanzerogen wird. Aromatischen Aminen sind Menschen teils am Arbeitsplatz ausgesetzt, sie sind aber auch im Zigarettenrauch enthalten. Heterozyklische aromatische Amine entstehen, wenn Fleisch oder Fisch bei großer Hitze zubereitet werden, als Beispiele sind *PhiP* (2-Amino-1-Methyl-6-Phenyl-Imidazo-[4,5-b]pyridin) und *MeIQx* (2-Amino-3,8-Dimethylimidazo[4,5-f]chinoxalin) aufgeführt. *Dibrommethan* ist ein Beispiel für ein Lösungsmittel, das von Glutathiontransferase θ (GSTT1) zu einem toxischen Produkt umgewandelt wird, überwiegend wirkt aber auch GSTT1 detoxifizierend (als experimentelles Beispiel hier *Diepoxybutan*). Viele Nitrosamine werden von CYP2E1 toxifiziert, einige (z. B. *N-Nitroso-N-Methyl-Harnstoff*) zerfallen aber auch spontan zu hochreaktiven Verbindungen

Handbuch der Molekularen Medizin, Band 2
Tumorerkrankungen
Herausgeber: D. Ganten und K. Ruckpaul

Viele Fremdstoffe weisen selbst nur eine relativ geringe Toxizität oder Mutagenität auf, die Schäden werden vielmehr erst durch Stoffwechselprodukte verursacht, die von Enzymen im Menschen gebildet werden [Miller u. Miller 1983]. Kaum ein Fremdstoff verläßt den Körper, ohne nicht zumindest teilweise metabolisch verändert zu werden, in der Regel zunächst durch Phase-I- und anschließend durch Phase-II-Enzyme. Selbst der lebensnotwendige Sauerstoff kann unter Einwirkung von ultravioletter oder radioaktiver Strahlung oder in enzymkatalysierten Reaktionen zu toxischen bzw. kanzerogenen reaktiven Sauerstoffspezies werden.

Fremdstoffmetabolisierende Enzyme toxifizieren oder detoxifizieren Fremdstoffe. In der Regel sind die Metaboliten dieser Enzyme hydrophiler und lassen sich damit leichter als die Ausgangssubstanzen renal oder hepatisch ausscheiden. Diese Notwendigkeit der Entgiftung war eine wesentliche Triebkraft für das Entstehen fremdstoffmetabolisierender Enzyme in der Evolution. Daß sich körpereigene Abwehrsysteme bei bestimmten Belastungen in ihrer Aktivität gegen den Menschen richten, ist in der Medizin nicht unbekannt (Analogien zu Autoimmunerkrankungen und Rheuma). Dabei kann ein Enzym im Fremdstoffmetabolismus durchaus für einige Fremdstoffe toxifizierend, für andere detoxifizierend wirken. Gerade wegen dieser ambivalenten Rolle ist die Bedeutung der fremdstoffmetabolisierenden Enzyme für die Kanzerogenese beim Menschen nur in klinischen Studien zu bestimmen; derartige Studien werden in den Kapiteln 4.2.3 „Zytochrom-P450-Enzyme und Krebsrisiko“, 4.2.4 „Glutathiontransferasen: Enzyme, die vor Krebs schützen?“, 4.2.5 „Enzymatische Azetylierung von Fremdstoffen: Schutz oder Gefahr?“ und 4.2.6 „Weitere Enzyme, die das Krebsrisiko beeinflussen können“ vorgestellt.

4.2.1.2 Polymorphismen im Fremdstoffmetabolismus

Sieht man von eineiigen Zwillingen ab, so gleicht kein Mensch dem anderen in allen Protein- bzw. DNA-Sequenzen; bei den Enzymen des Fremdstoffmetabolismus sind die interindividuellen Unterschiede sogar besonders ausgeprägt. Die Aktivität vieler dieser Enzyme (Zytochrom-P450-Enzyme, Azetyltransferasen, Glutathiontransferasen) reicht von einer vollständigen Defizienz bis zu extrem hohen Werten. Es ist das Ziel des Forschungsgebiets der Pharmakogenetik, diese Varianzen zu charakterisieren und deren Bedeutung für den Menschen zu bestimmen. Diesen Unterschieden scheint die individuell unterschiedliche Empfindlichkeit gegenüber einer Reihe von Krankheiten zu entsprechen, man spricht von Suszeptibilitätsfaktoren, die im Zusammenwirken mit einer exogenen Schadstoffexposition das Krankheitsrisiko mäßig erhöhen – im Gegensatz zu Krebsgenen, die das Risiko erheblich erhöhen und bei deren Vorliegen der Umweltanteil am Krebsrisiko gering ist (Tabelle 4.2.1) [Caporaso u. Goldstein 1995]. Bestimmte erbliche Konstellationen aktivierender und detoxifizierender Enzyme könnten mit besonders hohen Gewebskonzentrationen von aktivierten Kanzerogenen einhergehen.

Die Hypothese, daß die erblichen Polymorphismen (Abb. 4.2.2) im Fremdstoffmetabolismus Suszeptibilitätsfaktoren für Krankheiten sind, gilt nicht nur für Krebs, sondern in analoger Weise

Tabelle 4.2.1. Krebsgene und Krebssuszeptibilitätsgene, nach Caporaso u. Goldstein [1995]

	Krebsgene	Suszeptibilitätsgene
Beispiele		CYP1A1
	Brustkrebs-BRCA1-Gen	CYP1A2
	Multiple endokrine Neoplasie 1	CYP2D6
	Neurofibromatose-NF1-Gen	CYP2E1
	P53-Tumorsuppressorgen	GSTM1
	Retinoblastom-Rb-Gen	GSTT1
	Xeroderma-pigmentosum-XPA-Gen	NAT1
		NAT2
Krankheitsrisiko	Stark erhöht bis sicher vorhersagbar	Gering bis mäßig erhöht
Odds ratio	Nicht selten über 100	Typischerweise 1,2 bis 3
Epidemiologische Bedeutung	Sehr gering für viele der bekannten Krebsgene	Groß für viele der Suszeptibilitätsfaktoren
Genhäufigkeit	Oft sehr niedrig	Oft hoch (1–50%)
Zusammenhang mit Krebskrankheit	Sicher	Oft umstritten

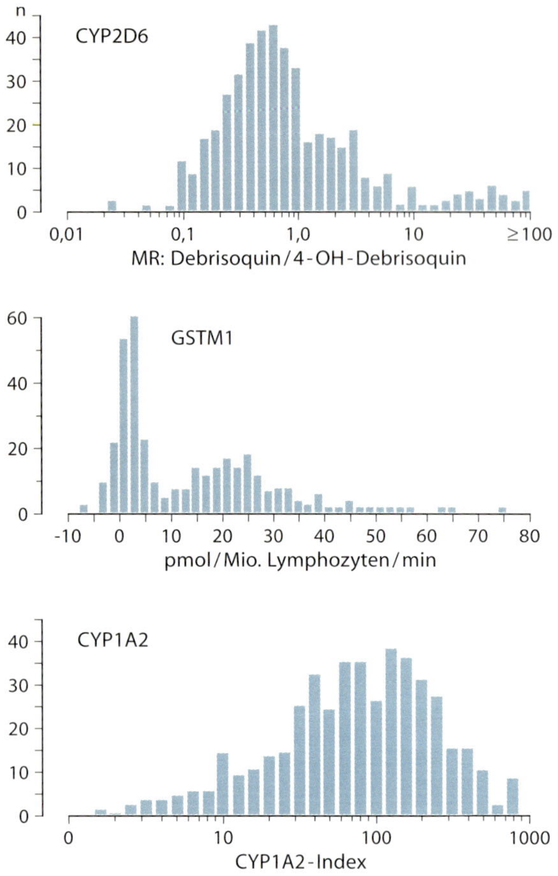

Abb. 4.2.2. Beispiele für die Verteilung polymorpher Enzymaktivitäten in der Bevölkerung. Im oberen Histogramm ist die zweigipflige (bimodale) Aktivitätsverteilung von Zytochrom-P450-2D6 bei 437 Personen dargestellt. Um diese zu messen, erhielten die Probanden eine Testdosis von 5 mg Debrisoquin, und in einer Urinprobe, die bis zum Ende der 5. h nach Einnahme gesammelt wurde, wurden der Metabolit (4-Hydroxy-Debrisoquin) und die Ausgangssubstanz gemessen. Die Metabolitenbildung erfolgt nahezu ausschließlich vermittelt durch CYP2D6, ein hoher Wert des Quotienten Debrisoquin/4-Hydroxydebrisoquin spricht für eine geringe Enzymaktivität. Werte >12 charakterisieren die CYP2D6-Defizienz. Der Debrisoquintest ist in vielen epidemiologischen Studien zu CYP2D6 bei Lungen- und Blasenkarzinom (Abb. 4.2.12) angewandt worden. Man vermutet, daß CYP2D6 an der Bioaktivierung einiger Karzinogene beteiligt ist. Im mittleren Histogramm ist die bimodale Verteilung der Glutathion-S-Transferase-Aktivität von GSTM1 in der Bevölkerung dargestellt, die an Lymphozyten gemessen wurde, welche aus dem Blut von 332 Probanden isoliert wurden. Zur Messung wurden die Lymphozyten homogenisiert, das Substrat trans-Stilbenoxid hinzugegeben und die Geschwindigkeit der Bildung des Glutathionkonjugats gemessen. Werte <10 entsprechen der nicht-enzymkatalysierten Konjugationsrate; negative Werte ergeben sich durch die Meßwertstreuung bei dem Analyseverfahren und bedeuten Defizienz in der Konjugationsaktivität [Brockmöller et al. 1992]. Im unteren Histogramm ist die monomodale Verteilung der CYP1A1-Aktivität gemessen und als CYP1A1-Index dargestellt. Es finden sich keine 2 Häufigkeitsgipfel, dennoch kann man die sehr weite interindividuelle Schwankungsbreite (bis zum 1000fachen) als Hinweis auf erbliche Polymorphismen ansehen. Wie im Text ausgeführt, sind Urinmessungen jedoch keine optimalen Indikatoren der CYP1A2-Aktivität

für neurodegenerative Erkrankungen (Morbus Parkinson, amyotrophe Lateralsklerose) und Autoimmunerkrankungen (Rheuma oder Lupus erythematodes), also Krankheiten, an deren Pathogenese wahrscheinlich ebenfalls reaktive Stoffwechselprodukte beteiligt sind. Tabelle 4.2.2 zeigt, daß bereits eine Vielzahl von Enzymen mit wohldefinierten Polymorphismen bekannt sind, für viele weitere Enzyme muß die Variabilität noch mit funktionellen und molekulargenetischen Analysen geklärt werden. Einige dieser Polymorphismen bestimmen auch die Intensität von Wirkungen und Nebenwirkungen nach der Einnahme von vielen Medikamenten [Roots u. Brockmöller 1996].

4.2.2 Molekulare Epidemiologie

4.2.2.1 Definition

Um die Bedeutung von Krebsrisikofaktoren für den Menschen und das Ausmaß der Risikoerhöhung durch Umweltfaktoren oder endogene Faktoren zu zeigen, ist es nicht ausreichend, allein mit Labormethoden zu arbeiten. Vielmehr muß mit epidemiologischen Methoden am Menschen nachgewiesen werden, ob experimentelle Kanzerogene oder endogene Risikofaktoren tatsächlich zu einer erhöhten Inzidenz von Tumoren führen.

In der molekularen Epidemiologie [Perera u. Weinstein 1982] werden nicht nur die sog. Endpunkte „gesicherte Krebserkrankung“ oder „Tod durch Krebs“ ausgewertet, sondern auch in vivo eingetretene intermediäre Endpunkte wie die Reaktionsprodukte von Fremdstoffen mit Proteinen bzw. DNA (Protein- bzw. DNA-Addukte) oder histologisch feststellbare Schäden, Chromosomenschäden oder erworbene DNA-Mutationen in Tumoren. Derartige Schäden sind nach der biochemisch-toxikologischen Theorie gute Indikatoren der Schadstoffbelastung und Prädiktoren des Krebsrisikos; vom epidemiologischen Standpunkt muß der prädiktive Wert dieser intermediären Kanzerogenesemarker allerdings noch in prospektiven klinischen Studien untersucht werden.

Tabelle 4.2.2. Erblich polymorphe Enzyme, die an der Fremdstoffbiotransformation beteiligt sind

Enzyme	Häufigkeit	Beispiele für karzinogene oder prokarzinogene Substrate
Phase-I-Enzyme		
Zytochrom-P450-1A1 (CYP1A1)	3%	Substrate der Zytochrom-P450-Enzyme: s. Tabelle 4.2.4
Zytochrom-P450-1A2 (CYP1A2)		
Zytochrom-P450-2A6 (CYP2A6)	3%	
Zytochrom-P450-2C9 (CYP2C9)	2%	
Zytochrom-P450-2C19 (CYP2C19)	3%	
Zytochrom-P450-2D6 (CYP2D6)	8%	
Zytochrom-P450-3A4 (CYP3A4)		
Arylesterase (Paraoxonase)	50%	
NADPH-Chinon-Oxidoreduktase	5%	Benzo[a]pyren-3,6-Chinon und andere Chinone
Mikrosomale Epoxidhydrolase (mEH)		Benzo[a]pyrenepoxide, Aflatoxin-B1-Epoxide
Zytosolische Epoxidhydrolase		
Enzyme, die reaktive Sauerstoffspezies bilden oder entgiften		
Superoxiddismutase		Superoxidradikalanion (O_2^-)
Glutathionperoxidase		Organische Peroxide
Glutathionsynthetase		Glutathion für GST und GPX
Myeloperoxidase		Wasserstoffsuperoxid (H_2O_2)
Katalase		Wasserstoffsuperoxid (H_2O_2)
Prostaglandin-H-Synthetase		
Phase-II-Enzyme		
N-Azetyltransferase Typ 1 (NAT1)		Arylamine
N-Azetyltransferase Typ 2 (NAT2)	60%	Arylamine
Glutathion-S-Transferase M1 (GSTM1)	50%	Epoxide von PAH und Aflatoxin B1
Glutathion-S-Transferase T1 (GSTT1)	20%	Halogenierte Lösungsmittel, Epoxide aliphatischer Verbindungen
UDP-Glukuronyltransferase 1 (UDPGT 1*1)	5%	Arylhydroxylamine
Thiopurin-S-Methyltransferase (TPMT)	0,5%	Azathioprin, 6-Mercaptopurin

Als Häufigkeit ist das homozygote Vorliegen des funktionell beeinträchtigten Allels in der Bevölkerung angegeben, sofern ein Polymorphismus molekulargenetisch noch nicht definiert ist, sind keine Werte genannt. Bei einigen Enzymen (CYP2C9, CYP2C19) existieren Polymorphismen, ohne daß man heute Kanzerogene kennt, die von diesen Enzymen verstoffwechselt werden.

Während die klassische Epidemiologie die Risikofaktoren wie Rauchen, Alkoholgenuß u.a. Lebensgewohnheiten zur Inzidenz von Krankheiten in Beziehung setzt, versucht die molekulare Epidemiologie auch die Zwischenstufen auf diesem Weg – nach Möglichkeit bei Menschen, die noch keine Tumoren haben – nachzuweisen und quantitativ zu analysieren. Die Ziele der molekularen Epidemiologie sind in Tabelle 4.2.3 und Abb. 4.2.3 dargestellt: Die Meßverfahren entsprechen weitgehend der experimentellen Laborforschung, Studienplanung und Auswertung erfolgen jedoch mit den Methoden der klinisch-epidemiologischen Forschung. Während man jedoch in der experimentellen Laborforschung versucht, die intraindividuelle Varianz als unabhängige Einflußvariable auszuschalten und nur wenige Einflußgrößen zuläßt (meist Schadstoffdosis und -einwirkungszeit), ist in der epidemiologischen Forschung der Umgang mit multiplen unabhängigen Variablen u.a. vielen angeborenen und erworbenen individuellen Unterschieden das regelmäßige Arbeitsfeld.

Der Stellenwert der Epidemiolgie gegenüber der rein experimentellen Forschung sei am Beispiel des Zigarettenrauchens veranschaulicht: Mit experimentellen Techniken wie Mutagenitätstest oder Tierversuch läßt sich zeigen, daß Zigarettenrauch Krebs auslösen kann; auch die molekularen Mechanismen lassen sich mit diesen Methoden klären. Daß tatsächlich etwa 30% aller Krebstodesfälle durch Zigarettenrauch bedingt sind, ist jedoch nur mit den Methoden der Epidemiologie nachweisbar [Doll u. Peto 1981], und es ist primär das Ergebnis epidemiologischer Studien, daß die schädigende Wirkung des Zigarettenrauchens heute unbestritten ist. Welche Menschen besonders gefährdet sind, kann teilweise durch die im folgenden beschriebenen Suszeptibilitätsfaktoren erklärt werden; vieles, auch welche Inhaltsstoffe des Tabakrauches beim Menschen die Tumoren auslösen, bleibt aber noch unklar.

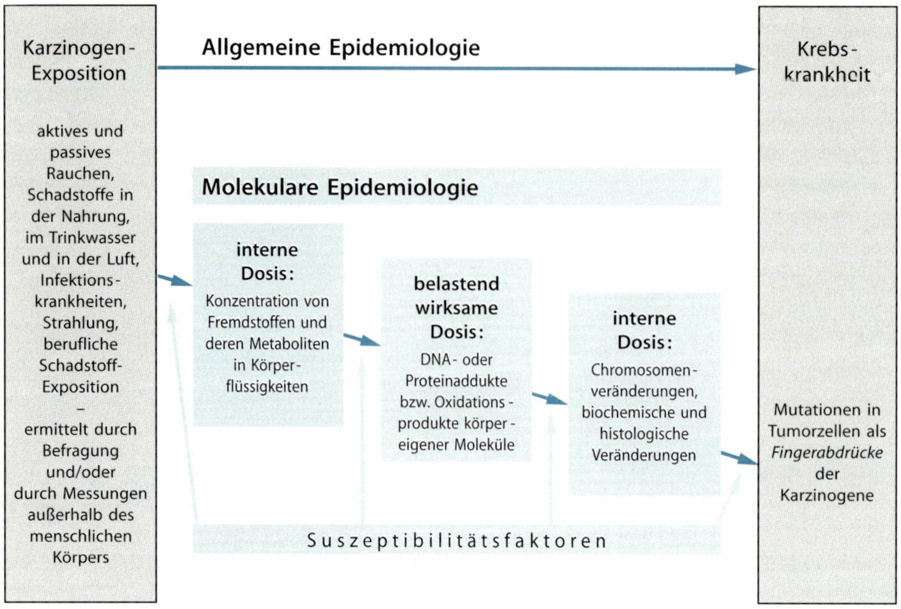

Abb. 4.2.3. Einordnung molekular-epidemiologischer Untersuchungen zu Krebserkrankungen. Während die allgemeine Epidemiologie [Doll u. Peto 1981] den Blick direkt von der Exposition (z. B. Rauchen, Wohnen in schadstoffbelasteter Gegend) zur Erkrankung wendet, untersucht die molekulare Epidemiologie auch viele Zwischenstufen sowie biochemische Risikomodifikatoren (Suszeptibilitätsfaktoren). Ferner wird untersucht, ob spezifische Mutationstypen in Tumoren Rückschlüsse auf die auslösenden Agenzien zulassen [Vogelstein u. Kinzler 1992]

Tabelle 4.2.3. Untersuchungsgrößen der allgemeinen und molekularen Epidemiologie

Allgemeine Epidemiologie	Molekulare Epidemiologie
Lebensalter	Giftstoffe in Körperflüssigkeiten
Geschlecht	Metaboliten in Körperflüssigkeiten
Wohnort	In vivo erworbene DNA-Addukte
Ethnische Abstammung	In vivo erworbene Proteinaddukte
Berufliche Schadstoffexposition	In vivo erworbene Zell- und Chromosomenschäden
Umweltschadstoffe (Luft, Wasser, Boden)	Mutationen im normalen und entarteten Gewebe
Sozialer Status/Schulbildung	*Suszeptiblitätsfaktoren:*
	Enzyme der Fremdstoffbiotransformation
	Transporterproteine
	Rezeptoren
	DNA-Reparaturenzyme
Rauchen	
Alkoholkonsum	
Andere Lebensgewohnheiten	
Infektionskrankheiten	

Variablen, die im Rahmen der epidemiologischen, der molekular-epidemiologischen und der experimentellen Krebsforschung typischerweise untersucht werden. Stets sollten bei molekular-epidemiologischen Studien auch die klassischen epidemiologischen Variablen gemessen werden

4.2.2.2 Methoden der molekularen Epidemiologie

Man unterscheidet in der klinischen Forschung, also bei Untersuchungen am lebenden Menschen, beobachtende und experimentelle Studien. Charakteristisch für die experimentellen Studiendesigns (kontrollierte klinische Versuche) ist die randomisierte Zuordnung der Studienteilnehmer entweder zur Behandlungs- oder zur Kontrollgruppe streng nach dem Zufallsprinzip (keine Einflußnahme der Untersucher oder der Studienteilnehmer). Eine geplante Exposition von Menschen mit Krebsrisikofaktoren ist selbstverständlich ethisch nicht möglich. Daher führt man in der Krebsforschung häu-

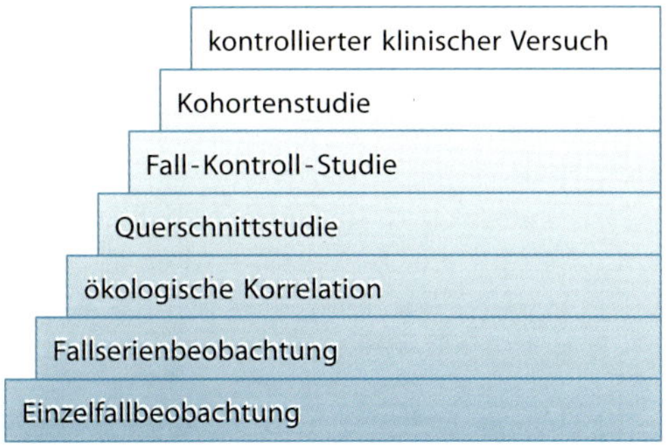

Abb. 4.2.4. Einordnung häufig verwendeter Studiendesigns. Klassifizierung von Studiendesigns, mit denen man molekular-epidemiologische Probleme bearbeiten kann [Kramer 1988, Spitzer u. Horwitz 1990]. Je höher das verwendete Studiendesign in der dargestellten Treppe steht, um so zuverlässiger läßt sich aus klinisch-epidemiologisch gefundenen Zusammenhängen auch auf die kausalen Ursachen von Krankheiten schließen. Oft können aus ethischen oder praktischen Gründen kontrollierte klinische Versuche, Kohortenstudien oder Querschnittuntersuchungen nicht durchgeführt werden, in der molekularen Epidemiologie werden meist Fall-Kontroll-Studien und Querschnittuntersuchungen durchgeführt

figer beobachtende Studien durch. Diese könnte man nach ihrer Kraft, kausale medizinische Zusammenhänge zu klären, einordnen. An höchster Stelle nach den kontrollierten klinischen Versuchen stehen hier die Kohortenstudien, meist nicht beweisend und verallgemeinerbar sind Ergebnisse von Einzelfallbeobachtungen und unkontrollierten Fallserienbeobachtungen (Abb. 4.2.4). Bei einer korrekten Durchführung ist die Gefahr systematischer Fehler bzw. Fehlinterpretationen bei kontrollierten klinischen Versuchen und bei Kohortenstudien geringer als bei Fall-Kontroll-Studien oder bei Querschnittsuntersuchungen.

4.2.2.2.1 Kontrollierter klinischer Versuch

Das wesentliche Charakteristikum des kontrollierten klinischen Versuchs ist die randomisierte Zuordnung von Patienten zur Expositions- oder Kontrollgruppe. Man muß soweit wie möglich anstreben, diese Untersuchungen doppeltblind durchzuführen. Kontrollierte klinische Studien in der Krebsforschung kann man in 3 Gruppen einteilen:

- Studien mit vermuteten kanzerogenen Belastungen
- Studien mit Maßnahmen zur Verringerung des Krebsrisikos
- Studien, bei denen vermutete Risikofaktoren abgeschaltet werden.

Kontrollierte Studien als Belastungsstudien sind nur dann ethisch denkbar, wenn die vermutete krebserregende Belastung allgemein üblich ist (z. B. Änderungen der Diät oder Lebensweise im Rahmen des allgemein üblichen) und wenn allgemein akzeptiert wird, daß die Risikoerhöhung nur moderat sein kann; damit sind also z. B. kontrollierte Studien mit einer Exposition gegenüber Tabakrauch undenkbar. Ebenso wäre aus praktischen und ethischen Gründen der Meßparameter „Krebserkrankung" undenkbar. Wichtig ist daher die Auswahl intermediärer Endpunkte, wie Konzentration von Schadstoffen in Blut, Urin- oder Gewebeproben, Konzentration von Protein- oder DNA-Addukten oder leichtere Gewebsveränderungen. Studien zum 2. Punkt sind die Chemopräventionsstudien und Studien zum 3. Punkt wären z. B. Studien im Rahmen von Raucherentwöhnungsprogrammen.

4.2.2.2.2 Kohortenstudien

Bei Kohortenstudien werden Personen, die noch keinerlei Symptome der zu untersuchenden Krankheit haben, nach definierten Kriterien in die Untersuchung eingeschlossen. In der Regel wird die Kohorte dann über viele Jahre nachuntersucht, so daß man ermitteln kann, welche Auswirkung die Risikofaktoren hatten, die beim Einschluß in die Studie vorlagen. Wesentliche Zielgröße der Kohortenstudie ist die Abschätzung des relativen Risikos, das sich aus bestimmten endogenen oder exogenen Belastungen ergibt. Ein Problem dabei ist, daß Teilnehmer durch Umzug oder zurückgezogene Bereitschaft ausscheiden; ein anderes Problem ist der langfristige organisatorische und finanzielle Aufwand. Sofern die Fallzahl ausreicht und Blutproben sowie Daten einer Kohorte existieren, können mit den Techniken der molekularen Epidemiologie auch Hypothesen untersucht werden, die anfangs, als die Studienteilnehmer ausgesucht wurden, noch nicht aufgestellt waren.

Zu den Suszeptibilitätsfaktoren im Zusammenhang mit dem Fremdstoffmetabolismus sind noch keine Kohortenstudien publiziert worden, allerdings ist z. B. in Schweden eine Kohortenstudie begonnen worden [Pero et al. 1993], bei der demographische Daten und Blutproben gesammelt werden, so daß an dieser Kohorte in einigen Jahren Suszeptibilitätsfaktoren untersucht werden könnten. In anderer Intention, z. B. auch im Rahmen der Physicians' health study, sind Blutproben gesammelt worden [The steering committee 1988]; daran können nun auch Studien zu Krebssuszeptibilitätsfaktoren durchgeführt werden, wobei das mit einem geringeren Studienaufwand verbundene Design der Nested-case-control-study angewandt werden kann.

4.2.2.2.3 Nested-case-control-studies

Dieses Studiendesign ist der Kohortenstudie sehr ähnlich. Die Probanden oder Patienten, die im Verlauf einer Kohortenstudie bestimmte Krankheiten bekommen haben, werden identifiziert, und aus der gleichen Studiengruppe werden nach definierten Regeln in Alter und Geschlecht entsprechende Kontrollpatienten ausgewählt, die die jeweilige Krankheit nicht haben. Zu den metabolischen Krebsrisikofaktoren gibt es keine derartige Studie; ein neueres Beispiel aus der molekularen Epidemiologie ist eine Studie zu einem Polymorphismus im Gen des Angiotensin-converting-Enzyms als Risikofaktor für koronare Herzerkrankungen [Lindpaintner et al. 1995]. Dies zeigt, daß es von großem Nutzen sein kann, wenn im Rahmen von Kohortenstudien Blutproben gesammelt werden. Während die Parameter der klassischen Epidemiologie (s. Tabelle 4.2.3) bei Studienbeginn erfaßt werden mußten, um später ausgewertet werden zu können, ist die Erforschung der zeitlebens konstanten erblichen Suszeptibilitätsfaktoren auch noch möglich, wenn entsprechende Hypothesen zu Studienbeginn nicht aufgestellt wurden.

4.2.2.2.4 Case-crossover-studies

Bei kontrollierten klinischen Versuchen (s. Kapitel 4.2.2.2.1 „Kontrollierter klinischer Versuch") wird oft das Crossover-Schema verwendet. Dabei wird jeder individuelle Studienteilnehmer in einer Studienphase der einen Behandlung (z. B. Verum) und in einer 2. Phase einer anderen Behandlung (z. B. Plazebo) ausgesetzt. Dieses Design hat eine hohe Aussagekraft, da der Einfluß vieler interindividueller Unterschiede durch den individuellen Vergleich eliminiert wird. Ein analoges Verfahren kann auch im Rahmen von beobachtenden Studien verwendet werden und wird dann als Case-crossover-Design bezeichnet. So kann man z. B. Blutschadstoffkonzentrationen intraindividuell zwischen den Zeiten vergleichen, zu denen die Personen in umweltbelasteten Regionen leben bzw. zu denen sie ihren Urlaub in nicht belasteten Regionen verbringen.

4.2.2.2.5 Fall-Kontroll-Studie

Ausgangspunkt bei der Fall-Kontroll-Studie ist der Patient, der die zu klärende Krankheit hat, der Fall. Man versucht dabei alle Fälle in einer Region oder einem Land (bei seltenen Krankheiten) oder alle Erkrankten in ausgewählten Krankenhäusern oder Arztpraxen zu finden. Man kann die Einschlußkriterien auch weiter eingrenzen, z. B. kann man gezielt Patienten untersuchen, die in schadstoffbelasteten Fabriken gearbeitet oder in schadstoffbelasteten Regionen gelebt haben. Ansonsten gilt, wie im folgenden zusammengefaßt, daß Hypothesenstellung und Prüfgruppenselektion sowie Auswertungsverfahren vor Studienbeginn genau definiert werden müssen:

- Soweit möglich, Einhalten eines wissenschaftlich definierten Studiendesigns
- Präzise schriftliche Festlegung der Hypothesen vor Studienbeginn
- Festlegung des statistischen Auswertungsverfahrens bei multiplen Hypothesen
- Definition relevanter Untergruppen vor Studienbeginn und Festlegung, wie statistisch geprüft wird. Bei interessanten Befunden, die sich nicht in der Gesamtgruppe, aber in einer Untergruppe zeigen, muß statistisch zunächst mit einem Test auf Heterogenität geprüft werden, ob der Unterschied zwischen den Einzelgruppen nicht auch durch Zufall bedingt sein könnte [Breslow u. Day 1980].
- Berechnete und a priori festgelegte Zahl der Fall- und Kontrollpatienten
- Hinreichend und umfassend definierte Ein- und Ausschlußkriterien
- Komplette Transparenz des Auswahlverfahrens für Fall- und Kontrollpatienten. Das Verfahren, wie die Teilnehmer der Fall- und Kontrollgruppe gefunden werden, muß eindeutig definiert und dokumentiert werden. Unvollständig definierte Auswahlentscheidungen der Untersucher könnten zu nicht repräsentativen oder zu nicht reproduzierbaren Ergebnissen führen. Es ist lückenlos zu dokumentieren:
  - Ausgangsgrundgesamtheit (Zahl der Patienten, die die Einschlußkriterien erfüllten)
  - Zahl der Ausgeschlossenen gemäß den Ausschlußkriterien
  - Zahl derer, die eine Teilnahme an der Studie verweigert haben (soweit möglich, mit Daten zu Alter, Geschlecht und Krankheitsspezifikation)
  - Zahl der im Verlauf der späteren Auswertung ausgeschlossenen Probanden (mit Gründen)

- Studie nur an einer definierten ethnischen Gruppe oder an mehreren Gruppen, wobei jeweils ausreichend Fall- und Kontrollpatienten vorhanden sein müssen
- Gleiche Interviews und gleiche Labortechniken für Fall- und Kontrollpatienten in einem ähnlichen Zeitraum
- Prinzip der Blindung soll, wenn immer möglich, verwendet werden (Probanden/Patienten, Interviewer und Analytiker)
- Mindestdaten, die für jeden Probanden/Patienten zu fordern sind: Alter, Geschlecht, Lebenszeitrauchgewohnheiten und Berufstätigkeit, ethnische Zugehörigkeit, möglichst spezifische Diagnose der zu untersuchenden Krankheit
- Ein Studienprotokoll, ein Kurzprotokoll (1–2 Seiten), Fragebögen für Interviews und andere Daten der Studienteilnehmer sowie ein Protokoll, in dem das Ein- und Ausschlußverfahren während der Studie dokumentiert wird (Studienbuch), sollten existieren. Daneben die Dokumentation der Labormessungen mit entsprechenden Kontrollprobenmessungen
- Bevor mit größeren Studien begonnen wird, soll in Pilotstudien (5–30 Patienten) das gesamte Studienprotokoll einschließlich evtl. Laborprozeduren erprobt werden
- Zur Bewertung: Es sollte zur Regel werden, daß neuartige epidemiologische Befunde in Folgestudien bestätigt werden; diese Folgestudien dürfen natürlich keine Patienten aus der Erststudie beinhalten

Zu den Fällen werden Vergleichspatienten, die Kontrollen, untersucht, die die zu untersuchende Krankheit nicht haben sollten. Gleichen sollten sich die Fall- und Kontrollgruppe in der Regel in Geschlecht, Alter, Zeitraum der Untersuchung, Lebensraum (bzw. Einzugsgebiet bei Krankenhausbasierten Studien) sowie in der ethnischen Zugehörigkeit. Fall-Kontroll-Studien sollten nach der epidemiologischen Theorie nur für relativ seltene Krankheiten durchgeführt werden, die Kontrollgruppe sollte in der Regel gleichgroß (1:1) oder größer (bis 1 Fall- zu 4 Kontrollpatienten) sein. Mehrere Kontrollgruppen können gebildet werden, und das Ergebnis gilt als erhärtet, wenn es sich gegenüber verschiedenen Kontrollgruppen bestätigt.

Eine bedeutende Fehlerquelle in der Epidemiologie ist das Confounding (s. auch Kapitel 4.2.2.5 „Fehlerquellen in der molekularen Epidemiologie“), welches dann besteht, wenn der vermeintliche Risikofaktor (hier z. B. niedrige Aktivität des entgiftenden Enzyms GSTM1) und die Zielgröße (hier also das Krebsrisiko) beide von einem weiteren Faktor (Confounding-Faktor, z. B. Alter oder Rauchen) beeinflußt werden. Confounding wird einerseits durch eine stratifizierte Analyse erkannt, d. h. man untersucht die Beziehung zwischen Risikofaktor und Zielgröße für verschiedene Untergruppen (Strata) des weiteren Faktors. Das Ergebnis wird als gewichteter Mittelwert zusammengefaßt, wie er mit der Methode von Mantel u. Haenszel [1959] berechnet wird; damit dies möglich ist, muß der Confounding-Faktor natürlich bekannt sein. Andererseits wird Confounding durch sog. Matching vermindert, d. h. daß Personen der Kontrollgruppe fast immer so ausgewählt werden, daß sie mit den Fällen hinsichtlich Alter, Geschlecht, Lebensraum und ethnischer Zugehörigkeit übereinstimmen. Zu vermeiden ist das Overmatching. Dieses könnte sich z. B. dann ergeben, wenn bei der Suche der Kontrollpatienten auch darauf geachtet werden würde, daß sie mit den Fallpatienten hinsichtlich der Rauchgewohnheiten übereinstimmten. Wichtige Zusammenhänge, wie z. B. zwischen Fremdstoffmetabolismus und Ausmaß des Zigarettenrauchens, könnten dadurch verborgen bleiben.

4.2.2.2.6 Querschnittsstudien

In Querschnittsstudien (cross-sectional studies) wird in einer Region in einem begrenzten Zeitintervall die gesamte Bevölkerung oder eine (nach Möglichkeit randomisiert gezogene) Stichprobe auf Merkmale der Umweltbelastung, auf endogene Schutz- oder Risikofaktoren sowie Krankheitssymptome hin untersucht, um Rückschlüsse über die Zusammenhänge zwischen diesen Variablen ziehen zu können. Im Gegensatz zur Fall-Kontroll-Studie mit einer Schlußrichtung von der Erkrankung aus und im Gegensatz zur Kohortenstudie mit einer Schlußrichtung vom Risikofaktor aus, wird hier beides gleichwertig erfaßt, bei der Auswertung wird vom Risikofaktor aus geschlossen. Studien, bei denen z. B. das Ausmaß des Rauchens erfragt und Proteinaddukte sowie der Azetyltransferaseaktivitätstyp (NAT2) gemessen und miteinander korreliert werden [Vineis et al. 1990], sind Querschnittstudien – könnte man eine der unabhängigen Variablen (Rauchen oder NAT2-Typ) randomisiert den Probandengruppen zuordnen, wären es kontrollierte klinische Versuche. Das gleiche gilt für eine eigene Studie, bei der wir an gesunden Probanden die Lichtempfindlichkeit der Haut gemessen hatten und diese mit den Aktivitäten der Glutathiontransferasen korrelierten [Kerb et al.

1997]. Im Gegensatz zu Fall-Kontroll-Studien interessiert die frühere Geschichte der Probanden oder Patienten bei Querschnittstudien nicht. Nachteil der Querschnittsstudie gegenüber den kontrollierten klinischen Versuchen ist – auch mit hoher Zuverlässigkeit aller analytischen Techniken nicht aus dem Wege zu räumen – daß die Kausalität oft nicht sicher geklärt wird.

4.2.2.2.7 Ökologische Korrelationen

Korrelationsanalysen zwischen der Inzidenz von Brustkrebs und dem Verzehr gesättigter Fettsäuren in unterschiedlichen Ländern oder zwischen dem Verzehr von Fleisch und der Inzidenz von Dickdarmkrebs in den unterschiedlichen Ländern bezeichnet man als ökologische Korrelationen. Diese geben wegen der Vielzahl weiterer Faktoren, in denen sich diese Länder unterscheiden, nur einen schwachen Beleg für die Kausalität zwischen Fett- bzw. Fleischverzehr und Krebs.

Die Häufigkeitsverteilung vieler Enzymaktivitäten wie z. B. Zytochrom-P450-2D6, Glutathion-S-Transferase M1, Arylamin-N-Azetyltransferase 2, Paraoxonase oder Glukose-6-Phosphat-Dehydrogenase weist große interethnische Unterschiede auf. So liegt es beispielsweise nahe, einen kausalen Zusammenhang zwischen der niedrigen Rate langsamer Azetylierer in Japan mit einer niedrigen Rate von Blasenkrebs bei Japanern zu sehen [Schulte 1988]. You et al. [1995] haben dies bezüglich der in Los Angeles (USA) lebenden weißen, afrikanischen und asiatischen Bevölkerung aufgegriffen: Langsame Azetylierer finden sich in der Häufigkeit von 54%, 34% bzw. 14% in diesen 3 Bevölkerungsgruppen, und dies korreliert mit einer Blasenkrebsinzidenz von 31, 16 und 13/100000 pro Jahr in diesen 3 ethnischen Gruppen in Los Angeles. Da diese 3 Gruppen in einer Stadt leben, ist die Beweiskraft höher, als wenn sie in verschiedenen Ländern leben würden, es bleiben aber neben den biologischen noch viele weitere soziokulturelle Unterschiede. Derartige Korrelationen sollten dennoch weiter untersucht werden, wozu gute Krebsregister und standardisierte Messungen der Enzymaktivitäten in unterschiedlichen ethnischen Gruppen erforderlich sind.

4.2.2.2.8 Fallserien- und Einzelfallbeobachtungen

Einzelfallbeobachtungen über die Koinzidenz bestimmter Fremdstoffexpositionen mit dem Auftreten von Krankheiten, Symptomen oder Laborbefunden geben wichtige Hinweise auf mögliche kausale Zusammenhänge. Das gleiche gilt für Einzelbeobachtungen einer Koinzidenz von Polymorphismen im Fremdstoffmetabolismus und dem Auftreten von Krankheiten. Hier können aber leicht falsche Schlüsse gezogen werden; meist muß man den Zusammenhang mit einem der höhergeordneten Studiendesigns (z. B. Fall-Kontroll-Studien) an großen Bevölkerungsstichproben nachprüfen.

4.2.2.3 Besonderheiten der molekularen Epidemiologie und Begriffe der Pharmakogenetik

In der molekularen Epidemiologie überwiegen Fall-Kontroll-Studien und Querschnittuntersuchungen. Worin unterscheiden sich molekular-epidemiologische Fall-Kontroll-Studien von klassisch-epidemiologischen Fall-Kontroll-Studien? Ein Schema für die Vorgehensweise bei Fall-Kontroll-Studien ist in Abb. 4.2.4 gezeigt. Sofern molekulargenetisch endogene Suszeptibilitätsfaktoren analysiert werden, ist nach dem derzeitigen Wissen davon auszugehen, daß die Bestimmung zu allen Lebenszeiten des jeweiligen Probanden exakt dasselbe Ergebnis bringen würde; damit verlieren die

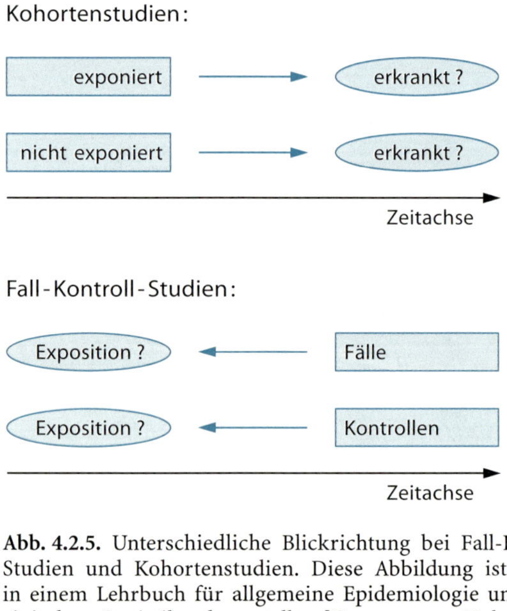

Abb. 4.2.5. Unterschiedliche Blickrichtung bei Fall-Kontroll-Studien und Kohortenstudien. Diese Abbildung ist ähnlich in einem Lehrbuch für allgemeine Epidemiologie und medizinische Statistik dargestellt [Guggenmoos-Holzman u. Wernecke 1996]. Die Fall-Kontroll-Studien zu den erblichen Suszeptibilitätsfaktoren, wie sie hier dargestellt werden, weichen von diesem Schema insofern ab, als bei angeborenen Risikofaktoren die Zeitachse keine Bedeutung hat. Dieses gilt aber nur für die molekulargenetische Analyse von DNA, die darüber hinaus nicht von Tumorzellen stammen darf

beiden in Abb. 4.2.5 gezeigten Zeitachsen ihre Bedeutung und viele Arten systematischer Fehler sind in der Tat zu vernachlässigen.

Die Suszeptibilitätsfaktoren stehen definitionsgemäß nicht am Anfang der Kausalkette zum Krebs (vergl. auch Abb. 4.2.3), dort steht vielmehr die Belastung mit Giftstoffen (oder weiter zurückgehend, biologische oder soziale Faktoren, die den Menschen dazu bringen, sich z. B. als Raucher mit Giftstoffen zu exponieren). Daher müssen Untersuchungen zu den Suszeptibilitätsfaktoren die fachgerechte epidemiologische Bestimmung aller klassischen Parameter der allgemeinen Epidemiologie (Tabelle 4.2.3) beinhalten.

4.2.2.3.1 Phänotypisierung

Zur Phänotypisierung kann eine Testsubstanz verabreicht werden und aus Blut- oder Urinkonzentrationen der Substanz oder deren Metaboliten auf die beteiligten Enzymaktivitäten geschlossen werden (In-vivo-Phänotypisierung). Oder man entnimmt eine Blutprobe und bestimmt in dieser Enzymaktivitäten oder Proteinkonzentrationen (Ex-vivo-Phänotypisierung). Durch Familienstudien müßte geklärt werden, ob die Variabilität in der Bevölkerung erblich bedingt ist. Es gibt jedoch auch ohne Familienstudien schon gute Hinweise: Wenn die interindividuelle Variabilität viel größer ist als die analytische und die intraindividuelle Variabilität (Mehrfachmessungen am Probanden in größeren Zeitabständen) und nicht durch andere Faktoren wie Alter, Körpergewicht, Geschlecht, Krankheiten oder Arzneimittelinteraktionen erklärt werden kann, sind genetische Ursachen wahrscheinlich.

Man wird im nächsten Schritt versuchen, die molekulargenetische Basis der Variabilität zu klären. Damit ist dann die Genotypisierung möglich, also die Zuordnung zu den definierten Gruppen unter Verwendung molekulargenetischer Techniken. Diese ist nicht selten einfacher und für große Bevölkerungsstudien besser geeignet als die Phänotypisierung.

4.2.2.4 Parameter für Risikofaktoren: Relatives Risiko, Odds-Ratio und ätiologischer Anteil

Hier sollen die wesentlichen Meßgrößen eingeführt werden, eine detaillierte Herleitung und Diskussion ist z. B. bei Breslow u. Day [1980, 1987], Kramer [1988], Rothman [1986] oder Schlesselman [1982]

		Krebserkrankung	
		Ja Fälle	Nein Kontrollen
Risikofaktor	Ja	A	B
	Nein	C	D

Abb. 4.2.6. 4-Felder-Tafel zur Auswertung von Kohorten- und Fall-Kontroll-Studien. Feld *A* enthält die Zahl der Personen mit Krebs und mit dem Risikofaktor, Feld *B* die Zahl ohne Krebs, aber mit dem Risikofaktor, Feld *C* die Zahl mit Krebs, aber ohne Risikofaktor und Feld *D* die Zahl ohne Krebs und ohne Risikofaktor. Die Inzidenz einer Erkrankung kann nur bei Kohortenstudien berechnet werden, damit ist dann die Berechnung des relativen Risikos [RR; $RR = (A / (A + B)) / (C / (C + D))$] möglich, während in einer Fall-Kontroll-Studie nur ein Näherungswert des relativen Risikos, die Odds-Ratio ($\text{Odds-Ratio} = A*D / B*C$), berechnet werden kann

gegeben. Auch wenn die Zusammenhänge durch Dosis-Wirkungs-Beziehungen und multiple Einflußfaktoren komplizierter sind, empfiehlt es sich, Konzept und Auswertung von Studien zu Krebsrisikofaktoren zunächst in einfachen 4-Felder-Tafeln zu beschreiben (Abb. 4.2.6).

In Kohortenstudien ergibt sich für die Gesamtgruppe und für die Untergruppen der exponierten und nicht exponierten Personen ein Wert für die Krankheitsinzidenz (Häufigkeit des Erstauftretens pro Bevölkerungszahl und Zeitintervall). Damit kann man auch das tatsächliche relative Risiko berechnen, bei einer Exposition zu erkranken. In Fall-Kontroll-Studien ist es unmöglich, die Inzidenz zu bestimmen, hier ist daher nur die Berechnung eines Schätzwerts des relativen Risikos möglich, der als Odds-Ratio (OR) bezeichnet wird. $OR = 1$ bedeutet, daß der untersuchte Faktor keine Veränderung des Risikos bewirkt, $0 < OR < 1$ läßt auf einen Schutz durch den untersuchten Faktor schließen, während $OR > 1$ auf einen Risikofaktor hinweist.

Beim relativen Risiko und bei der Odds-Ratio muß die epidemiologische Bedeutung von der statistischen Signifikanz unterschieden werden: Bei bedeutsamen Risikofaktoren, wie Zigarettenrauchen für den Lungenkrebs, gilt $OR > 10$, Werte zwischen 1 und 2 können für die Bevölkerung bedeutsam sein (s. ätiologischer Anteil). Derartige Odds-Ratios sollten allerdings in der Regel in großen Studien bestätigt werden, da bei so kleinen Unterschieden die Gefahr von Fehlurteilen groß ist. Die statistische Signifikanz läßt sich aus den 95%-Vertrauensbereichen ablesen. Überschreiten diese den Wert 1, so bedeutet das in Worten, daß es nach Auswertung der jeweiligen Studie auch möglich ist, daß kein Zusammenhang besteht. Alternativ läßt sich die Signifikanz auch als p-Wert angeben, was jedoch den Nachteil hat, daß sich das Ausmaß einer möglichen epidemiologischen Bedeutung nicht aus dem p-Wert ablesen läßt.

Gern gibt man in Fall-Kontroll-Studien auch den ätiologischen Anteil (EF, etiolocial fraction) an, der folgendermaßen aus der Häufigkeit des Risikomerkmals in der Bevölkerung (f) und der Odds-Ratio berechnet wird:

$$EF=f(OR-1)/[f(OR-1)+1] \qquad (4.2.1)$$

Mit Gl. 4.2.1 berechnet man, wieviele Patienten mit einer Krankheit maximal aufgrund des untersuchten Risikofaktors erkrankt sind [Levin 1953]. So hatten wir z. B. für den Harnblasenkrebs aus OR = 1,6 für das Fehlen des entgiftenden Enzyms GSTM1 einen ätiologischen Anteil von etwa 0,24 berechnet, d. h. maximal 24% der Patienten mit Blasenkrebs können diese Erkrankung aufgrund ihres GSTM1-Mangels erworben haben [Brockmöller et al. 1994]. Bei Risikofaktoren, die man beeinflussen kann, kann aus dem ätiologischen Anteil berechnet werden, wie weit sich die Inzidenz einer Krankheit verringern läßt. Auch für den ätiologischen Anteil läßt sich ein 96%-Vertrauensbereich berechnen [Schlesselmann 1982]. Überschreitet dieser den Wert 0, so bedeutet das, daß man nicht ausschließen kann, daß der Faktor kein Risikofaktor ist.

Nicht alle Patienten, die beim Vorliegen eines Risikofaktors eine Erkrankung bekommen haben, haben diese wegen des Risikofaktors bekommen. Der Anteil der Patienten, der die Krankheit tatsächlich durch den Risikofaktor bekommen hat (EF′), wird berechnet als

$$EF'=(OR-1)/OR \qquad (4.2.2)$$

Damit ergibt sich bei OR = 20 (für Lungenkrebs bedingt durch Rauchen) EF′=0,95, d. h. 95% der Raucher mit Lungenkrebs sind aufgrund des Rauchens erkrankt. Ein anderes Beispiel sind der Risikofaktor GSTM1-Defizienz und die Erkrankung Blasenkrebs: Bei OR = 1,6 könnten 37,5% unter den GSTM1-defizienten Patienten mit Blasenkrebs aufgrund ihrer GSTM1-Defizienz erkrankt sein.

4.2.2.5 Fehlerquellen in der molekularen Epidemiologie

4.2.2.5.1 Systematische Fehler

Sackett zählte 1979 immerhin 35 Arten möglicher systematischer Fehler (bias) auf, einige davon sind in den folgenden Absätzen erläutert. Ein Regelwerk zu Planung, Durchführung und Auswertung der Studien soll helfen, systematische Fehler zu vermeiden [Breslow u. Day 1980, Schlesselman 1982]. Dennoch wird man einen epidemiologisch gefundenen Sachverhalt erst dann als bewiesen ansehen, wenn er in mehreren unabhängig voneinander durchgeführten Studien bestätigt wurde. Eine derartige Denkweise unterscheidet sich von der Sicht vieler experimentell arbeitender Wissenschaftler, die davon ausgehen, daß das experimentelle Ergebnis, bei Anwendung eines adäquaten methodischen Verfahrens richtig und reproduzierbar ist.

4.2.2.5.2 Confounding

Confounding bias besteht immer dann, wenn die Krankheitsursache und der vermutete Krankheits-Risikofaktor in Wirklichkeit durch einen dritten gemeinsamen Faktor beeinflußt werden. Erhöhte Enzymaktivitäten bzw. Induzierbarkeit wurden z. B. für das Enzym CYP1A1 bei Patienten mit Lungenkrebs im Vergleich zu Gesunden gefunden [Kellerman et al. 1973]. Da dieses Enzym präkanzerogene polyzyklische aromatische Kohlenwasserstoffe giftet bzw. aktiviert, ging man davon aus, daß die erhöhte Aktivität kausal zur Krebserkrankung beigetragen hat. Jedoch könnte das Rauchen hier eine Confounding-Variable sein, indem es 2 voneinander vielleicht unabhängige Wirkungen entfaltet: Raucher bekommen oft Lungenkrebs und Rauchen führt zur Enzyminduktion; die bei Lungenkrebspatienten gemessene erhöhte Enzymaktivität braucht nicht in der Ursache-Wirkungs-Kette zu stehen.

4.2.2.5.3 Reversed causality bias

Das Verhältnis zwischen epidemiologisch gefundenen Ursachen und Folgen von Krankheiten kann in Wirklichkeit umgekehrt (reversed) sein, als es aus den Daten geschlossen wird. Untersucht man Krebskranke, so läßt sich nicht endgültig differenzieren, ob eine bei der Phänotypisierung gefundene erniedrigte Enzymaktivität Ursache oder Folge des Leidens ist; sie kann durchaus Folge sein.

Gerade wegen derartiger Probleme haben sich die Epidemiologen inzwischen der molekulargenetischen Meßverfahren bedient, um die erblich variablen Enzymaktivitäten zu klassifizieren. Man kann davon ausgehen, daß sich die DNA-Sequenz (außerhalb des Tumorgewebes) weder im Lauf des Lebens noch aufgrund der Krankheit ändert.

4.2.2.5.4 Recall bias

Alle Daten, die man in einer Fall-Kontroll-Studie vom Patienten erfragen muß, können durch fehlende Erinnerung oder unwahre Auskünfte verfälscht sein. Dies kann bedeuten, daß der Patient mit Krebs sich eher an frühere Schadstoffbelastungen erinnert (da er wegen der schweren Erkrankung viel über die möglichen Ursachen nachdenkt) oder daß der Kranke über sozial diskriminierende oder ihm Krankheitsschuld zuweisende Fakten nicht oder unvollständig Auskunft gibt, z. B. über den wirklichen Alkohol- oder Zigarettenkonsum. Diese Probleme machen die Analyse von Ernährungsgewohnheiten als Krebsrisikofaktoren in Fall-Kontroll-Studien fast unmöglich; hierzu muß prospektiv untersucht werden.

4.2.2.5.5 Mögliche Schwachpunkte in der statistischen Bewertung

War zunächst von den systematischen Fehlern die Rede, so sollen hier Probleme dargestellt werden, die zur falschen Einschätzung epidemiologischer Studienergebnisse führen können. Das Risiko zufälliger Fehler der 1. Art, also der Frage, ob das gefundene Ergebnis auch durch Zufall hätte entstehen können, wird in fast allen epidemiologischen Arbeiten berechnet und durch den p-Wert angegeben. Ein p-Wert von 0,05 (als Beispiel) bedeutet, daß 1mal unter 20 gleichartigen Studien das Ergebnis durch Zufall hätte entstehen können; ein derartiges Risiko falsch-positiver Ergebnisse wird allgemein akzeptiert. Das Risiko wird aber unübersehbar größer, wenn u. a. folgende grundsätzliche Überlegungen nicht beachtet werden.

4.2.2.5.6 Publication bias

Bei der zusammenfassenden Auswertung und Anwendung epidemiologischer Studien ergeben sich Verfälschungen daraus, daß einige Studien nicht (oder nur verspätet oder in wenig gelesenen Zeitschriften) publiziert werden, während andere schnell publiziert und zitiert werden. Es werden eher diejenigen publiziert bzw. es werden diejenigen zur Publikation angenommen, die ein interessantes Ergebnis brachten (publication bias). Bei aufwendigen Studien an vielen 100 oder 1000 Probanden werden die Untersucher das Ergebnis immer publizieren können, bei kleineren Studien mit negativem Ergebnis nicht immer. Bei der Bewertung von Studien an kleinen Personenzahlen ist daher besonders an das Problem Publication bias zu denken.

4.2.2.5.7 Analyse bei multiplen Fragestellungen

In einer Untersuchung können mehrere Fragen bearbeitet werden, denn dadurch verringert man die Belastung von Patienten, und Forschungsgelder werden effizienter genutzt. Es muß jedoch bedacht werden, daß alle Hypothesen vor Studienbeginn festgeschrieben und die p-Werte verringert werden müssen (in der einfachsten Rechnungsvorschrift müssen die p-Werte durch die Zahl der Fragestellungen dividiert werden, gilt bei 1 Fragestellung eine Irrtumswahrscheinlichkeit von 5% als akzeptabel, so bei 2 Fragestellungen eine von 2,5%: Bonferroni-Ungleichung). Nachträglich aus den Daten gewonnene Hypothesen können nur in einer neuen Studie bewiesen werden. Bei der Analyse multipler Untergruppen (nach Alter, Geschlecht, Rauchgewohnheiten u. a.) gelten ähnliche Überlegungen.

4.2.2.5.8 Fehlende Festlegung der Forschungshypothesen vor Untersuchungsbeginn

Werden die Hypothesen erstellt, nachdem die Ergebnisse vorliegen, muß man den ungünstigen Fall annehmen, daß, etwas übertrieben ausgedrückt, unendlich viele Hypothesen in Betracht gezogen wurden, und dann wird sich immer ein positives Ergebnis zeigen. Ähnliche Überlegungen gelten auch für Beweise von Zusammenhängen in nachträglich definierten Untergruppen.

4.2.2.5.9 Fehler 2. Art oder: Wieviele Patienten müssen untersucht werden?

Es muß heute gefordert werden, daß vor Studienbeginn berechnet und festgelegt wird, wieviele Patienten untersucht werden (Abb. 4.2.7). Keinesfalls darf eine Studie vor Ende der vorher berechneten Zahl abgebrochen werden, da sich die Zahlenverhältnisse während der Patientensammlung ständig ändern und man versucht sein könnte, bei einer zufälligen, aber interessanten Konstellation einen

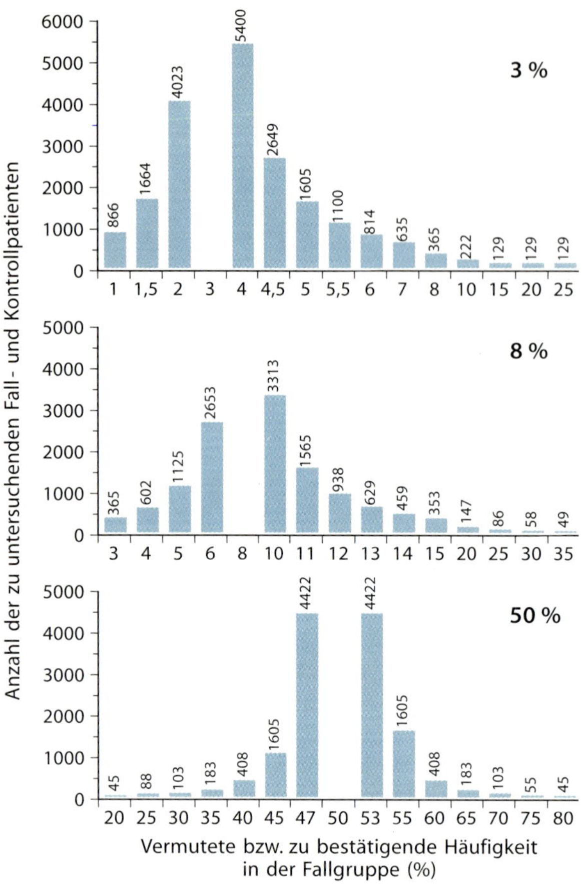

Abb. 4.2.7. Fallzahlabschätzung bei Fall-Kontroll-Studien. Wieviele Patienten (Fälle) und Vergleichspersonen (Kontrollen) in einer Fall-Kontroll-Studie untersucht werden müssen, hängt von der Häufigkeit des Risikomerkmals in der Bevölkerung ab, hier als typische Beispiele gezeigt für 3% (z. B. CYP1A1-Polymorphismen), 8% (z. B. CYP2D6-Polymorphismus) und 50% (z. B. GSTM1-Polymorphismus). Die Fallzahl hängt sowohl von der Differenz, die man erwartet, ab als auch von der Gewißheit, die man haben möchte; konventionsgemäß wird oft ein Fehler 1. Art von 5% (das Problem, aus einer in Wirklichkeit zufälligen Korrelation auf einen tatsächlichen Zusammenhang zu schließen) und ein Fehler 2. Art von 20% (das Problem, einen tatsächlichen Zusammenhang nicht in der Studie zu erkennen) akzeptiert. Wie man sieht, werden die Fallzahlen sehr groß, wenn nur kleine Unterschiede (sowohl Über- als auch Unterrepräsentation) zu erwarten sind. Derartige Berechnungen sollten heute vor Beginn jeder Studie durchgeführt und schriftlich niedergelegt werden. Sofern Informationen etwa aus Untersuchungen anderer existieren, müssen die dort gefundenen Unterschiede, Häufigkeiten und Streuungsmaße bei der Fallzahlplanung berücksichtigt werden. Sofern die erforderlichen Vorinformationen für eine Fallzahlabschätzung fehlen, wird man zunächst eine kleinere Pilotstudie durchführen. Manchmal beruhen scheinbar wiedersprüchliche Ergebnisse in der Epidemiologie lediglich auf einer unzureichenden Fallzahlplanung oder auf einer fehlenden Berücksichtigung des Fehlers 2. Art. Dieser sollte insbesondere bei negativen Studienergebnissen immer angegeben und diskutiert werden

Abbruch zu setzen. Viele der in der molekularen Epidemiologie durchgeführten Studien sind zu klein. Dies gilt besonders für Studien, die ein negatives Ergebnis zeigen. Hier muß berechnet werden, ob die Fallzahl groß genug war, um bestimmte Risiken auszuschließen; Tabellenwerke, Rechenvorschriften oder Computerprogramme hierzu sind allgemein erhältlich [Lemeshow et al. 1990].

4.2.2.5.10 Allgemeine Regeln

Vor Studienbeginn muß alles, was man hofft, zeigen zu können, definiert und schriftlich fixiert werden; das gleiche gilt für Ein- und Ausschlußkriterien, Fallzahl und Auswertungsverfahren. Eigentlich wäre es wünschenswert, wenn Studiendesign und Hypothesen von molekular-epidemiologischen Studien vor ihrer Durchführung publiziert werden würden. Dem steht jedoch manchmal die berechtigte Geheimhaltung eines originellen Studienkonzepts im Weg, da in der Naturwissenschaft eine gute Idee kaum belohnt wird, wenn sie nicht mit experimentellen Daten belegt ist. Aus all den oben angeführten Punkten ergeben sich Richtlinien für methodisch einwandfreie epidemiologische Fall-Kontroll-Studien, einige davon sind in Kapitel 4.2.2.2.4.1 „Molekular-epidemiologische Studien: Einige Regeln“ zusammengefaßt. Damit lassen sich systematische Fehler erheblich reduzieren, aber wegen der oft kaum übersehbaren Komplexität der Zusammenhänge nicht ganz ausschließen.

Die molekulare Epidemiologie vereint chemisch-toxikologisches mit epidemiologischem Wissen. Ohne die molekularen Grundlagenkenntnisse bestünde die Gefahr, daß Hypothesen nachgegangen wird, die in der Kausalität unsinnig oder unwahrscheinlich sind, ohne epidemiologische Kenntnis können in der Studienplanung, Durchführung und Auswertung gravierende Fehler unterlaufen. Zur Bewertung von epidemiologischen Studien sind vielfach Regeln aufgestellt worden, am bekanntesten sind die 10 Hill-Kriterien [Hill 1967]. Demzufolge ist ein epidemiologisch gefundener Zusammenhang um so mehr bewiesen, je mehr Kriterien erfüllt sind.

Tabelle 4.2.4. Zytochrom-P450-Enzyme: metabolisierte Pharmaka, Giftstoffe und Karzinogene

Enzym	Beispiele metabolisierter Arzneimittel	Beispiele metabolisierter Giftstoffe und (Prä)karzinogene
CYP1A1		Benzo[a]pyren und viele andere polyzyklische aromatische Kohlenwasserstoffe
CYP1A2	Koffein, Phenazetin, Antipyrin, Paracetamol, Tacrin, Imipramin	2-Naphthylamin, 4-Aminobiphenyl, 2-Azetylaminofluoren, PhiP, MeIQ, MeIQx, NNK, Trp-P-2
CYP2A6	Coumarin	N,N-Diethylnitrosamin, NNN, Butadien, 4,4'-Methylen-Bis(2-Chloranilin) (MOCA)
CYP2B6	Cyclophosphamid, Phenobarbital	
CYP2C9	Phenytoin, Tolbutamid, Diclofenac, Losartan, S-Warfarin	
CYP2C19	S-Mephenytoin, Diazepam, Omeprazol, Proguanil	
CYP2D6	Debrisoquin, Spartein, Dextromethorphan, Haloperidol, Kodein, Ondansetron	NNK, MPTP
CYP2E1	Chlorzoxazon, Paracetamol, Halothan, Enfluran, Isofluran	Anilin, Benzol, Chloroform, Methylenchlorid, N,N-Dimethylnitrosamin, N,N-Diethylnitrosamin, NNN, NNK, Styren, Vinylchlorid
CYP3A4	Cyclosporin A, Dapson, Erythromycin, Lidocain, Lovastatin, Midazolam, Nifedipin, 17a-Ethinylöstradiol, Kortisol, Chinidin, Tamoxifen, Taxol	Aflatoxin B1, 6-Aminochrysen, 7,8-Dihydroxy-7,8-Dihydrobenzo[a]pyren, MOCA

Glu-P-1 2-Amino-6-Methyldipyridol[1,2-a:3',2'-d]-Imidazol; *MeIQx* 2-Amino-3,8-Dimethylimidazo[4,5-f]-Chinoxalin; *NNN* N-Nitrosonornikotin, *NNK* 4-(Methylnitrosamino)-1-(3-Pyridyl)-1-Butanon; *PhiP* 2-Amino-1-Methyl-6-Phenylimidazo[4,5-b]-Pyridin.

4.2.3 Zytochrom-P450-Enzyme und Krebsrisiko

4.2.3.1 Zytochrom-P450-Enzymfamilie

Alle Zytochrom-P450-Enzyme werden zu einer sog. Enzymfamilie zusammengefaßt, die in Unterfamilien unterteilt wird. Die einzelnen Enzyme weisen sehr unterschiedliche Substratspezifitäten auf [Nelson et al. 1996]. So metabolisieren Zytochrom-P450-1A1 und -1A2 typischerweise die polyzyklischen aromatischen Kohlenwasserstoffe (Tabelle 4.2.2, 4.2.4), Zytochrom-P450-2D6 metabolisiert Pharmaka mit einer sekundären oder tertiären Aminogruppe und einem hydrophoben Molekülteil in 5–7 Å Abstand dazu. Das typische Substrat von Zytochrom-P450-3A4 kann als ein großes, amphiphiles (in einigen Molekülteilen hydrophiles, in anderen lipophiles) Molekül beschrieben werden. Substrate von Zytochrom-P450-4-Enzymen haben die Struktur von Fettsäuren. Es gibt zu den jeweiligen Enzymen beim Menschen Homologe bei Versuchstieren, jedoch kann sich das Substratspektrum in einigen Fällen erheblich unterscheiden (bereits in Abhängigkeit von nur 1 ausgetauschten Aminosäure ändert sich das Substratspektrum von Zytochrom-P450-Enzymen [Lindberg u. Negishi 1989]). Dies ist einer der Gründe, warum die Extrapolation von Daten zur krebserregenden Wirkung von Chemikalien aus Tierexperimenten auf den Menschen schwierig ist.

Ein schon historischer Versuchsansatz, der erklärt, warum man den Zytochrom-P450-Enzymen eine große Bedeutung in der chemischen Kanzerogenese beimißt, ist der Ames-Test [Ames et al. 1973]. Gibt man kanzerogene Chemikalien zu Bakterienkulturen und mißt die Mutationsraten, so findet man – und meist auch nur dann – hohe Mutationsraten, wenn man zugleich Zytochrom-P450-Enzyme hinzugibt (die oft als Zellfraktion aus Rattenleber nach Enzym-induzierender Vorbehandlung gewonnen werden). Diese und ähnliche Experimente bilden eine wesentliche gedankliche Grundlage für die im folgenden geschilderten klinischen Studien.

Die Bedeutung dieser Messungen ist oft kritisch diskutiert worden, insbesondere wird kritisiert, daß sehr hohe Substratkonzentrationen verwendet werden, während für die Konzentrationen, denen der Mensch ausgesetzt ist, Entgiftungskapazität besteht. Außerdem wurden bei diesen Ansätzen oft die detoxifizierenden Einflüsse der Phase-II-Enzyme nicht berücksichtigt.

4.2.3.2 Zytochrom-P450-1A1, -1A2 und -1B1

Die Enzyme Zytochrom-P450-1A1 (CYP1A1), -1A2 und -1B1 metabolisieren polyzyklische aromatische Kohlenwasserstoffe, aromatische Amine und andere kanzerogene Verbindungen. Das Substratspektrum von CYP1A1 und -1A2 ist überlappend: CYP1A2 ist beim Menschen in der Leber lokalisiert und metabolisiert aromatische Amine, heterozyklische Amine und Aflatoxin B1, während CYP1A1 ausschließlich extrahepatisch lokalisiert ist und v. a. polyzyklische aromatische Kohlenwasserstoffe metabolisiert. Shimada et al. [1989] beschrieben, daß von vielen getesteten Zytochrom-P450-Isoenzymen CYP1A2 und -3A4 diejenigen waren, die an der Aktivierung der meisten Präkanzerogene beteiligt waren. Die Einbeziehung dieser Enzymaktivitäten in biochemische Mutagenitätstests führte zu einer eindrucksvollen Zunahme von Toxizität und Mutagenität. Epidemiologische Studien müssen die Bedeutung dieser Befunde für den Menschen belegen.

4.2.3.2.1 CYP1A1 (Abb. 4.2.8)

Eine Fall-Kontroll-Studie [Kellerman et al. 1973] ergab, daß die induzierbare CYP1A1-Aktivität, meßbar an Lymphozyten, in der Fallgruppe Lungenkrebs unerwartet hoch war: 96% unter Krebs- gegenüber 55% unter Kontrollpatienten hatten eine hohe Aktivität. Man folgerte daraus, daß es Individuen gibt, die auf erblicher Basis eine hohe Induzierbarkeit haben und daß diese bei einer Belastung mit Fremdstoffen besonders gefährdet wären, und zwar aufgrund ihrer endogen sehr hohen Toxifizierungsaktivität für Giftstoffe. Die Ergebnisse sind in einer Folgestudie bestätigt worden [Kouri et al. 1982], konnten aber in anderen Studien nicht reproduziert werden [Paigen et al. 1977, Ward et al. 1978]. Alle bisherigen Studien hatten im Vergleich zur Populationsvariabilität der Meßwerte zu kleine Fallzahlen. Schwierig ist darüber hinaus die Interpretation dieser auf dem Phänotyp basierten Studien wegen eines denkbaren Confounding durch Rauchen.

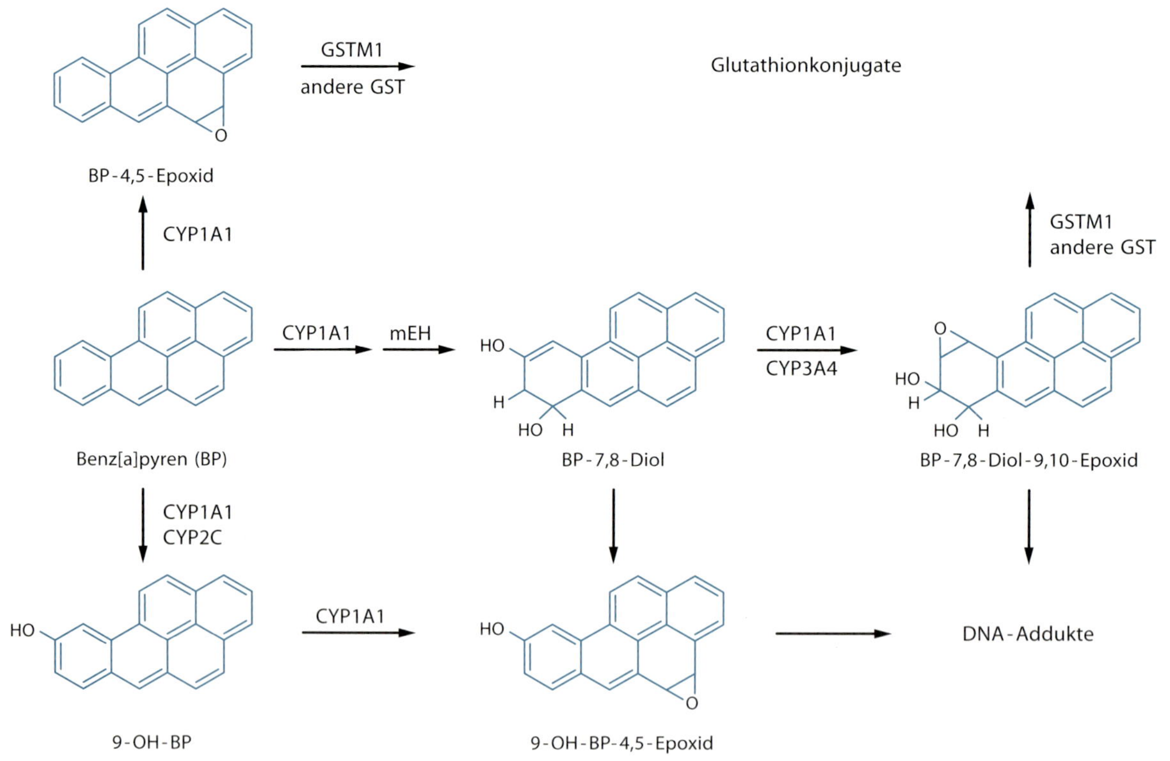

Abb. 4.2.8. Vereinfachtes Schema der Biotransformation von Benzo[a]pyren [Conney 1982]. Benzo[a]pyren kommt regelmäßig in Tabakrauch, Räucherwaren und Gegrilltem sowie häufig in Rauchabgasen vor. Das Molekül selbst ist wenig reaktiv (Prokanzerogen), wenn es nicht durch die Biotransformation in reaktive Metaboliten (ultimale Kanzerogene) umgewandelt wird. An wichtigen Aktivierungsreaktionen ist das Enzym Zytochrom-P450-1A1 (CYP1A1) beteiligt. Die Glutathion-S-Transferase M1 (GSTM1) und die mikrosomale Epoxidhydrolase (mEH) haben entgiftende Funktion, wenngleich auch einige von der Epoxidhydrolase gebildete Diole noch weiter aktiviert werden können

Die zuletzt genannten Probleme wären gelöst, wenn die Varianz der CYP1A1-Aktivitäten molekulargenetisch geklärt und individuell vorausgesagt werden könnte. Nach der Analyse des Strukturgens wurde durch Restriktionsfragmentlängenanalyse mit dem Enzym MspI zunächst ein dem Gen benachbarter Polymorphismus gefunden [Bale et al. 1987, Spurr et al. 1987]. Heute sind 5 Allelvarianten in der Bevölkerung bekannt (Abb. 4.2.9).

Die Zytochrom-P450-1A1-Varianten *2A und *2B sind vielfach bezüglich ihrer Bedeutung, an Lungenkrebs zu erkranken, untersucht worden. Studien aus Japan zeigten eine Erhöhung des Lungenkrebsrisikos mit einer epidemiologisch bedeutsamen Odds-Ratio von 2,8 mit einem 95%-Konfidenzintervall von 1,5–5,4 [Kawajiri et al. 1993]. Studien an Europäern, bei denen diese Mutationen seltener sind, kamen teils zu ähnlichen [Drakoulis et al. 1994], teils aber auch zu widersprüchlichen Ergebnissen. Die Fallzahlen der Studien an Europäern waren jedoch zu klein, als daß diese Frage endgültig hätte beantwortet werden können (wie in Abb. 4.2.6 illustriert, müssen bei einer Populationsfrequenz heterozygoter Träger von CYP1A1*2B von 3% zum Nachweis einer Verdopplung der Häufigkeit je 814 Patienten in der Fall- und Kontrollgruppe untersucht werden). Auch für Japaner sollte der Zusammenhang in weiteren Studien überprüft werden. Es ist zudem noch unklar, welche Mechanismen den epidemiologischen Zusammenhängen zugrundeliegen. Die 6235C-Mutation liegt nicht im kodierenden Genabschnitt und nicht in einer bekannten Genaktivitäts-regulierenden Sequenz, das Allel CYP1A1*2A könnte mit anderen Polymorphismen gekoppelt vererbt werden. Die Valin$_{462}$-Variante könnte mit einer höheren Enzymaktivität einhergehen, immerhin zeigten vorläufige Untersuchungen von Crofts et al. [1994] bei Rauchern eine erheblich höhere Enzymaktivität, wenn die Valinvariante vorlag. Die 5639C-Variante, die nur bei Afrikanern gefunden wird, scheint nach der größten dazu durchgeführten Studie an 144 Lungenkrebspatienten [London et al. 1995] keine große Bedeutung für das Krebsrisiko zu haben. Die Untersuchungen zur funktionellen Bedeutung von CYP1A1*4 [Cascorbi et al. 1996b] sind noch nicht abgeschlossen.

4.2.3.2.1.1 Varianten in der CYP1A1-Genregulation

Die Genregulation der CYP1A-Enzyme ist an anderer Stelle beschrieben [Nebert 1994, Okey et al. 1994]. Zwei Proteine sind von Bedeutung, der Aromatic-hydrocarbon-Rezeptor (Ah-Rezeptor) und der Aromatic-hydrocarbon-nuclear-Translokator,

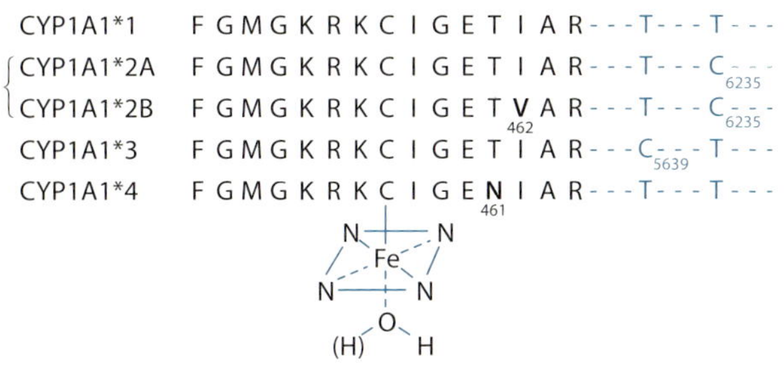

Abb. 4.2.9. Allelvarianten von Zytochrom-P-450-1A1. Polymorpher Aminosäuresequenzbereich bei den CYP1A1-Allelvarianten (1-Buchstaben-Aminosäurekode). Rechts sind darüber hinaus in kursiver Schrift (Nukleinsäurekode!) die T:C-Transitionen dargestellt, die am 5'-Ende außerhalb des kodierenden CYP1A1-Bereichs liegen. Der für die Funktion der Zytochrom-P450-Enzyme essentielle Porphyrinring ist an das Cystein$_{457}$ gebunden; die Aminosäurepolymorphismen (CYP1A1*2B und *4) liegen dem benachbart in einer möglicherweise funktionell wichtigen Position. Die Allelvariante CYP1A1*2A zeigt nach bisherigem Wissen nur eine T:C-Transition im nichtkodierenden Bereich (MspI-Polymorphismus); diese Variante ist leider nicht in allen Studien von der Aminosäurevariante CYP1A1*2B differenziert worden (beide Polymorphismen daher mit einer geschweiften Klammer zusammengefaßt). Die Variante CYP1A1*3 ist bisher nur bei Afrikanern gefunden worden; dieser Polymorphismus liegt ebenfalls im nichtkodierenden Bereich, während die in Berlin [Cascorbi et al. 1996b] gefundene Variante CYP1A1*4, die eine Allelfrequenz von 2,9% aufweist, mit einem Aminosäureaustauch von Threonin zu Asparagin einhergeht

letzterer ist ein Protein, welches den mit dem Liganden beladenen Ah-Rezeptor in den Zellkern transportiert. Bisherige Untersuchungen, hier Aminosäurevarianten zu finden, die die interindividuellen funktionellen Unterschiede erklären könnten, verliefen erfolglos. Bekannt ist ein Arg/Lys$_{554}$-Polymorphismus im Ah-Rezeptor [Kawajiri et al. 1995], die Untersucher haben bislang keine funktionelle Bedeutung und keine Bedeutung für das Lungenkrebsrisiko finden können.

Bemerkenswert sind Experimente mit transgenen Ah-Rezeptor-defizienten Mäusen [Fernandez-Salguero et al. 1995]: Diese Tiere zeigten nicht nur eine fehlende Aktivität der Zytochrom-P450-1A-Enzyme, sondern wiesen auch Immundefekte auf und entwickelten eine Leberfibrose. Die Ursachen dieser Effekte einer Ausschaltung des Ah-Rezeptors sind noch unklar, immerhin mag dies die Verflechtungen des fremdstoffmetabolisierenden Systems mit der intra- und interzellularen Signalvermittlung [Nebert 1994] bestätigen, und sie zeigen die Verknüpfung zwischen Krebs, Autoimmunerkrankungen bzw. Leberzirrhose und möglicherweise anderen degenerativen chronischen Krankheiten.

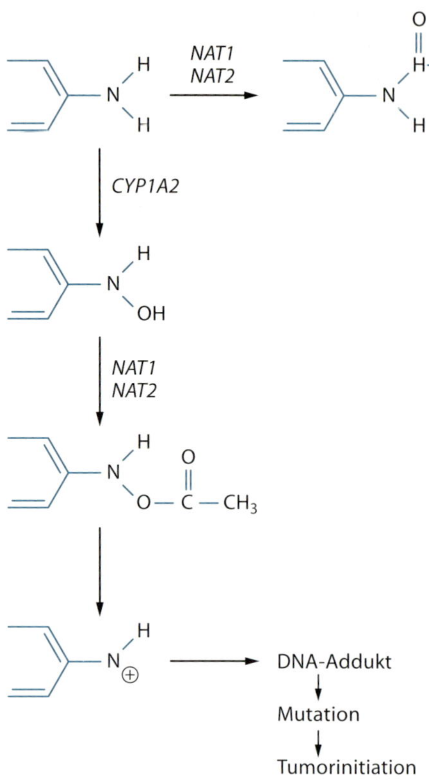

Abb. 4.2.10. Biotransformation aromatischer Amine. Ausschnitt aus den Stoffwechselwegen der metabolischen Aktivierung und Detoxifizierung der aromatischen Amine und deren Oxidationsprodukte, der Hydroxylamine. Viele Arylamine können über *NAT1* und *NAT2* azetyliert oder über *CYP1A2* zu reaktiven Hydroxylaminen oxidiert werden. Im Fall einer Belastung mit 4-Aminobiphenyl entsteht als typisches Fremdstoff-DNA-Reaktionsprodukt das N-(Deoxyguanosin-8-yl)-4-Aminobiphenyl, welches oft durch ineffiziente DNA-Reparatur zu GC:TA-Mutationen führt. Anstelle der DNA können die reaktiven Metaboliten auch mit Proteinen wie dem Hämoglobin reagieren; die Reaktionsprodukte sind dann als Biomarker der Kanzerogenbelastung nachweisbar. Bei niedriger hepatischer NAT2-Aktivität kommt es vermehrt zu CYP1A2-katalyisierter oxidativer Aktivierung, was das erhöhte Blasenkrebsrisiko der langsamen Azetylierer erklären könnte. Die entstehenden Hydroxylamine können ohne Vermittlung von Enzymen mit Protein oder DNA reagieren oder (vermittelt durch die O-Azetylierungsaktivität der N-Azetyltransferasen) zu instabilen N-Azetoxyestern werden, die zu reaktiven Arylnitreniumionen hydrolysieren

4.2.3.2.2 CYP1A2

4.2.3.2.2.1 CYP1A2 und Kanzerogene in unserer Nahrung

Die CYP1A2-Aktivität weist eine große interindividuelle Variabilität auf, die Meßwerte unterschieden sich bis zum 200fachen. Eine hohe Aktivität könnte wegen der CYP1A2-katalysierten Aktivierung (heterozyklischer) aromatischer Amine ein Suszeptibilitätsfaktor für das Kolonkarzinom sein. Aromatischen Aminen ist der Mensch nicht nur durch den Tabakrauch und den Umgang mit Chemikalien ausgesetzt, vielmehr bilden sich Verbindungen wie MeIQx und PhiP (Abb. 4.2.1) regelmäßig bei der Zubereitung von Fleisch in großer Hitze (250°C) [Sinha et al. 1994, Sugimura u. Sato 1983]. Es gibt fundierte epidemiologische Belege, dafür daß der häufige Verzehr von Rind- oder Schweinefleisch mit einem deutlich erhöhten Dickdarmkrebsrisiko verbunden ist [Willett et al. 1990], nur ergeben die epidemiologischen Studien keine Hinweise auf die verantwortlichen Substanzen. Dies könnten experimentell (Ames-Test, Tierversuche) mutagene Verbindungen wie MeIQx oder PhiP sein, die auch vom Menschen regelmäßig resorbiert und überwiegend als Metaboliten renal ausgeschieden werden [Gooderham et al. 1996]; es ist aber damit noch nicht bewiesen, daß sie beim Menschen in den recht niedrigen Konzentrationen tatsächlich krebserregend wirken. Gleichzeitig hat bei hoher Hitze (z. B. Braten) zubereitetes Fleisch eine CYP1A2-Enzym-induzierende Wirkung; das gilt für gegrilltes Fleisch [Conney et al. 1976], aber auch für Zubereitungsformen ohne Kontakt zu Rauch oder Flamme [Gooderham et al. 1996, Sinha et al. 1994], so daß es regelmäßig zu einer gewissen Selbstverstärkung der Toxifizierung kommen könnte. Viel stärker ist aber die Enzym-induzierende Wirkung des Rauchens, so daß man in epidemiologischen Studien eine besonders hohe Kolonkarzinomgefährdung erwarten müßte, wenn Raucher zugleich viel gebratenes Fleisch essen. Es gab schon früher Hinweise auf DNA-Addukte von PhiP bei Rauchern; ob diese wie Peluso et al. [1991] vermuteten, aus dem Zigarettenrauch stammen oder aus dem zubereiteten Fleisch, bleibt unklar.

Die Gefährdung des Menschen durch seine CYP1A2-Aktivität wurde in einer Studie zum Dickdarmkarzinom untersucht [Minchin et al. 1993]. Hier hatten viele Krebspatienten eine hohe CYP1A2-Aktivität, und das Risiko war besonders hoch, wenn die Patienten zugleich schnelle Azetylierer waren, was durch die hohe Kanzerogenität der N-Azetyl-Hydroxylamine erklärt wurde, also der Metaboliten, die durch die konsekutive Einwirkung von Zytochrom-P450-1A2 und N-Azetyltransferase entstehen (Abb. 4.2.10). Man kann diese Studienergebnisse aber noch nicht als endgültig ansehen, einerseits wegen der prinzipiellen Probleme mit Phänotypisierungen an Krebspatienten (u. a. Confounding, Selection bias und Reversed causality bias), andererseits wegen der verwendeten Urinmetabolitenquotienten zur Charakterisierung von CYP1A2.

Urinmetabolitenquotienten zur Charakterisierung der CYP1A2-Aktivität beim Menschen werden erhoben, indem die Personen eine Testdosis von Koffein erhalten und über eine definierte Zeit den Urin sammeln, in dem verschiedene Metaboliten von Koffein gemessen werden. Von einigen Metaboliten weiß man, daß sie spezifisch von CYP1A2 gebildet werden [Butler et al. 1989]. Es sind viele Vorschläge gemacht worden, wie Quotienten aus diesen Metaboliten als Indikatoren der CYP1A2-Aktivität berechnet werden können. Alle hängen jedoch auch von Aktivitäten anderer Enzyme, vom Urin-pH-Wert sowie von der Menge des von der Niere ausgeschiedenen Harns ab. Es ist nach pharmakokinetischen Messungen und Berechnungen sogar möglich, daß einige Urinmetabolitenquotienten diese Einflußfaktoren empfindlicher als die zu messende CYP1A2-Aktivität widerspiegeln [Rostami-Hodjegan et al. 1996, Tang et al. 1994]. Das spielt besonders dann eine Rolle, wenn die erwarteten Unterschiede in der CYP1A2-Aktivität nur gering sind. Dennoch bleibt die Phänotypisierung der CYP1A2-Aktivität mit Koffein das derzeit einzige und beste verfügbare Instrument, wenn sie nicht durch Konzentrationsmessungen im Urin erfolgt, sondern durch Messungen der Koffein-Plasma-Clearance, des Koffeinatemtests oder der Koffein-zu-3-Desmethylkoffein-Quotienten aus Serum- oder Speichelproben [Rost u. Roots 1994, Rost et al. 1992].

4.2.3.2.2.2 Variabilität der CYP1A2-Aktivität: Vernetzung der Einflußfaktoren

Bisher sind keine Polymorphismen im CYP1A2-Gen veröffentlicht worden. In den letzten Jahren fanden sich jedoch mehrere Beispiele dafür, daß die induzierbare Enzymaktivität von Zytochrom-P 450-Enzymen nicht durch genetische Varianzen der Enzyme selbst bedingt ist, sondern durch die intrazellulare Kumulation von Enzyminduktoren. Diese Kumulation ergab sich aus Varianzen in anderen Enzymen oder Transporterproteinen. Den ersten Hinweis dazu gaben Untersuchungen von Rost et al. [1992], die zeigten, daß die durch das Medikament Omeprazol ausgelöste Enzyminduktion von Zytochrom-P 450-1A1 und -1A2 erheblich höher war, wenn ein wichtiges Omeprazol-metabolisierendes Enzym, nämlich Zytochrom-P 450-2C19, erblich bedingt fehlte. Eine weitere Erklärung für erbliche Polymorphismen in der CYP1A1- und wohl auch 1A2-Aktivität, die nicht durch eine Genstrukturanalyse von CYP1A1 herausgefunden werden können, bietet die höhere Induzierbarkeit von Zytochrom-P 450-1A1 in Zellen, denen GSTM1 fehlt. GSTM1 ist ein wichtiges Enzym für die Elimination von polyzyklischen aromatischen Kohlenwasserstoffen (Enzyminduktoren) aus der Zelle. Wie an einigen Beispielen gezeigt wird (Abb. 4.2.11), bedeutet eine offensichtlich erblich bedingte Variabilität in einem Enzymsystem nicht immer, daß das Enzymgen selbst Träger der Variabilität sein muß.

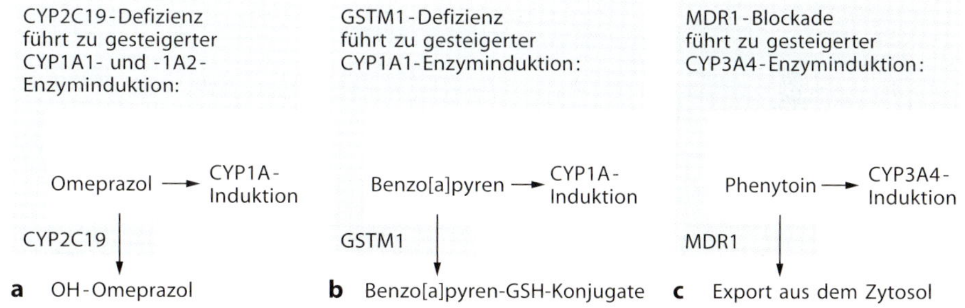

Abb. 4.2.11 a-c. Verflechtungen in der Regulation von Enzymaktivitäten bei der Fremdstoffbiotransformation. Drei Beispiele für die metabolische Vernetzung bei der Genregulation im Fremdstoffmetabolismus, durch die zuvor unerklärte erbliche Varianzen bei CYP1A- und CYP3A-Enzymen erklärt werden können: **a** das Medikament Omeprazol ruft in üblichen therapeutischen Dosen bei einigen Personen eine schwache Enzyminduktion von CYP1A1 hervor, bei anderen eine deutliche. Man könnte als Erklärung an genetische Unterschiede bei CYP1A1 oder dem Ah-Rezeptor denken, in der Tat aber sind Unterschiede in der Elimination von Omeprazol die Ursache [Rost et al. 1992]. Etwa 4% der Bevölkerung scheiden Omeprazol mit einer etwa 10 fach verringerten Geschwindigkeit aus, die resultierenden hohen Gewebskonzentrationen des auch als Enzyminduktor von CYP1A2 wirkenden Omeprazols führen zu einer gesteigerten Enzyminduktion in dieser Gruppe. **b** An Zellkulturen konnte gezeigt werden, daß GSTM1-defiziente Zellen im Vergleich zu GSTM1-aktiven eine vermehrte CYP1A1-Enzyminduktion aufweisen. Dies konnte auf die intrazellulare Kumulation von Benzo[a]pyren und dessen Metaboliten bei GSTM1-defizienten Zellen zurückgeführt werden [Vaury et al. 1995]. **c** Das Ausmaß der induzierbaren CYP3A4-Expression ist interindividuell unterschiedlich. Schuetz et al. [1996] konnten mit verschiedenen zellbiologischen Experimenten plausibel machen, daß dies durch Varianzen in einem Transporterprotein (MDR-1) bedingt sein könnte. Das MDR-1 Protein exportiert die Enzyminduktoren aus den Zellen heraus, so daß bei dessen verminderter Aktivität eine höhere intrazellulare Induktorkonzentration vorliegt

4.2.3.2.3 Schlußfolgerungen und Konsequenzen zu Zytochrom-P450-1A1 und -1A2

Experimentelle Daten weisen auf eine überragende Rolle dieser Enzyme bei der chemischen Kanzerogenese hin, jedoch fehlen klinische Daten zu deren ätiologischem Anteil an der Kanzerogenese. Wäre dieser nachweisbar, so wären Interventionen als sog. Chemoprävention mittels Einnahme von Medikamenten bzw. Nahrungszusatzstoffen möglich, die die metabolische Aktivierung hemmen. So bewirkt Furafyllin beim Menschen eine fast komplette Hemmung von Zytochrom-P450-1A2 durch irreversible Enzyminaktivierung [Boobis et al. 1994, Sesardic et al. 1990]. Man könnte hier zunächst an Studien bei besonders gefährdeten Untergruppen denken, die sich vielleicht über einige Monate erstrecken sollten und bei denen als Zielvariable nicht die Entstehung von Karzinomen ausgewertet werden könnte, sondern intermediäre Parameter der Kanzerogenese, wie mikroskopisch meßbare Zellveränderungen oder Protein- bzw. DNA-Addukte. Die molekularen Polymorphismen waren in einigen Studien so herausragende Risikofaktoren, daß es diese Frage Wert ist, in ausreichend großen (3000–10000 Patienten) Studien abschließend geklärt zu werden. Zur Charakterisierung der CYP1A2-Aktivität sollten Plasma-Clearance-Abschätzungen oder Serummetabolitenquotienten anstelle von Urinmessungen bevorzugt werden.

4.2.3.3 Zytochrom-P450-2D6

In Arzneimittelstudien wurde ein erblicher Polymorphismus dieses Enzyms (Synonyma: Debrisoquinhydroxylase, Sparteinhydroxylase, CYP2D6) gefunden [Ayesh et al. 1984, Eichelbaum et al. 1979]. Etwa 8% der europäischen Bevölkerung weisen eine vollständige Defizienz auf und reagieren auf die vielen von CYP2D6 metabolisierten Arzneimittel (z. B. Antidepressiva, Neuroleptika, einige β-Blocker und einige Antiarrhythmika) entsprechend stärker und länger [Brockmöller u. Roots 1994]. Ohne daß spezifische von CYP2D6 metabolisierte Giftstoffe bekannt waren, wurde nach der Hypothese, daß die meisten Kanzerogene erst durch eine Zytochrom-P450-katalysierte Aktivierung zu den ultimalen Kanzerogenen werden [Ames et al. 1973], vermutet, daß mit dem Polymorphismus Unterschiede im Krebsrisiko einhergehen (Abb. 4.2.12). Die erste große Studie an Lungenkrebspatienten hat ein eindrucksvolles Ergebnis gebracht, unter 245 Krebspatienten waren nur 4 (1,6%) mit (homozygoter) CYP2D6-Defizienz, verglichen mit 21 (9,0%) unter 234 Kontrollen [Ayesh et al. 1984]. In Übereinstimmung damit gab es unter den Krebspatienten auch sehr viele mit einer Homozygotie für das aktive Allel, nach Phänotyp geschätzt, wie damals nicht anders möglich, 78,8% unter den Krebspatienten gegenüber nur 27,8% homozygot-aktiven unter den Kontrollen [Ayesh et al. 1984].

Studie	Fälle	Kontrollen
Lungenkarzinom		
Benitez et al. [1991]	84	143
Caporaso et al. [1989]	89	92
Law et al. [1989]	104	104
Duche et al. [1991]	153	135
Ayesh et al. [1984]	245	234
Roots et al. [1988]	270	270
Shaw et al. [1994]	335	373
Blasenkarzinom		
Roots et al. [1989]	82	328
Cartwright et al. [1984]	122	94
Kaisary et al. [1987]	98	110
Benitez et al. [1990]	125	556
Brockmöller et al. [1996]	374	373

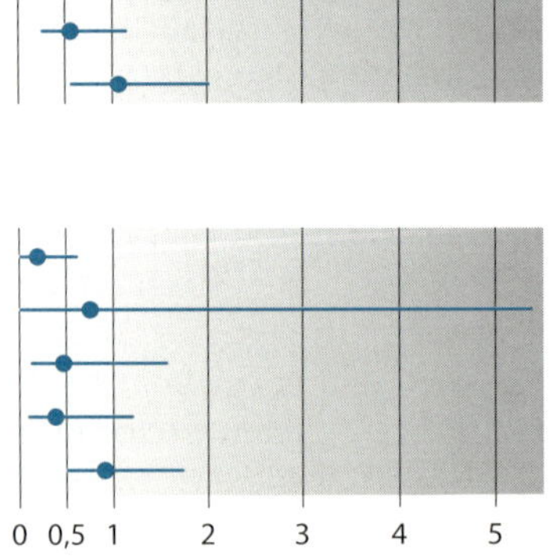

Abb. 4.2.12. Studien zum CYP2D6-Polymorphismus und Lungen- und Harnblasenkrebsrisiko. Die Odds-Ratio ist für jede der zitierten Studien durch einen Punkt dargestellt, der 95%-Vertrauensbereich der Odds-Ratio durch einen waagerechten Balken. Bei den meisten Studien war OR <1, d. h. das untersuchte Merkmal CYP2D6-Defizienz bedeutete einen Schutz vor Krebs. Das Ergebnis einer Studie wird dann als signifikant angesehen, wenn auch der 95%-Vertrauensbereich der Odds-Ratio nicht die Grenze von 1 überschneidet. Die Anordnung der Studien in dieser Abbildung erfolgte nach der Fallzahl in der jeweils kleineren Gruppe (Fälle oder Kontrollen). Als Meßverfahren ist meistens die Phänotypisierung mit Debrisoquin angewandt worden, bei unserer Studie [Brockmöller et al. 1996] ist eine molekulargenetische Typisierung hinsichtlich aller häufigen CYP2D6-Allelvarianten durchgeführt worden

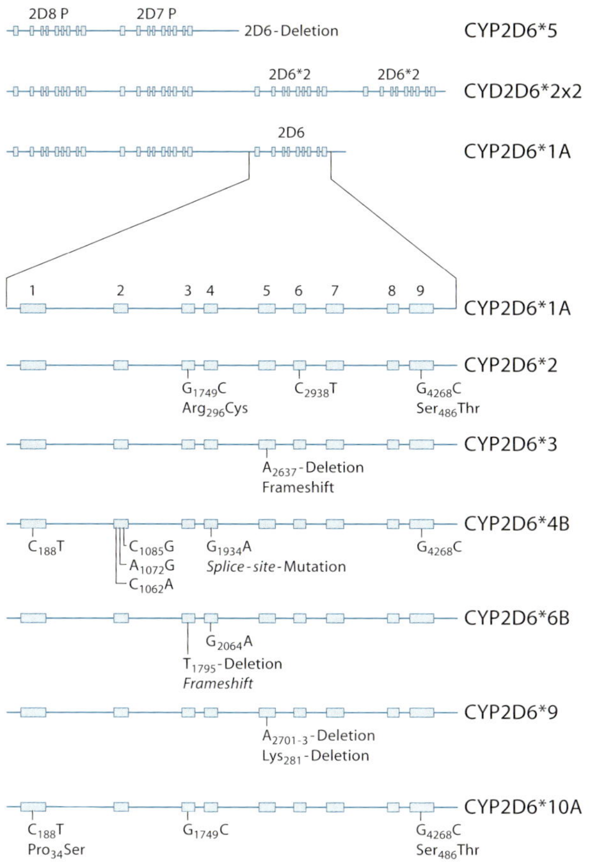

Abb. 4.2.13. Zytochrom-P450-2D6-Allelvarianten. Genstruktur der in Deutschland häufigen Varianten von Zytochrom-P450-2D6 [Daly et al. 1996]. Das Allel CYP2D6*1A ist die Normalform, das Protein-kodierende Gen ist 2D6, daneben gibt es die beiden Pseudogene CYP2D7 und CYP2D8, die in der Evolution durch Genduplikationen entstanden sind. Pseudogene kodieren nicht für ein Protein, sie tragen eine Vielzahl von Funktions-zerstörenden Mutationen. CYP2D6*2x2 ist durch Genduplikation eines aktiven Gens entstanden und mit besonders hoher Aktivität verknüpft. Beim Allel CYP2D6*5 ist es zu einer vollständigen Deletion des funktionellen Gens gekommen. In der Mehrzahl der Varianten existieren kleinere Änderungen gegenüber dem aktiven CYP2D6*1-Allel, die Varianten *3, *4B, *5 und *6B sind funktionell vollständig inaktiv, die Varianten *2, *9 und *10A sind mit reduzierter (intermediärer) Aktivität assoziiert

Heute kennt man mehr als 17 verschiedene Allele von CYP2D6, von denen einige mit gesteigerter, einige mit reduzierter und einige mit vollständig fehlender Aktivität einhergehen [Daly et al. 1996]. Die genetischen Veränderungen bei einigen häufigen in unseren Untersuchungen gefundenen Varianten sind in Abb. 4.2.13 dargestellt.

Obwohl die Mehrzahl der klinischen Untersuchungen (Abb. 4.2.12) zeigte, daß die Defizienz von CYP2D6 ein Schutzfaktor für Lungen- und Blasenkrebs ist, ist diese Frage heute noch nicht endgültig geklärt. Besonders einige Folgestudien an großen Patientenzahlen [Roots et al. 1988, Shaw et al. 1994] zeigten keinen signifikanten Zusammenhang; die Vertrauensbereiche der Odds-Ratios gingen über den Grenzwert von 1 hinweg (Abb. 4.2.12). Wir haben in den letzten Jahren bei einer großen Zahl von Blasenkrebspatienten keinerlei Besonderheiten in der Verteilung der unterschiedlichen Mutationstypen von CYP2D6 gegenüber Kontrollpatienten finden können [Brockmöller et al. 1996]. Möglicherweise sind aber die Studien wegen der unterschiedlichen Schadstoffbelastung nicht vereinbar, indem z. B. die Menge und Art der gerauchten Zigaretten nicht vergleichbar ist.

4.2.3.3.1 CYP2D6 und Lungenkrebs: Kausalität, Koinzidenz oder kein Zusammenhang?

Bei den Tabak-assoziierten Tumoren (z. B. Lungen-, Larynx- und Blasenkarzinom) vermutete man zunächst, daß die Suszeptibilität durch eine erhöhte CYP2D6-abhängige Toxifizierung bedingt sein könnte. Tatsächlich gab es schon früh Befunde eines veränderten Nikotinmetabolismus z. B. bei Blasenkrebspatienten [Gorrod et al. 1974], ohne daß dies je abschließend geklärt worden wäre. CYP2D6 könnte ein dabei beteiligtes Enzym sein, und es gibt schwache Hinweise, daß CYP2D6 am Metabolismus des kanzerogenen Nikotinmetaboliten 4-(Methylnitrosamino)-1-(3-Pyridyl)-1-Butanon (NNK) beteiligt ist [Carmella et al. 1993, Crespi et al. 1991]. Auch das Ergebnis von Kato et al. [1995] mit einer Korrelation der CYP2D6-Aktivität mit 7-methyliertem Guanin in Lungengewebs-DNA verstorbener Raucher könnte eine Beteiligung von CYP2D6 an der Aktivierung von Nitrosaminen bestätigen (Nitrosamine schädigen die DNA durch Methylierung). Andererseits war die Korrelation bei der letztgenannten Untersuchung nicht sehr hoch, und andere Zytochrom-P450-Enzyme zeigen für die Reaktion mit NNK eine höhere Aktivität. Auch ist die Pharmakokinetik von Nikotin und dessen Metaboliten Cotinin nicht vom CYP2D6-Metabolisiererstatus abhängig [Benowitz et al. 1996].

CYP2D6 könnte auch an einer anderen Stelle in der Kausalkette stehen, die schließlich zum Krebs führt. Es könnte eine Beziehung zum Suchtverhalten haben. CYP2D6 wird in verschiedenen Hirnregionen exprimiert und scheint am Metabolismus einiger Neurotransmittermetaboliten beteiligt zu sein. Ob der CYP2D6-Polymorphismus tatsächlich mit Verhaltensänderungen bzw. mit Eß- und Rauchgewohnheiten korreliert, muß noch erhärtet werden. Bisherige Studien dazu [Llerena et al. 1993] haben Schwächen, z. B. ist das zu fordernde Doppelblinddesign nicht dokumentiert. Man postuliert somit, daß es neben den sozialpsychologischen Faktoren auch biologische Varianzen gibt, aufgrund derer einige Menschen stark rauchen. Neben CYP2D6 werden hierbei Polymorphismen in den Nikotin-, Dopamin-, Serotonin- oder Adrenalinrezeptoren in Betracht gezogen. In diesem Sinn argumentierten auch Cholerton et al. [1994], die im Gegensatz zu Benowitz einen verlangsamten Nikotinmetabolismus beim CYP2D6-Defizienten (Genotypisierung) gefunden hatten und vermuteten, daß der langsame Metabolisierer weniger Tabak konsumieren muß, um die erwünschten Nikotinwirkungen zu erzielen.

Eine weitere Hypothese für den Zusammenhang ist die Koseggregation, d. h. die enge chromosomale Nachbarschaft des CYP2D6-Gens zu anderen Krebsgenen. Dann würden Unterschiede in anderen Krebsgenen mit dem CYP2D6-Polymorphismus gemeinsam vererbt werden und das CYP2D6-Gen wäre ein Indikatorgen [Roots et al. 1992]. Analoge Hypothesen sind auch für die CYP1A1-Polymorphismen aufgestellt worden, jedoch bislang weder geprüft noch bewiesen worden.

Wenn die Ergebnisse von Llerena et al. [1993] zutreffen, daß eine CYP2D6-Defizienz mit Persönlichkeitseigenschaften wie Ängstlichkeit einhergeht, könnte das auch bedeuten, daß es zwar viele langsame Metabolisierer unter den Lungenkrebspatienten gab, daß diese jedoch aus Angst häufiger die Studienteilnahme abgelehnt hatten. Dann bestünde kein Zusammenhang zwischen CYP2D6 und dem Krebsrisiko, vielmehr läge ein Fall von Selection bias – vermittelt durch den CYP2D6-Polymorphismus – vor. Das Problem Selection bias ist geringer, wenn nur das Einverständnis zur Genotypisierung, nicht aber zu einer In-vivo-Testung gefordert ist; und das Problem zeigt einen der Gründe, warum man bei epidemiologischen Studien eine möglichst hohe Teilnahmequote anstreben muß.

4.2.3.3.2 Schlußfolgerungen zu Zytochrom-P 450-2D6

Die Zytochrom-P 450-2D6-Defizienz könnte ein Schutz vor Krebs bedeuten, klar erwiesen ist dies aber mit den vorliegenden Studien nicht. Im Gegensatz dazu findet sich eine gute Übereinstimmung bei Studien, die eine Rolle der Defizienz von CYP2D6 als Risikofaktor für Morbus Parkinson zeigen. Dem CYP2D6-Polymorphismus kommt eine zweifelsfrei überragende Rolle bei der Arzneitherapie zu [Roots u. Brockmöller 1996].

4.2.3.4 Zytochrom-P 450-2E1

Zytochrom-P 450-2E1 metabolisiert eine Vielzahl von Lösungsmitteln und kleinmolekularen Chemikalien einschließlich vieler (Prä)kanzerogene (Tabelle 4.2.4) [Guengerich et al. 1991, Koop 1992]. Die Aktivität von CYP2E1 variiert interindividuell sehr weit, und man ist geneigt, darin eine Erklärung für die unterschiedliche Empfindlichkeit gegenüber Gifteinflüssen zu sehen. Dies könnte das Lungen- oder Leberkrebsrisiko bei Schadstoffexposition beeinflussen oder das Risiko, an alkoholbedingter Leberzirrhose zu erkranken.

Man kennt im Gen von CYP2E1 einige erbliche Varianzen, die aber alle in nicht-Protein-kodierenden Sequenzbereichen liegen. Am ehesten funktionell bedeutsam erschien ein Polymorphismus an 2 Nukleotiden im 5′-Bereich, der mit einer verstärkten Expression von Enzym einhergehen könnte, nachdem Hayashi et al. [1991] in gentechnisch manipulierten Zellen (sog. Reportergenkonstrukte) mit der mutierten 5′-Sequenz eine höhere Ableserate gefunden hatten als mit der Normalform.

Soweit die derzeit bekannten Polymorphismen von großer funktioneller Bedeutung sind, müßte man in klinischen Studien eine Korrelation mit dem Metabolismus des CYP2E1-Indikatormedikaments Chlorzoxazon finden; bisherige Studien dazu zeigten jedoch keine [Kim et al. 1995]. Allerdings ist das klinische Studium der CYP2E1-Varianz dadurch kompliziert, daß es sich um ein induzierbares Enzym handelt. Demnach müßte nicht nur die Enzymaktivität standardisiert gemessen werden, sondern auch eine standardisierte Enzyminduktion angestrebt werden, was bisher nicht geschehen ist. Außerdem scheint CYP1A2 auch am Metabolismus der CYP2E1-Testsubstanz Chlorzoxazon beteiligt zu sein [Carriere et al. 1993]. Es gibt eine Reihe von Induktoren und Hemmstoffen für CYP2E1. Unter den Hemmstoffen sind Phenylethylisothiozyanat, welches auch in einigen Gemüsearten (Kresse) vorkommt [Yang et al. 1992], sowie Disulfiram zu nennen, die evtl. für kürzere Zeiträume beim Menschen anwendbar wären, um die Effekte der Chemoprävention zu messen.

4.2.3.5 Zytochrom-P 450-3A-Enzyme

Die Zytochrom-P 450-3A-Enzyme sind am Metabolismus vieler Fremdstoffe einschließlich vieler Kanzerogene (z. B. Aflatoxin B1) beteiligt sowie an der Elimination von etwa der Hälfte aller Medikamente. Man kennt beim Menschen 3 Unterenzyme mit überlappenden Substratspezifitäten: CYP3A4, CYP3A5 und CYP3A7. Die Aktivität von CYP3A4 variiert in der Bevölkerung sehr weit, eine vollständige Defizienz scheint aber extrem selten zu sein. CYP3A5 und CYP3A7 sind zwar regelmäßig in der fetalen Leber exprimiert, aber nur bei einem Teil der erwachsenen Bevölkerung [Schuetz et al. 1994]. Lebergewebsproben mit CYP3A5-Expression oxidierten Midazolam mit höherer Geschwindigkeit als Gewebsproben, die dieses Enzym nicht exprimierten [Kronbach et al. 1989]. Die molekularen Gründe für die variable Expression von CYP3A5 nur bei etwa 30% der Erwachsenen sind unbekannt, hierin könnte ein wichtiger Schlüssel für den erblichen Anteil an der polymorphen CYP3A-Enzymaktivität liegen.

Zum Zusammenhang der interindividuell variablen CYP3A4-Aktivität mit Krebs gibt es nur wenige auf dem Phänotyp basierende Studien. Fleming et al. [1994] fanden, daß Blasenkrebspatienten eine geringe Aktivität hatten; hier wurde die Aktivität ermittelt, indem man Krebs- und Kontrollpatienten ohne Krebs eine Testdosis des Medikaments Dapson gab und aus Urinproben Metabolitenquotienten bestimmte. Das Ergebnis wurde so interpretiert, daß CYP3A-Enzyme einige beim Blasenkrebs beteiligte Kanzerogene zu entgiften vermögen, daß also eine hohe Aktivität von Vorteil ist. Die ungeklärte Kausalität (d. h. ob eine lebenslang niedrige Enzymaktivität eine der Ursachen der Karzinome oder die niedrige Enzymaktivität Folge des Karzinoms war; s. auch Kapitel 4.2.2.5 „Fehlerquellen in der molekularen Epidemiologie") schränkt die Bedeutung des Ergebnisses ein, zumal die CYP3A-Aktivität in der Bevölkerung nicht 2gipflig (wie bei CYP2D6 oder NAT2), sondern 1gipflig verteilt ist. Wesentliche Fortschritte wären hier zu erwarten, wenn die CYP3A-Variabilität molekulargenetisch nachweisbar vorausgesagt werden könnte.

Man hat inzwischen auch molekulargenetisch einen Polymorphismus im CYP3A5-Gen identifiziert [Jounaïdi et al. 1996], es ist aber noch unklar, ob dies einen großen Teil an der interindividuellen Variabilität in den CYP3A-Enzymaktivitäten beim Menschen erklärt. Zusätzlich spielen hier Umwelteinflüsse (endogene oder exogene Enzyminduktoren oder -inhibitoren) eine Rolle, und sehr interessant ist eine Korrelation zwischen der CYP3A4-Enzymaktivität und der Aktivität des P-Glykoprotein-Fremdstofftransporters (MDR1) [Schuetz et al. 1996] (Abb. 4.2.11). Damit ist die Frage der Variabilität von CYP3A-Enzymen zum MDR-1-Fremdstofftransporter verschoben. Eine erbliche Basis der variablen MDR-1-Expression ist nicht bekannt, die Aktivität kann jedoch durch viele Induktoren gesteigert werden und ist ein bedeutsamer Faktor der erworbenen (sekundären) Resistenz gegenüber vielen Zytostatika.

4.2.3.6 Induzierbare Enzyme

Messungen zur genetischen Variabilität von induzierbaren Enzymen sollten einerseits die Variabilität unter der basalen bzw. konstitutiven Expression erfassen, andererseits die Steigerung der Aktivität

Tabelle 4.2.5. Induktion von Zytochrom-P 450-Enzymen

Typische Induktoren	Induzierte Zytochrom-P 450-Enzyme	Weitere koinduzierte Enzyme
Methylcholanthren, polyzyklische aromatische Kohlenwasserstoffe, Omeprazol	Zytochrom P 450 1A1, Zytochrom P 450 1A2, Zytochrom P 450 1B1	NADPH-Chinon-Oxidoreduktase, Glukuronyltransferasen, GSTA-Enzyme
Phenobarbital und andere Barbiturate	Zytochrom-P 450-2A, Zytochrom-P 450-2B	
Äthanol, Azeton, Isoniazid	Zytochrom-P 450-2E1	
Pregnenolon-16a-Carbonitril, Rifampicin, Dexamethason, Phenytoin, Carbamazepin, Clotrimazol	Zytochrom-P 450-3A4	GSTM-Enzyme
Clofibrat, Bezafibrat	Zytochrom-P 450-4A	Diverse Enzyme aus dem Fettsäurestoffwechsel, Katalase, Karnitinazetyltransferase, D-Aminosäureoxidase

nach Gabe definierter Dosen von Enzyminduktoren. Eine Variabilität in der konstitutiven Expression könnte auf erblichen Varianzen in der Enzymaminosäuresequenz beruhen, eine Variabilität in der induzierbaren Expression auf Unterschieden in den Regulationsfaktoren. Auch komplexere Zusammenhänge sind denkbar (Abb. 4.2.11).

Im Fremdstoffmetabolismus existieren Induktoren, die präferentiell Phase-II-Enzyme induzieren (monofunktionelle Induktoren), und solche, die Phase-I- und Phase-II-Enzyme induzieren (bifunktionelle Induktoren) [Prochaska u. Talalay 1988]. Die Induktoren von Zytochrom-P450-Enzymen, die in der Regel zugleich Phase-II-Enzyme induzieren, also bifunktionelle Induktoren sind, kann man in mindestens 5 verschiedene Typen mit unterschiedlicher Enzymspezifität unterteilen (Tabelle 4.2.5).

Da alle induzierbaren Zytochrom-P450-Enzyme an der Toxifizierung von Präkanzerogenen beteiligt sein können (Tabelle 4.2.4), können die bifunktionellen Induktoren theoretisch das Krebsrisiko erhöhen; die aktivierende Rolle von CYP1A-Enzymen für aromatische Amine und polyzyklische aromatische Kohlenwasserstoffe wurde schon dargestellt, Zytochrom-P450-2E1 kann Nitrosamine aktivieren, Zytochrom-P450-3A4 Aflatoxin, und auch die Induktoren von Zytochrom-P450-4A (die sog. peroxisome proliferators) werden nach Tierexperimenten als Tumorpromotoren angesehen. Direkte klinische Beweise, daß beim Menschen die Krebshäufigkeit durch die Induktion von Zytochrom-P450-Enzymen erhöht wird, fehlen jedoch. Es gibt jeweils auch Substrate bzw. Tiermodelle, die eine protektive Rolle der Enzyminduktion zeigen [Watkins 1990]. Die in vielen experimentellen Modellen belegte toxifizierende Rolle der induzierten Enzyme könnte ferner in vivo durch die Koinduktion von Phase-II-Enzymen teilweise kompensiert werden.

4.2.4 Glutathiontransferasen: Enzyme, die vor Krebs schützen?

4.2.4.1 Enzymfamilie der Glutathiontransferasen

Heute sind mindestens 12 verschiedene Glutathiontransferasen beim Menschen bekannt, die in 4 zytosolisch lokalisierte Klassen (α bzw. GSTA, μ bzw. GSTM, π bzw. GSTP, ϑ bzw. GSTT) sowie in 1 mikrosomal lokalisierte Glutathiontransferase eingeteilt werden (Tabelle 4.2.6). Innerhalb dieser Klassen gibt es Unterenzyme, die sich in ihrer Aminosäuresequenz weniger unterscheiden [Mannervik et al. 1992]. In der Krebsforschung ist seit langem die hohe Aktivität bzw. Überexpression von GSTP1 in Krebszellen bereits in frühen Stadien der Tumorentstehung beobachtet worden [Sato et al. 1984]. Dies sind aber erworbene Veränderungen, während der vorliegende Text angeborene und lebenslang bestehende Polymorphismen behandelt. Bei der primären und sekundären

Tabelle 4.2.6. Übersicht über die menschlichen Glutathiontransferasen

Klasse	Allele	Polymorphismen	Substratbeispiele	Bedeutung
α	GSTA*1 GSTA*2 GSTA*3 GSTA*4		Cyclophosphamid, N-Lost, Melphalan, Chlorambucil Linolsäurehydroperoxid	Zytostatikaresistenz
μ	GSTM*1 (*1A und *1B) GSTM*2 GSTM*3 GSTM*4 GSTM*5	Gendeletion 3bp-Deletion	Epoxide von Benzo[a]pyren und Aflatoxin B1	Defizienz bei 50% mit mäßig erhöhter Krebsgefährdung
π	GSTP*1	Aminosäurepolymorphismen	Chlorodinitrobenzol	Zytostatikaresistenz, Überexpression in transformierten Hepatozyten
ϑ	GSTT*1 GSTT*2	Gendeletion	Dichlormethan, Ethylenoxid	Homozygote Defizienz bei 20%, Bedeutung schadstoffabhängig
Mikrosomal			Cumenhydroperoxid	

Glutathiontransferasen existieren im Zytosol als Dimere, die Allelvarianten GSTM1*A und -*B können Heterodimere bilden. Chlorodinitrobenzol ist ein experimentelles Substrat aller Glutathiontransferasen bis auf die der Klasse ϑ

Zytostatikaresistenz spielt die Aktivität von Glutathiontransferasen eine Rolle; Zytostatika wie Cisplatin, Mephalan oder Chlorambucil werden durch Glutathionkopplung inaktiviert, die erworbene Resistenz beruht auf einer Überexpression der Glutathiontransferasen GSTP und GSTA [Hayes u. Pulford 1995].

Neben der Funktion, Fremdstoffe kovalent mit Glutathion zu konjugieren, haben die Glutathiontransferasen auch eine hohe nichtkovalente Bindungsaffinität zu vielen Fremdstoffen [Ketley et al. 1975] und könnten daher für den intrazellularen Transport bzw. die vorübergehende Inaktivierung von Bedeutung sein. Außerdem weisen Glutathiontransferasen eine Peroxidaseaktivität auf (nicht vom Spurenelement Selen abhänig) und sind damit zur Inaktivierung reaktiver Sauerstoffspezies und deren Folgeprodukten fähig. Im folgenden werden die Untersuchungen zu den medizinischen Konsequenzen dargestellt, die sich daraus ergeben, daß die beiden Glutathiontransferasen GSTM1 und GSTT1 bei vielen Menschen nicht existieren. GSTM1 weist hohe Umsatzraten für Epoxide polyzyklischer aromatischer Kohlenwasserstoffe auf, während GSTT1 an der Biotransformation kleinmolekularer Epoxide und halogenhaltiger Lösungsmittel beteiligt ist.

4.2.4.2 Polymorphismus der Glutathion-S-Transferase M1

Etwa die Hälfte der europäischen Bevölkerung hat eine extrem reduzierte Fähigkeit, Substanzen wie Benzo(a)pyren-7,8-Diol-9,10-Epoxid und trans-Stilbenoxid durch Glutathionkopplung zu konjugieren (Abb. 4.2.8). Diese Defizienz einer spezifischen Glutathiontransferase aus der Klasse M (oder μ in der älteren Nomenklatur) ist experimentell mit dem Substrat trans-Stilbenoxid meßbar [Seidegård et al. 1985]. GSTM1 entgiftet auch Aflatoxin B1, ein weltweit bedeutendes Mykotoxin und Kanzerogen.

Seidegård et al. [1988] konnten zeigen, daß die vollständige Defizienz in der GSTM1-Aktivität auf einer Deletion des entsprechenden Gens beruht, die auf einer ungleichen Cross-over-Reaktion im GSTM-Gencluster beruht (GSTM1–5 liegen hintereinander auf Chromosom 1p13.3) [Pearson et al. 1993]. An einer großen Stichprobe konnte gezeigt werden, daß die bimodale Aktivitätsverteilung der GSTM1-Aktivität vollständig durch die Deletionsmutation erklärt ist [Brockmöller et al. 1992]; bis heute fehlt allerdings ein molekulargenetischer Test, um zuverlässig die heterozygot von den homozygot GSTM1-Aktiven zu trennen.

Epidemiologische Studien zunächst am Lungen-, dann am Blasenkarzinom und vielen anderen Tumoren schlossen sich an. Viele Studien existieren v. a. zum Lungen- und Blasenkarzinom, diese werden daher dargestellt (Abb. 4.2.14), so daß man sich aus dem Überblick ein Urteil bilden kann. McWilliams et al. [1995] kamen in einer Übersichtsarbeit zu einer über 12 Studien gemittelten Odds-Ratio von 1,4 (95%-Konfidenzintervall = 1,23–1,61) als Risiko des Defizienten, Lungenkrebs zu bekommen. Der protektive Effekt der GSTM1-Aktivität schien dabei für die verschiedenen Haupttypen des Lungenkarzinoms (kleinzelliges Karzinom, Plattenepithel- und Adenokarzinom) gleichermaßen zu gelten.

4.2.4.2.1 GSTM1-Defizienz und Biomarker für das Krebsrisiko

Für die Glutathion-S-Transferase M1 gibt es eine beinahe lückenlose Indizienkette, die eine Erhöhung der Krebsgefahr bei den 50% der Menschen mit Defizienz zeigt. GSTM1 metabolisiert wichtige krebserregende Substanzen. Im folgenden ist die protektive Rolle von GSTM1 auf verschiedenen Ebenen der Krebsentstehung aufgelistet:

- GSTM1 entgiftet reaktive Verbindungen wie Epoxide von Benzo[a]pyren, anderen polyzyklischen aromatischen Kohlenwasserstoffen und Aflatoxin B1
- GSTM1 entgiftet reaktive Verbindungen, bevor sie im Urin ausgeschieden werden, Mutagenitätstests an Urinproben GSTM1-aktiver Raucher zeigten eine geringere Mutagenität verglichen mit Proben GSTM1-defizienter Raucher im bakteriellen Mutagenitätstest nach Ames [Hirvonen et al. 1994]
- GSTM1 reduziert die Menge der DNA-Addukte im Lungengewebe von Rauchern [Kato et al. 1995, Shields et al. 1993]: DNA-Adduktspiegel bei Rauchern waren höher, wenn die Träger jeweils einen erblichen Mangel an GSTM1 aufwiesen. Bei den Addukten handelte es sich um Reaktionsprodukte polyzyklischer aromatischer Kohlenwasserstoffe mit der DNA-Base Guanin, ein Befund, der dazu paßt, daß GSTM1 die Konjugation von Epoxiden größerer Moleküle, wie der polyzyklischen aromatischen Kohlenwasserstoffe katalysiert
- GSTM1 schützt vor Chromosomenschäden. Lymphozyten GSTM1-aktiver Probanden zeigten weniger Schwesterchromatidaustauschreaktionen

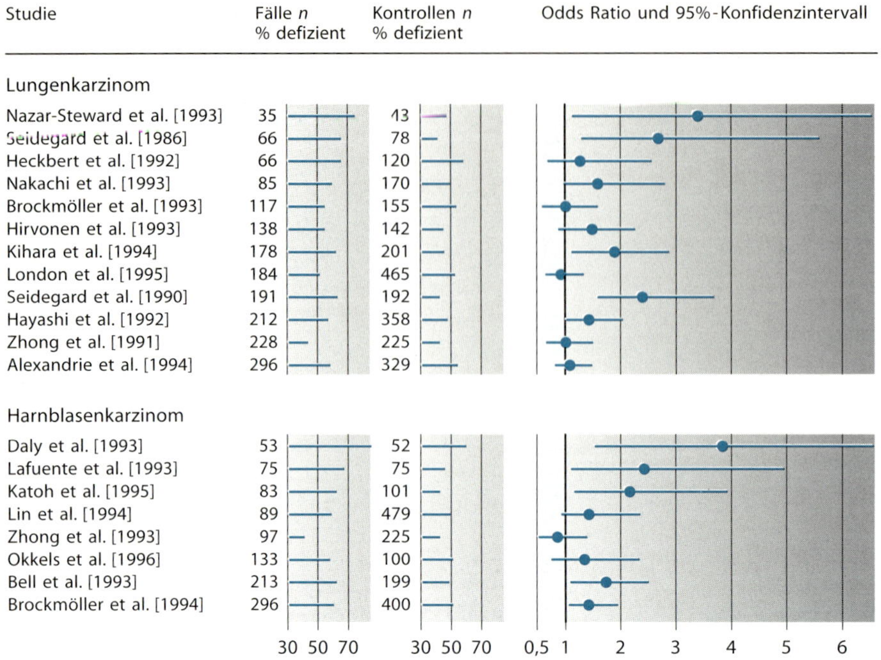

Abb. 4.2.14. Studien zum GSTM1-Polymorphismus im Zusammenhang mit dem Risiko, an Lungen- oder an Harnblasenkrebs zu erkranken. In den beiden Spalten unter *%defizient* ist für die jeweiligen Untersuchungen der Anteil GSTM1-Defizienter dargestellt. Sofern eine genetische Typisierung durchgeführt wurde, haben Personen mit GSTM1-Defizienz auf beiden Chromosomen eine komplette Deletion des GSTM1-Gens. Wie man sieht, liegt der Anteil Defizienter in den meisten Kontrollgruppen bei 50%, in den Fallgruppen oft etwas höher. Mit den Punkten sind jeweils die nicht-adjustierten Odds-Ratios dargestellt, mit den waagerechten Linien die dazugehörigen 95%-Vertrauensbereiche für die Odds-Ratio-Abschätzung. Die Anordnung der Studien in dieser Abbildung folgte der Fallzahl in der jeweils kleineren Gruppe (Fälle oder Kontrollen). Die über alle Studien nach Patientenzahl gewichtete Odds-Ratio beträgt für beide Karzinomtypen ca. 1,3. Man erwartet bei derartigen Metaanalysen, daß die Ergebnisse der Einzelstudien zufällig um diesen Wert streuen. Das ist hier offensichtlich nicht der Fall, was ein Hinweis auf Publication bias sein könnte (s. Kapitel 4.2.2.5.6 „Publication bias"). Bei den Studien, die nur den Phänotyp bestimmt haben, könnte dies auch ein Hinweis auf Reversed causality bias sein (s. Kapitel 4.2.2.5.3 „Reversed causality bias")

verglichen mit GSTM1-defizienten Probanden [Cheng et al. 1995, Wiencke et al. 1990]

- GSTM1 reduziert die Menge von Proteinaddukten im Blut in Aflatoxin-belasteten Gegenden [McGlynn et al. 1995]
- GSTM1-aktive Individuen hatten unter ihren erworbenen p53-Mutationen in Lungen- und Harnblasentumoren weniger Transversionsmutationen im Vergleich zu GSTM1-defizienten Individuen [Ryberg et al. 1994] (eigene Daten)
- GSTM1-aktive Menschen hatten signifikant niedrigere 4-Aminobiphenyl-Hämoglobin-Adduktkonzentrationen verglichen mit Defizienten, möglicherweise vermittelt über Unterschiede in der Enzyminduktion [Yu et al. 1995]
- GSTM1 hat sich in Fall-Kontroll-Studien bei Blasenkrebs als protektiver Faktor erwiesen. Auch vor Lungenkrebs scheint GSTM1 zu schützen (Abb. 4.2.14)
- GSTM1 hat eine erhöhte Zytochrom-P450-1A1-Enzyminduktionsrate zur Folge [Vaury et al. 1995] (Kapitel 4.2.2.2 „Methoden der molekularen Epidemiologie").

Aus all diesen Experimenten und Befunden läßt sich der Schluß ziehen, daß das Enzym GSTM1 die schädlichen Wirkungen von Tabakrauch und einigen anderen krebserregenden Stoffen abschwächen kann.

Wenn man die Mutationen analysiert, die schließlich in den Tumoren gefunden werden, so zeigt sich bei Lungen- [Ryberg et al. 1994] und bei Blasenkrebs [Brockmöller et al. 1996], daß Personen mit GSTM1-Defizienz vermehrt Transversionen aufweisen. Transversionen würden typischerweise aus Fremdstoff-DNA-Reaktionsprodukten mit polyzyklischen aromatischen Kohlenwasserstoffen oder Aflatoxin resultieren, weil diese Addukte wegen ihrer Größe eine korrekte DNA-Reparatur unmöglich machen.

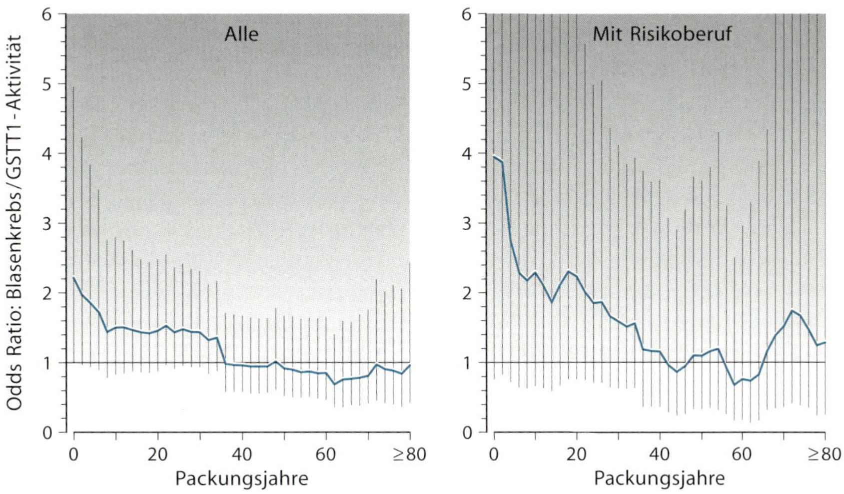

Abb. 4.2.15. GSTT1-Aktivität als Blasenkrebsrisikofaktor in Abhängigkeit von der Belastung durch Tabakrauch. Mit den Odds-Ratios (*dicke Linie*) und den dazugehörigen 95%-Vertrauensbereichen ist dargestellt, wie die Bedeutung des Enzyms GSTT1 sich ändert, je nachdem, ob die Patienten geraucht haben oder nicht. Bei den Nichtrauchern scheint GSTT1-Aktivität eher eine Gefährdung zu bedeuten, bei den stärkeren Rauchern besteht kein Einfluß der GSTT1-Aktivität auf das Krebsrisiko. Wenn sich ein Risikofaktor in Abhängigkeit von einem anderen ändert, spricht man statistisch von einer Interaktion der Risikofaktoren. Dem Bild liegt die eigene Analyse von 365 Blasenkrebs- und 360 Kontrollpatienten zugrunde [Brockmöller et al. 1996]; zur Darstellung wurden gleitend überlappende Gruppen der Breite von 20 Packungsjahren gebildet, die Gruppe über 0 Packungsjahre enthielt nur Nichtraucher, die Gruppe über 20 Packungsjahre beinhaltet alle, die 0–20 Packungsjahre geraucht haben und die Gruppe über z. B. 60 alle diejenigen, die 40–60 Packungsjahre geraucht haben

4.2.4.2.2 Schlußfolgerungen

Die GSTM1-Defizienz geht mit einer mäßig erhöhten Krebsgefahr einher, das ist experimentell und klinisch besser als für die meisten anderen Enzyme der Fremdstoffbiotransformation bewiesen. Es gibt kaum Chemikalien, bei denen GSTM1 eine aktivierende bzw. toxifizierende Rolle spielt (anders als bei GSTT1, s. unten), es gibt eine Vielzahl von Studien zu intermediären Biomarkern der Kanzerogenese beim Menschen, bei denen die GSTM1-Defizienz mit ungünstigeren Werten der Gefährdungsparameter einherging (s. oben), und die epidemiologischen Studien zeigten eine einheitliche Tendenz. In künftigen Studien, die eine deutlich größere Grundgesamtheit erfassen sollten als die bisherigen, sollte die Wechselwirkung mit spezifischen Umweltbelastungen erhärtet werden; dabei ist große Sorgfalt auf die Wahl der Kontrollgruppen zu legen. Auch die Bedeutung der GSTM1-Defizienz in Abhängigkeit vom Ernährungsstatus sollte weiter geprüft werden, dieses Enzym könnte besonders dann eine Bedeutung haben, wenn andere Enzyme aufgrund z. B. eines Mangels an Spurenelementen nicht ausreichend aktiv sind [Grinberg-Funes et al. 1994].

Es gibt viele Hinweise, daß die GSTM1-Defizienz auch für viele andere Krankheiten von Bedeutung ist; so könnte GSTM1 vor chemisch bedingten Schäden am Endothel der Blutgefäße schützen. Auch in arteriosklerotisch veränderten Gefäßen liegen DNA-Addukte vor [Izzotti et al. 1995], so daß es Gemeinsamkeiten in der Entstehung von Krebs oder Arteriosklerose z. B. beim Raucher geben könnte. Prospektive Studien sind daher ein wichtiges Ziel für die Zukunft, um die Bedeutung der GSTM1-Defizienz für den Menschen insgesamt abschätzen zu können.

4.2.4.3 Polymorphismus der Glutathion-S-Transferase T1

Bei etwa 20% der europäischen Bevölkerung besteht eine komplette Enzymdefizienz der Glutathionstransferase T1 (GSTT1), was auf einer homozygoten Gendeletion beruht [Pemble et al. 1994]. Das Enzym GSTT1 konjugiert eine Vielzahl halogenierter Alkane und Epoxide. Mit derartigen Verbindungen sind Raucher regelmäßig belastet. Darüber hinaus kommt es nicht selten zu einer beruflich bedingten Belastung mit halogenierten Lösungsmitteln und Epoxiden.

Die Bedeutung von GSTT1 für den Menschen ist ambivalent. Es gibt einige Chemikalien, bei denen GSTT1 kanzerogen wirkende Glutathionkonjugate bildet, wie z. B. Koob u. Dekant [1991] in einem Übersichtsartikel zusammenfaßten. Bakterienzellen, die mit Dichlor- oder Dibrommethan, also mit $ClCH_2CH_2Cl$ bzw. $BrCH_2CH_2Br$, inkubiert wurden, zeigten dann sehr hohe Mutationsraten, wenn in diesen Bakterien zugleich ein dem menschlichen GSTT1 entsprechendes Enzym exprimiert wurde [Thier et al. 1993]. Bei der Mehrzahl der Fremdstoffe dürfte dieses Enzym jedoch entgiftend wirken. Dies könnte gut an Ex-vivo-Inkubationen von Blutzellen mit Diepoxybutan gezeigt werden: Eine viel höhere Rate an Schwesterchromatidaustauschreaktionen (sister chromatide exchange) fand man bei GSTT1-defizienten Individuen [Wiencke et al. 1995]. Auch entsprechende Messungen als In-vivo-Biomarker ergaben bei einer Defizienz von GSTT1 eine höhere Schädigungsrate; diese war am höchsten bei GSTT1-negativen Rauchern, es folgten GSTT1-positive Raucher, GSTT1-negative Nichtraucher und, mit der niedrigsten Rate, GSTT1-positive Nichtraucher [Schröder et al. 1995].

Epidemiologische Studien mit Krebsinzidenz als Endpunkt zeigten bislang keine eindeutigen Assoziationen zwischen dem GSTT1-Polymorphismus und dem Lungenkrebsrisiko. Beim Harnblasenkrebs wurde eine auffällige Änderung der Rolle von GSTT1 bei den Rauchern im Vergleich zu den Nichtrauchern gefunden: Bei Nichtrauchern führte die GSTT1-Aktivität zu einem erhöhten Krebsrisiko, bei Rauchern war kein Unterschied feststellbar (Abb. 4.2.15). Eine eindrucksvolle Überrepräsentierung von Patienten mit GSTT1-Defizienz wurde beim myelodysplastischen Syndrom gefunden (OR = 4,3 [Chen et al. 1996]); es sollte geprüft werden, inwieweit sich dies in Folgestudien bestätigen läßt.

4.2.5 Enzymatische Azetylierung von Fremdstoffen: Schutz oder Gefahr?

4.2.5.1 Azetylierung von Fremdstoffen

Aromatische Amine, heterozyklische Amine, Hydrazine und N-Hydroxylamine werden beim Menschen von 2 Azetyltransferasen, NAT1 und NAT2, azetyliert. Modellsubstrate der NAT1 sind para-Aminosalizylsäure und para-Aminobenzoesäure, Substrate der NAT2 sind Isoniazid, Hydralazin, Procainamid, Dapson, Sulfamethazin und ein Koffeinmetabolit. Beim Menschen ist die größte Menge der NAT2 in der Leber lokalisiert. Auch NAT1 wird in der Leber exprimiert, jedoch auch in Blutzellen (Erythrozyten und Lymphozyten) sowie im Harnblasenübergangsepithel.

Die Gene beider Azetyltransferasen weisen Polymorphismen auf [Vatsis et al. 1995], dem seit langem bekannten Azetylierungspolymorphismus liegen die Varianzen im NAT2-Gen zugrunde (Abb. 4.2.16).

Nach experimentell-toxikologischen Experimenten ist zur Bedeutung der NAT2-Aktivität für den Menschen nur eine 2seitige Hypothese möglich. Einerseits ist es positiv, hohe NAT2-Aktivität zu haben, weil azetylierte Substanzen als unschädliche Metaboliten ausgeschieden bzw. vor anderen potentiell gefährlichen Metabolisierungsschritten bewahrt werden, andererseits negativ, weil die Azetylierungsprodukte zu reaktiven Verbindungen zerfallen können. Experimentell ließ sich zeigen, daß die Kombination der Zytochrom-P450-1A2-Aktivität mit der NAT2-Aktivität bei einigen Aminen zu einer besonders hohen Kanzerogenität führt [Probst et al. 1992]. Während die N-azetylierten Verbindungen selbst inaktiv sind, bilden sich bei NAT1- und NAT2-katalysierter O-Azetylierung von Hydroxylaminen instabile N-Azetoxyester, die in hochreaktive Nitreniumionen zerfallen. Neben den in Abb. 4.2.10 dargestellten Stoffwechselwegen gibt es viele weitere parallele Wege, bei denen auch andere Konjugationsreaktionen, insbesondere Glukuronidierung und Sulfatierung, beteiligt sein können.

4.2.5.2 Hämoglobinaddukte: Spuren von Kanzerogenbelastung und Detoxifikationsmechanismen

Analysiert man das Hämoglobin humaner Blutproben, so läßt sich bei entsprechender Schadstoffbelastung z. B. durch Rauchen an das Hämoglobin chemisch gebundenes 4-Aminobiphenyl nachweisen [Bryant et al. 1987]; man spricht bei den Reaktionsprodukten von Schadstoffen mit Proteinen oder Nukleinsäuren von Addukten. Derartige Veränderungen betreffen nur eine kleine Menge des Bluthämoglobins und rufen damit keine Krankheitssymptome hervor und sind nicht an der Pathogenese der Krebserkrankungen beteiligt. Sie sind jedoch wichtige Biomarker [Neumann et al. 1995], wobei sie eine Schadstoffbelastung aus ei-

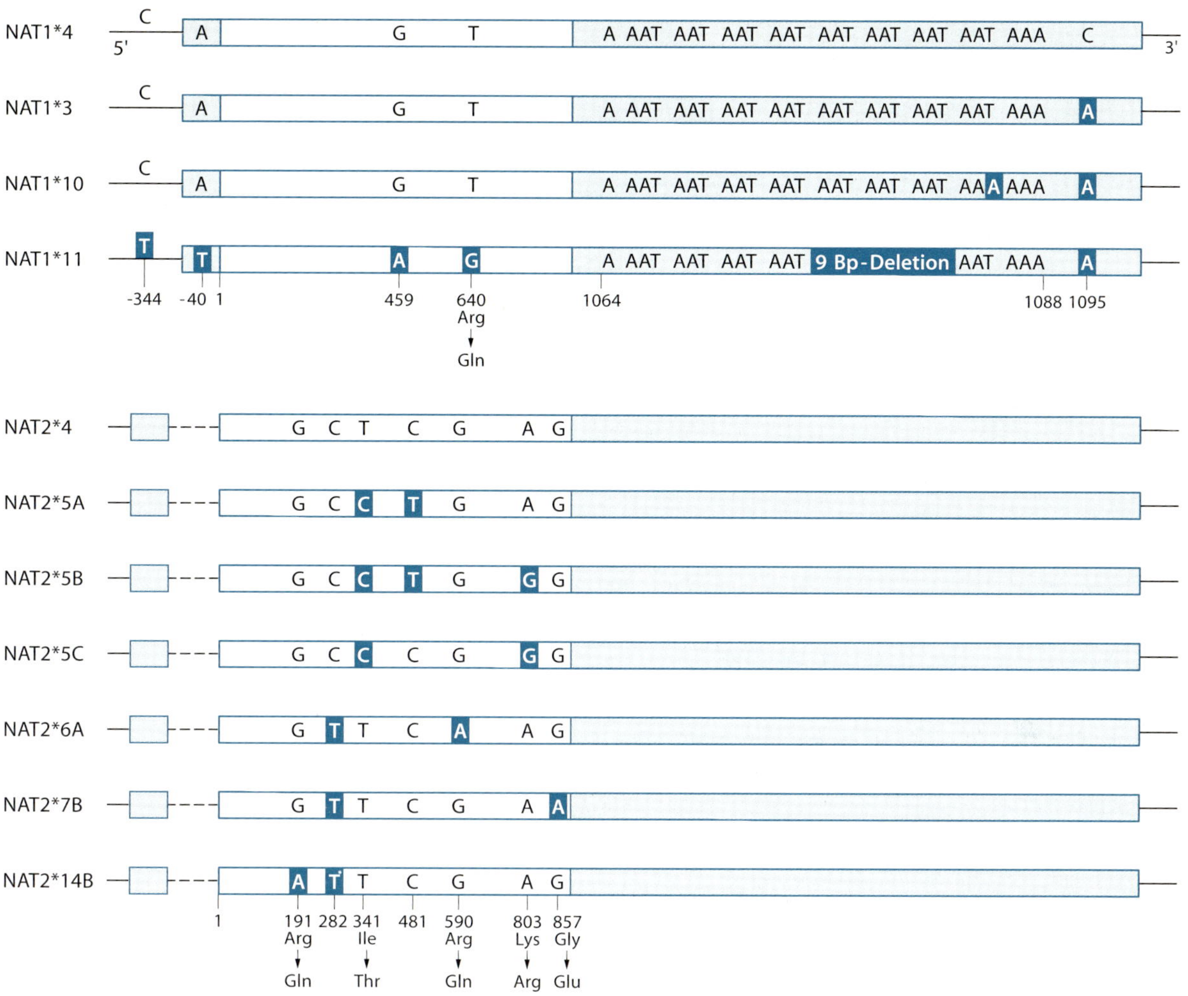

Abb. 4.2.16. Genstruktur der *NAT1* und *NAT2* und der in Europa häufigen Allelvarianten. Beide Gene sind auf der genomischen DNA ohne Introns angeordnet, lediglich eine nicht-translatierte Sequenz von NAT2 ist durch ein Intron von der restlichen kodierenden Sequenz abgetrennt. Die in mRNA überschriebenen, aber nicht in Proteinsequenz übersetzten Bereiche sind *grau* unterlegt dargestellt. *NAT1*4* und *NAT2*4* zeigen jeweils die Genstrukturen der Normalform (Wildtyp) der Arylamin-N-Azetyltransferasen Typ 1 und 2. Die Variante *NAT1*11* scheint mit einer erhöhten Aktivität einherzugehen. Eine möglicherweise erhöhte Aktivität der Variante *NAT1*10* im Zusammenhang mit einer veränderten Polyadenylierungssequenz ist experimentell noch nicht geklärt. Der seit langem bekannte Azetylierungspolymorphismus beruht auf den Allelevarianten am NAT2-Genort. Von allen NAT1- und NAT2-Allelvarianten wird das Enzym exprimiert, jedoch mit veränderter Proteinmenge, Proteinstabilität und Proteinstruktur

nem Zeitintervall von etwa 120 Tagen vor der Blutentnahme widerspiegeln, welches der mittleren Erythrozytenlebensdauer entspricht.

Untersuchungen zur Konzentration der Hämoglobinaddukte ergaben, daß der langsame Azetylierer (meist wurden Typisierungen zur Aktivität von NAT2 durchgeführt) mehr Proteinaddukte aufweist. So fanden Yu et al. [1994] eine mit der Menge an gerauchten Zigaretten steigende Menge an 3-Aminobiphenyl-Addukten mit einem Mittelwert von 2,4 pg/g Hämoglobin bei langsamen Azetylierern im Vergleich zu nur 1,0 pg/g bei schnellen Azetylierern. Dieser Azetyltransferaseeffekt war bei Europäern, Afrikanern und Asiaten gleichermaßen zu sehen.

3-Aminobiphenyl gilt als wenig kanzerogen, ein ähnlicher Zusammenhang wurde aber auch für 4-Aminobiphenyl gefunden. Menschen mit hohen Spiegeln von 4-Aminobiphenyl-Proteinaddukten hatten zugleich auch hohe in vivo erworbene DNA-Adduktspiegel [Talaska et al. 1993], wobei als spezifisches 4-Aminobiphenyl-Reaktionsprodukt das N-(Deoxyguanosin-8-yl)-4-Aminobiphenyl identifiziert werden konnte [Talaska et al. 1991].

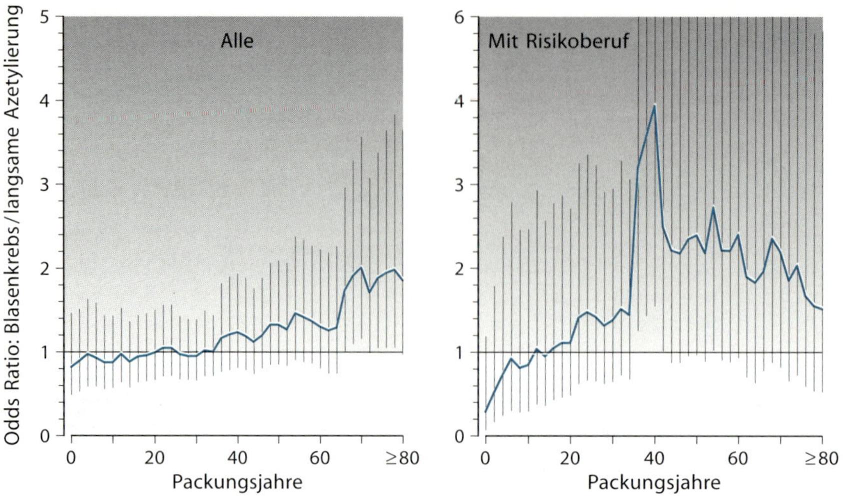

Abb. 4.2.17. Kombinierte Abhängigkeit des Blasenkrebsrisikos vom Erbfaktor langsame Azetylierung und vom Rauchen. Wie man sieht, steigt das Risiko mit zunehmendem Ausmaß des Rauchens; hier ist das zusätzliche Risiko des langsamen Azetylierers dargestellt ist, was zur Risikoerhöhung durch das Rauchen an sich (Odds-Ratio bei Blasenkrebs zwischen 3 und 4) hinzukommt. Rechts sind die Verhältnisse für die Untergruppe derer dargestellt, die in Risikoberufen gearbeitet hatten, in denen man kanzerogenen Chemikalien ausgesetzt sein kann. Wie schon bei Abb. 4.2.15 erläutert, liegt eine statistische Interaktion vor, die im Fall von NAT2 signifikant ist; die Beziehung zwischen einer unabhängigen Variablen (langsame Azetylierung) zur abhängigen Variablen (hier Blasenkarzinomrisiko) ist abhängig von einer weiteren unabhängigen Variablen (hier Rauchen). Man kann in einem derartigen Fall keine mittlere Odds-Ratio angeben, sondern nur Odds-Ratios für nach Rauchintensität untergliederte Gruppen [Brockmöller et al. 1996]

Eine derartige Korrelation zwischen Protein- und DNA-Addukten muß nicht notwendigerweise bestehen, da reaktive Verbindungen schon mit Blutbestandteilen bis zum Verbrauch reagiert haben können, bevor sie die DNA in Geweben erreichen.

Vineis et al. [1994] untersuchten die Reaktionsprodukte bzw. die Addukte von 4-Aminobiphenyl. Sie fanden nur bei einer geringen Tabakrauch-Belastung eine Bedeutung der NAT2-Defizienz. Diese fiel kontinuierlich mit der stärker werdenden Belastung ab. Diese Daten am intermediären Endpunkt Proteinaddukte korrelieren nicht mit den Ergebnissen der Berliner Blasenkrebsstudie (Abb. 5.1.17), bei der eine zunehmende Krebsrisikoerhöhung festgestellt wurde, je mehr die Patienten geraucht hatten. Allerdings sind die Ergebnisse von Vineis et al. [1994] an verhältnismäßig kleinen Fallzahlen gewonnen worden, so daß hier weitere Studien an größeren Zahlen sinnvoll sind.

Interessanterweise fand sich eine positive Korrelation der Blutspiegel der 4-Aminobiphenyl-Addukte nicht nur mit einer niedrigen Azetyltransferaseaktivität, sondern auch mit einer defizienten GSTM1-Aktivität [Yu et al. 1995]. Dies weist auf die Verflechtungen bei der Biotransformation der (Prä)kanzerogene hin (Abb. 4.2.11) und stimmte mit dem in einer großen epidemiologischen Studie gefundenen additiven Blasenkrebsrisiko überein, das sich bei gleichzeitiger GSTM1- und NAT2-Defizienz ergibt [Brockmöller et al. 1996].

4.2.5.3 Arylamin-N-Azetyltransferase Typ 2

Beim Menschen ist seit langem bekannt, daß eine Exposition mit aromatischen Aminen Harnblasenkrebs verursachen kann [Case et al. 1954, Rehn 1895]; das Risiko dafür ist aber von Mensch zu Mensch unterschiedlich. Wenn nun ein Teil der Bevölkerung (ca. 60%) eine erblich bedingt schwache Azetylierungskapazität hat, sollte sich das Krebsrisiko fremdstoffexponierter Personen aus dieser Gruppe von den schnellen Azetylierern unterscheiden. Dies war die Ausgangshypothese für viele Studien zum Zusammenhang zwischen dem Azetylierungspolymorphismus und dem Blasenkrebsrisiko.

Molekular-epidemiologische Studien mit einer manifesten Krebserkrankung als Endpunkt lassen beim Harnblasenkarzinom in guter Übereinstimmung ein erhöhtes Risiko für die langsamen Azetylierer erkennen (Abb. 4.2.18). Viele der durchgeführten Studien waren jedoch ziemlich klein; entsprechend unsicher ist das Ergebnis, wie es sich in den weiten Vertrauensbereichen der Risikoerhöhung (Odds-Ratio) ausdrückt. Der Trend zur langsamen Azetylierung findet sich aber in fast allen

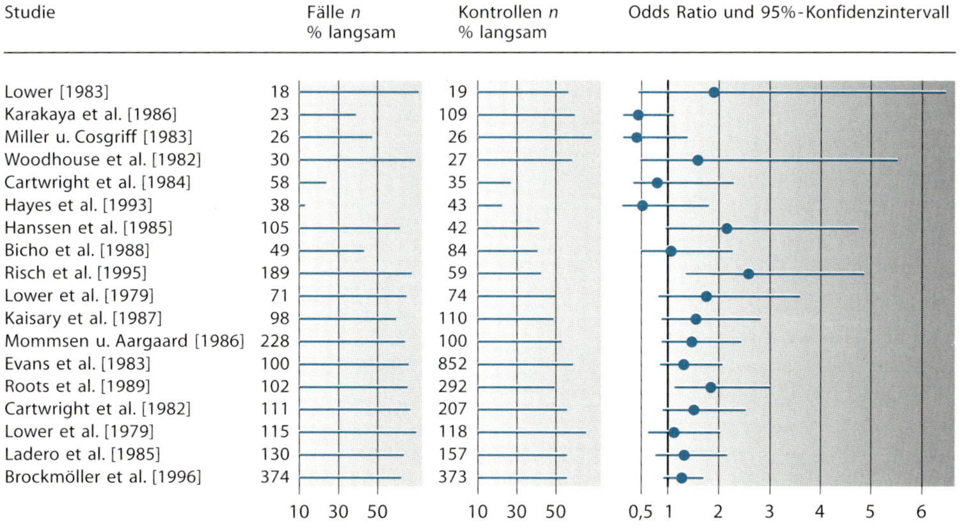

Abb. 4.2.18. Erhöhung des Blasenkrebsrisiko durch NAT2-Defizienz in epidemiologischen Studien. In der Mitte ist der Anteil langsamer Azetylierer in den jeweiligen Studien dargestellt. Obwohl dieser Anteil tendenziell bei den Fällen (Blasenkrebspatienten) höher ist als bei den Vergleichspatienten ohne Krebs (Kontrollen), sieht man auch innerhalb der Fälle und innerhalb der Kontrollen große Unterschiede. Unterschiedliche Meßverfahren sowie unterschiedliche Definitionen des Antimodes können neben einer zufälligen Streuung für diese Unterschiede verantwortlich sein. Rechts ist für jede Studie das Verhältnis von langsamen zu schnellen Azetylierern durch die Odds-Ratio (Punkte) dargestellt; die durch die Punkte laufenden waagerechten Linien bezeichnen die 95%-Vertrauensbereiche, also den Bereich, auf den die Odds-Ratio unter Berücksichtigung zufälliger Fehler in der jeweiligen Studie eingegrenzt werden kann. OR >1,0 bedeuten eine Risikoerhöhung bei NAT2-Defizienz. Die Anordnung der Studien in dieser Abbildung folgte der Fallzahl in der jeweils kleineren Gruppe (Fälle oder Kontrollen). Die Symbolgröße der Marker für die Odds-Ratios entspricht darüber hinaus der jeweiligen Falzahl. Die Studien streuen um eine mittlere Odds-Ratio von ca. 1,3; die Streuung wurde geringer und die Vertrauensbereiche enger, je mehr Patienten untersucht wurden

Studien, was den Zusammenhang erhärtet. Gemittelt über viele Studien auf der Basis des Phänotyps wurde eine Odds-Ratio von 1,3 gefunden [Idle 1991], ein Wert, der verglichen mit typischen Odds-Ratios von 10–20 für das Rauchen als Risikofaktor für Lungenkrebs recht niedrig ist. Der Wert von 1,3 stimmt aber relativ gut mit dem überein, was in einer einzelnen großen Studie basierend auf molekulargenetischen Analysen gefunden wurde [Brockmöller et al. 1996] und hat wegen der Häufigkeit der langsamen Azetylierung epidemiologische Bedeutung (s. ätiologischer Anteil).

Die Enzyme des Fremdstoffmetabolismus sind Suszeptibilitätsfaktoren, die das Risiko im Zusammenwirken mit anderen Faktoren erhöhen. Wie in Abb. 4.2.17 gezeigt, ist die langsame Azetylierung beim Raucher ein zusätzlicher, über das Rauchen selbst hinausgehender Risikofaktor, beim Nichtraucher hingegen ist die langsame Azetylierung kein Risikofaktor.

Die langsame Azetylierung ist v. a. dann ein Risikofaktor für Blasenkrebs, wenn zusätzlich eine exogene Belastung durch berufliche Schadstoffe oder Tabakrauch vorliegt. Hein faßte bereits 1988 für Populationen mit beruflicher Belastung eine Odds-Ratio von 1,5 (95%-Konfidenzintervall = 1,2 - 1,7) für das Risiko langsamer Azetylierer, Blasenkrebs zu bekommen, zusammen. Dies wird durch eigene Untersuchungen bestätigt [Brockmöller et al. 1996]. In der Untergruppe der beruflich belasteten Personen ist das höchste der NAT2-Defizienz zuzuschreibende Risiko bereits bei mäßigen Rauchern (40 Packungsjahre, entspricht beim durchschnittlichen Ersterkrankungsalter von 65 Jahren etwa 1 Packung/Tag) erreicht.

Ist eine hohe NAT-Aktivität somit als Gefahr anzusehen? Es existieren einerseits konsistente Daten aus Studien mit Biomarkern und an Blasenkrebspatienten, daß die Azetylierungsaktivität protektiv wirkt, andererseits deuten einige oft zitierte Studien darauf hin, daß beim Kolonkarzinom eine hohe Azetylierungsaktivität gefährdend ist (Abb. 4.2.19). Diese Studien schlossen allerdings nur außerordentlich kleine Patientenzahlen ein und in 2 der Studien gab es einen ungewöhnlich hohen Anteil langsamer Azetylierer in den Kontrollgruppen [Roots et al. 1992]. Eine epidemiologisch gut konzipierte Studie mit molekulargenetischer Analyse und mit einer angemessenen Zahl an Fällen und Kontrollen (447 Patienten mit

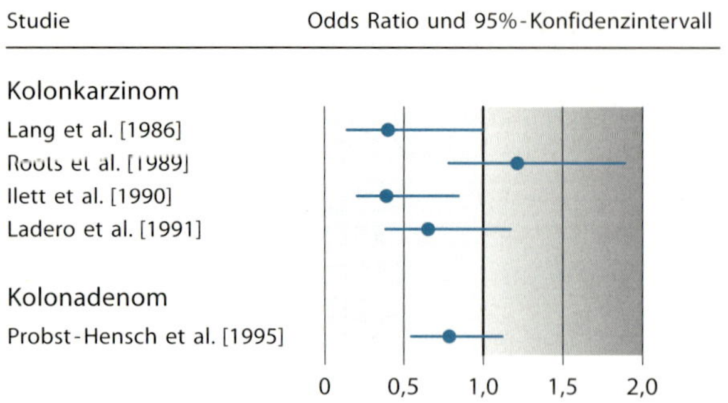

Abb. 4.2.19. NAT2-Defizienz als möglicher Schutzfaktor vor Kolonkarzinom in epidemiologischen Studien. Obwohl es nach einigen Studien scheint, daß die NAT2-Defizienz ein Schutzfaktor für Kolonkarzinom ist, ist dies keineswegs sicher. Die Studien waren sehr klein und die einzige größere Studie führte zu keinem signifikanten Unterschied

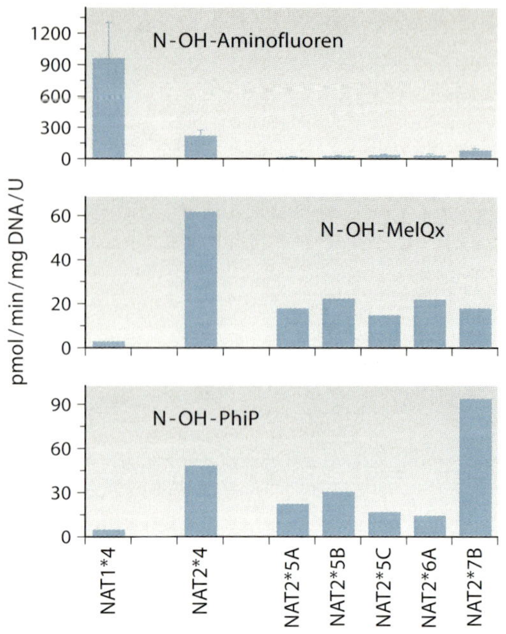

Abb. 4.2.20. Metabolische Aktivierung durch NAT1, NAT2 und NAT2-Allelvarianten. Rate der DNA-Schädigung durch Azetylierung der CYP1A2-aktivierten Metaboliten von Aminofluoren, MeIQx und PhiP (vgl. auch Abb. 4.2.1). Die Azetylierung wird durch die verschiedenen mutanten Allele von NAT2 sowie durch die Normalform von NAT1 vermittelt. Wie man sieht, sind die mutierten Allele (5A, 5B, 5C, 6A, 7B; Aminosäuresequenzen in Abb. 4.2.16) durchaus an der metabolischen Aktivierung beteiligt, Mutation scheint hier also nicht den Verlust einer Detoxifikation, sondern eine Zunahme der toxifizierenden Aktivität zu bedeuten. Soweit die hier illustrierten Daten von Hein et al. [1994] keine Balken für die Standardabweichung aufweisen, sind es Einzelmessungen

Kolonadenom, als Vorstufe zum Karzinom anzusehen) zeigte keinen Unterschied (Odds-Ratio von 1,08 für schnelle Azetylierung [Probst-Hensch et al. 1995]). So bleibt für die Azetylierungsreaktionen beim Kolonkarzinom, daß eine hohe Aktivität besonders in Kombination mit einer hohen CYP1A2-Aktivität experimentell zwar gefährdend sein könnte [Probst et al. 1992], daß die wirkliche Bedeutung dieser Enzymkonstellationen für den Menschen aber noch weiter untersucht werden muß.

Bei allen erblichen Polymorphismen wird einerseits vermutet, daß sie sich in der Evolution entwickelt haben, da beide Eigenschaften je in bestimmten Situationen von Vorteil sind, andererseits könnte man einen Vorteil der Heterozygoten vermuten, die bei Erbgängen wie dem NAT2- und dem GSTM1-Polymorphismus den größten Anteil in der Bevölkerung ausmachen. Eigene Untersuchungen [Cascorbi et al. 1996a] zeigten ein hohes Risiko sehr schneller Azetylierer (homozygot aktiv), an Lungenkrebs zu erkranken, während zwischen den heterozygot und den homozygot Defizienten kein Unterschied bestand.

4.2.5.3.1 Bedeutung der Azetyltransferaseaktivität für den Menschen

- Protektive Wirkung
  - Nach epidemiologischen Daten schützt die NAT2-Aktivität vor Tabakrauch-bedingtem Harnblasenkarzinom
  - Nach epidemiologischen Daten schützt die NAT2-Aktivität vor Arylamin-ausgelöstem Harnblasenkarzinom (Abb. 4.2.17)
  - Die Konzentrationen von 3- und 4-Aminobiphenyl-Hämoglobin-Addukten bei Rauchern sind niedriger in der Untergruppe der schnellen Azetylierer verglichen mit den langsamen Azetylierern
  - Die Konzentrationen von Anilin-Hämoglobin-Addukten waren in der Untergruppe der schnellen Azetylierer erheblich niedriger als bei den langsamen Azetylierern (berufliche Exposition [Lewalter u. Korallus 1985])
  - Nebenwirkungen azetylierter Arzneimittel (Hydralazin, Procainamid, Salazosulfapyridin) scheinen beim schnellen Azetylierer seltener als beim langsamen Azetylierer aufzutreten [Evans 1992]
- Unentschiedene oder noch ungeklärte Wirkung
  - Epidemiologische Daten zum Kolonkarzinom (Abb. 4.2.19)
- Schädigende bzw. toxifizierende Wirkung
  - Experimentell bei einer Koinkubation mit CYP1A2-Aktivität und Arylaminen [Probst et al. 1992]

- Sehr hohe Aktivität (Homozygotie im NAT2*4-Allel) scheint ein Risikofaktor für Lungenkrebs zu sein [Cascorbi et al. 1996a].

4.2.5.4 Arylamin-N-Azetyltransferase Typ 1

Es besteht die Hypothese, daß diese überwiegend extrahepatisch lokalisierte Arylamin-N-Azetyltransferase Typ 1 (NAT1) oft eine toxifizierende Rolle spielt. Zu den Substraten von NAT1 (Abb. 4.2.1) gehören u. a. 2-Aminofluoren, Benzidin, 4-Aminobiphenyl und 2-Naphthylamin. Die Funktion der heute bekannten Allelvarianten von NAT1 (Abb. 4.2.20) ist noch nicht abschließend geklärt. Die Variante NAT1*10 schien zunächst mit einer erhöhten Aktivität assoziiert [Badawi et al. 1995, Bell et al. 1995a, b]. Diese Ergebnisse sind jedoch nicht gut abgesichert, da sie nur auf einer kleinen Zahl von Messungen beruhen. Die Variante NAT1*11 weist gegenüber den anderen 3 NAT1-Allelen etliche Änderungen auf (Abb. 4.2.16), geht wahrscheinlich mit einer erhöhten Aktivität einher und scheint bei Blasenkarzinom überrepräsentiert zu sein [Cascorbi et al., pers. Mitteilung].

4.2.5.5 Schlußfolgerungen zu den Azetyltransferasen

Die Bedeutung einer hohen Azetyltransferaseaktivität für den Menschen ist ambivalent, je nachdem, welchen Substanzen der Mensch ausgesetzt ist und in Abhängigkeit vom Organ, das man betrachtet. Die Rolle der langsamen Azetylierung (NAT2-Polymorphismus) als Risikofaktor für den Blasenkrebs ist gut gesichert; dies betrifft aber nur diejenigen Patienten, die beruflich Schadstoffen ausgesetzt oder Raucher waren. Beim langsamen Azetylierer fanden sich höhere Konzentrationen an Reaktionsprodukten (Addukten) von 4-Aminobiphenyl mit Hämoglobin im Vergleich zu schnellen Azetylierern. In einigen klinischen Studien zum Kolonkarzinom ist ein erhöhtes Risiko des schnellen Azetylierers beschrieben worden, in anderen darüber hinaus eine synergistische Gefährdung bei gleichzeitig hoher CYP1A2-Aktivität. Dies stimmt mit dem experimentellen Wissen gut überein, muß aber noch durch weitere und größere epidemiologische Studien erhärtet werden.

4.2.6 Weitere Enzyme, die das Krebsrisiko beeinflussen können

Die in den letzten Kapiteln genannten Enzyme sind oft untersucht worden, einerseits, weil ihre Substrate oder Produkte in der chemischen Kanzerogenese eine wichtige Rolle spielen könnten, und andererseits, weil es unter den Menschen genetisch bestimmte Gruppen mit hoher und niedriger Aktivität gibt, so daß der Wissenschaftler gewissermaßen nur ein Experiment der Natur auszuwerten brauchte um die Rolle dieser Enzyme bei Schadstoffbelastungen zu verstehen. Vom biochemisch-toxikologischen Standpunkt gibt es viele weitere Enzyme, die ebenfalls klinisch untersucht werden müßten. Dazu gehören auch alle Enzyme, die an der Generierung oder Elimination reaktiver Sauerstoffspezies oder an der Freisetzung von NO beteiligt sind, und viele weitere Enzyme aus dem Phase-II-Stoffwechsel. Schließlich müssen auch Varianzen in Proteinen untersucht werden, die als Transporter Fremdstoffe binden oder über Zellgrenzen transportieren. Ferner müssen Varianzen in intrazellularen Regulationsproteinen und in Hormonrezeptoren untersucht werden.

4.2.6.1 Fremdstofftransport: Bindungsproteine und transmembranäre Pumpen

Nach der Biotransformation müssen die Metaboliten über Zellmembranen hinweg transportiert werden, was durch deren hydrophile Natur nur selten ohne Vermittlung spezifischer Transportsysteme abläuft. Zu den Transporterproteinen zählt das P-Glykoprotein (MDR1-Genprodukt), welches reaktive chemische Verbindungen aus Zellen exportiert und eine der Ursachen von Zytostatikaresistenzen ist, andererseits aber vielleicht auch normalerweise reaktive Fremdstoffe aus epithelialen Zellen heraustransportiert [Clifford et al. 1996]. Zu diesen Transporterproteinen gehört auch ein weiteres sog. Multidrug-resistance-Protein (MRP), das identisch mit der von Ishikawa 1992 als GS-X bezeichneten Glutathionkonjugatpumpe ist und besonders gut die Glutathionkonjugate, aber auch weitere Fremdstoffe (größere organische anionische Moleküle) aus den Zellen exportiert. Die Aktivität dieser Arzneimitteltransporter ist interindividuell recht variabel, was teils durch Enzyminduktion und Genamplifikation bedingt ist; über erbliche Polymorphismen ist noch wenig bekannt. Beide Proteine, MDR und MRP, sind bisher überwiegend als Transporter von Zytostatika bzw. Glutathionkonjugaten elektrophiler, die DNA-angreifender Zytostatika untersucht worden.

4.2.6.2 DNA-Reparatur und Immunabwehr

Neben den erblichen Varianzen im Fremdstoffmetabolismus existieren auch erbliche Varianzen in den Enzymen, die an der DNA-Reparatur beteiligt sind. Diese werden hier nicht dargestellt, obwohl sie zweifelsfrei für die Tumorinduktion von Bedeutung sind. In Zukunft sollten derartige Polymorphismen auch gemeinsam mit den hier besprochenen Varianzen untersucht werden, um synergistische Gefährdungen zu identifizieren. Ferner kommt dem Immunsystem bei der Tumorentstehung eine Rolle zu; auch im Immunsystem gibt es große Unterschiede zwischen den Menschen (Immunogenetik).

4.2.6.3 Epoxidhydrolasen

Seit langem werden Varianzen in der Detoxifikation von Epoxiden als Suszeptibilitätsfaktoren für Krebs oder Arzneimittelnebenwirkungen verdächtigt [Buehler 1990, Spielberg et al. 1981]. Die Entdeckung von Aminosäurepolymorphismen bei der mikrosomalen Epoxidhydrolase [Gaedigk et al. 1994, Hassett et al. 1994] ist demnach ein wichtiger Fortschritt in dieser Forschungslinie. Zwei Aminosäurepolymorphismen in der mikrosomalen Epoxidhydrolase (mEH) sind häufig, beide sind jedoch nur mit geringen Aktivitätsänderungen verbunden. Nach eigenen Messungen könnte die Arginin$_{139}$-Variante der mEH mit einer erhöhten Ex-vivo-Aktivität verknüpft sein, was mit den Befunden übereinstimmt, die Hassett et al. [1994] in transfizierten Zellen erhoben hatten. Beide Varianten waren keine signifikanten Prädiktoren des Blasenkrebsrisikos [Brockmöller et al. 1996]. Die Histidin$_{113}$-Variante der mikrosomalen Epoxidhydrolase (Wildtyp: Tyrosin113) war in einer Fall-Kontroll-Studie an Patienten mit Aflatoxin-B1-assoziiertem Leberkarzinom überrepräsentiert und schien in einer Querschnittuntersuchung mit erhöhten Aflatoxin-B1-Albumin-Adduktspiegeln assoziert [McGlynn et al. 1995]. Andere Autoren haben die Polymorphismen der mikrosomalen Epoxidhydrolase im Hinblick auf Nebenwirkungen von Arzneimitteln, in deren Metabolismus Epoxide auftreten, untersucht [Gaedig et al. 1994, Green et al. 1995]. Hier wurde bislang keine enge Korrelation gefunden.

4.2.6.4 NADPH-Chinon-Oxidoreduktase

Die NADPH-Chinon-Oxidoreduktase, zunächst auch als DT-Diaphorase bezeichnet, reduziert Chinone und Azofarbstoffe. Sie vermag in vitro die Bildung von DNA-Addukten aus Benzpyrenmetaboliten mit Chinonstruktur wie z. B. BP-1,6-Chinon oder BP-3,6-Chinon zu verhindern [Joseph u. Jaiswal 1994]. Mit einer Allelhäufigkeit von ca. 30% wurde in der europäischen Bevölkerung eine Variante (Prolin$_{187}$-Serin) gefunden, die mit einer verminderten Aktivität [Traver et al. 1992] und in vitro außerdem mit einer verminderten Wirksamkeit von Zytostatika wie Mitomycin C einherging. Es muß noch in Folgestudien untersucht werden, welche funktionellen Konsequenzen aus diesem Polymorphismus resultieren und ob dieser tatsächlich das Krebsrisiko beeinflußt [Rosvold et al. 1995].

4.2.6.5 Glukuronyltransferasen

Beim Menschen kennt man mehrere Uridindiphosphat-Glukuronosyl-Transferasen (UDGPT), die zu 2 großen Unterfamilien (UGT1 und UGT2) zusammengefaßt werden [Miners u. Mackenzie 1991, Owens u. Ritter 1992]. Diese Enzyme konjugieren viele nukleophile Fremdstoffe und deren Metaboliten wie Phenole, Chinone oder Hydroxylamine [Bock 1991]. Eine hohe Transferaseaktivität ermöglicht in der Regel die biliäre oder renale Ausscheidung und damit Entgiftung, aber auch hier gibt es Aktivierungsreaktionen durch instabile Konjugate. Ein in der Bevölkerung häufiger Polymorphismus betrifft die Bilirubin-UDP-Glukuronyl-Transferase 1. Der Polymorphismus äußert sich darin, daß etwa 5% der Bevölkerung erhöhte Bilirubinkonzentrationen im Körper aufweisen. Diese Besonderheit ist teilweise durch eine Varianz in der Promotorregion erklärbar. Mit einer Allelfrequenz von etwa 40% findet sich eine Veränderung der TATAA-Box, nämlich $A(TA)_7TAA$ statt $A(TA)_6TAA$, die im homozygoten Zustand mit einer verringerten Kapazität, Bilirubin zu eliminieren, assoziiert ist [Bosma et al. 1995]. Ob dies auch das Risiko beeinflußt, an Krebs zu erkranken, ist noch nicht untersucht.

4.2.6.6 Sulfotransferasen

Sulfotransferasen bilden eine weitere Gruppe von Phase-II-Enzymen [Weinshilboum u. Aksoy 1994], die beim Menschen mindestens 5 Enzyme umfassen, nämlich 3 Phenolsulfotransferasen und 2 Steroidsulfotransferasen. Hier sind Polymorphismen im Phänotyp besonders für die in den Blutplättchen exprimierte Phenol-Sulfotransferase bekannt, inzwischen sind auch molekulargenetisch einige Polymorphismen nachgewiesen worden [Jones et al. 1995]. Es gibt aber nur wenige klinisch-epidemiologische Untersuchungen zur Bedeutung dieser Polymorphismen in der Arzneitherapie oder bei der Krebsentstehung.

4.2.7 Zusammenfassung und medizinische Konsequenzen

4.2.7.1 Bewertung der experimentellen und epidemiologischen Daten (Abb. 4.2.21)

Die protektive Rolle der Glutathion-S-Transferase M1 für Blasenkrebs, und, wenngleich etwas schwächer, für Lungenkrebs wurde auf allen Ebenen der Krebsforschung belegt, ebenso die protektive Rolle der Arylamin-N-Azetyltransferase Typ 2 bei Harnblasenkrebs. Letztere wird durch die gesicherten Daten bezüglich der Hämoglobinaddukte unterstützt. Die anderen Enzyme beeinflussen ohne Zweifel in experimentellen Versuchsansätzen (Bakterien und Säugetierzellkulturen) die Mutationsraten; die tatsächliche Bedeutung dieser In-vitro-Befunde für den Menschen ist heute jedoch noch keinesfalls gesichert.

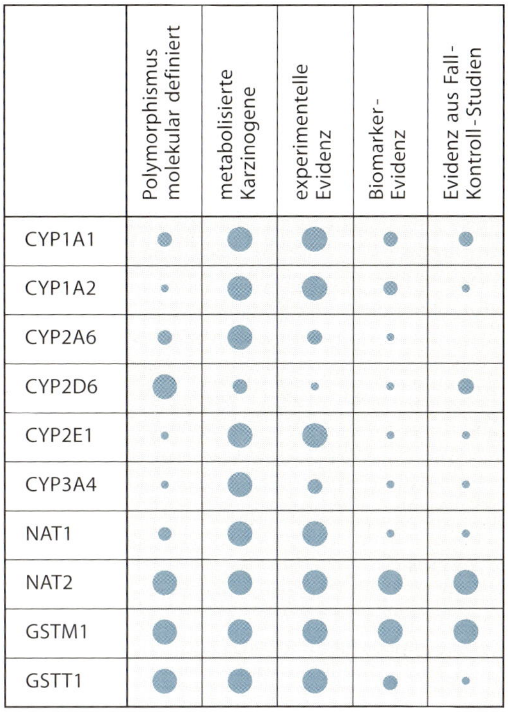

Abb. 4.2.21. Zusammenfassende Bewertung der Krebssuszeptibilitätsfaktoren aus dem Bereich fremdstoffbiotransformierender Enzyme nach dem heutigen Wissensstand. Ein *großer Kreis* bedeutet nach Einschätzung des Autors eine unzweifelhafte experimentelle Evidenz oder eine gute Übereinstimmung gut durchgeführter Studien, ein *mittlerer Kreis* bedeutet, daß mehrere Untersuchungen existieren, die aber Schwächen haben, ein *kleiner Kreis* bedeutet, daß diese Zusammenhänge noch unklar sind. In einem Fall ohne Symbol waren keine diesbezüglichen Studien bekannt. Biomarker sind hier definiert als Schädigungsparameter (Protein- oder DNA-Addukte, Chromosomenschäden), die am lebenden Menschen erworben wurden

4.2.7.2 Chemoprävention

Viele der hier beschriebenen klinischen Studien zu den Polymorphismen in der Biotransformation von Fremdstoffen führen nicht direkt zu therapeutischen und präventiven Empfehlungen, insbesondere von voreiligen Screening-Vorschlägen zur regelmäßigen Identifizierung von Risikogruppen muß man derzeit abraten (s. unten). Diese Untersuchungen zur Fremdstoffbiotransformation dienen aber auch dem grundlegenden Verständnis der chemischen Kanzerogenese. Der Einfluß der Polymorphismen auf das Krebsrisiko könnte auch Hinweise geben, welche Erfolge von einigen Konzepten der Chemoprävention [Bertram et al. 1987, Greenwald 1994] (Tabelle 4.2.7) erwartet werden können, da bei den Personen mit isolierten Enzymdefizienzen (z. B. von CYP2D6, CYP2C19, GSTM1 oder GSTT1) studiert werden kann, welche biologischen Konsequenzen eine pharmakologische Enzyminaktivierung haben könnte. Auch sollten die hier behandelten Polymorphismen bei Chemopräventionsstudien berücksichtigt werden, da sie Erklärungen für individuell unterschiedliche Präventionserfolge bieten können.

Eingriffe im Fremdstoffmetabolismus, also die Hemmung aktivierender Stoffwechselwege (z. B. durch Zytochrom-P450-Enzyminhibitoren) oder die Steigerung bzw. Induktion detoxifizierender Enzyme, könnten theoretisch begründete Verfahren der Krebsprävention sein. Größere klinische Studien über den Wert der Enzyminhibitoren wurden jedoch noch nicht durchgeführt. Unter den Hemmstoffen der Zytochrom-P450-katalysierten Aktivierung gibt es sowohl spezifische Hemmer als auch einige, die wenig spezifisch viele Zyto-

Tabelle 4.2.7. Konzepte und Mittel der Chemoprävention

Wirkprinzip	Substanzen
Hemmung der metabolischen Aktivierung	(Cimetidin, Ketokonzol für viele Zytochrom-P 450-Enzyme), Flavone, z. B. im Grapefruitsaft, für CYP3A, Phenylethylisothiozyanat für CYP2E1, Benzylisothiozyanat für CYP1A, (Furaphyllin für CYP1A2), (Chinidin für CYP2D6)
Induktion protektiver Enzymaktivitäten	Oltipraz
Kosubstrate zur Detoxifizierung freier Radikale	N-Azetyl-L-Cystein, Vitamin C, Vitamin E, β-Karoten, Schwarzer Tee (Polyphenole)
Hemmung der Zellproliferation	Vitamin A und Derivate
Hemmung von Entzündungsprozessen	Azetylsalizylsäure, Ibuprofen, Piroxicam, Sulindac
Hemmung hormonaler Tumorpromotion	Tamoxifen, Finasterid
Diverses	Zellulosefaserreiche Kost, Kalzium

In Klammern genannte Substanzen können wegen ihrer möglichen Nebenwirkungen für eine langfristige präventive Behandlung breiter Bevölkerungsgruppen nicht verwendet werden

chrom-P 450-Enzyme hemmen, bekannt sind hier Cimetidin oder Ketokonazol. Wenn die CYP1A2-Aktivierung tatsächlich einen bedeutenden ätiologischen Anteil an der Kanzerogenese hat, wären CYP1A2-spezifische Hemmsubstanzen wie Furafyllin oder Fluvoxamin vorhanden, wenngleich diese für eine breite prophylaktische Anwendung nicht besonders geeignet sind. Beeindruckende Erfolge wurden zumindest im Tierversuch mit der CYP2E1-Hemmung durch Phenylethylisothiozyanat erzielt [Hecht et al. 1995]; diese Verbindung ist in wirksamen Dosen in Kresse enthalten und scheint keine wesentlichen toxischen Wirkungen beim Menschen zu haben. Das Konzept der Hemmung aktivierender Biotransformationsschritte ist schon früh auch zur Behandlung akuter Intoxikationen vorgeschlagen, aber klinisch nicht geprüft worden [Ruffalo u. Thompson 1982].

Das Konzept der Chemoprävention muß empirisch geprüft werden. Bei 2 großen derartigen Studien (CARET und Physicians health study) fand sich, daß die vermeintlich protektive Gabe von β-Karoten statt der erhofften protektiven Wirkung zu einer Krebsrisikoerhöhung führte [Hennekens et al. 1996, Smigel 1996]. Tierexperimentell und in kleineren klinischen Studien ist jedoch der mögliche Wert vieler der in Tabelle 4.2.7 zusammengefaßten Chemopräventionsverfahren gut belegt. Der größte Erfolg in der Krebsbekämpfung dürfte sich aber aus einer Verminderung der Belastung durch Tabakrauch ergeben. Eine epidemiologisch ähnlich bedeutsame Verringerung der Krebsinzidenz könnte sich auch aus einer Modifikation der Ernährungsgewohnheiten ergeben [Willett 1994].

4.2.7.3 Identifizierung von Risikogruppen?

- Sollen wir unsere genetische Disposition hinsichtlich Zytochrom-P 450-1A1, hinsichtlich der Glutathiontransferasen oder hinsichtlich der Azetyltransferase überprüfen lassen?
- Sollen wir uns dann anders verhalten? Und wenn ja, wie?
- Sollen wir z. B. den 60% der langsamen Azetylierer unter uns abraten, bestimmte Berufe zu ergreifen, in denen es zu einer gewissen Schadstoffbelastung kommen kann?

Zur Zeit ist dies keinesfalls angemessen; dagegen sprechen einerseits die nur mäßigen Veränderungen der Odds-Ratios, die sich in allen Studien (von kleinen abgesehen) ergeben haben, und v. a., daß die Aussagen aus den meisten Fall-Kontroll-Studien nur für einzelne Krankheiten möglich sind, nicht aber über das Gesamtrisiko der Patienten.

Heutzutage ist zu fordern, daß eine empirische Überprüfung präventiver Maßnahmen stattfindet (wozu auch die Lebensgewohnheiten verändernde Empfehlungen zählen), so daß sich als Reihenfolge der Forschungsziele ergibt:

- Die Bedeutung einer erblichen Enzymaktivität als schützend oder gefährdend bei einer Exposition mit Fremdstoffen sollte in biochemischen Experimenten gezeigt werden.
- Sodann muß in klinischen Studien geprüft werden, ob sich wissenschaftlich bzw. epidemiologisch für den Gesamtorganismus Mensch eine Bedeutung ergibt (s. Kapitel 4.2.2–4.2.5).
- In einem nächsten Schritt können dann Interventionen für den Menschen abgeleitet werden.

- Anschließend muß in kontrollierten klinischen Studien untersucht werden, ob die Empfehlungen oder Interventionen für den Menschen medizinisch von Nutzen sind.

Am Beispiel der GSTM1-Defizienz im Zusammenhang mit Blasenkrebs wurde gezeigt, daß bei Betrachtung der Zahlen ein Screening zur Identifizierung von Risikogruppen absurd sein kann: Würde man die GSTM1-Defizienz vortesten und den Getesteten dann das Ergebnis mitteilen, so könnte dies maximal 3/50 000 Menschen nützen, während man 49 997 Personen unnötigerweise mit der Information über ein erhöhtes Krebsrisiko belasten [Brockmöller et al. 1994] und damit in ihrer Lebensqualität oder beruflichen Entscheidungsfreiheit beeinträchtigen würde.

4.2.7.4 Schlußbetrachtungen und Resümee

Bei ähnlicher Lebensweise und vergleichbaren Belastungen erkranken einige Menschen an Krebs, andere nicht. Eine der Erklärungen dafür liegt in der Art, wie der menschliche Körper mit der Belastung durch endogen entstehende oder exogen zugeführte Schadstoffe fertig wird. Die mit der DNA reagierenden Verbindungen, die ultimalen Kanzerogene, entstehen erst im menschlichen Körper durch die metabolische Aktivierung aus den sog. Prokanzerogenen. Diese Reaktionen werden ebenso wie Entgiftungsreaktionen von Enzymen wie Zytochrom-P450-Enzymen, Glutathion- oder Azetyltransferasen katalysiert, die damit das Krebsrisiko beeinflussen. Die Aktivität dieser Enzyme weist interindividuell eine große Schwankungsbreite auf, die erblich bedingt ist. Man sieht diese Enzyme als Suszeptibilitätsfaktoren an, die im Zusammenwirken mit Umweltfaktoren das Krebsrisiko mäßig erhöhen oder verringern. Durch Identifizierung der Suszeptibilitätsgene können Risikogruppen identifiziert werden oder man könnte den Metabolismus beeinflussen, so daß Toxifizierungsreaktionen gehemmt oder Detoxifizierungsreaktionen induziert werden (Chemoprävention).

Mit biochemischen und zellbiologischen Methoden sind die grundlegenden Mechanismen der Toxifizierungs- und Detoxifizierungsreaktionen aufgeklärt und die beteiligten Enzyme identifiziert worden. Jedoch nur mit molekular-epidemiologischen Studien kann direkt nachgewiesen werden, welche medizinische Bedeutung die experimentell gewonnenen Ergebnisse und Hypothesen haben bzw. wieviele Menschen aufgrund einer bestimmten angeborenen oder erworbenen Enzymaktivität tatsächlich erkranken.

Nicht nur bei der Biotransformation von Fremdstoffen, sondern bei fast allen Enzymsystemen, Rezeptoren, Transporterproteinen, Membrankanälen und an deren Proteinen kennt man heute erbliche Polymorphismen. Untersuchungen zur Bedeutung dieser Polymorphismen beim Menschen bilden heute weltweit einen Forschungsschwerpunkt und werden dies auch in den nächsten Jahren bleiben, da immer weitere Polymorphismen identifiziert werden und viele der heute vorliegenden klinischen Daten weiter untermauert werden müssen.

Zudem kann mit der Untersuchung dieser Polymorphismen grundlegend die Bedeutung einzelner Enzyme oder Rezeptoren für den Menschen studiert werden. Durch die Untersuchung der Polymorphismen im Fremdstoffmetabolismus können am Menschen, ohne diesen nennenswert zu belasten, die toxikologischen Hypothesen zur metabolischen Aktivierung und Detoxifizierung überprüft werden, und wir können die Ursachen verfolgen, warum einige Menschen bei gleicher Belastung erkranken, andere aber nicht. Es wurde exemplarisch gezeigt, wie die Erkenntnisse der Grundlagenwissenschaften auf ihre Bedeutung für den Menschen hin überprüft werden können und daß dies keine einfache Aufgabe ist. Es existiert heute ein umfangreiches klinisches und epidemiologisches Wissen, wie Studien am Menschen durchzuführen sind, und es gibt ein umfangreiches biochemisches und molekularbiologisches Wissen in der Toxikologie. Damit die Forschung in der molekularen Epidemiologie in Zukunft – soweit möglich – nur die endgültig richtigen Erkenntnisse erbringt, müssen Regeln aufgestellt und beachtet werden, genau wie dies für die klinischen Studien im Rahmen der Arzneimittelzulassung gilt. Eine übergreifende Perspektive der in der Krebsforschung tätigen Wissenschaftler zu anderen chronischen Krankheiten (z. B. Leberzirrhose, neurodegenerative Erkrankungen, Arteriosklerose) müßte mehr gefördert werden.

4.2.8 Literatur

Alexandrie EX, Sundberg MI, Seidegård J, Tornling G, Rannung A (1994) Genetic susceptibility to lung cancer with special emphasis on CYP1A1 and GSTM1: a study on host factors in relation to age at onset, gender and histological cancer types. Carcinogenesis 15: 1785–1790

Ames BN, Dunston WE, Yamasaki E, Lee FD (1973) Carcinogens are mutagens: a simple test system combining liver homogenates for activation and bacteria for detection. Proc Natl Acad Sci USA 70: 2281–2285

Ayesh R, Idle JR, Ritchie JC, Crothers MJ, Hetzel MR (1984) Metabolic oxidation phenotypes as markers for susceptibility to lung cancer. Nature 312: 169–171

Badawi AF, Hirvonen A, Bell DA, Lang NP, Kadlubar FF (1995) Role of aromatic amine acetyltransferases, NAT1 and NAT2, in carcinogen-DNA-adduct formation in the human urinary bladder. Cancer Res 55: 5230–5237

Bale AE, Nebert DW, McBride OW (1987) Subchromosomal localization of the dioxin-inducible P1-450 locus (CYP1) and description of two RFLPs detected with a 3'P1-450 cDNA probe. Cytogenet Cell Genet 46: 574–575

Bell DA, Taylor JA, Paulson DF, Robertson CN, Mohler JL, Lucier GW (1993) Genetic risk and carcinogen exposure: a common inherited defect of the carcinogen-metabolism gene glutathione S-transferase M1 (GSTM1) that increases susceptibility to bladder cancer. J Natl Cancer Inst 85: 1159–1164

Bell DA, Badawi AF, Lang NP, Illett KF, Kadlubar FF, Hirvonen A (1995a) Polymorphism in the N-acetyltransferase 1 (NAT1) polyadenylation signal: association of NAT1*10 allele with higher N-acetylation activity in bladder and colon tissue. Cancer Res 55: 5226–5229

Bell DA, Stephens EA, Castranio T, Umbach DM, Watson M, Deakin M, Elder J, Hendrickse C, Duncan H, Strange RC (1995b) Polyadenylation polymorphism in the acetyltransferase 1 gene (NAT1) increases risk of colorectal cancer. Cancer Res 55: 3537–3542

Benitez J, Ladero JM, Fernández-Gundin MJ, Llerena A, Cobaleda J, Martinez C, Muñoz JJ, Vargaz E, Prados J, González-Rozas F, Rodrigues-Molina J, Usón AC (1990) Polymorphic oxidation of debrisoquine in bladder cancer. Ann Med 22: 157–160

Benitez J, Ladero JM, Jara C, Carrillo JA, Cobaleda J, Llerena A, Vargas E, Muñoz JJ (1991) Polymorphic oxidation of debrisoquine in lung cancer. Eur J Cancer 27: 161–166

Benowitz NL, Jacob P, Perez-Stable E (1996) CYP2D6 phenotype and the metabolism of nicotine and cotinine. Pharmacogenetics 6: 239–242

Bertram JS, Kolonel LN, Meyskens FL (1987) Rationale and strategies for chemoprevention of cancer in humans. Cancer Res 47: 3012–3031

Bicho MP, Breitenfeld L, Carvalho AA, Manso CF (1988) Acetylation phenotypes in patients with bladder carcinoma. Ann Genet 31: 167–171

Bock KW (1991) Role of UDP-glucuronosyltransferases in chemical carcinogenesis. Crit Rev Biochem Mol Biol 26: 129–150

Boobis AR, Lynch AM, Murray S, Torre R de la, Solans A, Farre M, Segura J, Gooderham NJ, Davies DS (1994) CYP1A2-catalyzed conversion of dietary heterocyclic amines to their proximate carcinogens is their major route of metabolism in humans. Cancer Res 54: 89–94

Bosma PJ, Chowdhury JR, Bakker C, Gantla S, Boer A de, Oostra BA, Lindhout D, Tytgat GNJ, Jansen PLM, Oude Elferink RPJ, Chowdhury NR (1995) The genetic basis of the reduced expression of bilirubin UDP-glucuronosyltransferase 1 in Gilbert's syndrome. N Engl J Med 333: 1171–1175

Breslow NE, Day NE (1980) Statistical methods in cancer research, vol 1. The analysis of case-control studies. IARC Sci Publ 32: 1–350

Breslow NE, Day NE (1987) Statistical methods in cancer research, vol 2. The design and analysis of cohort studies. IARC Sci Publ 82: 1–406

Brockmöller J, Roots I (1994) Assessment of liver metabolic function Clinical implications. Clin Pharmakokinet 27: 216–248

Brockmöller J, Gross D, Kerb R, Drakoulis N, Roots I (1992) Correlation between trans-stilbene oxide-glutathione conjugation activity and the deletion mutation in the glutathione-S-transferase class Mu gene detected by polymerase chain reaction. Biochem Pharmacol 43: 647–650

Brockmöller J, Kerb R, Drakoulis N, Nitz M, Roots I (1993) Genotype and phenotype of glutathione S-transferase class N isoenzymes N and O in lung cancer patients and controls. Cancer Res 53: 1004–1009

Brockmöller J, Kerb R, Drakoulis N, Staffeldt B, Roots I (1994) Glutathione S-transferase M1 and its variants A and B as host factors of bladder cancer susceptibility: a case-control study. Cancer Res 54: 4103–4111

Brockmöller J, Cascorbi I, Kerb R, Roots I (1996) Combined genetical analysis of arylamine N-acetyltransferase 2, glutathione S-transferases M1 and T1, and cytochrome enzymes as heritable modulators of bladder cancer risk. Cancer Res 56: 3915–3925

Bryant MS, Skipper PL, Tannenbaum ST, Maclure M (1987) Hemoglobin adducts of 4-aminobiphenyl in smokers and nonsmokers. Cancer Res 47: 602–608

Buehler BA, Delimont, D, Van Waes M, Finell RH (1990) Prenatal prediction of risk of the fetal hydantoin syndrome. N Engl J Med 322: 1567–1572

Butler MA, Iwasaki M, Guengerich FP, Kadlubar FF (1989) Human cytochrome P-450PA (P-450IA2), the phenacetin-O-deethylase, is primarily responsible for the hepatic 3-demethylation of caffeine and N-oxidation of carcinogenic arylamines. Proc Natl Acad Sci USA 86: 7696–7700

Caporaso N, Goldstein A (1995) Cancer genes: single and susceptibility: exposing the difference. Pharmacogenetics 5: 59–63

Caporaso N, Hayes RB, Dosemeci M, Hoover R, Ayesh R, Hetzel M, Idle JR (1989) Lung cancer risk, occupational exposure, and the debrisoquine metabolic phenotype. Cancer Res 49: 3675–3679

Carmella SG, Akerbar S, Hecht SS (1993) Metabolism of the tobacco-specific nitrosamine 4-(methyl nitrosamino)-1-(3-pyridyl)-1-butanone in smoker's urine. Cancer Res 53: 721–724

Carriere V, Goasduff T, Ratanasavanh D, Morel F, Gautier J-C, Guillouzo A, Beaune P, Berthou F (1993) Both cytochromes P450 2E1 and 1A1 are involved in the metabolism of chlorzoxazone. Chem Res Toxicol 6: 852–857

Cartwright RA, Glashan RW, Rogers HJ, Ahmod RA, Barham-Hall D, Higgins E, Kahn MA (1982) The role of N-acetyltransferase in bladder carcinogenesis: a pharmacogenetic epidemiological approach to bladder cancer. Lancet II: 842–845

Cartwright RA, Philip PA, Rogers HJ, Glashan RW (1984) Genetically determined debrisoquine oxidation capacity in bladder cancer. Carcinogenesis 5: 1191–1192

Cascorbi I, Drakoulis N, Brockmöller J, Maurer A, Sperling K, Roots I (1995) Arylamine N-acetyltransferase (NAT2) mutations and their allelic linkage in unrelated Caucasian individuals: correlation with phenotypic activity. Am J Hum Genet 57: 581–592

Cascorbi I, Brockmöller J, Mrozikiewicz PM, Bauer S, Loddenkemper R, Roots I (1996a) Homozygous rapid arylamine N-acetyltransferase (NAT2) genotype as susceptibility factor for lung cancer. Cancer Res 56: 3961–3966

Cascorbi I, Brockmöller J, Roots I (1996b) A C4887A polymorphism in exon 7 of human CYP1A1: population frequency, mutation linkages, and the impact to lung cancer susceptibility. Cancer Res 56: 4965–4969

Case RAM, Hosker ME, McDonald DB, Pearson JT (1954) Tumors of the urinary bladder in workmen engaged in the manufacture and use of cartain dyestuff intermediates in the British chemical industry. Part 1. The role of aniline, benzidine, alpha-napthylamine and beta-naphthylamine. Br J Ind Med 11: 75–104

Chen H, Sandler DP, Taylor JA, Shore DL, Liu E, Bloomfield CD, Bell DA (1996) Increased risk for myelodysplastic syndromes in individuals with glutathione transferase theta 1 (GSTT1) gene defect. Lancet 347: 295–297

Cheng TJ, Christiani DC, Xu X, Wain JC, Wiencke JK, Kelsey KT (1995) Glutathione S-transferase mu genotype, diet, and smoking as determinants of sister chromatid exchange frequency in lymphocytes. Cancer Epidemiol Biomarkers Prev 4: 535–542

Cholerton S, Arpanahi A, McCracken N, Boustead C, Taber H, Johnstone E, Leathart J, Daly AK, Idle JR (1994) Poor metabolizers of nicotine and CYP2D6 polymorphism. Lancet 343: 62–63

Clifford SC, Neal DE, Lunec J (1996) High level expression of the multidrug resistance (MDR1) gene in the normal bladder urothelium: a potential involvement in protection against carcinogens? Carcinogenesis 17: 601–604

Conney AH (1982) Induction of microsomal enzymes by foreign chemicals and carcinogenesis by polycyclic aromatic hydrocarbons: GHA Clowes memorial lecture. Cancer Res 42: 4857–4917

Conney AH, Pantuck EJ, Hsiao KC, Garland WA, Anderson KE, Alvarez AP, Kappas, A (1976) Enhanced phenacetin metabolism in human subjects fed charcoal-broiled beef. Clin Pharmacol Ther 20: 633–642

Crespi CL, Penman BW, Gelboin HV, Gonzalez FJ (1991) A tobacco smoke-derived nitrosamine, 4-(methylnitrosamino)-1-(3-pyridyl)-1-butanone, is activated by multiple human cytochrome P450s including the polymorphic human cytochrome P450 2D6. Carcinogenesis 12: 1197–1201

Crofts F, Taioli E, Trachman J, Cosma GN, Currie D, Toniolo P, Garte SJ (1994) Functional significance of different human CYP1A1 genotypes. Carcinogenesis 15: 2961–2963

Daly AK, Thomas DJ, Cooper J, Pearson WR, Neal DE, Idle JR (1993) Homozygous deletion of gene for glutathione S-transferase M1 in bladder cancer. BMJ 307: 481–482

Daly AK, Brockmöller J, Broly F, Eichelbaum M, Evans WE, Gonzalez FJ, Huang JD, Idle JR, Ingelman-Sundberg M, Ishizaki T, Jacqz-Aigrain E, Meyer UA, Nebert D, Steen V, Wolf CR, Zanger UM (1996) Nomenclature for human CYP2D6 alleles. Pharmacogenetics 6: 193–201

Doll R, Peto R (1981) The causes of cancer: quantitative estimates of avoidable risks of cancer in the United States today. J Natl Cancer Inst 66: 1192–1308

Drakoulis N, Cascorbi I, Brockmöller J, Gross CR, Roots I (1994) Polymorphisms in the human CYP1A1 gene as susceptibility factors for lung cancer: exon-7 mutation (4889 A to G), and a T to C mutation in the 3′-flanking region. Clin Invest 72: 240–248

Duche JC, Joanne C, Barre J, Cremoux H de, Dalphin JC, Depierre A, Brochard P, Tillement JP, Bechtel P (1991) Lack of relationship between the polymorphism of debrisoquine oxidation and lung cancer. Br J Clin Pharmacol 31: 533–536

Eichelbaum M, Spannbrucker N, Steincke B, Dengler H (1979) Defective N-oxidation of spartein in man: a new pharmacogenetic defect. Eur J Clin Pharmacol 16: 183–187

Evans DAP (1992) N-Acetyltransferase. In: Kalow W (ed) Pharmacogenetics of drug metabolism. Pergamon Press, Oxford New York, pp 95–178

Evans DAP, Eze LC, Whibley EJ (1983) The association of the slow acetylator phenotype with bladder cancer. J Med Genet 20: 330–333

Fernandez-Salguero P, Pineau T, Hilbert DM, McPhail T, Lee SS, Kimura S, Nebert DW, Rudikoff S, Ward JM, Gonzalez FJ (1995) Immune system impairment and hepatic fibrosis in mice lacking the dioxin-binding Ah receptor. Science 268: 638–639

Fleming CM, Persad R, Kaisary A, Smith P, Adedoyin A, Porter J, Wilkinson GR, Branch RA (1994) Low activity of dapsone N-hydroxylation as a susceptibility risk factor in aggressive bladder cancer. Pharmacogenetics 4: 199–207

Gaedigk A, Spielberg SP, Grant DM (1994) Characterization of the microsomal epoxide hydrolase gene in patients with anticonvulsant adverse drug reactions. Pharmacogenetics 4: 142–153

Gold LS, Slone TH, Stern BR, Manley NB, Ames BN (1992) Rodent carcinogens: setting priorities. Science 258: 261–265

Gooderham NJ, Murray S, Lynch AM, Edwards RJ, Yadollahi-Farsani M, Bratt C, Rich KJ, Zhao K, Murray BP, Bhadresa S, Crosbie SJ, Boobis AR, Davies DS (1996) Heterocyclic amines: evaluation of their role in diet associated human cancer. Br J Clin Pharmacol 42: 91–98

Gorrod JW, Jenner P, Keysell GR, Mikhael BR (1974) Oxidative metabolism of nicotine by cigarette smokers with cancer of the urinary bladder. J Natl Cancer Inst 52: 1421–1424

Green VJ, Pirmohamed M, Kitteringham NR, Gaedigk A, Grant DM, Boxer M, Burchell B, Park BK (1995) Genetic analysis of microsomal epoxide hydrolase in patients with carbamazepine hypersensitivity. Biochem Pharmacol 50: 1353–1359

Greenwald P (1994) Experience from clinical trials in cancer prevention. Ann Med 26: 73–80

Grinberg-Funes RA, Singh VN, Perera FP, Bell DA, Young TL, Dickey C, Wang LW, Santella RM (1994) Polycyclic aromatic hydrocarbon – DNA adducts in smokers and their relationship to micronutrient levels and the glutathione-S-transferase M1 genotype. Carcinogenesis 15: 2449–2454

Guengerich FP, Kim D-H, Iwasaki M (1991) Role of human cytochrome P-450 IIE1 in the oxidation of many low molecular weight cancer suspects. Chem Res Toxicol 4: 168–179

Guggenmoos-Holzman I, Wernecke K-D (1996) Medizinische Statistik. Blackwell, Oxford London, S 1–220

Hanssen H-P, Agarwal DP, Goedde HW, Bucher H, Huland H, Brachmann W, Ovenbeck R (1985) Association of N-acetyltransferase polymorphism and environmental factors with bladder carcinogenesis. Eur Urol 11: 263–266

Hassett C, Aicher L, Sidhu JS, Omiecinski CJ (1994) Human microsomal epoxide hydrolase: genetic polymorphism functional expression in vitro of amino acid variants. Hum Mol Genet 3: 421–428

Hayashi SI, Watanabe J, Kawajiri K (1991) Genetic polymorphisms in the 5′-flanking region change translational regulation of the human cytochrome P450IIE1 gene. J Biochem 110: 559–565

Hayashi SI, Watanabe J, Kawajiri K (1992) High susceptibility to lung cancer analyzed in terms of combined genotypes of P4501A1 and mu-class glutathione S-transferase genes. Jpn J Cancer Res 83: 866–870

Hayes JD, Pulford DJ (1995) The glutathione S-transferase supergene family: regulation of GST and the contribution of the isoenzymes to cancer chemoprotection and drug resistance. Crit Rev Biochem Mol Biol 30: 445–600

Hayes RB, Bi W, Rothman N, Broly F, Caporaso N, Feng P, You X, Yin S, Woosley RL, Meyer UA (1993) N-Acetylation phenotype and genotype and risk of bladder cancer in benzidine-exposed workers. Carcinogenesis 14: 675–678

Hecht SS, Chung FL, Richie JP, Akerkar SA, Borukhova A, Skowronski L, Carmella SG (1995) Effects of watercress consumption on metabolism of a tobacco-specific lung carcinogen in smokers. Cancer Epidemiol Biomarkers Prev 4: 877–884

Heckbert SR, Weiss NS, Hornung SK, Eaton DL, Motulsky AG (1992) Glutathione S-transferase and epoxide hydrolase activity in human leucocytes in relation to risk of lung cancer and other smoking-related cancers. J Natl Cancer Inst 84: 414–422

Hein DW (1988) Acetylator genotype and arylamine induced carcinogenesis. Biochem Biophys Acta 948: 37–66

Hein DW, Rustan TD, Ferguson RJ, Doll MA, Gray K (1994) Metabolic activation of aromatic and heterocyclic N-hydroxyarylamines by wild-type and mutant recombinant human NAT1 and NAT2 acetyltransferases. Arch Toxicol 68: 129–133

Hennekens CH, Buring JE, Manson JE, Stampfer M, Rosner B, Cook NR, Belanger C, LaMotte F, Gaziano JM, Ridker PM, Willett W, Peto R (1996) Lack of effect of long-term supplementation with beta carotene on the incidence of malignant neoplasms and cardiovascular disease. N Engl J Med 334: 1189–1190

Hill AB (1967) Statistical evidence and interference. In: Hill AB (ed) Principles of medical statistics. Oxford University Press, Oxford, pp 302–325

Hirvonen A, Husgafvel-Pursiainen K, Anttila S, Vainio H (1993) The GSTM1 null genotype as a potential risk modifier for squamous cell carcinoma of the lung. Carcinogenesis 14: 1479–1481

Hirvonen A, Nylund L, Kociba P, Husgafvel-Pursianinen K, Vainio H (1994) Modulation of urinary mutagenicity by genetically determined carcinogen metabolism in smokers. Carcinogenesis 15: 813–815

Idle JR (1991) Is environmental carcinogenesis modulated by host polymorphism? Mutat Res 247: 259–266

Illet KF, David BM, Detchon P et al. (1987) Acetylation phenotype in colorectal carcinoma. Cancer Res 47: 1466–1469

Ishikawa T (1992) The ATP-dependent glutathione S-conjugate export pump. Trends Biochem Sci 17: 463–468

Izzotti A, De Flora S, Petrilli GL, Gallagher J, Rojas M, Alexandrov K, Bartsch H, Lewtas J (1995) Cancer biomarkers in human atherosclerotic lesions: detection of DNA adducts. Cancer Epidemiol Biomarkers Prev 4: 105–110

Jones AL, Hagen M, Coughtrie MWH, Roberts RC, Glatt H (1995) Human platelet phenolsulfotransferase: cDNA cloning, stable expression in V79 cells and identification of a novel allelic variant of the phenol-sulfating form. Biochem Biophys Res Commun 208: 855–862

Joseph P, Jaiswal A (1994) NAD(P)H:quinone oxidoreductase1 (DT diaphorase) specifically prevents the formation of benzo[a]pyrene quinone-DNA adducts generated by cytochrome P450 1A2 and P450 reductase. Proc Natl Acad Sci USA 91: 8413–8417

Jounaïdi Y, Hyrailles V, Gervot L, Maurel P (1996) Detection of a CYP3A5 allelic variant: a candidate for the polymorphic expression of the protein. Biochem Biophys Res Commun 221: 466–470

Kaisary A, Smith P, Jaczq E, McAllister CB, Wilkinson GR, Ray WA, Branch RA (1987) Genetic predisposition to bladder cancer: ability to hydroxylate debrisoquine and mephenytoin as risk factors. Cancer Res 47: 5488–5493

Karakaya AE, Cok I, Sardas S, Gogus O, Sardas OS (1986) N-Acetyltransferase phenotype of patients with bladder cancer. Hum Toxicol 5: 333–335

Kato S, Bowman ED, Harrington AM, Blomeke B, Shields PG (1995) Human lung carcinogen-DNA adduct levels mediated by genetic polymorphisms in vivo. J Natl Cancer Inst 87: 861–862

Kawajiri K, Nakachi K, Imai K, Watanabe J, Hayashi S-I (1993) The CYP1A1 gene and cancer susceptibility. Crit Rev Oncol Hematol 14: 77–87

Kawajiri K, Watanabe J, Eguchi H, Hayashi S-I (1995) Genetic polymorphisms of drug-metabolizing enzymes and lung cancer susceptibility. Pharmacogenetics 5: S70–S73

Kellerman G, Shaw CR, Luyten-Kellerman M (1973) Arylhydrocarbon hydroxylase inducibility and bronchogenic carcinoma. N Engl J Med 289: 934–937

Ketley JN, Habig WH, Jakoby WB (1975) Binding of nonsubstrate ligands to the glutathione S-transferases. J Biol Chem 250: 8670–8673

Kerb R, Brockmöller J, Reum T, Roots I (1997) Deficiency of glutathione S-transferases M1 and T1 as heritable factors of increased cutaneous UV-sensitivity. J Invest Dermatol 108: 229–232

Kihara M, Kihara M, Noda K (1994) Lung cancer risk of GSTM1 null genotype is dependent on the extent of tobacco smoke exposure. Carcinogenesis 15: 415–418

Kim RB, O'Shea D, Wilkinson GR (1995) Interindividual variability of chlorzoxazone 6-hydroxylation in men and women and its relationship to CYP2E1 genetic polymorphisms. Clin Pharmacol Ther 57: 645–555

Koob M, Dekant W (1991) Bioactivation of xenobiotics by formation of toxic glutathione conjugates. Chem Biol Interact 77: 107–139

Koop DR (1992) Oxidative and reductive metabolism by cytochrome P450 2E1. FASEB J 6: 724–730

Kouri RE, McKinney CE, Slomianry DJ, Snodgrass DR, Wray N, McLemore TL (1982) Positive correlation between high aryl hydrocarbon hydroxylase activity and primary lung cancer as analysed in cryopreserved lymphozytes. Cancer Res 42: 5030–5037

Kramer MS (1988) Clinical epidemiology and biostatistics. Springer, Berlin Heidelberg New York

Kronbach T, Mathys D, Umeno M, Gonzalez FJ, Meyer UA (1989) Oxidation of midazolam and triazolam by human liver cytochrome P450IIIA4. Mol Pharmacol 36: 89

Ladero JM, Kwok CK, Jara C, Fernandez L, Silmi AM, Tapia D, Uson AC (1985) Hepatic acetylator phenotype in bladder cancer patients. Ann Clin Res 17: 96–99

Ladero JM, Gonzalez JF, Benitez J et al. (1991) Acetylator polymorphism in human colorectal carcinoma. Cancer Res 51: 2098–2100

Lafuente A, Pujol F, Carretero P, Villa JP, Cuchi A (1993) Human glutathione S-transferase N (GSTN) deficiency as a marker for the susceptibility to bladder and larynx cancer among smokers. Cancer Lett 68: 49–54

Lang NP, Chu DZ, Hunter CF et al. (1986) Role of aromatic amine acetyltransferase in human colorectal cancer. Arch Surg 121: 1259–1261

Law MR, Hetzel MR, Idle JR (1989) Debrisoquine metabolism and genetic predisposition to lung cancer. Br J Cancer 59: 686–688

Lemeshow S, Hosmer DW, Klar J, Lwanga SK (1990) Adequacy of sample size in health studies. Wiley & Sons, Chichester, pp 1–239

Levin ML (1953) The occurrence of lung cancer in man. Acta Unio Internat Contra Cancrum 9: 531–541

Lewalter J, Korallus U (1985) Blood protein conjugates and acetylation of aromatic amines. New findings on biological monitoring. Int Arch Occup Environ Health 56: 179–196

Lin HJ, Han C-Y, Bernstein DA, Hsiao W, Lin BK, Hardy S (1994) Ethnic distribution of the glutathione transferyse Mu 1-1 (GSTM1) null genotype in 1473 individuals and application to bladder cancer susceptibility. Carcinogenesis 15: 1077–1081

Lindberg RL, Negishi M (1989) Alteration of mouse cytochrome P450coh substrate specificity by mutation of a single amino-acid residue. Nature 339: 632–634

Lindpaintner K, Pfeffer MA, Kreutz R, Stampfer MJ, Grodstein F, LaMotte F, Buring J, Hennekens CH (1995) A prospective evaluation of an angiotensin-converting-enzyme gene polymorphism and the risk of ischemic heart disease. N Engl J Med 332: 706–711

Llerena A, Edman G, Cobaleda J, Benitez J, Schalling D, Bertilsson L (1993) Relationship between personality and debrisoquine hydroxylation capacity. Acta Psychiatr Scand 87: 23–28

London SJ, Daly AK, Fairbrother KS, Holmes C, Carpenter CL, Navidi WC, Idle JR (1995) Lung cancer risk in African-Americans in relation to a race-specific CYP1A1 polymorphism. Cancer Res 55: 6035–6037

Lower G (1983) Molecular epidemiology of arylamine-induced urinary bladder cancer: some theoretical considerations. In: Weber WW, Hein DW, Litwin A, Lower GM (eds) Relationship of acetylator status to isoniazid toxicity, lupus erythematosus and bladder cancer. Fedn Proc 42: 3086–3097

Lower GM, Nilsson T, Nelson CE, Wolf H, Gamsky TW, Bryan GT (1979) N-Acetyltransferase phenotype and risk in urinary bladder cancer: approaches in molecular epidemiology. Preliminary results in Sweden and Denmark. Environ Health Perspect 29: 71–79

Mannervik B, Awasthi YC, Board PG, Hayes JD, DiIlio C, Ketterer B, Listowsky I, Morgenstern R, Muramatsu M, Pearson WR, Pickett CB, Sato K, Widersten M, Wolf CR (1992) Nomenclature for human glutathione transferases. Biochem J 282: 305–308

Mantel N, Haenszel W (1959) Statistical aspects of the analysis of data from retrospective studies of disease. J Natl Cancer Inst 22: 719–748

McGlynn K, Rosvold EA, Lustbader ED, Hu Y, Clapper ML, Zhou T, Wild CP, Xia X-L, Baffoe-Bonnie A, Ofori-Adjei D, Chen G-C, London WT, Shen F-M, Buetow KH (1995) Susceptibility to hepatocellular carcinoma is associated with genetic variation in the enzymatic detoxification of aflatoxin B1. Proc Natl Acad Sci USA 92: 2384–2387

McWilliams JE, Sanderson BJS, Harris EL, Richert-Boe KE, Henner WD (1995) Glutathione S-transferase M1 (GSTM1) deficiency and lung cancer risk. Cancer Epidemiol Biomarkers Prev 4: 589–594

Miller ME, Cosgriff JM (1983) Acetylator phenotype in human bladder cancer. J Urol 130: 65–66

Miller EC, Miller JA (1983) Searches for ultimate chemical carcinogens and their reactions with cellular macromolecules. Cancer 47: 2327–2345

Minchin RF, Kadlubar FF, Illett KF (1993) Role of acetylation in colorectal cancer. Mutat Res 200: 35–42

Miners JO, Mackenzie PI (1991) Drug glucuronidation in humans. Pharmacol Ther 51: 347–369

Mommsen S, Aagaard J (1986) Susceptibility in urinary bladder cancer: acetyltransferase phenotypes and related risk factors. Cancer Lett 32: 199–205

Nakachi K, Imai K, Hayashi S, Kawajiri K (1993) Polymorphisms of the CYP1A1 and glutathione S-transferase genes associated with susceptibility to lung cancer in relation to cigarette dose in a Japanese population. Cancer Res 53: 2994–2999

Nazar-Steward V, Motulsky AG, Eaton DL, White E, Hornung SK, Leng Z-T, Stapleton P, Weiss NS (1993) The glutathione S-transferase N polymorphism as a marker for susceptibility to lung carcinoma. Cancer Res 53: 2313–2318

Nebert DW (1994) Drug-metabolizing enzymes in ligand-modulated transcription. Biochem Pharmacol 47: 25–37

Nelson DR, Koymans L, Kamataki T, Stegeman J, Feyereisen R, Waxman DJ, Waterman MR, Gotoh O, Coon MJ, Wstabrook RW, Gunsalus IC, Nebert DW (1996) P450 superfamily: update on new sequences, gene mapping, accession numbers and nomenclature. Pharmacogenetics 6: 1–42

Neumann H-G, Albrecht O, Dorp C van, Zwirner-Baier I (1995) Macromolecular adducts caused by environmental chemicals. Clin Chem 41: 1835–1840

Okey AB, Riddick DA, Harper PA (1994) Molecular biology of the aromatic hydrocarbon (dioxin) receptor. Trends Pharmacol Sci 15: 226–232

Okkels H, Sigsgaard T, Wolf H, Autrup H (1996) Glutathione S-transferase mu as a risk factor in bladder tumors. Pharmacogenetics 6: 251–256

Owens IS, Ritter JK (1992) The novel bilirubin/phenol UDP-glucuronosyltransferase UGT1 gene locus: implications for multiple familial hyperbilirubinaemia phenotypes. Pharmacogenetics 2: 93–108

Paigen B, Gurtoo HL, Minowada J, Houton L, Vincent R, Paigen K, Parker NB, Ward E, Hayner NT (1977) Questionable relation of aryl hydrocarbon hydroxylase to lung cancer risk. N Engl J Med 297: 346–350

Pearson WR, Vorachek WR, Xu S-J, Berger R, Hart I, Vannais D, Patterson D (1993) Identification of class-mu glutathione transferase genes GSTM1-GSTM5 on human chromosome 1p13. Am J Hum Genet 53: 220–233

Peluso M, Castegnaro M, Malaveille C, Friesen M, Garren L, Hautefeuille A, Vineis P, Kadlubar F, Bartsch H (1991) 32 Postlabeling analysis of urinary mutagens from smokers of black tobacco implicates 2-amino-1-methyl-6-phenylimidazo[4,5-b]pyridine (PhIP) as a major DNA-damaging agent. Carcinogenesis 12: 713–717
Pemble S, Schroeder KR, Spencer SR, Meyer DJ, Hallier E, Bolt HM, Ketterer B, Taylor JB (1994) Human glutathione S-transferase theta (GSTT1): cDNA cloning and the characterization of a genetic polymorphism. Biochem J 300: 271–276
Perera FP, Weinstein IB (1982) Molecular epidemiology and carcinogen-DNA adduct detection: new approaches to studies of human cancer causation. J Chron Dis 35: 581–600
Pero RW, Olsson A, Berglund G, Janzon L, Larsson SA, Elmstahl S (1993) The Malmo biological bank. J Intern Med 233: 63–67
Probst MR, Blum M, Fasshauer I, D'Orazio D, Meyer UA, Wild D (1992) The role of the human acetylation polymorphism in the metabolic activation of the food carcinogen 2-amino-3-methylimidazo[4,5-f]quinoline (IQ). Carcinogenesis 13: 1713–1717
Probst-Hensch N, Haile RW, Ingles SA, Longnecker MP, Han C-Y, Lin BK, Lee DB, Sakamoto GT, Frankl HD, Lee ER, Lin HJ (1995) Acetylation polymorphism and prevalence of colorectal adenomas. Cancer Res 55: 2017–2020
Prochaska HJ, Talalay P (1988) Regulatory mechanisms of monofunctional and bifunctional anticarcinogenic enzyme inducers in murine liver. Cancer Res 48: 4776–4782
Rehn L (1895) Blasengeschwülste bei Fuchsin-Arbeitern. Arch Klin Chir 50: 588–590
Risch A, Wallace DMA, Bathers S, Sim E (1995) Slow N-acetylation genotype is a susceptibilty factor in occupational and smoking related bladder cancer. Hum Mol Genet 4: 231–236
Roots I, Brockmöller J (1996) Pharmakogenetik. In: Rietbrock N, Staib AH, Loew D (Hrsg) Klinische Pharmakologie, 3. Aufl. Steinkopf, Darmstadt, S 101–120
Roots I, Drakoulis N, Ploch M, Heinemeyer G, Loddenkemper R, Minks T, Nitz M, Otte F, Koch M (1988) Debrisoquine hydroxylation phenotype, acetylation phenotype, and AB0 blood groups as genetic host factors of lung cancer risk. Klin Wochenschr [Suppl 11] 66: 87–97
Roots I, Drakoulis N, Brockmöller J, Janicke I, Cuprunov M, Ritter J (1989) Hydroxylation and acetylation phenotypes as genetic risk factors in certain malignancies. In: Kato R, Estabrook RW, Cayen MN (eds) Xenobiotic metabolism and disposition. Taylor & Francis, London, pp 499–506
Roots I, Drakoulis N, Brockmöller J (1992) Polymorphic enzymes and cancer risk: concepts, methodology and data review. In: Kalow W (ed) Pharmacogenetics of drug metabolism. Pergamon Press, Oxford New York, pp 815–841
Rost KL, Roots I (1994) Accelerated caffeine metabolism after omeprazole treatment is indicated by urinary metabolite ratios – coincidence with plasma clearance and breath test. Clin Pharmacol Ther 55: 402–411
Rost KL, Brösicke H, Brockmöller J, Scheffler M, Helge H, Roots I (1992) Increase of cytochrome P450IA2 activity by omeprazole: evidence by the ^{13}C-[*N*-3-methyl]-caffeine breath test in poor and extensive metabolizers of S-mephenytoin. Clin Pharmacol Ther 52: 170–180
Rostami-Hodjegans A, Nurminen S, Jackson PR, Tucker GT (1996) Caffeine urinary metabolite ratios as markers of enzyme activity: a theoretical assessment. Pharmacogenetics 6: 121–150
Rosvold EA, McGlynn KA, Lustbader ED, Buetow KH (1995) Identification of an NAD(P)H:quinone oxidoreductase polymorphism and its association with lung cancer and smoking Pharmacogenetics 5: 199–206
Rothman KJ (1986) Modern epidemiology. Little, Brown & Co, Boston
Ruffalo RL, Thompson JF (1982) Cimetidine and acetylcysteine as antidote for acetaminophen overdose. South Med J 75: 954–962
Ryberg D, Kure E, Lystad S, Skaug V, Stangeland L, Mercy I, Børrensen A-L, Haugen A (1994) P53 mutations in lung tumors: relationship to putative susceptibility markers for cancer. Cancer Res 54: 1551–1555
Sackett DL (1979) Bias in analytic research. J Chron Dis 32: 51–63
Sato K, Kitahara A, Yin Z, Ebina T, Saroh K, Tsuda H, Ito N, Dempo K (1984) Molecular forms of glutathione-S-transferase and UDP-glucuronyltransferase as hepatic preneoplastic marker enzymes. Ann NY Acad Sci 47: 213
Schlesselman JJ (1982) Case-control studies – Design, conduct, analysis. Oxford University Press, Oxford, pp 1–354
Schröder KR, Wiebel FA, Reich S, Dannappel D, Bolt HM, Hallier E (1995) Glutathione-S-transferase (GST) theta polymorphism influences background SCE rate. Arch Toxicol 69: 505–507
Schuetz JD, Beach DL, Guzelian PS (1994) Selective expression of cytochrome P450 CYP3A mRNAs in embryonic and adult human liver. Pharmacogenetics 4: 11–20
Schuetz EG, Schinkel AH, Relling MV, Schuetz JD (1996) P-glycoprotein: a major determinant of rifampicin-inductible expression of cytochrome P4503A in mice and humans. Proc Natl Acad Sci USA 93: 4001–4005
Schulte PA (1988) The role of genetic factors in bladder cancer. Cancer Detect Prev 11: 379–388
Seidegård J, De Pierre JW, Pero RW (1985) Hereditary interindividual differences in the glutathione transferase activity towards trans-stilbene oxide in resting human mononuclear leukocytes are due to a particular isozyme(s). Carcinogenesis 6: 1211–1216
Seidegård J, Pero RW, Miller DG, Beattie EJ (1986) A glutathione transferase in human leukocytes as a marker for the susceptibility to lung cancer. Carcinogenesis 7: 751–753
Seidegård J, Vorachek WR, Pero RW, Pearson WR (1988) Hereditary differences in the expression of the human glutathione transferase active on trans-stilbene oxide are due to a gene deletion. Proc Natl Acad Sci USA 85: 7293–7297
Seidegrd J, Pero RW, Markowitz MM, Roush G, Miller DG, Beattie EJ (1990) Isoenzyme(s) of glutathione transferase (class Mu) as a marker for the susceptibility to lung cancer: a follow up study. Carcinogenesis 11: 33–36
Sesardic D, Boobis AR, Murray BP, Murray S, Segura J, Torre R de la, Davies DS (1990) Furafylline is a potent and selective inhibitor of cytochrome P450 1A2 in man. Br J Clin Pharmacol 20: 651–653
Shaw GL, Falk RT, Deslauriers J, Frame JN, Nesbitt JC, Pass HI, Issaq HJ, Hoover RN, Tucker MA (1994) Debrisoquine metabolism and lung cancer risk. Cancer Epidemiol Biomarkers Prev 4: 41–48
Shields PG, Bowman ED, Harrington AM, Doan VT, Weston A (1993) Polycyclic aromatic hydrocarbon-DNA adducts in human lung and cancer susceptibility genes. Cancer Res 53: 3486–3492

Shimada T, Iwasaki M, Martin MV, Guengerich FP (1989) Human liver microsomal cytochrome P-450 enzymes involved in the bioactivation of procarcinogens detected by umu gene response in Salmonella typhimurium TA1535/pSK1002. Cancer Res 49: 3218–3228

Sinha R, Rothman N, Brown ED, Mark SD, Hoover RN, Caporaso NE, Levander OA, Knize MG, Lang NP, Kadlubar FF (1994) Pan-fried meat containing high levels of heterocyclic aromatic amines but low levles of polycyclic aromatic hydrocarbons induces cytochrome P4501A2 activity in humans. Cancer Res 54: 6154–6159

Smigel K (1996) Beta carotene fails to prevent cancer in two major studies, CARET intervention stopped. J Natl Cancer Inst 88: 145

Spielberg SP, Gordon GB, Blake DA, Goldstein DA, Herlong HF (1981) Predisposition to phenytoin hepatotoxicity assessed in vitro. N Engl J Med 305: 722–727

Spitzer WO, Horwitz SM (1991) Selected nonexperimental methods: an orientation. In: Troidl H, Spitzer WO, McPeek B, Mulder DS, McKneally MF, Wechsler AS, Balch CM (Hrsg) Principles and practice of research strategies for surgical investigators, 2nd edn. Springer, Berlin Heidelberg New York, pp 104–113

Spurr NK, Gough AC, Stevenson K, Wolf CR (1987) MspI-polymorphism detected with a cDNA probe for the P-450 I family on chromosome 15. Nucleic Acids Res 15: 5901

Sugimura T, Sato S (1983) Mutagens - carcinogens in foods. Cancer Res [Suppl] 43: 2415s–2421s

Talaska G, Al Juburi AZ, Kadlubar FF (1991) Smoking related carcinogen-DNA adducts in biopsy samples of human urinary bladder: identification of N-(deoxyguanosin-8-l)-4-aminobiphenyl as a major adduct. Proc Natl Acad Sci USA 88: 5350–5354

Talaska G, Schamer M, Skipper P, Tannenbaum S, Caporaso N, Kadlubar F, Bartsch H, Vineis P (1993) Carcinogen-DNA adducts in exfoliated urothelial cells: techniques for noninvasive human monitoring. Environ Health Perspect 99: 289–291

Tang BK, Zhou Y, Kadar D, Kalow W (1994) Caffeine as a probe for CYP1A2 activity: potential influence of renal factors on urinary phenotypic trait measurements. Pharmacogenetics 4: 117–124

Thier R, Taylor JB, Pemble SE, Humphreys WG, Persmark M, Ketterer B, Guengerich FP (1993) Expression of mammalian glutathione S-transferase 5-5 in Salmonella typhimurium TA1535 leads to base-pair mutations upon exposure to dihalomethanes. Proc Natl Acad Sci USA 90: 8576–8580

Traver RD, Horikoshi T, Danenberg KD, Stadlbauer THW, Danenberg PV, Ross D, Gibson NW (1992) NAD(P)H: Quinone oxidoreductase gene expression in human colon carcinoma cells: characterization of a mutation which modulates DT-diaphorase activity and mitomycin sensitivity. Cancer Res 52: 797–802

Vatsis KP, Weber WW, Bell DA, Dupret J-M, Evans DAP, Grant DM, Hein DW, Lin HJ, Meyer UA, Relling MV, Sim E, Suzuki T, Yamazoe Y (1995) Nomenclature of N-acetyltransferases. Pharmacogenetics 5: 1–17

Vaury C, Lainé R, Noguiez P, Coppet P de, Jaulin C, Praz F, Pompon D, Amor-Guéret M (1995) Human glutathione S-transferase M1 null genotype is associated with a high inducibility of cytochrome P450 1A1 gene transcription. Cancer Res 55: 5520–5523

Vineis P, Caporaso N, Tannenbaum SR, Skipper PL, Glogowski J, Bartsch H, Coda M, Talaska G, Kadlubar F (1990) Acetylation phenotype, carcinogen-hemoglobin adducts, and cigarette smoking. Cancer Res 50: 3002–3004

Vineis P, Bartsch H, Caporaso N, Harrington AM, Kadlubar FF, Landi MT, Malaveille C, Shields PG, Skipper P, Talaska G, Tannenbaum SR (1994) Genetically based N-acetyltransferase metabolic polymorphism and low-level environmental exposure to carcinogens. Nature 369: 154–156

Vogelstein B, Kinzler KW (1992) Carcinogens leave fingerprints. Nature 355: 209–210

Ward E, Paigen B, Steenland K, Vincent R, Mnowada J, Gurtoo HL, Sartori P, Havens MB (1978) Aryl hydrocarbon hydroxylase in persons with lung or laryngeal cancer. Int J Cancer 22: 384–389

Watkins PB (1990) Role of cytochrome P450 in drug metabolism and hepatotoxicity. Semin Liver Dis 10: 235–250

Weinshilboum R, Aksoy I (1991) Sulfatation pharmacogenetics in humans. Chem Biol Interact 92: 233–246

Wiencke JK, Kelsey KT, Lamela RA, Toscano WA (1990) Human glutathione S-transferase deficiency as a marker of susceptibility to epoxide-induced cytogenetic damage. Cancer Res 50: 1585–1590

Wiencke JK, Pemble S, Ketterer B, Kelsey KT (1995) Gene deletion of glutathione S-transferase I: Correlation with induced genetic damage and potential role in endogenous mutagenesis. Cancer Epidemiol Biomarkers Prev 4: 253–259

Willett WC (1994) Diet and health: what should we eat? Science 264: 532–537

Willett WC, Stampfer MJ, Colditz GA, Rosner BA, Speizer FE (1990) Relation of meat, fat, and fiber intake to the risk of colon cancer in a prospective study among women. N Engl J Med 323: 1664–1672

Woodhouse KW, Adams PC, Clothier A, Mucklow JC, Rawlings MD (1982) N-Acetylation phenotype in bladder cancer. Hum Toxicol 1: 443–445

Yang CS, Brady JE, Hong JY (1992) Dietary effects on cytochromes P450, xenobiotic metabolism and toxicity. FASEB J 6: 737–744

Yu MC, Skipper PL, Taghizadeh K, Tannenbaum SR, Chan KK, Henderson BE, Ross RK (1994) Acetylator phenotype, aminobiphenyl-hemoglobin adduct levels, and bladder cancer risk in white, black and Asian men in Los Angeles, California. J Natl Cancer Inst 86: 712–716

Yu MC, Ross RK, Chan KK, Henderson BE, Skipper PL, Tannenbaum SR, Coetzee GA (1995) Glutathione S-transferase M1 genotype affects aminobiphenyl-hemoglobin adduct levels in white, black and Asian smokers and nonsmokers. Cancer Epidemiol Biomarkers Prev 4: 861–864

Zhong S, Howie AF, Ketterer B, Taylor J, Hayes JD, Beckett GJ, Wathen CG, Wolf CR, Spurr NK (1991) Glutathione S-transferase mu locus: use of genotyping and phenotyping assays to assess association with lung cancer susceptibility. Carcinogenesis 12: 1533–1537

Zhong S, Wyllie AH, Barnes D, Wolf CR, Spurr NK (1993) Relationship between the GSTM1 genetic polymorphism and susceptibility to bladder, breast and colon cancer. Carcinogenesis 14: 1821–1824

Sachverzeichnis

Druck: Druckhaus Beltz, Hemsbach
Verarbeitung: Buchbinderei Schäffer, Grünstadt